植物病害生物防治学

黄 云 主编

科 学 出 版 社
北 京

内 容 简 介

植物病害生物防治学是18年来国内关于植物病害生物防治基础理论和实践的全新教科书。

全书由上、中、下三篇共12章和附录实验组成。上篇——基础理论介绍了植物病害生物防治的基本概念、生防机制、生防因子、生防途径和措施；分析了植物病害生物防治与植物病害系统、生物多样性、植物微生态系和植物-病原物互作体系的关系。中篇——实践应用介绍了各类病原物引起的主要植物病害生物防治的历史、现状和成就。下篇——研究开发介绍了植物病害生物防治的研究、开发和产业化。附录实验介绍了植物病害生物防治学基础实验。

本书重视继承与发展、理论与实践、研究与开发的有机结合，注重科学性、系统性、基础性、前沿性和实用性，不仅可作为全国高等院校植物保护、农学、林学、园艺、生物学等专业的本科生、研究生的教学用书，同时也可作为广大从事植物病害生物防治工作者的参考用书。

图书在版编目(CIP)数据

植物病害生物防治学/黄云主编. —北京：科学出版社，2010.7
ISBN 978-7-03-028291-0

Ⅰ.①植…　Ⅱ.①黄…　Ⅲ.①植物病害-微生物防治-高等学校-教材
Ⅳ.①S476

中国版本图书馆CIP数据核字(2010)第133449号

责任编辑：张静秋 / 责任校对：李　影
责任印制：张　伟 / 封面设计：耕者设计工作室

科学出版社 出版
北京东黄城根北街16号
邮政编码：100717
http://www.sciencep.com
北京凌奇印刷有限责任公司 印刷
科学出版社发行　各地新华书店经销
*
2010年7月第　一　版　开本：787×1092 1/16
2023年7月第五次印刷　印张：26 1/2
字数：640 000

定价：98.00元

(如有印装质量问题，我社负责调换)

《植物病害生物防治学》编委会

主　编:黄　云

副主编:黄丽丽　李洪连　王　琦　高　洁　刘志恒　陈功友　王建明　胡先奇

编　委(以姓氏汉语拼音排序):

陈立杰　陈秀蓉　方羽生　高小宁　高永峰　高智谋　龚国淑
胡方平　景　岚　李安娜　李国庆　李社增　刘　勇　鲁红学
聂燕芳　申顺善　王海霞　王　靖　文才艺　肖启明　易　龙
易图永　袁虹霞　张笑宇　张作刚　郑爱萍

编写单位及人员(以学校拼音排序):

安徽农业大学:高智谋
长江大学:鲁红学
福建农林大学:胡方平
甘肃农业大学:陈秀蓉
河北省农科院:李社增
河南农业大学:李洪连　袁虹霞　申顺善　文才艺
湖南农业大学:肖启明　易图永
华南农业大学:方羽生　聂燕芳　高永峰
华中农业大学:李国庆
吉林农业大学:高　洁
内蒙古农业大学:景　岚　张笑宇
山东农业大学:李安娜
山西农业大学:王建明　张作刚
上海交通大学:陈功友
沈阳农业大学:刘志恒　陈立杰
四川农业大学:黄　云　龚国淑　郑爱萍　王　靖
四川省农科院:刘　勇
西北农林科技大学:黄丽丽　高小宁
西南大学:易　龙
云南农业大学:胡先奇
中国农业大学:王　琦　王海霞

序

生物防治是植物病害综合治理措施的重要组成部分。近年来，随着人们对生态环境和食品安全问题的高度关注，从事植物病害生物防治研究的人员队伍不断壮大，植物病害生物防治也从实验室基础研究逐渐走向田间实际应用，在农业生产和植物病害防治工作中扮演着日益重要的角色。

教材建设是本科和研究生教学的一项基础性工作。植物病害生物防治学作为高等农林院校植物病理及相关专业的一门重要选修课程，在多数农林高校均有开设。虽然国内外过去曾经编写过一些植物病害生物防治教材，但由于年代较早，且当时研究成果有限，故教材多偏重于理论阐述，对应用技术论述较少。近年来，随着植物病害生物防治研究的不断深入，新的研究成果不断出现，不仅在理论方面有许多突破，而且在应用技术和产品研发方面也进展很快，原有教材已很难满足教学工作需要。四川农业大学等国内 21 所高等院校和科研单位的数十位专家，在广泛吸收国内外大量文献资料和研究成果的基础上，编写出这本内容丰富、可读性强的教材，作为一名从事多年植物病害生物防治研究和教学工作的科技工作者，我对此感到十分欣慰。从教材的编写来看，作者颇具匠心，力求使全书具有系统的完整性和内容的创新性，有一定特色，值得一读。

经过几代人的努力，植物病害生物防治已有很好的基础，也展现出旺盛的生命力，想必在编者和广大读者的共同努力下，一定会得到不断的发展壮大和完善，也将在植物病害的防控工作中发挥更大的作用。借此，与大家共勉。

中国农业大学教授

澳大利亚工程院院士

国际植物病理学会荣誉会员

2010 年 2 月

序

前　言

植物病害生物防治学隶属植物病理学科，有其自身的理论基础，与生态学、微生物学和分子生物学等学科相联系，具有多学科综合性的特点。近年来，伴随人们对生态环境安全、食品安全和农业可持续发展的日益重视，植物病害生物防治从应用基础研究到实践应用都有了飞速的发展，在当今植物病害防治中占有重要的地位，并发挥重要的作用，成为植物病理学日益活跃的分支学科。

植物病害生物防治学是植物保护及相关专业本科学生的选修课，也是植物病理学科研究生的重要课程。但迄今为止，除 1993 年出版植物病害生物防治学本科生教材外，尚无相关教材出版，这对该学科本科生和研究生的教学及培养工作非常不利。为此，我们联合了国内 21 所高等院校和科研单位的专家，编写了这本教材。为确保教材的质量，编委会曾先后在云南昆明和四川成都召开了两次教材编写讨论会，制订、修改和完善了教材大纲。

植物病害生物防治学已成为当今世人关注、研究和应用的热点和前沿。因此，教材的内容应体现继承和发展、理论与实践、研究与开发的关系，注重科学性、系统性、基础性、前沿性和实用性的特点。在编写过程中，作者力求注重知识的系统性、逻辑性，从理论到应用，从实验到产业化，力求体现学科的全貌；注重广泛搜集国内外大量文献资料，反映开创性领域、发展过程和现状；注重新成果的研发与应用，展示前景和发展趋势；介绍大量生防原始应用实例，激发学生的创新思维。

全书由三篇共 12 章和附录实验组成。上篇——基础理论（共 5 章）介绍了植物病害生物防治的定义、性质、内容、基本概念、生防机制、生防因子、生防途径和措施，分析了植物病害生物防治与植物病害系统、生物多样性、植物微生态系和植物-病原物互作体系的关系，以奠定植物病害生物防治的理论基础；中篇——实践应用（共 5 章）在广泛搜集国内外植物病害生物防治研究和应用成果的基础上，介绍了按病原物分类的各类重要植物病害生物防治的历史、现状和成就，以展示前景和发展趋势；下篇——研究开发（共 2 章）介绍植物病害生物防治研究、开发的基本方法，以促进植物病害生物防治产品的研发和产业化；附录实验作为本书的配套内容。每章后附有小结和复习思考题，以便掌握要点和思考；并列出相关参考文献，以供读者查阅原文，进一步了解、拓宽、深化学习内容。

限于编者的水平和可借鉴的参考书目较少，书中难免存有错漏和不足之处，敬请各位读者批评指正，以便进一步修订完善。

《植物病害生物防治学》编委会

2010 年 3 月

前　言

目　　录

中篇　实践应用

下篇 研究开发

上篇　基础理论

第一章 绪 论

第一节 植物病害生物防治的定义及其学科的性质、任务和内容

一、植物病害生物防治的定义

植物病害生物防治(biocontrol of plant disease)是指利用有益生物对植物病害进行防治。然而,定义的内涵是什么?从利用有益生物角度,有益生物是活体的直接利用或还应包含其代谢产物及抑菌植物的提取物?从植物-有益生物互作体系的角度,有益生物的诱导抗病性和促生作用是否应属定义的内涵?从生态系统角度,是否应包含生物多样性及植物微生态系的自然调控作用?从生物源农药的角度考虑,通过对代谢产物和抑菌植物的提取物有效成分的确定,利用人工合成而形成的制剂是否属生物防治内涵?对于上述问题的回答,目前尚无定论。不同的人从不同的角度,对其定义内涵的认识也不尽相同。伴随着植物病害生物防治学这一分支学科的不断发展,定义的内涵也日臻完善。

植物病害生物防治是一个专业术语(或一个概念,或一个定义),其内涵和外延应包含了哪些属于生物防治的范畴?因而科学地对其定义具有十分重要的意义。国内外植物病理学家对"植物病害生物防治"曾有以下代表性定义。

(1) 英国土传病害学者 Garratt(1965)的定义为:"是在任何条件下或借助于任何措施,通过其他生物(人除外)的作用来减少病原物的生存和活动,从而减少病原物所致病害的发生。"并认为:"生物防治可借引进或增加一种或几种用于防治的生物数目或借改变环境,使其利于这些生物的活动或将两种措施结合使用。"

(2) 美国植病生防专家 Baker 和 Cook(1974)在他们合著的《植物病原物的生物防治》一书中定义为:"是减少病原菌或寄生物在活动期或休眠期的接种体密度或致病力。是借自然的作用或借调节环境、寄主或拮抗物(菌)或借施用一种或多种拮抗物来完成的。"此后,他们又在《植物病原物生物防治的本质与实践》(1983)一书中进一步将其阐述为:"通过栽培措施建立一个有利于拮抗菌、寄主植物或者有利于两者的环境;通过培育增进对病原物的抗病性,或者促进寄主植物对拮抗菌的适应,以及通过引进拮抗菌、非致病菌系(株)、有益生物的群体等措施。"Baker(1987)则将其定义为:"以一种或多种生物(包括寄主植物,但人除外)来减少病原菌数量或病害的发生和发展,以实现病害防治的方法。"

(3) 我国植物病理学家陈延熙(鲁素芸,1993)认为:"是农业生态系统中调节寄主植物的微生物环境,使其利于寄主而不利于病原物,或者使其对寄主与病原物的相互作用发生利于寄主而不利于病原物的影响,从而达到防治病害的目的。"

(4)《普通植物病理学》(谢联辉,2006)一书中定义为:"利用有益生物拮抗、破坏病原物和(或)利用有益生物促进作物生长、提高作物的抗病性能,从而控制病害的措施。"并认为,"植物病害生物防治的定义有广义和狭义两种。广义的植物病害生物防治定义指利用有益生物的活

体及其代谢产物，而狭义的定义则指直接利用有益生物的活体。”

上述关于植物病害生物防治的种种定义，反映了不同时期、不同人对植物病害生物防治概念的认识。Garratt(1965)、Baker 和 Cook(1974)及 Baker(1987)的定义，强调利用活体生物，其防治的目标是直接作用病原物，通过控制病原物而达到防治病害的目的，同时也重视改善环境的重要性。陈延熙(1993)认为通过调节寄主植物的微生物环境，通过植物微生态的调控作用而实现控病，强调植物微生态在植物病害生物防治中的重要作用。谢联辉(2006)则认为利用有益生物拮抗、促生、提高作物的抗病性能，从而控制病害。

通过对上述定义的介绍和分析，我们认为植物病害的发生和发展是植物、病原物和环境三要素相互作用(病害三角，disease triangle)和影响的结果，植物病害的防治策略和途径应从三要素和“病害三角”入手，植物病害生物防治作为防治方法之一也应如此。因而，我们认为植物病害生物防治的定义应包含以下内涵：引入或利用自然界对植物有益的生物，利用其抗菌(包括微生物代谢产物的拮抗作用和抑菌植物的代谢产物)、重寄生、竞争、捕食和溶菌等作用，直接作用于病原物，影响或抑制病原物的生存或活动；或利用有益生物的保护、诱导抗病性及促生，增强植物的抗病性；或利用生物多样性和植物微生态系的调控作用，改善生态环境，从而实现绿色、可持续控制植物病害的目的。

二、植物病害生物防治学的性质

从学科角度，植物病害生物防治学隶属植物病理学科，有其自身的理论基础，与生态学、微生物学和分子生物学等学科相联系，具有多学科综合性的特点。从应用上看，植物病害生物防治又是植物病害综合防治的重要方法之一，具有应用性和理论性相结合的特点。伴随人们对生态环境安全、食品安全的日益重视，近年来植物病害生物防治从应用基础研究到实践应用都有了飞速的发展，并将在 21 世纪植物病害防治中占有重要的地位和发挥重要的作用，成为植物病理学的分支学科。

植物病害生物防治的原理基于自然生态系统的物种多样性间生物与生物(包含病原物)之间的“营养链”(trophic chain)关系[即“寄生链”(parasitic chain)(包括重寄生、捕食)]，即重寄生(hyperparasitism)作用、相生相克的抗生(antibiosis)作用、竞争(competition)作用、溶菌(lysis)作用、捕食(predation)作用、生物和非生物的诱导抗病性(induced resistance)、植物提取物的抑菌作用，生物多样性(biodiversity)和植物微生态调控(control of micro-ecology of plant)。其控病特点是与生态环境友好相融、不污染环境、无残留。在控病理念上倡导绿色植保、自然调控，从而实现植物病害控制的可持续发展。

三、植物病害生物防治学的任务

生物防治与生态环境安全(包括资源安全、环境安全、生物安全)有密切联系。在人类日益关注赖以生存的生态环境安全的今天，植物病害生物防治已成为热点领域。伴随当代生物科学的快速发展，生态学、微生物学、生物化学、植物分子生物学、植物病理学和分子植物病理学领域的最新进展，正在不断地加深我们对生物防治应用基础理论和实践的认识，促进植物病害生物防治方法的更新和提高。因此，植物病害生物防治学必须与相关学科紧密联系，与保护生态环境安全、食品安全相结合，全面、重新认识生物防治在植物病害综合防治中的地位和作用，促进植物病害生物防治的理论研究和实践应用，充分发挥植物病害生物防治在植物病害防治中的重要作用，为生态环境安全、粮食安全和农业的可持续发展作出贡献。

四、植物病害生物防治学的内容

认识植物病害生物防治的重要性，明确植物病害生物防治对生态环境和食品安全的重要意义和作用；探索植物病害生物防治与生态学、植物微生态系、生物多样性和有益微生物-病原物-植物互作体系的关系；研究植物病害生物防治因子，应用植物病害生物防治的机制于植物病害生物防治的实践。充分发挥生物防治在综合防治中的作用，注重植物病害生物防治产品的研发，不断吸取生物科学研究的成果，在理论和实践上不断创新，与时俱进，推进植物病害生物防治学的发展。

第二节　植物病害生物防治的简史与成就

植物是地球生物的主要组成部分，植物无论在自然生态还是农业生态条件下都会生病。如何控制植物病害才能实现绿色、可持续？纵观植物病害生物防治的发展史则将有助于我们思考、认知和回答这一重大问题。回顾历史，植物病害生物防治作为植物病理学的分支学科，随着植物病理学及相关学科的发展而发展；展望未来，植物病害生物防治作为植物病害防治的重要方法之一，由于其与环境友好特点和在生态平衡中的重要作用而必将越来越受到人们的重视。

一、国外植物病害生物防治的简史与成就

（一）早期认知阶段（19 世纪末至 20 世纪上半叶）

1. 植物病害生物防治的认知

尽管植物病害生物防治早在数千年前的农业栽培实践中人们就不自觉地应用轮作、间作套种、施用有机肥等控制病害，但应用科学手段进行生物防治则始于 19 世纪末和 20 世纪初。

1835 年，Ehrenberg 所描述的"*Vibrio subtilis*"即是现在大家熟悉的"枯草芽孢杆菌"，由 Cohn 于 1872 年正式命名，现作为芽孢杆菌科 Bacillaceae 的模式菌株。1870 年 de Bary 首次研究了白粉寄生孢 *Ampelomyces quisqualis* 对白粉菌的重寄生关系，Rostrup（1890）报道了紫霉菌 *Tuberculina maxima* 对美国白松疱锈病菌 *Cronartium ribicola* 的重寄生。植物病原线虫的生物防治自 1874 年 Lohde 发现醋线虫钩丝孢 *Harposporium anguillulae* 寄生醋线虫 *Anguillula* sp. 和 1888 年 Zopf 报道少孢节丛孢 *Arthrobotrys oligospora* 捕食小麦瘿线虫以来，人们开始了线虫的生物防治研究。Roberts 证实了液体培养的微生物之间存在拮抗作用，根据灰绿霉菌 *Penicillium glaucum* 和细菌的相互作用，在微生物学中引入"拮抗作用"（antagonism）这一概念。而首次将"生物防治"一词用于植物病害防治是 1914 年由 Tubeuf 提出的。1921 年 Hartely 利用真菌防治由德巴利腐霉 *Pythium debaryanum* 引起的幼苗猝倒病是利用有益微生物防治植物病害的首次应用。生物防治真正的开始是 Sanford（1926）报道土壤中某些拮抗性微生物对于土传病原菌的拮抗作用，这不但是土传真菌病害生物防治的开始，也是植物病理学领域真正开始探索生物防治效果、应用、机理的开始。自 20 世纪 50 年代的半个世纪以来，生物防治的调查研究逐渐增多，观察到许多生物防治现象，主要集中在土壤微生物、重寄生菌和根部病害方面，这些成果包括：①证实了植物病原菌生物防治的存在，但其应用效果却受到怀疑;②证实土壤中已有的和引入的拮抗菌均可降低病害发生;③改变土壤有机质水平、土壤温度和 pH,可调节土壤微生物的生态平衡;④发现土壤微生物之间存在养分竞争;⑤观察真菌对白粉菌和锈菌的寄生现象;⑥拮抗菌产生的抗生素在病菌生物防治中起一定作用;⑦观察到一些土壤对一些土传病菌存在天然的抑病性或经过长期连作而具有抑病性,且抑病性土壤的抑病性可传导,即通过转移抑病土可以使有病土表现抑病性;⑧发现提前接种植物病毒弱毒株系可阻止毒性株系对植物的侵染;⑨认知了枯草芽孢杆菌具有防治植物病害的作用。

在此期间还引入了一些重要的术语,如抗生作用(antibiosis)、拮抗作用(antagonism)、重寄生现象(hyperparasitism)、抑病效应(suppressive)、免疫性(immunity)、生物防治(biocontrol)和保护性接种(protective effect inoculation)等,并且对一些重要的原理进行了阐述。

2. 生物防治的初步应用

Tubeuf 等(1901,1930,1936)和 Rohmeder 等(1931)研究了松-疱锈病菌-紫霉菌 *T. maxima* 三者关系,并提出用 *T. maxima* 作为一种生防菌来防治白松疱锈病。Emmons(1930)进行了广泛的细胞学研究,详细描述了白粉寄生孢侵入白粉菌闭囊壳内、生长及产孢过程。当其生防潜力被意识到的同时,Yarwood(1932)报道了白粉寄生孢的分生孢子悬浮液对白粉菌的作用,从而第一次对植物病原真菌进行了生物防治。Sanford 在研究马铃薯疮痂病菌 *Streptomyces scabies* 所致马铃薯疮痂病的防治时发现,利用绿肥控制病害的原理是土壤中腐生性拮抗放线菌 *Actinomycetes* 增长的结果。1931 年 Sanford 和 Broadfoot 又报道了小麦全蚀病菌 *Gaeumannomyces graminis* var. *tritici* 的生物防治,人们开始意识到植物根病也许可以通过轮作和土壤管理措施来调节土壤环境而得到控制。1932 年 Weindling 首次报道木素木霉菌 *T. lignorum* 对几种土壤真菌有拮抗作用的研究结果,为重要生防菌木霉的深入研究奠定了基础。植物内生微生物(endophyte)一词是由 Ulnger 在 1933 年最先提出的,之后其他人也研究了一些植物的内生真菌(endophytic fungi),成为其后内生菌研究、应用的基础。1934 年,Fellow 等报道了在美国堪萨斯州由于小麦连作,全蚀病在第一年出现、第二年扩大、第三年缩小直到第四年消失。小麦在全蚀病土壤中连年单作而引起的病害逐年减轻甚至消失的现象被称为全蚀病的自然衰退(take-all decline,TAD)。此后,揭示 TAD 现象的本质并加以利用就成为全蚀病生物防治研究的热点。Johnson 等(1945)报道了枯草芽孢杆菌具有防治植物病害的作用,从而开创了以枯草芽孢杆菌制备生防制剂防治植物病害新领域。美国学者 Campbell(1947)首先发现并报道盾壳霉 *Coniothyrium minitans* 是一种重要的菌核病生防菌。

(二)科学研究和初期发展应用阶段(20 世纪下半叶)

1. 重要性的认识和初期理论成果

1958 年,在 Boswell 的倡导下,美国国家科学院国家研究委员会正式建立了"土传植物病原菌生物防治委员会",并且于 1963 年在美国伯克利组织召开了由 24 个国家、310 名代表参加的"第一届国际根部病原真菌生态学研讨会",从此植病生物防治作为一门新兴学科得到承认,吸引了越来越多的科学家从事该领域的研究,植病生物防治日趋成为植物病理学的热门研究领域。1965 年出版了由 K. F. Baker 和 W. C. Snyder 主编的《土传植物病原菌的生态学》(*Ecology of Soil-Borne Plant Pathogen*),1983 年出版了由 R. J. Cook 和 K. F. Baker 撰写的《植物病原物生物防治》(*The Nature and Practice of Biological Control of Plant Pathogens*)的生物防治论著,上述专著是生物防治在理论上的标志性成果。生物防治概念的普及及其在全世界引起的震动还归功于美国海洋生物学家兼作家 R. Carson 女士于 1962 年出版的《寂静的春天》(*Silent Spring*)一书，它使人们意识到化学防治带来的环境污染对人类生存构成了严重威胁。Kunst 等(1997)完成了枯草芽孢杆菌的完整基因组序列测定，并将结果发表在 *Nature* 杂志上。

2. 较广泛的研究及应用

Newhook 等(1951)最早报道用体表分离得到镰刀菌和青霉菌接种莴苣老叶片来防治灰霉病菌的侵染。Arima 等(1968)首次报道枯草芽孢杆菌 *Bacillus subtilis* 菌株产生的脂肽类表面活性剂呈晶状(商品名为表面活性素，surfactin)，具有抗菌、抗病毒和生物表面活性剂作用。另外，对植物根系分泌物在调控根围微生物中的重要性研究、对寄主植物的基因型调控根围细菌的数量和类型的证实等，为通过抗病育种方法控制植物病害提供了一条新线索。在应用方面，Bruehl 等(1969)证实了抗生物质在土壤中存在并且具有重要作用；1973 年 Kerr 利用放射土壤杆菌 *Agrobacterium radiobacter* K84 成功防治了植物根癌病。Kommedahl 等(1975～1981)用生长速度很快的真菌处理一些作物种子成功地解决了一些作物的种腐和苗期病害；Suslow 等(1982)指出了根围有害细菌的存在，对这类植物体外致病菌的认识是植物病理学研究领域的一大进展，为根围有益促生细菌的开发利用奠定了基础。20 世纪 80 年代，国外学者就已开始利用无致病力产细菌素菌株(ABPS)对青枯病菌 *Ralstonia solanacearum* 防治进行研究。日本用无致病力 *R. solanacearum* 菌株 Str-10 诱导植株产生一种比对照浓度高很多的细菌生长抑制物——番茄素，也可抑制病害发生。植物诱抗剂(plant activator)本身并无杀菌活性，但它能激发植物产生系统获得性抗性(systemic acquired resistance，SAR)，激发植物内部的免疫机制，达到抗病、防病的目的。苯并噻二唑(BTH)是 20 世纪末 Kunz 等在合成磺酰脲类除草剂时分离得到的，生物活性筛选却得到了意料之外的诱导植物产生系统获得性抗性的结果。BTH 后来被开发(商品名 Bion)，已成为最成功的商品化植物抗病诱导剂的典型代表。BTH 适用的主要作物包括香蕉、番茄、烟草、禾谷类作物(水稻)、蔬菜(辣椒、马铃薯)、核果类作物、水果(芒果、梨、西瓜)等，预防对象包括白粉病、锈病、霜霉病等。

应用较多的生防细菌主要有芽孢杆菌 *Bacillus* spp.、假单胞杆菌 *Pseudomonas* spp.、放射土壤杆菌(*Agrobacterium radiobacter*)等。其中，芽孢杆菌是目前生防细菌中研究较多的一类，因其能够产生耐热、耐旱、抗紫外线和有机溶剂的内生孢子，所以是理想的生防菌。Papavizas(1980)报道了枯草芽孢杆菌可以防治水稻等作物的多种土传真菌病害。1992 年 Hwang 等报道用枯草芽孢杆菌可以防治立枯丝核菌 *Rhizoctonia solani* 引起的豌豆根腐病。20 世纪 90 年代后，国外已有多种枯草芽孢杆菌制剂投入市场。美国 AgraQuest 公司用枯草芽孢杆菌 *B. subtilis* QST 713 菌株和 QST 2808 菌株分别开发出活菌杀菌剂 Serenade™ 和 Souata AS，且已在美国登记使用，叶面施用可防治蔬菜、樱桃、葡萄、葫芦和胡桃的白粉病、霜霉病、疫病和灰霉病等细菌及真菌病害。GBO3(商品名为 Kodiak)和 MBI 600(商品名为 Subtilex)分别由美国 Gustafson 公司和 Microbio Ltd 公司开发，根部施用或拌种可防治镰刀菌 *Fusarium* spp.、曲霉 *Aspergillus* spp.、链格孢 *Alternaria* spp. 和丝核菌 *Rhizoctonia* spp. 引起的豆类、麦类、棉花和花生根部病害。

大洋洲、欧洲、南美洲和北美洲在 20 世纪 70 年代到 80 年代对植物寄生线虫的食线虫真菌进行了详细调查。Cooke 等(1964)、Kábana 和 Jones(1988)报道，植物寄生线虫的食线虫真菌超过了 350 种；1991 年 Crump 报道了分离自甜菜、谷物和马铃薯胞囊线虫的天敌真菌

129 种;Kábana 和 Jones(1988)从胞囊线虫和根结线虫上分离的 97 种天敌真菌中,分离自胞囊线虫的天敌真菌有 92 种,分离自根结线虫的天敌真菌只有 12 种。可见早期国外研究主要集中在胞囊线虫 *Heterodera* spp. 和 *Globodera* spp. 上,根结线虫食线虫真菌的研究则较少。1998 年 Nicole 等报道了分离自美国纽约北方根结线虫 *M. hapla* 卵囊和幼虫上的食线虫真菌 40 株,鉴定出 8 个种。其中,5 个已开发成商品化制剂,即"Royal 300"(Cayrol,1978)、"Royal 350"(Cayrol,1981)、"Biocon"(Davide,1983)、"DiTera"(Warrior et al.,1998)、"Deny"(Copping,2001)。

进入 20 世纪 80 年代,病害防治研究的焦点开始由抗病品种的利用和化学防治逐渐转向生物防治。在应用基础研究方面,深入开展了拮抗作用机制、抑病性土壤、根际微生物生理生态学机制、植物-微生物相互作用关系等研究,并就胁迫作用对根围微生物的影响做了大量工作。在宏观上,认识到利用生态学方法研究生物防治和植物病理学的重要性;在微观上,从生化和分子水平上深入研究病害发生的本质和生物防治机制,以及利用现代分子生物学方法进行拮抗菌的遗传改造,推动生物防治制剂商业化应用进程。

3. 快速发展和生物农药商品化阶段(21 世纪开始)

2001 年 Gustafson 将解淀粉芽孢杆菌和枯草芽孢杆菌混合制成混合生防药剂 Bio Yield,商品名 Taegro™。将其施用于温室或室内栽培的树苗、灌木和装饰植物根部,可防治由镰刀菌和丝核菌引起的根腐病和枯萎病。俄罗斯全俄植物保护研究所开发了枯草芽孢杆菌可湿性粉剂 Alifine B,可用于防治多种作物病原真菌 *Fusarium*、*Rhizoctonia*、*Ascohyta*、*Colletotrichum*,*Sclerotinia*、*Botrytis* 等所致病害的生物防治,田间防效高达 60%~95%,增产达 25%~35%;另一种枯草芽孢杆菌产品 Gamair 由活菌和代谢物组成,主要防治由 *Clavibacter michiganense* subsp. *michiganense*、*Erwinia caratovora* subsp. *caratovora* 和 *Pseudomonas corrugata* 引起的番茄细菌病害。韩国 Bio 公司将枯草芽孢杆菌与链霉菌抗生素、植物抗真菌多糖混合制成生物杀菌剂 Mildewcide,叶面喷施可防治蔬菜和葡萄霜霉病、白粉病,也可防治花卉、水果和水稻等真菌病害。2002 年,在美国环境保护署注册的生防制剂共有 28 种,其中放射土壤杆菌、芽孢杆菌、布氏杆菌、假单胞杆菌、链霉菌的细菌产品 15 种,白粉寄生孢、假丝酵母菌、盾壳霉、木霉菌等真菌产品 7 种,细菌、细菌蛋白及其合成物制成的植物防卫反应激活剂 3 种。

瑞典 BioGri 公司 2002 年用 *Pseudomonas chlororaphts* 开发的微生物杀菌剂已得到欧盟植物科学委员会(SCP)的认可。Root Pro 是由 Mycont Rol 公司新近开发的一种施用于蔬菜育苗床使用的土壤处理剂,这种制剂可有效地防治多种作物的猝倒病、菌核病和立枯病。目前 Root Pro 已在 12 个国家注册和销售。

二、中国植物病害生物防治的简史与成就

(一) 科学实验和初期发展应用阶段(20 世纪下半叶)

1. 生物防治的探索与研究

在我国植物病理学家陈延熙的主持下,1979 年原北京农业大学成立了中国第一个植物病害生物防治研究室,主编了内部刊物《植病生防》,并组织编译了《土传病原物生态学研究法》、《丝核菌的生物学与防治》、《微生物生态》等专著。20 世纪 80 年代,陈延熙教授提出的植物体

自然生态系概念，选出对植物有益、对病原物有害的微生物，增殖后用于植物，改善植物自然生态系，以达到提高作物产量的目的，并据此而创制了大面积应用于农业生产的“增产菌”。1984年，在他的主持下于江苏无锡召开了“土传病害与生物防治”学术讨论会，进一步推动了中国植物病害生物防治的研究和发展。1986年，他为研究生开设了一门新课——生态植物病理学，系统地介绍这一新领域的理论研究和应用技术，为植物病害生物防治提供了新的控病原理和应用途径。

云南农业大学朱有勇教授建立了水稻品种多样性持续控制稻瘟病理论体系，在理论和技术上获得了重大突破。利用生物间相克相生的自然规律，把不同遗传背景的品种科学地组合排列种植在田间，使农田多样性丰度增加，并形成立体的植株群落，有效地减少病虫害的危害，增加粮食产量。他和同事撰写的论文《遗传多样性与稻瘟病的控制》(2000)，发表在全球的学术权威杂志 *Nature* 上，并随文刊载了国际著名学者对此项研究的专题评述：“这一研究成果为水稻病害的控制提供了一种生态学的方法，在大面积栽培中更加有效，这将为中国和世界水稻的稳定生产作出贡献。”这一成果标志着中国在这一领域的研究已跨入世界领先行列。

2. 微生物源农药的研发

我国从1950年开始应用“土农药”。从20世纪50年代初到70年代末，我国仿制国外成果或直接引进，并成功开发了一批生物农药。1953年，中国科学院真菌研究所和北京农学院筛选出了拮抗性较强的放线菌G4和5406。将G4用棉籽饼等扩大培养成菌肥，有效地降低了黄萎病的发病率。将5406扩大培养制成菌肥或菌粉，用其作用于拌种、浸种或浸根等对棉花黄萎病有一定的防治效果且增产作用显著。

人们从农用抗生素先后筛选获得了灭瘟素(1959)、春雷霉素(1964)、多抗霉素(1967)、井冈霉素(1973)的产生菌，并成功研发了井冈霉素(jinggangmycin)、公主岭霉素(gongzhulingmycin)和多效霉素(povamycin M)3个农用抗生素生物农药，于70年代末获得国家发明三等奖。特别是中国工程院院士沈寅初对有效防治水稻纹枯病的新生物农药——井冈霉素杀菌剂的研制成功，而成为农用抗生素生物农药的里程碑。随后，沈寅初先生的团队又经过7年的努力，开发出新一代的生产工艺，将原来井冈霉素10%的含量，提高到可生产高纯度的井冈霉素产品，在该研究领域进入了世界领先行列。

吉林农业科学院筛选出一株吸水链霉菌769可产生公主岭霉素(gongzhulingmycin，又称农抗109)，用其固体浸提液浸种防治玉米和高粱的丝黑穗病，效果达90%以上。80年代又筛选出多效霉素、农抗120(agricultural antibiotic 120)、武夷霉素等，在农业生产中发挥了积极的作用。农抗120用于防治真菌性病害，如小麦白粉病、水稻纹枯病、苹果树腐烂病、花生叶斑病和西瓜枯萎病等。

中生菌素(zhongshengmycin)是中国农科院生物防治研究所研制成功的一种由淡紫灰链霉菌海南变种 *Streptomyces lavendulae* var. *hainanensis* 产生的新型农用抗生素，该菌的加工剂型是一种杀菌谱较广的保护性杀菌剂，对农作物的细菌性病害及部分真菌性病害具有很高的活性。“农用抗生素中生菌素的研究”于1999年获农业部科技进步二等奖。

1984年国家恢复农药登记管理制度，对生物农药进行了重新登记注册，正式登记的生物农药品种有9个，到1995年底又临时登记了10个品种。正式登记品种中有井冈霉素、农抗120、多抗霉素、灭瘟素、春雷霉素、硫酸链霉素(streptomycin)、公主岭霉素等。

3. 抑菌植物及植物源农药

植物是生物活性化合物的天然宝库，其产生的次生代谢产物超过 40 万种(Swain，1977)，其中大多数化学物质(如萜烯类、生物碱、类黄酮、甾体、独特的氨基酸和多糖等)具有抗菌活性。以植物为原料进行植物源农药的研发成为植物病害生物防治的热点。

中国科学院上海有机化学研究所梅斌夫(1958)等在研究大蒜中有效成分的医用和农用活性时，修饰出乙蒜素(ethylicin，也称抗菌剂 402)。推广到农业上用于防治白薯黑斑病、水稻烂秧病、恶苗病、稻瘟病、棉花苗期病害、枯萎病、黄萎病及大麦条纹病等上都表现出良好的防效，它的成功为我国后来的植物源农药的研究提供了宝贵经验。

浙江大学赵培洁等(1997)研制的以大黄为主要原料的中药农药“必效散”，对霜霉病的防效显著，获 1997 年比利时布鲁塞尔尤里卡金奖。莱阳农学院孟昭礼等(1998)成功地合成了拟银杏杀菌剂——绿蒂和银泰，用来防治苹果干腐病、番茄灰霉病等多种病害，并通过鉴定，申报了国家发明专利。

4. 芽孢杆菌研究

陈延熙等(1985)研制出以芽孢杆菌为主的、具生防作用、增产作用的植物保健益菌——“增产菌”菌剂，并提出“植物体自然生态系”的观点。1991 年“增产菌”被国家科学委员会等联合评为国家级新产品，“作物增产菌及其选育与发酵工艺”发明专利荣获第二届中国专利金奖，1993 年“增产菌在农作物上的推广应用”荣获国家星火二等奖，国家科学委员会在 1995 年正式批准成立“国家增产菌研究及推广中心”。形成 4 个农业行业标准(NY334、NY 335、NY 336、NY 337-1998)，在全国 31 个省(直辖市、自治区)推广，面积达 10 亿亩*，增产粮食 150 亿 kg，增加产值 100 亿元。

5. 全国和国际学术会议及教材、专著和网站

1972 年国务院在北京召开“全国农林科技工作座谈会”，会议期间代表们建议并提出成立农、林、牧、渔业共 21 个项目的全国协作组，生物防治全国协作组就是其中之一。自 1972 年以来，我国召开的全国性生物防治会议有：1972 年(肇庆市)、1977 年(广州市)、1983 年(贵阳市)、1985 年(石家庄市)、1987 年(广州市)、1991 年(北京市)、1995 年(北京市)、2005 年(上海市)和 2009 年(海峡两岸生物防治学术研讨会)9 次全国性会议。自 1982 年以来，在我国召开的国际性生物防治学术会议有北京召开的“中美两国生物防治学术讨论会”(1982)、“中法生物防治学术讨论会”(1985)、“植物病害生物防治国际学术会议”(1996)。

1980 年中国农业科学院成立了生物防治研究室。1995 年在中山大学组建了“有害生物控制与资源利用国家重点实验室”(生物防治国家重点实验室)。1985 年由中国农业科学院生物防治研究所、中国植物保护学会主办的反映我国生物防治研究成果的专业杂志《生物防治通报》(*Biological Control Bulletin*)创刊，该刊 1995 年更名为《中国生物防治》(*Chinese Journal of Biological Control*)。1993 年，原北京农业大学鲁素芸教授主编出版了我国第一部《植物病害生物防治学》教材。1995 年，由陈涛主编出版了《有害生物的微生物防治原理和技术》(*Microbial Control of Pest Organisms：Principles and Technology*)专著，2008 年吴云峰主编出版了《植物病虫害生物防治学》教材。2006 年，我国创建了中国生物农药网(www.3521cn.com)。

---

* 1 亩=666.6 m^2

（二）快速发展和生物农药商品化阶段（21 世纪开始）

南京农业大学王金生、陈功友等（2001）根据寄主植物-病原物互作和植物病原菌在引起植物发病过程中既有致病性又有诱导抗病性的原理，从水稻重要病害的病原菌（水稻白叶枯病菌和水稻条斑病细菌）中鉴定出促进植物生长、增加植物产量和激发植物产生抗病性以及增强植物抗逆反应的蛋白质及其相应编码基因。研制出无毒无公害的防病增产基因工程制剂“植物增产抗病生化激活制剂 Harpinxoo（伊利得）”。云南农业大学和中国农业大学共同研制的微生物农药“百抗”获得农业部登记注册（2003），其抑菌机制为营养竞争、位点占领等，已在多个省推广使用，主要防治水稻纹枯病、三七根腐病、烟草黑胫病，并对蔬菜类根腐病、枯萎病、立枯病等也有较好的防治效果。

南开大学汪清民等（2007）对牛心朴子草活性成分进行研究，确定了其主要活性成分为 7-脱甲基娃儿藤碱（即安托芬）。试验表明，在 1%的浓度下对烟草花叶病毒抑制率高达 60%。席真等对活性生物碱——菲并吲哚里西啶生物碱类安托芬的作用机理进行了探讨，于 2007 年优化出高效安全的病毒防治剂 NK-007，并研制出 1%的水剂。

在植物源农药开发中，一项引人注目的成就是 S-诱抗素［天然脱落酸（abscisic acid），（+）-abscisic acid，S-ABA］的开发。S-ABA 是一种具有倍半萜羧酸结构的植物天然生长调节物质，是植物体的“抗逆免疫因子”，在低微剂量下就可诱导植物体内 150 多个内源抗逆基因的表达，激活自身抗逆系统或免疫能力，增强对干旱、低温、盐碱、水涝、病害等的抵抗力。中国科学院成都生物研究所采取微生物发酵技术，以生化法合成了 S-ABA，并实现产业化，当属世界先创。

南京农业大学针对我国重要农作物的重要病原菌建立了拮抗菌资源库，研发的 B 系列微生物农药（莱丰宁 B1、莱丰宁 BC2、麦丰宁 B3），现已成功开发出 2 种多效性生物农药，其防病机制主要表现在产生抑制小麦纹枯病病菌菌丝生长、菌核形成和菌核萌发，具有良好的应用前景，对水稻纹枯病、小麦纹枯病、辣椒疫病、草莓灰霉病具有较好的防病效果，特别对草莓灰霉病效果显著。

江苏农业科学院植物保护研究所和江苏苏科农化有限公司的纹曲宁是枯草芽孢杆菌 Bs-916 水剂和 2.5%井冈霉素的复混制剂，主要防治水稻纹枯病和稻曲病。武汉天惠生物工程有限公司完成登记并投产的枯草芽孢杆菌 BS2208 可湿性粉剂抗灰霉病、白粉病，通过竞争性生长繁殖占据生存空间的方式阻止植物病原菌的生长并能在植物表面迅速形成一层保护膜，使农作物免受病原菌侵染。华东理工大学生物反应器工程国家重点实验室和上海泽元海洋生物技术有限公司合作，在国内外首次利用多粘类芽孢杆菌 *Paenibacillus polymyxa* 成功地开发出了一种防治青枯病和枯萎病的高效生物农药。西北农林科技大学目前已成功研制出新型病毒抑制剂——病毒必克，其应用于瓜类等蔬菜病毒病防治，效果显著。这是我国病毒农药研究自 20 世纪 80 年代初研制的高脂膜、NS-83 增抗剂及病毒 A、植病灵等产品后的又一类新型生物源农药。

云南省烟草科学研究所、云南大学和中国科学院微生物研究所等联合开展了烟草根结线虫生物防治的研究工作，经过十多年的努力，研制出我国第一种以防治烟草根结线虫为主的线虫生防制剂——“线虫必克”，该制剂的有效成分是厚坦轮枝孢菌 *Verticillium chlamydosporium*。该成果于 2004 年获国家科技进步二等奖，并申请了 13 项国家发明专利。另一种线虫生物制剂——“灭线灵”已进入最后审查阶段，并申请获得了多项国家发明专利。

中国科学院大连化学物理研究所研制的壳寡糖是脱乙酰基几丁质经酶解后制备的氨基葡萄糖，可以诱导大豆、欧芹、番茄及豌豆等植物产生植保素、胼胝质及蛋白酶抑制剂。中国农业科学院植物保护研究所从链格孢中提取了植物激活蛋白（activator protein），该蛋白质能诱导植物自身防卫系统，增强抵御病虫害侵袭的能力，促进植物生长，增加产量。

第三节　植物病害生物防治的重要性和展望

一、植物病害生物防治的重要性

自德国 Kühn(1858)出版《作物病害的病原和防治》(*The Diseases of Cultivaed Crops, Their Causes and Their Control*)一书标志着植物病理学的诞生以来，植物病理学已有 100 多年的历史。植物病害发生的认识从远古的“神权论”、“自生论”(17 世纪以前)到 de Bary(1853～1865)创建“病原学说”(germ theory)，推动了植物病理学的发展。植物病害的化学防治始于法国人 Millardet(1885)发明的波尔多液防治葡萄霜霉病。以病原为中心所导致的“唯病原论”和以病原物为目标的化学防治所导致的“农药万能”的错误认知，一度使植物病害发生的认识和防治陷入误区，带来了严重的生态环境和食品安全等诸多问题。随着人们对病害发生原因中主客观环境因素作用认识的日益深化，病害“多因论”逐渐取代“单因论”，化学防治所带来的生态破坏、环境污染及残留(residue)、抗药性(resistance)、再增猖獗(resurgence)的“3R”和致畸、致癌、致突变的“3 致”问题，使人们认识到“唯病原论”和“农药万能”观念的错误。农业现代化过程中出现的问题对传统的病害防治策略和方法提出了挑战，迫使人们反思和总结经验教训，发掘新的防治途径。

(一) 植物病害的严重性

植物病害对人类的影响巨大，关系到社会稳定、经济发展、生态环境和食品安全。国以民为本，民以食为天。中国是一个拥有 13 亿人口的农业大国，粮食安全关系到国人的生存、经济发展和社会稳定。1845～1846 年爱尔兰因马铃薯晚疫病使 100 多万人饿死，200 万人背井离乡，这就是人类历史上的惨痛教训。植物病害所导致的产量、经济损失巨大。据联合国粮食及农业组织估计，植物病害造成的损失占总产量的 10%～15%，全世界因此平均每年蒙受 2000 亿美元的巨大经济损失。1970 年美国因玉米小斑病减少 150 亿 kg，损失 10 亿美元。1880 年法国因葡萄霜霉病的严重危害殃及以葡萄为原料的酿酒业濒临破产。此外，与粮食生产相关的养殖业也受威胁。为减轻植物病害的危害而采用化学防治所导致的生态破坏和环境污染问题更为严峻。全球每年使用农药量 200 万 t，我国年使用农药量 33.4 万～80 万 t，在挽回产量损失的同时，也付出了破坏生态和环境污染无法估量的代价及“3R”问题。一些致病菌所产生的毒素导致人畜中毒，农药残留对食品安全构成威胁和严重的“3 致”问题。

(二) 植物病害生物防治的重要性

植物病害造成危害的严重性使我们清楚地认识到植物病害防治的重要性。现代农业生产的严重病害问题及生态环境破坏、“3R”和“3 致”问题，使我们有理由也应该反思植物病害该如何防治。从“唯病原论”过度强调植物病害发生和防治过程中病原的地位及作用的认知错误，到“农药万能”视防治方法之一为唯一的病害防治上的实践错误，这既是20世纪人类自身所造成的灾难，也是21世纪人类必须面对而亟待解决的难题！而植物病害生物防治与保护生态环境、减少农药污染的“相融性”及与生态农业建设，无公害和绿色食品生产及可持续农业的“一致性”，为人类解决上述问题展示了广阔的应用前景，同时也决定了其在21世纪植物病害防治中的重要性。这主要体现在以下几个方面。

1. 恢复与重建以自然控制为核心的农业生态系统

纵观农业发展的过程，作物病害的控制主要是靠良好的农业生态环境自然调控而实现的。人类靠化学农药防治作物病害从1885年发明的波尔多液开始，到1945年第二次世界大战结束后的广泛大量使用，与数千年的农业生产相比，这只是历史的短短一瞬间。在这漫长的农业发展过程中，农业生产的发展能适应当时的社会经济发展，满足“民以食为天”的粮食问题，靠的是良好的生态环境和来自这一生态环境对病害的自然调控。思考现代农业生产，大面积种植单一作物和遗传上同质的品种，将病害防治的方法之一视为唯一的大量使用化学农药，不仅破坏了良好的生态环境和带来食品安全问题，而且还产生了严重的“3R”和“3致”问题。如何解决现代农业生产中既能使人类获得足够的粮食产量需求，又能有效地控制病害于经济损害水平之下，这是需要我们重新认识和反思的问题。

中国古代伟大的哲学家、思想家、道学家的创始人老子在《道德经》中提出“无为而治”道家的基本思想，“无为”并非一无所为，而是不妄为、顺势而为。道的最根本规律是自然，即自然而然，本然。因此，对植物病害的防治，我们应以自然为本，认识自然、了解自然、顺其自然、回归自然，实现植物病害控制的无为而治。金鉴明等(2002)指出：“只要人类希望继续生存和进一步繁衍，现代农业就必须沿着生态学的方向发展”，“生态农业是21世纪的阳光产业。”

2. 利用生物多样性控制植物病害

根据系统学的观点，植物病害是病原物和寄主植物在环境的影响下，通过寄生作用所构成的系统。这个系统称之为植物病害系统(plant pathosystem)。植物病害系统是农业生态系统的组成部分。在自然生态系统中或古代原始的农业生态体系中，植物病害的发生，取决于病原物、野生植物(寄主)和自然环境，三者构成了以病害三角(disease triangle)为特征的自然植物病害系统(natural plant pathosystem)。该系统因具有生物多样性，病害发生很轻，这是其特点。当受人类社会、经济发展需求的影响，自然生态系统逐渐演变为今天的现代农业生态系统时，病害三角中增加了人的因素，构成了以植物病害四角(disease tetrahedron)为特征的农田植物病害系统(crop plant pathosystem)。该系统因不具有生物多样性，病害易发生严重危害为其特征。分析、比较这两个系统结构的特点，有助于我们从宏观上认识植物病害的发生。基于宏观上对植物病害发生的认识，我们可通过增加现代农业生态系统的生物多样性来控制植物病害。近年来，我国利用生物多样性控制农作物病害取得了重大突破。利用遗传多样性控制稻瘟病，利用玉米、马铃薯、小麦、大麦物种多样性控制主要病害的研究及应用，在理论研究上创新了植物病害生物防治的新领域；在实践应用上收到了很好的控病效果，标志着我国在植物病害生物防治理念和实践方面取得了新的进展。

3. 利用植物微生态系控制植物病害

从植物微生态系角度上来看，植物体表、体内微生物的组成、功能、演替的相互之间及其与宿主植物间相互关系构成了植物微生态系(vegetation microecosystem)。植物病害的发生是微生物的病原性、宿主及环境三方面的微生态平衡的定量、定性、定位及寄主的转化结果，即微生态失调过程的一种表现。研究植物微生态系，对我们从微观上认识植物病害的发生具有重要意义。基于对微生态失调而导致植物病害的发生的认识，通过从植物体表、体内分离所得的有益微生物，研制出微生态制剂用于植物病害的生物防治，有效调节寄主、微环境、病原微生物和非病原微生物的生态平衡，从而控制植物病害。陈延熙教授提出的植物体自然生态系概念以及据此而创制的"增产菌"，该微生态制剂对植物有益、对病原物有害，通过改善植物自然生态系，以达到提高作物产量的目的。据统计，全国有 30 个省（自治区、直辖市）的 54 种作物上已使用了增产菌，累积面积达 2620 hm^2，取得了良好的生产效益、经济效益和社会效益，为植物病害生物防治提供了新的控病原理和应用途径。

4. 利用自然界微生物间"寄生链"及相生相克控制植物病害

生态系统中生物间存在"食物链"（或"营养链"）的关系。在植物病害系统中，也存在类似的"食物链"的关系，即植物—病原物—重寄生物的"寄生链"关系。在植物病害生物防治机制中，这种重寄生物对病原物的寄生关系被称为重寄生现象（hyperparasitism）。自然界中，重寄生现象十分普遍，尤其是真菌对真菌的重寄生（亦称菌寄生）。探明这种"寄生链"关系，可利用重寄生现象控制植物病害。例如，锈菌寄生孢 *Sphaerellopsis filum*＝*Darluca filum* 和锈生座孢 *Tuberculina* spp. 对锈菌，白粉寄生孢 *Ampelomyces quisqualis* 对白粉菌，盾壳霉 *Coniothyrium minitans* 对核盘菌的重寄生等。

自然界微生物间相生相克，抗生、竞争、捕食和溶菌作用也十分普遍。有益微生物由于产生抗生物质或有毒代谢物，对生存于同一环境中的病原物的生长发育具有抑制作用。例如，荧光假单胞菌 *Pseudomonas fluorescens*、芽孢杆菌 *Bacillus* spp. 可产生多种抗生素对病原菌有较强的杀伤作用。放射土壤杆菌 *Agrobacterium radiobacter* K84 菌系通过产生抗菌物质抑制根癌农杆菌 *A. tumefaciens* 的致瘤作用。竞争性微生物可以通过快速生长和繁殖而夺取水分、养分、消耗氧气和占领空间等，削弱、抑制、排除同一生境中的病原物，如荧光假单胞菌 *P. fluorescens* 产生的嗜铁素络合根围铁离子，使病原菌得不到足够的铁素营养导致生长发育受到抑制。非致病的镰刀菌 *Fusarium* 和木霉 *Trichoderma* 防治镰刀菌 *Fusarium* sp. 所致枯萎病，其生防机制包括了对碳、氮和铁的竞争。抑制性土壤中常发生因细菌的活动而促使病原菌疫霉 *Phytophythora* 和腐霉 *Pythium* 孢子囊和菌丝的溶解。

（三）确保现代农业的生态环境和食品安全

生态环境安全的提出始于 20 世纪 90 年代后期，指生存和发展所需的生态环境处于不受或少受破坏与威胁的状态。2000 年《全国生态环境保护纲要》首次将生态环境安全作为环境保护的目标，纳入国家安全的范畴，表明了党和国家对生态安全问题的高度重视。生态环境安全关键在于确保各种重要的自然要素的生态功能，特别是维护生态平衡的功能得到正常发挥。从农业生产中植物保护的角度出发，生态安全主要包括以下几个方面。

1. 资源安全

资源安全系指人类赖以生存的资源。生物多样性是重要的生物资源，是生态稳定的基础。生物多样性是所有生物种类、种内遗传变异和它们与生存环境构成的生态系统的总称。生物多样性包含遗传多样性（genetic diversity）、物种多样性（species diversity）和生态系统多样性（ecosystem diversity）。遗传多样性是生物多样性的内在形式，物种多样性是生物多样性直观的体现和核心，生态系统多样性是生物多样性的重点。保护生物多样性，一方面，生物多样性是人类开发应用生物资源的宝库，特别是植物和微生物资源，它们既是农业生产的物种、基因资源，也是植物病害生物防治的重要生防资源；另一方面，生物多样性有利于生态的稳定性，确保各种重要生物资源的生态功能，有利于充分发挥它们在生态系统中自然调控的作用。在生态系统中生物资源越丰富，群落结构越复杂，各种群间的数量关系越趋于稳定，单种群(如病原物)突然大量增加的可能性就越小。

2. 环境安全

环境安全是保护人类赖以生存的环境，是人类生存繁衍之必需。滥用化学农药所带来的环境污染问题已成为人们日益关注的焦点。生物防治与保护环境的一致性在于不产生残留、抗药性和再增猖獗(“3R”)问题，可大大减轻农药对环境造成的不利影响。

3. 生物安全

生物安全指生物系统的稳定与健康。在植物病害生物防治中，无论是将来源于自然生态系统的有益微生物，经繁殖增量后，再释放回归到自然，还是通过利用生物多样性，植物微生态系增加生物系统的生物种类和诱导抗病性，均有利于生物系统的稳定。生物防治对其他生物相对安全，特别对人类相对安全，有利于生物系统的稳定与健康。

就植物病害防治而言，食品安全主要是指应用化学农药所带来的食品安全问题。利用生物防治方法防治植物病害，并与其他防治方法相结合，逐渐减少或取代化学防治，从而减轻或杜绝了化学防治所带来的农药残留和“3 致”问题。

(四) 实现植物病害的绿色、可持续控制

植物病害生物防治的原理、机制和途径是多方面的。从原理上，生物防治针对植物病害发生三角关系中的三个要素，即直接作用于病原物，对植物进行保护、促生及诱导抗病性和改善生态环境。从机制上，生物防治利用抗菌(包括微生物代谢产物的拮抗作用和抑菌植物的代谢产物)、重寄生、竞争、捕食和溶菌等作用，提高植物抗病性和生态调控。从途径上，生物防治除作为植物病害防治方法之一应用外，还可与农业防治、物理防治和化学防治等方法相结合，从而提高防治效果，使植物病害的防治向着绿色、可持续控制方向发展。

二、植物病害生物防治存在的问题和展望

(一) 植物病害生物防治存在的问题

1. 主观存在的问题

植物病害生物防治学作为植物病理学的一个分支学科，其自身发展的历史短，所存在的问题是发展中的问题，而不是自身的不可克服的问题。存在的问题中，主要是人的问题，表现在以下几方面。

(1) 在观念上，对生物防治的重要性认识不够。人们没有从保护生态环境、无公害生产和农业的可持续发展的高度认识生物防治的重要性，而仅作为一种防治方法来对待。

(2) 在研究上，对生物防治投入的人力和财力不够。从事生物防治研究的人员在数量上严重不足，对生物防治的研究经费投入较少，导致应用基础研究薄弱。

(3) 在应用上，对生物防治研究成果的转化不够。大多研究成果，仅停留在室内研究和田

间的初步防效，没有形成制剂和登记为生物农药。

(4) 在防效上，评价的科学性不够。人们习惯上将评价化学农药防效的标准，用于评价生物防治的防效，因而简单、不客观和不科学地得出生物防治不如化学防治防效的结论。

2. 客观存在的问题

生物防治在应用基础、实践方面也存在一些亟待解决的问题，主要表现在以下几方面。

(1) 效果不稳定，主要表现为不同时间、不同地点使用效果不稳定。其原因是在应用活体微生物时，由于大多数生防菌是在试验条件下筛选的，与田间自然条件有很大区别，这些生防菌在田间施用后往往因定殖能力弱，形不成足够的生物群体而降低防效。这成为大规模商品化应用于农业生产的一个最大制约因子。引起这一问题的原因很多，涉及寄主植物、细菌、病原与土壤环境等因子。

(2) 菌株不稳定，菌株自身退化，活菌制剂田间应用时常受到温度、湿度、土壤 pH 等外界因素的影响，导致防治效果不稳定。

(3) 抗药性差，在试验条件下，有的生防菌生防效果不错，但往往由于田间残留的农药或施用农药后，种群数量迅速下降。

3. 解决问题的途径

(1) 树立绿色植保的观念。绿色植保是植物保护的发展方向，生物防治是绿色植保的重要内容。树立绿色植保的观念，可恢复与重建以自然控制为核心的农业生态系统，有利于无公害、绿色和有机食品生产。

(2) 加强应用基础研究。不断深入发掘生防资源，筛选具应用前景的生防菌株。生防菌株的混配与复配，解决生防菌不稳定，提高其定殖水平与防治效果。应用分子生物学技术将菌株的抗性基因应用于生物农药生产，生产出新一代生物农药。

(3) 壮大研发队伍。壮大研究和应用开发队伍、培养更多专门人才是植物病害生物防治加速发展的基础，将有助于深化、拓宽研究领域、成果转化和推广应用。

(4) 加大经费投入。各级政府部门、公司应加大植物病害生物防治的经费投入。这是生物防治加速发展的物质基础。

(二) 植物病害生物防治的展望

植物病害生物防治已经历了百余年的发展，纵观其发展史，植物病害生物防治学伴随着植物病理学、生态学、分子生物学、生物多样性、植物微生态的发展而发展，在理论和实践上均取得了可喜的成就。随着人类对生态环境、食品安全问题的日益关注，植物病害生物防治已成为当今的热点，展示出广阔的前景。

1. 植物医学与植物病害生物防治学

1956 年，德国 Braun 首次提出了“植物医学”(phytomedicine)的概念，Grossmann(1971)对植物医学做了详细的论述。他认为保护植物应该像医生保护患者那样，以保护对象为核心，而无论是来自生物因素还是非生物因素对植物的伤害造成生理失调，都是植物病害。因而，从医学的角度，保护植物的健康、增强免疫力、补偿和耐害能力尤为重要，体现以植物为中心的植物保护，而有别于以病原为中心的植物保护。

在我国，中西医结合用于人类疾病的预防和治疗，形成了具有中国特色的人类医学，受到了国人的信赖和全世界的逐渐认同。西医(western medicine)建立在人体解剖学、血液循环、细胞病理学、形态病理学和免疫学实验科学基础上，中医(traditional Chinese medicine)则是基于“阴阳五行学说”的中国的传统医学。中医治病的原理认为相互滋生又相互制约的关系，在不断的相生相克运动中维持着动态的平衡是生病和治病的基本原理。虽然人类医学和植物医学有着许多不同，但从医学的角度都能借鉴。将中西医结合成功应用于人类医学的经验，用于植物医学同样可行。在植物病害生物防治中，与人类医学有较多的相似性，如直接作用抑制和杀死病原物(抗生作用)，维系有益微生物与病原物在植物体外(生防菌，如重寄生)、植物体内(内生菌)和土壤生态系统的动态平衡及诱导植物抗病性(弱致病菌和弱毒株系)等是生物防治植物病害的主要原理和机制，这与人类医学针对病因的药物和抗生素治疗，接种疫苗诱导免疫机制，调理人体内动态的平衡相似。因而，从植物医学的角度，植物病害生物防治可借鉴中西医结合防病治病的特色，在理论和实践上不断探索和创新，形成具有中国特色的植物病害生物防治。

2. 生态学与植物病害生物防治学

生态学是植物病害生物防治学的重要基础。从植物病害发生的角度，我们将植物病害系统视为生态系统中的一个子系统，从生态系统的角度认识和分析自然植物病害系统“三角关系”和农田植物病害系统“四角关系”中病害发生的相互关系与特点，这不仅有利于从生态系统的角度认识病害发生，也有利于拓宽植物病害生物防治的思路和途径。从植物病害防治的角度，我们将植物病害生物防治视为生态自然调控的内容，从生态系统的角度将生物多样性利用和植物微生态系平衡作为植物病害生物防治的机制，从宏观和微观上恢复与重建以自然调控为核心的生态系统，实现植物病害的自然生态调控。

3. 分子生物学与植物病害生物防治学

分子生物学的飞速发展为植物病害生物防治学提供了新的理论和技术。应用分子生物学技术，为我们揭示植物病害发生中植物-病原物互作体系的分子机制提供了全新的方法。同时，也为我们研究植物-病原物-生防菌互作体系，揭示生防菌的分子机制提供了全新的手段。利用分子生物学技术揭示生防机制、生防微生物有益基因利用与遗传改良、增强拮抗活性、扩大防治对象、诱导或激活植物产生抗病性和新一代微生物农药的分子设计与开发等方面。将分子生物学技术用于植物病害生物防治，将促进植物病害生物防治学在机制及应用等方面的快速发展。

小　　结

植物病害生物防治学已发展为植物病理学的一个分支学科。本章阐述了植物病害生物防治的定义、性质、任务和内容。植物病害生物防治学经历了百余年的发展，特别是从 20 世纪末以来，在理论及应用上取得了巨大的成就。植物病害生物防治是利用有益生物的活体(微生物、动物)及其代谢产物和抑菌植物提取物的抗菌、重寄生、竞争、捕食和溶菌等作用及诱导抗病性，从而控制植物病害的方法。因其具有对生态环境友好、生态安全的特点及符合绿色植保和可持续发展的理念，决定了其在 21 世纪植物病害防治中的重要性及成为发展方向，展示出广阔的应用前景!

复习思考题

1. 植物病害生物防治的定义、性质、任务和内容是什么?
2. 如何从生物防治的发展看其未来和前景?
3. 如何理解生物防治具有对生态环境友好、生态安全的特点及符合绿色植保和可持续发展的理念?
4. 目前植物病害生物防治存在的问题和解决的途径是什么?

主要参考文献

蔡元呈. 2002. 植物微生态学与植物微生态制剂的应用. 中国生态农业学报,10(2):106-108.

丁伟. 2000. 面向 21 世纪的植物医学. 植物医生,13(1):4-6.

董汉松. 1995. 植物诱导抗病性原理和研究. 北京:科学出版社.

管致和. 1995. 植物保护概论. 北京:北京农业大学出版社.

金鉴明,卞有生. 2002. 21 世纪的阳光产业——生态农业. 北京:清华大学出版社.

鲁素芸. 1993. 植物病害生物防治学. 北京:北京农业大学出版社.

聂亚锋,刘永锋,李德全,等. 2008. 海洋细菌 PY2sw21 产生的抗菌物质及其抑菌活性. 植物保护学报,35(4):373,374.

邱德文. 2004. 微生物蛋白农药研究进展. 中国生物防治,20(2):91-94.

吴云峰. 2008. 植物病虫害生物防治学. 北京:中国农业出版社.

谢联辉. 2006. 普通植物病理学. 北京:科学出版社.

Baker K F. 1987. Evolving concepts of biocontrol of plant pathogens. Annu Rev Phytopathol,25:67-85.

Baker R. 1968. Mechanisms of biological control of soil-borne pathogens. Annu Rev Phytopathol,6:263-294.

Burges H D. 1981. Microbial Control of Pests and Plant Diseases 1970-1980. London:Academic Press.

Cindy L,Jaco V. 2002. Endophytic bacteria and their potential applications. Critical Reviews in Plant Sciences,21(6):583-606.

Cook R J,Baker K F. 1983. The Nature and Practice of Biological Control. St. Paul MN:APS Press.

Hokkanen M T, Lynch J M. 1995. Biological Control: Benefits and Risks. Cambridge: Cambridge University Press.

Kloepper J W, Leong J, Teintze M, et al. 1980. Enhanced plant growth by siderophores produced by plant growthpromoting rhizobacteria. Nature,286:885,886.

Ligon J M,Hill D S,Hammer P E,et al. 2000. Natural products with antifungal activity from *Pseudomonas* biocontrol bacteria. Pest Man Sci,56:688-695.

Sandys W C, Whipps J M, Gerlagh M. 1993. World distribution of the sclerotial mycoparasite coniothyrium minitans. Mycological Research,97(10):1175-1178.

van Loon L C,Bakker P A H M,Pietrse C M J. 1998. Systemic resistance induced by rhizosphere bacteria. Ann Rev Phytopathol,36:453-483.

Wilson C L,Wisniewski M. 1989. Biological control of postharvest diseases of fruits and vegetables; an emerging technology. Annu Rev Phytopathol,27:425-441.

Yang Z,Wang K,Wu J. 2000. The statusand prospects of indus trialization of bacillus thuringiens is insecticides in China. Microbe Pesticides and its Industrialization. Beijing:Science Press.

第二章　植物病害生物防治与植物体生态系

第一节　植物病害系统

根据系统学的观点，植物病害是在环境影响下病原物和寄主植物通过寄生作用构成的系统，Robinson(1976)将这个系统称之为植物病害系统(plant pathosystem)。在农业生态系统中，植物病害系统是作物生态系统的组成部分或称子系统(图 2-1)。

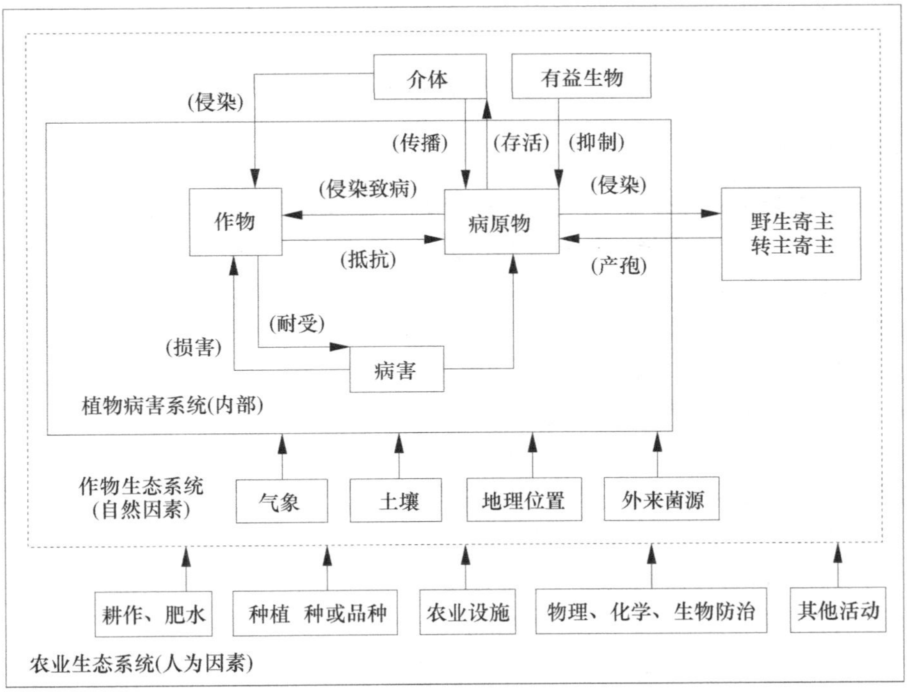

图 2-1　植物病害系统在农业生态系统中的层次(仿肖悦岩等，1998)

植物病害系统是农业生态系统的组成部分，会随着农业生产水平的变化而变化。在农业生产的不同阶段，植物病害系统的内涵差异很大，因此出现了多种类型的植物病害系统。

一、自然植物病害系统

在自然生态系统中或古代原始的农业生态体系中，植物病害发生很轻，对作物的生产影响不大，主要原因是自然界中的生物多样性程度高，各生物种群(包括病原物)以互惠、共栖或拮抗共生关系协调生存，生物种间和种内遗传上的多样化也限制了植物病害的严重发生。这种原始农业生态体系中的植物病害系统称为自然植物病害系统(nature plant pathosystem)。这是一种自发的系统，其中人为的影响不大。植物病害的发生，取决于病原物(寄生物)、野生植

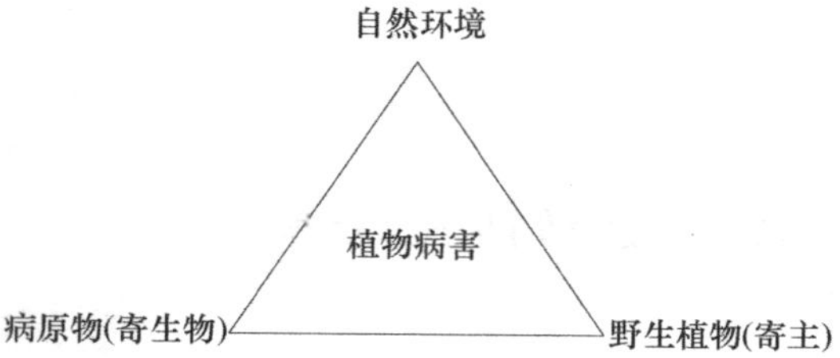

图 2-2　病害三角

物(寄主)和自然环境,三者构成了植物病害的三角关系,称之为病害三角(图 2-2)。

自然植物病害系统是相对平衡和稳定的系统。现在一些原始森林和天然草原中,虽有多种病害经常零星发生,却很少出现某种病害的大流行。就是因为这种自然生态系统中多种植物交杂混生,植物的种间、种内异质性有效遏制了病害的流行。同时,植物病害的扩展还因一些自然屏障(如高山、沙漠)的隔离而受到地区性的限制,这样就使某种病原物与其寄主共存于同一地域。在长期的进化过程中,寄主和病原物相互作用、相互适应,各自不断变异而又相互选择,病原物发展出种种形式和程度的致病性,寄主植物也发展出种种形式和程度的抗病性,即协同进化(co-evolution),从而达到一定的动态平衡。

自然植物病害系统的特点是:①某一种寄主植物非大面积连续分布;②植物种类(含寄主和非寄主)和病原物种类多样化;③寄主与寄生物物竞天择,适者生存,遵循生物种群演替规律;④寄生物群落和寄主植物群落处于动态平衡中,病害发生很轻,很少流行。

二、农田植物病害系统

随着人类社会的进步和农业生产的发展,原始农业逐渐向传统农业转变。首先,是人们对自然植物的选择和改良,寄主植物被改变为作物品种;其次,人们开始有目的的栽培种植,产生了农田,某一作物的种植面积不断扩大;再者,人们的农事活动随着认识的提高逐渐进步,开始了耕作、施肥、除草等一系列的技术操作,从而使农田环境、生物界内的生物构成发生了很大的变化,自然生态系统变为农业生态系,随之自然植物病害系统变为农田植物病害系统或称为作物病害系统。由于人类活动介入农业生态系统,在病害的三角关系中也增加了人的因素,这样就构成了植物病害的四角关系,或称病害四角(图 2-3)。

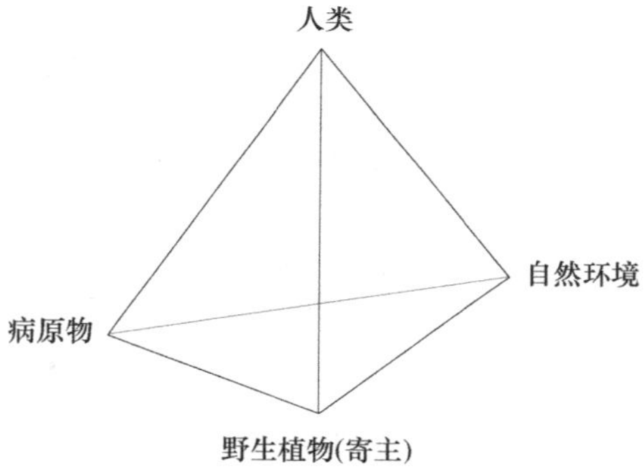

图 2-3　植物病害四角关系

在传统农业的早期阶段,虽然植物病害系统受到人类活动的影响,但由于种植规模小,作物品种异质性丰富,栽培管理粗放,农业生产水平较低,病原物和寄主植物群体基本上还处于动态的平衡之中,病害发生程度较轻。这个时期的植物病害系统称之为传统植物病害系统(traditional plant pathosystem)。

然而,随着科学技术的加速发展和农业生产水平的不断提高,集约化农业体系逐渐代替了传统农业生产体系。人类活动对农业生态系统的影响越来越大。各种生物群体间和生物群体内平衡发展的情况已不存在,通过选种使作物的产量水平和抗病性有所提高,但寄主种和品种减少了,病原物群体结构也发生了改变,使得农田生态平衡(包括病原物群体和寄主植物群体的动态平衡)受到干扰和破坏,一些植物病害的发生越来越重。由于栽培条件的改变,如施肥、灌水、密植、农药的使用等,使农田环境也发生了巨变。传统的植物病害系统过渡到现代植物病害系统(modern plant pathosystem)。

在现代农业生产过程中，大面积种植的作物种类越来越少，而且品种的单一化、遗传上同质化趋势日益明显，寄主群体的遗传弹性越来越小，导致病原物选择压力增大，不断产生致病力更强的种群或小种。同时，多年连作、高密度、高水肥的农田环境给病害发生和流行创造了十分有利的条件。例如，1970 年美国玉米小斑病大流行被认为是人为因素造成的结果。当时 80%以上的美国玉米品种带有 T 型细胞质，导致对 T 型细胞质毒性强的玉米小斑病菌 T 小种成为绝对优势小种，造成玉米小斑病大流行。小麦白粉病在 20 世纪 70 年代之前在我国还是一种次要病害。70 年代后因种植的小麦品种由抗性较好、产量较低的农家品种改为高产、矮秆的感病品种，加上水肥条件的改善、种植密度的不断提高，白粉病发生日益严重，80 年代后成为小麦的主要病害，多次在我国小麦主产区暴发流行。另外，引种和农产品贸易活动不断地将病原物引入无病区，导致一些病害的流行波动幅度增大，流行频率增高，流行程度加重。

农田植物病害系统的特点是：①某一种寄主植物或品种大面积种植，作物种类、品种和病原物种类逐渐减少，生物多样性丰富度减低；②农田环境发生较大改变，常年连作，大量施用肥料特别是化学肥料，种植密度增加，灌溉面积扩大，有利于病害发生；③寄生物群落和寄主植物群落的动态平衡被打破，病害发生加重，经常流行。

三、设施植物病害系统

设施栽培又称保护地栽培，它是相对大田露地栽培而言，在自然界不适于作物生产的寒冷季节或炎热多雨夏季，利用保温防寒或遮光防雨设施，在人为创造适于作物生长发育的小气候条件下进行的一种栽培方式，构成了设施植物病害系统。设施栽培采用现代化农业工程和机械技术，改变了自然环境，为作物生产提供相对可控制，甚至最适宜的温度、湿度、光照、水肥和气体等环境条件，在一定程度上摆脱对自然环境的依赖，具有高投入、高技术含量、高品质、高产量和高效益等特点。近年来，各类型玻璃温室、塑料大棚、连栋大棚、日光温室等设施农业发展迅速，已经成为一种重要的作物栽培方式。

保护地作物栽培具有以下特点。①需有特殊的保护设施，能保温、增温或遮光、防雨、降温。②一般是全程或半程在人工创造的小气候条件下生产的，设施里的光照、温度、水分、气体和土壤条件与露地不同。③需要特殊的品种和栽培管理技术。品种要能适应保护地里的通风不足、弱光、高温、高湿等环境条件；栽培管理上不适于大规模机械化种植，需要投入更多人力；通风和保温（降温）管理，施肥和灌水方式、次数，种植时间和栽培方式等都与大田露地栽培有很大不同。④由于投入较大，费工较多，多种植经济价值高的蔬菜和果树作物。

由于其独特的栽培管理方式和环境条件，设施栽培条件下的植物病害系统是一种特殊的植物病害系统。在设施植物病害系统中，植物病害的发生有以下特点。①病害发生程度较重。由于多年重茬种植、复种指数高和特殊的环境条件，病菌易存活积累，病害往往发生比一般大田更加严重。②病害种类与大田露地种植有所不同。土传病害如根结线虫病、枯萎病、菌核病，弱光性病害如灰霉病、叶霉病和白粉病，高湿性病害如霜霉病、疫病、炭疽病和细菌性角斑病，生理性病害如肥害、药害、徒长、灼伤、缺素等，以及番茄曲叶黄化病等病毒病发生比一般大田发生严重。③由于环境条件适宜，病害流行速度快。例如，黄瓜霜霉病在露地流行一般需要 10 d 以上，而在日光温室中 5～7 d 即可流行。

保护地栽培的特殊环境条件的特殊性也可以用来控制病害的发生。例如，利用高温闷棚防治黄瓜霜霉病，利用夏季高温处理土壤减轻土传病害，利用避雨栽培防治葡萄白腐病和霜霉病，利用防虫网控制病毒病等。

四、贮藏植物病害系统

一些作物如果树、蔬菜在采收后贮藏过程中也会发生一些病害，甚至造成严重的经济损失。果蔬贮藏保鲜方法很多，包括低温贮藏法（如利用自然冷源进行窖藏、沟藏、通风库藏、冻藏、防空洞藏，或利用低温冷库贮藏等）、控温贮藏（如甘薯窖藏等）、气调贮藏法（如降氧贮藏、硅窗气调、减压贮藏等）、干燥贮藏（如粮食和种子贮藏等）、药物防腐保鲜贮藏法（利用杀菌剂、植物生长调节剂、防腐剂处理等）、辐射和电磁处理保鲜贮藏法等。

在贮藏条件下，由于作物贮藏器官（果实、块根、块茎、种子、茎叶等）离开母体，同时处于一个特殊的温度、气压、理化环境条件下，植物病害的种类和发生流行规律显著不同于田间，构成一个非常独特的贮藏植物病害系统。其具有如下特点：①寄主不同于一般大田。一方面可以贮藏的作物种类有限，多是一些果树、蔬菜和薯类作物；另一方面贮藏器官只是植物的一部分，而不是整个植株。同时，这些贮藏器官是在离开母体情况下，也不同于大田。②病原物种类不同于一般大田。贮藏期病害主要是腐生性较强的真菌性病害和细菌性病害，并以真菌性病害为主，如苹果的轮纹病、褐腐病、霉心病和青霉病，柑橘的青霉病、绿霉病和蒂腐病，葡萄的灰霉病和炭疽病，甘薯的软腐病、黑斑病和干腐病，白菜的软腐病等。一般没有专性寄生菌引起的病害。有些病原物来自于田间侵染或贮藏器官本身，如苹果的轮纹病和霉心病等；有些病原物来自贮藏环境，如灰霉病、青霉病和软腐病等。③病害发生环境与大田有显著区别。无论是低温贮藏、控温贮藏、调气贮藏或减压贮藏，还是物理或化学处理后再贮藏，贮藏器官所处的环境完全是人为控制的，显著不同于农田环境条件。④人的作用对贮藏条件下植物病害系统影响很大。贮藏环境本身是人为控制，其温度、湿度、光照、气压、空气成分甚至理化环境条件均是根据贮藏保鲜的需要而人为设置的，而且由于贮藏场所空间较小，在贮藏期间可以比较容易地调节其环境条件，从而影响病害的发生。

第二节　植物病害生物防治与生物多样性

一、生物多样性

生物多样性（biodiversity）是指所有生物种类、种内遗传变异及其与生存环境构成的生态系统的总称，是地球上所有物种及其与环境形成的生态复合体以及与此相关的各种生态过程和物种变异性的多样化。

生物多样性包括遗传多样性、物种多样性、生态系统多样性和景观多样性四个层次。其中，遗传多样性和物种多样性是生物多样性研究的基础，生态多样性是生物多样性研究的重点。遗传多样性是指地球上所有生物携带的遗传信息的总和，是生物多样性的内在形式。所谓保护生物多样性最终是要保护其遗传多样性，因为一个物种的遗传稳定性和进化潜力依赖其遗传多样性，而物种的经济和生态价值也依赖其特有的基因组成。物种多样性是指地球上所有生物物种及其各种变化的总体表现，是生物多样性最直观的体现，不仅体现了生物之间以及生物与环境之间的复杂关系，也体现了生物资源的丰富性。物种多样性既是遗传多样性分化的源泉，又是生态多样性形成的基础；是反映群落结构和功能特征的有效指标，也是生态系统稳定性的量化指标。生态系统多样性是指生物圈内生境、生物群落和生态过程的多样性以及生态系统内生境差异、生态过程变化的多样性。景观多样性是指由不同类型景观要素或生态系统构成的空间结构、功能机制和时间动态方面的多样化或变异性，是景观水平上生物组成多样化程度的表征。目前，有关遗传多样性、物种多样性以及生态系统多样性等层次上的研究工作比较深入，而景观多样性及其与其他层次生物多样性之间的跨尺度综合研究则起步较晚。近年来，景观多样性的研究越来越受到人们的重视，因为景观多样性不仅是人类经济活动的资源和开发对象，而且具有生态的、历史的、社会的和文化的等多重内在价值。

生物多样性是农业可持续发展的前提。遗传多样性和物种多样性为农业提供了适应变化和维持生产的能力，生态系统多样性为农业提供了可持续发展的条件。我国学者郭辉军等(1995)将生物多样性分为自然生物多样性和农业生物多样性。自然生物多样性是农业生物多样性的基础，农业生物多样性是指食物及农业生产相关的所有生物的总称，包括农业种质资源与基因多样性、农田生物物种多样性(包括半家化栽培种、栽培种和受到管理的野生种)、农业产业结构多样性和农业景观多样性。在保护农业生物多样方面，早期的研究关注的更多是农业物种和基因多样性的调查、收集、保存和保护等。目前，农业生态系统多样性及其保护已逐渐成为农业生物多样性研究的热点。

农业生物多样性是农业产业发展、资源开发、种质资源保存和利用、生物安全等的重要物质基础，为人类提供食物和其他农产品，为资源型产业提供有效的资源，为农作物品种改良提供优质基因，为有害生物提供多样化的天敌等。在农业生态系统中，不同农业生物占据不同的生态位，在自然选择和人工选择的压力下，彼此通过中立、栖生、互生、共生、助生、竞争、拮抗等互作方式使多种多样的生物种群得以延续共存。从农业生物多样性结构和稳定性变化来分析植物病害，可认为植物病害的严重发生是农业生态系统中生物多样性的结构和动态平衡失调引起的，造成这种变化的原因包括寄主植物品种的组成和布局、病原物数量及其致病性的变异(遗传多样性变化)、正常微生物种群及其生态环境变化等。对于自然生态系统而言，构成它的各个因素均处于彼此协调、相互适应状态，保持着相对的稳定和平衡。当系统中某一因素(如有害生物)增加时，其他抑制因素(如天敌、非靶标生物、拮抗生物等)也随之增加，最后因天敌、非靶标生物以及拮抗生物的竞争等导致有害生物的食源或生态位降低，从而使生态系统恢复到新的平衡状态。例如，自然生物防治(natural biological control)中植物病害(如小麦全蚀病、根结线虫病)的自然衰退现象就是自然生态系统自我调节的典型例证。目前，小麦全蚀病、多种作物枯萎病以及至少有 6 种胞囊线虫(包括 *Heterodera* spp. 和 *Globodera* spp.)和 1 种根结线虫(*Meloidogyne* spp.)被发现在连作或多年生作物上种群数量自然下降，即发生自然衰退现象。从寄主植物和病原物的角度来说，寄主植物群体和病原物群体的遗传异质性(遗传和种群多样性以及种群布局的差异性)是植物病害可持续控制的基础，自然选择和协同进化是动力。因此，充分利用农业生态系统中各种生物之间相生相克的关系，即利用生物多样性来持续控制植物病害对粮食安全和农业可持续发展具有重要意义。

二、生物多样性与植物病害生物防治

在保护生物多样性和维持农业生态系统结构及功能稳定性的前提下，有效控制植物病害的发生和流行，是植物病害生物防治在农业生产实践中的终极目标。从这个意义上讲，植物病害生物防治是农业生物多样性保护的具体措施和内容之一。纵观农业发展的整个过程，基本上是依靠生物多样性控制有害生物的过程，利用化学农药控制农业植物病害不过 100 余年的时间。即使在当今的地球生态系统中，有害生物仍然是以生物多样性控制占绝对主导地位。以中国为例，在 960 万 km^2 的国土上，133 万 km^2 林地、267 万 km^2 草地以及 367 万 km^2 未利用土地中的有害生物，极少用农药去控制。只是在约 131 万 km^2（约占国土面积 13.7%）的耕地和园地上，主要用农药（包括生物农药）控制有害生物，然而，在同样的耕地和园地中，还有因各种因素而不能使用或很少使用农药的。例如，在离村庄较远的耕地中，因管理不便及病害较少，一般平均每年用药不到一次。由此可见，生物多样性是有效控制植物病害的自然“良方”，其控制植物病害发生、发展和流行的原理为现代生物防治理论的形成奠定了基础。

自古以来，有害生物一直是困扰农业生产的重要因素。在化学农药问世之前，农业有害生物与自然天敌群体始终处于自然消长和动态平衡的状态。随着化学农药的大量施用，化学肥料施用水平的提高以及遗传性单一的农作物品种的大面积推广和种植，有害生物对植物的危害得不到稳定的控制，常常处于危险的暴发状态，如各种新病害不断发生，次要病害上升为主要病害，复合侵染现象日益严重等。其原因是由于农药的大量施用，不仅针对性地杀死了主要有害生物，同时也杀死或杀伤了自然天敌、拮抗生物以及中立生物等，使次要或具有抗性的有害生物逐渐积累而大量发生，此时没有相应的生物多样性（多种天敌或拮抗生物）的自然抑制，迫使人类采用毒力更强、频次和用量更大的农药去控制，如此恶性循环，造成更加严重的环境污染和“3R”等生态和社会问题。因此，我们必须充分利用农业生态系统中生物多样性，即多种生物间相生相克的关系来持续控制农业有害生物，才能摆脱有害生物越治越多、越多越治、化学农药用量越来越大或毒力越来越高、环境污染越来越严重的被动局面。

在长期的农业生产实践中，人们已自觉或不自觉地利用生物多样性来控制农作物病害。早在 1872 年，达尔文就观察到小麦混种比种植单一品种产量高且病害少的现象。20 世纪 80 年代，德国、丹麦和波兰等国成功运用大麦混合品种有效控制了大麦白粉病在本国的发生和流行。20 世纪 30 年代，大豆胞囊线虫给美国大豆生产带来几乎毁灭性的损失，通过引种我国的“北京黑小豆”并将其与当地品种混播，解决了豆胞囊线虫严重危害的难题。我国劳动人民也有作物间作套种的耕作经验，如玉米与大豆间作、玉米与花生间作可增产增收，且玉米叶斑病也可明显减轻。近年来，我国利用生物多样性控制农作物病害取得重大突破，特别是云南农业大学在利用水稻品种遗传多样性控制稻瘟病方面成效明显。他们系统研究了利用水稻遗传多样性控制稻瘟病的基本规律和原理，建立了利用水稻遗传多样性控制稻瘟病的技术体系，推广应用后产生了巨大的生态、经济和社会效益。在此基础上，该课题组还发明了玉米、马铃薯、小麦、大麦物种多样性控制主要病害的四项专利技术。试验结果表明，这些新技术对蚕豆锈病、蚕豆褐斑病、小麦锈病等病害的平均防效达 41.5%～63.8%，对玉米叶斑病、魔芋软腐病的平均防效达 36.2%～62.5%，平均减少化学农药使用量 52%～61%。

第三节　植物病害生物防治与植物微生态系

一、植物微生态系

植物病害防治必须考虑发病部位微生态系的功能与结构，因为植物病害的发生都是由于存在着不同程度的微生态系失调或菌群失调，包括苗期病害、成株期病害和贮藏期病害。植物微生态系(plant microecosystem)是植物体表、体内的正常微生物群与其宿主植物的细胞、组织和器官及其代谢产物为环境，在长期进化过程中形成的、能独立进行物质、能量及基因相互交流的统一的生物系统(biosystem)。植物微生态系是植物个体与其所携带的全部正常微生物群的统一体。这与生物体与生物圈和地球的统一体相对应，只是层次不同。植物微生态系与宏观生态系的重要区别在于植物微生态系最大的生态空间是植物个体，而宏观生态系最大的生态空间是地球。微生物与植物的关系极为密切，绝大部分是非致病菌和有益的正常微生物群落，它们与植物体组成微生态系统。这个系统是动态变化的，具有一定的特异性、区域性和层次性。植物微生态系分为以下 3 个层次。

(1) 总微生态系：指整个植物个体所包容的正常微生物群所组成的总生态系，总微生态系相当于地球上的生物圈。

(2) 大微生态系：大微生态系也叫综合微生态系，包括许多个微生态系，如根部大微生态系包括主根、侧根、根毛等微生态系。

(3) 微生态系：理论上的单一微生态系，是大微生态系的亚结构，如根可划分为侧根、根毛等单一微生态系。

植物微生态系中的微生物分为两大类，即习居菌和暂居菌。植物体不同的微生态空间都有习居菌和暂居菌，这些微生物组成的特异性是在共同进化中形成的。习居菌是固定的经常生活在植物体细胞、组织和器官内的微生物菌群，故又称为常驻菌(resident)或原籍菌(autochthonous microbes)；暂居菌是偶尔进入或人为引进的，又称引进菌(introduced microbes)或外籍菌(allochthonous microbes)。植物微生态系中，研究较多的微生物是根际(围)微生物、气(叶)围微生物、内生微生物等。

(一) 植物根际(围)微生物

根围(rhizosphere)一词来自希腊字的 rhiga，即“根”的意思，sphere 是表示区域范围。根据德国微生物学家 Hiltner 研究豆科植物时发现根周围土壤中的细菌种类要比远离根的土壤中多，而且活跃的现象，在 1904 年，对这个特定区域正式采用了“根围”(或根际)一词来表示。他将根际定义为根系周围受根系生长影响的土体，而将根际土壤区域内的微生物种群统称为根际微生物(rhizosphere microorganism)。相对应，Clark 于 1942 年提出了“根面”(rhizoplane)的概念，他认为根的表面是不同于根围的一种特定微生物生境。总之，根际微生物和根面微生物都是植物根部微生物。根际(R)微生物在数量和质量上都与非根际(bulk soil＝S)微生物存在差异，植物根际的微生物多而活跃，构成根际特有的微生物区系。根际土壤微生物在数量上比非根际土壤中微生物高出几倍至几十倍，个别细菌群高达上千倍(平板计数)，被称为根土比，比值一般在 10∶1～20∶1，这种差异称为“根际效应”(rhizosphere effect，R/S effect)。这个比值的高低取决于植物的种和品种、生长发育阶段、栽培管理以及理化环境等，表示植物根系对微生物的影响程度。

根际微生物以细菌为主。细菌中革兰氏阴性菌占优势，常见的有假单胞菌、黄杆菌、产碱杆菌、土壤杆菌和色杆菌。根际中的革兰氏阳性短杆菌、球菌、芽孢杆菌反而比根际以外少。其次是放线菌和真菌，但根际效应一般不明显。原生动物以细菌为食，在根际其数量高峰出现在细菌高峰之后。在表土以下的根际藻类很少。根际细菌中需要氨基酸营养的菌数大，生长速度快。根际中氨化细菌较多，根土比可在 100 以上，能积极分解根际有机氮化合物，但在根际中积累的无机氮化合物并不多,它们一方面被植物吸收,另一方面被微生物固定。根际内纤维分解菌也较少,分解根区脱落细胞的细胞壁纤维素。如果有硝酸盐存在,根际的反硝化作用相当强,反硝化细菌的根土比可在1000以上。植物根系的分泌物以及根系的脱落细胞,为根际微生物提供了营养。植物根分泌物有各种氨基酸、有机酸、碳水化合物等,它们都是一般腐生性细菌利用的营养物质。植物种类、品系、年龄及生理状况都影响根分泌物的种类和数量,因而也影响根际微生物的类群和数量,一般在植物初花期,根分泌物多,根际微生物数量最大。在植物生长后期,根际微生物结构也有变化,一般表现为真菌及放线菌的数量增多。

根际存在许多对植物有益的微生物种群,微生物通过分解各种有机质为植物提供氨、硝酸盐、硫酸盐、磷酸盐等营养,这种分解能力在根围要比非根围高出4～5倍。硝化细菌如亚硝化单胞菌 *Nitrosomonas* sp. 和硝化菌(nitrobacteria)把从有机质释放的氨逐步氧化为硝酸盐。其他如磷、钾、硫、钙和铁等元素的有效性也与微生物活动密切相关。在农业生态系统中充分利用这些细菌的生物学潜力将有助于减少化肥和农药的投入,促进植物生长,减轻环境污染,实现农业可持续发展。当然在植物根际中也有土著性的病原微生物,它们或是引起植物病害,或是产生有毒物质,对植物生长不利。

植物根际促生细菌(plant growth-promoting rhizobacteria,PGPR)是一类能够高密度定殖在植物根际的微生物,兼有抑制植物病原菌、植物根际有害微生物以及促进植物生长并增加作物产量的作用(胡春林等,2004)。植物根际土壤中的根瘤菌是科技界多年来关注的目标。Zakhia等从20个豆科植物分离到100多个共生固氮的根瘤菌,其中部分根瘤菌具有耐盐、耐干旱的特性。Heijden等发现将根瘤菌接种到草原植物后,根瘤菌不仅增加了植被生物量,而且还促进了植被生物多样性。研究还发现许多根际固氮菌可以进入根内,起到联合固氮作用,如粪产碱菌 *Alcaligenes faecalis*、产酸克雷伯氏菌 *Klebsiella oxytoca*、阴沟肠杆菌 *Enterobacter cloacae*、巴西固氮螺菌 *Azospirillum brasielense* 等都能存在于水稻根的皮层和维管组织内。后两者还可进入植物根内,它们的固氮能力均较强。植物根围促生细菌有一些产生植物激素的细菌,如固氮螺菌 *Azospirillum*,还有对真菌或细菌病害有防治效果的微生物,如假单胞菌 *Pseudomonas* spp. 芽孢杆菌 *Bacillus* spp. 链霉菌 *Streptomyces* spp. 等。荧光假单胞菌 *Pseudomonas fluorescence* 是最常见的生防菌,它们能产生抗生素氰化氢(hydrogen cyanide,HCN)和2,4-二乙酰基藤黄酚(2,4-diacetylphloroglucinol,Phl),对许多病原菌有抑制作用。伯克霍德氏菌 *Burkholderia* 也是一类广泛分布的根际微生物,对许多植物有促生作用,但也对有些植物也有抑制作用。植物根际微生物在其生命活动中,由呼吸作用释放出的二氧化碳或代谢产物有助于难溶矿物质的溶解,增加植物对磷及其他矿物质元素的吸收;分泌的生长激素类物质(吲哚乙酸、赤霉素等)促进植物生长;有的根际微生物分泌抗生素,可抑制植物病原微生物的繁殖。PGPR与植物间的互作可分为不同的阶段,包括最初的相互吸引、附着和定殖等。除了与植物的互作之外,PGPR还与根表和根内微生物互作,直接抑制病原菌的微生物就能预防病害。利用显微镜观察PGPR在它们的自然环境中和特定环境中与寄主植物或靶标微生物间的互作,对于阐明根际和根表微生物的功能以及应用是非常必要的。

(二) 植物叶(气)围微生物

植物叶片是进行光合作用的重要器官,因其暴露在大气中,既有不同于根的特性,又构成了特定的微生物区系。

叶围微生物(phyllosphere microbe)是指附生或寄生于植物叶部周围的微生物。研究表明,植物叶围细菌与植物病原菌具有相同的生态位,在植物-微生物复杂的微生态关系中发挥着重要作用。研究还表明,植物叶围的某些微生物可以通过拮抗、竞争、促生以及诱导植物抗性等作用来抑制植物病害的发生发展。1909年,Potter就曾提出叶面附生物(epiphytic microorganisms)与病害的关系,但并未引起植病界的重视。1911年Smith一再指出,从病组织分离细菌病原物时常因其他微生物的干扰而失败。直到1961年,Ruinen正式用叶围(phyllosphere)和叶面(phylloplane)二词来表示叶片四周及其表面的生物与非生物特殊生境,并强调其生态学意义。1981年,Blackman把叶围微生物的概念引入微生物生态学。但长期以来叶围微生物的研究并未受到人们的重视,随着叶面微生物种群直接或间接地影响叶面以至其他部位病害,这促使人们将集中于土传和根病生物防治的注意力扩展到叶部病害的生物防治,并已取得一些研究成果。

首先是叶面的拮抗性微生物,它们既可通过迅速繁殖夺取叶面病原物所需的营养,又可以产生抗生素抑制病原物。例如,对水稻白叶枯病有拮抗作用的B8菌株可以在水稻叶面定殖,且能保持一定密度抑制水稻白叶枯病的发展,但其密度易受环境条件的影响。1998年赵新华等在汕优63水稻叶片上筛选获得白叶枯病拮抗菌,其不仅对白叶枯病菌 *X. oryzae* pv. *oryzae* 具有明显的拮抗作用,而且也对其余大部分叶围微生物具有不同程度的拮抗作用,初步断定其产生的拮抗物质具有一定的广谱性。据报道,禾谷类植物的叶面常有大量的细菌和酵母,特别是生长季的前期,如叶面一种产色细菌草生欧氏杆菌 *Erwinia herbicola* 的一个菌系总是与梨火疫病菌 *Erwinia amylovora* 一起出现,并且可以产生抑制该菌的细菌素。小麦叶面的一些酵母菌具有抑制真菌叶斑病菌 *Septoria nordorum* 的作用。在生长后期,特别是即将衰老的叶面出现的某些非致病真菌,如芽枝孢 *Cladosporium* 和链格孢 *Alternaria* 的某些种,也能阻止某些死体营养病原物(如灰霉菌 *Botrytis cinerea*)建立寄生关系,从而减轻病害扩展。另外,还从苹果叶面分离筛选出对苹果黑星病菌 *Venturia inaequalis* 和毛壳菌 *Chaetomium globosum* 具有拮抗作用的微生物。张学君(1995)对新收获及市售的8个品种苹果表皮微生物区系进行分析的结果表明,每克苹果表皮上细菌和真菌的含量分别为 $4.187\times10^6\sim7.138\times10^8$ CFU 和 $2.163\times10^6\sim4.175\times10^6$ CFU;经分离纯化后得到细菌菌株273个,真菌菌株75个,并对苹果贮存期炭疽病菌和轮纹病菌进行抑菌测定,得到77个拮抗细菌和20个真菌菌株。煤污菌(sooty mold)是叶围微生物的一个重要类群,它不具有严格的分类学意义,而是泛指一些具有暗色孢子或菌丝能生成褐色或黑色菌落,存活于植物绿色叶面的腐生真菌,以无性菌为主要类群。

叶面的重寄生菌(hyperparasites)也很普遍,这是一些寄生在病原菌上并以其营养为生的真菌。例如,专性寄生的锈菌和白粉菌等重寄生真菌和细菌可用于经济植物的生防;油菜菌核病菌 *Sclerotinia sclerotiorum* 因被盾壳霉 *C. mintans* 寄生而得以控制;细菌病原也常有被比自己细胞小许多的一种蛭弧菌 *Bdellovibrio bacteriovorus* 寄生而瓦解的现象。除叶面自然发生的拮抗菌和重寄生菌可用于病原物和病害控制外,其他来源的拮抗菌也可以引入叶面用于病害的控制。较常用的外籍拮抗菌有分自土壤的绿色木霉 *T. viride*,可用于防治葡萄叶部的灰霉病;一种耐低温的哈茨木霉 *T. harzianum* 可用于减轻苹果叶面的真菌性干眼斑等。

（三）植物内生微生物

内生微生物（endophyte）一词是 Ulnger（1933）最先提出，当时是根据观察小麦叶片组织内生长的锈病菌而采用的，之后其他人也研究了一些植物内生真菌（endophytic fungi）。目前 endophyte 已较广泛用于一切植物体内的腐生、寄生和共生微生物，统称内生菌。

内生菌是指生活在植物体内，通常被宿主细胞膜包围或是细胞基质包围，与宿主植物互惠共生的一类微生物，包括真菌、细菌和放线菌等。植物给内生菌提供生存环境和所需的光合作用和矿物质，内生菌给宿主植物或体内另外微生物提供其代谢产物和酶类，直接或间接刺激植物生长发育，促进主要代谢产物的合成，提高抗逆能力。内生菌不仅存在于高等植物中，也存在于低等的孢子植物，如苔藓、蕨类和地衣中。初步统计，在植物体内存在的微生物有 15%是有益的、15%是有害的、70%利害不明显，“益”和“害”之间没有绝对的界限，在适当的比例范围内不造成危害，属于正常菌群。内生菌对植物有一定的种属特异性和组织特异性，但随着生理年龄、温度、光照、气候、植被和土质的变化，其种类、分布和数量也会随之有一定改变。例如，根部内生菌主要是细菌，其次是放线菌和真菌。

植物内生细菌中，许多是有益微生物，具有固氮、促进植物生长、防治植物病虫害等作用。固氮螺菌 *Azoarcus* sp. BH72 已经被看做是研究内生菌固氮作用的模式菌来研究，与大多数内生固氮菌一样，它在草本植物组织中的微氧及缺少高浓度的其他氮源的环境中定殖后能够表达固氮酶基因（*nif*）。植物内生菌除了固氮作用外，内生菌还能够产生促植物生长物质来发挥其促生作用，这些生长调节物质包括植物生长素、赤霉素以及细胞激动素等，能直接促进植物的生长。例如，固氮醋杆菌 *Acetobacter diazotrophicus* 对于甘蔗有明显的促生作用，其代谢过程中产生的植物生长调节物质（如吲哚乙酸等），可促进甘蔗发根，加快甘蔗的生长和提高甘蔗的产量。内生芽孢杆菌已经被中国农业大学开发为植物微生态制剂，在生产上大面积推广应用，面积达到 11 亿亩，增加产量 160 亿 kg。

按照内生菌在植物体内存在的方式，可以将其分为以下几类：①永久内生菌，它可在植株整个生育期中存在，并能经种子传给下一代，如甜菜内生腐烂棒杆菌；②暂时内生菌，只存在于植物生活史中的一个时期，大部分内生菌属于暂时内生菌；③兼性内生菌，它们不仅可以存在于植物内部，也常见于土壤中，如假单胞菌、肠杆菌、芽孢杆菌、沙门氏菌及柠檬细菌等；④专性内生菌，如红苍白草螺菌，只存在于高粱和甘蔗等植物内部，而在根部无法分离到；⑤非专性内生菌，如荧光假单胞杆菌，可存在于菜豆、小麦、番茄、柠檬、甜菜、玉米等多种植物体内；⑥定点内生菌，这类菌在根部常可见到，它是组织特异性的内生菌。

二、植物微生态系与植物病害生物防治

微生态学（microecology）和植物微生态学（plant microecology）为生物防治提供了新的理论依据，生物防治是微生态调控的一个重要手段。微生态调控是调控生态环境与有害微生物（病原物）的平衡；调节寄主细胞组织同有害微生物的平衡；协调植物体内的内生共生菌，包括寄主和腐生的微生物同病原微生物的平衡。因此，微生态调控的措施可以用生物（微生物），同生物防治一致也可以用物理、化学的措施来调节微生态系，达到防病的目的。微生态调控是多种措施的综合使用，对植物的有益影响表现在两个方面：一是为植物提供营养，如菌根真菌和根瘤菌；二是通过对病原微生物产生抗生作用、寄生作用、竞争作用和捕食作用或通过诱导植

物产生抗性而减轻病害发生。

植物病害的发生是由植物微生态失去平衡所导致的。人们运用生物防治方法来控制植物病害就是调节、促进植物微生态平衡，防止与治疗微生态病理性失调，使其有利于向植物的微生态平衡方向发展。植物各器官微环境中的非致病性微生物，特别是习居性的微生物，对植物的生态适应是长期演化而形成的。利用这种生态适应性，容易获得高效生防菌。植物的根围和叶围是研究最多的两个微生态系统，利用这两个系统中的某些习居性微生物可以达到防治植物根病和叶部病害的目的。由于微生物本身是微生态系统的组成部分，将其用于生物防治不仅有利于本身的定殖，而且也减小了对病原物的选择压力，还可以与病原物协同进化。

因此，根据植物微生态学和微生态系原理，挖掘植物体表体内微生物，开发高效的生物杀菌剂在对防治植物病害方面具有很大的发展潜力。

第四节　植物病害生物防治与植物-病原物互作体系

植物病害是植物和病原物在一定环境条件下相互作用的结果。利用植物-病原物互作体系中的抗病性因子和病原物中诱导植物产生抗病性的因子对植物病害进行控制，也是植物病害生物防治中的重要内容。植物生境中，特别是植物体表，包括根围和叶围，存在很多种类的微生物，有些活体营养物(biotroph)营寄生生活，有些腐生物(necrotroph)营腐生生活，病原物只是寄生物中的特殊类型。那些与植物有一定关联的微生物，如植物根际促生细菌、植物内生菌和植物共生菌等，通常也称作植物相关微生物(plant-associated microbes)。植物病原物也是植物相关微生物。通常情况下从植物相关微生物中选择生防微生物，具有更好的生防效果。植物相关微生物与植物间的互作关系研究，不仅可揭示生防微生物的促进植物生长和诱导抗病性的机制，而且对于揭示植物病原物的诱导抗病性以及植物先天免疫的本质也有促进作用。

一、植物病原物的致病性和诱导抗病性

(一) 植物病原物的致病性

植物病原物既具有寄生性(parasitism)，又具有致病性(pathogenicity)，这是病原物的两个基本属性，也是区别于寄生物和其他营腐生生活的植物相关微生物的重要标志。按照进化的观点，植物病原物是由腐生微生物和植物相关微生物进化而来。具有致病性的植物病原物可在寄主植物上产生病变，而病变是寄主植物受病原物侵染后产生的重要表型。根据表型由遗传控制的原理，植物病原物存在着控制侵染过程的各类基因。植物病原物在寄主植物上寄生致病，常由一套“生态位专一特性”(niche-specifictrait)的基因来决定，如植物病原细菌决定趋向性运动的趋化因子(chemotaxis)基因、与游动性有关和决定非寄主抗性的鞭毛(flagella)编码基因、决定侵染途径的基因、决定在寄主植物中不同位置进行繁殖和扩展的组织特异性因子(tissue-specific factor)的基因、对寄主细胞产生毒害作用的毒素(toxin)基因、依赖Ⅱ型分泌系统的胞外水解酶类基因、与附着(adhesion)和抗逆有关的脂多糖(LPS)及控制胞外多糖合成的病原菌致病性调控因子(regulation of pathogenicity factor，*rpf*)基因、决定寄主范围的无毒基因(avirulence，*avr*)、决定在非寄主植物上产生过敏反应(hypersensitive response)和在寄主上具致病性 (pathogenicity) 的 *hrp* 基因以及决定植物抗病性和感病性的致病性效应分子(effector)基因等。不同植物病原物侵染过程的差异很大,因此,控制这些过程的基因也有一定区别。

研究发现,某些营腐生生活的植物相关微生物也有一套“生态位专一特性”的基因。例如,具有生防作用的荧光假单胞菌(*P. fluorescence*)也具有像植物病原细菌致病性所需要的Ⅲ型分泌系统(type Ⅲ secretion system,T3S),一些促进植物生长的因子可以通过 T3S 进行分泌。

植物病原物都是寄生物,只能营腐生生活的生物(腐生物)对植物没有致病性。一种寄生物能否成为某种植物的病原物,取决于能否通过对该种植物的长期适应,克服该种植物的抗病性。如能克服,则两者之间具有亲和性(compatibility),寄生物有致病性,寄主植物表现感病。如不能克服,则两者之间具有非亲和性(incompatibility),寄生物不具致病性,寄主植物表现抗病。任一种病原物都只能寄生在一定范围的寄主植物上。一种病原物能寄生的植物物种的范围称为“寄主范围”。各种寄生物的寄主范围差别很大,有的只有一两种寄主,有的则多至几百种,甚至上千种寄主。随着植物-病原物互作机制研究的深入,人们试图揭示一种病原物利用了什么手段克服了寄主植物的抗病性,才使得一种病原物成为某种寄主范围内的病原物。换而言之,某种植物利用了何种机制而不能成为某种病原物的寄主?另外,从植物体围(叶围或根围)筛选的生防微生物,也与植物有一定的关联性。这种关联性是否通过类似病原物-植物互作侧面起作用?如果没有,可否通过遗传工程,赋予生防微生物具有诱导抗病性的能力?

致病性是指病原物对寄主植物进行侵染和破坏的能力的统称,毒性(virulence)是指病原物不同菌株或小种在寄主上产生严重症状的特性。病原物的寄生性在演化过程中,由于受不同性质的寄主植物的影响,即由于某种病原物和某些科、属、种寄主植物,甚至和某些品种经常发生营养关系后,便逐渐失去了在其他寄主植物上寄生的能力,于是便产生了寄生专化现象。这种病原物的种内群体或个体,如菌株(strain)或分离物(isolate)或小种(race)对寄主的致病性都有不同程度的分化,而在形态上并无差异或差异不显著。一般来说,病原物种内对寄主植物的科和属具有不同致病性的专化类型,称为专化型(forma species,f. sp.)。病原物种内或专化型内对寄主植物的种或品种具有不同毒性的专化类型,称为小种。有些小种对植物的某些品种具有毒性,有些小种对某些品种具有无毒性(avirulence)。在毒性不同的病原物小种间,还存在侵袭力(agressiveness)和适合度(fitness)的差异,表现为病原菌能够突破寄主植物的生化防卫屏障和定殖在植物体内,但在繁殖和扩展能力上有差别。毒性的强弱往往借助鉴别品种才能鉴别出来。在含有 *R* 基因的作物品种上,当病原物某小种中含有匹配的无毒基因(*avr*)时,则该小种表现为对该品种的无毒性或非亲和性互作,但并不等于该小种没有致病性,因为该小种在不含有该 *R* 基因的其他品种上同样具有寄生和破坏的能力。

由于病原物存在毒性分化,植物病理学中的交叉保护现象得以在生物防治中成功应用。人们利用无致病性的微生物或低毒性的病原物事先作用于植物后(诱导接种),可诱发植物产生抗病性,从而抵抗强毒性病原物的侵染危害(挑战接种)。例如,我国通过诱变得到了烟草花叶病毒弱毒突变株系 N11 和 N14,将弱毒株系用加压喷雾法接种辣椒和番茄幼苗,可诱导交互保护作用产生,用于病毒病害的田间防治。由于低毒性的病原物或无致病性的微生物与强毒性的病原物间存在潜在的遗传重组或者基因漂移,人们对其使用的安全性存在顾虑。因此,如何将交叉保护作用的因子遗传操作转移至生防微生物中,可能是解决这种安全性的有效办法。

(二)植物病原物的诱导抗病性

植物病原物具有致病性和诱导抗病性双重能力,这一现象的发现得益于对植物-病原物互作本质的揭示。例如,革兰氏阴性植物病原细菌在寄主植物上具有致病性,在非寄主植物上可激发产生过敏反应(hypersensitive response,HR)。HR 是一种抗性反应,是一种程序性细胞死亡(programmed cell death,PCD)形式。由于表型上的可视性,HR 一直作为鉴别革兰氏阴性植物病原细菌的重要性状。1992 年,韦忠民等从梨火疫病菌中鉴别出激发非寄主产生 HR 的物质为一种 harpin 蛋白。随后相继从丁香假单胞菌 *Pseudomonas syringae*、茄科植物青枯雷尔氏菌 *Ralstonia solanacearum*、稻黄单胞菌水稻白叶枯致病变种 *Xanthomonas oryzae* pv. *oryzae* 等代表性植物病原细菌中分离和鉴别出了各自的康壮素(harpin protein),它们均具有激发非寄主植物产生 HR 的能力。更为重要的是,一种革兰氏阴性植物病原细菌可能产生多种 harpin 蛋白。除了革兰氏阴性植物病原细菌外,其他植物病原物中也普遍存在激发非寄主产生抗病性的物质。例如,疫霉病菌中发现的凝集素(elicitin)也具有激发非寄主产生 HR 的能力。植物 Harpin 蛋白应用于植物上,可以诱导植物产生抗病性,并且还有促进植物生长、增加植物抗旱性和抗虫性等功能。这些发现,为植物病害生物防治拓展了新的空间。

一种植物病原物的某个小种、菌株或者分离物在一个植物品种上具有毒性但在另一个品种上不具有毒性,在表型上反映为感病或者抗病,这种抗病性也常表现为 HR,也称为小种-品种专化性抗性。这种 HR 抗性,主要在于病原物小种、菌株或者分离物中存在的无毒基因(avirulence,*avr*)能够被另一品种中存在的抗病基因(*resistance*,*R*)所识别。

通过在抗病植物上和非寄主植物上产生 HR 这一现象机制的揭示,人们发现,众多的植物病原真菌、卵菌、细菌和线虫等均可以分泌多样性的致病性效应分子进入植物细胞中,干扰植物的防卫反应系统,从而使病原物能够在寄主植物上进行寄生致病;或者激活植物的抗病性。最初,被鉴别的效应分子主要为 Avr 蛋白。随后发现,这些 Avr 蛋白在毒性作用中起重要作用,并称之为两性分子,是一把双刃剑,即在匹配 *R* 基因的寄主上表现为无毒性,若寄主中不存在匹配的 *R* 基因,则具有毒性作用。效应分子是指那些进入寄主细胞中改变寄主细胞结构和功能,并由此有利于病原菌的侵染和激发寄主植物产生防卫反应的致病性或者毒性因子。目前,已经鉴别的效应分子包括:激发植物产生广谱抗病性或者非寄主抗性或者先天免疫的病原菌共有分子模式(pathogen-associated molecular pattern,PAMP)、激发植物产生小种-品种专化性抗性的 Avr 蛋白和抑制植物先天免疫或者小种-品种专化性抗性的 Vir 蛋白等。后来发现,植物相关微生物中也存在 PAMP,并把概念扩大到微生物共有分子模式(microbes-associated molecular pattern,MAMP)。

认识植物病原物的致病性和诱导抗病性,对于揭示植物-病原物互作的本质以及利用互作过程中来自病原物和寄主中的因子开展植物病害生物防治,均具有重要的理论和实践意义。例如,目前利用 *avr* 基因开展植物病害防治正朝两个方向发展:将病原物中的 *avr* 基因置于那些与植物有相关性的生防微生物菌株中,或者将 *avr* 基因置于那些含有匹配 *R* 基因的植物品种中。这两个方面显示出越来越广阔的应用前景。

二、植物非寄主抗性与先天免疫

进化而来的植物,除了环境条件外,首先需要面对许多微生物的存在和侵袭。植物为了克服这些微生物可能的干扰，进化产生了第一道屏障：植物非寄主抗性(图 2-4)。植物通过细胞表面受体系统感受微生物共有分子模式(MAMP)并激发免疫性(immunity)，这类受体称模式识别受体(pattern recognition receptor，PRR)。最初，植物这类免疫性是在植物-病原物互作侧面认识的，后来发现是病原菌共有的分子模式，如鞭毛、胞外多糖、脂多糖等，在植物相关微生物中也普遍存在。这种抗病性也称为病原物共有分子模式激发的免疫性(PAMP-triggered immunity，PTI)。这就是为什么植物能够抵御绝大多数包括病原物在内的微生物侵染的原因。经典的例证是丁香假单胞菌中发掘的鞭毛素(flagellin)和植物中对应的受体 FLS2 以及延伸因子(Tu)对应植物中的受体 EFR，它们对应时植物可产生广谱的抗病性。因此，人们把这种抗病性也称为非寄主抗性(non-host resistance)或广谱抗病性(broad-spectrum resistance)。PTI 性质的抗性激活后，寄主细胞极性化形成防御结构(如乳突)，抵抗病原物的侵染，在信号转导途径上主要是通过丝氨酸/苏氨酸蛋白激酶(ser/thr protein kinase，STPK)的级联反应进行的。因此，PTI 也被称作基础抗性(basal defense)。目前，这类抗病性还有待深入认识，但对那些利用多糖类物质开展的植物病害生物防治提供了理论和实践依据。

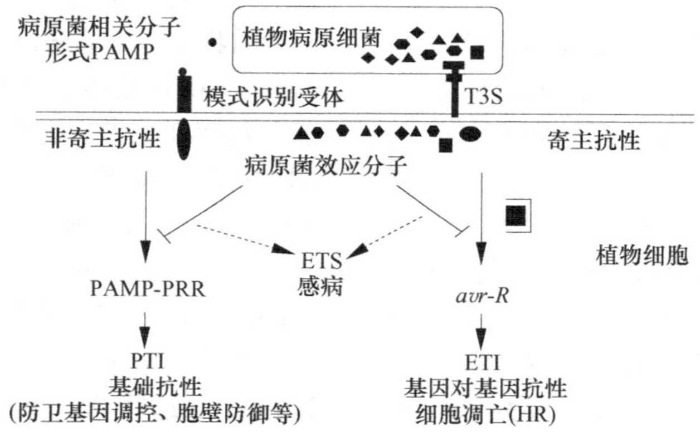

图 2-4 植物病原物与植物互作中的 PTI、ETI 和 ETS 示意图

图中以植物病原细菌和寄主互作为例，植物病原细菌产生的病原关联模式分子(PAMP)，被植物中的病原关联模式分子识别受体(PRR)识别，激发产生具有广谱抗性或具有基础抗性的非寄主抗性，也称为 PAMP 激发的植物免疫性(PTI)。为了使某种植物成为寄主，病原菌产生效应分子(不同形状黑色图形示意)，阻断 PAMP-PRR 介导的互作，这种由效应分子激发的植物感病性称为 ETS。为了逃避病原细菌的侵染危害，植物产生针对某种特定效应分子(■)的 *R* 基因(□)，相互识别(▣)，表现为具有寄主抗性性质的基因对基因(*avr-R*)抗性，表型上表现为过敏反应(HR)，这种抗性也称为产生效应因子激活的免疫反应(ETI)

病原微生物为了克服植物非寄主抗性这一屏障，进化出被称之为效应分子的物质。该效应分子能够抑制 PTI，从而使某种植物成为某种病原物的寄主而使寄主表现为感病性，也称之为病原物效应分子激活的感病性(effector-triggered susceptibility，ETS)。鉴于该类效应分子作用于植物的感病基因并抑制 PTI，因此这些效应分子也称作植物先天免疫抑制因子(suppressor)。有关 suppressor 的性质、类别和作用机理还在进一步探索和研究中。

植物病原物克服了植物非寄主抗性屏障后，寄主植物为了抵抗病原物的侵染危害，经协同进化和栽培驯化，产生了第二道屏障：寄主抗性。具有抗性的寄主植物携带有 *R* 抗病基因(*R* gene)，抗病基因产物直接或间接识别特异的效应分子(无毒基因产物，*avr*)，从而导致具有垂直抗性特点的基因对基因(gene-for-gene)抗性。这种寄主抗性也称为产生效应因子激活的免

疫反应(effector-triggered immunity,ETI)。ETI类的抗性可因病原物毒性变异产生新的效应分子而被抑制,导致植物抗病性丧失而表现为感病。ETI是植物-病原物互作系统中一一对应的识别、信号转导和防卫与反防卫反应的结果,在表观上从病原菌侵染点开始的过敏反应(HR)并延伸到远处组织的系统获得性抗性(systemic acquired resistance,SAR)。

尽管植物没有类似于动物的适应性免疫系统,但存在与动物类似的先天免疫反应(innate immunity),植物主要借助于先天免疫系统产生主动的抗病性。该系统可在未曾受到特定病原物预先诱导情况下,对病原体侵染发生快速防卫反应,保护植物的安全。目前认为植物先天免疫系统主要由三个部分构成,即PTI、ETI和ETS。植物在病原菌侵染或效应分子诱导后会产生系统的免疫反应,即在不处理的远端组织可以产生抗病性。目前研究得比较清楚是两种系统的诱导免疫反应:系统获得性抗性(SAR)和系统诱导抗性(induced systemic resistance,ISR)。SAR一般是由坏死型和专性寄生的病原物侵染后产生的,特征是有水杨酸(SA)的积累和远距离组织中*PR*基因的诱导。ISR主要由非病原性的根际微生物所诱导,特征是由JA(茉莉酸)和ET(乙烯)的合成,但远距离组织中*PR*基因没有激活(图2-5)。两者都具有广谱抗病性的特征,尤其对SAR的研究是目前的前沿领域。

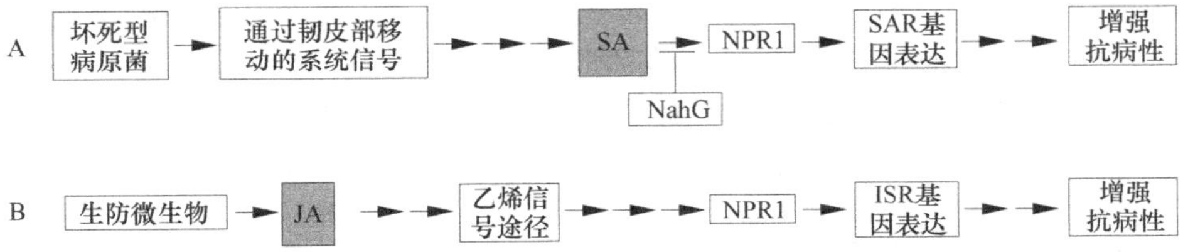

图2-5 植物病原菌和生防微生物诱导植物产生抗病性的信号途径比较

A. 产生坏死症状的植物病原菌激发植物产生SAR信号通路;B. 植病生防微生物诱导植物产生ISR信号通路

植物-病原物互作中植物先天免疫性的激活与抑制,对于生物防治有很多借鉴意义,特别是对那些来自植物体围的生防微生物,更具有借鉴意义。

三、生防微生物在植物-病原物互作中的作用

在同一生境中,生防微生物除了拮抗病原菌的生长外,还能产生促进植物生长和诱导植物产生抗病性。大多来自植物根围和叶围的生防微生物,如同植物病原微生物一样,也称作植物相关微生物(plant-associated microbes)。因此,生防微生物对病原菌生长的影响和对植物免疫性的影响,是植物病害生物防治中主要考虑的两个方面。

(一)抑制病原物生长

大多数生防微生物都具有抑制病原物生长或降低病原物毒性的能力。生防微生物种类不同,作用机理有所不同。总体上看,主要有以下机理。

1. 营养竞争

营腐生生活的生防微生物,适应性强、生长繁殖快,能够迅速利用营养和占据空间。例如,无论采用土壤处理还是种子处理,木霉都能够很容易地沿着被处理植物的根系生长。有些生防微生物还能分泌大量的胞外降解酶类降解土壤中的纤维素、葡聚糖、几丁质等以得到更多的能量来满足自身生长的需要,这种能力还能够显著促进植物的生长。灭菌土中由于微生物群

落受到破坏，植物在灭菌土中的生长反而比在未处理的土壤中差。此外，生防微生物对土壤中微量元素的利用，可以限制病原物的营养利用。例如，在离子饥饿状态下，木霉能分泌高效率的铁载体来螯合环境中的离子，竞争土壤中有限的营养成分从而抑制病原微生物的生长。具有生防作用的荧光假单胞菌也有类似的功能。生防微生物的营养竞争力还表现在其能够克服土壤环境中的化学农药、其他生物的有毒代谢产物等有毒化合物的抑制作用。较强的环境适应能力和营养利用能力，使生防微生物有很强的生境竞争能力而在抑制病原真菌过程中发挥着重要作用。

2. 重寄生作用

植物病害生物防治中利用最多的是重寄生真菌，它可能直接穿入寄主菌丝体并在其内扩展和生长；也可能围绕寄主菌丝体的周围生长，同时有穿入寄主菌丝体的，也有不穿入寄主菌丝体的。将重寄生作用的真菌成功用于生物防治的经典例证是木霉。

木霉的重寄生作用包含对病原菌的侵染、识别、接触、缠绕、穿透和寄生等一系列过程。研究表明：寄主真菌细胞表面的特定外源凝集素在识别中起一定作用，并决定木霉菌与寄主真菌之间的专化关系。木霉菌和寄主真菌相互识别后，木霉菌丝沿寄主菌丝平行生长和螺旋状缠绕生长，并产生附着胞状分枝吸附在寄主菌丝上，通过分泌胞外酶溶解细胞壁，穿透寄主菌丝，吸取营养。木霉在重寄生过程中产生多种细胞壁降解酶（cell wall degrading enzyme，CWDE），这些细胞壁降解酶包括几丁质酶（chitinase）、纤维素酶（cellulase）、木聚糖酶（xylanae）、葡聚糖酶（glucanase）和蛋白酶（proteinase）等，其中以几丁质酶、葡聚糖酶和蛋白酶的作用为主。

3. 降低病原物的毒性

生防微生物对植物病原物的毒性有降低作用，但作用机理并不相同。经典的例证是植物病原真菌寄生病毒。例如，栗疫菌 *Cryphonectria parasitica* 弱毒力（hypovirulence）的本质是菌体中含有一种弱毒性病毒（cryphonectria hypovirulence viruses，CHV）。栗疫菌的弱毒力菌株（H 菌株）一般都具有将强毒力（virulent）菌株（V 菌株）转化为弱毒力菌株的能力，因而可以用来防治栗疫病。因栗疫病菌弱毒力菌系在意大利的自然传播和在法国的人工辅助扩散，栗疫病早已不再被认为是该地区的重要林木病害。

核盘菌 *S. sclerotiorum* 是油菜上的重要病原真菌，由其引起的菌核病目前仍然没有理想的防治措施。核盘菌弱毒相关病毒 dsRNA 与植物病毒 Potexvirus 组中的病毒有较高的同源性。真菌病毒侵染后可导致核盘菌的毒性衰退、生长缓慢和菌落形态异常。这种被弱毒相关病毒寄生的核盘菌具有较好的生防效果。

4. 对病原物的抗生作用

在植物病害生物防治中，抗生素起着重要的作用，一直以来被认为是生防微生物防病的重要方面。同一生防微生物菌株可以产生多种抗生素，不同的生防微生物可产生相同的抗生素。例如，在荧光假单胞杆菌类产生的抗生素吩嗪（phenazine）及其衍生物；在土壤杆菌中发现的 agrocin（土壤杆菌素）84、agrocin 434、2，4-diacetylphloroglu-cinol（2，4-二乙酰间苯三酚）、吩嗪和藤黄绿脓菌素（pyoluteorin）等；在芽孢杆菌中发现的枯草菌素（subtilin）等；在木霉菌中发现的如 harzianic acid、tricholin、peptaibols、6-penthyl-α-pyrone、二氢戊基吡喃（massoilactone）、绿胶霉素（viridin）、gliovirin、glisoprenins 和 heptelidic acid 等；放线菌中产生的井冈霉素、阿维菌素、多抗霉素、农抗 120、中生菌素、宁南霉素等，这些物质都可在很大程度上抑制各种真菌病原。目前人们对这些抗生素合成、代谢以及调控途径的基因均有较为清晰的认识，并朝着生物组合药物方向上发展。

（二）诱导植物产生抗病性

1. 促进植物激素产生

许多生防微生物，包括某些植物病原菌和某些内生菌，可通过干扰植物的内源激素或提供外源激素而影响作物，特别是通过调节植物生长素和乙烯水平来达到促进作物生长发育的目的。大量的研究表明，大部分与植物有关的微生物都产生 3-吲哚乙酸（IAA）。据估计，土壤细菌中约有 80％的细菌产生 IAA，并对植物内源 IAA 库产生影响。促进植物根系生长是植物促生菌的一个主要特征。

植物根围的微生物可合成 IAA，并提供给植物根系成为促进根系生长的外源 IAA。乙烯的正常生理功能是协助打破种子休眠、促进植物成熟和衰老。植物一生大部分生长发育阶段只需水平很低的乙烯，只是在接近成熟和衰老阶段才大量合成乙烯。然而，当植物在生长发育阶段如遇不良环境因素（如淹水、高温等）、机械损伤或病虫害侵袭时会产生大量乙烯作为植物对环境的一种生理应激反应。应激乙烯的产生在某种意义上来说是植物的一种自我保护反应，如诱导在被病原侵染处或受伤处形成栓化组织来防止侵染扩大，或通过乙烯再进一步诱导抗生酶类产生等。最近研究发现，多种植物生防微生物可分泌 1-氨基环丙烷 1-羧酸（ACC）脱氨酶。这种酶可将植物乙烯前体 ACC 分解，通过 ACC 脱氨酶，生防微生物将 ACC 作为氮源利用，从而可大大减少植物有害乙烯的产生，促进植物的生长发育。

此外，生防微生物，特别是植物根围促生菌（PGPR），在代谢过程中除了产生植物生长素和乙烯外，还产生细胞分裂素、脱落酸、赤霉素等生长因子。不同类型的生防微生物产生的生长因子的种类与数量是有差异的，不过它们在发挥促生功能时可能是以低的浓度从生理与形态上调节，以一种为主，并结合其他的几种调节植物生长。

2. 诱导植物产生抗病性

目前，生物微生物诱导植物产生抗病性的研究方兴未艾。从生防微生物中发掘生物诱导因子的研究始于 20 世纪 80 年代，随着对 PGPR 和植物内生菌的深入研究，研究者发现它们同样可以诱发植物产生抗病性，但这种抗病性的激发途径与病原物激发的诱导抗病性有很大不同。产生坏死症状的植物病原菌可在植物韧皮部产生系统信号，这种信号可在细胞间传递，造成水杨酸（SA）积累，再通过 NPR1 途径激发 SAR 途径中的病程相关蛋白表达，从而增强植物的抗病性（图 2-5）。病原菌中的植物生长促生菌因与其他诱导因子诱发的抗病性反应相类似，与传统的利用病原菌弱毒株或无毒株作为诱导因子相比，具有应用的优越性，被认为是发掘植物内在抗性机制的一种新的病害治理对策，为植物病害的生物防治提供了新的途径。目前利用植物病害生防微生物，特别是 PGPR 诱导植物 ISR 已有很多成功的例子。例如，PGPR 可诱导植物，如康乃馨、黄瓜、大豆、烟草、胡萝卜、拟南芥、水稻等的抗病性。利用植物病原菌中的诱导抗病性因子，如非特异性激发子 harpin 和特异性激发子 avr Rxo1，将其转入植病生防微生物芽孢杆菌和荧光假单胞菌中，发挥生防微生物和植物抗病性诱导因子的作用，显示了较好的应用前景。

生防微生物木霉菌诱导植物产生抗病性的研究也受到广泛关注。木霉菌能和植物建立共生关系，通过和菌根真菌相似的机制在植物根系定殖并且产生刺激植物生长和诱导植物防御反应的化合物。木霉菌穿透植物的表皮在植物根系定殖，随后产生和释放诱发植物局部和系统防御反应的化合物。而植物合成和积聚植物抗毒素、类黄酮、萜类化合物、酚的衍生物、糖苷配基和其他抗菌化合物来抵御真菌的入侵。因此，木霉菌不仅自身产生抗菌物质抑制病原真菌的生长，而且诱导植物产生自身的抗菌物质抵抗病原菌的入侵。

小　结

植物病害系统是农业生态系统中作物生态系统的组成部分，根据农业生产的不同阶段，植物病害系统可分为自然植物病害系统和农田植物病害系统。在设施栽培和贮藏条件下，形成两种特殊的植物病害系统。利用生物多样性进行植物病害可持续控制是现代植物病害防治理论的新突破，可以看作为一种广泛概念上的生物防治，而不同于传统意义上的生物防治。植物微生态系是植物个体与其所携带的全部正常微生物群的统一体，具有一定的特异性、区域性和层次性。植物微生态系中的微生物包括习居菌和暂居菌两大类，前者是固定的经常生活在植物体细胞、组织和器官内的微生物菌群，后者是偶尔闯入或人为引进的。植物微生态系中，研究较多的是根际微生物、叶围微生物和内生微生物，它们与植物病害生物防治具有密切关系。植物病害是植物和病原物在一定环境条件下相互作用的结果，利用植物-病原物互作体系中的抗病性因子和病原物中诱导植物产生抗病性的因子对植物病害进行控制，是植物病害生物防治中的重要内容；而生防微生物对病原菌生长的抑制和诱导植物产生抗病性，则是植物病害生物防治中两个主要途径。

复习思考题

1. 什么是植物病害系统？植物病害系统有哪些类型？各有什么特点？
2. 生物多样性与植物病害生物防治有何关系？
3. 什么是植物微生态系？如何利用植物微生态学原理进行植物病害生物防治？
4. 生防微生物在植物-病原物互作体系中具有哪些作用？

主要参考文献

蔡元呈. 2002. 植物微生态学与植物微生态制剂的应用. 中国生态农业学报，10(2)：106-108.

董金皋，刘增群，黄梧芳. 1991. 农业生态系统中的植物病害系统. 河北农业大学学报，14(2)：103-106.

胡江春，薛德林，马成新，等. 2004. 植物根际促生菌(PGPR)的研究与应用前景. 应用生态学报 15(10)：1963-1966.

鲁素芸. 1993. 植物病害生物防治学. 北京：北京农业大学出版社.

梅汝鸿. 1998. 植物微生态学. 北京：中国农业出版社.

肖悦岩，季伯衡，杨之为，等. 1998. 植物病害流行与预测. 北京：中国农业大学出版社.

晏立英，周乐聪，谈宇俊，等. 2005. 油菜菌核病拮抗细菌的筛选和高效菌株的鉴定. 中国油料作物学报，27(2)：55-61.

张成省，孔凡玉，李多川，等. 2005. 烟草叶围细菌的分离及其对 *Alternaria alternata* 的拮抗作用. 中国烟草学报，11(4)：7-20.

郑毅，张福锁. 2003. 土壤结构和耕作对根际微生态系统的影响. 云南农业大学学报，18(2)：193-197

Bastian F，Cohen A，Piccoli P，et al. 1998. Production of indole-3-acetic acid and gibberellins A1 and A3 by *acetobacter diazotrophicus* and *Herbaspirillum seropedicae* in chemically-defined culture media. Plant Growth Regul，24(1)：7-11.

Blackman J P. 1981. Microbial Ecology of the Phylloplane. London：Academic Press.

Bonsall R F，Weller D M，Thomashow L S. 1997. Quantification of 2，4-diacetylphloroglucinol produced by fluorescent *Pseudomonas* spp. *In vitro* and in the rhizosphere of wheat. Applied and Environmental Microbiology,63:951-955.

Guido V. Bloemberg. 2007. Microscopic analysis of plant-bacterium interactions using auto fluorescent proteins. European Journal of Plant Pathology,119:301-309.

Hurek T,Reinhold-Hurek B. 2003. *Azoarcus* sp. strain BH72 as a model for nitrogen-fixing grass endophytes. J of Biotech,106:169-178.

Kloepper J W. 1991. Plant growth-promoting rhizobacteria as biological control agents of soilborne diseases. *In*: Bay-Petersen J. The Biological Control of Plant Diseases. Taiwan. Food and Fertilizer Technological Center.

Saravanan V S,Madhaiyan M,Osborne J,et al. 2008. Ecological occurrence of Gluconacetobacter diazotrophicus and nitrogen-fixing Acetobacteraceae members: their possible role in plant growth promotion. Microb Ecol,55(1):130-140.

Whipps J M. 1992. Status of biological disease control in horticuhure. Biocontrol Science and Technology,2:3-24.

第三章　植物病害生物防治的机制

在自然生态系统中，经过千百万年的演化，物竞天择，适者生存，习性复杂、类别多样的微生物通常以种群的形式存在，同其他生物一样，微生物种群内的不同个体以及相同生境内的不同种群之间互相影响，存在着复杂多样的相互作用关系，从而保持种群的平衡。

不同微生物之间通过各种方式产生特定的相互作用，这些相互作用主要包括：共处（neutralism）、共栖（commensalism）、共生（mutualism）、协生（protocooperation 或 synergism）、竞争（competition）、抗生（antibiosis）、寄生（parasitism）以及捕食（predation）等，其中相互抑制的作用方式有抗生、竞争、重寄生和捕食等。植物病害的生物防治是对上述相互抑制作用方式的机制加以研究和利用。利用有益微生物对病原物的各种生物抑制作用，减少病原物的数量或削弱其致病性，或利用其诱导和增强植物抗病性，或利用生物间的多样性以及植物微生态调控等作用，通过改变植物与病原物的相互关系，控制植物病害的发生。

植物病害生物防治的机制是指利用生防因子控制病害的原理。其主要包括：抗生作用、竞争作用、重寄生（hyperparasitism）作用、捕食作用、溶菌（lysis）作用、诱导抗病性（induced resistance）、生物多样性（biodiversity）与植物微生态调控（control of micro-ecology of plant）。在植物病害生物防治中，所利用的生防因子的生防机制有的是单一的，而有的是多种的。例如，木霉就同时具有多种生防机制，既有抗生作用，同时又有重寄生作用、竞争作用、溶菌作用、诱导抗病性和促生作用。而锈菌的重寄生菌，如锈生座孢 *Tuberculina pyrus* 对梨、苹果锈病的生防机制则为重寄生作用。

第一节　抗 生 作 用

抗生作用是指一种生物产生某些抗生物质或有毒代谢物，对另一种生物具有直接的抑制作用而使之群体生长受到抑制，但本身不受负面影响的现象。在植物病害生物防治中，对抗生作用的利用包括微生物间的拮抗作用及其产物的应用和对植物的提取物的利用等诸多方面。

一、有益微生物的拮抗作用

拮抗作用（antagonism）亦称拮抗现象或对抗作用，原意指两个因素同时对某现象起作用时，其作用互相对抗而抵消，这种现象即称为两种因素的拮抗作用，而两者互为拮抗因子。转用到生物的相互关系中，拮抗作用泛指一种生物由于产生抗生物质或有毒代谢物，对于生存于同一环境中的另一种生物的生长发育具有的抑制作用。所利用的有益微生物亦称拮抗微生物或生防菌。

在对土壤微生物间拮抗作用的研究中，抑菌现象常为人们所注重。抑菌现象是指真菌的孢子在土壤中温湿度适宜的条件下不能萌发，或者萌发后的芽管和菌丝的进一步生长受阻的现象。土壤抑菌现象广泛发生在各种土壤中，但关于抑菌作用发生机制尚无统一认识。在生物防治原理利用研究中，抑菌一词已不仅仅局限于真菌，在放线菌和细菌中也普遍存在这种现象。

在自然条件下，抑菌作用受多种因素的影响，在不同群落、不同种群乃至同一种的不同分离物以及不同的繁殖结构(诸如真菌的分生孢子、卵孢子、菌核和厚垣孢子等)之间，抑菌程度存在很大差异。研究认为，一般具有小型孢子的真菌比具大型孢子者更为敏感。此外，土壤的温度、湿度、深度、pH、不同的季节变化等环境条件对抑菌作用也有影响。

拮抗菌的主要来源包括放线菌、细菌和真菌等微生物，其中放线菌是很多抗生素的主要产生菌，包括链霉菌属 *Streptomyces*，如金霉素链霉菌 *S. aureofaciens*、土霉菌 *S. rimosus*，诺卡氏菌属 *Nocardia*、小单孢菌属 *Micromonspora* 等；叶面许多附生微生物也可产生少量抗生物质。

抗生物质是指微生物(尤其是放线菌)在生长过程中所产生的低分子质量的次生代谢产物，在较低浓度下能抑制其他生物的生长或将其杀死的活性物质。早期研究中发现微生物产生的抗生素由于对细菌有抗菌或杀菌活性，用于治疗由细菌引起的疾病，故称为抗菌素；后来研究发现，有的抗菌素不仅具有抗菌活性，而且还有一定杀虫、除草、抗肿瘤、抗病毒和抗寄生虫等功能，故现称为抗生素(antibiotic)。

在植物病害生物防治中，抗生素起着重要的作用，故一直被视为生防微生物防病的重要方面。同一生防微生物菌株可以产生多种抗生素，不同的生防微生物可产生相同的抗生素。例如，荧光假单胞杆菌类产生的抗生素吩嗪(phenazine)及其衍生物；在芽孢杆菌中发现的枯草菌素等；在木霉菌中发现的 harzianic acid、tricholin、peptaibols 和 6-penthyl-α-pyrone 等；不同放线菌产生的井冈霉素、阿维菌素、多抗霉素、中生菌素和宁南霉素等，这些物质可在很大程度上抑制各种真菌病原物。目前，人们对这些抗生素的合成、代谢以及调控途径的基因等均有较为深入的研究。

在生物制剂的研究中，由于抗生作用测定方法简便实用、易于直观调查，故常作为拮抗菌筛选的重要依据。抗生作用的测定，常用“抗菌谱”、“抗生指数”和“抗生值”等指标来估计某一待测拮抗性生物对病原微生物作用能力。抗菌谱是指拮抗性菌系或其产生的抗生物质具有的杀菌范围；抗生指数是指在琼脂平板培养基上拮抗性菌系对病原微生物的抑制圈的平均大小；抗生值是指抗生指数和每克土壤中微生物数量的乘积。当土壤中加入拮抗性菌系后其“抗生指数”和“抗生值”提高，能显著减轻病害和增加产量。

1. 抗生物质的类别

通常抗生物质主要分为两类：一类为小分子的多糖物质，即抗生素；另一类为微生物产生的有毒的代谢物。此外还有大分子的抗菌蛋白或细胞壁降解酶类(胞外酶)以及嗜铁素等。

根据抗生物质的化学结构，可将其分为 4 类。

(1) β-内酰胺(β-lactam)类抗生素。此类分子结构中均有一个 β-内酰胺的四元环，抑菌功能是抑制细菌细胞壁的主要成分肽聚糖的合成，如青霉素和头孢菌素类。

(2) 氨基糖苷(aminoglycosides)类抗生素。结构中具糖苷或氨基糖基，如链霉素和庆大霉素。

(3) 四环素(tetracylines)类抗生素。功能是在核糖体水平抑制蛋白质合成，如四环素类。

(4) 蒽环(anthraclines)类抗生素。功能是在 DNA 水平干扰拓扑异构酶(toposiomerase)的活性，故常作为抗肿瘤药物，如道诺红霉素(daunorubicin)。

根据抗生素的用途，将其分为农用抗生素和医用抗生素等。农用抗生素即应用于农业生产中用于防治病、虫、草等有害生物的抗生素，当前很多类别已发展为生物农药。自 20 世纪 50 年代日本开发出第一个农用抗生素杀稻瘟菌素-S 以来，关于农用抗生素研究已取得了巨大进展。我国农用链霉素发展很快，由其产生的井冈霉素、武夷菌素(B-10)、变构菌素等抗生素，已广泛用于农作物病害的防治，在植物病害生物防治研究历史上发挥了重要作用。

抗生物质根据其来源可分为三类：由微生物代谢过程中产生的抗生素称为天然抗生素；通过对天然抗生素进行化学修饰合成获得的抗生素称为半合成抗生素；而仿照天然抗生素的结构，完全采用化学合成方法合成的抗生素称为全合成抗生素。

2. 抗生物质的特点

迄今，抗生素作为生物防治的主打产品，已广泛应用于植物病害的防治工作中。与化学农药相比，抗生素具有以下明显的特点。

(1) 化学结构复杂。与化学合成农药相比，大多数农用抗生素化学结构较为复杂。

(2) 应用剂量较低。由于抗生物质生物活性高，故极低的剂量浓度对病原微生物起到良好的抑制效果。

(3) 环境相容性好。抗生素作为来自于自然界微生物的次级代谢产物，具有易于被生物或自然因素分解、在环境中不易积累、残留期短的优点，具有迅速的资源再生性。

(4) 生物选择性高。大多农用抗生素对高等动物和非靶标生物的毒性很低，环境安全，与化学合成农药相比，对有害生物相对不易产生抗药性。

(5) 生产过程安全。在生产过程中，排污少，对环境负面影响较小，且其副产品还可以加工为饲料或肥料等再度应用。

二、具抗生作用的植物提取物

植物提取物

植物在生存、竞争、演化且与环境长期互作过程中，在其形态结构、生理生化代谢等方面，形成了多种适应或防御机制。研究表明，植物的次生代谢产物在提高生存竞争能力、自身适应和保护、协调与环境的关系中起着至关重要的作用。例如，植物在抵御外界不利的生物环境(病原菌侵染、昆虫或草食动物的为害)或非生物环境(高温、冷害、干旱和紫外线等)的干扰时，可产生并积累大量次生代谢产物，以增强自身的免疫力和抵抗力。

植物是生物活性化合物的天然宝库，其产生的次生代谢产物超过 40 万种，与防御病原菌、昆虫或草食动物相关的次生产物即达 1 万种之多，其中很多物质，如萜烯类、生物碱、类黄酮、甾体、酚类、独特的氨基酸和多糖等具有抗菌活性。植物中的植保素、类黄酮、病程相关蛋白、有机酸和酚类化合物等均具有杀菌或抗菌活性。Wilkins(1989)报道，从 1389 种植物中有可能获得作为杀菌剂的物质。

人类在古代就记载了许多具有抗菌或杀菌作用的植物，如中国、印度和东南亚国家以及一些非洲国家的劳动人民积累了许多利用植物防病的经验。几百年前，我国人民已应用植物中含有的天然抗菌物质(如大蒜汁和洋葱汁等)抵抗微生物或抑制病害。迄今人们研究获知，有的植物既抗真菌又抗细菌、杀线虫和其他害虫，可见植物源杀菌剂对靶标具有广谱性。这些具有杀菌和抗菌活性的植物资源大部分集中在菊科、唇形科、木兰科、马兜铃科、蓼科、木犀科、百合科、葫芦科、莎草科、豆科和十字花科等植物中，此外尚有樟科的肉桂、香叶树、暴马丁香和白桂等。西北农林科技大学无公害农药研究服务中心曾对西北地区200余种植物的杀菌活性进行初步筛选，认为菊科和豆科植物在植物源杀菌剂中尤显重要。植物提取物常根据其作用特点分为下述类别。

1. 抗真菌植物资源

抗真菌植物资源主要有细辛 *Asarum sieboldi*、白头翁 *Pulsatilla chinensis*、穿心莲 *Andrographis paniculata*、大黄 *Rheum palmatum*、大蒜 *Allium sativum* 和厚朴 *Magnolia officinalis* 等。国外研究表明，欧洲小檗 *Berberis vulgaris* 和山黄连 *Chelidonium majus* 对灰葡萄孢菌有生物活性；大蒜 *A. sativum*、洋葱 *A. cepa* 和姜 *Zingiber officinale* 的提取物对豌豆白粉病菌具有很高活性；相思树 *Acacia confusa*、雾冰藜 *Bassia dasyphylla*、圣罗勒 *Ocimum sanctum* 和番荔枝 *Annona squamosa* 提取物对番茄晚疫病具有一定防效；丁香罗勒 *O. basilicum*、斑鸠菊 *Vernonia esculenta* 和芒果 *Mangifera indica* 提取物对串珠镰孢菌有活性；皱皮欧芹 *Petroselinum crispum* 和芸香 *Ruta graveolens* 提取物对苹果炭疽病菌 *Colletotrichum gloeosporioides* 的子囊孢子具有抑制活性。

研究表明，从麻黄 *E. sinica* 和细辛 *A. sieboldi* 中提取的挥发油对茄丝核菌等病原菌具有强烈抑制作用；银杏 *Ginkgo biloba* 粗提液对多种果树病害具有一定的防治效果，青岛农业大学山东省农业仿生应用工程技术研究中心以银杏中生物活性物质B的化学结构为模板，成功合成了拟银杏杀菌剂——绿帝和银泰，防治苹果干腐病、番茄灰霉病和玉米大斑病等多种病害，并通过鉴定，申报了国家发明专利。毛金竹 *Phyllostachys nigra* var. *henonis*、毛竹 *P. edulis*、青皮竹 *Bambusa textilis* 和短穗竹 *Brachystachyum densiflorum* 等提取物具有较强的抗真菌作用，72 h对小麦赤霉病菌的菌丝抑制率均在80%以上。对苦参 *Sophora flavescens* 提取物抑菌活性的研究表明，苦参乙酸乙酯提取物对多种真菌和细菌有明显的抑制作用。近年来，湖南用山苍籽 *Litsea cubeba* 油配制的乳剂，对茶树主要病害茶红锈病、茶黄萎病、茶云纹叶枯病和棉花枯萎病和黄萎病等均有较好的防治效果。

2. 抗细菌植物资源

抗细菌植物资源包括大蒜 *A. sativum*、穿心莲 *Andrographis paniculata*、荆芥 *Schizonepeta tenuifolia*、洋葱 *A. cepa*、仙鹤草 *Agrimonia pilosa* 和半枝莲 *Scutellaria barbata* 等。相对而言，抗细菌植物比抗真菌的植物要多，但由于细菌引起的病害相对较少，因此该方面的研究进展也相对较慢，多数处于试验筛选阶段。研究表明，木麻黄 *Casuarina equisetifolia* 的乙醇抽提液对青枯病菌 *Ralstonia solanacearum* 和水稻白叶枯病菌 *Xanthomonas campestris* pv. *oryzae* 有显著的抑制作用。黄连 *Coptis chinensis* 生物碱粗提液对水稻白叶枯病有较好的防治效果，乌梅 *Prunus mume* 对所测普通变形杆菌 *Proteus vulgaris*、荧光假单胞杆菌 *P. fluorescens*、蜡状芽孢杆菌 *Bacillus cereus* 和枯草芽孢杆菌 *B. subtilis* 等有强烈的抑制作用。

3. 抗病毒植物资源

植物源病毒抑制剂的研究起步较晚，国内对抗植物病毒植物资源的研究主要集中于虎耳草科、藜科、紫草科、商陆科、红豆杉科、木犀科、萝摩科、菊科和蓼科等。研究认为，小藜 *Chenopodium serotinum* 和玉簪 *Hosta plantaginea* 的抽提液对番茄花叶病毒病有一定治疗作用；连翘 *Forsythia suspensa*、大黄 *Rheum palmatum* 和板蓝根 *Isatis indigotica* 提取液对烟草花叶病毒TMV具有稳定的疗效；紫杉 *Taxus mairei* 皮提取液对植物病毒具有较明显的抑制作用。据研究，由商陆 *Phytolacca acinosa*、甘草 *Glycyrrhiza uralensis* 和连翘 *Forsythia suspensa* 等植物提取物配制而成的复配剂 MH11-4 对植物病毒有较好的防治效果。

4. 杀线虫植物资源

杀线虫植物资源主要有鱼藤 *Derris trifoliata*、穿心莲 *Andrographis paniculata*、苦楝皮 *Melia azedarach*、常春藤 *Hedera helix* 和烟草 *Nicotiana tabacum* 等。翁群芳等先后对 15 科 28 种植物的杀线虫活性进行了筛选，发现骆驼蓬 *Peganum harmala* 等几种植物提取物对松材线虫 *Bursaphelenchus xylophilus* 和南方根结线虫 *Meloidogyne incognita* 具有较好的毒杀活性。截至 1998 年，已发现臭草 *Ruta graveolens*、孔雀草 *Tagetes patula*、向日葵 *Helianthus annuus*、印楝 *Melia azederach* 和百日菊 *Zinnia elegans* 等 41 属 47 种植物可用于线虫防治。

三、拮抗作用和植物提取物的生防机制

（一）拮抗作用的生防机制

生物的抗生作用用于生物防治的机制主要包括两个方面。

1. 直接作用于病原菌而产生抑制作用

抗生作用主要是造成病原菌细胞畸形，产生大量泡状物，破坏细胞壁，引起细胞内含物外溢。例如，木霉在抗生和重寄生中，可产生几丁质酶、β-1，3 葡聚糖酶、纤维素酶和蛋白酶来分解植物病原真菌的细胞壁，或分泌葡萄糖苷酶等胞外酶来降解病原菌产生的毒素（如立枯丝核菌毒素 RS-toxin）。有的则导致菌丝体扭曲，原生质凝集，生长点膨大，细胞壁断裂，菌丝体崩溃。除对菌丝体有强烈的破坏作用外，有的还可对病原菌的孢子萌发具有一定抑制作用。例如，荧光假单胞杆菌 *P. fluorescens*、嗜麦芽寡养单胞菌 *Stenotrophomonas maltophilia* 和普利茅斯沙雷氏菌 *Serratia plymuthica* 除产生抗生代谢物外，还分泌几丁质酶、β-1，3 葡聚糖酶等，由此抑制许多土传植物病原真菌的孢子萌发。抗生现象可用光学显微镜和透射电镜观察。

研究认为，生防微生物产生的抗菌蛋白及胞外裂解酶类较多，在不同阶段作用于核酸 DNA 和 RNA 合成、蛋白质合成、能量代谢系统、细胞壁。表现出抑制菌丝生长使菌丝畸变原生质凝聚和小分子物质外流。各种抗生素的作用位点不同。链霉素、杀稻瘟菌素-S、春日霉素作用于蛋白质合成系统，匹马霉素作用于菌体细胞膜，多氧霉素 D 作用于病原菌细胞壁，有效霉素作用于能量代谢系统，灰黄霉素作用于细胞分裂，多效霉素（povamycin M）干扰细菌细胞壁几丁质的生物合成。芽孢杆菌类生防细菌大多是产生抗菌蛋白或裂解酶抑制病菌的侵染。例如，抗稻白叶枯病的芽孢杆菌 A014、枯草芽孢杆菌 B034 和 A30、青枯生防菌芽孢杆菌 B130 等菌株均能产生抗菌蛋白或多肽；蜡状芽孢杆菌 *Bacillus cereus* 能产生抗多种病原真菌的多肽（mycocerin 或 APS）；短小芽孢杆菌 *B. brevis* 分泌抗黄瓜白粉病菌的短杆菌肽（gramieidin）；解淀粉芽孢杆菌 *B. amyloliquefaciens* 产生一种抗真菌环状多肽（iturin A2）。

2. 通过作用于植物体而抵御病菌

生防生物除直接作用于病原菌而产生抑制作用外，还可通过作用于植物体，由此提高植物抗病性而抵御病菌的侵害。例如，农抗-120 通过提高植物的抗病力而减缓病害的破坏作用；又如在植物病毒病害防治中，弱毒株系控制强毒株系即交互保护原理的利用。应用交互保护原理防治植物真菌病害也已有成功的实例，如英国利用禾生瓶梗霉 *Phialophora graminicola*

防治小麦全蚀病；日本利用分离自健株上的非致病的尖镰孢菌 *Fusarium oxysporun*，移植前处理甘薯幼苗，有效控制了甘薯萎蔫病的侵害；意大利利用对番茄不致病的黑白轮枝菌 *Verticillium albo-atrum* 分生孢子悬浮液处理番茄幼苗根系，控制了温室番茄黄萎病。

（二）植物提取物的生防机制

利用植物提取物进行植物病害的生物防治，关键在于对植物防御病原物过程中产生的次生产物的利用。这些植物中防御或抗菌的有效成分主要为香精油，香精油为酯、醛、酮和萜烯的化合物，此外单宁、黄酮类、甾体类、有机酸和蛋白质等也具有一定抑菌作用。例如，山胡椒 *Lindera glauca* 挥发油中的柠檬醛为抑制尖镰孢菌、蠕孢菌和格孢腔菌生长的有效成分；厚朴酚是厚朴 *Magnolia officinalis* 粗提物中抗菌的主要成分；苦皮藤 *Celastrus angulatus* 假种皮中分离到间苯二酚、麝香草酚、1α，2α，4β，6β，8α，9β，13-羟基二氢沉香呋喃对玉米小斑病菌 *Bipolaris maydis* 有较好的抑制作用；禾本科高粱属 *Sorghum* 中分离的抗真菌蛋白质（AFP）能抑制串珠镰孢菌 *Fusarium moniliforme* 等真菌孢子的萌发。

有些植物粗提物本身并无抗菌或杀菌活性，但经过酶解和水解等，可获得较好的抗菌和杀菌活性物质。例如，芥子油苷积累在十字花科芥子属 *Brassica* 的一些种中，当植物遭受损伤或胁迫后，黑芥子酶释放出来水解芥子油苷转变为具毒性的异硫氰酸盐同系物。每种植物都含有高活性的酶，在植物组织内，这些酶的分布与这些非毒性的糖苷类物质是隔离的，只有当组织破坏或受病菌侵染后才会诱导这些酶发挥作用。

1. 酚类物质

许多酚类物质能以非特异方式影响动物或微生物的分子靶位点，如单宁酸与其他一些酚类物质含有许多羟基，能形成质子和离子键，结合许多蛋白质，如酶、运载体、离子通道、受体，导致这些蛋白质的功能丧失；肉桂酸及其产生的香豆酸，以及进一步羟基化和甲基化产生的咖啡酸、阿魏酸和芥子酸，均为一些多聚体、木栓质、木质素以及其他一些防御机械损伤和病原菌侵染的多酚类物质的结构成分，且它们本身也具一定的抗微生物特性。例如，香豆素是一类非常普遍存在的具有化感活性的物质，可以转化为水杨酸，具有抗微生物和在病菌侵染过程中的信号传导作用，且具有抑制微生物侵染的作用。

2. 萜类化合物

萜类物质是由异戊二烯单元组成的化合物，也来源于异戊烯基焦磷酸盐（IPP）或它的异构体及二甲烯丙基焦磷酸（DMAPP）。单萜和倍半萜多具有挥发性而显现杀菌功能，由单萜或倍半萜组成的胜红蓟素及其类似物，具有抑制病菌的作用；倍半萜烯是研究得较普遍的植保素，如病菌侵染诱导马铃薯中的植保素日齐素（rishitin）和鲁比米素（lubimin）以及胡椒和烟草中植保素甜椒醇（capsidiol）的积累，倍半萜植保素，如脱氧-6-甲氧基棉酚等对真菌有明显的抑制作用；楝科植物中的三萜类化合物，如从印楝种子中分离得到的一系列四环三萜类，具有广谱的抗病杀菌作用；紫杉醇既是一种抗癌药物，也是植物抵御病菌的有效物质。

3. 生物碱类

研究表明，黄连 *Coptis chinensis* 体内含有大量的生物碱，这些生物碱除对许多病原真菌的菌丝生长和孢子萌发有抑制作用外，还对水稻白叶枯病菌有很强的抑制作用。许多生物碱具有抗菌作用，一些生物碱可以导致 DNA 烷基化，使转录和复制不能正常进行，最终产生移码现象并导致突变的发生。网状番荔枝碱是几百种异喹啉类生物碱的前体，还可转化为吗啡烷生物碱，如二甲基吗啡、可待因、吗啡等；黄连素和血根碱具有显著的抗菌和抗病毒的作用；麻黄碱存在于麻黄科植物中，是有效的药用成分，也是抗微生物和一些植物生长的有效物质；糖苷茄碱是野生马铃薯在自然条件下能够抗病的有效成分。

第二节 竞争作用

一、竞争作用

竞争作用(competition)是指处于同一生存环境中的两种或多种微生物群体间，由于对生活空间和所需的营养物质资源的同时需求而产生的争夺现象。处于优势的拮抗性微生物，可以通过快速生长和繁殖而夺取水分养分、消耗氧气和占有空间等，削弱、抑制以至排除同一生境中的某些病原物。

据研究资料介绍，具有竞争作用的微生物主要为一些细菌、酵母菌和丝状真菌，它们通过与病原物对营养和空间的竞争，抑制病菌生长。这些竞争的资源包括营养物质、氧气及生存空间。例如，荧光假单胞杆菌 *P. fluorescens* 通过营养竞争以及侵染位点的竞争，抑制多种病原菌的生长而减缓病害的侵染和扩展；某些细菌和真菌可通过对营养和侵染位点的竞争，抑制作物灰霉病菌 *B. cinerea* 的生长；植物根际促生细菌(PGPR)可阻碍根际有害细菌(deleterious rhizobacteria，DRB)在根上着生，从而排除影响，使作物正常生长。

在对植物根部病害的生物防治研究中，竞争作用几乎全部局限于对营养基质以及病菌潜在侵染位点的竞争，病菌在其致病过程中需要外源能量特别是一些特殊养分。由于不同微生物群体间的竞争作用主要在于营养和空间的竞争，故与抗生作用的研究不同，竞争作用难以在离体条件下直观检测出来，因而在植物病害生物防治研究初期，竞争作用未受到研究者应有的关注。

二、竞争作用的生防机制

处于同一生存环境中的微生物群体间的竞争类型主要为营养竞争和空间竞争。

(一) 营养竞争

在土壤结构中，微生物群体间的竞争资源包括营养物质、氧气和水分。营养物质包括碳、氮、无机盐及维生素等，是病原菌的生存、生长、发育和侵染的必需物质，往往成为微生物增殖的限制因素。在自然环境中，叶面物理结构和养分分布的异质性决定了附生微生物分布的不均匀性，病原菌也往往随之存在特殊的侵染位点，因此拮抗性菌类与病原菌的小生境越接近，则其相互间的竞争作用越激烈。

1. 营养物质的竞争

营养物质的竞争主要表现在对氮素和铁离子的竞争。在氮素含量低的土壤微环境中，微生物间对氮素的竞争激烈，这是一些真菌在这种环境中占据优势的主要原因。通常土壤中矿质养分含量较高，因此，一般不会发生这类养分的竞争。而在根围，有益微生物对铁离子的竞争利用性能，是抑制根围有害微生物病原菌的主要原因之一。

嗜铁素(siderophores)是一类对铁离子具有专一性结合能力的化合物，寄主植物、病原菌以及拮抗菌均能产生这类物质。例如,荧光假单胞杆菌产生的嗜铁素络合根围铁离子,使病原菌得不到足够的铁素营养导致生长发育受到抑制,减轻其对植物的危害,因而改善植物生长发育。荧光假单胞菌对黄瓜枯萎病菌 *Fusarium oxysporum* f. sp. *cucumerinum*、亚麻枯萎病菌 *F. oxysporum* f. sp. *lini*、小麦全蚀病菌 *G. graminis* var. *tritici* 和多种腐霉 *Pythium* spp. 等具有的抑制作用就是通过细菌产生的铁的螯合物(pseudobactin)对铁营养的竞争而实现的。

2. 氧气竞争

土壤微生物对氧气的竞争同样重要。土壤中普遍存在厌氧(anaerabiosis)的微环境,且这种竞争现象大多分布在土壤表面几厘米深的耕作层中,因此对土壤微环境中厌氧的耐性也赋予了一些微生物竞争存活的优势。

3. 水分竞争

土壤真菌可通过自身的代谢活动产生所需要的水分,不仅仅是消耗土壤中的水分。在正常土壤中,一般不会发生微生物间对水分的竞争;而在干旱土壤中,低水势耐性较高的微生物则具有竞争存活上的优势。

(二) 空间竞争

很多研究表明,拮抗微生物对空间的竞争与其多方面的机制有关。

抑菌物质的产生关系到拮抗菌对侵染位点的竞争。一些拮抗菌在寄主体内可以产生足以直接抑制病菌的抑菌物质,此为这些拮抗菌具有防病作用的直接原因。例如,放射农杆菌 *Agrobacterium radiobacter* K84 菌系通过产生抗菌物质(农杆菌素 84)抑制根癌农杆菌 *A. tumefaciens* 的侵染减缓其致瘤作用。

非致病的尖镰孢菌防治黄瓜枯萎病,一方面反映在非致病菌对寄主的抗病性的诱发作用上;另一方面,非致病菌对黄瓜根围以及病菌侵染位点的竞争也起着重要的防病作用。

荧光假单胞杆菌能够定殖于作物根际或根表,依靠其所产生的嗜铁素或抗生素而起作用。经叶面喷用,荧光假单胞菌可在小麦叶表和叶内定殖,并自上而下转移到根部。以荧光假单胞菌菌株 P32 处理小麦种子,细菌能在幼根表面形成均匀的保护层,其厚度约达 10 个菌体长度;而不具防病作用的菌株则不产生此保护层,仅有随机出现的微菌落。这表明荧光假单胞菌在根部的定殖竞争了病原菌的侵染位点,减少了其侵染机会,此为防病作用的关键因素之一。

第三节 重寄生作用

一、重寄生作用

寄生是一种微生物寄生在另一种生物的细胞中或细胞表面,借此吸收营养的性能。植物寄主上的寄生性微生物,往往具有致病性而引起寄主产生病害。重寄生作用则是指一些致病寄生物又被另一寄生物寄生的现象,故称之为重寄生。后者可视为寄生物的寄生物(hyperparasites)。真菌的重寄生作用又称为真菌寄生(mycoparasitism),其中,寄生的真菌被称为菌寄生菌或重寄生菌(mycoparasite),被寄生的真菌则称为寄主真菌(mycohost)。植物病害防治中,很多是对菌寄生菌作用的利用。

重寄生生物作为有益微生物防治作物病害的应用研究较多，最早始于土传病害的研究。1931 年，Sanford 和 Broadfoot 首次报道直接利用腐生真菌防治植物土传病害。迄今，已有研究的重寄生菌的种类有很多，如木霉菌 *Trichoderma* spp.、轮枝菌 *Verticillium* spp.、地生绚伏革菌 *Laetisaria arvalis*、冬虫夏草中的粉红粘帚霉 *Gliocladium roseum* 等能在植物病原菌上寄生；一些专性寄生的病原菌，如白粉菌、霜霉菌和锈菌等被真菌寄生的研究也广受关注。

病原真菌的重寄生现象在自然界普遍存在，广泛分布于低等和高等、土壤传播和气流传播以及兼性寄生和专性寄生的病原真菌上。对于专性寄生菌（如锈菌、白粉菌）而言，它们的重寄生菌以"寄生链"的生存方式而存在于自然界，有些已用于生物防治实践中。例如，对担子菌中锈菌上的重寄生菌锈寄生孢 *Sphaerellopsis filum*＝*Darluca filum* 和锈生座孢 *Tuberculina* spp.，白粉菌的重寄生菌白粉寄生孢 *Ampelomyces quisqualis*，核盘菌 *Sclerotinia* 的重寄生菌盾壳菌 *Coniothyrium minitans*，腐霉 *Pythium* 和疫霉 *Phytophtora* 的重寄生菌罗兹壶菌 *Rozella* 和丛梗孢目真菌，丝核菌 *R. solani* 和核盘菌 *Sclerotinia* 的重寄生菌木霉 *Trichoderma* 等。

细菌可对病原真菌进行重寄生，而对某些植物病原真菌产生抑制作用。细菌也可寄生另一种病原细菌，如寄生性蛭弧菌是一类寄生病原细菌的重寄生细菌，分布于土壤和植物根围。这种细菌寄生后引起寄主溶菌反应，并在培养皿上形成类似于噬菌斑的溶菌斑，如噬菌蛭弧菌 *Bdellovibrio bacteriovorus* 可寄生豆丁香假单胞杆菌 *Pseudomonas syringae*，其对病原细菌的寄生效率因菌系而异。20 世纪 70 年代利用放射土壤杆菌 *Agrobacterium radiobacter* K84 菌株，通过重寄生作用防治 *A. tumefaciens* 引起的植物根癌病，在许多国家推广。

细菌还可寄生病原线虫，如穿刺芽孢杆菌 *B. penetrans* 对于植物根结线虫可先粘贴其体壁，然后侵入，或直接被吸入消化道，并在体内繁殖形成大量芽孢，使线虫解体。

真菌病毒（mycovirus）多被称为类似病毒的颗粒（virus-like particle，VLP），自 1962 年 Holling 首次从患病蘑菇中提纯并观察到病毒以来，迄今，已在 100 余种真菌中发现了病毒，其中大多数含有双链 RNA 基因组。植病工作者希望利用病原真菌病毒的感染或类似病毒颗粒和弱菌系控制强致病菌系，但含有双链 RNA 或病毒的病原真菌中，其致病力及生理代谢和遗传等不一定有相应变化。例如，玉米黑粉菌病毒、茄丝核菌病毒、小麦全蚀病菌病毒等均能削弱或致死病原菌。但核盘菌的病毒生产上并不完全成功，其一由于含病毒或双链 RNA 的菌株在腐生条件下难以长期存活，且很多菌株含有多种组分（低致病力菌株和强致病力菌株），对致病力的影响也各不相同；其二因为含病毒菌株的致病力还与营养、温度等条件相关。这表明真菌病毒用于生防还有许多研究工作有待深入。

对于细菌的病毒（噬菌体，bacteriovirus）研究较多。例如，水稻白叶枯病菌 *X. oryzae* pv. *oryzae* 的噬菌体早在 20 世纪 70 年代前就有研究。几乎每种植物病原细菌均可有 1 种或几种类型噬菌体寄生。但迄今为止将噬菌体用于病害防治尚不多见。

二、重寄生作用的生防机制

迄今，人们对重寄生真菌对病原真菌的重寄生作用主要集中在重寄生现象及控病机制，以及重寄生菌产生的细胞壁降解酶和毒素的研究等。

重寄生菌与病原真菌的关系本质是自然界中一种特殊的"营养链"，即"寄生链"关系。因而，重寄生菌的防治机制是重寄生菌通过对病原菌的重寄生，从病原菌获得营养等生活所需物质，对病原菌生存的不利影响，从而减轻病原菌对植物的危害而控制病害。由于不同重寄生菌对不同病原菌的营养体和繁殖体寄生不同，因而对病原菌影响或控制作用不同。例如，木霉 *Trichoderma* spp. 主要是对病菌菌丝体的寄生，导致菌丝体的畸变、溶解等；盾壳霉 *C. minitans* 对菌核病菌菌核的寄生，导致菌核的崩解，从而使菌核不能萌发产生子囊盘和子囊孢子，通过压低初侵染量减轻病害；白粉寄生孢 *A. quisqualis* 对白粉病菌寄生在白粉菌的菌丝、未成熟闭囊壳及分生孢子梗内、分生孢子中生长，并产生分生孢子器，影响了白粉菌产孢细胞的形成以及随后分生孢子的产生，从而降低了致病白粉菌接种体数量；锈菌寄生孢 *S. filum* 对锈菌夏孢子堆、夏孢子的重寄生，抑制夏孢子萌发、消解夏孢子而控制锈病的危害。梨锈生座孢 *T. pyrus* 对梨、苹果锈病菌锈子器的重寄生，梨锈生座孢的分生孢子座将锈子器口封闭，致使锈子器内锈孢子不能释放而最终消解，从而对锈病病害循环形成阻碍。

重寄生菌木霉靠趋化性与特异性植物凝血素的凝集作用来识别寄主菌，然后缠绕于寄主的菌丝上或侵入菌丝内，从而导致寄主菌丝的死亡。在部分寄生菌的细胞壁上可观察到侵入孔，这是寄生菌产生的葡聚糖酶和几丁质酶溶解病原菌细胞壁的结果。

木霉引起病原菌形态学上的微小畸变，对菌丝附着、生长、侵入并产生吸器从而直接寄生，以及菌丝的溶解等。例如，木霉生物防治的机制之一，即利用其可产生细胞壁分解酶、溶解病原菌的细胞壁。目前将编码这些酶的基因从细菌或酵母菌中克隆出来，转入拮抗微生物中，创造出超生物防治材料的试验也已在进行。

植物病原菌的休眠结构也可被重寄生菌所寄生(如盾壳霉对菌核的寄生，导致菌核腐烂)，寄生程度受环境因素，如碳氮比的变化、温度的变化、光照、pH 及其他养分的影响很大。

重寄生菌木霉的重寄生过程一般分为 4 个步骤：①趋化性生长。例如，木霉菌会趋向能产生化学刺激物的病原菌生长。②识别。此作用与病原菌含有的聚血素及重寄生物表面拥有的碳水化合物接收器有关，这类物质左右了病原菌与重寄生物之间作用的专一性。③接触与细胞壁分解。④穿透侵入。例如，木霉菌可产生类似附着器的构造，侵入真菌细胞，进而分解与利用病原菌细胞物质；*Pythium radiom* 对灰霉病菌具有重寄生作用，它进入寄主菌丝后形成大量的分枝和有性结构，从而抑制葡萄灰霉病症状的出现。

对病原细菌、病毒和线虫重寄生的生防机制研究报道较少。重寄生细菌寄生真菌和线虫后引起溶菌和线虫的解体是其生防机制之一。重寄生病毒对病原真菌的生防机制是削弱或致死，对病原性细菌的生防机制则是感染噬菌体的细菌代谢途径发生改变，合成噬菌体颗粒的 DNA 和蛋白质，并在细胞内组装成许多完整的新噬菌体颗粒，最后受感染的细菌细胞崩溃。

利用重寄生菌作为生物防治因子的关键点在于，发挥寄生作用的前提是病原菌的存在，即在发生寄生前，大量的病原菌须以菌丝体或孢子堆的形式存在，方能利于重寄生菌作用的发挥。总体上，自然界微生物间的重寄生现象普遍存在，但其应用潜力远未得到开发利用。

第四节　捕食作用与溶菌作用

一、捕食作用及其机制

捕食作用(predation)是指一种生物直接吞食另一种生物的现象。例如，真菌捕食线虫(也可理解为一种重寄生现象)、原生动物吞食细菌、真菌及线虫捕食细菌、藻类对细菌和其他藻的捕食作用等。

土壤中的小动物捕食病原菌的现象称为食菌性(mycophagus)。食菌性变形虫捕捉到病原菌后,把病原菌包围起来,然后在病菌的细胞壁上刺穿圆孔,侵入其中吸食原生质;在根际土壤中生活的小动物中,食菌性线虫和弹尾虫类等均有抑制土壤病害的作用。这些小动物对菌丝具有趋化性,靠捕食菌丝获取养分。

寄生或捕食真菌线虫,亦称为食真菌线虫(fungivorus nematodes),大多数专门取食真菌的线虫,其口针较短。例如,将燕麦真滑刃线虫 *Aphelenchus avenae* 和苗腐腐霉菌 *Pythium* sp. 混合接种玉米,能明显减轻后者单独接种引起的根腐病;这种线虫还可寄生各种疫霉,但不易寄生腐生真菌。

食线虫真菌,近年的发展极为迅速。早在 1888 年,Zopf 观察到一种节丛孢属 *Arthrobotrys* 真菌捕捉线虫,形成套索环(constricting ring)粘紧消化线虫。另一些食线虫真菌以孢子方式或是粘贴在线虫体壁,然后侵入体内,或是被线虫吸入消化道,并在体内萌发寄生危害。也有一些寄生真菌具有捕食和内寄生双重特性。

二、溶菌作用及其机制

溶菌(lysis)是指微生物的细胞壁由于内在或外界因素而被溶解,致使细胞质外泄释放到环境中的现象。此作用主要与细胞壁分解酶的活动有关。植物病原真菌和细菌的溶菌现象比较普遍,常导致芽管细胞或菌体细胞消解。溶菌作用在微生物中可表现自溶和外溶两种方式。

1. 自溶

自溶(autolysis 或 endolysis)是菌体由于竞争等各种原因导致的饥饿或有害物质的积累而发生细胞内部的酶解作用所致。例如,缺氧或 pH 改变使一些土传病原真菌的正常生理发生障碍,不能正常利用营养物质而自溶。通常在微生物大量活跃的根际土壤中这种自溶作用可以引起根际营养组分的改变。

2. 外溶

外溶(exolysis)是菌体在一定条件下由其他微生物的作用而发生的溶解现象。土壤中有很多细菌能产生几丁质酶、糖朊酶等,促使一些菌丝的细胞壁分解而溶菌,如一些抑制性土壤中常因细菌的活动而促使病原菌 *Phytophythora* 和 *Pythium* 孢子囊和菌丝的溶解;土壤中的一些原生动物,如一种巨型阿米巴,可以引起小麦全蚀病菌的菌丝以及小麦根腐病菌和根串珠霉的分生孢子壁溶解。节杆菌属 *Arthrobacter* 和沙雷菌属 *Serratia* 是人们研究熟知的两种溶菌微生物。

利用有益微生物对病原菌的溶解作用进行生物防治也是常规的途径之一。关于微生物对植物病原菌溶菌作用的研究应用在国内已有报道。例如,中国农业科学院生物防治研究所研制成功的新型 *N*-糖苷类农用抗生素中生菌素(农抗-751),经多年田间试验证明,对大白菜软腐病、水稻白叶枯病、小麦赤霉病等均有较好的防治效果。谢德龄等(1995)报道了中生菌素对水稻细菌性条斑病和水稻纹枯病等的防治效果;龙厚茹等(1999)研究报道了淡紫灰链霉菌 *Streptomyces lavendulae* 产生的中生菌素(zhongshengmycin)对马铃薯青枯病菌 *Pseudomonas solanacearum* 的溶菌作用效果。

有研究表明,枯草杆菌 *B. subtilis* 也具有溶菌作用。例如,林福呈、李德葆(2003)报道了枯草芽孢杆菌 S9 对立枯丝核菌等的溶菌作用;何红等(2004)研究了内生枯草芽孢杆菌 BS-2 菌株分泌的抗菌多肽,抑制病菌生长、引起菌丝(或芽管)细胞消融、导致菌丝畸形以及抑制病菌分生孢子的产生和萌发等作用。上述有些已在实践中付诸应用。

第五节　诱导抗病性

一、诱导抗病性及诱导因子

（一）诱导抗病性

植物因受一种病原物侵染或其他化学因子、物理因子刺激后，诱导其形态和生理上发生变化，使之对其他病原物的侵染产生抗性的现象，称为诱导抗病性（induced resistance），也称为获得抗病性（acquired resistance）。植物抗病性的诱导因子分为非生物因子与生物因子两类，而生物诱导因子又包括真菌、细菌、病毒。细菌诱导因子又被区分为病原菌和非病原菌两类。

植物诱导抗病性早于20世纪初即被发现，Bernard发现在兰科植物上接种根腐病菌*Rhizoctonia*的弱致病菌株后，其鳞茎可免受强致病菌株的侵染，并把这种病原物第一次侵染诱发的抗病性称为诱导抗病性。真正对诱导抗病性的系统研究始于60年代，Ross发现接种过TMV的烟草，病斑周围组织获得了对随后病原物侵染（即挑战接种）的完全抵抗性，并通过对经过预处理（诱导接种）的植株远端组织进行挑战接种，发现其病斑面积和数量较未经诱导对照均大大缩小，甚至发现诱导时未接种的幼叶也被诱发产生了抗病性。

（二）诱导因子

概括而言，诱导抗病性产生的因子主要有以下三个方面。

1. 生物因子

研究发现，植物病原物具有致病性和诱导抗病性双重能力，此特点在真菌、细菌及弱致病菌（或弱毒株系）中均有所见。几乎所有能诱导植物产生过敏性反应（hypersensitive response，HR）的非亲和性病原物和一些弱致病菌或非致病菌均能使被诱导的植物产生抗病性。借助在抗病植物上和非寄主植物上产生HR这一现象机制的揭示，人们发现很多植物病原物均可产生多样性的致病性效应分子进入植物细胞中，既可使病原物能够在寄主植物上进行寄生致病，同时也可激活非寄主植物产生抗病性。

在真菌研究中，用从栽种水稻和黄瓜的土壤中分离到的镰孢菌诱导玉米抗青枯病，挑战接种致病菌禾谷镰孢菌和禾生腐霉，间隔期16 d，土壤诱导和注射诱导接种50～60 d后，诱导效果达100%；瓜类炭疽菌诱导接种能诱导黄瓜产生对霜霉病的抗性。研究发现，木霉菌能与植物建立共生关系，通过和菌根真菌相似的机制，穿透植物的表皮在植物根系定殖，继而产生和释放刺激植物生长和诱导植物系统防御反应的化合物，诱使植物合成和积聚植物抗毒素、类黄酮、萜类化合物、酚的衍生物、糖苷配基和其他抗菌化合物，抵御真菌的入侵。可见，木霉菌不仅自身产生抗菌物质抑制病原真菌生长，而且可诱导植物产生抗菌物质抵抗病原菌的入侵。此外，利用菌根真菌改善植物的形态和生理状况而增强植物的抗病性，菌根真菌诱导植物根系减少分泌物的释放，与根病减轻相关。例如，利用泡囊丛枝菌根（vasiculas-arbuscular mycorrhizae，VAM）防治棉花苗期黑根腐病、柑橘根腐病。

关于细菌的研究，韦忠民等(1992)从梨火疫病菌 *Erwinia amylovora* 中鉴别出激发非寄主产生 HR 的物质为一种 harpin 蛋白。其后从丁香假单胞菌 *Pseudomonas syringae*、茄科青枯拉尔氏菌 *Ralstonia solanacearum* 和稻黄单胞菌 *Xanthomonas oryzae* 等代表性植物病原细菌中分离和鉴别出了各自的 harpin 蛋白，它们均具有激发非寄主植物产生 HR 的能力。植物 harpin 蛋白应用于植物上，可以诱导植物产生抗病性，并且还有促进植物生长等功能。这些发现，为植物病害生物防治开辟了新的视野。以后研究发现，荧光假单胞菌 WCS417 处理香石竹后可诱导其对尖孢镰刀菌 *Fusarium oxysporum* f. sp. *dianthi* 的抗病性；植物根际促生细菌(PGPR)也可诱发植物的抗病性。

对于病毒的应用，典型的见于以 TMV 弱毒株系 N_{14} 接种植株，用于防治其强毒株系的侵染，效果明显。研究发现，感染病毒的甜菜表现出比正常植株更强的抗白粉病和锈病，感染普通花叶病毒的烟草植株对于烟草寄生疫霉及烟草野火病菌，甚至对某些蚜虫的抗性也会提高。这类交互保护作用是一种典型的诱导抗病性。

2. 化学因子

诱导抗病性不仅发生在不同病原物之间、非病原与致病菌之间，甚至一些化学物质(包括天然代谢产物)也能诱发植物对一定病原的抗性。诱导植物产生抗病性的化学因子主要有多糖、蛋白质、草酸、水杨酸、乙烯和茉莉酸及合成化合物等。

从非病原细菌和真菌获得的多糖或亲缘不相关植物商陆上提取的蛋白类物质，处理烟草植株可提高其对 TMV 的抗性；利用菌体胞外多糖诱发黄瓜对角斑病菌和炭疽病菌的抗病性。草酸(oxalic acid)能诱导黄瓜过氧化物酶活性的系统性升高，可诱发对多种真菌病害(如黄瓜霜霉病)和细菌及病毒病害的抗性。水杨酸(salicylic acid，SA)能诱导植物抗病性的产生并参与启动植物防卫反应的信号传递过程。乙烯(ethylene，Eth)和茉莉酸(jasmonic acid，JA)能诱发拟南芥系统性积累植物保卫素，产生对 *Alternaria brassicola* 的抗性。用茉莉酸和其甲酯(jasmonic methylester，JME)处理马铃薯和番茄，可诱导产生对晚疫病的抗性。

3. 物理因子

诱导植物产生抗病性的物理因子主要有高温、低温、紫外线和机械损伤等。能引起植物细胞损伤或死亡的因素。损伤或死亡细胞能产生一些低分子质量激发因子，诱导周围细胞植保素的产生和积累等抗病反应，从而使植物产生抗病性。例如，采用 50℃高温处理大麦叶片 1 min 后，能诱发对大麦白粉病的系统抗性。

几乎所有的生物防治因子的抑病作用都不能排除拮抗菌对寄主植物产生的直接影响，这种影响对用于病害控制上有很大潜力，特别是对那些在离体条件下没有任何抑菌活性的拮抗菌，由于诱发抗病性而在田间可能更为有效。

二、诱导抗病性的生防机制

生物诱导物和非生物诱导物皆可诱导植物抗病性的产生。对于诱导抗病性的机制，人们从不同角度做过假设。Gaumann(1951)认为，在许多受侵染植物个体所引起的有害反应中，有少数发生了相反的影响，不但不削弱寄主，反而刺激寄主，使原来隐蔽而非常微弱的保护能力活化，从而有能力抵御其原来不能抵抗的病菌。这种新发生的保护反应称为诱导的抗侵染性保护反应。Dekker 研究认为，抗病性诱导产生的机理主要是提高了植物自身的抗病性，诱抗剂可能影响植物和寄主之间的关系，以某种方式改变了植物代谢，使植物不太适合做寄主，因而对植物有利；也可能对寄生物起作用，干扰致病过程及孢子形成，损坏寄主和寄生物之间的识别，破坏侵入等。Kuc(1985)从遗传角度认为，所有植物都会有抗真菌、细菌和病毒的潜在基因，但有些并未表达。说明抗性的决定因素是基因的表达速度和数量，以及环境对基因产物活性的影响。

诱发抗病性的机制有两种：一种是微生物借助机械障碍或化学拮抗直接作用于病原物；另一种是微生物诱致寄主生理发生变化而表现抗病，而对病菌没有直接影响。

1. 组织病理学机制

植物受多种因子刺激后导致植物细胞壁木质化、木栓化、沉积酚类物质和钙离子、诱导产生富含羟脯氨酸糖蛋白(HRGP)等多种反应。

木质化作用是在细胞壁、胞间层和细胞质等部位产生和积累木质素的过程。木质素沉积使植物细胞壁能抵抗病原菌侵入的机械压力；木栓化也增强了细胞壁对真菌酶的抵抗能力；植物在受病菌侵染以及某些化学物质刺激后，可增加富含羟脯氨酸糖蛋白在细胞壁中积累，促进细胞壁木质化，从而对病原物侵染和扩展起机械屏障作用。

2. 生理生化机制

(1) 酶活性的变化。植物经诱导物处理后体内的防御酶系，如过氧化物酶(POD)、多酚氧化酶(PPO)、苯丙氨酸解氨酶(PAL)、几丁质酶的活性均大大增加。

(2) 植物保卫素的产生和积累。植物保卫素是植物被病原物侵染后或受到多种生理的、物理的、化学的因子诱导后，所产生或积累的一类低分子质量抗菌性次生代谢产物。植物保卫素平时在植物体内含量很少，一旦受到某种诱导之后则大量产生和积累，以抵抗外源物质的侵扰。

(3) 病程相关蛋白的积累。病程相关蛋白(PRP)是植物受病原物或不同因子的刺激、胁迫产生的一类蛋白质，病原物侵染及创伤等刺激都可诱导 PRP(如几丁质酶、β-1,3 葡聚糖酶等)的产生。

关于诱发抗病性的机制尚未完全探究清楚，人们担心，用于交互保护作用的某一种病毒的弱毒株系是否有可能扩散到其他寄主上成为强致病株系？弱毒株系是否稳定？会不会突变出毒力更强的致病株系？弱毒株系和其他病毒是否可能产生类似 PVX 和 PVY 病毒协同加重病害的后果等。诱导抗病性研究常采用与病原菌相近的无致病力菌系、病原菌的弱毒株或病原菌的组分，但是无致病力菌系或弱毒株作为诱导子有时会伴随无毒系产生坏死及过敏性的反应，本身也会对作物产生伤害，而且有些无致病力菌系可能对那些不能抵抗它们的作物品种构成威胁，因而诱导抗性在生物防治上的应用存在一定风险。

第六节 生物多样性与植物微生态调控

一、生物多样性及其生防机制

1. 生物多样性

生物多样性(biodiversity)是对所有生物种类、种内遗传变异及其与生存环境构成的生态系统的总称，阐述了地球上所有物种及其与环境形成的生态复合体以及与此相关的各种生态过程和物种变异性的多样化。

在生物多样性的概念中，包括了生物的遗传多样性、物种多样性、生态系统多样性和景观多样性 4 个层次。其中，遗传多样性和物种多样性是生物多样性研究的基础，生态多样性是生物多样性研究的重点。迄今，有关遗传多样性、物种多样性以及生态系统多样性等层次上的研究工作比较深入，而景观多样性及其与其他层次生物多样性之间的跨尺度综合研究则起步较晚。

长期的研究和探索使人们认识到，在农业生态系统中，不同农业生物占据不同的生态位，彼此间通过栖生、共生、竞争、拮抗等互作方式，使各种生物种群得以延续共存，形成比较稳定的发展的系统构成。在自然生态系统中，其构成的各个因素间均处于彼此协调、相互适应状态，保持着相对稳定和平衡。当系统中某一因素，如有害生物增加时，相应的抑制因素，如非靶标生物和拮抗生物等也随之增加，最后导致有害生物的食源或生态位降低，从而使生态系统达到新的平衡状态。

辩证地分析，植物病害的发生实质是因其系统中生物多样性的结构和动态平衡失调，如寄主植物品种的组成和布局的变动、病原物数量及其致病性的变异(遗传多样性变化)、正常微生物种群及其生态环境的变化等所致。从寄主植物和病原物的关系分析，寄主植物群体和病原物群体的遗传异质性(遗传和种群多样性以及种群布局的差异性)是植物病害控制的基础，自然选择和协同进化是动力。因此，利用生物多样性即充分利用农业生态系统中各种生物之间相生相克的关系，是控制植物病害的重要生防措施之一。

2. 生物多样性的生防机制

生物多样性控制植物病害的机制主要有以下三个方面。

(1) 作物遗传(基因)多样性的利用。研究表明，作物遗传上的异质性或多样性布局可大面积抑制病害的发生(Garrett，1999)。这一理论在利用水稻遗传多样性控制稻瘟病的实践中得到了验证。1979～1980 年，韩国对单基因品种轮换的方法进行了改进，采用同时携带两个不同抗病基因的水稻品种进行轮换，有效地控制了稻瘟病流行。

(2) 作物种群多样性的利用。利用作物种群多样性控制植物病害包括多系品种混栽、品种间混栽和物种间混栽三种策略，其中品种间混栽是研究和应用最普遍的策略。曹克强等(1992)研究了不同小麦品种混合种植对小麦条锈病、叶锈病和白粉病的控制及其增产效果，结果表明，混合品种确实具有抗病增产的效果，而且其抗病增产效果在病害压力较高时尤为明显。

(3) 农业生态系统多样性和农业景观多样性的利用。利用农业生态系统多样性和农业景观多样性控制植物病害，是在充分利用作物遗传、种群多样性的基础上，协调构成农业生态系统和农业景观生态系统的各种生物或非生物因素的相互作用，使之形成有利于农作物生长发育而不利于病原物繁殖和侵染的选择压力，最大限度地发挥农业生物多样性的生态服务功能。1997 年国际水稻研究所启动了由中国、越南、泰国、菲律宾等国参加的为期 5 年的“利用生物多样性稳定控制水稻病虫害”的研究项目，其中的研究内容之一就是利用杂草多样性控制病虫害，即在数块稻田四周建立一定宽度(1 m 以上)的“绿色走廊”，在走廊中有选择地种植一些杂草和低矮植物作为天敌生存、越冬和繁衍的栖息地，各种天敌可随时迁移到稻田中，从而有效控制水稻病虫害初始群体数量和增殖速度。

利用生物多样性控制植物病害，是植物病害防治新的发展方向。从生态学角度看，生物种群并无所谓益、害之分，它们均为生物圈的组成成员，即便是有害生物(如各种病原物)也是农业生态系统的组成部分之一，只是从人类的自身利益出发，才区分出所谓的有益生物和有害生物。因此针对有害生物的防治措施（杀死或铲除），必然对自然生态系统的生物多样性造成破坏。而充分利用农业生态系统中的生物多样性及其自我调节能力，是以生态学原理和方法为基础，以生物间相生相克和生态系统动态平衡的调节为内因，综合运用包括生物防治手段在内的各种农业防治、化学防治、物理防治、现代生物技术以及农业管理等措施，从而将植物病害的危害控制在经济允许的阈值下，以获取最佳的经济、生态和社会效益的防治原则和理念。

二、植物微生态及其生防机制

1. 植物微生态

植物微生态（micro-ecology of plant）是植物体表、体内的正常微生物群与其宿主植物的细胞、组织和器官及其代谢产物的微环境，是长期进化过程中形成的能独立进行物质、能量及基因相互交流的统一的生物系统（biosystem）。

微生物与植物的关系极为密切，植物体上的微生物种类很多，绝大部分属非致病微生物，甚至是有益微生物群落，它们和植物体组成微生态系统。这个系统是动态变化的，具有一定的特异性、区域性和层次性。由于植物病害的发生都是因为微生态系不同程度的失调或菌群失调所致，因此植物病害防治须考虑发病部位微生态系的功能与结构。

近年研究认为，植物微生态系分为三个层次：总微生态系统、大微生态系和微生态系。植物微生态系中的微生物通常有习居菌和暂居菌两大类群。植物体不同的微生态空间都有习居菌和暂居菌，这些微生物组成的特异性是在共同进化中形成的。植物微生态系中，研究较多的微生物是根际（围）微生物、气（叶）围微生物和内生微生物。

根际土壤区域内的微生物种群统称为根际（围）微生物（rhizosphere microorganisms），包括了真菌、细菌、放线菌和原生动物等，以细菌最为主要，其中又以革兰氏阴性细菌占优势。研究较多的植物根际促生细菌（PGPR）是一类能够高密度定殖在植物根际的微生物类群，兼有抑制植物病原菌、植物根际有害微生物以及促进植物生长并增加作物产量的作用，由此得到人们关注。其次为放线菌和真菌，根际效应一般不明显。

叶围微生物（phyllosphere microbe）又称叶表或叶面微生物，指附生或寄生于植物叶部周围的微生物。研究表明，植物叶围的某些微生物可通过拮抗、竞争、促生以及诱导植物抗性等作用抑制植物病害的发生发展。例如，对水稻白叶枯病有拮抗作用的 B8 菌株，可以在水稻叶面定殖且能保持一定密度，抑制水稻白叶枯病发展；锈菌和白粉菌等专性寄生菌的重寄生真菌和细菌可用于经济植物的生物防治。

内生微生物是指生活在植物体内，通常被宿主细胞膜包围或是细胞基质包围，与宿主植物互惠共生的一类微生物，主要包括真菌、细菌和放线菌等。植物和内生菌间具有一定互惠互利的生物关系，即植物为内生菌提供生存环境和所需的光合物质和矿物质，反之内生菌为宿主植物或体内其他微生物提供酶类等代谢产物，促进植物主要代谢产物的合成和生长发育，提高抗逆力。例如，植物内生细菌中，许多是具有固氮、促进植物生长和防治植物病害等作用，因此近年来成为生防研究热点。

2. 植物微生态的生防机制

植物微生态调控是生物防治的一个重要手段。其原理为调控生态环境与有害微生物（病原物）间的平衡，调节寄主细胞组织与有害微生物的平衡，协调植物体内的内生共生菌与病原微生物的平衡等，从而达到防病的目的。通常可以通过生物（微生物）、物理、化学等多种措施综合使用对微生态进行调控。例如，通过为植物提供营养，如菌根菌和根瘤菌，促进植物生长而减缓植物病害；另外还可通过利用病原微生物产生抗生作用、寄生作用、竞争作用和捕食作用，或诱导植物产生抗性等途径，减轻植物病害的发生。

植物的根围和叶围是两个研究得最多的两个微生态系统，利用这两个系统中的某些习居性微生物，可以起到防治植物根病和叶部病害的作用。研究植物微生态学和微生态系原理，挖掘植物体表和体内微生物资源，拓宽植物病害防治的途径，已成为人们关注的又一重点。

小　结

植物病害生物防治原理主要包括抗生作用、竞争作用、重寄生作用、捕食作用与溶菌作用、诱导抗病性以及生物多样性与植物微生态调控的利用等。

植物病害的生物防治，作为广受关注、极有前景的防病措施，有其独特的优势和巨大的开发潜力。理解和掌握植物病害生物防治的机理，对于植物病害生物防治的深入研究具有重要作用。

迄今关于植物病害生防机制，某些方面尚未完全探究清楚，很多问题待于深入探究，这对于进一步的利用，无疑是需要尽快探明的问题。人们对交互保护作用弱毒株系能否成为强致病株系？弱毒株系是否稳定？有些无致病力菌系可能对那些不能抵抗它们的作物品种构成威胁等问题还存在诸多担心。如何排除生物防治应用上存在的风险，也理应作为人们研究的一个问题。

复习思考题

1. 植物病害生物防治的机制主要有哪几方面？
2. 何为抗生作用？抗生作用的机制有哪几方面？
3. 何为竞争作用？微生物的竞争作用包括哪几方面？
4. 何为交互保护作用？诱导抗病性的机制有哪几方面？
5. 如何根据植物病害生物防治的机制对其辩证地认识、研究、开发和应用？

主要参考文献

蔡元呈. 2002. 植物微生态学与植物微生态制剂的应用. 中国生态农业学报，(2)：106-108.
方中达. 1997. 植病研究法. 北京：中国农业出版社.
葛红莲，赵红六，郭坚华. 2004. 植物土传病害微生物农药的研究开发进展. 安徽农业科学，32(1)：153-155.
顾觉奋. 2001. 抗生素. 上海：上海科学技术出版社.
郭小芳，德吉. 2008. 生防放线菌开发与利用中存在的问题及解决途径. 西藏科技，185(8)：72-74.
姜怡，唐蜀昆，张玉琴，等. 2007. 放线菌产生的生物活性物质. 生物学通报，34(1)：188-190.
刘长令，张少铭. 1995. 用于植物保护的天然植物. 农药译丛，17(3)：15-20.
孟昭礼，袁忠林，曲宝函. 1999. 人工模拟杀菌剂绿帝对4种植物病害的药效试验. 农药，(5)：26-28.
阮继生，刘志恒，梁丽糯，等. 1990. 放线菌研究及应用. 北京：科学出版社.
魏艳敏，刘大群，田世民. 2000. 放线菌（*Streptomyces* spp.）对几种蔬菜病原菌的拮抗作用. 河北农业大学学报，23(3)：65-68.
吴剑波. 2002. 微生物制药. 北京：化学工业出版社.
吴云峰. 2008. 植物病虫害生物防治学. 北京：中国农业出版社.
向固西. 1995. 一种新的抗生素——宁南霉素. 微生物学报，35(5)：368-374.
徐长伦，董平. 1994. 防治哈密瓜疫霉病抗生素产生菌的鉴定. 微生物学通报，21(6)：350-352.
徐丽华，李文均，刘志恒，等. 2007. 放线菌系统学. 北京：科学出版社.

徐瑞富,刘鸣韬,陈守峰. 1996. 植物病害生物防治中存在的问题及对策. 河南职技师院学报,27(2):23-25.

严逊初. 1992. 放线菌的分类和鉴定. 北京:科学出版社.

周启,王道本. 1998. 农用抗生素和微生物杀虫剂. 北京:中国农业出版社.

诸葛健. 2002. 工业微生物资源开发应用与保护. 北京:化学工业出版社.

宗兆锋,乔宏萍,何杞真. 2002. 2株重寄生菌的分离和对靶标菌的抑制作用. 西北农业学报,11(4):1-3.

EL-Tarabily K A, Soliman M H, Nassar A H. 2000. Biological control of *Sclerotinia minor* using achitinolytic bacterium and actinomycetes. Plant Pathology, 49:573-583.

Fuchs J G, Moenne Loccoz J G, Defago G. 1999. Ability of nonpathogenic *Fusarium oxysporum* Fo47 to protect tomato against fusarium wilt. Biological Control, 14:105-110.

Harman G E. 2000. Myths and dogmas of biocontrol: changes in perceptions derived from research on *Trichoderma harzianum* T-22. Plant Diseases, 84:377-393.

Kim B S, Moon S S, Hwang B K. 1999. Isolation, identification, and antifungal activity of a macrolide antibiotic, oligomycin A, produced by *Streptomyces libani*. Can J Bot, 77(6):850-858.

Kim B S, Moon S S, Hwang B K. 2000. Structure elucidation and antifungal activity of an anthracycline antibiotic, daunomycin, isolated from Actinomadura roseola. Journal of Agricultural and Food Chemistry, 48(5): 1875-1881.

Kortemaa H, Pennanen T, Smolander A. 1997. Distribution of antagonistic *Streptomyces griseoviridis* in rhizosphere and non-rhizosphere. Sand J Phytopathology, 145:137-143.

第四章　植物病害生物防治因子

第一节　生防因子与其他生物的关系

植物病害生物防治因子(简称生防因子)是指可用于植物病害生物防治的潜在生物资源，是植物病害生物防治的重要应用基础。其主要有：①微生物资源，如真菌、细菌和放线菌等；②病毒，如弱毒株系和噬菌体；③微生物代谢产物；④抑菌植物提取物；⑤植物多样性利用等。生防因子有不同的生防机制，可以依据一种或多种生防因子防治不同的植物病害(图 4-1)。

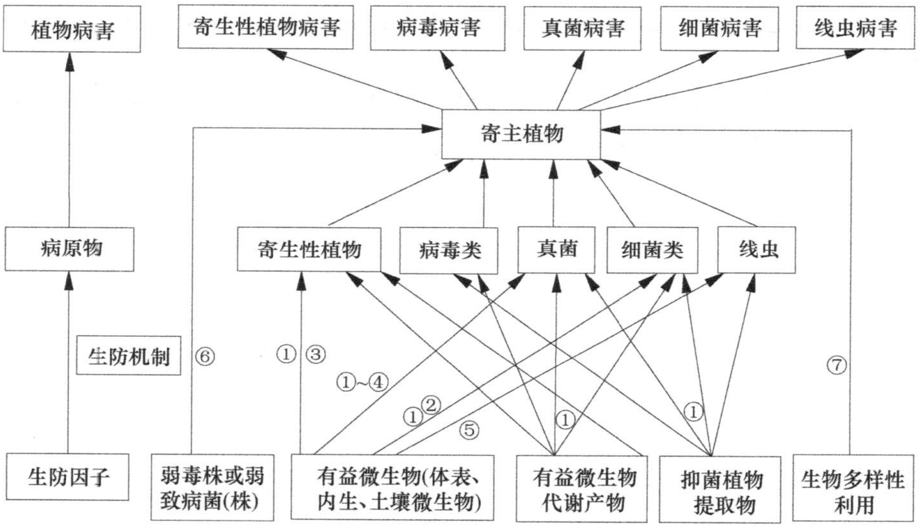

图 4-1　生防因子与其他生物的关系及生防机制

生防机制：①拮抗，②竞争，③重寄生，④溶菌，⑤捕食，⑥诱导抗病性，⑦生物多样性调控

从自然界有效和快捷地获取生防因子，主要有以下原则和依据：①依据已知的植物病害生物防治机制，如拮抗作用、竞争作用、重寄生作用、溶菌作用、捕食作用，诱导抗病性和生物多样性调控等获取生防因子；②从存在感病寄主和特定病原菌，但植物病害并未发生或病害处于衰退阶段或病害不能发展的环境筛选拮抗菌(Saker and Cook，1983)；③利用生物多样性进行自然调控；④利用生物技术对已有生防菌进行基因工程改良。

从自然界获取植物病害生防因子，应以控制植物病害为目的、病原菌为靶标、生防机制为手段，分析植物-生防因子-病原物三者的相互关系，采用适宜的方法(见第七章)，从我国丰富的微生物资源和抑菌植物资源，特别是药用植物资源中获得。自然界丰富的微生物资源是获取生防微生物的巨大资源库，它们广泛存在于自然界。植物体表，如气围(叶围、花围、果围)和根际(围)(rhizosphere)中存在丰富的有益微生物种类；植物体内也有丰富的内生菌，如内生真菌、细菌和放线菌；土壤是人们公认的微生物宝库；近年来发现海洋微生物中也存在众多的生防微生物种类。生防菌的自然存在绝不是孤立的，它们与植物、动物、微生物（包括病原物）等密切相关。因而，了解、分析它们之间的相互关系，对有目的的获取植物病害生防因子具有重要意义。

自然界各种生物（植物、动物、微生物）种类繁多、数量巨大，彼此间关系复杂。经过千百万年的演化，物竞天择，适者生存，协同进化，生物种群内的不同个体以及相同生境内的不同种群之间互相影响，彼此间相互作用关系复杂多样。植物是生物界中唯一能进行光合作用的生物，与其他生物直接或间接地构成食物链（food chain）关系。在植物病害系统中，从植物病害生物防治角度分析，植物-生防因子-病原物间存在相生相克的互作关系。这种关系主要有抗生、重寄生、竞争、溶菌、捕食、诱导抗病性、生物多样性与植物微生态调控等。而这些相互关系，正是人类在植物病害生物防治中可以加以利用的生防机制。以生防因子-病原物-植物为主线，植物病害生防因子与其他生物间构成了相互关系（图 4-1）。

自然界中微生物种类繁多、数量巨大、分布广泛。据推测，细菌有 4 万种，但已知的仅有 4 800 种；真菌有 150 万种，已知的仅有 7 万种。真菌是获取植物病害生防因子的主要来源，是生防菌及其代谢产物的重要研究对象。微生物源生防因子在植物病害生物防治中占有重要地位。自然界中的植物是生物活性化合物的天然宝库，其产生的次生代谢产物超过 40 万种，其中与抑制和杀死病原菌相关的次生产物达 1 万种之多。因此，对抑菌植物提取物的研究也是目前的热点领域。植物微生态系和作物品种多样性利用创制的植物病害可持续控制理论体系，开辟了植物病害生物防治的新领域。

一、生防因子与微生物

就植物病害生物防治而言，有益微生物，常称生防菌，是指其活体和代谢产物对植物无害而能控病的微生物。这类微生物包含真菌（fungi）、细菌（bacteria）、放线菌（actinomyces）和病毒（virus）等。有益微生物的控病机制包括抗生、重寄生、竞争、溶菌、捕食、诱导抗病性和植物微生态调控等。有益微生物存在和来源于植物气围、根围、植物体内、土壤和水域。

1. 气围微生物中的生防因子

叶围微生物（phyllosphere microbe）的概念于 1981 年由 Blackman 提出，是指附生或寄生于植物叶部周围的微生物。借此概念并推而广之，将附生或寄生于植物地上部叶、花、果、茎周围的微生物称为气围微生物。植物地上部病害大多经气流传播，常称为气传病害（air-borme disease）。植物地上部叶、花、果和茎部病害众多，与此相关的生防菌种类也很多。气围生防菌的生防机制主要有：①拮抗作用，具此机制的如酵母菌 *Candida* spp.、芽孢杆菌 *Bacillus* spp. 等；②重寄生作用，如重寄生锈菌的锈菌寄生孢 *S. filum* 和锈生座孢 *Tuberculina* spp.、重寄生白粉病的白粉寄生孢 *A. quisqualis*、水稻白叶枯病菌 *X. oryzae* pv. *oryzae* 的噬菌体；③竞争作用，如酵母菌能在较短时间内有效利用果蔬伤口的营养物质进行生长和大量繁殖从而与病原菌进行营养和空间竞争；④植物微生态调控，如根据植物体自然生态系概念创制了大面积应用于农业生产的“增产菌”。

2. 根围和土壤微生物中的生防因子

德国微生物学家 Hiltner(1904) 提出了根围(际)的概念。根围是一个连续体系，其范围从靠近根部的土壤到根的表面一直延伸到根的皮层。根围是作物-土壤-微生物相互作用的交叉区域。根围土壤区域内的微生物种群统称为根围微生物（rhizosphere microorganisms）。在根围范围内，各种生物特别是微生物种类丰富，能量和物质代谢活跃。土壤微生物则是指生活在土壤中的微生物。根际微生物以细菌为主，并且以革兰氏阴性菌占优势。常见的有假单胞菌、黄杆菌、产碱杆菌、土壤杆菌和色杆菌等。根际中的革兰氏阳性短杆菌、球菌、芽孢杆菌反而比根际的以外少。真菌、放线菌的根际效应一般不明显。目前根围微生物和土壤微生物中研究较多的是生防菌，具防病、促生的植物促生细菌(PGPR)，以及有害微生物(DRMO)。植物根和根茎部病害危害严重，主要由真菌、细菌和线虫引起。由于植物地下部病害大多经土壤传播，常称为土传病害(soil-borme disease)。此类病害的病原物与根围微生物同处于土壤生境中，故研究根围微生物对控制土传病害和种传病害(seed-transmitted disease)具重要意义。植物根际中的生防菌按其生防机制划分，主要有以下类别。①拮抗作用，如从粘帚霉属真菌中分离获得的 50 多个代谢物，能抑制植物病原真菌附着胞形成；荧光假单胞杆菌 *P. fluorescens*、嗜麦芽寡养单胞菌 *Stenotrophomonas maltophilia* 和普利茅斯沙雷氏菌 *Serratia plymuthica* 产生抗生代谢物抑制许多土传植物病原真菌的生长。②重寄生作用，如毛壳菌 *Chaetomium* spp. 缠绕丝核菌 *R. solani* 和链格孢 *A. brassicicola* 等真菌的菌丝进行寄生。③捕食作用，如厚壁轮枝菌 *V. chlamydosporium* 对南方根结线虫、花生根结线虫、大豆胞囊线虫的雌虫、胞囊、卵囊或虫卵的寄生。④竞争作用，如荧光假单胞杆菌 *P. fluorescens* 对黄瓜枯萎病菌 *F. oxysporum* f. sp. *cucumerinum*、亚麻枯萎病菌 *F. oxysporum* f. sp. *lini*、小麦全蚀病菌 *G. graminis* var. *tritici* 和多种腐霉菌 *Pythium* spp. 等通过细菌产生的铁的螯合物(pseudobactin)对铁营养的竞争而控病；K84 菌株防治根癌病的机制是由于其抢先占领果树伤口位点，在其上定殖并产生细菌素 A84，阻止病菌从伤口侵入。⑤溶菌作用，如枯草杆菌 *B. subtilis* S9 对立枯丝核菌 *R. solani* 等植物病原真菌具有溶菌作用；中生菌素可使马铃薯青枯病菌 *Ralstonia solanacearum* 原生质外溢，细胞壁完全破裂，菌体解体成片状。

3. 植物体内微生物的生防因子

内生菌是存在于植物体内微生物。植物内生菌的研究始于 19 世纪中叶，deBarry(1886)首先提出了内生菌(endophyte)的概念。内生菌是指生活在植物体内，通常被宿主细胞包围或是被细胞基质包围，与宿主植物互惠共生的一类微生物。内生菌定殖于植物体内，不易受到外界环境的影响，比传统生防菌的防效更稳定和持久。因此，植物内生菌的研究已成为植物病害生物防治的热点领域。植物内生菌包括细菌、真菌和放线菌。目前全世界至少已在 80 个属 290 多种禾本科植物中发现有内生真菌和隶属 54 个属 120 种的内生细菌。这些内生细菌大多为土壤微生物种类，其中假单胞菌属 *Pseudomonas*、芽孢杆菌属 *Bacillus*、肠杆菌属 *Enterobacter* 和土壤杆菌属 *Agrobacterium* 最为常见。内生真菌主要有半壳霉属 *Leptostroma*、*Cryptocline* 属、拟隐孢霉属 *Cryptosporipsis*、拟茎点霉属 *Phomopsis* 和叶点霉属 *Phyllosticta*。内生放线菌主要是链霉菌属 *Streptomyces*、糖霉菌属 *Glycomyces*、拟诺卡氏菌属 *Nocardiopsis*、诺卡氏菌属 *Nocardia* 和小单胞菌属 *Micromonospora*。链霉菌属 *Streptomyces* 存在于植物的根、茎、叶中，其中根中存在最多。植物内生菌的生防机制主要为抗生、竞争、溶菌作用和诱导抗病性等。

4. 海洋微生物中的生防因子

海洋微生物资源丰富，其特殊的生存环境，如高盐、高压、低温、低营养和无光照等造就了海洋微生物种类的多样性和特殊性。普遍认为，海洋微生物可产生完全不同于陆地微生物的新型生物活性物质。海洋微生物中生防因子的发现为植物病害生物防治提供了新的思路。国内从海洋中分离的海洋芽孢杆菌 B29987，其胞外分泌的代谢产物对茄交链孢菌、大丽轮枝菌等病原菌有明显的抑制效果；郭刚从南海海域中筛选的抗稻瘟病菌活性的菌株 031057，推测其胞外抗菌物质为蛋白类；聂亚锋从连云港海域中分离的 11 株抑菌效果较好的海洋细菌，其中 Ps-sw-20 菌株产几丁质酶，盆栽和田间小区试验对水稻纹枯病有较好的控病能力。

5. *微生物代谢产物中的生防因子*

微生物代谢产物是指由放线菌、真菌和细菌所产生的具抗生作用的物质或有毒代谢产物。迄今为止，关于放线菌的研究多数是围绕链霉菌展开的。我国发现的农用抗生素，无论大面积应用还是局部地区商品化的，或者有较大应用潜力的，均为链霉菌产生。从放线菌中已经筛选到 10 多种有生防价值的链霉菌，如井冈霉素、春日霉素、灭瘟菌素 S、武夷霉素、中生菌素、宁南霉素等。不少生防真菌也能产生抗生物质，如木霉能产生挥发性或非挥发性的抗生素类物质，主要有木霉素(trichodermin)、胶霉素(gliotoxin)、绿木霉素(viridin)和抗菌肽(antibioticpeptide)等。木霉产生的抗真菌代谢产物在 32 种以上。生防细菌的代谢产物有细菌素(bacteriocin)和几丁质酶(chitinase)等。细菌素是一种只作用于与产生菌同种的其他菌株或亲缘关系很近的种的一种小分子蛋白类抗菌物质。

6. *诱导抗病性的生防因子*

植物因受到生物或非生物因子的作用，诱使其形态和生理发生变化，使之对病原物侵染产生抗性的现象，称为诱导抗病性。这种产生诱导抗病性的因子，因具有防治植物病害的能力，也称为生防因子。诱导抗病性在病毒病害中最早发现，起初称为交叉(互)保护(cross-protection)。Grant 等(1951)发现柑橘衰退病毒病的弱毒系对强毒系有保护作用。Posnett 等(1955)用弱毒株病毒保护方法成功防治了可可肿枝病。木霉可激活植物体内的防御系统并促使其合成植保素、黄酮、萜类、糖苷等物质以抵御致病菌的侵染，从而提高植物对病害的抗性水平。无致病力但产细菌素的青枯菌株 ABPS 可诱导植物产生对青枯病菌侵染的抗性。

二、抑菌植物提取物中的生防因子

许多具有抗菌或杀菌作用的植物在古代就有记载。植物中这些化合物能以天然的抗性或防御体系来抵抗病原菌的侵染。大部分抑菌植物资源集中在菊科、唇形科、木兰科、马兜铃科、蓼科、木犀科、百合科、葫芦科、莎草科、豆科和十字花科等植物中。植物是生物活性化合物的天然宝库，其产生的次生代谢产物超过 40 万种，与防御病原菌、昆虫或草食动物的侵染相关的次生产物达 1 万种之多，其中的大多数为萜烯类(terpene)、生物碱(alkaloid)、类黄酮(flavonoid)、甾体(sterides)、酚类(phenols)、独特的氨基酸(amino acid)和多糖(polysaccharides)等。

三、生物多样性与生防因子

早在 1872 年，达尔文就观察到小麦混种病害少的现象。国外成功运用大麦混合品种有效控制了大麦白粉病的发生和流行。近年来，云南农业大学在利用水稻品种遗传多样性控制稻瘟病方面成效明显，还发明了玉米、马铃薯、小麦、大麦等物种多样性控制主要病害的 4 项专利技术。研究和实践表明，把不同遗传背景的品种科学地组合排列种植在田间，使农田多样性丰度增加，并形成立体的植株群落，有效地减少了病虫害的危害。

第二节　生 防 真 菌

真菌是微生物中一个庞大的类群，在自然界中分布极广。能够作为植物病害生防因子的真菌也来源广泛、种类繁多、作用机制复杂。以下介绍具重要生防潜能的生防真菌的属、种。

一、木霉属

木霉隶属于半知菌亚门、丝孢纲、丝孢目、丛梗孢科、木霉属 *Trichoderma*。该属由 Persoon 于 1801 年建立。木霉是著名的生防菌，广泛分布于土壤、腐烂的木材和其他基物上。1932 年 Weindling 发现木素木霉 *T. lignorum* 对几种土壤真菌有拮抗作用，至此人们才开始关注木霉菌的生防潜能。木霉是一种广谱性拮抗菌，对多种病原真菌具有抑制作用。据不完全统计，木霉至少对 18 属 29 种病原真菌在体外或体内表现有拮抗、重寄生、竞争等作用，如对立枯丝核菌 *Rhizoctonia solani*、镰刀菌 *Fusarium* spp.、齐整小核菌 *Sclerotium rolfsii*、疫霉 *Phytophythora* spp.、腐霉 *Pythium* spp.、链格孢菌 *Alternaria* spp.、核盘菌 *Sclerotinia sclerotiorum*、长蠕孢菌 *Helminthosporium* spp.、轮枝孢菌 *Verticillium* spp.、灰葡萄孢菌 *Botrytis cinerea*、指状青霉 *Penicillium digitatum* 等的生防作用。目前，常见具有生防潜力的木霉主要包括哈茨木霉 *T. harzianum*、绿色木霉 *T. viride*、康氏木霉 *T. koningii*、钩状木霉 *T. hamatum*、多孢木霉 *T. polysporum* 和长枝木霉 *T. longibrachiatum* 等。

（一）木霉的形态及生物学特性

木霉菌落生长迅速，初为白色、致密、圆形，向四周扩展，后从菌落中央产生绿色孢子，中央变成绿色，菌落周围有白色菌丝的生长带，最后整个菌落全部变成绿色，呈不定形棉絮状或致密丛束状。

木霉菌丝纤细，透明有隔，分枝丰茂。分生孢子梗呈松塔状，是菌丝的短侧枝，侧枝上对称或互生分枝，形成 2 级和 3 级分枝，分枝角度为锐角或近直角，在分枝末端形成瓶状小梗，束生、对生、互生或单生。分生孢子单胞，球形，光滑或具疣突，循序连续产生，常于瓶体产孢口上聚集为孢子球（图 4-2）。木霉属的模式种为绿色木霉，分生孢子梗有隔膜，直径 2.5～3.5 μm，

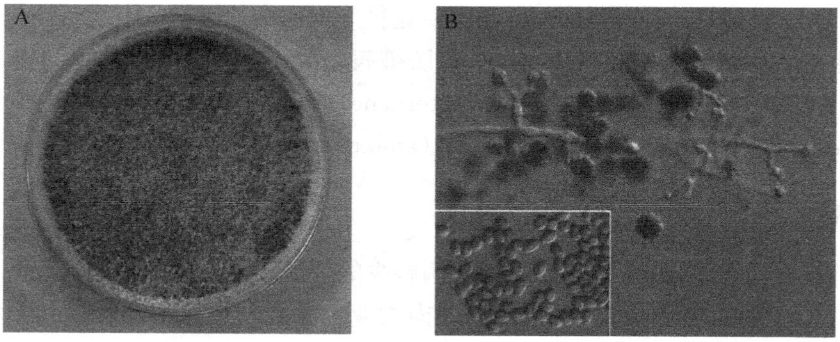

图 4-2　木霉的形态特征

A. 培养性状；B. 形态特点

垂直对生分枝，顶枝末端尖细，微弯，尖端生分生孢子团，含 4～12 个孢子，分生孢子球形至卵形，(2.8～4.5) μm×(2.2～3.9) μm。

木霉的生长适温为 20～28℃，在 6℃或 32℃仍生长良好。该菌的生长要求较高湿度，营养生长时要求相对湿度达 92%以上，孢子的形成则需要 93%～95%的湿度，因而木霉在潮湿土壤中的生命力较干燥土壤中强。木霉的最适生长 pH 为 5～5.5，在 pH 1.5 或 pH 9.0 的培养基上也可生长，但酸性条件比碱性条件下的孢子萌发率高。

（二）木霉的生防机制

木霉对植物病害的生防机制包括竞争、重寄生、抗生和诱导抗病性等。不同作用机制之间往往存在着协同作用。

1. 竞争作用

木霉属腐生型真菌，适应性强，生长繁殖快，能够迅速占领空间和吸收营养，从而达到抑制病原菌生长和繁殖的目的。例如，铁是土壤微生物，特别是丝状真菌生存的必需元素。Chet 和 Inbar 研究发现，木霉在饥饿时能大量产生含铁细胞来螯合铁离子，在促进自身生长的同时还可有效抑制其他病原真菌的生长。木霉的竞争力还表现在其能够降解土壤环境中的化学农药及其他生物的有毒代谢产物等。

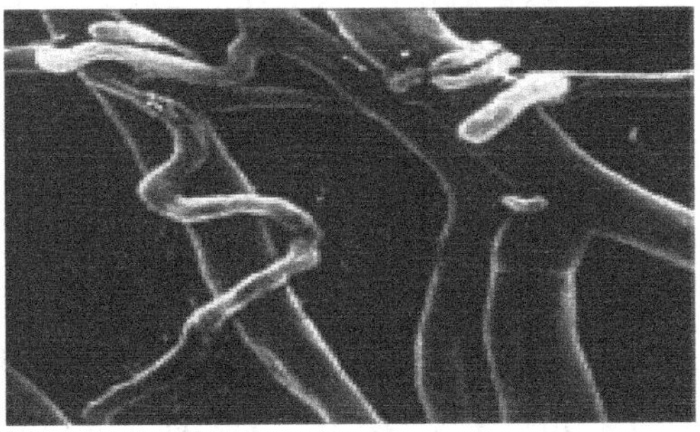

图 4-3　木霉寄生 *Rhizoctonia solani* (Chet,2006)

2. 重寄生作用

木霉的重寄生作用包含了对病原菌的侵染、识别、接触、缠绕、穿透和寄生等一系列过程。寄生于病原真菌的木霉能够准确识别病原菌释放的信号物质，并沿寄主菌丝平行或缠绕生长，利用附着胞吸附在寄主菌丝上(图 4-3)，通过分泌胞外酶(几丁质酶、葡聚糖酶、纤维素酶、木聚糖酶、蛋白酶等)溶解细胞壁，从而有利于木霉菌丝从寄主细胞吸取营养，最终导致寄主细胞死亡。

3. 抗生作用

木霉在与病原真菌互作时产生挥发或非挥发性的低分子质量物质，对病原菌的生长和定殖有抑制作用。许多木霉产生挥发性或非挥发性的抗生素类物质，主要有木霉素、胶霉素、绿木霉素、抗菌肽等。木霉产生的抗真菌代谢产物至少在 32 种以上。多数木霉产生的抗生素不止一种，如哈茨木霉可产生 12 种，康氏木霉可产生 9 种，绿色木霉可产生 10 种。这些抗生素的主要成分是化学性质各不相同的戊酮、辛酮、类萜、多肽和氨基酸衍生物等。研究发现，抗菌物质对病原菌抑制过程中单独或与其他水解酶协同作用，且后者的抑菌效果更强。Monte 研究发现，能同时分泌水解酶和抑菌物质的木霉菌株较只分泌水解酶或抑菌物质的木霉菌株具有更强的病害防治效果。此外，木霉还能够促进其他生防菌产生抑菌物质。Siddiqui 等研究发现，哈茨木霉在室内及温室条件下均有助于荧光假单胞菌产生 2,4-二乙酰基间苯三酚以抑制番茄爪哇根结线虫。

4. 溶菌作用

木霉有时不与寄主菌丝直接接触同样可引起寄主解体，这与木霉菌分泌的几丁质酶、

β-1,3-葡聚糖酶、蛋白酶和纤维素酶等有关。这些酶类可溶解植物病原菌的细胞壁,继而引起病原菌原生质体解体。

5. 诱导抗病性

木霉菌在与寄主植物根系互作的过程中,还可激活植物体内的防御系统并促使其合成植保素、黄酮、萜类、糖苷等物质以抵御致病菌的侵染,从而提高植物对病害的抗性水平。Howell 等研究发现,绿色木霉能诱导棉花根系过氧化物酶活性及萜类化合物含量升高,并间接提高棉花的抗病能力。Yedidia 等研究发现,接种于黄瓜根部外皮层的哈茨木霉可提高植株过氧化物酶和几丁质酶活性。大量研究证实,除活菌外,木霉代谢产物或其基因表达产物同样能诱导植物合成植保素、植物抗性蛋白等抑菌物质,并最终增强植物对病菌的抗性水平。

6. 促生作用

木霉菌的生防作用还体现在对植物生长的促进作用,增强植物的抗病性上。Chang 等证实,哈茨木霉培养物或分生孢子悬浮液能显著提高辣椒、菊花等的发芽率,且对株高、产量等指标有显著促进作用。Naseby 等研究发现,木霉能够减轻植物损伤,促进植物侧根生成,降低致病终极腐霉菌的数量。还有研究表明,一些木霉菌能通过分泌植物激素类物质,如玉米素和赤霉素等,促进植物生长;或分泌有机酸,如葡萄糖酸、柠檬酸和延胡索酸等,酸化植物根际土壤环境,促进植物对矿物质的吸收。

二、粘帚霉属

粘帚霉隶属半知菌亚门、丝孢纲、丝孢目、粘帚霉属 *Gliocladium*,该属由 Corda 于 1840 年建立。粘帚霉分布广泛。Domsch 等(1980)认为,粘帚霉是在所有气候区域普遍存在的土传丝孢菌类。从南极到热带,作为腐生的有机体,粘帚霉能运用大范围的复合物作为碳源和氮源,能分泌各种酶类,如纤维素酶和半纤维素酶,降解顽固的植物多聚体变成简单的糖类以提供能量供作物生长。作为土壤中的常见真菌,目前该属真菌已发现 30 多种,其中具有重要应用前景的生防菌主要包括绿色粘帚霉 *G. virens*、粉红粘帚霉 *G. roseum*、链孢粘帚霉 *G. catenulatum*、融粘帚霉 *G. deliquescens*、黑色粘帚霉 *G. nigrovirens* 等。粘帚霉可广泛用于粮食、蔬菜、果树、药材等多种作物,防治的主要病害有立枯病、枯萎病、猝倒病、菌核病、蔬菜灰霉病、白绢病和疫病等。

(一) 粘帚霉的形态特征和生物学特性

粘帚霉的子实体类型、分生孢子的颜色以及分生孢子的形状随着培养基以及培养条件的不同而改变,不同种的变化也不同。接种在不同的培养基上,培养的温度或光照不同,形态和结构以及培养性状有的变化较小,有的变化强烈。

粉红粘帚霉在无性阶段产生单细胞分生孢子,并且有两种不同类型的分生孢子梗,一种呈帚状分枝,另一种呈轮枝状分枝。其有两个生长阶段:第一个生长阶段是类似于轮枝菌属的生长阶段,第二个生长阶段是类似于青霉的生长阶段。在琼脂培养基中菌落为白色、黄色或粉红色(图 4-4)。粉红粘帚霉的生存环境十分广泛,热带雨林、温带、靠近北极地区以及世界上的沙漠地带均有粉红粘帚霉分布。据报道耕地土、草地、荒野、淡水、海滩以及盐碱地中都可分离到粉红粘帚霉。

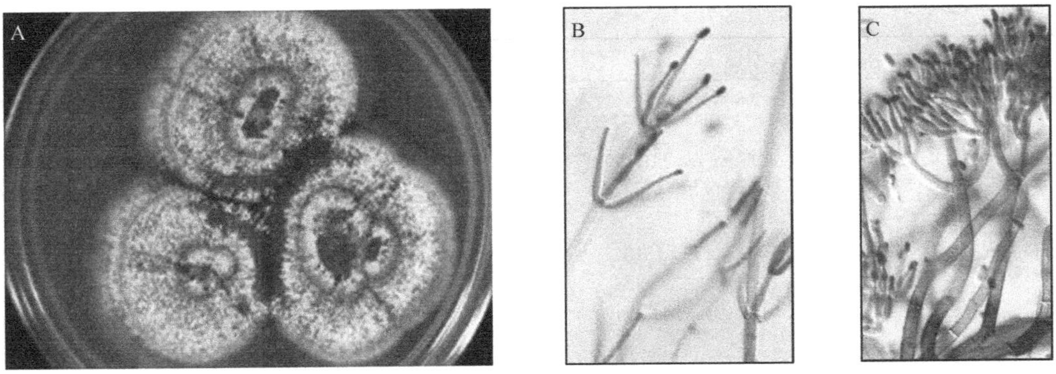

图 4-4　粉红粘帚霉的形态特征

A. 菌落形态；B 及 C. 形态特征

绿色粘帚霉不像粉红粘帚霉那样具有两个生长阶段，其生长迅速，许多性质跟绿色木霉相似，常被误认为是绿色木霉。绿色粘帚霉广泛存在，几乎所有的土壤和自然环境都有分布，特别是那些含有机质丰富的环境中。森林、草坪、潮湿的泥炭土、植物残体以及健康和有病的草莓根际土壤中均可分离到该菌，被污染的培养香菇的木材和代料中也可以分离到。

粘帚霉可在 12～35℃生长和产孢，最适菌丝生长温度 29℃，最适产孢温度 26℃。pH 3～10.5 均适合粘帚霉，最适菌丝生长 pH 为 3.5～6.2，最适产孢 pH 为 5.8～7.0。

（二）粘帚霉的生防机制

融粘帚霉能寄生菌核和菌丝，分泌 β-1，3-葡聚糖和几丁质酶来溶解寄生细胞壁，并导致菌核软化崩溃，显著减少菌核形成，对核盘菌病害有很好的抑制作用。绿色粘帚霉同时分泌一种广谱性抗生素——胶霉毒素(gliotoxin)来杀死寄主菌，对立枯丝核菌、核盘菌和终极腐霉等多种病原菌具有很强的抑制活性。至今，已从粘帚霉属真菌中分离获得 50 多个代谢物，具有拮抗细菌、抑制植物病原真菌附着胞形成、毒杀肿瘤细胞等多种令人感兴趣的生物活性。这些代谢物有二酮哌嗪、萜、聚酮和肽等。链孢粘帚霉菌丝可缠绕重要土传植物病原菌终极腐霉的菌丝，使病原菌的菌丝生长畸形，并能有效地抑制其引起的植物苗期猝倒病，对油菜菌核病菌菌核萌发的抑制率高达 96%，能寄生白腐小核菌 *S. cepivorum* 对由其引起的洋葱白腐病具有抑制作用。绿色粘帚霉菌株 41 在含有几丁质的培养基上生长所得的培养滤液对不同植物病原真菌的菌丝生长有强烈的抑制作用(表 4-1)。

表 4-1　粘帚霉属菌的代谢物及其生物活性(董锦艳等，2006)

代谢物	种　名	功　能
Annulene	*Gliocladium* sp.	对多种植物病原真菌具有抑制活性
Anthrotainin	*G. cateenulatum*	感觉神经肽(substance P，SP)的拮抗剂
Argifin	*G.* sp. FTD-0668	几丁质酶的拮抗剂
Biadethiobis(thiomethyl)gliotoxin	*G. flavofuscum* *G. deliquescens*	
Dehydrogliotoxin	*G. flavofuscum* *G. virens*	

续表

代谢物	种 名	功 能
Heptelidic acid	*G. virens*	对 *Bacteroides fragilis* 的 MIC 为 0.4 μg/mL；对 *Propionibacterium acnes* 的 MIC 为 0.4 μg/mL
Gliosprenin A	*G. virens* HA190-95 *G.* sp. FO-1513	对鼠肝脏微粒体和 J774 巨噬细胞的 ACTC 的 IC_{50} 分别为 46 μmol/L 和 1.2 μmol/L；对 *Magnaporthe grisea* 附着胞的形成有中等强度的抑制活性
Gliosprenin B	*G.* sp. FO-1513	对鼠肝脏微粒体和 J774 巨噬细胞的 ACTC 的 IC_{50} 分别为 61 μmol/L 和 0.57 μmol/L
Gliosprenin C～E	*G. virens* HA190-95	对 *Magnaporthe grisea* 附着胞的形成有中等强度的抑制活性
Gliosprenin F	*G. cateenulatum* *G. flavofuscum*	
Gliotoxin	*G. virens* *G. fimbriatum*	免疫抑制活性；抗细菌、真菌和病毒
Gliovirin	*G. virens*	对 *R. solani*、*P. ultimum* 和 *S. rolfsii* 的 MIC 分别为 0.5 μg/mL、1 μg/mL、50 μg/mL
L,L-phenylalanine anhydride	*G. virens*	
Roselipin 1A,1B,2A,2B	*G. roseum* KF-1040	对二酰甘油乙酰转移酶(DGAT)的 IC_{50} 分别为 17 μmol/L、15 μmol/L、22 μmol/L 和 18 μmol/L
TMC-151A～F	*G. cateenulatum* TC 1280	对 HCT-116、HL-60、P388 的 IC_{50} 分别为 2.6～11.5 μmol/L、13～25 μmol/L、3.1～7.9 μmol/L；抗 *Saccharomyces cervisiae* 和 *Aspergillus niger*
TMC-171A～C TMC-154	*G.* sp. TC 1304	对 HCT-116、B16、Hela、SK-Br-3、WiDr、HL-60、P388、U937 的 IC_{50} 分别为 4～65 μmol/L、7～51 μmol/L、9～63 μmol/L、17～70 μmol/L、13～64 μmol/L、11～64 μmol/L、4～17 μmol/L、7～15 μmol/L
TMC-52A～D	*G.* sp. F-2665	对半胱氨酸蛋白酶的组织蛋白酶 cathepsin L 的 IC_{50} 分别为13 nmol/L、10 nmol/L、10 nmol/L 和 6 nmol/L
Verticillin A	*Glioclodium* sp. SCF-1198	对 c-fos 启动子的转录的 ED_{50} 为 0.5 μmol/L
Sch52900	*Glioclodium* sp. SCF-1198	对 c-fos 启动子的转录的 ED_{50} 为 1.5 μmol/L；对 HL-60 的分化有诱导活性
Sch52901	*Glioclodium* sp. SCF-1198	对 c-fos 启动子的转录的 ED_{50} 为 18 μmol/L
Verticillin D～F	*G. cateenulatum*	对 *Staphylococcus aureus* 和 *Bacillus subtilis* 有拮抗活性
Viridin	*G. flavofuscum* *G. virens*	对 *R. solani*、*P. ultimum* 和 *S. rolfsii* 的 MIC 分别为 1 μg/mL、25 μg/mL、50 μg/mL
Viridiol	*G. virens*	抗 *Amaranthus retroflexus*

三、腐霉属

腐霉隶属假菌界 Chmmis、卵菌门、卵菌纲、腐霉目、腐霉属 *Pythium*，该属由 Hill 于 1771 年建立。全世界约有腐霉 120 种，我国已报道 56 种。大多数腐霉是植物的重要病原菌，引起作物发生幼苗猝倒、种腐、根腐和果腐，还可促使根系发育不良，诱发其他植物病害发生，给农业生产造成极大损失。然而，有些腐霉不但对植物没有致病作用，而且还能抑制或杀死其他致病腐霉和土传病原菌，并能诱导植物产生防卫反应，阻止病原菌的侵入，显著降低病害的发生率。其中最具代表性的是寡雄腐霉 *P. oligandrum*，最初从豌豆上分离得到，后来又从小麦、菜豆、番茄、苜蓿、大黄、苹果、罂粟和金鱼草等植物上分离获得。其能够在多种重要农作物根围定殖，对 20 多种病原真菌或其他病原卵菌具有拮抗或寄生作用。它不仅对多数致病真菌有很强的寄生或拮抗作用，并且能诱导番茄等植物产生系统抗性。目前，寡雄腐霉已由 Image Trade 国际股份有限公司与捷克生物制剂有限公司共同开发为一种具有世界顶尖技术的活性微生物广谱杀菌剂——"多利维生"(polyversum)，在欧盟、美国、加拿大、巴西等几十个国家或地区均获得正式登记及专利，我国已有商品销售和应用。广泛应用于大田、经济作物、果树、蔬菜、高尔夫球场、园林花卉上的白粉病、灰霉病、疫病的防治。

（一）腐霉的形态特征及生物学特性

菌落在玉米粉琼脂培养基(CMA)上气生菌丝稀少。初期幼嫩菌丝无隔，老熟后具较规则分隔。菌丝膨大体为球形至近球形的瘤状膨大，常单生，或 3～5 个串生，大多由球形和菌丝状部分共同组成，萌发产生芽管，藏卵器球形，顶生或间生，直径 18～35 μm(平均 22.8 μm)；藏卵器外壁具锥形突起物。雄器较少形成，形成时呈亚球形、短棒形或曲颈形，常有延生的裂瓣。卵孢子球形，平滑，不充满藏卵器或几乎充满器藏卵，直径 12～30 μm(平均 19.9 μm)(图 4-5)。菌丝生长的温度范围 12～44℃，最适 36℃。

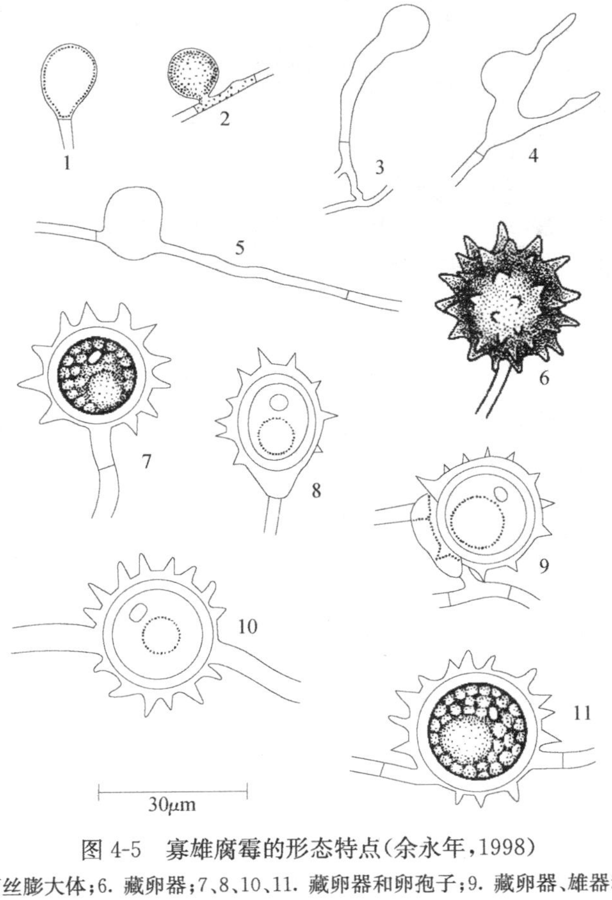

图 4-5　寡雄腐霉的形态特点(余永年，1998)

1～5. 菌丝膨大体；6. 藏卵器；7、8、10、11. 藏卵器和卵孢子；9. 藏卵器、雄器和卵孢子

（二）腐霉的生防机制

寡雄腐霉能拮抗黄色镰刀菌 *F. culmorum*、尖孢镰刀菌 *F. oxysporum*、尖孢镰刀菌羽扇

豆-番茄枯萎病菌 *F. oxysporum* f. sp. *radicis-lycopersici*、茄镰刀菌豌豆专化型 *F. solani* f. sp. *pisi*、终极腐霉 *P. ultimum*、刺腐霉 *P. spinosum*、瓜果腐霉 *P. aphanidermatum*、畸雌腐霉 *P. irregulare*、大雄疫霉 *P. megasperma*、寄生疫霉 *P. parasitica*、甜菜猝倒丝囊霉 *Aphanomyces cochlioides*、灰葡萄孢 *Botrytis cinerea*、禾顶囊壳 *Gaeumannomyces graminis*、豌豆生球腔菌 *Mycosphaerella pinodes*、茄丝核菌 *R. solani*、黄绿木霉 *T. aureovirid*、黑白轮枝孢 *V. albo-strum*、大丽轮枝孢 *V. dahliae*、苜蓿茎点霉 *P. medicaginis*、核盘菌 *S. sclerotiorum* 等16个属中的20多种真菌和其他卵菌，他们是重要的植物病原菌。

寡雄腐霉对寄主真菌的直接作用主要是寄生作用和抗生作用。寄生作用的过程包括吸附、缠绕和穿透，类似相互拮抗机制，如寡雄腐霉对茄丝核菌。同时，寡雄腐霉在穿透过程中，还能产生蛋白酶、脂肪酶、β-1，3-葡聚糖、纤维素酶和几丁质酶。这些胞外溶解酶和水解酶在寡雄腐霉的穿透过程中起了主要作用(图 4-6)。

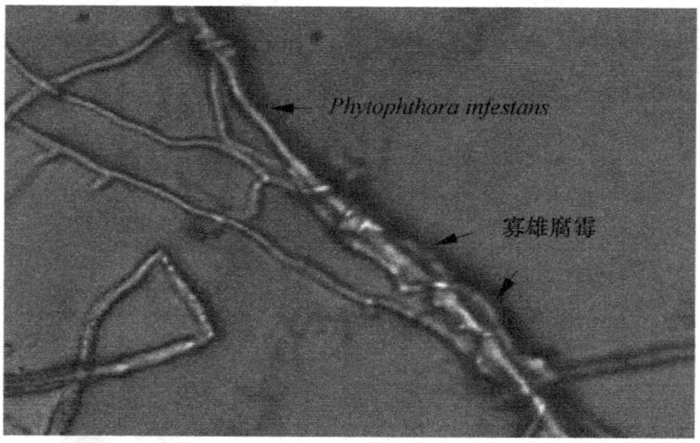

图 4-6　寡雄腐霉寄生致病疫霉(West，2003)

寡雄腐霉菌丝体进入番茄根系但不损害根细胞，并诱导根部形成含酚化合物的沉积物，重新形成结构屏障与生化屏障，当引起番茄枯萎病的土传病原菌尖孢镰刀菌羽扇豆-番茄枯萎病菌侵入番茄根部时，根部细胞会产生一系列不利于病原菌侵入的防卫反应，病原菌被限制在第一层表皮组织中，从而显著降低番茄枯萎病的发病率。

寡雄腐霉能产生一种与诱导抗性相关的被称为寡雄蛋白(oligandrin)的拟激发素，用寡雄蛋白溶液处理番茄植株时，番茄叶片不产生过敏性坏死反应(HR)，但处理过的番茄植株能抗寄生疫霉的侵入，显著降低发病率。寡雄腐霉还能促进黄瓜植株对磷的吸收，并能增加植株中IAA的含量，促进植株生长。

四、盾壳霉属

盾壳霉属隶属于半知菌亚门、腔孢纲、球壳孢目、盾壳霉属 *Coniothyrium*，该属于1840年由Corda建立。盾壳霉 *C. minitans* 由Campbell(1947)最先从核盘菌 *S. sclerotiorum* 菌核上分离得到，是引起作物菌核病的核盘菌 *Sclerotinia sclerotiorum* 的重要寄生真菌，在世界范围内广泛存在。在核盘菌的众多生防菌中，盾壳霉由于具有分布广泛、专一性强、作用时间长、对植物无致病性等特点，被公认为最具开发潜力的生防菌之一。欧洲市场上已有两种盾壳霉制剂出售。目前，除南美洲外，其他各大洲的29个国家均发现了这种真菌。我国的南方油菜产区和北方向日葵及大豆产区土壤中广泛存在这种真菌。

此外，食菌核葚孢霉 *Sporidesmlum sclerotivorum* 也是核盘菌 *S. sclerotiorum*、小核盘菌 *S. minor*、白腐小核菌 *S. cepivorum* 和 *Amphobotrysricini* 的菌核上的重寄生菌。对葡萄孢属 *Botrytis* spp. 的菌核也有较弱的寄生能力。

（一）盾壳霉的形态特征

在固体培养基上，盾壳霉菌丝初为灰白色，后期为褐色，有的菌株菌丝绳索状。在菌落表面或被寄生的菌核表生分生孢子器。分生孢子器初期白色，渐变成褐色、黑色，具孔口（图 4-7A，B）。分生孢子梗基部宽，着生在分生孢子器内壁。分生孢子自分生孢子器孔口溢出，并堆积在孔口，形成黑色液滴。分生孢子椭圆形，褐色，大小为(3.5～4.7) μm×(5.3～8.8) μm，平均为 3.9 μm×6.4 μm，表面着生有疣状物（图 4-7C，D）。目前尚未发现盾壳霉的有性态。

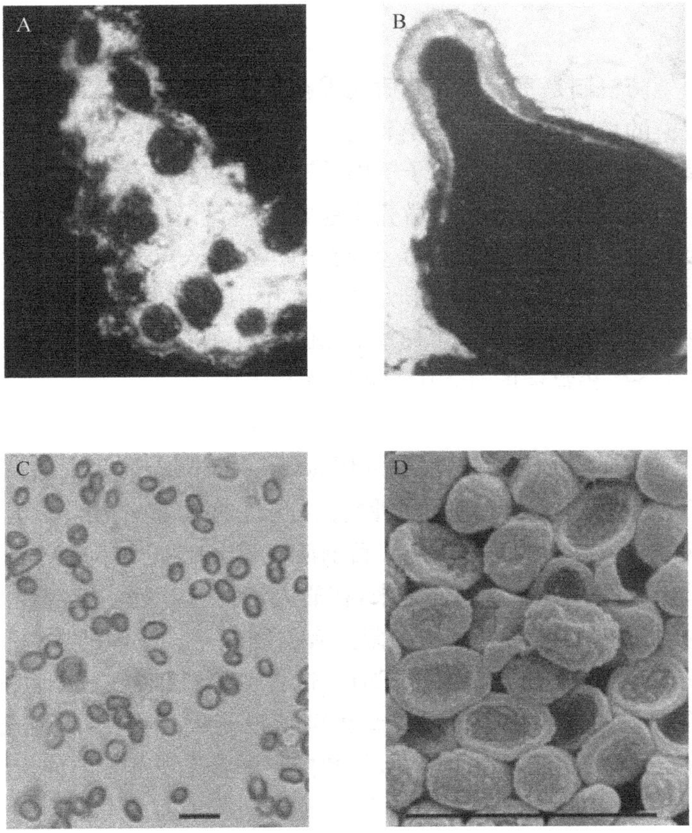

图 4-7　盾壳霉形态（标尺=10 μm）

A. 盾壳霉寄生核盘菌菌核，在菌核表面形成分生孢子器（小黑点）；B. 盾壳霉分生孢子器；C. 盾壳霉分生孢子（光学显微镜）；D. 盾壳霉分生孢子（扫描电子显微镜）

（二）生物学及生态特性

盾壳霉菌丝生长及分生孢子萌发的温度范围为 0～30℃，以 20℃最为适宜。酸性基质(pH 4～7)环境有利于盾壳霉的菌丝生长及孢子萌发。在空气相对湿度达到 90%以上时，盾壳霉的分生孢子能够迅速萌发。光照对盾壳霉孢子萌发及菌丝生长无明显影响，但这种光照能明显促进盾壳霉分生孢子器的形成及成熟。盾壳霉能够利用多种碳源和氮源，进行菌丝生长和产孢。

盾壳霉的寄主范围狭窄，其寄主主要是核盘菌、三叶草核盘菌 *S. trifoliorum*、小核盘菌 *S. minor*、雪腐核盘菌 *S. nivalis* 和洋葱小核菌 *S. cepivorum*。

盾壳霉是一种土壤真菌，能在自然土壤中存活两年以上。在干燥的土壤中（土壤绝对含水量为 6.3%，*w/w*），盾壳霉能够抵抗 40℃以下的温度，存活 150 d 以上。此外，盾壳霉还能抵抗 0℃以下的温度，存活 180 d 以上。盾壳霉分生孢子在自然土壤中却难以萌发，也不能进行腐生生长。当盾壳霉分生孢子碰到寄主真菌菌核时，在菌核外渗物的刺激下进行萌发、生长及寄生菌核。一些研究还表明，核盘菌菌核的存在有利于盾壳霉在土壤中存活。

（三）盾壳霉的生防机制

1. 寄生作用

盾壳霉的主要生防机制是寄生作用。盾壳霉在土壤中通常呈休眠状态，只有在遇到菌核时或在被核盘菌侵染的植物病组织上才有活性。Smith 等（1998，1999）研究了盾壳霉分生孢子和幼嫩菌丝与凝集素的亲合性以及孢子表面的疏水性和静电荷，认为这些特性可能在盾壳霉与寄主的早期识别和结合中起作用。盾壳霉能寄生核盘菌的菌丝、菌核和子囊盘。盾壳霉菌丝顶端可以直接穿透并侵入核盘菌的菌丝细胞壁。在侵入点部位，核盘菌的细胞壁塌陷，侵染孔周围被腐蚀，说明盾壳霉借助机械压力和酶解作用进行侵染。盾壳霉分泌的胞外酶有β-1，3-葡聚糖酶（β-1，3-glucanase）、几丁质酶（chitinase）和蛋白酶（protease）。盾壳霉分泌的β-1，3-葡聚糖酶在其寄生核盘菌的过程中起重要作用。

2. 抗生作用

盾壳霉可以稳定地产生抗细菌的物质（antibacterial substance，ABS），对棒状杆菌 *Clavibacter* 和黄单胞杆菌 *Xanthomonas* 的一些种类具有较强的抑制作用。盾壳霉 ABS 包括两个组分，它们具有热稳定性，抗极端酸碱环境。目前盾壳霉 ABS 的结构还不明确，对其防治植物细菌性病害的效果还需进一步评估。近年来，在盾壳霉发酵产物中鉴定出 macrosphelide A，对包括核盘菌在内的多种真菌、酵母菌和细菌具有抑制作用。我国的盾壳霉菌株 Chy-1 也可产生抗真菌物质（anti-fungal substance，AFS）。这种 AFS 仅对核盘菌和葡萄孢属 *Botrytis* spp. 菌丝生长具有较强的抑制作用。对核盘菌菌核没有致死作用，但延缓其进行菌丝型萌发；对核盘菌子囊孢子萌发的抑制作用较弱，但却抑制子囊孢子芽管的伸长，并引起芽管畸形。此外，盾壳霉菌株 Chy-1 产生的 AFS 对核盘菌的侵染具有显著的抑制效果。盾壳霉菌株 Chy-1 产生 AFS 受碳源、氮源和酸性 pH 环境调控。其中酸性 pH 环境对盾壳霉产生 AFS 起主导调控作用。核盘菌分泌的草酸毒素所营造的酸性环境能够诱导盾壳霉产生 AFS。

3. 竞争作用

核盘菌是一种弱寄生真菌，其子囊孢子一般需要在衰老的寄主组织上利用外源营养进行萌发及菌丝生长。将盾壳霉分生孢子与核盘菌子囊孢子共同接种至油菜花瓣上，再将花瓣放置在油菜叶片上。与单独接种核盘菌子囊孢子的花瓣相比，接种盾壳霉和核盘菌的花瓣引起发病的程度显著降低。说明盾壳霉的存在能够抑制核盘菌定殖油菜花瓣。

4. 降解草酸毒素(degradation of oxalic acid)

草酸是包括核盘菌在内的许多植物病原真菌产生的一种毒素。这种物质通过酸化环境、改善病原真菌细胞壁降解酶活性、抑制寄主植物防卫反应以及争夺寄主细胞壁中的钙离子等构成对寄主植物的毒害作用。低浓度(12～16 mmol/L)的草酸对盾壳霉菌丝生长有促进作用,但高浓度(>32 mmol/L)却抑制盾壳霉分生孢子萌发及菌丝生长。当基质中草酸浓度低于 32 mmol/L 时,伴随着盾壳霉菌丝生长,草酸被降解,环境 pH 升高。盾壳霉降解草酸后,可促进其产生与重寄生相关的 β-1,3-葡聚糖酶和提高酶活性。

五、锈菌寄生孢

(一) 锈菌寄生孢的分类地位及锈菌寄主

锈菌寄生孢属 *Sphaerellopsis*(异名 *Darluca*),由 Cooke 于 1883 年建立,隶属半知菌亚门、腔孢纲、球壳孢目。该属重要种为锈菌寄生孢 *Sphaerellopsis filum*,重寄生于锈菌目上,有性态为 *Eudarluca*,于 1908 年由 Speg 建立。*S. filum* 分布于意大利、法国、比利时、德国、英国、美国、澳大利亚、中国、斯里兰卡和非洲等 50 余个国家或地区,中国分布于四川、云南、江苏、湖北、黑龙江、吉林、辽宁、内蒙古和台湾等省(自治区)。

被重寄生菌寄生的植物锈菌种类国内外有很多研究报道。*S. filum* 寄生的锈菌属有 *Puccinia*、*Triphragmiopsis*、*Uromyces*、*Melampsora* 等 30 余个属的 369 种锈菌,其中重要锈菌有小麦叶锈病菌 *P. recondita* f. sp. *tritici*、落叶松褐锈病菌 *Triphragmiopsis laricinum*、柳锈病菌 *Melampsora epitea* 等。

(二) 锈菌寄生孢的形态特征

S. filum 的分生孢子器生于子座中,子座初埋生,后暴露,产孢部位几乎为表生,显露出单个分生孢子器,黑褐色、近球形、直径 85～125 μm,有孔口,分生孢子梗无色至淡褐色,分隔、基部有分枝,光滑,产孢细胞圆柱状至甕形,无色至淡褐色,光滑,全壁芽生产孢,常具 1～3 个环痕,分生孢子初无色,后淡褐色,表面具不规则疣刺,单胞或双胞,顶端圆,孢基平截,椭圆形,直,顶部有一胶质帽,帽状物有时翘起,大小为(11.5～16) μm×(3.5～4.5) μm(图 4-8)。

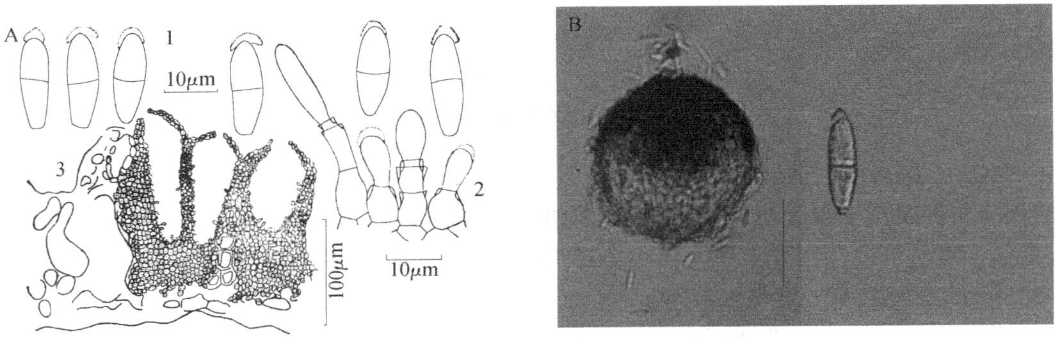

图 4-8　锈菌寄生孢的形态图(标尺=10 μm)

A. 1. 分生孢子;2. 产孢细胞;3. 分生孢子座纵截面(张中义等,1988);

B. 分生孢子器和分生孢子(Plachecka,2005)

S. filum 寄生在花棒锈病菌 *U. onobrychidis* 上的分生孢子器黑褐色，球形或近球形，直径 87.5～160.0 μm，具乳头状孔口。分生孢子双胞，无色，分隔处有缢缩，长梭形至纺锤形，两端有附属物，随即消失，大小为(10.0～1 5) μm×(2.5～5.0) μm。

（三）锈菌寄生孢的培养性状及生物学特性

从锈菌夏孢子堆上挑取重寄生菌锈菌寄生孢的分生孢子器单孢分离或组织分离。在马铃薯葡萄糖琼脂培养基(PDA)上培养 5～7 d，菌落乳白色，圆形或近圆形，匍匐生长，有油滴，上生小黑点(分生孢子器)，分生孢子器初呈黄褐色，成熟后呈黑褐色。

寄生于落叶松锈病菌的锈菌寄生孢在人工培养基上 6～30℃均能生长，最适温 20～25℃，15～20℃变温利于生长，最适 pH 6～6.5。丰富的碳源可促进菌丝生长，但不适宜于产孢。葡萄糖、蔗糖、麦芽糖和甘露醇为该菌的适宜碳源，碳源过量对产孢有抑制作用。光照无特殊要求，对紫外光反应不敏感。培养 16 d 左右开始产孢。分生孢子在相对湿度 100%下，3～37℃均能萌发，以 8～15℃最适，在清水中能很好萌发，2%～5%葡萄糖水溶液中萌发最好，最适萌发 pH 为 6，大于 pH 9 时不萌发。

（四）锈菌寄生孢的重寄生现象及生防机制

1. 锈菌寄生孢的重寄生现象

(1) *S. filum* 的重寄生现象。*S. filum* 寄生于小麦叶锈 *P. recondita* f. sp. *tritici* 夏孢子堆的重寄生现象为：分生孢子器完全或部分陷入锈菌夏孢子堆中，黑色、有光泽、球形，常有淡黄色分生孢子从分生孢子器孔口溢出(图 4-9，图 4-10)。*S. filum* 寄生于芸香料科波罗尼花锈病菌 *Puccinia. boroniae* 也产生重寄生现象(图 4-11)。

图 4-9　*S. filum* 的分生孢子器于小麦叶锈夏孢子堆上(Plachecka，2005)
a. 分生孢子器；b. 夏孢子堆

(2) *S. filum* 寄生在落叶松褐锈病菌 *T. laricinum* 上的重寄生现象。寄生初期，夏孢子堆的色泽与健康孢子堆无明显差异；寄生中期，孢子堆颜色逐渐变淡，失去原有的鲜艳；寄生后期，夏孢子堆呈灰白色至夏孢子大部或全部消逝，而孢子堆原基处只存有寄生菌的分生孢子器 1～13 个，此期间冬孢子堆先后被重寄生。

(3) *S. filum* 寄生在花棒锈病菌上的重寄生现象。重寄生菌的分生孢子器尚未露出的寄生前期，夏孢子堆的颜色仍为橙黄色；分生孢子器突出后的寄生中期，夏孢子堆逐渐褪色呈灰白色；寄生后期夏孢子破碎至死亡消逝，而孢子堆原基处只存有重寄生菌的分生孢子器数个，此期间冬孢子堆先后形成，同时被重寄生。

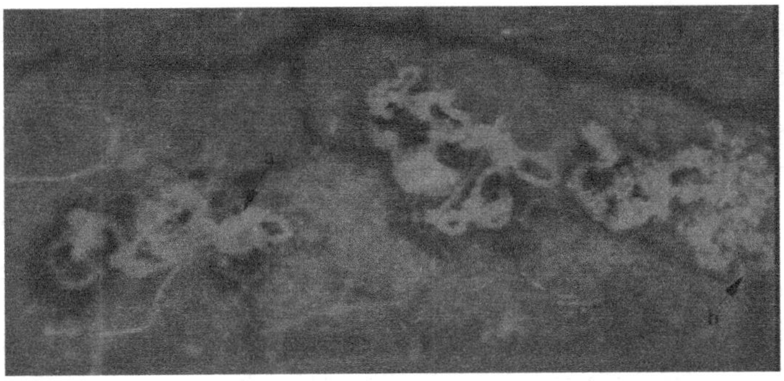

图 4-10 *S. filum* 的分生孢子器口溢出的线状物于柳树锈病菌夏孢子堆上(Yuan,1999)
a. 分生孢子器口溢出的线状物;b. 柳树锈病菌夏孢子堆

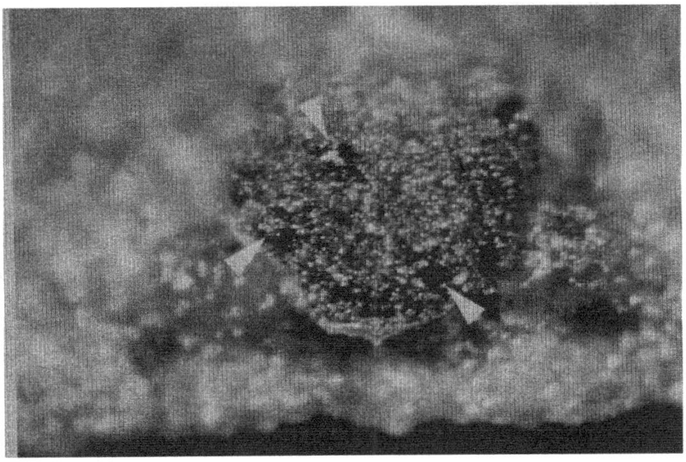

图 4-11 *S. filum* 寄生在波罗尼花锈病菌的重寄生现象(Driessen et al. ,2004)
箭头所指为冬孢子堆上的分生孢子器

2. 锈菌寄生孢的生防机制

锈菌寄生孢的生防机制与其重寄生现象相关。*S. filum* 与锈菌的本质关系是寄生关系,*S. filum* 通过对锈菌夏孢子堆、夏孢子的寄生,获取养分,最终导致夏孢子的死亡。这一方面抑制锈菌生长、产孢能力(孢子堆原基处只存有重寄生菌的分生孢子器),另一方面抑制夏孢子、冬孢子的萌发,消解夏孢子、冬孢子而控制锈病的危害。

六、锈生座孢属

(一) 锈生座孢属的分类地位、分布和种

锈生座孢无性态隶属半知菌亚门、丝孢纲、瘤座孢目、瘤座孢科、锈生座孢属 *Tuberculina*,由 Saccardo 于 1880 年建立。有性态为担子菌亚门、木耳科、卷担子属 *Helicobasidium*,于 1885 年建立。锈生座孢属下已报道有 30 多种。Saccardo 在 *Sylloge Fungorum*(1886～1972)一书中记载描述了 32 种。Zambettakis 等(1985)记载描述了 36 种,其中有 28 种与 Saccardo 记载的相同,4 个种未被收入,并新增了 6 种。对锈生座孢属的传统分类,Saccardo 和

Zambettaki 主要根据锈菌、锈菌寄主植物的种类、重寄生菌产孢结构的形态特征和分生孢子的大小进行属下分种(表 4-2)。

表 4-2 国外锈生座孢属寄生的锈菌、锈菌寄主、分布及分生孢子的形态和大小(Zambettaki et al. ,1985)

序号	种 名	锈 菌	锈菌寄主植物	分生孢子形态和大小/μm	分布地
1	非洲锈生座孢 *T. africana* Cooke et Mass.	*Aecidium* sp.	*Ophiocalum cissampeloides*	球形,无色,直径 3~4	加蓬
2	*T. dorsteniae* Speg.	*Aecidium bertonium*	*Dorstenia brasiliensis*	球形,平滑,具 1 个油球,直径 4~5	美洲
3	茄锈生座孢 *T. solanicola* Cav.	茄锈孢锈菌 *Aecidium solaninum*	茄科,茄属(*Solanum melongera*)	球形,无色,平滑,5~7	阿根廷
4	*T. apiculata* Sacc.	未注明	马鞭草科,大青属(*Clerodendrum silvianum*)	球形,直径 6~8	非洲
5	土色锈生座孢 *T. argillacea* Davis	*Cupania* sp.	蔷薇科,悬钩子属(*Rubus allegheniensis*,*R. occidentalis*)	球形,直径 6~8	未注明
6	*T. guaranitica* Speg.	*Ceratium guareniticum*	唇形科,鼠草属 *Salvia* sp.	球形,直径 6~8	未注明
7	*T. japonica* Speg.	未注明	茄科,枸杞属(*Lycium sinensis*)	球形,壁膜稍厚,平滑,直径 6~8	日本
8	*T. jonessii* Sacc.	*Aecidium porosum*	豆科,野豌豆属(*Vicia americana*)	球形,直径 6~8	美洲
9	*T. malvacearum* Speg.	*Uromyces malvacearum*	锦葵科,锦葵属 *Malva*,苘麻属 *Abutilon*	球形至半圆形,常角状,直径 6~8	未注明
10	苍白锈生座孢 *T. pallida* Syd.	*Puccinia insolita*	稷属 *Panicum* sp.	球形,无色,平滑,直径 6~8	非洲(刚果)
11	*T. pamparum* Speg.	狗尾草柄锈 *Puccinia pampeana*	*Salpichroa rhomboidea*	球形,无色至近无色,内充满颗粒状物,直径 6~8	未注明
12	桃色锈生座孢 *T. persicina* Sacc.	*A. mageihanicum*, *A. polygonat*, *P. graminis*, *P. recondite*, *Gymnosporangium sabinae*	小檗科,小檗属 *Berberis*;蓼科,蓼属 *Polygonum*;蔷薇科,梨属 *Pyrus*	球形,玫瑰色至紫色,直径 6~8	广布种墨西哥以色列,美国,南斯拉夫
13	牧豆树锈生座孢 *T. prosopidicola* Speg.	*Aecidium* sp.	菊科,千里光属(*Senecio mendozinum*)	球形,壁膜薄,直径 6~8	阿根廷,美洲和大洋洲
14	蓖麻锈生座孢 *T. ricini* Sacc.	*Uromyces ricini*	大戟科,蓖麻属(*Ricinus communis*)	球形,直径 6~8	未注明
15	*T. talini* Speg.	未注明	马齿苋科,土人参属(*Talinum pratensis*)	球形,直径 6~8	未注明

续表

序号	种　名	锈　菌	锈菌寄主植物	分生孢子形态和大小/μm	分布地
16	紫霉菌 *T. maxima* Rostrup	*Cronartium ribicola*, *C. comandrae*, *C. coleosporioides*, *C. comptoniae*, *C. fusiforme*, *Endocronartium harknessii*, *Aecidium pavettae*, *A. magelhanicum*, *A. polygonati*, *Melampsora euphorbiae*, *M. pinitorqua*, *Puccinia sessilis*, *P. poae*, *P. violae*, *P. vincae*, *Uromyces halstedii*, *Atelocauda digitata*	松科 Pinaceae; 爵床科，马蓝属 *Strobilanthes cuspidatus*; 小檗科，小檗属 *Berberis* sp.; 蓼科，蓼属 *Polygonum* sp.; 大戟科，大戟属 *Euphorbia* sp.; 禾本科，虉草属 *Phalaris* sp.，早熟禾属 *Poaalpina*; 堇菜科，堇菜属 *Viola*; 夹竹桃科，蔓长春花属 *Vinca*; 禾本科，梯牧草属 *Phleum*; 莎草科，水蜈蚣属 *Kyllinga*; 菊科，款冬属 *Tussilago*; 芸香科，芸香属 *Ruta*，花椒属 *Zanthoxylum*; 鼠李科，鼠李属 *Rhamnus*; 大戟科，蓖麻属 *Ricinus*; 荨麻科，荨麻属 *Urtica*	不对称圆形，淡紫色，直径 10～12	美洲，美国，加拿大
17	*T. microstigma* Sacc.	未注明	菊科，蓍属 *Achillea*，欧蓍草 *Achillea millefolia*	圆形，平滑，近黄绿色，直径 10～12，壁厚 2	未注明
18	*T. nomuriana* Sacc.	未注明	蝶形花科，紫云英属，紫云英 *Astragalus sinicus*	圆形至近圆形，平滑，无色，无油滴，直径 10～12	日本
19	*T. paraguyensis* Speg.	柱锈菌 *Cronartium paraguayensis*	*Barnadesia* sp.	球形，直径 10～12，壁薄，平滑，暗棕至紫罗兰色	未注明
20	*T. pirottae* Sacc.	锦葵柄锈 *Puccinia malvacearum*	*Modiola prostrate*	球形，内充满颗粒状物，直径 10～12	阿根廷
21	*T. phacidioides* Sacc.	*Aecidium rubellium*	蓼科，酸模属 *Rumex* sp.	卵形，直径 10～12	未注明
22	*T. praeandina*	未注明	菊科，千里光属 (*Senecio mendozinum*)	直径 10～12	未注明
23	葡酒锈生座孢 *T. vinosa* Sacc.	*Aecidium* sp., *Uromyces glycyrrhizae*	紫草科，琉璃苣属 *Borago*; 菊科，款冬属 *Tussilago*; 紫草科，紫草属 *Lithospermum*; 蝶形花科，甘草属 (*Glycyrrhiza uralensis*)	球形，直径 10～12	意大利
24	绿色锈生座孢 *T. viridis* Petch.	*Puccinia*	禾本科，鸭嘴草属 (*Ischsemum ciliarum*)	球形，直径 10～12	未注明
25	*T. davisiana* Sacc.	未注明	杨柳科，柳属 *Salix* (*S. cordata*)	球形至立方形，(12～15)×(10～13)	美国

续表

序号	种名	锈菌	锈菌寄主植物	分生孢子形态和大小/μm	分布地
26	*T. portulacarum* Speg.	未注明	马齿苋科,马齿苋属(*Portulaca planooperculata*)	多形,(8~14)×(9~12)	未注明
27	*T. andina* Speg.	*Aecidium* sp.	大戟科,大戟属(*Euphorbia portucaloides*)	球形,无色,平滑,壁薄,无小油滴,直径10	阿根廷
28	*T. flavogranulata* Dearness et Barth.	黄芪单孢锈 *Uromyces hedysaripaniculata*	马蝗豆属 *Meibomia*(*M. paniculata*)	直径10~12	未注明
29	*T. jaffueli* Speg. **	未注明	茄科,夜香树属 *Cestru*(*C. palquum*)	未注明	未注明
30	*T. sbrozzii* Cav.	*P. berkeleyi*	夹竹桃科,蔓长春花属 *Vinca*(*V. major*)	圆形,近暗蓝色至乌黑色,直径8~10	未注明
31	*T. solanina* Speg.	*Aecidium solanium*	毛茛科,乌头属 *Acnistum*(*A. parviflorum*)	未注明	未注明
32	科地锈生座孢 *T. costaricana* Sydow	*Aecidium amaryllidis* *P. arachidis* *Puccinia arachidis*	石蒜科,文殊兰属 *Crinum*;紫金牛科,酸藤子属 *Embelia*(*E. officinalis*);豆科,落花生属 *Arachis*	长椭圆形至圆柱形,(8~9)×(5~7)	印度
33	*T. ovalispora* Pat.	*Uromyces maculata*	未注明	卵形,平滑,无色,(8~11)×(5~6)	未注明
34	天竺葵锈生座孢 *T. pelargonii* Pat.	禾柄锈菌 *P. granularis* 和 *Aecidium*	牻牛儿苗科,天竺葵属 *Pelargonium* sp.	卵形,无色,平滑,内充满颗粒状物,(8~10)×6	也门
35	*T. tweediana* Speg.	未注明	爵床科,狗肝菜属 *Dicliptera*(*D. tweediana*)	未注明	未注明
36	*T. davisiana* Sacce et Trav. *	未注明	未注明	未注明	未注明
37	*T. ampelophila**	未注明	未注明	未注明	未注明
38	*T. perminuyum**	未注明	未注明	未注明	未注明

* 表示在 Saccardo(1886~1972)记载而未被 Zambettakis 等(1985)收录种;** 为新收录种。

黄云、张中义(2004)根据 Saccardo 和 Zambettakis 等属下种鉴定标准为基础,并结合遗传分化的 RAPD 分析,对国内所采集到的 8 种锈菌上的重寄生菌进行了属下种类鉴定。鉴定出梨锈生座孢 *T. pyrus*、白蜡树锈生座孢 *T. fraxinis*、五味子锈生座孢 *T. schisandrae*、胡颓子锈生座孢 *T. elaeagni* 和接骨木锈生座孢 *T. sambuci* 5 个新种(表 4-3)。

表 4-3 国内锈生座孢属寄生的锈菌、锈菌寄主、分布及分生孢子形态和大小(引自黄云,2004)

种名	锈菌	锈菌的植物寄主	分生孢子形态和大小/μm	分布地
T. pyrus	中国胶锈菌 *Gymnosporngium asiaticum* 山田胶锈菌 *G. yamadai*	梨、苹果、山楂、贴梗海棠、垂丝海棠和木瓜等	圆形或近圆形,直径8.7~15.0(10.7)或11.3~15.0(12.7)×8.5~12.5(10.1)	四川省和重庆市
T. fraxinis	小叶白蜡春孢锈菌 *Aecidium franxinibungeanae*	大叶白蜡树 *Fraxinus chinensis* var. *rhynchophylla*	圆形或近圆形,直径6.5~15.6(10.1)或10.44~18.27(13.7)×7.8~11.8(10.0)	四川省

续表

种　名	锈　菌	锈菌的植物寄主	分生孢子形态和大小/μm	分布地
T. schisandrae	五味子春孢锈 *A. schisandrae*	华中五味子 *Schisandra sphenanthera*	圆形或椭圆形，直径 5.7～15.1(11.7)或 7.8～13.5(11.9)×6.5～13.0(9.1)	四川省
T. elaeagni	牛奶子春孢锈 *A. elaeagni-umbellatae* 胡颓子春孢锈菌 *A. elaeagni*	牛奶子 *Elaeagnus umbellate* 长叶胡颓子 *E. bockii*	圆形或近圆形，直径 7.8～11.3(9.58)或 7.5～11.3(9.4)×7.5～10.5(10.3)	四川省
T. sambuci	接骨木春孢锈 *A. sambuci*	接骨木 *Sambucus williamsii*	圆形或近圆形，直径 3.8～10.0(6.55)或 3.6～6.5(5.7)×7.3～10.4(7.8)	四川省

Tuberculina 寄生的植物锈菌属有春孢锈菌属 *Aecidium*、单孢锈菌属 *Uromyces*、柄锈菌属 *Puccinia*、胶锈属 *Gymnosporangium*、栅锈菌属 *Melampsora*、柱锈菌属 *Cronartium*、伞锈菌属 *Ravenelia*、被孢锈菌属 *Peridermium*、*Endophyllum*、*Ceratium*、*Cupania*、*Phacopsora* 等 10 余属，它们引起的重要锈病有麦类的 3 种锈病菌 *Puccinia strii formis* f. sp. *tritici*、*P. recondita* f. sp. *tritici*、*P. graminis* f. sp. *tritici*，大豆锈病菌 *Phakopsora pachyrhizi*，花生锈病菌 *P. arachidis*，甘蔗锈病菌 *P. erianthi*，梨、山楂和贴梗海棠锈病菌 *Gymnosporangium asiaticum*，苹果和垂丝海棠锈病菌 *G. yamadai*，松疱锈病菌 *Cronartium ribicola*，油松疱锈病菌 *C. coleosporioides*，松针叶锈病菌 *C. comptoniae* 和松瘤锈病菌 *Endocronartium harknessii*，欧洲赤松、落叶松-杨锈病菌 *Melampsora pinitorqua*，落叶松褐锈病菌 *Triphramiopsis laricinum*，洋槐锈病菌 *Uromyces koae*，大叶白蜡树锈病菌 *Aecidium fraxinibuangeanae*，咖啡锈病菌 *Hemileia vastatrix*，波罗尼花锈病菌 *Puccinia boroniae*，黑莓锈病菌 *Phragmidium violaceum*，甘草锈病菌 *Uromyces glycyrrhizae* 和黄柏锈病菌 *Coleosporium phellodendri* 等。

（二）锈生座孢属重寄生菌的形态特征

Tuberculina 的产孢结构形态特征为：分生孢子座平铺，弧形或凹陷，圆盘形或不规则形，直径 300～2860 μm；分生孢子梗呈紧密栅状排列，长棒状，顶端较宽，向基渐细，近无色，长 50～100 μm，平均 81.5 μm，宽 2～2.5 μm，内壁芽生瓶体式产孢(eb-ph)；分生孢子顶生，单生，圆形、椭圆形，单胞，近无色，大小分别为 8.7～15 μm(平均 10.72 μm)和(11.25～15) μm×(8.5～12.5) μm(平均 12.7 μm×10.1 μm)。菌核生于分生孢子座上，黑褐色，短柱状，由拟薄壁组织构成(图 4-12)。

（三）锈生座孢的培养性状及生物学特性

挑取锈生座孢的孢子进行分离。梨锈生座孢在 PDA 上，25℃恒温培养，2～4 d 出现白色菌落，白色菌落稍向四周扩展，形成 0.3 cm 左右大小的半球形隆起，5～7 d 白色隆起菌落开始产孢，菌落表面被肉红色粉状物覆盖(分生孢子)，并伴有水珠形成。

梨锈生座孢在 PDA、综合马铃薯和梨叶汁培养基上能生长、产孢，以 PDA 最好，Czapek 和硝酸铵蔗糖上生长差且不产孢。菌丝生长和产孢的最适温度为 20～30℃，适宜 pH 为 6～9，荧光可促进产孢，而黑光有抑制作用。对碳源的利用，菌丝生长和干重以甘露醇、葡萄糖等 6 种碳源为好：甘露醇最佳，淀粉最差；葡萄糖、蔗糖、果糖和甘露醇中均能产孢，以葡萄糖最

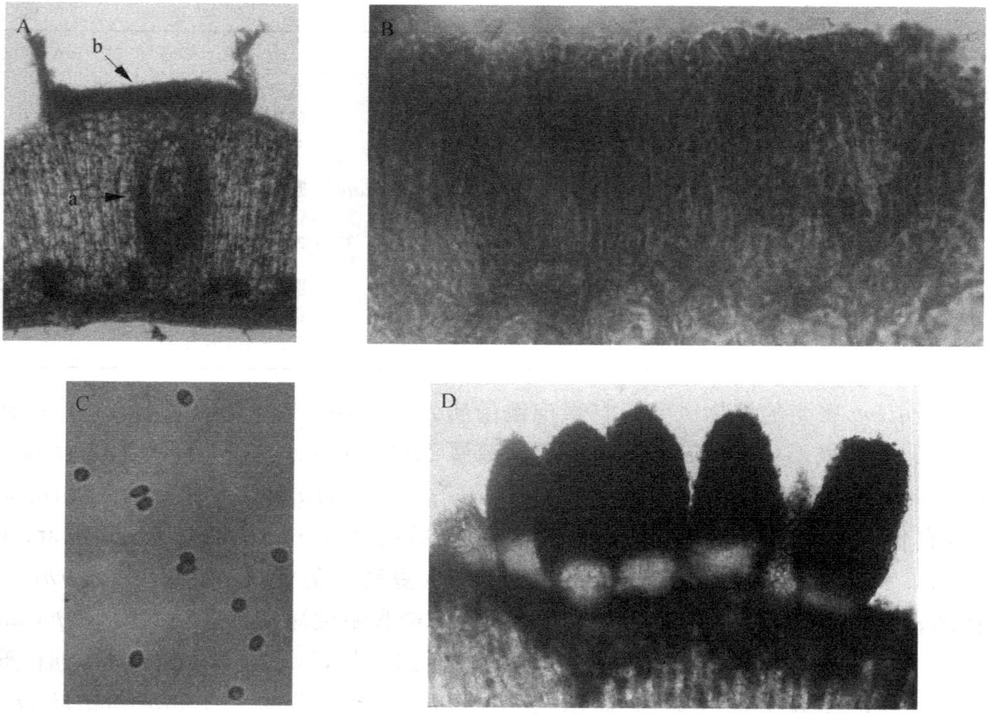

图 4-12　梨锈生座孢 *Tuberculina pyrus* 的重寄生现象(黄云,2004)

A. 梨锈生座孢的分生孢子座。a. 锈病菌的锈子器原基;b. 梨锈生座孢的分生孢子座。
B. 梨锈生座孢的栅栏状分生孢子梗。C. 梨锈生座孢的分生孢子。D. 梨锈生座孢在分生孢子座后期形成的菌核

好。对氮源的利用,菌丝生长及干重以硝酸钾、甘氨酸和蛋白胨为好;产孢以天冬胺、蛋白胨和硝酸钾为好。孢子萌发的最适温度为 15～30℃,相对湿度 65%～100%均能萌发,在水滴中萌发率最高,低于 50%不萌发;最适 pH 为 4～6,低于 pH 3 和高于 pH 8 不萌发;光照有利于孢子萌发;分生孢子致死温度为 42℃。

（四）锈生座孢的重寄生现象及生防机制

1. 锈生座孢的重寄生现象

该属重寄生现象的共同特征为:锈病叶背面病斑初为淡红褐色疱疹状,随疱疹状逐渐扩大、隆起;后疱疹表皮破裂,散发出红褐色粉状物(分生孢子),无锈子器伸出叶面。一些种后期于重寄生菌部位产生黑褐色,柱状或不规则形的菌核(图 4-13,图 4-14)。

2. 锈生座孢的生防机制

锈生座孢的生防机制因锈生座孢不同种及寄生的锈菌种的不同而异。其生防机制为:①锈生座孢对疱锈菌的重寄生作用,使锈菌吸器、菌丝和孢子受到损坏和抑制,阻止锈孢子的产生,使松疱锈菌失去活性。例如,*T. maxima* 对加拿大的油松疱锈菌 *C. coleosporioides*、松疱锈病菌 *C. comandrae*、松针叶锈病菌 *C. comptoniae*、美国白松疱锈病菌 *C. ribicola* 和松瘤锈病菌 *Endocronartium harknessii* 的控制。②锈生座孢对胶锈菌的重寄生作用,使锈菌锈子器内锈孢子不能释放而最终消解,从而对锈病病害循环形成阻碍;被寄生锈病病斑较未寄生锈病病斑减小,从而也减轻了锈病的危害。如 *T. pyrus* 梨锈生座孢对梨、苹果锈病菌的控制。

图 4-13　*T. maxima* 寄生在美国白松疱锈病菌 *Cronartium ribicola*（A）和 *Acacia koa* 锈病菌 *Atelocauda digitata*（B）上的重寄生现象（Nelson，2009）（箭头所指）

图 4-14　锈生座孢属的重寄生现象（黄云，2004）（箭头所指）

A. 梨锈病菌的重寄生现象；B. 苹果锈病菌的重寄生现象；C. 大叶白蜡锈病菌的重寄生现象；D. 华中五味子锈病菌的重寄生现象；E. 牛奶子锈病菌的重寄生现象；F. 长叶胡颓子锈病菌的重寄生现象；G. 接骨木锈病菌的重寄生现象；H. 小舌紫菀锈病菌的重寄生现象

七、其他锈菌的重寄生菌

（一）其他锈菌重寄生菌的种类

Chona 等(1966)发现，粉红聚端孢 *Trichothecium roseum* 可寄生在甘蔗锈病菌 *Puccinia erianthi* 上。Ahmad 等(1970)报道 *T. roseum* 可寄生在锈菌 *P. eranthi*、*P. penniseti*、*P. striiformis*、*P. graminisvar* 和 *P. hordei* 的夏孢子堆上。Flora 等(1971)报道 *Cercospora uromycestri* 可寄生在茉莉花锈病菌 *U. cestri* 上。Bahadur 等(1974)在印度的小麦锈病菌 *P. graminis* f. sp. *tritici* 上发现了重寄生菌 *P. notatum* 的寄生。Kuhlman 和 Miller(1976)发现 *Scytalidium uredinicola* 在火炬松和湿地松纺锤瘤锈病菌 *Cronartium fusiforme* 的重寄生。Tsuneda 等(1980)用 *S. uredinicola* 防治西方松瘤锈病菌 *Endocronartium harknessii*。Koc 等(1981,1983)报道 *Apbanocladium album* 可寄生在 14 种锈菌的夏孢子上。Ghewande(1990)报道了 *Acremonium persicinum*、*Eudarluca caricis*、*P. islandicum*、*T. costaricana* 和 *Verticillium lecanii* 可寄生在花生锈病菌 *P. arachidis* 上。Carrión 和 Rico-Gray(2002)报道了墨西哥 5 种重寄生菌 *Acremonium byssoides*、*Calcarisporium arbuscula*、*C. ovalisporum*、*Sporothrix guttuliformis*、*Fusarium pallidoroserum* 可寄生在咖啡锈病菌 *Hemileia vastatrix* 上。Weeraratne 等(2006)报道了轮枝孢 *Verticillium* sp. 寄生在锈病菌 *Coleosporium plumeriae* 上。

国内杨艳红等(2005)报道重寄生菌链格孢 *Alternaria* spp.、镰刀菌 *Fusarium* spp.、棒束孢 *Isaria* sp.、拟盘多毛孢 *Pestalotiopsis* sp.、木霉 *Trichoderma* spp. 及粉红聚端孢 *T. roseum* 对华山松疱锈病 *C. ribicola* 的重寄生。马建鹏等(2002)报道枝顶孢 *Acremonium* sp. 寄生在华山松疱锈病菌 *C. ribicola* 上。吴云等(2007)报道柱隔孢菌 *Ramularia* sp. 可寄生在黄柏锈病 *Coleosporium phellodendri* 上。

（二）其他锈菌属的重寄生菌的形态特征

(1) 重寄生菌 *C. arbuscula* 的形态特征。菌丝体初灰色至粉红色，成熟后呈羊毛毡状。菌丝直径 1.6～2.4 μm，分生孢子梗直立，透明，(290～300) μm×(1～2) μm，3～9 个组轮生，间距 10～20 μm，每组平均轮生 4 个细胞，斜向生长，基部宽 14 μm～(17×2) μm、长 2～3 μm，具 4～8 个齿状物，合轴生长。分生孢子无色、倒卵形至纺锤形，壁薄，平滑，大小为(3～7) μm×(2～3) μm。

(2) 重寄生菌 *F. pallidoroseum* 的形态特征。菌丝体淡桃红色，有时浅红色，颜色从微黄色、桃红色、淡褐色到淡黄褐色转换。孢子团上有粒状物，有时具微刺。分生孢子座在后期形成，分生孢子梗多分枝，合轴生长，(8～18) μm×(2.4～3.2) μm。分生孢子有初生和次生两种，曲形和楔形，基部细胞足胞，3～7 隔，分生孢子 3～5 隔的大小为(21～31) μm×(3～4) μm，5～7 隔的大小为(36～48) μm×(3～4) μm。厚垣孢子间生，平滑或粗糙，链生。

(3) 重寄生菌 *S. guttuliformis* 的形态特征。菌丝体呈絮状，分生孢子梗丝状，(36～124) μm×(1.5～2) μm。产孢细胞于中间或末端，(2.5～5) μm×(1.5～2.5) μm。具齿、1～9 个疤痕，大多为 3 个，成熟时明显，分枝，0.5～2 μm。分生孢子圆滑、薄壁、大小为(1.5～2.5) μm×(1～2) μm，单生、短链生。

(4) 重寄生菌 *V. lecanii* 的形态特征。菌丝团于孢子堆上，白色菌丝于孢子堆间，絮状，气生和生于基质中。分生孢子梗在显微镜下无色透明、4～10组、瓶状、轮生，轮间距24～40 μm，瓶基部稍宽，顶部稍细，大小为(9～40) μm×(0.8～2.4) μm。分生孢子椭圆形到圆柱形、无色、大小为(4～5.6) μm×(1.6～2.4) μm。

(5) 重寄生菌 *Ramularia* sp. 的形态特征。分生孢子梗簇生(4～69根)，疏松，呈扇形，多数较直，少数稍弯曲，近圆柱形、倒棍棒形，末端有暗色的孢痕，多数单孢，偶有1～3个隔膜，无色透明，表面平滑，大小为(35.10～136.24) μm×(3.64～5.20) μm。分生孢子串生，圆柱形、卵形和倒棍棒形，多数无隔膜，少数1个隔膜，极少数2个隔膜，无色透明，平滑，多数末端有加厚且暗色的孢脐，大小为(8.32～34.32) μm×(4.16～7.24) μm(图4-15)。

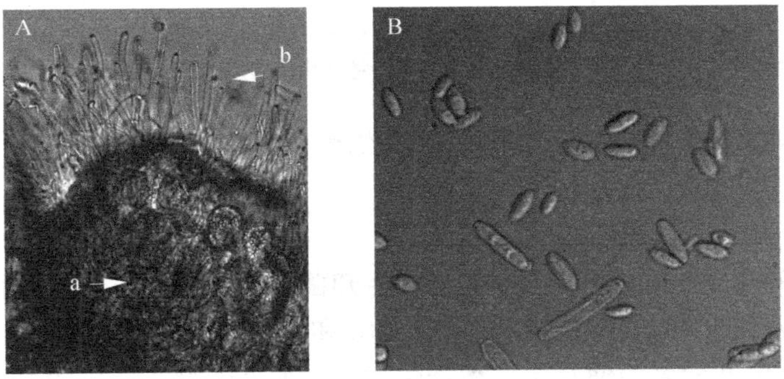

图4-15　柱隔孢菌 *Ramularia* sp. 重寄生菌寄生夏孢子堆上生出分生孢子梗(吴云等，2007)
A. 分生孢子梗。a. 夏孢子堆；b. 分生孢子梗。B. 分生孢子

（三）其他锈菌重寄生菌的培养性状和生物学特性

柱隔孢菌 *Ramularia* sp. 采用稀释法分离。*Ramularia* sp. 在PDA培养基上，初期表面产生白色菌落，呈山丘状隆起，5 d后开始产孢，菌落表面呈浅白色至灰白色，背面由灰白色渐变为深褐色，外围一浅白色圆圈。11～14 d后从分生孢子器中溢出孢子角。

柱隔孢菌 *Ramularia* sp. 在PDA培养基上菌丝生长速度最快，而在20%黄柏叶煎汁培养基上产孢量最大。在温度5～30℃和pH 3～10之间均能生长，菌丝生长最适温度为20～25℃，最适pH为6.0～8.0。在25℃，pH 7.0的下产孢量最大。葡萄糖为菌丝生长的最佳碳源，蔗糖及麦芽糖为产孢量的最佳碳源。菌丝生长及产孢量以KNO_3和$NaNO_3$最佳。分生孢子在5～35℃时能萌发，以25～30℃最佳。在pH 2～12的范围内，分生孢子均能萌发，以pH 7最适。相对湿度高于90%时分生孢子萌发，在水滴中最好。分生孢子致死温度为43℃。

（四）其他锈菌重寄生菌的重寄生现象及生防机制

(1) 轮枝孢 *Verticillium* sp. 寄生在鸡蛋花(*Plumeria rubra*，*P. obtusa*)锈病菌 *C. plumeriae* 上的重寄生现象为：*Verticillium* sp. 寄生在锈病菌的夏孢子堆上，夏孢子堆由未被寄生的橘黄色变为被寄生后的肉红色，并被覆盖，菌落上生分生孢子梗及分生孢子(图4-16A)。

(2) 柱隔孢菌 *Ramularia* sp. 寄生黄柏锈病菌 *C. phellodendri* 上的重寄生现象为：重寄生菌寄生的初期，在金黄色的鞘锈菌夏孢子堆中央出现点状的白色霉状物，白色霉点逐渐地扩大，形成了形状和大小不一的淡白色霉斑，覆盖在鞘锈菌的夏孢子堆上。到中后期，鞘锈菌的夏孢子堆完全被淡白色的粉霉状物覆盖(图4-16B)。

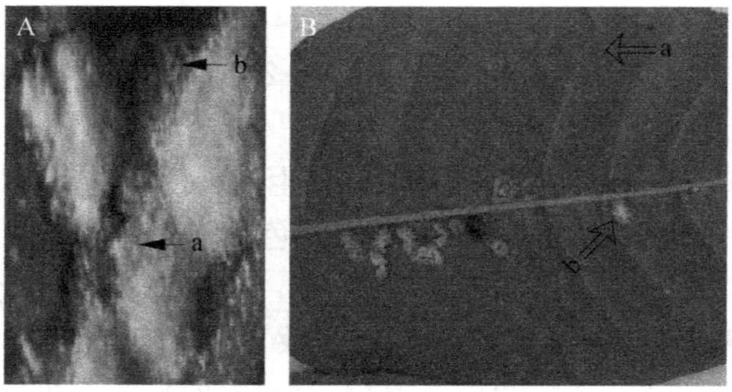

图 4-16 轮枝孢 *Verticillium* sp. 对 *C. plumeriae* 和柱隔孢菌 *Ramularia* sp. 对黄柏锈病菌的重寄生现象
A. *Verticillium* sp. 对 *C. plumeriae* 的重寄生现象(Weeraratne et al.,2006)。a. 未被寄生的夏孢子堆;b. 被寄生的夏孢子堆。B. a. 黄柏锈病菌的夏孢子堆;b. 柱隔孢菌寄生黄柏锈病菌的夏孢子堆上(吴云等,2007)(箭头所示)

上述其他锈菌重寄生菌的生防机制,与锈寄生孢相似。

八、白粉寄生孢

白粉寄生孢 *Ampelomyces quisqualis* 隶属半知菌亚门、腔孢纲、球壳孢目、球壳孢科、白粉寄生孢属 *Ampelomyces*,该属于 1852 年由 Cesatii 和 Schltdl 建立。1852 年 Cesatii 从白粉菌上清楚地辨认出该菌并命名为使君子白粉寄生孢。白粉寄生孢是白粉菌上一种常见和重要的重寄生菌,广泛寄生于白粉菌科真菌上。

(一) 白粉寄生孢寄生的白粉菌种类

白粉寄生孢属真菌广泛寄生于热带和温带气候区的多种白粉菌科真菌上。据报道,白粉菌科 9 属 65 种以上的都是白粉寄生孢属真菌的自然寄主,涉及茄科、旋花科、十字花科、禾本科、槭树科、豆科等 59 科 172 属的 256 种寄生植物(表 4-4),而地域则分布于世界各地,如德国、印度、荷兰、韩国、中国等 28 个国家和地区。试验证明该属重寄生菌对白粉菌没有专化性,它还可以侵染白粉菌科许多其他的种。目前,还未发现这些重寄生菌的有性阶段。然而,Javis 和 Slingsby 发现白粉寄生孢不局限在白粉病的防治上,离体研究表明白粉寄生孢能寄生灰葡萄孢 *B. cinerea*、茄链格孢 *A. solani*、瓜刺盘孢 *C. orbiculare* 及瓜枝孢 *C. cucumerinum*,因此白粉寄生孢可能具有防治其他真菌病害的作用。此外,Hussain 和 Lane 研究发现白粉寄生孢及其提取物对植物组织培养中的污染物显示宽范围的抗真菌活性,能够拮抗青霉 *Penicillium* spp.、曲霉 *Aspergillus* spp. 及葡萄孢 *Botrytis* spp.。

表 4-4 白粉寄生孢的自然分布(梁晨,2004;高立强,2007;赵云福,2008)

寄主真菌		寄主植物		
属	种	科	属	种
Arthrocladiella	*A. mougeotii*	Solanaceae	*Lycium*	*L. chinense*
Blumeria	*B. graminis*	Gramineae	*Triticum*	*T. aestivum*
Erysiphe	*E. aquilegiae*	Ranunculaceae	*Thalictrum*	*T. aquilegiflora*
	E. artemisiae	Compositae	*Artwmisia*	*A. argyi*
	E. artemisiae	Compositae	*Artemisia*	*A. eriopoda*
	E. cichoracearum	Compositae	*Carduus*	*C. crispus*

续表

寄主真菌		寄主植物		
属	种	科	属	种
Erysiphe	*E. cichoracearum*	Compositae	*Cichorium*	*C. intybus*
	E. cichoracearum	Compositae	*Conyza*	*C. canadensis*
	E. cichoracearum	Compositae	*Erigeron*	*E. elongatus*
	E. cichoracearum	Compositae	*Hemistepta*	*H. lyrata*
	E. cichoracearum	Compositae	*Sonchus*	*S. olevaceus*
	E. cichoracearum	Compositae	*Youngia*	*Y. japonica*
	E. convolvuli	Convolvulaceae	*Convolvulus*	*C. arvensis*
	E. cruciferarum	Cruciferae	*Brassica*	*B. juncea*
	E. cruciferarum	Cruciferae	*Brassica*	*B. oleracea*
	E. cruciferarum	Cruciferae	*Lepidium*	*L. virginicum*
	E. galeopsidis	Labiatae	*Lagopsis*	*L. supine*
	E. heraclei	Umbelliferae	*Angelica*	*A. dahurica*
	E. heraclei	Umbelliferae	*Daucus*	*D. carota*
	E. hommae	Labiatae	*Rabdosia*	*R.* sp.
	E. hommae	Labiatae	*Elsholtzia*	*E. ciliata*
	E. huayinensis	Labiatae	*Rabdosia*	*R. amethystoides*
	E. paeoniae	Ranunculaceae	*Paeonia*	*P. lactiflora*
	E. pisi	Leguminosae	*Melilotus*	*M. suaveolens*
	E. pisi	Leguminosae	*Trifolium*	*T. repens*
	E. pisi	Leguminosae	*Vigna*	*V. sativa*
	E. pisi	Leguminosae	*Vigna*	*V. sesquipedalis*
	E. pisi	Leguminosae	*Vigna*	*V. unguiculata*
	E. polygoni	Compositae	*Dahlia*	*D. pinnata*
	E. polygoni	Polygonaceae	*Polyonum*	*P. aviculare*
	E. rorippae	Cruciferae	*Rorippa*	*R. palustris*
	E. sordida	Plantaginaceae	*Plantago*	*P. major*
	E. sordida	Plantaginaceae	*Plantago*	*P. asiatica*
Leveillula	*L. balsaminacearum*	Balsaminaceae	*Impatiens*	*I. balsmina*
Microsphaera	*M. alphitoides*	Fagaceae	*Quercus*	*Q. dentata*
	M. alphitoides	Fagaceae	*Quercus*	*Q. variabilis*
	M. alphitoides	Fagaceae	*Quercus*	*Q. mongolica*
	M. pseudolonicerae	Menispermaceae	*Cocculus*	*C. orbiculatus*
	M. pseudolonicerae	Menispermaceae	*Menispermum*	*M. dauricum*
	M. yanadai	Juglandaceae	*Juglans*	*J. regia*
	M. berberidis	Berberidaceae	*Berberis*	*B. poiretii*
Oidium	*O. ambrosiae*	Solanaceae	*Lycium*	*L. chinensis*
	O. spp.	Buxaceae	*Buxus*	*B. megistophylla*
	O. spp.	Celastraceae	*Euomymus*	*E. japonicus*
	O. spp.	Celastraceae	*Euomymus*	*E. kiautschovicus*
	O. spp.	Compositae	*Arctium*	*A. lappa*
	O. spp.	Compositae	*Momordica*	*M. cochinchinesis*
	O. spp.	Euphorbiaceae	*Euphorbia*	*E. humifusa*
	O. spp.	Euphorbiaceae	*Ricinus*	*R. communis*
	O. spp.	Fagaceae	*Castanopsis*	*C.* sp.
	O. spp.	Leguminosae	*Phaseolus*	*P. mungo*
	O. spp.	Nyctaginceae	*Mivabilis*	*M. jalapa*
	O. spp.	Rosaceae	*Roza*	无数据
	O. spp.	Scrophulariaceae	*Veronica*	*V. didyma*
	O. spp.	Solanaceae	*Solanum*	*S. melongena*

续表

寄主真菌		寄主植物		
属	种	科	属	种
Phyllactinia	*P. populi*	Salicaceae	*Populus*	*P. canadensis*
	P. pteroceltidis	Ulmaceae	*Ulmus*	*U. pumila*
Podosphaere	*P. tridactyla*	Rosaceae	*Amygdalus*	*A. persica*
	P. tridactyla	Rosaceae	*Armeniaca*	*A. mume*
Sphaerotheca	*S. astragali*	Leguminosae	*Phaseolus*	*P. minimus*
	S. aphanis	Rosaceae	*Agrimonia*	*A. pilosa*
	S. aphanis	Rosaceae	*Potentilla*	*P. paradoxa*
	S. aphanis	Rosaceae	*Potentilla*	*P. chinensis*
	S. astragali var. *astragali*	Leguminosae	*Phaseolus*	*P. minimus*
	S. balsaminae	Balsaminaceae	*Impatiens*	*I. balsamina*
	S. cucurbitae	Cucurbitaceae	*Cucumis*	*C. melon*
	S. cucurbitae	Cucurbitaceae	*Cucumis*	*C. sativus*
	S. cucurbitae	Cucurbitaceae	*Cucurbita*	*C. maxima*
	S. cucurbitae	Cucurbitaceae	*Cucurbita*	*C. moschata*
	S. cucurbitae	Cucurbitaceae	*Cucurbita*	*C. pepo*
	S. cucurbitae	Cucurbitaceae	*Lagenaria*	*L. siceraria* var. *makinoi*
	S. cucurbitae	Cucurbitaceae	*Sechium*	*S. edule*
	S. ferruginea	Rosaceae	*Sanguisorba*	*S. officinalis*
	S. fuliginea	Cucurbitaceae	*Cucurbita*	*C. pepo*
	S. fuliginea	Cucurbitaceae	*Luffa*	*L. cylindrica*
	S. fusca	Compositae	*Bidens*	*B. bipinnata*
	S. fusca	Compositae	*Cephalanoplos*	*C. segetum*
	S. fusca	Compositae	*Coreopsis*	*C. grandiflora*
	S. fusca	Compositae	*Helianthus*	*H. hannuvs*
	S. fusca	Compositae	*Ixeris*	*I. chinensis*
	S. fusca	Compositae	*Lactuca*	*L. indica*
	S. fusca	Compositae	*Lactuca*	*L. raddeana*
	S. fusca	Compositae	*Sonchus*	*S. oleraceus*
	S. fusca	Compositae	*Taraxacum*	*T. mongolicum*
	S. fusca	Compositae	*Xanthium*	*X. sibiricum*
	S. fusca	Compositae	*Zinnia*	*Z. elegans*
	S. hibiscicola	Malvaceae	*Hibiscas*	*H. mutabilis*
	S. pannosa	Rosaceae	*Roza*	*R. chinesia*
Trichocladia	*T. astragali*	Commelinaceae	*Commelina*	*C. communis*
	T. baumleri	Leguminosae	*Robinia*	*R. pseudoacacia*
Unicinula	*U. betulae*	Betulaceae	*Alnus*	*A. japonica*
	U. hydrangeae	Caprifoliaceae	*Hydrangea*	*H. macrophylla*
	U. necator	Vitaceae	*Vitis*	*V. vinifera*
	U. salmonii	Oleaceae	*Fraxinus*	*F. excelsior*
	U. sengokui	Celastraceae	*Celastrus*	*C. orbiculatus*
	U. verniciferae	Erythropheum	*Rhus*	*R. chinensis*

（二）白粉寄生孢的形态特征

根据 Sutton(1980)的描述，该菌的菌丝体表生或埋生，无色或褐色，分枝，有隔。载孢体为分生孢子器，散生于白粉菌菌丝内部、表面或附近，球形或长形至梨形，有时具乳突，淡褐色，单腔，细胞壁一层，具淡褐色角胞组织；无明显的孔口，顶端有时具乳突，与分生孢子器器壁组织相同；分生孢子器通过顶端破裂而开裂；无分生孢子梗，分生孢子产孢细胞内壁芽生瓶梗式，离生，瓶形至安瓿形，无色，光滑，微小的沟和领状结构由分生孢子的壁细胞直接形成，平周细胞壁向顶端逐渐增厚。分生孢子淡褐色，无隔，薄壁，光滑，具油滴，直或弯曲，圆柱形至纺锤形(图 4-17)。

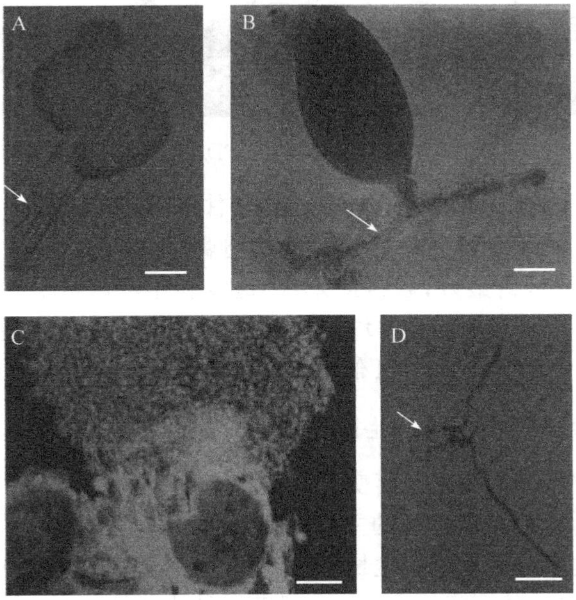

图 4-17 白粉寄生孢的显微形态(Kiss，2008)

A. 白粉寄生孢的胞内菌丝和 2 个分生孢子器，用棉蓝染色，产生于牛蒡高氏白粉菌分生孢子梗内，标尺＝30 μm。B. 白粉寄生孢的分生孢子器，产生于南瓜白粉病菌分生孢子梗的基细胞内。箭头指示细胞内的菌丝。棉蓝染色，标尺＝25 μm。C. 白粉寄生孢的分生孢子从在一苹果树芽上越冬的苹果白粉病菌闭囊壳释放。标尺＝50 μm。D. 白粉寄生孢的胞内菌丝，棉蓝染色，把田间收集的白粉菌分生孢子在水琼脂上处理 24 h 后，出现于女贞白粉病菌分生孢子上。标尺＝20 μm

（三）分离、培养性状和生物学特性

在无菌条件下，用灭菌细针于解剖镜下从检出有白粉寄生孢存在的白粉菌落上挑取单个白粉寄生孢分生孢子器移于加入大麦粉的 PDA 培养基中或含有 0.5%氯霉素的大麦粉-czapek 培养基中，或单孢分离于 PSA 上，在 24℃下恒温培养。待菌落长出后挑取边缘菌落获纯培养。Sundheim(1978)曾报道其在 V8 培养基上产孢较为合适，而 Sztejnberg(1989)通过比较已经报道的 8 种培养基后认为将 DL-天冬酰胺加到含有麸皮提取物的培养基中生长较好。

白粉寄生孢在相同培养条件下菌落形态差异较大，多数菌落颜色为棉白色、米黄色至暗黄色，周缘整齐或不规则(图 4-18)。

Sztejnberg 等研究了白粉寄生孢分生孢子器和分生孢子的形成条件。在 Czapek 培养基上，分生孢子萌发和分生孢子器形成的最适温度分别是 20℃和 25℃；当分生孢子的接种浓度为 10^6个/mL 或 10^7个/mL 时比 10^4个/mL 或 10^5个/mL 时明显增加分生孢子器的形成；麸糠浸汁培养基 BEA 和马铃薯葡萄糖汁培养基 PDB 是最好的产孢培养基。张英昊等(2004)研究表明，白粉寄生孢在 PDA、马铃薯蔗糖培养基(PSA)、燕麦培养基(OA)基上能生长、产孢，其中以 PSA 最好。菌丝生长最适温度为 20～25℃，适宜 pH 为 8～9，光照对菌丝生

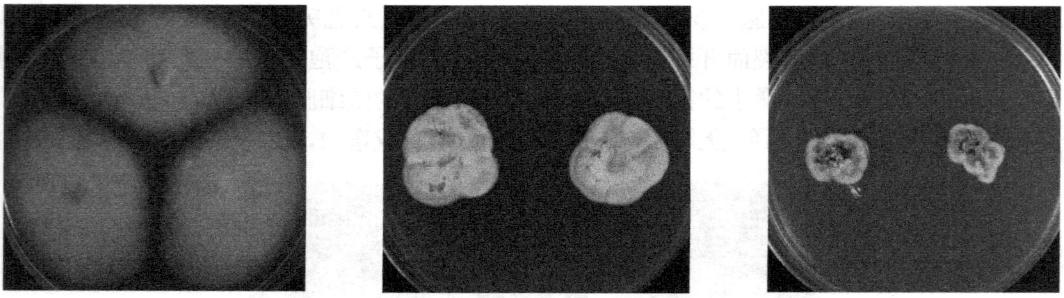

图 4-18　白粉寄生孢的不同菌株在 PDA 培养基上的培养性状

长的促进作用不显著。对葡萄糖、蔗糖、果糖、淀粉、甘露醇、麦芽糖、水解乳糖都能利用，其中以水解乳糖最佳，产孢以葡萄糖最佳；对蛋白胨、酵母膏、KNO_3、$(NH_4)_2SO_4$、NH_4Cl、甘氨酸、尿素都能利用，其中以酵母膏最好，尿素最差；产孢以利用酵母膏最好。孢子萌发适温 10～25℃；在相对湿度 95%～100%和水滴中均能萌发，其中水滴中萌发率最高；光照对孢子萌发有促进作用；孢子萌发最适 pH 为 6～8，pH 低于 2 和高于 10 孢子不能萌发；孢子致死温度为 60℃。

（四）白粉寄生孢的重寄生现象和生防机制

被白粉寄生孢重寄生的白粉菌菌落变色，后期呈现不同于白粉菌的棕色至暗黑色分生孢子器(图 4-19)。重寄生作用是其控病的主要机制。白粉寄生孢寄生在白粉菌的菌丝、未成熟闭囊壳及分生孢子梗内和分生孢子中生长，并产生分生孢子器，影响了白粉菌产孢细胞的形成以及随后分生孢子的产生，从而降低了致病白粉菌接种体数量。寄生的后期则杀死寄主真菌，从死的寄主真菌中获得营养，此时对寄主真菌的破坏性大。Philipp(1985)研究发现在离体条件下，白粉寄生孢能产生两组组成性的具糖蛋白特性胞外酶，这些酶可导致白粉病菌细胞壁崩解，这也可能是其控病的机制。

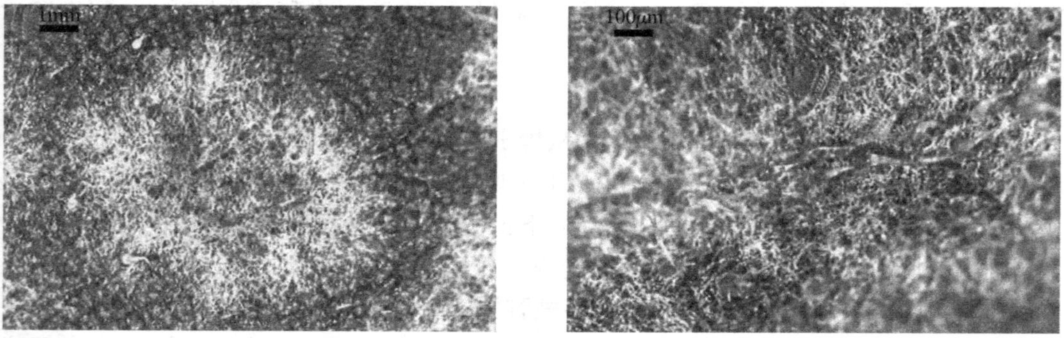

图 4-19　白粉寄生孢的重寄生现象(Hashioka，1980)

A. 被白粉寄生孢破坏的白粉菌菌落；B. 白粉菌菌丝及分生孢子

九、毛壳菌属

毛壳菌隶属于子囊菌亚门、核菌纲、球壳目、黑孢壳科、毛壳菌属 *Chaetomium*，该属于 1817 年由 Kunze 建立。世界上已发现毛壳菌 300 多种。毛壳菌广泛存在于自然界的各种基物和发霉的含纤维素的日常用品上，包括植物残体、土壤、有机肥、草食和杂食动物及鸟类和鼠类的粪便、种子、木材、皮革等。该属大多数种产生活性强纤维素酶，能有效降解纤维素和有机质，并对土壤中的其他微生物产生拮抗作用。

（一）毛壳菌的形态特征及生物学特性

毛壳菌菌丝交织，透明、有隔。子囊壳表生，为球形、卵形或瓶形，顶端有一孔口。子囊壳壁的膜质呈透明或不透明，易破裂，表生各种形状的附属丝，通常分化为须根、侧生附属丝和顶生附属丝。须根根状，起固定和吸收养分的作用，侧生附属丝较短，顶生附属丝较长，分枝或不分枝，形态各异。子囊基部束生，棍棒状或圆柱状，囊壁早期消解，内含 8 个子囊孢子，不规则排列或排成单行。子囊孢子单细胞呈球形、椭圆形、柠檬形，黄褐色、暗褐色或橄榄色，排溢出孔口外的子囊孢子干凝成柱状或锥状。该属的某些种产生分生孢子或厚垣孢子，厚垣孢子在菌丝上间生或顶生。其分类主要依据子囊壳的形状、子囊壳壁上生出的附属丝及其直径、子囊的形态、子囊孢子的形状和量度等(图 4-20)。

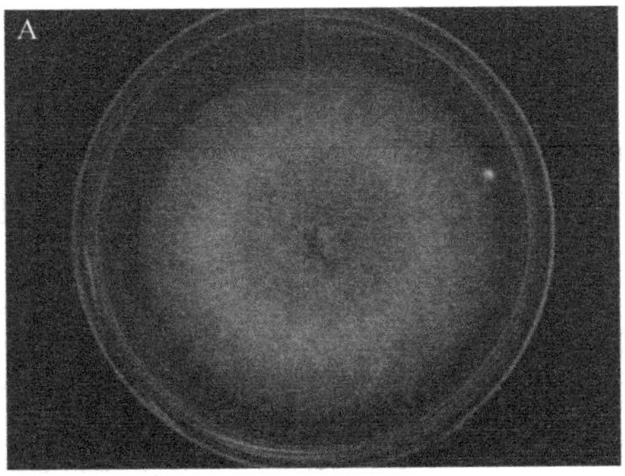

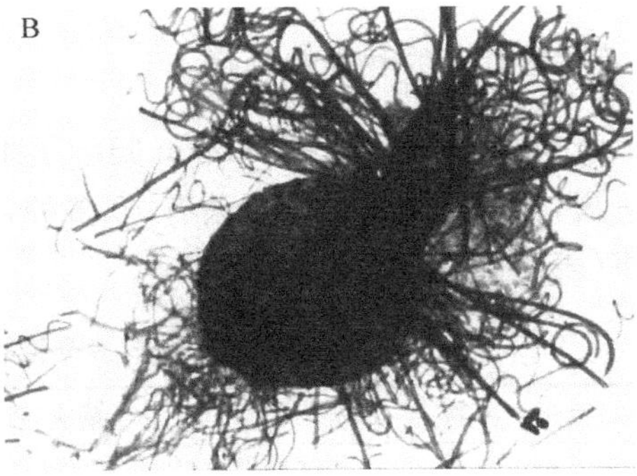

图 4-20　毛壳菌的形态特征

A. 培养性状；B. 子囊壳形态

毛壳菌在 PDA 培养基上菌丝生长较快，产孢量较多。菌丝生长和产孢的最适温度为 25℃，不需要光照。菌丝生长和孢子产生的最适 pH 为 4。葡萄糖为最佳碳源，丙氨酸为最佳氮源。子囊孢子有休眠期，其萌发对环境条件要求不严格，在 15～35℃范围内子囊孢子均可萌发，其中 30℃时萌发率最高。25℃时孢子萌发率与相对湿度成正比，在 pH 3～7 范围内均可萌发，其中 pH 4～6 为最适。氧气充足、无光照有利于孢子萌发。

（二）毛壳菌的生防机制

1. 拮抗作用

许多毛壳菌株产生挥发性或非挥发性的抗生素类物质。例如，球毛壳 *C. globosum*、卷毛壳 *C. cochliodes*、蝇生毛壳 *C. funicola* 等能产生毛壳素(chaetomin)、球毛壳素(chaetoglobosin)等多种抗生素，在生物防治中产生拮抗作用，抑制寄生疫霉 *P. parasitica*、稻瘟病菌 *P. grisea*、尖孢镰刀菌 *F. oxysporum*、立枯丝核菌 *R. solani* 等植物病原菌的生长。

2. 重寄生作用

毛壳菌可缠绕立枯丝核菌 *R. solani* 和链格孢 *A. brassicicola* 等病菌的菌丝并寄生，在部分被寄生的细胞壁上可观察到侵入孔，表明毛壳菌在代谢过程中产生细胞壁降解酶，如几丁质酶、葡聚糖酶、蛋白酶和脂酶等，穿透并降解寄主真菌的细胞壁从而获取营养。

3. 竞争作用

在生活空间和营养物质绝对量不足时，毛壳菌在生长过程中还与植物病原菌竞争营养物质和空间，从而抑制植物病原菌的生长。

4. 促进植物生长

毛壳菌产生的麦角甾醇类物质，有助于改善和提高土壤肥力，从而提高农作物产量。

十、酵母菌

酵母菌(yeast)是一个通俗名称，一般泛指能发酵糖类的各种单细胞真菌。目前已知有1000多种酵母。根据酵母菌产生孢子(子囊孢子和担孢子)的能力，可将酵母分成三类。产生孢子的株系属于子囊菌和担子菌，不形成孢子但主要通过芽殖来繁殖的称为不完全真菌，或称“假酵母”。酵母菌具有很强的抗逆能力，能在较干燥的果蔬表面长期定殖，可产生胞外多糖加强其自身的生存能力，能迅速利用低水平的营养物质快速繁殖成为主导菌；受杀虫剂的影响较小，故近年来备受青睐，对其研究也日益广泛和深入。

(一) 酵母菌的种类及特征

1992年Wisniewki和Wilson归纳了果蔬采后病害所应用的拮抗酵母菌，随着这方面研究的进展，目前已报道的酵母菌有20多种，主要用于防治果蔬采后的青霉病、灰霉病及其他腐烂病害(表4-5)。

表4-5 拮抗酵母菌的种类及其主要防治植物病害

拮抗酵母菌种类	防治病害(致病菌)	属特征
Candida famata	柑橘绿霉病(*Penicillium digitatum*)	无性繁殖：细胞为芽殖；有时有假菌丝和有隔菌丝 有性生殖：无 生理特征：发酵+/-；硝酸盐+/-；脲酶+/-
Candida guilliermondi	苹果青霉病(*Penicillium expansum*) 苹果灰霉病(*Botryis cinerea*) 葡萄、桃软腐病(*Rhizopus stolonifer*) 葡萄毛霉软腐病(*Mucor piriformis*)	
Candida oleophila	苹果青霉病(*Penicillium expansum*) 苹果、草莓灰霉病(*Botryis cinerea*) 根霉病(*Rhizopus stolonifer*)	
Candida shake	苹果青霉病(*Penicillium expansum*) 苹果灰霉病(*Botryis cinerea*)	
Candida saitoana	苹果灰霉病(*Botryis cinerea*)	
Candida tenuis	苹果青霉病(*Penicillium expansum*) 苹果灰霉病(*Botryis cinerea*)	
Cryptococcus sp.	苹果、葡萄、蕃茄灰霉病(*Botryis cinerea*)	无性繁殖：细胞为芽殖；通常具有多糖的荚膜；有时有假菌丝和有隔菌丝 有性生殖：无 生理特征：发酵-；硝酸盐+/-；脲酶+(通常)；肌醇+(通常)；DBB+
Cryptococcus albidus	梨毛霉腐烂病(*Mucor* spp.) 苹果青霉病(*Penicillium expansum*) 苹果灰霉病(*Botryis cinerea*)	
Cryptococcus humicola	苹果灰霉病(*Botryis cinerea*)	
Cryptococcu flavus	梨毛霉腐烂病(*Mucor* spp.)	
Cryptococcu infirmo-miniatus	梨青霉病(*Penicillium expansum*) 甜樱桃褐腐病(*Monilinia* spp.) 甜樱桃青霉病(*Penicillium* spp.)	
Cryptococcu laurentii	苹果、葡萄、草莓腐烂病(*Rhizopus stolonifer*) 苹果、梨青霉病(*Penicillium expansum*) 苹果、梨灰霉病(*Botryis cinerea*) 梨毛霉腐烂病(*Mucor* spp.)	

续表

拮抗酵母菌种类	防治病害(致病菌)	属特征
Debaryomyces hansenii	葡萄青霉病(*Penicillium* spp.) 葡萄灰霉病(*Botryis cinerea*)	无性繁殖:细胞为芽殖;有时有假菌丝 有性生殖:产生子囊,每个子囊内含有1～4枚圆形或卵圆形的带疣的子囊孢子;细胞与芽体之间接合 生理特征:发酵+/-;硝酸盐-;脲酶-;DBB-
Filobasidium floriforma	苹果灰霉病(*Botryis cinerea*)	无性繁殖:细胞为芽殖;有假菌丝;有隔菌丝具有桶孔隔膜 有性生殖:产孢体的顶端轮生担孢子,担孢子有稍微隆起 生理特征:发酵+/-;硝酸盐-;脲酶+;肌醇+ DBB+
Kloeckera apiculata	苹果灰霉病(*Botryis cinerea*) 苹果青霉病(*Penicillium expansum*) 梨、葡萄、桃软腐病(*Rhizopus stolonifer*) 葡萄曲霉软腐病(*Aspergilus niger*)	无性繁殖:细胞极生出芽,呈柠檬形或卵圆形;很少有假菌丝 有性生殖:无 生理特征:发酵+;硝酸盐-;脲酶-;DBB-
Metschnikowia pulcherrima	苹果灰霉病(*Botryis cinerea*)	无性繁殖:细胞为芽殖;很少见到月牙形或镰刀形;通常有假菌丝 有性生殖:子囊呈珊瑚形,每一个子囊含1或2枚针形子囊孢子 生理特征:发酵+;硝酸盐-;脲酶-;DBB-
Rhodotorula glutinis	苹果、梨、葡萄、草莓灰霉病(*Botryis cinerea*) 梨青霉病(*Penicillium expansum*) 梨毛霉软腐病(*Mucor* spp.) 柑橘绿霉病(*Penicillium digitatum*)	无性繁殖:细胞为芽殖 有性生殖:无 生理特征:具有类胡萝卜色素;发酵-硝酸盐+/-;肌醇+/-;脲酶+;DBB+;淀粉产生+/-
Rhodosporidium toruloides	苹果灰霉病(*Botryis cinerea*)	无性繁殖:细胞为芽殖;有时有假菌丝或有隔菌丝 有性生殖:产生冬孢子,每一冬孢子形成具有侧生或顶生担孢子的先菌丝;有锁状联合;大多数菌是异宗配合的 生理特征:具有类胡萝卜色素;发酵-;硝酸盐+/-;肌醇+/-;脲酶+;DBB+;淀粉产生+/-
Sporobolomyces roseus	苹果灰霉病(*Botryis cinerea*) 苹果青霉病(*Penicillium expansum*)	无性繁殖:细胞为芽殖;产生掷孢子;有时有假菌丝和有隔菌丝 有性生殖:无 生理特征:通常具有类胡萝卜色素;发酵-;硝酸盐+/-;脲酶+;DBB+
Trichosporon sp.	苹果灰霉病(*Botryis cinerea*) 苹果青霉病(*Penicillium expansum*)	无性繁殖:细胞为芽殖;有假菌丝或有桶孔隔膜的有隔菌丝;产生分生节孢子 有性生殖:无 生理特征:发酵-;硝酸盐+/-;脲酶+;DBB+

续表

拮抗酵母菌种类	防治病害(致病菌)	属特征
Pichia guilliermondii	苹果灰霉病(*Botryis cinerea*) 苹果青霉病(*Penicillium expansum*) 柑橘绿霉病(*Penicillium digitatum*) 柑橘青霉病(*Penicillium italicum*) 柑橘酸腐病(*Oospora citri-aurantii*) 番茄灰霉病(*Botryis cinerea*)	无性繁殖:细胞为芽殖;通常有假菌丝;偶尔有有隔菌丝 有性生殖:产生子囊,每一个子囊含 1～4 枚(偶尔达到 8 枚)光滑的圆形、礼帽形或土星形子囊孢子 生理特征:发酵+/-;硝酸盐-;脲酶-;DBB-
Pichia membranefaciens	桃软腐病(*Rhizopus stolonifer*)	

(二) 酵母菌的生防机制

一般认为,酵母菌对果蔬采后病害的作用机制主要包括以下几个方面:营养或空间竞争;直接寄生病原菌;诱导寄主产生抗病性。

营养或空间竞争是酵母菌产生生防作用的主要机制。当果实有伤口时,病原菌和酵母拮抗菌同时开始抢占营养丰富的伤口。由于酵母拮抗菌能在较短的时间内有效地利用果蔬伤口的营养物质而生长存活并大量繁殖,并尽可能快地消耗掉伤口营养,占领全部空间,使得病原菌得不到合适的营养与空间条件,不能生息繁衍,从而抑制病害的发生。

许多酵母拮抗菌可以分泌胞外水解酶,如几丁质酶、β-1,3-葡聚糖酶等。这些酶是真菌细胞壁的解聚酶,参与寄主真菌细胞壁的降解,对防治病害有很大的作用(Castoria et al.,1997)。同时,一些酵母拮抗菌还可以附着在病原菌的菌丝体上,通过分泌胞外水解酶水解病原菌的细胞壁,形成对病原菌的直接寄生作用。

某些酵母拮抗菌可以诱导宿主产生具有抑菌作用的物质,而有些酵母细胞可以诱导果蔬产生几丁质酶、葡聚糖酶及其他酶类。这些酶类可以分解果蔬病原菌的细胞壁,从而抑制病原菌的生长。还有一些酵母菌可以使宿主细胞组织结构发生变化,增加宿主的抗病能力。

十一、淡紫拟青霉

淡紫拟青霉 *Paecilomycs lilacinus* 隶属半知菌门、丝孢菌目、丝孢菌科、拟青霉属 *Paecilomycs*,该属于 1907 年由 Bainier 建立。该菌是一种土壤及多种植物根围的习居菌,广泛分布于世界各地,具有生防效率高、寄主广、易培养等优点,特别在控制植物病原线虫方面效果显著,是一种重要的植物线虫寄生真菌。淡紫拟青霉对植物根结线虫的寄生作用由秘鲁国际马铃薯研究中心 Jatala(1979)首次报道,该菌是南方根结线虫 *M. incognita* 与白色胞囊线虫卵的有效寄生菌。目前已在数个国家开发为生物杀线菌剂,广泛应用于根结线虫、胞囊线虫等植物寄生线虫的防治。淡紫拟青霉商品菌剂已在菲律宾(商品名“Biocon”)、秘鲁、美国(商品名为“Melocon”)、巴基斯坦、澳大利亚和德国等国家用于防治植物线虫病,效果显著。我国采用液体发酵技术工业化生产商品制剂(商品名防线霉、线虫清)在黑龙江、云南、南京等地防治大豆胞囊线虫和南方根结线虫等均取得较好的效果。

(一) 形态及生物学特点

淡紫拟青霉的分生孢子梗末端膨大。分生孢子为单细胞,呈链状、平滑、无色至黄色,2～4 μm 宽,孢梗上具有瓶颈状不规则的分枝或轮生分枝,瓶梗基部较宽。轮生分枝由圆柱形的部分组成,有时分枝向远离主轴方向弯曲(图 4-21)。

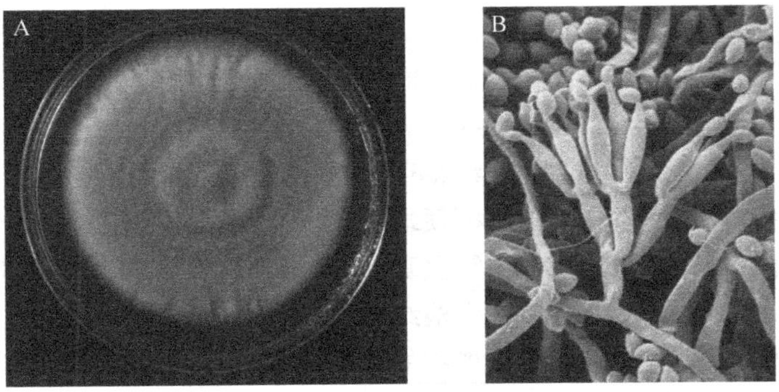

图 4-21　淡紫拟青霉的培养性状及形态特征

A. 菌落形态；B. 形态特征

淡紫拟青霉对营养条件要求不高，不仅能在多种常规培养基上生长，而且能在多种自然基质，如农副产品废料、废渣与植物叶片或植物浸提液中生长。平板培养菌落较大，圆形、隆起、较致密。在 15～35℃都能正常生长，在 24～25℃条件下生长最为迅速，产孢量最大。湿度对孢子萌发至关重要，相对湿度(RH)达到 85%时，孢子才开始萌发，RH 为 98%，25℃时，孢子萌发速率最高。

（二）淡紫拟青霉的生防机制

淡紫拟青霉能够通过多种方式侵染根结线虫等植物寄生线虫，既可以通过物理方式寄生线虫的卵和胞囊，又可以在侵染线虫过程中通过机械压力和分泌的胞外酶联合作用，或产生毒性代谢物质麻痹毒杀线虫、促进菌物在线虫寄主上定殖和获取营养。

真菌孢子附着在寄主虫体和卵壳上分泌几丁质酶加速虫体表和卵壳的分解，或使幼虫早孵化，提高幼虫死亡率(图 4-22)。肖炎农等通过一系列试验证明，淡紫拟青霉产生的几丁质酶能直接促进根结线虫卵的孵化，其孵化率与酶的浓度呈正相关，该酶对根结线虫幼虫有一定的致死作用。Bonants 等用扫描电镜观察淡紫拟青霉对北方根结线虫卵的侵染过程，发现有裂解酶的参与。从发酵液中得到部分纯化的蛋白酶的分子质量为 33.5 kDa，最适 pH 10.3，温度 60℃，蛋白酶的活性被苯甲磺酰氟(PMSF)完全抑制。通过延时显微镜观察发现，纯酶和线虫卵一起孵化，酶能使线虫的卵漂浮起来；卵的孵化受到严重影响，不成熟的卵容易受到纯酶的影响，然而纯酶对幼虫没有明显的影响，说明淡紫拟青霉产生的胞外丝氨酸蛋白酶可能在线虫卵的穿透过程中起作用。

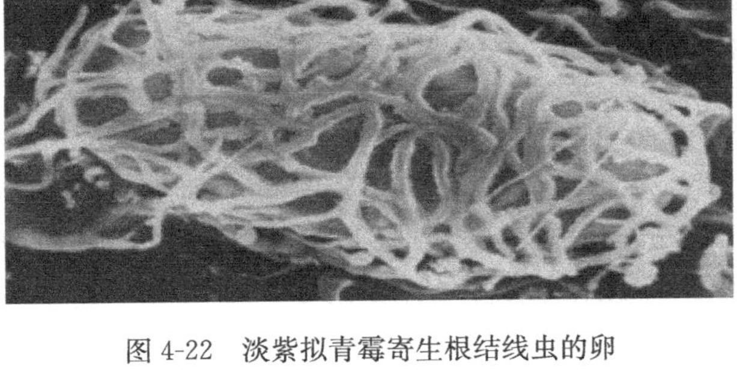

图 4-22　淡紫拟青霉寄生根结线虫的卵

十二、厚壁轮枝菌

厚壁轮枝菌 *Verticillium chlamydosporium* 隶属半知菌亚门、丝孢纲、丝孢目、丛梗孢科、轮枝菌属 *Verticillium*，该属于 1816 年由 Nees 建立。轮枝菌属典型特征之一是单生的分生孢子由黏液集结在轮枝状分枝的分生孢子梗顶端，形成头状的分生孢子球，极少数种出现分生孢子链。厚壁轮枝菌是一种重要的噬植物线虫真菌，最早在甜菜胞囊线虫和燕麦胞囊线虫上分离到，后来发现该菌对南方根结线虫、花生根结线虫、大豆胞囊线虫的雌虫、胞囊、卵囊或虫卵有很强的寄生能力。该菌虽然也可侵染植物的根表皮，但不能进一步侵染根内部的维管层，对植物无致病力。因此厚壁轮枝菌在植物线虫的生物防治上具有重要意义。

（一）厚壁轮枝菌的形态特征和生物学特性

厚壁轮枝菌的营养菌丝呈匍匐状生长，分隔、分枝、淡白色。气生菌丝薄，瓶梗常从平卧菌丝上单生或 2～3 个轮生，顶端产生单细胞核的分生孢子，易脱落，圆形或椭圆形，微带色泽，砖格状多细胞核的厚壁孢子由气生菌丝细胞质浓缩、外壁增厚而形成，是一种无休眠性的孢子。

厚壁轮枝菌可以在麦麸、大麦、小麦秆及沙混合组成的原料上生长。张虹等对厚壁轮枝菌试验室培养条件的研究发现，厚壁轮枝菌生长很慢，在玉米粉琼脂培养基(CMA)上菌体生长每个月不超过 3 cm。厚壁轮枝菌最适生长温度为 25℃，最适 pH 6.0。

（二）厚壁轮枝菌的生防机制

厚壁轮枝菌的菌丝网依靠一种目前尚不清楚的识别机制对线虫雌虫及虫卵等进行识别。厚壁轮枝菌对线虫的侵染主要经历接触、侵染和消解的过程。首先在卵壳表面侵染点处形成附着器，然后形成很细的侵染丝穿透卵壳，当厚壁轮枝菌侵入雌虫体内和卵后，就开始消解并吸收其中的营养物质，这一过程涉及两类重要的酶，即蛋白酶和几丁质酶(图 4-23)。

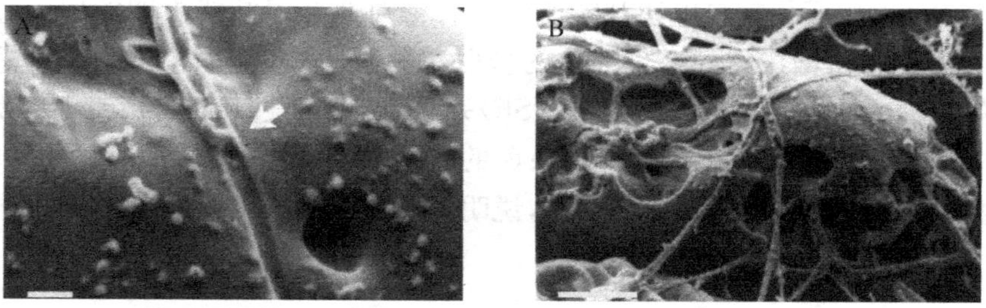

图 4-23　厚壁轮枝菌 Vc10 在 *M. incognita* 卵的表面(Segers，1999)

A. 箭头所指为厚壁轮枝菌的附着器。标尺＝2 μm。B. 厚壁轮枝菌在线虫卵上的菌丝网。标尺＝20 μm

对厚壁轮枝菌分泌的蛋白酶进行纯化和定性分析，发现这些酶均属于枯草杆菌蛋白酶类，并具有很高的同源性，其中一种蛋白酶 VCPI 可水解南方根结线虫虫卵的外层壳膜，直至虫卵壳的几丁质层暴露。Dackman 等较早检测到了厚壁轮枝菌可分泌几丁质酶，并且发现几丁质酶活性水平与其对甜菜胞囊线虫的致病性呈正相关。

十三、植物内生真菌

（一）内生真菌的概念

内生菌(endophyte)的提出最早可追溯到1833年，研究者从小麦叶片中发现一种性质不明的锈状物，形象地称它为Outgrows，1846年Leveille确定这种Outgrows是真菌的一种结构，即现在所说的锈菌夏孢子。真菌在产生症状前就已经着生在植物体内，于是人们提出了内生的概念。当时这个概念是针对病原菌的，经过100多年的研究，人们将造成病害的内生微生物称为病原菌(pathogen)，而将不造成明显症状的正常内生微生物称为内生菌(endophyte)。现在普遍认为，植物内生真菌是指那些在其生活史的一定阶段或全部阶段生活于健康植物的各种组织或器官内部的真菌，被感染的宿主植物不表现出外在症状。可通过组织学方法、从严格表面消毒的植物组织中分离的方法或从植物组织内直接扩增出微生物DNA的方法来证明其内生。

（二）内生真菌的来源及种类

1. 内生真菌的来源

内生真菌存在于从低等的藻类植物、苔藓植物和蕨类植物到高等的裸子植物、被子植物(单子叶植物和双子叶植物)的多种植物组织中，遍及整个植物界。内生真菌广泛的分布于叶鞘、种子、花、茎、叶片和根等的细胞间。近10年对于植物内生真菌的研究主要集中在以下植物中。①禾本科植物。目前全世界至少已在23个属453多种禾本科植物中发现有内生真菌。近年来在甘蔗、玉米、水稻等禾本科农作物中也发现了内生真菌，内生真菌作为宿主植物生防菌的研究较多。②药用植物。由于受野生植物资源生长周期长、产量低、不可再生等限制，有的甚至濒临灭绝，很难满足人类的需要。从红豆杉植物上分离出产紫杉醇的内生真菌，为紫杉醇以及其他药物的内生真菌发酵开辟了新途径。药用植物内生真菌的研究已取得一定的成果，目前人们研究过内生真菌的药用植物已有至少145种，分离到大量菌株，检测到一些菌株的有益活性作用，也得到一些纯化的活性物质。③重要的经济林木。如针叶类的各种冷杉、云杉、红杉、紫杉、松柏等及阔叶的栎树、桦树、桉树、杨树等植物树皮、枝叶内相继被发现并得到了广泛的研究。④特殊生态环境下的植物。研究发现特殊生态环境下的微生物与特殊的次生代谢产物有紧密的关系。

2. 内生真菌的种类

内生菌具有丰富的生物多样性。对于一种植物而言，从中可分离到的内生真菌通常为数种至数十种，有的甚至达数百种。如Anorld等最近分析了巴拿马中部雨林中两种植物叶子中的内生菌，结果发现分离自83个健康叶片上的内生菌可有多达418个形态学种(其中基因型不同的分类元至少有347个)，这些内生菌同时也表现出一定的宿主专一性和地域专一性。Dreyfuss和Chapela曾保守地估计，有待发现的内生真菌数量可能超过130万种。

现今发现的内生真菌主要属于子囊菌(Ascomycetes)和半知菌(Deuteromycetes)，少数为担子菌(Basidiomycetes)，包括核菌纲(Pyrenomycetes)、盘菌纲(Discomycetes)和腔菌纲(Loculoascomyetes)，也有报道称从植物体内分离到了接合菌(Zygomycetes)。其中在多种植物中广泛分布的几个属是半壳霉 *Leptostroma* sp.、*Cryptocline* sp.、拟隐孢霉 *Cryptosporipsis* sp.、拟茎点霉 *Phomopsis* sp. 和叶点霉 *Phyllosticta* sp.，其宿主涉及藻类、针叶树、灌木和草本等多个植物类群。

近10年来，人们从47科81属的114种和3变种药用植物中分离到的内生真菌达到171属，涉及子囊菌、担子菌、接合菌、卵菌、有丝分裂孢子真菌及其无孢菌类等真菌类群，其中子囊菌40属、担子菌3属、接合菌3属、卵菌3属，有丝分裂孢子真菌122属。在有丝分裂孢子真菌中，包括丝孢菌82属、腔孢菌32属和其他类群8属。

（三）内生真菌的生防机制

由于内生真菌特殊的生境，比其他腐生菌、附生菌更易于在生物防治中发挥作用，成为生物防治中的优势菌群，引起了广泛的重视。内生真菌在植物病害生物防治中的作用机制可能包括：内生菌对病原菌的拮抗作用、内生菌的重寄生作用、营养竞争和非专一性的寄主防卫机制的诱导等方面。

1. 诱导宿主植物产生系统抗性

将内生真菌 *Colletotrichum magna* 接种到西瓜和黄瓜幼苗上，能够保护幼苗不受炭疽病菌 *Colletotrichum higginsianum* 和枯萎病菌 *Fusarium oxysporum* 的侵染。小麦内生毛壳菌 *Chaetomium* sp. 能够降低小麦感病品种的叶锈病发病率。内生真菌 *Chaetomium globosum* 接种到小麦后，能够减轻由禾生壳二孢 *Ascochyta graminicola* 引起的小麦褐斑病的症状。根部内生真菌 *Heteroconium chaetospira* 接种到大白菜幼苗上，然后将幼苗移栽田间，3个月后发现大白菜根肿病的发病率降低52%～97%，黄萎病的发病率降低49%～67%。内生真菌 *Piriformospora indica* 能很好地在大麦根部定殖，使根具有强的抗氧化能力，并能诱导系统抗病性，增强大麦对根部病原菌 *Fusarium culmorum* 和叶部病原菌白粉病菌 *B. graminis* 的抵抗能力。陈世萍等证明，在正常条件下，感染内生真菌的黑麦草体内保护酶系统如POD、SOD的活性明显高于未感染内生真菌的植株，并认为内生真菌很可能增强了植物对SOD活性的调节能力，从而对植物的抗旱性产生有益影响。

2. 内生真菌对病原菌的拮抗作用

植物内生真菌能够产生多种抗菌活性物质，抑制病原菌的生长。Fisher 等通过对大量内生菌株次生代谢产物的体外抗菌活性测定，认为约有30%以上的内生菌株能产生具有抗真菌或抗细菌的活性物质，特别是盾壳霉属 *Coniothyrium* 和 *Microsphaeropsis* 属内生菌株，抗菌活性很强。内生真菌产生的抗菌活性物质主要包括：生物碱类、肽类、甾体类、萜类、酚类和酚酸类、醌类、脂肪族类、异香豆素类等。

（1）生物碱类化合物。生物碱类化合物在内生真菌中普遍存在。禾本科植物内生菌能产生四大类多达几十种的生物碱，这些生物碱具有抗病原菌、抗线虫、增强植物他感作用等多种生物活性。如从内生炭疽菌 *Colletotrichum* sp.（宿主 *Artemisia annua*）分离得到的吲哚类生物碱 6-Iso-prenylindole-3-carboxylic acid，其对革兰氏阳性菌枯草芽孢杆菌、金黄色葡萄球菌、藤黄八叠球菌和革兰氏阴性菌假单胞菌均具有抑制作用，此外，该化合物对辣椒疫霉菌 *Phytophythora capisici*、禾谷丝核菌 *Rhizotonia cerealis* 和禾顶囊壳小麦变种 *G. graminis* var. *tritici* 有抑制活性。从雷公藤茎皮层内生真菌 *Cryrosporiopsis quercina* 中分离到 cryptocin 对稻瘟病菌和其他植物病原真菌有明显的抑制活性。

（2）萜类。Strobel 等从欧洲红豆杉内生真菌 *Acremonium* sp. 中分离到一链状短肽 leucinostatin A，对终极腐霉抑制中浓度（IC_{50}）小于1 μmol/L。从苦皮藤的内生层出镰刀菌 *Fusarium proliferatum* 中分离到3个具有抗菌活性的环肽：恩镰孢菌素A1（enniatin A1）、恩镰孢菌素 B(enniatin B)和恩镰孢菌素 B1(enniatin B1),在浓度为 500 μg/mL 下对番茄灰霉菌丝生长抑制率分别为 72.4%、92.7%和 40.8%。

(3) 甾体类。从黄花蒿的内生真菌 *Colletotrichum* sp. 中分离到 5 个具有抗菌活性的甾体化合物,它们能抑制多种植物病原真菌和细菌。

(4) 酚类和酚酸类。从茎点霉 *Phoma* sp. 中分到的 2-羟基-6-甲基苯甲酸具有很强的抗细菌活性。由无柄盘菌 *Pezicula* sp. 产生的 2-甲氧基-4-羟基-6-甲氧基苯醛酸对植物病原真菌瓜枝孢 *Cladosporium cucumerinum* 有明显的抑制活性。

(5) 醌类。从 *Fragraea bodenii* 的内生真菌 *Pestalotiopsis jesteri* 中分离到环己烯酮环氧化物 jesterone 和 hydroxy jesterone,具有抗终极腐霉的活性。从榧树 *Torreya taxifolia* 内生真菌 *Pestalotiopsis* sp. 和 *Monochaetia* sp. 分到另一结构类似的化合物 ambuicacid,具有抗茄形镰孢 *Fusarium solani*、香蕉枯萎病菌 *F. cubense*、小麦根腐病菌、色二孢和终极腐霉的活性。

3. 促进植物生长发育

内生真菌对农作物的营养生长具有一定的促进作用,主要包括增加分蘖数和生物量两方面。内生真菌促进植物生长的主要生理生化机制如下。①影响感染植物体内的物质代谢,提高植物的资源利用效率。②产生生长素等激素类物质,促进植物的生长。内生真菌对感染植物的氮代谢和氮积累有显著的影响,感染植株叶片和叶鞘中的可溶性氨基酸总量、氨浓度增加,谷氨酰胺合成酶活性显著提高,植物对土壤氮的利用效率大大增加。③内生真菌能够改变植物体内碳水化合物源库的关系。内生真菌作为碳水化合物的一个储库,能迅速地将蔗糖转变成植物不能代谢的糖醇,从而减少和阻止对光合作用的反馈抑制,促进植物的光合作用。Mcleod 等对内生真菌对黑麦草、紫羊茅、高羊茅、草甸羊茅等植物的生长调节作用进行了研究,发现这种内生真菌对高羊茅和紫羊茅叶的鲜重和干重都有显著的影响,对草甸羊茅叶的鲜重也有影响。张集慧等从兰科金线莲等药用植物中分离的 5 种内生真菌均能不同程度地产生一种或几种植物激素,其发酵液和菌丝体中可以提取到赤霉素、吲哚乙酸、脱落酸、玉米素、玉米素核苷 5 种植物激素。

4. 内生真菌对植物线虫的防治

内生真菌产生抗线虫物质及其在作物线虫防治上的报道较少。El-fattah 等将内生尖孢镰刀菌接种到番茄上,能明显减少番茄上南方根结线虫的根结数,线虫的数量与对照相比减少了 36.0%~55.9%。尖孢镰刀菌是番茄根中分离到的一株内生真菌,该内生真菌提取物除了对一些病原真菌有抑制活性外,还能够抑制南方根结线虫。从健康的香蕉中分离到一株不致病的内生尖孢镰刀菌,能抑制香蕉穿孔线虫的生殖能力,从而起到防治线虫的作用。

第三节 生防细菌

细菌对其他微生物的拮抗作用是在拮抗放线菌被发现之后,但很早就有人注意到这种现象。细菌在自然界分布广泛,种类繁多。在已经发现的 1600 多种细菌中,除少数可引起人、动物和植物病害外,绝大多数对人类是有益的。国内外植物病理学家和微生物学家已从植物根围、叶围及植物体内分离到大量有益细菌菌株,有些已进行工业化生产并广泛用于土传、种传(seed-transmitted)等植物病害的生物防治,越来越受到人们的重视。1973 年澳大利亚植物病理学家 Kerr 等利用非致病土壤细菌 *Agrobacterium radiobacter* K84 菌株成功地抑制植物根癌病的发生，*A. radiobacter* K84 成为首个成功用于植物病害防治的商品化生防细菌，并迅速形成商品化制剂，在美国、澳大利亚、日本等国家推广应用。目前生防细菌已作为生物杀菌剂防治植物病害，无论是自然发生的生物防治现象，还是人们用于生物防治的生物类型中。生防细菌的主要优势在于：种类和数量多、抗逆能力强、繁殖速度快；在植物体外（根围、叶围）和体内都大量存在，对植物的生态比较适宜；细菌对营养要求简单，大多可以人工培养，便于大规模发酵；生防细菌能产生多种抗菌物质，易在植物表面定殖；与植物病原菌发生空间和营养竞争，从而抑制病菌生长，或以其较强的竞争能力排斥病菌；有些生防细菌不仅能防治病害，而且可以增加作物产量。

一、生防细菌的种类

目前，成功用于植物病害生物防治的生防细菌主要有枯草杆菌 *Bacillus subtilis*、地衣芽孢杆菌 *B. licheniformis*、放射土壤杆菌 *Agrobacterium radiobacter*、假单胞菌 *Pseudomonas* spp.、荧光假单胞菌 *P. fluorescens*、丁香假单胞菌 *P. syringae*、洋葱假单胞菌 *Burkholderia cepacia* 和胡萝卜软腐欧文氏菌 *Erwinia carotovora* 等（表 4-6）。

表 4-6 生防细菌及其病害的生物防治（仿王金生，2000，稍作改动）

生防细菌	病原菌	作用植物	参考文献
Erwinia herbicola	*Erwinia amylovora*	苹果、梨	Beer 和 Vidaver(1978)
	Xanthomonas campestris pv. *graminis*	燕麦草	Schmidt(1988)
Agrobacterium radiobacter	*Agrobacterium tumefaciens*	桃	Keer 和 Htay(1973)
K84 菌株			Ellis 等(1979)
K1026 菌株			Keer 和 Jenes(1989)
Bacillus subtillis	*Erwinia carotovora*	十字花科蔬菜	王金生等(1989)
	Rhizoctonia solano	小麦	Merriman 等(1979)
	Gaeumannomyces graminis	小麦	
	Sclerotium roifsii	小扁豆	Agrawal 等(1979)
	Pythium sp.	小麦	Merriman 等(1974)
Pseudomonas fluorescens	*Erwinia carotovora* subsp.	马铃薯	Xur 和 Gross(1986)
	Carotovora atroseptica	烟草	Xur 和 Gross(1986)
	Gaeumannomyces graminis	小麦	
	Pseudomonas syringae	番茄	Colin 和 Chafic(1986)

高等植物在充满微生物的环境中生长发育，由于其共同进化形成了不同类型的微生物-寄主植物互作关系。根据生境不同，微生物可分为附生和内生两类。附生菌（epiphyte）是指在寄主体表生长的微生物，根据附生部位又可分为根际（rhizosphere）和体围（phyllosphere）微生物两类（王金生，1999）。植物内生菌是指存在于植物体内对植物没有危害的一类微生物，能够定殖在植物细胞间隙或细胞内，并与寄主植物建立和谐的联合关系。

（一）根际生防细菌

植物的根是支撑植株于土壤，并供给水分和无机盐的重要器官。植物根际微生物的组成和活动直接影响着根系的发育及植物的生长。根际微生物种群的研究大都包括根面在内，但也有人采用冲洗分离的方法来区分根际和根面微生物。根际微生物主要以细菌为主，其次是放线菌和真菌。根据其对植物的作用，根际细菌（Rhizobacteria）分为有益（2%～

5%)、有害(8%～15%)和中性(80%～90%)三类。研究表明，不同作物的根际与非根际微生物数量有明显差异(表 4-7)。

表 4-7　不同作物的根际与根面细菌菌落数与非根际土壤的比较

作物	每克烘干土中菌落计数(10^3 g 烘干土)		R/S	每克干根中的菌落数
	根际	非根际		
红三叶草	3.255	184	24	3.844
燕麦	1090	184	6	3.588
亚麻	1015	184	5	2.450
小麦	710	120	6	4.119
玉米	614	184	3	4.500
大麦	595	140	3	3.216

根际有益细菌能够促进植物对矿质营养的吸收和利用，或者产生促进植物生长的代谢物，甚至抑制有害微生物。因此，这类能直接或间接的促进植物生长的细菌又被称为植物根际促生细菌(PGPR)(Whipps，2001)。自 1978 年 Burr 和 Schroth 在马铃薯上率先报道 PGPR 以来，大量的研究事实证实 PGPR 广泛存在于多种植物根际中。国内外已发现 20 多个种属的根际细菌具有促生防病的潜能，如假单胞菌属 *Pseudomonas*、芽孢杆菌属 *Bacillus*、土壤杆菌属 *Agrobacterium*、欧文氏菌属 *Eriwinia* 等。这些 PGPR 在保护作物、促进植物生长、改善土壤方面起着重要的作用。

1. 假单胞菌属

假单胞菌属 *Pseudomonas* 属下多数假单胞菌的分布是全球性的，生态适应性广。在自然界，从海洋到江河、土壤、植物及动物活动环境中均有存在，多数为腐生性的，有的种对人、动物和植物有致病性。该类菌由于其专性需氧，疏松的土壤及植物根系中较多，是土壤微生物中一类重要的植物病害生防细菌群，也是近年来植物病害生物防治研究报道较多的重要类群。假单胞菌作为生防细菌的原因主要有：第一，假单胞菌的次级代谢产物对其他微生物具有抑制性；第二，假单胞菌比其他土壤细菌具更多的株系，可抑制其他微生物的生长；第三，假单胞菌在根围中能够被选择地刺激生长，通过种子包衣处理后，在根围微生物种群数量上占支配地位；第四，假单胞菌能够在根际内部建立种群。*Pseudomonas* 属细菌的不同菌株可以有效地防治由腐霉 *Pythium* spp. 和茄丝核菌 *R. solania* 引起的黄瓜和番茄的苗期猝倒病等，禾谷类植物全蚀病菌 *G. graminis* var. *tritici* 及镰孢菌 *Fusarium* spp. 引起的根腐病、枯萎病等。

假单胞菌属是薄壁菌门、假单胞菌科的模式属。菌体短杆状或略弯，单生，大小为(0.5～1.0) μm×(1.5～5.0) μm，鞭毛 1～4 根或多根，极生，没有菌柄也没有鞘，有的种还具侧毛，有些种产生纤性毛，无芽孢。革兰氏阴性，严格好气性，代谢为呼吸型，以氧为最终受体。在某些情况下，以硝酸盐为替代的电子受体进行厌氧呼吸，不产生黄单胞色素。几乎所有的种不能在酸性条件下生长。大多数种不需要有机生长因子。假单胞菌在营养琼脂上的菌落圆形、隆起、灰白色，有荧光反应白色或褐色，有些种产生褐色素扩散到培养基中。氧化酶多为阴性，少数为阳性，接触酶阳性。过氧化氢酶阳性，DNA 中 G+C 含量为 58%～70%。假单胞菌属的成员很多，包括异质性的多个组群，按照 rRNA 同源性可分为 5 个组。

产生荧光的假单胞菌统称为荧光假单胞杆菌 *P. fluorescens*，其中包括一些重要的植物病原细菌类群，如丁香假单胞菌 *P. syringae* 中许多致病变种。荧光色素的检查可在固体培养基上用紫外光灯(波长 254 nm)进行，否则容易与其他水溶性的黄绿色素相混淆。激发荧光色素产生最好的培养基是含铁量低的金氏(King)B培养基。细菌所产生的色素根据其在培养基中的溶解度可以分为两种类型：一类为可溶性荧光色素，细胞产生后可以扩散到培养基中；另一类是非水溶性色素，产生后只保留在细胞内。

荧光假单胞杆菌大量存在于植物的根围和叶围，土壤中是以不同生物型的荧光假单胞杆菌为主，而在植物叶表主要以丁香假单胞菌为主，这类细菌的某些菌株对植物气生部分的病害有一定的影响。1978年，Burr等研究报道了荧光假单胞菌 *P. fluorescens* 对于马铃薯、甜菜等作物的增产作用，并提出促进植物生长的根际促生细菌(PGPR)概念。就目前已研究过的PGPR菌种来看，其主要作用有：产生激素如赤霉酸类似物质；改变根际微生物区系，如PGPR菌的位点竞争排挤了根面的有害真菌和细菌；产生特殊代谢产物如嗜铁素(siderophores)、抗生素(antibiotics)、假单胞菌素(pseudobactin)和氰化氢(hydrogen cyanide，HCN)，与病原生物产生营养竞争、溶菌作用和诱导抗性等，致使某些病原物处于不利地位，失去对植物根系的致病作用，从而使作物根系发育旺盛，促进增产。研究利用以荧光假单胞杆菌为代表的PGPR防治作物土传病害已成为现代植物病理学一个非常活跃的领域，并已显示良好的应用前景。目前，应用的主要种类有荧光假单胞杆菌 *P. fluorescens*、洋葱假单胞杆菌 *P. cepecia* 和恶臭假单胞菌 *P. putida* 等。利用荧光假单胞菌防治多种植物病害取得了良好的效果，如对小麦全蚀病、小麦根腐病、棉花幼苗猝倒病、棉花立枯病、烟草黑胫病、马铃薯软腐病及水稻鞘腐病等。

小麦根部病害在我国山东、宁夏、甘肃、内蒙古和山西等地普遍发生。其中小麦全蚀病是一种重要的世界性病害，我国以山东胶东地区和河南、河北、甘肃、陕西等省的部分地区发病较重。20世纪80年代中期以来，病害蔓延到长江流域麦区，一般病田可引起减产20%～30%，重病田可达50%以上，甚至绝收。迄今没有抗病品种，而轮作倒茬难以广泛推行。荧光假单胞菌和恶臭假单胞菌是全蚀病衰退土壤中最重要的微生物类群，它们的群体大小与小麦全蚀病菌的自然衰退有关。用荧光假单胞菌处理小麦种子可有效控制全蚀病的发生。中国科学院植保所利用转座子诱变技术对荧光假单胞菌CN12菌株进行遗传改良，获得对小麦全蚀病有更好防治效果的遗传工程菌株"荧光93"。对荧光假单胞菌工程菌剂"荧光93"菌体和代谢产物的作用特性进行比较，证明该菌剂能保护小麦根系免遭全蚀病危害，对植株生长有促进作用。菌体的抑菌能力强于代谢物，浸种处理防效分别为44.8%和27.8%，代谢产物具有更强的刺激植物生长的作用，温室内对白穗的防治效果较野生菌株CN12提高46%。在山东、宁夏和内蒙古等地进行了5年的大田试验，采用荧光93菌剂作为拌种剂防治小麦全蚀病，可以有效地减轻冬麦和春麦全蚀病，防效高达65.7%，增产效果可以达到43.2%。

近年来国外利用荧光假单胞菌也取得了显著的成效。Weller和Cook等(1986)成功地在各种抑病土中分离出多种荧光假单孢菌，并在接种小麦全蚀病菌之前通过种子包衣的处理方式单独接种荧光假单孢菌2-79和13-79或两种菌的混合菌处理种子，均获得良好的防病效果。智利的Gallardo等(1989)用荧光假单胞BC8菌株可在15 d内保护90%的马铃薯幼苗不受青枯病菌侵染，田间小区试验中亦有80%的马铃薯块被BC8定殖而无青枯病菌的定殖，说明BC8抢先占据了定殖位点。Thomasshow等(1990)从镰刀菌 *Fusarium* spp. 抑菌土壤中分离的恶臭假单胞菌能转变诱病土壤为抑病土壤，抑制镰刀菌厚垣孢子的萌发。Kloepper等(1989)研究发现荧光假单胞菌和恶臭假单胞菌喷施马铃薯种薯后细菌可迅速定殖于根系并沿新根系发展，最终取代根系微生物，结果植物生长加快。将荧光假单孢菌的野生菌株施用到马铃薯和甜菜根部，可使90%以上的根围革兰氏阴性菌和65%的真菌死亡，其抑制效果归因于荧光嗜铁素的产生。研究还表明，嗜铁素对镰刀菌 *F. oxysporum* 的几个专化型菌株、小麦全蚀病菌及腐霉菌等的生长均有抑制作用。

2. 芽孢杆菌属

在植物病害生防细菌中，研究较多的是芽孢杆菌属 *Bacillus*。芽孢杆菌在自然界中广泛存在，可分布于各种生态环境中，是土壤和植物体表根际微生物的优势种群，极易分离培养，而且还是常见的植物内生细菌，尤其是在植物的根部和低茎部位。芽孢杆菌是产生抗逆性内生芽孢的革兰氏阳性菌，具有抗逆性强、繁殖速度快的特点，能够对热、紫外线、电磁辐射和某些化学药品有很强的抗性，对营养要求简单，易于在植物根围定殖，对人畜无毒无害，不污染环境。

该属细菌呈直杆状，(0.5～2.5) μm×(1.2～10) μm，常以成对或链状排列，具圆端或方端。革兰氏染色阳性，鞭毛周生，能运动。芽孢椭圆、卵状、圆柱状、圆形，位于菌体中央或稍偏，芽孢形成后菌体不膨大，能抵抗许多不良环境。每个细胞产一个芽孢，芽孢不被氧所抑制。好氧或兼性厌氧，对热、pH 和盐等具较好的稳定性。化能异养菌，具发酵或呼吸代谢型。人工培养基上菌落表面粗糙不透明，污白色或微黄色，在液体培养基中生长时，常形成皱醭。模式种为枯草芽孢杆菌 *B. subtilis*。芽孢杆菌种类多，目前用于植物病害生物防治的种类有枯草芽孢杆菌 *B. subtilis*、多粘芽孢杆菌 *B. polymyxa*、蜡状芽孢杆菌 *B. cereus*、巨大芽孢杆菌 *B. megaterium*、短小芽孢杆菌 *B. pumilis*、凝结芽孢杆菌 *B. coagulans*、环状芽孢杆菌 *B. circulans*、解淀粉芽孢杆菌 *B. amyloquefaciens*、地衣芽孢杆菌 *B. licheniformis* 及苏云金芽孢杆菌 *B. thuringiensis* 等。这些芽孢杆菌的菌株来自土壤、植物体内外各种生境及海洋等。目前，芽孢杆菌已在水稻、小麦、玉米、棉花、花生、黄瓜、辣椒、马铃薯、苹果等多种植物的地下部和地上部病害防治中显现出很好的防病效果。它们对 *Pythium ultimum*、*Rhizoctomia solani*、*Sclerotium rolfsii*、*Phytophythora cinnamomi*、*Gaeumannomyces graminis*、*Sclerotium cepivorum*、*Pseudomonas solanacearum* 及 *Streptomyces scabies* 等病原菌引起的植物病害具有抑制作用或防病效果。田间应用研究已经证实芽孢杆菌生防菌剂在稳定性、与化学农药的相容性和在不同植物、不同年份防效的一致性等方面，明显优于非芽孢杆菌和真菌生防菌剂。将芽孢杆菌做成粉剂、液剂，易储存，成本低，施用简便，便于运输。芽孢杆菌是目前一种较为理想的生防微生物，至今已有多种芽孢杆菌菌株成功地开发成产品并得到广泛的研究和推广利用。关于芽孢杆菌的生防作用和生防机理一直是国内外的研究热点。

芽孢杆菌的作用机制以竞争、诱导植物抗性和拮抗为主。赵白鸽等利用芽孢杆菌 B903 菌株产生的抗生素对棉种处理后，发现对棉苗期炭疽病防效卓著。蜡状芽孢杆菌 UW85 产生的抗生素能抑制卵菌引起的苜蓿猝倒病菌芽管的伸长、孢子囊的膨胀。林福呈等在分离了 976 株细菌分离物后，在 PDA 平板上的对峙培养过程中发现，来自甘蔗根围的 1 株枯草芽孢杆菌 S9 菌株对立枯丝核菌、终极腐霉 *P. ultimoum* 和西瓜枯萎病菌 *F. oxysporm* f. sp. *niveum* 不形成抑菌圈，但 4 d 后可使上述植物病原菌的菌丝溶解。S9 菌株对立枯丝核菌的作用过程是通过吸附在病原真菌的菌丝上，并随着菌丝的生长而生长，而后产生溶菌物质消解菌丝体。

芽孢杆菌菌体产生的细胞壁降解酶是一类重要的抗菌蛋白，主要包括几丁质酶、蛋白酶、β-1,3-葡聚糖酶、可溶性胞外酶、淀粉酶、脂酶等以及其他丰富的代谢产物。许多病原真菌细胞壁含有几丁质，几丁质酶是植物病程相关蛋白，它通过破坏病原真菌的细胞壁而具有抗菌防病的作用。一些来源于细菌的几丁质酶已被纯化和定性，有的基因已被克隆，并且在 *E. coli* 中得到了表达。目前，报道的具有几丁质酶活性的芽孢杆菌有 *B. subtilis*、

B. cereus、*B. megaterium*、*B. licheniformis*、*B. pumilis*、*B. thuringiensis* 和 *B. circulans* 等。植物病原真菌细胞壁被破坏，很容易受其他物理和化学因子的影响，对病原菌造成更大的伤害。有的芽孢杆菌菌株可以分解土壤中的不溶性磷酸盐；还可产生杆菌肽、大环脂、环脂、类噬菌体颗粒等十几种抗菌物质，与其他微生物一起在土壤中起作用，具有广谱抗菌活性和极强的抗逆能力。陈章良等(1993)从丝瓜根部土壤分离到枯草芽孢杆 TG26 菌株对多种植物病原菌有抑菌活性。该菌剂对小麦赤霉病、西瓜枯萎病和烟草青枯病的防效分别为 76.4%、73.1% 和 76.96%，并有明显的增产效果。作用机制研究表明，TG26 菌株产生大量抗菌蛋白，抑制病菌菌丝生长、孢子萌发和芽管伸长等。

目前，国内外应用芽孢杆菌防治植物病害非常广泛。现已开发出一批生防作用优良的枯草芽孢杆菌菌株。辛玉成等研究发现，枯草芽孢杆菌 CN620 菌株对板栗烂果病原菌有较强的抑制作用，并能使病原菌菌丝呈现畸形、断裂、细胞内含物质外泄等。田间防病试验证明，枯草芽孢杆菌 BL03 菌株对苹果霉心病和棉花炭疽病田间防效达 90%。西北农林科技大学从小麦内生细菌中分离得到的枯草芽孢杆菌 E1R-j 菌株对小麦全蚀病具有很好的防治效果，且对小麦白粉病、条锈病等也具有很好的防治效果。张中鸽等(1991)从宁夏春麦全蚀病田健株根样中分离获得的多粘芽孢杆菌 B48 对水稻白叶枯病菌、花生青枯病菌和马铃薯软腐病菌表现出强烈的抑制作用。用菌液浸种，对小麦苗期纹枯病的防效分别为 71.8%和 78.1%，代谢产物浸种防效也分别达到 71.1%和 72.8%。裴炎等(1991)从棉花维管束中分离的蜡状芽孢杆菌 S-1 菌株对棉花枯萎病和黄萎病、小麦白粉病等具有良好防效。中国农业大学生防生态所多年来利用植物有益芽孢杆菌，如蜡质芽孢杆菌、短小芽孢杆菌、枯草芽孢杆菌等研制生防增产菌剂系列产品，经温室和田间实验证明菌剂对水稻、小麦、多种蔬菜和经济作物具有良好抗菌防病效果，大田试验推广应用后增产幅度在 10%～20%。陈志谊(1998)用枯草芽孢杆菌 B916 菌液喷施人工接种发病的水稻，对纹枯病防效达到 50%～80%。

3. 土壤杆菌属

土壤杆菌属 *Agrobacterium* 是根瘤菌科的一个属，广泛存在于自然环境中。菌体短杆状，大小为(0.6～1.0) μm×(1.5～3.0) μm，单生或双生，鞭毛 1～6 根，周生或侧生。好气性，代谢为呼吸型。革兰氏反应阴性，无芽孢。营养琼脂上菌落为圆形、隆起、光滑，灰白色至白色，质地黏稠，不产生色素。最适生长温度为 25～28℃，最适酸碱度为 pH 6.0。大多数土壤杆菌属的细菌都携带 1～3 个质粒，控制着细菌的致病性和抗药性等。诱发寄主形成肿瘤症状的质粒，称为“致瘤质粒”(tumor inducing plasmid，俗称为 Ti 质粒)；诱发寄主形成“发根”症状的质粒，称为“致发根质粒”(rhizogen inducing plasmid，俗称 Ri 质粒)。如果一个菌体在分裂繁殖过程中丢失了这种与致病性有关的质粒，其后代就变成无致病力的菌系。相反，如果一个无致病力的菌体获得了这种能致病的质粒，该菌株的后代就突变成了具有致病性的菌系。土壤杆菌属包含 5 个种，除腐生性放射土壤杆菌 *A. radiobacter* 外，其余 4 个种都是植物病原菌，属兼性寄生菌，如根癌土壤杆菌 *A. tumefaciens* 等是重要病原菌，又称冠瘿病菌，引致植物根癌病。

植物根癌病(又称冠瘿病)是由根癌土壤杆菌中的致病菌株所引起的一种在生产上造成了重大经济损失的世界性病害。根癌土壤杆菌 *A. tumefaciens*，分布遍及世界各地。冠瘿病菌有 3 种生物型：Ⅰ型、Ⅱ型主要侵染蔷薇科植物，Ⅲ型寄主范围较窄，只能为害葡萄和悬钩子等植物。Ⅲ型菌株不仅在数量上占多数，而且对葡萄的致病力也最强，形成的瘤也较大。根癌土壤杆菌寄主范围广，可侵染 93 科 331 属 643 种植物，其中多种果树、林木和花卉，甚至瓜类也受到为害。我国的北京、河北、辽宁、吉林、山东、内蒙古、浙江和上海等地的农场、果园、苗圃和林场等种植的樱桃、桃树、李子、杏树、葡萄、苹果、梨树、海棠、山楂、核桃、毛白杨、啤酒花、樱花和玫瑰等多种植物根癌病均有不同程度的发生，受害较重的树种有桃树、樱桃、葡萄、梨、苹果等。

根癌土壤杆菌致病能力主要由其携带的 Ti 质粒决定。病原菌可以将 Ti 质粒的 T-DNA 转移到植物细胞并整合寄主植物细胞染色体上，在寄主体内表达。T-DNA 上的致瘤基因的表达导致植物细胞内激素失衡而形成肿瘤。研究表明，患病植物组织的癌肿是由病菌产生的激素（合成植物生长素、细胞分裂素生长调节物质）引起的，从而刺激植物细胞异常生长。同时 T-DNA 在植物体内表达，还可产生一类特异性的氨基酸衍生物，称为冠瘿碱（opine），可作为周围细菌生长和繁殖的碳源和氮源。冠瘿病瘤肿组织中的冠瘿碱有不同的类型，可以根据产生冠瘿碱的类型来划分土壤杆菌的菌系。在土壤杆菌野生型菌株中至少有 4 种 Ti 质粒，其中重要的有章鱼碱型和胭脂碱型两种。正常的寄主细胞一旦转变为癌肿细胞后，即使是在没有病菌存在的情况下，仍能继续形成癌肿。

冠瘿菌具有特殊的致病机制，一旦有根癌症状产生就证明 T-DNA 已经转移到植物的染色体上，再用杀菌剂杀细菌细胞已无法抑制植物细胞的增生，更无法使肿瘤症状消失。因此，自认识到根癌病的危害以来，人们就开始了对其进行有效防治的探索。化学药剂、栽培措施和抗病品种等多种措施先后在生产上得到了尝试，但一直没有有效控制植物根癌病发生的方法，致使根癌病病情越来越严重，发病面积不断扩大。直到 1973 年澳大利亚的 Kerr 和 Htae 成功的利用亲缘关系很近的非致病放射土壤杆菌 *A. radiobacter* K84 菌株来防治由根癌土壤杆菌引起的桃、樱桃、葡萄、玫瑰等植物的根癌病，有效防治方法才得以建立。*A. radiobacte* K84 菌株是从土壤中分离获得的。这种防治效果是由一种后来称为 Agrocin 84 的细菌素介导。K84 菌株可产生细菌素，这种细菌素是一种腺嘌呤核苷酸类物质的 Agocin 84（简称农杆素 84）。根癌土壤杆菌对这种细菌素的敏感性与根癌菌的毒性（由 Ti 质粒决定的）密切相关（Watson 等 1975）。*A. radiobacter* 产生的 Agocin 84 是由一种小质粒控制。

K84 菌系（农杆素 84）的商品化制剂已用于防治多种园艺作物的根癌病。将植物材料在种植前浸于生防菌细胞悬浮液中，就能使作物获得对冠瘿病的保护。根癌生防细菌 K84 的成功应用被誉为植病生防史上的一个里程碑，现已普遍用于世界各地。我国利用引进的 K84 菌株研究了对不同植物根癌菌的抑制效果测定。同时研究适应于我国条件的 K84 工业化培养、制剂生产和使用方法。为弥补 K84 菌株抑菌谱的局限进行了新的生防菌株的筛选。目前已获得用于冠瘿病控制的生防细菌有：1972 年由 Kerr 分自桃树根围土壤的 K84，没有致病性；K84 菌株的转移缺失遗传工程菌株 K1026；1983 年 Handson 从桉树冠瘿瘤中分离的 D286，它产生的农杆菌素为核苷酸类物质；1985 年 Staphorst 从南非葡萄根癌病组织中分离获得的 F2/5，不致病，产生农杆菌素；1986 年 Webster 从南非李树根癌中分离到 J73，是病原菌，但对葡萄不致病，能通过产农杆菌素抑制葡萄根癌病的发生；1986 年陈晓英等从山东啤酒花根癌中分离获得的 HLB-2，无致病性，能产生农杆菌素；1986 年游积峰等从内蒙古葡萄根癌病组织中分离获得的 MI15；1990 年梁亚杰等从葡萄根癌病组织分离的 E26，无致病性，能产生农杆菌素。

K84 菌株防治不同植物根癌病的效果存在很大差异。桃树的田间试验表明，K84 菌株降低发病率 90.5%～100%，降低病害严重度（即平均每株结癌瘤数）96.8%～100%。用 K84 菌剂处理的樱桃苗木发病率是 0.5%，而且癌瘤的个体也明显小于对照区。在温室向日葵上接种试验 K84 可以抑制 80%的菌株产生癌瘤，不同砧木的田间防治效果为（降低发病率和严重度）67%～

99.3%。玫瑰的室内和温室研究表明，K84 菌株对其中的一部分菌株有抑制作用。苹果的室内和温室研究表明，K84 菌株对所有供试根癌菌均有显著的抑制作用，温室试验中完全不结瘤。

K84 菌株防治对不同植物根癌病效果的差异与根癌菌-生防菌-植物间的关系有关。其一，根癌菌与生防菌属于同一个属，因此它们之间有很多相似或相同的特性。例如，K84 能抑制根癌菌而不被根癌菌抑制，而且对胭脂碱型质粒的根癌菌效果最好，说明有的菌株能抑制不同生物型的根癌菌，但对同种生物型的根癌菌菌株并不都有抑制作用。其二，根癌菌和植物之间，不同生物型的根癌菌在不同植物上的优势比例不同，如葡萄根癌菌主要是 *A. vitis*（生物Ⅲ型），少数是 *A. tumefaciens*（生物Ⅰ型），质粒类型以章肉碱型为主；海棠根癌菌多数是 *A. tumefaciens*（生物Ⅰ型），少数是发根土壤杆菌 *A. rhizogenes*（生物Ⅱ型），质粒类型主要是胭脂碱型；啤酒花根癌菌 *A. tumefaciens* 属胭脂碱型质粒；毛白杨根癌菌包括 *A. tumefaciens*、*A. rhizogenes* 及 *A. tumefaciens*-*A. rhizogenes* 为中间型，有胭脂碱、农杆碱质粒类型；甜菜根癌菌多为 *A. tumefaciens*，胭脂碱质粒类型。其三，生防菌与植物之间首先要有亲和性才能在植物上定殖，从而起到防治保护植物的作用。K84 菌株是从桃树根围的土壤中分离的，生防菌效果最好、应用最广，并且是在生产上持续时间最长的菌株，广泛用于桃树及近缘的核果类果树的根癌病防治。

4. 线虫天敌细菌

主要是巴氏杆菌属中的三个种 *Pasteuria penetrans*、*P. thornei* 和 *Pasteuria* sp.，以及根际细菌两类。

1) 巴氏杆菌属

巴氏杆菌属 *Pasteuria* 是研究最多的线虫天敌细菌。Metchnikoff(1888)发现并描述了水蚤的一种寄生细菌，定名为巴氏杆菌。Ebert(1996)从水蚤上又分离到细菌寄生物 *P. ramosa*，作为巴氏杆菌属的模式种。巴氏杆菌的分布非常广泛。世界五大洲的 51 个国家及太平洋、大西洋、印度洋的各类岛屿上均有分布，在 96 个属 196 种土壤线虫的体内发现了巴氏杆菌或其类似物。目前巴氏杆菌属内已鉴定的种有 5 个，即寄生于水虱 *Daphnia* spp. 的 *P. ramosa*，寄生于根结线虫属 *Meloidogyne* spp. 的穿刺巴氏杆菌 *P. penetrans*、寄生于根腐线虫属 *Pratylenchus* spp. 的 *P. thornei*、寄生胞囊线虫属 *Heterodera* spp. 的 *P. nishizawae* 和寄生豌豆胞囊线虫 *H. goettingiana* 的 *P. goettingianae*。

近 20 年来，国外对应用穿刺巴氏杆菌防治植物根结线虫病进行了大量的研究，并取得了重要进展，认为穿刺巴氏杆菌是用于植物根结线虫病生物防治的一种有潜力的生防因子。巴氏杆菌是植物线虫的重要天敌，在日本、美国、韩国、中国相继发现大豆胞囊线虫上巴氏杆菌寄生物。

20 世纪 90 年代初，我国在巴氏杆菌的物种筛选、形态、生理生化、生态、寄主范围和遗传的多样性等方面的研究取得了重要进展，研究人员认为巴氏杆菌尤其是穿刺巴氏杆菌 *P. penetrans* 是用于植物根结线虫防治的一种有希望的研究对象。穿刺巴氏杆菌的作用方式首先是以球形孢子黏附于线虫体表，受侵染的二龄根结线虫幼虫侵入根系后，随根结线虫的发育，穿刺巴氏杆菌不断在虫体内增殖，待线虫发育到成虫时其体内已充满细菌，巴氏杆菌灭除线虫后可释放出长期保存于土壤中的孢子。大量的温室和大田试验表明，巴氏杆菌不仅能有效控制植物根结线虫病害，还可以与化学杀线虫剂及其他线虫天敌真菌（如淡紫拟青霉、厚壁孢轮枝菌等）混合使用以增强防效。其内生孢子寄生性和抗逆性都很强，内生孢子容易附在线虫体壁上，之后孢子萌发成芽管侵入线虫体壁，在体内形成有分枝的菌丝，芽孢囊生长并散出许多孢子，最后充满线虫体内。试验表明，1 kg 土中施用 600 mg 孢子粉，寄生线虫总数比对照减少 78.1%，根鲜重增加 40.56%。

2）根际细菌

根际细菌依据其对植物的反应将其分为有益、有害和中性三类。有益根际细菌又被称为促生根际细菌 PGPR。Sikora(1988)在研究根际细菌对植物寄生线虫的作用时发现，有些根际细菌并不能使作物产量增加，因此，他提出用根际健康细菌(plant health-promoting rhizobacteria，PHPR)代替 PGPR 来定义那些对植物寄生线虫有抑制作用的根际细菌。现在人们研究的根际细菌多指在生防中具有拮抗作用或促生作用的有益根际细菌。Backer(1988)报道根际细菌蜡状芽孢杆菌和两株假单孢菌对防治南方根结线虫、大豆胞囊线虫、玉米胞囊线虫和禾谷胞囊线虫有效。Zavaleta-Mejia 和 van Gundy(1982)报道了根际细菌对番茄和黄瓜根结线虫侵染的抑制作用。Jaworski 等(1986)将 2 株对根结线虫具有防治作用的荧光假单胞杆菌与无机肥料磷酸氢二钾联合使用，均可以很好地控制南方根结线虫。

关于根际细菌的作用机理和应用技术都在进一步的研究中。郭荣君和刘杏忠等(1996)研究认为，根际细菌的生防作用大致归纳为三点。其一，产生杀线虫物质，可能是含氮物降解过程中产生的挥发性的 NH_3和 NO_2。Jatala 等(1979)认为，根际细菌可能是线虫生物防治重要的天敌类群。其二，改变根分泌物与线虫间的作用方式。Racke(1998)认为从特定的根区分泌的分泌物是影响线虫生活史中特定发育阶段的重要因素。根分泌物影响线虫卵孵化、线虫趋向于根的运动、线虫与寄主的识别及在根上的寄生。其三，营养和空间位点竞争。线虫与根的相互识别是根表面的外源凝聚素与线虫体表糖类之间的相互识别。

20 世纪 80 年代，我国开始利用根际细菌防治植物寄生线虫的研究。目前在温室和田间对植物寄生线虫有防效的根际细菌有荧光假单胞菌、球形芽孢杆菌、枯草芽孢杆菌、放射形土壤杆菌及致金色假单胞菌等，其中以荧光假单胞菌和 *Bacillus* 的种类最多。刘志明等(1995)对根结线虫幼虫致病细菌进行了筛选，从 205 份样品中分离和纯化细菌 142 株，其中 4 株对番茄根结线虫的校正死亡率达 80%以上，同时使香蕉根结线虫侵染率为零。董炜博(1999)分离到 6 株假单胞菌和 4 株芽孢杆菌对大豆胞囊线虫的 2 龄幼虫有致死作用。

（二）地上部细菌

植物地上部包括叶、茎、花和果实等表面存在大量微生物，其中包括致病的细菌和非致病的有益细菌。由于种种原因，以叶围细菌研究相对较多。人们早已发现绿色植物叶面(phylloplane)栖居有大量微生物。在 100 多年前微生物学家就从植物叶面分离到许多真菌和细菌。1910 年 Potter 首先证实，叶面附生微生物在干扰真菌引起的叶部病害中起着重要作用，但直至 21 世纪上半叶，叶面微生物仍为人们所忽视。相反，在这期间土壤微生物得到很大发展，在土传植物病原菌生物防治研究方法上取得了很大的进展，为后来的植物叶部病害生物防治提供了许多有益的研究方法。自从 Last 和 Ruinen 分别对禾谷类作物叶面和热带森林叶表微生物生态进行系统研究以后，极大地促进了人们对叶面微生物的研究。

植物叶片表面的细菌有过多种称呼，如叶面细菌、附生细菌、叶围细菌、居留细菌等，有益细菌、有害细菌种群及其他微生物种群同时存在于植物体内外的微生物群落中，它们与植物及植物病原菌长期共同生存，组成了独特的微生物群落，形成植物微生物生态体系。叶面细菌在植物-微生物复杂的生态关系中发挥重要的生态作用，可通过拮抗、竞争、促生以及诱导植物抗性等作用来抑制植物病害的发展，具有潜在的开发和利用价值。

叶面细菌大多是好氧细菌，表现革兰氏阴性反应，通常可产生色素，如欧氏杆菌属 *Erwinia* 和假单胞菌属 *Pseudomonas* 是常见种类。此外，常见的类群还有芽孢杆菌属 *Bacillus*、短杆菌属 *Curtobacterium*、节杆菌属 *Arthrobacter*、黄单胞菌属 *Xanthomonas*、红球菌属 *Rhodococcus*、微球菌 *Micrococcus*、红螺菌属 *Rhodospirillum* 及黄杆菌属 *Flavobacterium* 等属细菌，而表现革兰氏阳性反应的棒杆菌 *Corynebacterium*、乳杆菌 *Lactobacillus* 及芽孢杆菌 *Bacillus* 等属细菌则较少，但偶尔也能从叶表分离到(表 4-8)。

表 4-8　植物地上部叶围生防细菌的种类及作用对象

叶围生防细菌	病原菌	作用植物	参考文献
Bacillust subtillis	*E. carotovora*	十字花科蔬菜	王金生等(1989)
	Nectria galligena	苹果	Swinburne(1975)
	Sclerotinia sclerotiorum	油菜	晏立英和周乐聪(2005)
	campestris pv. *malvacearum oryzae* pv. *oryzae*	水稻	林东(2001)
	Thanatephorus cucumeris	水稻	陈志谊(1997)
	Rhizoctonia cerealis	小麦	王金生等(1993)
	Alternaria alternarta	烟草	方敦煌(2006)
Bacillus pumilus	*Puccinia recondite*	禾本科植物	
	Helminthosporium sativum	小麦	
	Botrytis cinerea	草莓	Waddling(1998)
Bacillus sp.	*X. oryzae* pv. *oryzae*	水稻	赵新华(2000)
B. amyloliquefaciens	*Pyricularia grisea*	水稻	Yoshida(2001)
Erwinia herbicola	*E. amylovora*	苹果、梨	Beer 和 Vidaver(1978)
	X. campestris pv. *graminis*	燕麦草	Schmidt(1988)
	X. oryzae pv. *oryzae*	水稻	Hsieh 和 Buddenhagen(1974)
Flavobacterium sp.	*X. oryzae* pv. *oryzae*	水稻	赵新华(2000)
Flavobacter sp.	*X. campestris* pv. *malvacearum*	棉花	Verma 等(1978)
Pseudomonas fluorescens	*Erwinia carotovora* subsp. *carotovora*	马铃薯	Xu 和 Gross(1986)
	E. carotovora subsp. *atroseptica*	烟草	Xu 和 Gross(1986)
	Pseudomonas syringae	番茄	Colin 和 Chafik(1986)
	Botrytis cinerea		张玉勋(2000)
Pseudomonas aeruginosa	*Thanatephorus cucumeris*	水稻	陈志谊(1999)
P. putida	*Thanatephorus cucumeris*	水稻	陈志谊(1999)
P. sp.	*X. oryzae* pv. *oryzae*	水稻	赵新华(2000)
Stenotrophomonas maltophilia	*Thanatephorus cucumeris*	水稻	陈志谊(1999)
Xanthomonas sp.	*X. oryzae* pv. *oryzae*	水稻	赵新华(2000)

(三) 内生细菌

1. 内生细菌的概念

植物内生细菌(endophytic bacteria)的概念由 Kloepper 于 1992 年在 deBary 的内生菌概念的基础上首次提出。他认为植物内生菌是指能够定殖在健康植物组织内并与植物建立了和谐联合关系的一类微生物，内生菌定殖过程必须是一个主动的过程，定殖的细胞必须是活的并且能够增殖，定殖后的内生细菌不会对植物造成实质性的危害。Pertrini(1991)和 Wilon(1995)则认为，一生或至少一生中的某个阶段能进入植物，并定殖在植物体内不引起明显组织变化的真菌或者细菌均属于内生菌。目前，普遍认可内生细菌应具有如下特征：一是能在活体植物内定殖；二是不引起寄主植物织结构发生明显变化；三是在正常情况下，一般不引起寄主植物出现病害症状。符合这三个特征的微生物基本上属于内生菌的范畴。

根据内生细菌与寄主植物之间的互作关系，可以将植物内生细菌分为三种类型：①中性内生细菌，即存在与否对寄主植物的生长发育等均无明显影响的内生细菌；②有益内生细菌，对寄主植物生长发育具有改善作用，或能抵御(防治)病虫害及提高寄主植物对不良环境条件等适应能力的内生细菌；③有害内生细菌，在特定条件下接种到原宿主植物或另外的宿主植物会诱发植物病害，如一些致病或潜在病原细菌。其中中性内生细菌占绝大多数，只有少量(5%～10%)为有益细菌，10%～20%为有害细菌。需要注意的是，同种细菌定殖于不同宿主植物可能对宿主植物产生不同的影响。

2. 内生细菌的分离鉴定方法

1) 基于培养的方法

基于培养的方法主要是平板培养方法。首先正确地采集植物的不同部位，进行有效的表面消毒，然后研磨，并接种到适当的培养基，待长出菌落后，再进行下一步的纯培养和鉴定等工作。这种方法操作简便、经济，但工作量大，且不能分离到那些难培养的细菌，因而对内生细菌的数量与种类不能做出全面判断。

2) 基于非培养的方法

先进行样品总 DNA 的提取，然后选择通用的或特异的引物进行 PCR 反应，在此基础上再进行各种分析。这些方法包括基于 PCR 的方法[RFLP、T-RFLP、扩增 rDNA 限制性分析、变性梯度凝胶电泳(DGGE)、温度梯度凝胶电泳(TGGE)、16S rRNA 基因克隆文库的构建]等。另外还有磷脂脂肪酸谱图分析(PLFA)、基于杂交的原位杂交分析(FISH)等。

研究内生细菌的群落多样性非培养方法在理论上相对于培养方法，得到的群落多样性要丰富很多，但是培养方法和非培养方法结合则能更全面地研究植物内生细菌种群的多样性，并有利于一些新的微生物资源的发现。

3. 植物内生细菌的来源、种类及进入植物组织的途径

有关植物内生细菌的来源，有三种假说：外生说、内生说和病原菌演化假说。第一种是外生说，这是目前普遍认同的一种假说，认为植物内生菌源于体外，包括植物体表和根际，通过寄主植物的自然孔口或伤口进入，因而只有那些竞争力强又不对植物造成伤害者，才能最终定殖成功而逐渐成为内生菌。Mundt 等(1999)分离了 27 种不同植物的种子和胚珠中的内生细菌，这些内生细菌涉及 19 个属和 46 个种，其中 8 个属和 31 个种的分离频率很高，并认为它们来源于植物的表面；有文献报道，土壤中普遍存在的内生细菌主要包括芽孢杆菌属 *Bacillus*、土壤杆菌属 *Agrobacterium*、肠杆菌属 *Enterobacter*、棒状杆菌群的纤维单胞菌属 *Cellulomonas* 和节杆菌属 *Arthrobacter*；对棉花和甜玉米的内生细菌调查也发现，两种植物根部和茎部栖息着许多相同分类单元的细菌，而且根中的细菌数量大于茎中的细菌数量，大部分分类单元与土壤中常见的细菌相同，由此进一步证明，这些内生细菌起源于根际，并由此进入植物组织内。第二种是内生说，认为内生菌是植物细胞中的线粒体或叶绿体演化而来，因此它们与宿主植物具有相同或相似的遗传背景，这是运用生物技术对内生菌进行改良，并分离相应的具有增强植物抗逆性的内生菌基因以及再将其转移到植物的基因组，从而获得具有特殊抗性或耐受性植物的遗传基础。但目前还缺乏充分的证据。第三种是病原菌演化假说，认为内生菌

在与宿主植物长期的共同进化过程中，病原菌可能发生致病力基因的突变，病原菌侵入宿主后，在宿主中生长繁殖而对宿主植物不产生毒害，不使宿主植物表现出症状，因而变成内生细菌。这一假设已有研究证明，如突变的无致病力产细菌素青枯菌株（ABP），进入寄主体内后不但不引起植物病害，而且在寄主中产生细菌素，对致病菌在植株体内的增殖有一定的抑制作用，并诱导寄主抗病性，对茄科植物青枯病有一定的防效。

目前在各种农作物及果树等经济作物中发现的内生细菌已超过 120 种（隶属于 54 个属），大多为土壤微生物种类，如芽孢杆菌属 *Bacillus*、假单胞菌属 *Pseudomonas*、肠杆菌属 *Enterobacter* 及土壤杆菌属 *Agrobacterium* 等。国内目前分离得到的内生细菌主要有芽孢杆菌属 *Bacillus*、黄单孢菌属 *Xanthomonas*、假单孢菌属 *Pseudomonas*、欧文氏菌属 *Erwinia* 及短小杆菌属 *Curtobacterium*，其中属于芽孢杆菌属的菌株数在多种植物中都为最多。现将植物内生细菌的种类及存在部位列表如下（表 4-9）。

表 4-9　常见植物内生细菌种类及其在宿主中的存在部位（葛米红，2008，略有改动）

寄主植物	植物组织	内生细菌的种属	参考文献
棉花	根、种子、胚根、茎、未开的花、棉铃	*Aureobacterium saperdae*，*Arthrobacter* sp.， *Acinetobacter baumannii*， *Agrobacterium radiobacter*， *Bacillus* spp.（*B. brevis*，*B. pumilus*，*B. megaterium*， *B. subtilis*，*B. thuringiensis*）， *Burkholderia cepacia*，*B. gladioli*，*B. pickettii*， *Cellulomonas* spp.，*Citrobacter koseri*， *Clavibacter michiganensis*， *Clavibacter* sp.，*Erwinia* sp.， *Comammonas testosterone*， *Enterobacter asburiae*， *Micrococcus* sp.，*Pseudomonas putida*， *P. saccharophila*， *Ralstonia solanacearum*， *Rhizobium japonicum*， *Staphylococcus* sp.，*Serratia* sp.， *Sphingomonas paucimobilis*， *Stenotrophomonas maltophilia*， *Variovorax paradoxus*， *Xanthomonas campestris*，*Xanthomonas* sp.， *Yersinis frederiksenii*	Misaghi 和 Donndelinger(1990)； McLnro 和 Kloepper (1995)
玉米	根、茎	*Arthrobacter* spp.，*Bacillus megaterium*， *Agrobacterium radiobacter*， *B. pumilus*，*B. subtilis*，*B. thuringensis* *Burkholderia cepacia*， *B. gladiali*，*B. pickettii*，*Bacillus* sp.， *Clavibacter michiganensis*， *Corynebacterium* spp.， *Curtobacterium* spp.，*Citrobacter koseri*， *Clavibacter xyli* subsp. *cynodontis*， *Enterobacter agglomerans*， *E. cloacae*，*Escherichia* sp.， *Klebsiella terrigena*，*Klebsiella* sp.， *Hydrogenophaga* sp.，*Microbacterium* spp.， *Micrococus* sp.，*Nocardia* sp.， *Pseudomonas* sp.，*Pseudomonas corrugate*， *P. marginalis*，*Vibrio* sp.	Coutlee 等(1989)； Fisher 等(1992)； McLnroy 和 Kloepper (1995)； Tsangb 等(1995)； 辜运富(2008)

续表

寄主植物	植物组织	内生细菌的种属	参考文献
番茄	根、果	*Aerobacter cloaca*, *Bacillus* spp., *Corynebacterium* sp., *Escherichia coli*, *Flavobacterium* sp, *Microbacterium* spp., *Pseudomonas* sp., *Xanthomonas* sp., *Snterobacter* spp.	龙良鲤等(2003); 李艳琴等(2003); 黎起秦(2005)
马铃薯	块茎	*Acidovorax avenae*, *Aerobacter cloacae*, *Agrobacterium* sp., *Arthrobacter ureufaciens*, *Agrobacterium tumefaciens*, *Arthrobacter ilicis*, *Actinomyces* sp., *Bacillus brevis*, *Bacillus coagulans*, *Bacillus pumilus*, *Bacillus rnegatherium*, *Bacillus aguamarinum*, *Bacillus lichens*, *Bacillus subtilis*, *Bacillus* sp., *Bacillus stearothermophilus*, *Cellulomonas turbata*, *Clavibacter michiganensis*, *Curtobacterium albidum*, *Curtobacterium flaccumfaciens*, *Curtobacterium luteum*, *Curtobacterium pusillum*, *Corynebacterium* sp., *Curtobacterium* sp., *Erwinia herbicola*, *Enterobacter taylorae*, *Erwinia persicinus* *Flavobacterium* sp., *Micrococus* sp., *Ila kingae*, *Micrococcus varians*, *Pseudomonas* spp., *Paenibacillus polymyxa*, *Pseudomonas fluorescens* biovar V, *Pseudomonas chlororaph*, *P. corrugata*, *P. migulae*, *P. orientalis*, *P. putida*, *P. reactans*, *P. savastanoi* pv. *fraxinus*, *P. straminea*, *P. syringae*, *Pantoea agglomerans* *Rhodococcus eythropolis*, *Serratia plymuthica*, *Xanthomonas* sp., *Xanthomonas fragariae*	黎起秦(2005); Etollis(1951); Sturz(1995); Sturz(1999); De Boer 和 Coperman(1974); 袁军等(2002); 崔林等(2003); Ditz 等(2005)
水稻	种子、根、茎、叶	*Agrobacterium tumefaciens*, *A. radiobacter*, *Aeromonas*, *Alcaligenes piechaudii*, *A. denitrificans*, *Alcaligenes*, *Enterobacter cloacae*, *Bacillus cereus*, *B. sphaericus*, *B. licheniformis*, *Corynebacterium*, *Chryseomonas luteola*, *Microbacterium* sp., *P. putida* biotype A, *Pseudomonas pseudoalcaligenes*, *Xanthomonas*, *Staphylococcus*, *Stenotrophomonas* sp.	杨海链等(1999); 葛米红(2008)
甜菜	根	*Bacillus subtilis*, *Corynebacterium* spp., *Erwinia herbicola*, *Lactobacillus* sp., *Pseudomonas aeruginosa*, *P. fluorescens*, *Xanthomonas* sp.	Jacobs 等(1985)

续表

寄主植物	植物组织	内生细菌的种属	参考文献
粗皮柠檬	根	*Alcaligenes* sp. ,*Acinetobacter lwoffi*, *Achromobacter* spp. ,*Arthrobacter* sp. , *Bacillus* sp. ,*Citrobacter freund*, *Corynebacterium* sp. ,*E. agglomerans*, *E. cloacae*,*E. sakazakii*, *Enterobacter aerogenes*,*Flavobacterium* *Klebsiella* spp. ,*Pseudomonas aeruginosa*, *P. fluorescens*,*P. putida*, *Serratia liquefaciens*,*S. marcescens*, *Shigella* sp. ,*Vibrio* sp. ,*Yersinis* sp.	Gardner 等(2002)
油菜	根、柄、叶、茎	*Aciuetobacter calcoaceticus*, *Aciuetobacter baumauuii*, *Acidovorax aveuae*,*Bacillus cereus*, *Chryseobacterium indolthetium*, *Chiugobacterium multivorum*, *Euterobacter cowauii*,*Mycoplaua bullata*,*Pantoea auauatis*, *Pantoea disperses*, *Pantoea agglomeraus*,*Pantoea* sp. , *Pseudomonas putida*,*Pseudomonas fulva*, *Pseudomonas parvulva*,*Pseudomonas* sp.	杨瑞先等(2005)
甘蔗	茎	*Acetobacter diazotrophicus*, *Herbaspirillum rubrisubalbican*, *H. seropedicae*	McCully 等(1994)
小麦	根	*Arthrobacter*,*Actinoplanes*,*Actinomyces*, *Agromyces*,*Brevibacterium*,*Bifidobacterium*, *Curtobacterium*,*Catellatospora*, *Corynebacterium*,*Dietzia*, *Frankia*,*Gordonia*,*Geodermatophilus*, *Kineococcus*-like bacterium,*Kribella*, *Kitasatospora*,*Nocardia*, *Kribella*,*Nocardioides*,*Leifsonia*, *Lentzea*,*Lechevalieria*,*Mycobacterium*, *Micromonospora*,*Micrococcus*, *Microbacterium*,*Pimelobacter*, *Promicromonospora*,*Rhodococcus*, *Rubrobacter*,*Saccharomonospora*, *Saccharothrix*,*Streptomyces*,*Sanguibacter*, *Sarracenisopora*,*Streptoalloteichu*, *Thermonospora*,*Thermocrispum*, *Spirilliplanes amycolatopsis*,*Williamsia*	Vanessa 和 Christopher(2004)
白杨	根	*B. cepcaia*,*Enterobacter* sp. , *Stenotrophomonas maltophilia*, *Pseudomonas putida*,*Ochrobactrum* sp.	Taghavi 等(2005)
胡萝卜	根	*Agrobacterium radiobacter*, *Arthrobacter aurescens*, *Bacillus megaterium*,*Bacillus cereus*, *Clavibacter michiganense*, *Enterobacter amnigenus*, *Enterobacter intermedeius*, *Kocuria varians*,*Kocuria kristinae*, *Klebsiella trevisanii*,*Klebsiella terrigena*,	Surette 等(2003)

续表

寄主植物	植物组织	内生细菌的种属	参考文献
胡萝卜	根	*Micrococcus luteus*, *Microbacteriumesteraromaticum*, *Microbacterium saperdae*, *Pseudomonas chlororaphis*, *P. putida*, *P. syringae*, *P. fluorescens*, *Pantoea agglomerans*, *Staphylococcus xylosus*, *Staphylococcus saprophyticus*, *Stenotrophomonas maltophilia*, *Staphylococcus epidermis*, *Staphylococcus warneri*, *Variovorax paradoxus*	Surette 等(2003)
大豆	叶、茎、根	*Acinetobacter calcoaceticus*, *Agrobacterium* sp., *Acinetobacter junii*, *Burkholderia gladisli*, *Burkholderia* sp., *Enterobacter sakazaki*, *Erwinia* sp. *Herbaspirillum* sp., *Klebsiella pneumoniae*, *Pseudomonas putida*, *Pantoea* sp., *Pseudomonas* sp., *Pseudomonas oryzihabitans*, *P. straminea*, *Ralstonia pickettii*, *Sphingomonas* sp., *Xanthomonas* sp., *Stenotrophomonas malthophilia*	Kuklinsky-Sobral 等(2005)
桑树	叶片	*Burkholderia cepacia*	路国兵(2008)
哈密瓜	种子、根茎、叶柄、叶片	*Bacillus* spp., *Ewinia* spp., *Flavimonas* sp., *Pseuibacillus* sp., *Pseudomonas* spp., *Staphylococcus* spp., *Sphingominas*, *Xanthomonas* spp.	芦云(2005)
辣椒	根、茎、叶、果实	*B. subtilis*	安瑞平(2007)
甘草	根、茎、叶	*Enterobacter* sp., *Klebsiella oxytoa*, *Pantoea* sp., *Serratia* sp.	张敏(2008)
人参	根	*Bacillus* sp., *Pseudomonas* sp., *Variovoras* sp., *Leifsonia ginsengi* *Mycobacterium* sp.	邱服斌(2007)

Kluepfel(1993)总结了细菌进入植物的一般途径，认为细菌是通过自然开口和伤口进入植物的。自然开口通常包括侧生根发生处、气孔、水孔、皮孔、蜜腺、柱头等，尤以侧生根发生处和气孔最重要；伤口则包括土壤对根的磨损，病虫对植物的损害及收割多年生植物所造成的伤口，伤口的形成不仅为内生细菌的侵入提供丰富的营养物质，而且为内生菌进入宿主开辟了通道。除此之外，Kluepfel 进一步研究发现，细菌可以通过维管束系统进入种子，也可以通过禾谷类花粉通道、成熟种子的种脐、种皮的裂缝开口、种荚、种皮背部索状细胞和种脊进入种子，或能够通过次生根进入分生组织，另外，还可通过叶表吐水孔的水液进入叶内。内生细菌还可以通过分泌细胞壁降解酶类(如纤维素酶和果胶酶)降解细胞组织，主动进入植物。当内生细菌在植物体成功定殖后不再产生细胞壁降解酶类，但对于内生细菌如何产生和调节细胞壁降解酶尚不清楚。

4. 内生细菌的生物学作用

植物内生细菌作为植物微生态系统中的组成成分，长期生活在植物体内的特殊环境中并与宿主协同进化，一方面，植物体为其提供生长必需的能量和营养；另一方面，内生细菌又可通过自身的代谢产物或借助于信号传导作用对植物体产生影响。它们的存在可能促进了寄主植物对环境的适应，加强了系统的生态平衡，对宿主植物具有广泛的有益的生物学作用。内生细菌具体的生物作用主要表现为以下几个方面。

(1) 生防作用。植物内生细菌作为生物防治因子用于植物病害的防治研究，已有相当多的报道，尤其是对植物土传病害的生防作用的研究报道最多。现已从棉花、油菜、橡树、马铃薯、水稻、玉米、蔬菜等多种作物体内分离筛选到了许多有效菌株，对棉花枯萎病、棉花黄萎病、油菜黄萎病、油菜菌核病、橡树枯萎病、马铃薯软腐病、马铃薯环腐病、水稻白叶枯病、蔬菜病害等真菌和细菌病害具有良好抑制及防治效果。张颖等对利用小麦内生细菌防治小麦全蚀病做了初步研究。何红等从辣椒体内分离筛选到 2 株对辣椒、白菜、香蕉等植物炭疽病等具有较好防治效果，并对辣椒、白菜等作物具有明显促生作用的内生枯草芽孢杆菌。近来有报道表明，内生细菌对黄瓜、番茄等作物的病毒病也具有防治作用。目前，内生细菌防治植物线虫的研究还不多。所报道的荧光假单胞菌 *P. fluorescens* 89B-61、粘质沙雷氏菌 *Serratia marcescens* 90-13、孢囊假单胞菌 *Brevundimonas vesicularis* IN884、枯草芽孢杆菌 *B. subtilis* 的代谢物都能防治南方根结线虫 *M. enincognita*。

(2) 促生作用。内生细菌的促生作用主要表现在两个方面：一是直接的促生作用；二是间接的促生作用。一些研究结果表明，植物内生细菌在增加植株株高、干重、提高根茎重量以及增强植株生长势等方面均有明显的作用。内生细菌促进植物生长的机制包括两种。①内生细菌可以通过生物固氮或产生植物激素直接促进植物生长。内生细菌产生的植物生长激素类主要有植物生长素、赤霉素以及细胞激动素等，如产酸克雷伯氏菌 *Klebsiella oxytoca* 所产生的生长激素对水稻植株的生长和发育起着重要的调节作用。从墨西哥分离的 18 株重氮营养醋杆菌 *Acetobacter diazotrophicus* 都有产生生长素的能力，表明重氮营养醋杆菌在与植物相互作用过程中不仅能固氮，而且还可通过生长素的调节作用促进植物生长。何红等用生枯草芽孢杆菌 BS-1 和 BS-2 菌株培养液浸种后发现，植株体内生长素(IAA)、赤霉素(GA_3)、玉米素(ZR_4)等植物内源激素含量的增加，以及脱落酸(ABA)含量的下降，被认为是菌株促进白菜和辣椒生长的主要机制。②诱导寄主植物产生植物激素、改善植物对矿物质的利用率、改变寄主植物对霜冻等有害环境条件及对有害病原生物的敏感性等间接促进植物生长。蔡学清等在研究内生枯草芽孢杆菌 BS-2 菌株对水稻苗生长效应中发现，该菌能提高水稻叶绿素的含量，促进其生长，还能提高其保护酶活性，从而提高水稻的抗逆性。

二、生防细菌的机制

生防细菌的生防机制是多方面的，概括起来主要通过两种方式限制病原菌的生长和活力。其一是产生抗菌物质以及在植物表面特定位点上与病原菌竞争空间和营养；其二是诱导抗性作用，可在不同程度上降低病原菌侵染后病害的严重程度(表 4-10)。

表 4-10　几种生防细菌可能的生防机制

属　名	生防菌代表种	防治对象	应用途径	可能的生防机制
土壤杆菌属 *Agrobacterium*	放射土壤杆菌 *A. radiobacter*	桃、巴旦杏、樱桃、葡萄及玫瑰等核果类植物根癌病	以高浓度的菌液处理种子或插条	拮抗、竞争或诱导抗性

续表

属　名	生防菌代表种	防治对象	应用途径	可能的生防机制
假单胞杆菌属 *Pseudomonas*	荧光假单胞杆菌 *P. fluorescens*	小麦全蚀病、棉花幼苗猝倒病、马铃薯软腐病、番茄苗期立枯病和猝倒病、花生、番茄、烟草青枯病等	种子、苗木等无性繁殖材料的处理或拌土	位点竞争或产生拮抗性物质
芽孢杆菌属 *Bacillus*	枯草芽孢杆菌 *B. subtilis*、多粘芽孢杆菌 *B. polymyxa*、蜡状芽孢杆菌 *B. cereus*、巨大芽孢杆菌 *B . megaterium*、短小芽孢杆菌 *B. pumilis* 等	马铃薯疮痂病、苹果根癌病、苹果红腐病、小麦全蚀病、赤霉病、水稻稻瘟病、白叶枯病等其他多种土传病害及地上部病害	种子等多种播种材料的细菌处理或叶面喷雾	竞争或代谢产物的拮抗作用或诱导抗性
欧文氏杆菌属 *Erwinia*	草生欧文氏杆菌 *E. herbicola*	梨火疫病、柑橘溃疡病及植物冻害等	喷雾	产生拮抗性物质等
短杆菌属 *Brevibacterium*	短杆菌 *M* 菌株 *B.* sp.	水稻烂秧病、纹枯病、黄麻立枯病、红麻炭疽病等	种子包衣处理	拮抗作用等

1. 抗菌作用

生防细菌产生的抗菌化合物可以分为抗生素、嗜铁素和细菌素三种类型。它们在化学特性、抗菌活性和在体外培养过程中的检测方法上是不同的(表 4-11)。

表 4-11　抗生素、嗜铁素和细菌素的主要特性(仿王金生,2000)

化合物	化学特性	活　性	检　测
抗生素	低分子质量	多数是广谱性的	抗蛋白酶
嗜铁素	范围广泛	自由 Fe^{3+},通过螯合作用使活性降低	只在低水平 Fe 的环境下产生和有效,对蛋白酶敏感,可由紫外线和丝裂霉素 C 诱导
细菌素	主要是蛋白质	限于密切相关的微生物	

生防细菌抗菌化合物对病原菌的抗菌作用可以通过体外抑菌圈试验以及在植物表面的拮抗作用来测定。

附生细菌草生欧文氏菌 *E. herbicola*,由于常在植物表面,与植物上的一些病原菌处于相似的生态环境中,是重要的潜在生防菌之一。这种细菌可以产生一系列抗菌化合物,可以是胞外分子转化成的糖类、对苯二酚葡糖苷等简单降解物,也可以直接合成特定的抗生素,如草生素(肽类抗生素)、有机酸等。该菌产生的抗菌物质可抑制细菌,如梨火疫病菌 *E. amylovora*、叶面常见的酵母菌和丝状真菌,如炭疽菌 *Colletotrichum* spp.、灰葡萄孢菌等所引致的病害,减轻病害的发生。生防细菌产生的抗生素与培养时所采用的培养基关系较大,被抑制的病原菌的种类及抑菌范围是不同的。

细菌素可以定义为非复制性的抗菌物质,这类物质对亲缘关系相似的细菌具有特异性的抑制效果。在形态和结构上,细菌素分高分子质量蛋白质颗粒(如球形、椭圆形、棒形和带棒状尾部的多面体状)和低分子质量多肽类及核苷酸类似物两大类。Vidaver(1983)曾经讨论过细菌素的作用方式。细菌素首先吸附在有害微生物的细胞上,它就像病毒粒子的吸附一样,要求在细胞表面有特异性的受体位点。例如,非致病的放射土壤杆菌 84 菌系产生的细菌素 Agrocin84,能特异性的抑制 DNA 的合成,成功地用于果树根癌病的生物防治。例如,从仁果类果树上获得的一种附生细菌草生欧文氏菌,能产生细菌素类物质,这种物质在体外可以抑制梨火疫病菌的生长,减轻火疫病的发生。利用产细菌素细菌作为生防菌的主要优点是它们能在与病原菌相似的生态条件下发挥作用。欧氏杆菌、假单胞菌等产生的细菌素具有广谱抗菌活性,对许多植物病原真菌和细菌都有抑制作用。

嗜铁素是一种含铁螯合物,产生嗜铁素的生防细菌广泛分布于植物根围及根际土壤中,其在微生物互作和生物防治中的作用主要表现在根围环境中对作物根部病害的抑制作用。荧光假单胞杆菌、洋葱假单胞杆菌和恶臭假单胞菌等是重要的根围生防菌。铁是微生物生命活动的必需元素之一,土壤中的铁多以铁离子(Fe^{3+})形式存在,不易被微生物吸收利用。当一种微生物具有较强获取铁素营养的能力时,该微生物就能在低铁生境中处于优势地位。荧光假单胞杆菌产生的嗜铁素是一种水溶性的、扩散迅速的化合物。该物质对 Fe^{3+} 具有专一的高度亲和性,能络合根围 Fe^{3+},使病菌得不到足够的铁素营养,生长发育受到抑制,对植物体的危害减轻。

2. 位点竞争

对空间和营养的位点竞争是生防细菌发挥作用的重要机制之一。竞争作用即生防微生物通过对植物根系和种子分泌出的营养物质的争夺、物理和生物学位点的抢夺等方式控制植物病原微生物的发展。生防细菌要与植物病原菌成功的竞争,必须与病原菌有相似的生长特性才能占据病原菌的生态环境。位点竞争可以发生在植物表面和被侵染的植物组织内部。有益细菌能够在根际大量定殖,因而造成植物根际有限的碳源、氮源营养物质匮乏,从而限制了病原菌在植物根际存活和定殖的的数量。Suslow 认为,根尖的细胞连接处、侧根萌发点等部位由于根系分泌物多,是包括病原菌在内的多种微生物定殖的理想场所。在植物根系引入生防菌可以阻止或降低有害根际微生物在这些位点的定殖,从而起到位点排除作用。

3. 重寄生及捕食

重寄生是指植物病原物被其他微生物寄生的现象。自然界存在一些能够寄生植物病原细菌的生防细菌,这种寄生作用包括寄生互作,如噬菌体和食菌蛭弧菌,以及直接摄食,如原生动物对根围细菌的摄食。噬菌体是侵染细菌和放线菌的病毒,在黄单胞杆菌属中已经获得了对野油菜黄单胞 *Xanthomonas campestris* 一些致病变种,如桃李致病变种、胡萝卜致病变种等具有高度寄生专化性的噬菌体。利用噬菌体能够侵染细菌并使细菌裂解的特性,可将噬菌体大量繁殖后通过浸种、喷雾或土壤处理用于病害的生物防治。

4. 诱导抗病性

诱导植物抗病性是生防细菌发挥作用的一个重要方面,是指通过生物或非生物因子,激发寄主植物自身产生物理或化学保护屏障,从而使其获得系统抗病性的一个激活过程。诱导抗病性最初是在病毒中发现,后来在细菌中也发现了类似的交叉保护现象。诱导抗病性可分为病原物诱导的植物抗性(pathogen-induced systemic acquired resistance,SAR)与非病原物诱导的植物抗性(nonpathogen-mediated induced systemic resistance,ISR),两者具有相同的表型特征。其机制多数是由于位点的竞争和抗菌物质的作用以及诱导植物合成能抑制病原物活动和繁殖的物质,包括通过组织木质化增强细胞机械屏障和产生植保素。这些过程涉及苯丙氨酸解氨酶(PAL)、过氧化酶(PO)、多酚氧化酶(PPO)与超氧化物歧化酶(SOD)活性的增强。

第四节　生防放线菌

放线菌(actinomycetes)是一类具有丝状结构、以孢子进行繁殖、革兰氏染色阳性的原核生物，除少数厌氧或兼性厌氧的寄生类群外，大多数是好气性的腐生菌。因其具有分枝菌丝、菌落形态与真菌相似，人们曾一度认为放线菌是介于细菌与真菌之间的微生物。然而，用近代生物学技术所进行的研究结果表明，放线菌是属于细菌范畴的原核微生物，只不过其细胞形态为分枝状菌丝。从系统发育上看，放线菌(除少数高温型放线菌外)与全部革兰氏染色阳性菌一起同属于革兰氏染色阳性原核生物的高(G+C)%(60%～72%)群。

放线菌在自然界中分布广泛，土壤中最多。其种类繁多，大多腐生，少数寄生，代谢功能各异，是一类具有广泛实际用途的重要微生物资源。放线菌是抗生素等一系列生物活性物质的重要生产者，在已经发现的近万种微生物来源的生物活性物质中，70%以上是由放线菌产生的，且在目前医用抗生素中有 2/3 来源于放线菌。放线菌产生的农用抗生素，如井冈霉素、春雷霉素、多抗霉素、武夷霉素、中生菌素等，均是防治农作物病害的重要生物农药。放线菌的不少种类对植物病原菌物、细菌、线虫以及农林害虫、杂草具有拮抗活性，例如，细黄链霉菌 *Streptomyces microflavus* 活菌制剂“5406”对引起水稻烂秧、小麦根腐病、棉花枯萎病、黄萎病等多种病害的病原菌都有拮抗作用，在生产上大面积应用获得成功。有些放线菌及其代谢产物对作物还有显著的促进生长和增产作用。

显而易见，作为人们最早研究并应用到农业生产中的一类生防微生物，放线菌在植物病害的生物防治方面发挥了重要的作用并蕴藏着巨大的潜力，具有广阔的研究和开发应用前景。

一、放线菌的形态特征

放线菌是具有多核的单细胞原核生物。比较原始的放线菌细胞是杆状分叉或不发达的菌丝，典型的放线菌由分枝发达的菌丝体组成。菌丝体发育至一定阶段则繁殖产生各种形状的孢子。在固体培养基上放线菌会形成形态各异的菌落。

1. 菌丝体

根据形态和功能，放线菌的菌丝体可分为三种，即基内菌丝、气生菌丝和孢子丝(图 4-24)。基内菌丝(substrate mycelium)也称营养菌丝(vegetative mycelium)，是紧贴固体培养基表面并向培养基里面生长的菌丝，直径为 0.2～1.2 μm，长度长的可达 600 μm 以上，短的小于 100 μm，分枝繁茂，大部分呈黄、橙、红、紫、蓝、绿、灰、褐和黑色，但也有无色的。它产生的色素(pigment)有的溶于水，有的溶于有机溶剂，溶于水的称水溶性色素，溶于有机溶剂的称脂溶性色素。气生菌丝(aerial mycelium)是基内菌丝发育到一定阶段，向空气中生长的菌丝。气生菌丝与基内菌丝有时很难区分，在显微镜下，气生菌丝一般比基内菌丝颜色深而略粗。气生菌丝生长至一定阶段，其上可以分化出可形成孢子的产孢菌丝，即孢子丝(spore chain)。孢子丝成熟后多以横隔分裂的方式形成单个或成串的孢子。孢子丝有波曲、螺旋、轮生等各种形态，因大量孢子的密集而呈白、黄、灰、淡紫灰、青色等不同颜色(图 4-25)。孢子丝的长短、形状、着生部位、颜色是放线菌的重要分类依据。

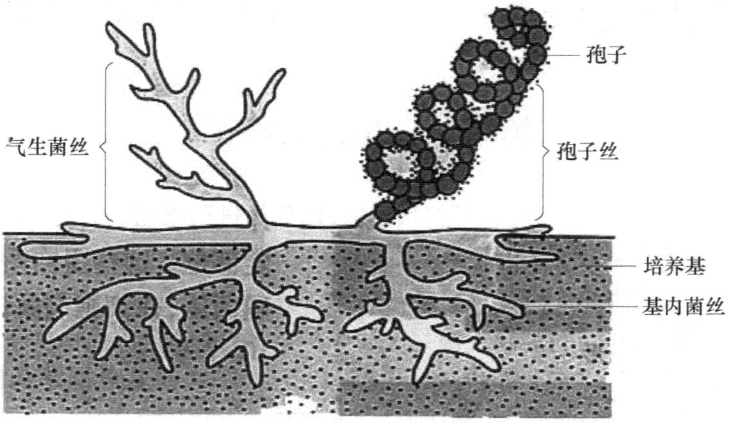

图 4-24　链霉菌的一般形态结构模式图

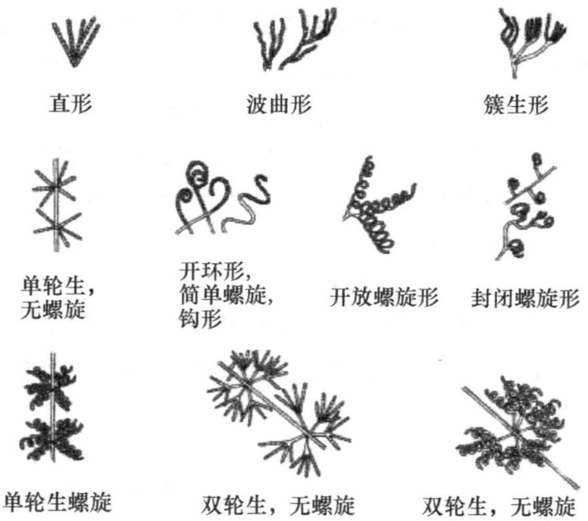

图 4-25　链霉菌的不同类型孢子丝形态

2. 孢子

放线菌产生的孢子从形成方式上有外生和内生两类。大多数放线菌的孢子是外生的，它们通常都是着生在气生菌丝的孢子丝上，也有的是在基内菌丝的顶端形成。从电子显微技术和超薄切片的研究表明，孢子丝上形成的孢子为横隔分裂。形成的孢子有的是单个的，有的呈不同长度的链；形状有球形、椭圆形、杆状、圆柱状、瓜子状、梭状和半月状等；在电镜下还可见到有的分生孢子表面光滑，有的生刺，而且刺还有粗细、长短和疏密之分，有的带疣或带皱褶、毛发状或鳞片状纹饰。

3. 菌落

放线菌的菌落通常为圆形，类似或略大于细菌的菌落，但比真菌菌落小，形态随种类不同，一般有两种类型。一种以链霉菌为代表，其早期菌落与细菌相似，后期由于气生菌丝和孢子形成而变得表面干燥、茸毛状、粉状或颗粒状，并常有辐射皱褶或同心环状花纹等；菌落一般小，质地较密，不易挑起，常有各种不同的颜色。另一种类型以诺卡氏菌为代表，菌落一般只有基质菌丝，表面黏稠或粉浆状，粗糙或光滑，与普通细菌的菌落区别很小，结构松散，黏着力差，易于从培养基上刮下来，也有特征性的颜色。

二、生防放线菌的来源及种类

（一）土壤和根际的放线菌及种类

放线菌在土壤和根际中是仅次于细菌的第二大微生物，从 Cohn(1872)发现放线菌至今，已经报道了 69 属 1687 种，具有生防价值或潜力的主要有链霉菌属 *Streptomyces*、诺卡氏菌属 *Nocardia*、小单胞菌属 *Micromonospora*、小多孢菌属 *Micropolyspora*、放线菌属 *Actinomyces*、游动放线菌属 *Actinoplanes*、马杜拉放线菌属 *Actinomadura*、高温放线菌属 *Thermoactinomyces* 8 个属，其中尤以链霉菌属最为重要。

（二）内生放线菌及种类

植物内生放线菌指生活于健康植物组织内部、不引发植物产生明显病症的放线菌。它们在其全部或部分生活周期内生活在植物组织内，一般可从表面消毒的植物组织或植物组织内部分离到，不会对植物造成可见的伤害。

内生放线菌普遍存在于各种陆生及水生植物中，具有种类多、分布广、活性强的特点。从目前研究结果来看，调查的几乎所有植物内均含有一定数量的内生放线菌，并且内生放线菌广泛分布于植物的根、茎、叶、果实种子中。

能在非豆科植物根部形成根瘤并具有固氮能力的弗兰克氏菌属 *Frankia* 是最早被发现的内生放线菌。目前已从 8 个科的木本双子叶植物中发现弗兰克氏菌形成的根瘤，这些放线菌菌根植物的代表种广泛分布于除南极洲外的各大洲，但主要分布于温带地区，在山地、沼泽、沙丘、盐沼、干旱灌丛地带以及冲积区均有放线菌菌根植物的分布。此外，从意大利西北部的 28 种植物根部分离到 499 株内生放线菌，主要属于链霉菌属 *Streptomyces*、链轮丝菌属 *Streptoverticillum*、诺卡氏菌属 *Nocardia*、小单孢菌属 *Micromonospora* 与链孢囊菌属 *Streptosporangium*。从大甜茅 *Glycine max* 上分离的链霉菌最多为 68 株，部分菌株对藤黄微球菌、尖孢镰刀菌显示拮抗活性。从巴西东北部热带地区种植的玉米根、叶部位也分离到小双孢菌属 *Microbispora*、链霉菌属 *Streptomyces*、链孢囊菌属 *Streptosporangium* 的放线菌共 53 株，部分菌株对金黄色葡萄球菌、藤黄微球菌、枯草芽孢杆菌、白色念珠菌有抗性。从巴西热带地区卫矛科、豆科及茄科植物中均分离到内生放线菌，如拟诺卡氏菌属 *Nocardiopsis*、马杜拉菌属 *Actinomadura*、红球菌属 *Rhodococcus*、浅黄球菌属 *Luteococcus* 及微弯月菌属 *Microlunatus* 等，不少菌株产生抗细菌、抗真菌物质，从药用植物分离的内生放线菌还产生宿主植物的药物活性物质。

此外，还从赤杨根瘤中分离到一种 *Amycolata* 属新种——*A. alni*，这种放线菌主要分布于赤杨的根际或根瘤中；从日本猫尾木叶、莎草根及泥炭藓上分离到 11 株具有运动孢子的放线菌，均为动孢菌属 *Kineosporia*，除其中一个种为该属原仅有的一个种外，另外 4 个种均为该属的新种。

1. 链霉菌属 *Streptomyces*

链霉菌属放线菌一般称为链霉菌，在固体培养基上生长时，形成发达的基质菌丝和气生菌丝。气生菌丝生长到一定时候分化产生孢子丝，孢子丝有直、波曲、螺旋形等各种形态（图 4-26）。孢子丝在排列方式上又有簇生、单轮生、二级轮生之别。孢子丝可产 3～50 个孢子(spores)。孢子呈球形、椭圆形或杆状，有的表面光滑，有的表面具有瘤状、刺状、毛发状或鳞片状等饰物。气生菌丝和基质菌丝有各种不同颜色，有的菌丝还可产生可溶性色素分泌到培养基中，使培养基呈现各种颜色。孢子丝的形状、排列方式、孢子表面饰纹是分种的重要表型特征。根据表型特征，链霉菌可分为白孢类群 Albosporus、球孢类群 Globosporus、粉红孢类群 Roseosporus、金色类群 Aureus、黄色类群 Flavus、绿色类群 Viridis、青色类群 Glaucus、蓝色类群 Cyaneus、淡紫灰类群 Lavendulae、灰红紫类群 Griseorubro-violaceus、灰褐类群 Griseofuscus、烬灰类群 Cinerogriseus、吸水类群 Hygroscopicus、轮生类群 Verticillatus 14 个类群（表 4-12）。

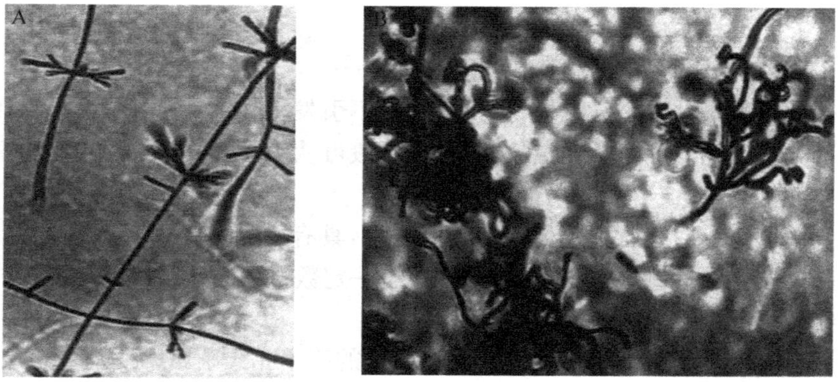

图 4-26　链霉菌属形态特征

A. 轮生；B. 螺旋状

表 4-12　链霉菌 14 个类群的形态、培养特征

类群名称	气生菌丝颜色	基质菌丝颜色	可溶性色素	孢子丝形态	孢子形态
白孢类群 Albosporus	白色	各种颜色	有或无	直形、波曲或螺旋形	球形、圆柱形，绝大部分种的孢子光滑，个别种孢子表面带刺
球孢类群 Globisporus	淡绿、灰黄色	无色、乳脂色、黄、黄褐、褐绿、褐蓝、褐红、酒红色	有或无	直或波曲，聚生成丛，个别的种螺旋形	球形、椭圆形、有时柱形，表面光滑
粉红孢类群 Roseosporus	粉红色	无色、黄色、橙、棕、绿、紫色	有或无	直形、波曲或螺旋形	表面光滑、个别种的孢子带刺
金色类群 Aureus	烬灰、鼠灰或褐灰色	各种色调的黄色	有或无	直形、波曲或螺旋形	表面结构多种多样
黄色类群 Flavus	黄白或黄色	各种色调的黄色	有或无	直形、波曲或螺旋形	球形、圆柱形，绝大部分种的孢子光滑，个别种孢子表面带刺
绿色类群 Viridis	灰、灰白、鼠灰、绿灰色	各种色调的绿色	有或无	直形、波曲或螺旋形	表面结构多种多样
青色类群 Glaucus	淡青或青绿色，日久呈青灰色或灰色	无色、黄、褐、暗绿紫色	有或无，多数在蛋白质培养基上产生黑色素	多数螺旋形，少数直形	多数带刺或有发状物，个别种孢子表面光滑

续表

类群名称	气生菌丝颜色	基质菌丝颜色	可溶性色素	孢子丝形态	孢子形态
蓝色类群 Cyaneus	蓝灰、淡灰、灰色	各种色调的蓝色	有或无	直形、波曲或螺旋形	表面结构多种多样
淡紫灰类群 Lavendulae	淡紫（酒红、熏衣草色）色，日久呈灰色	无色、黄褐、红绿色	在蛋白质培养基产生黑色素	多数种呈长柄大螺旋形，少数直形	表面光滑
灰红紫类群 Griseorubro violaceus	灰、淡灰、紫灰、烬灰、褐灰色	红橙或紫色	有或无	直形、波曲或螺旋形	表面光滑或带刺
灰褐类群 Griseofuscus	灰至褐色	褐至黑色	有或无	直形波曲或螺旋形	表面有的光滑，有的带刺
烬灰类群 Cinerogriseus	灰色	无色	有或无	直形，波曲或螺旋形	表面光滑或具疣、刺、毛发状物
吸水类群 Hygroscopicus	孢子成熟后，孢子丝自溶呈吸水现象，使菌落表面形成黑褐、紫褐或黑色黏性湿斑	黄、黄褐、褐、紫褐色	有或无	大多紧密螺旋形，个别的种孢子丝直或顶端略卷曲，灰色	孢子形态多样：钝三角形、杏仁形、半月形；表面不规则，疣状、不规则柱形；有的表面光滑，呈柱形或椭圆形
轮生类群 Verticllatus	多种多样	多种多样	有或无	轮生、直形、波曲形、钩形或螺旋形	柱形、长圆形、卵圆形或球形，表面光滑，个别具小短刺或长刺

链霉菌是放线菌中种类最多、最占优势、应用最广的一类，已知链霉菌的许多种类能产生对人类有益的抗生素。迄今为止，关于放线菌的研究多数是围绕链霉菌展开的，绝大多数（95%）抗生素都是由链霉菌产生的，如临床上广泛使用的链霉素、卡那霉素、丝裂霉素、红霉素、四环素等都是由链霉菌中的一些种产生的。我国发现的农用抗生素，无论大面积应用还是局部地区商品化产品，或者有较大应用潜力的农用抗生素产生菌均为链霉菌。从放线菌中已经筛选到10多种有生防价值的链霉菌。例如，井冈霉素由吸水链霉素井冈变种 *S. hygroscopicus* var. *jinggangensis* 产生，可防治水稻、小麦和玉米的纹枯病。春日霉素是由春日链霉菌 *S. kasugaensis* 产生，可防治水稻稻瘟病、甜菜和芹菜叶斑病。灭瘟菌素 S(blasticidin-S)由灰色产色链霉菌 *S. griseochromogenes* 产生，可防治稻瘟病。武夷霉素由不吸水链霉菌武夷变种 *S. ahygroscopicus* var. *wuyiensis* 产生，可防治黄瓜白粉病。中生菌素由淡紫灰链霉菌海南变种 *S. lavendulae* var. *hainanensis* 产生，可防治白菜软腐病、水稻白叶枯病、白菜黑腐病、黄瓜角斑病等作物细菌性病害。宁南霉素（ningnanmycin）由诺尔斯链霉菌西昌变种 *S. noursei* var. *xichangensis* 产生，主要用于防治烟草花叶病毒 TMV 和黄瓜花叶病毒 CMV 引起的作物病毒病。

链霉菌还可以制成活细胞制剂，用于防治土传病害。我国1953年从陕西省泾阳县的苜蓿根土中分离获得细黄链霉菌 *S. microflavus*，用其制成的“5406”抗生菌在生长过程中能分泌数种不同的抗生素，抑制黄萎病菌 *Verticillium* spp.、枯萎病菌 *Fusarium* spp.、立枯病菌 *Rhizoctonia* spp. 和猝倒病菌 *Pythium* spp. 等多种植物病原菌的生长，并能分泌激素促使植物细胞的分裂和伸长。通过拌种将“5406”抗生菌施于田间，具有防病、保苗和增产的效应。又如，芬兰的 Kemira(1989)用从泥煤中分离到的灰绿链霉菌 *S. griseoviridis* 的孢子和菌丝制成抗生菌制剂 Mycostop，主要用来防治一些常见的土传病原菌，如腐霉菌 *Pythium* spp.、镰刀菌 *Fusarium* spp.、疫霉菌 *Phytophythora* spp. 和丝核菌 *Rhizoctonia* spp. 等。它还可用于控制温室中的观赏植物和蔬菜上的一些常见病害，如由链格孢 *Alternaria* spp.、拟茎点霉 *Phomopsis* spp. 和灰葡萄孢 *Botrytis cinerea* 等引起的病害。Mycostop 主要是通过种子处理、土壤喷洒或灌药等措施处理作物，它在植物的根部定殖、生长和繁殖，从而阻止病原物的侵入，还可以产生激素促进寄主植物的生长，从而提高作物的产量，对植物没有任何毒性。

此外，链霉菌属的一些种还可以产生维生素、酶和酶抑制剂。多数腐生型的链霉菌在土壤中生长，分解土壤中其他微生物难以利用的有机物，对土壤环境具有高度的适应性，在土壤改良中具有积极意义。少数链霉菌能寄生植物引起病害，如疮痂链霉菌 *S. scabies* 可引致马铃薯和甜菜的疮痂病。

2. 诺卡氏菌属 *Nocardia*

诺卡氏菌属又名原放线菌属，该属的特征是培养 15～96 h 的菌丝体产生横隔膜后可突然断裂成长短径一致的杆状体或球状体，以此复制成新的多核菌丝体(图 4-27)。多数种在固体培养基上生长时，只有基内菌丝，没有气生菌丝或只有很薄一层气生菌丝，靠菌丝断裂进行繁殖。该属能产生多种抗生素，如对结核分枝杆菌和麻风分枝杆菌有特效的利福霉素就是该属产生的。叶亚中等(2007)从四川农业大学农场土壤中分离得到的诺卡氏菌 *Nocardia* sp.，其代谢产物对稻瘟病菌 *P. grisea* 有强烈的抑制作用；以此菌株为出发菌株，以紫外线(UV)、硫酸二乙酯(DES)、微波(MV)诱变处理后获得的突变株代谢产物拮抗活性比出发株显著提高，经连续传代 8 次，拮抗活性稳定。

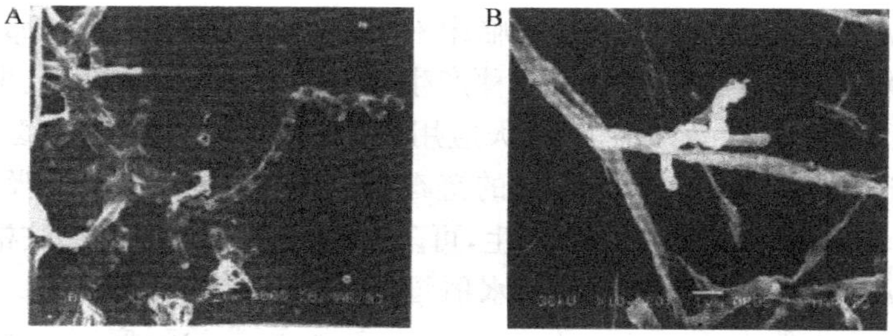

图 4-27　白色诺卡氏菌电镜照片(Li et al.，2004)
A. 基内菌丝；B. 气生菌丝

3. 小单孢菌属 *Micromonospora*

小单孢菌菌丝体纤细(平均直径 0.5 μm)发达，有分枝，有横隔。只形成基质菌丝，无气生菌丝体，在有些培养基中出现少量白色或淡灰色茸状物。孢子梗单轴分枝，有的情况为合轴分枝。孢子圆形，单生，有柄或者生长在或长或短的孢子梗上，时常分枝成簇(图 4-28)。此属也是产生抗生素较多的一个属，如庆大霉素就是该属的绛红小单孢菌 *M. purpurea* 和棘孢小单孢菌 *M. echinospora* 产生的；利福霉素、新霉素、红霉素 B 和放线菌素 D 的产生菌也是来自此属。龙中儿等(2008)报道，从南昌瑶湖的农田土壤样品中分离到的 1 株炭样小单孢菌 *M. carbonacea* 具有广谱抗菌活性。

小单孢菌不仅能产生链霉菌产生的抗生素化学结构类型，还能产生具有独特化学结构的生物活性物质。有些活性物质对肿瘤有一定疗效。这是由于这些物质具有对肿瘤细胞有靶向作用的官能团，能够准确识别肿瘤细胞，同时具有抑制肿瘤细胞生长和杀死肿瘤细胞的官能团，能抑制并杀死肿瘤细胞；有些活性物质能有效抑制真菌。此外，小单孢菌在废物处理中也发挥着重要的作用。一些小单孢菌能降解天然橡胶；还有一些小单孢菌具有很强的分解纤维素的能力。

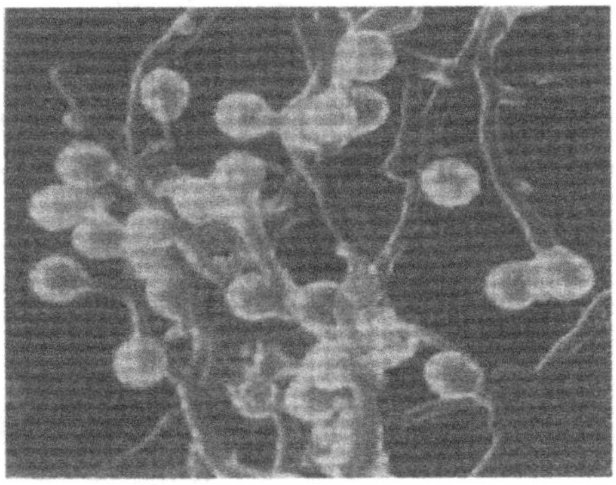

图 4-28 小单孢菌属形态特征
(Miyadoh et al.，1997)

4. 小多孢菌属 *Micropolyspora*

小多孢菌属形成气生菌丝，基质菌丝无横隔，不断裂；基内菌丝和气生菌丝上都有链状孢子形成，孢子链直；不产生孢囊；孢子球形(图 4-29)。陆群等(1998)报道，由小多孢菌产生的抗生素 H4750-D2 具有医用抗菌活性。张波等(2005)报道从陕西秦岭山区采集的土样中分离到的红棕褐小多孢菌 *M. rabrobranea* Z139 菌株产生的抗生素对多种农作物病原菌都有较强的抑制作用。该菌株发酵液对玉米小斑病菌、苹果轮纹病菌、棉花枯萎病菌、马铃薯干腐病菌和西瓜枯萎病菌菌丝的生长抑制中浓度(EC_{50})分别为 0.979 mL/L、0.505 mL/L、1.733 mL/L、0.425 mL/L 和 0.849 mL/L，对玉米大斑病菌、番茄叶霉病菌、马铃薯干腐病菌和烟草赤星病菌的孢子萌发抑制中浓度(EC_{50})分别为 1.709 mL/L、0.375 mL/L、0.445 mL/L 和 1.333 mL/L，对小麦白粉病的保护和治疗作用分别达到 98.6% 和 86.1%。

5. 放线菌属 *Actinomyces*

放线菌属最突出的特征是无气生菌丝，不形成孢子，通过营养菌丝断裂成“V”、“Y”形体进行繁殖。放线菌属的成员多数是人和动物的致病菌，如引起牛腭肿病的牛型放线菌 *A. bovis* 和引致人后腭骨肿病和肺感染的以色列放线菌 *A. israelii*(图 4-30)。从放线菌属也分离出产生抗生素的菌株，如我国研制的春雷霉素是由小金色放线菌 *A. microaureus* 产生的。

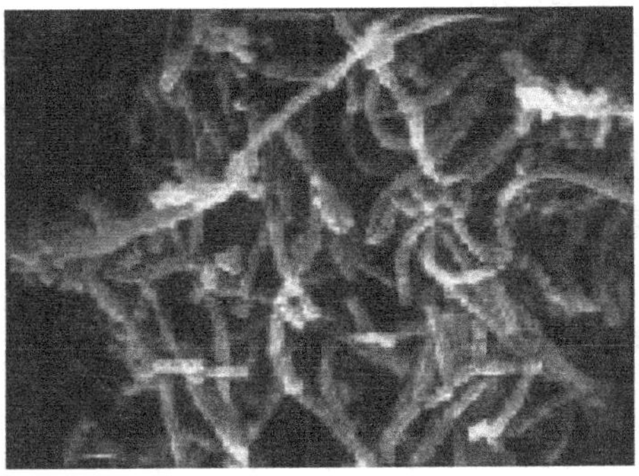

图 4-29 小多孢菌属形态特征

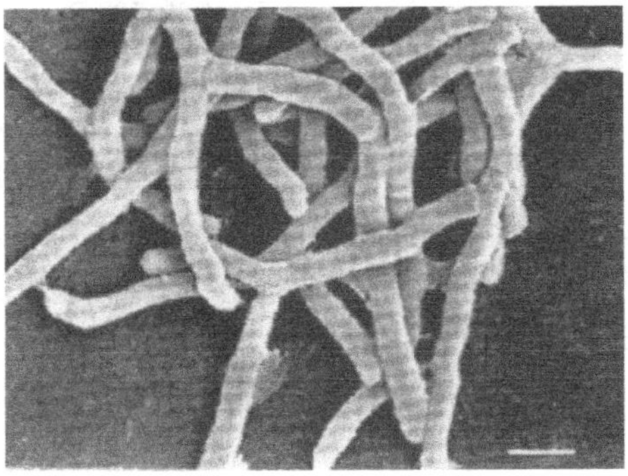

图 4-30 以色列放线菌电镜照片
(Miyadoh et al.，1997)

6. *游动放线菌属 Actinoplanes*

游动放线菌属最突出的特征是以孢囊孢子进行繁殖。孢囊球状、棒状或不规则状，产生圆形或近圆形具丛生鞭毛的游动孢子(图 4-31)。多分布在腐烂植物和土壤中。该属的多种放线菌可产生抗生素。例如，济南游动放线菌 *A. tsinanensis* 可产生水溶性抗革兰氏阴性菌的抗生素创新霉素(chuangxinmycin)，紫色游动放线菌 *A. violaceus* 产生抗枯草杆菌的抗生素，从武汉珞珈山土壤中分离到 1 株游动放线菌 C983，属珞珈山游动放线菌 *A. luojiashanensis*，产生萘醌类绛红霉素(1,8-二羟基蒽醌和 1,4,8-三羟基蒽醌)，对肿瘤、细菌和真菌均有一定作用。

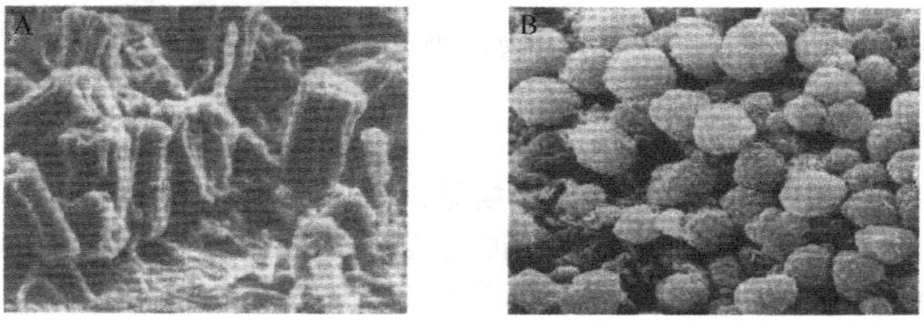

图 4-31　游动放线菌属形态特征(Miyadoh et al.，1997)

A. 瓶形；B. 球形

7. *马杜拉放线菌属 Actinomadura*

马杜拉放线菌属细胞壁含有马杜拉糖，有生长良好的基质菌丝和气生菌丝，基质菌丝有分枝，气生菌丝上形成短孢子链。孢子链短或相当长，环形或盘绕成球团状，有时直，含 6～14 个孢子。无孢囊但有时有假孢囊。孢子圆形，表面光滑(图 4-32)。该属放线菌可产生多种抗生素。例如，尤马马杜拉放线菌 *A. yumaensis* 可产生抗禽类球虫病的马杜霉素(madumycin)；洋红马杜拉放线菌 *A. carminata* 可产生洋红霉素(carminomycin)。有些种可通过伤口感染引起足分枝菌病。

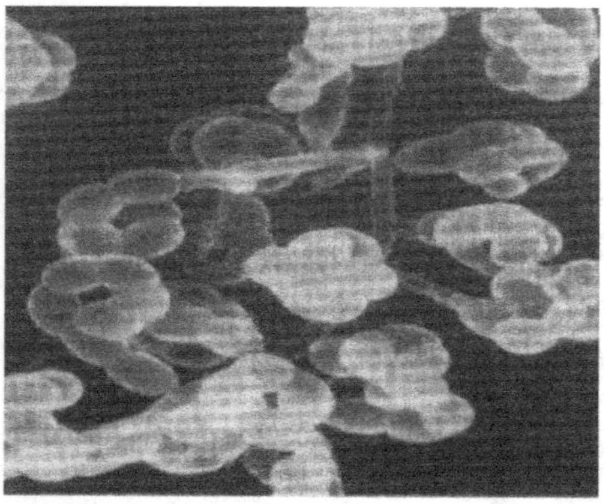

图 4-32　马杜拉放线菌属形态特征(Miyadoh et al.，1997)

8. 高温放线菌属

在系统发育上，高温放线菌属 *Thermoactinomyces* 归于 G^+ 菌、DNA 低(G+C)%菌群(30%～42%)，说明该属与其他放线菌在遗传上远缘。该属的基质菌丝和气生菌丝发育良好，单个孢子侧生在基质菌丝和气生菌丝上，孢子是内生的，其结构和性质与细菌芽孢类似，孢子外面有多层外壁，内含吡啶二羧酸，能抵抗高温、化学药物和环境中的其他不利因素。多分布在高温的堆肥、厩肥和自热草堆中，有些种可产抗生素，如高温红霉素对革兰阳性菌和革兰阴性菌均有作用。

此外，另据黄路枝等(2007)报道，从土壤和海洋分离获得的链孢囊菌属 *Streptosporangium*、小双孢菌属 *Microbispora*、糖多孢菌属 *Saccharopolyspora*(图 4-33～图 4-35)的一些放线菌菌株对小麦根腐病菌 *B. sorokiniana*、玉米大斑病菌 *E. turcicum*、烟草赤星病菌 *A. alternata* 的菌丝生长和孢子萌发均有一定的抑制作用，表明这些属也蕴藏着相当的生防潜力。

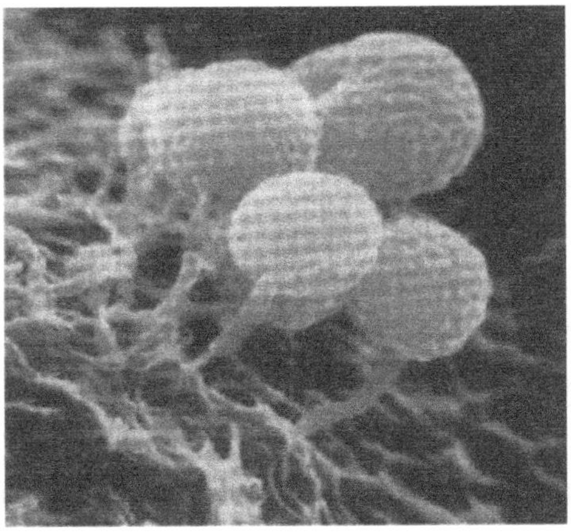

图 4-33　链孢囊菌属形态特征
(Miyadoh et al.,1997)

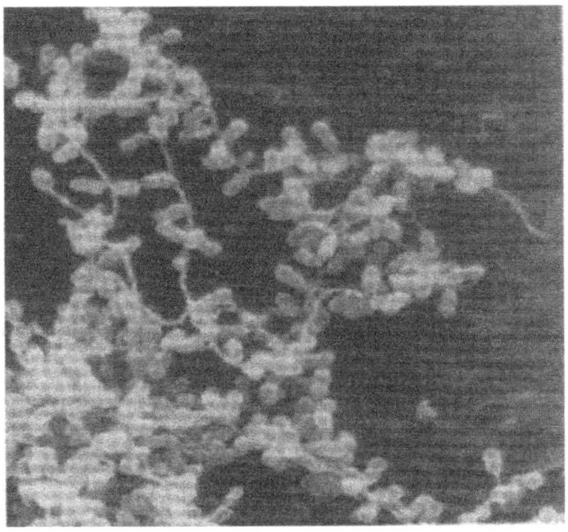

图 4-34　小双孢菌属形态特征
(Miyadoh et al.,1997)

三、生防放线菌的作用机制

放线菌一般通过两种途径对靶标病菌发挥生防作用：其一是放线菌能够在寄主体外通过抗生作用、竞争作用、捕食和重寄生作用，降低病原菌的致病性、侵染效率以及接种体密度，导致病原菌群体密度以及致病性下降；其二是放线菌可在寄主植物组织内诱发其产生抗性或者产生抑菌物质，破坏病原菌的繁殖、生长，最后导致靶标病菌死亡。

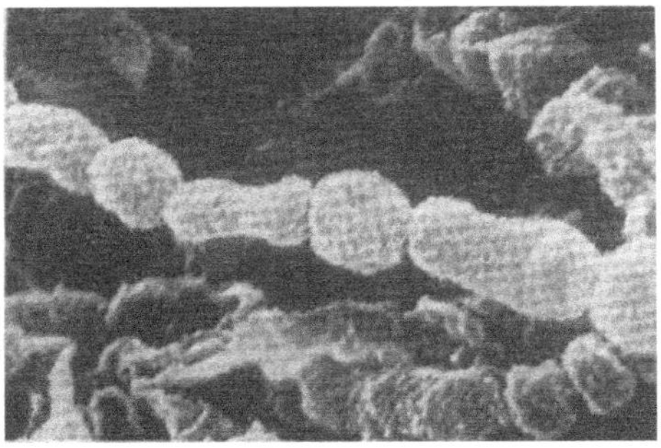

图 4-35　糖多孢菌属形态特征
(Miyadoh et al.,1997)

1. *抗生作用*

抗生作用的发生主要依赖于生防菌抗生素(antibiotics)的产生，一般单株生防放线菌可以合成多种抗生素。抗生素对微生物的抗生作用可概括为如下 6 种情况。

(1) 影响菌体细胞膜的通透性。细胞膜是一种半透性膜，由蛋白质、脂质和多糖等有序排列组成的薄层结构，具有物质传递、能量交换和信息传递等功能。放线菌产生的匹马霉素等多烯类抗生素与真菌细胞膜中胆固醇结合，妨碍了固醇-磷脂的相互作用，使膜的流动性改变，离子的移动受影响，造成内含物泄漏，起到杀真菌作用，而细菌的细胞膜不含胆固醇，因此这类抗生素对细菌无效。

(2) 阻碍菌体细胞壁的合成。细胞壁主要由多糖、蛋白质和类脂质等组成，肽聚糖为其基本机构，阻断细胞壁生物合成的各有关环节或抑制肽聚糖合成前体交联形成肽聚糖的反应，均可抑制或杀死微生物。多氧霉素是作用于病原真菌细胞壁的抗生素。Ohta 等(1969)报道，多氧霉素 D 抑制^{14}C-葡萄糖胺掺入植物病原菌的细胞壁几丁质中，而且多氧霉素 D 是几丁质合成酶的竞争抑制剂。李丽明(1999)也报道多氧霉素具有良好的内吸传导作用，干扰靶标病菌细胞壁几丁质等的生物合成。

(3) 抑制菌体蛋白质的合成、核酸的合成。研究表明，灭瘟菌素 S 抑制肽基转移酶，从而抑制菌体蛋白质的合成。春日霉素的作用机制在于干扰氨基酸代谢的酯酶系统，从而影响蛋白质的合成，抑制菌丝伸长和造成细胞颗粒化。Masukawa 等(1968)报道，春日霉素抑制真菌系统蛋白质合成，它阻碍氨酰-tRNA 和核糖体的结合。另有研究表明，春日霉素能抑制 30S 核糖体亚基起始复合物的形成，从而对合成的起始有选择性抑制。蒋细良等(1997)报道，中生菌素的作用机制是使病原菌的蛋白质合成受阻，从而使 RNA、DNA 合成所必需的酶类及有关蛋白质因子不能及时补充，导致 RNA、DNA 不能继续合成而起到杀菌作用。日本木曾(1963)和平井(1965)等发现灭瘟素有抗病毒活性，强烈抑制烟草花叶病毒核糖核酸的合成。

(4) 影响菌体能量代谢。井冈霉素 A 能显著抑制黄瓜猝倒病菌 *Pythium* spp. 中肌醇合成，加入肌醇后可使黄瓜猝倒病菌的致病性恢复。最近发现，井冈霉素对纹枯病菌的主要存储糖——海藻糖的酶活性有强烈的抑制作用，故井冈霉素能有效地阻止纹枯病菌 *R. solani* 从菌丝基部向顶部输送养分(葡萄糖)，从而抑制病菌生长和发育。

(5) 干扰菌体细胞分裂。长川霉素可完全抑制灰霉病菌 *B. cinerea* 的孢子萌发，并且抑制菌丝体在培养基上生长，孢子同样可产生第一附着器和第二附着器，但萌发后的新菌丝明显表现为粗短，生长极其缓慢。磷氮霉素可使灰霉病菌孢子和稻瘟病菌 *P. grisea* 孢子萌发后在芽管及新生菌丝周围产生链珠状膨大现象。农抗 120 可使西瓜枯萎病菌 *F. oxysporum* f. sp. *niveum* 和水稻纹枯病菌出现菌丝畸变的现象；其中对西瓜枯萎病菌抑制作用表现为萌发的菌丝出现变形生长(原生质凝聚，内含物清晰可见)；对水稻纹枯病菌抑制作用表现在菌丝畸变生长(分枝节间缩短、菌丝先端扭曲)等不正常的现象。

(6) 激发植物防卫反应。孔建等(1993)研究表明，用农抗 120 浸西瓜种子或西瓜幼苗灌根能显著增强西瓜幼苗抗西瓜枯萎病菌 *F. oxysporum* f. sp. *niveum* 毒素致萎的能力，说明农抗 120 是通过提高植株自身的免疫抗病能力而起到防病治病的作用。中生菌素对植物防卫反应主要基因过氧化物酶(POD)基因、苯丙氨酸解氨酶(PAL)基因、查尔酮合成酶(CHS)基因的转录表达有较强的诱导作用，在分子水平上揭示了中生菌素诱导抗病性的作用。宁南霉素也诱导 PR 蛋白的产生，与抗病性和耐病性有关。井冈霉素处理后对水稻植株体内过氧化物酶、苯丙氨酸解氨酶以及海藻糖酶、几丁质酶、β-1,3-葡聚糖酶的活性变化动态，均与该抗生素在田间和盆栽植株上控制病害的效果及持效期相吻合，表明该药能激发防卫反应。

2. 竞争作用

生防放线菌对土壤或植物根际、叶围空间和营养源的竞争利用，可以阻止病原菌的生长，从而阻止了病原菌对植物的侵染。竞争方式有以下两种。

(1) 空间竞争。有些病原物需借助寄主植物体表的自然孔口或伤口才能侵入，而生防放线菌的迅速繁殖抢先占据了这些空间位点(生态位)，使病原物失去侵染的机会或有利条件。由于能够产生抗生素，放线菌能够抑制许多植物病原菌，在空间竞争上占有很大优势，但它们的应用价值还在于它们在植物根围的定殖能力以及是否对有益菌有抑制作用等。

(2) 营养竞争。生防放线菌对植物根际、叶围营养源的竞争利用，使病原微生物的繁殖、扩展由于营养的缺乏而延缓。同时由于营养源通常集中于孔口或伤口，所以通常营养竞争与空间竞争是同步发生的。内生放线菌由于定居在植物根内部，避免了同根际众多微生物的竞争，因而更具有竞争优势。利用内生放线菌防治小麦全蚀病 *G. graminis* var. *tritici* 的温室试验显示，可降低病害损失 70%以上。另据研究，铁离子(Fe^{3+})利用度是土壤环境对微生物生长的一个限制因子，链霉菌能够分泌嗜铁素(siderophore)，螯合铁离子，从而更多地利用铁离子，限制了病原微生物对铁离子的需求，从而达到抑制病原菌的目的。

3. 重寄生作用

由水解酶介导的重寄生是生防菌的作用机制之一。放线菌可以分泌多种胞外水解酶，主要包括几丁质酶、葡聚糖酶、淀粉酶、纤维素酶、半纤维素酶、酯酶、脂肪酶和核酸酶等。植物病原高等真菌的细胞壁是以几丁质为骨架，以 β-1，3-葡聚糖为主要填充物所组成的。处于生长过程中的菌丝尖端几丁质多呈裸露状态，易被水解酶所攻击而导致细胞破裂，生长受阻或者细胞死亡，阻止病害的发生发展。据报道，7%的放线菌都可以产生几丁质酶和 β-1，3-葡聚糖酶等溶菌酶。因此，对放线菌重寄生作用的研究已经引起各国植病生防工作者的高度重视。

4. 促进植物生长

Benson 和 Silvester(1993)报道植物根际的弗兰克氏菌 *Frankia* sp. 具有固氮作用，可与植物形成共生关系，促进植物的生长。近年来，我国也开展了弗兰克氏菌共生固氮放线菌的研究，该菌能够诱导大范围的放线菌根瘤植物产生根瘤，并促进植物对铁元素等的吸收。涂璇等(2007)在盆栽条件下，接种 0108 和 0110 拮抗放线菌 14 d 后，2 株拮抗放线菌都能通过影响辣椒根系微生物数量控制辣椒疫霉菌 *P. capsici* 的生长繁殖，降低辣椒疫霉对根系的侵染，并对辣椒根系生长有显著促进作用。据最近研究报道，生防真菌与生防放线菌混合接种对辣椒叶片 PPO 活性的提高幅度大于单独接种，显著促进了辣椒根系生长。在拌土育苗和蘸根盆栽条件下生防放线菌接种后能显著促进草莓根系发育及茎叶生长，并使草莓产生对尖孢镰刀菌 *F. oxysporum* 和草莓疫霉 *P. cactorum* 的诱导抗性。另有研究表明，内生链霉菌不仅可以增加植物对病原菌的抗性，而且可促进植物生长、提高作物产量。

第五节　生 防 病 毒

生防病毒包括真菌病毒、细菌病毒和线虫病毒等。

一、真菌病毒

感染真菌的病毒称为真菌病毒(mycovirus 或 fungal virus)。病毒作为生防因子被间接利用在植物地上部真菌病害的生物防治中是非常令人关注的。目前已经有真菌病毒成功用于防治植物病害的事例，如低毒病毒 *Hypovirus* 可用于防治由 *Cryphonectria parasitica* 导致的栗疫病。

1. 真菌病毒的形态和结构

大多数真菌病毒是直径为 25～45 nm、分子质量为 6×10^6～131×10^6 Da 的球状病毒，少数为杆状、弯曲杆状、球棒状、线状病毒。

真菌病毒基因组多为 dsRNA，少数为 dsDNA 和 ssRNA。所有的 dsRNA 真菌病毒都具有双螺旋结构，多数 dsRNA 有 2～6 个隔裂，每个隔裂的基因组又分别被蛋白质衣壳所包被。真菌病毒大部分只有一种外壳蛋白，外壳蛋白分子质量为 25×10^3～130×10^3 Da，也有报道葡枝青霉的病毒 PsVS 外壳蛋白有两种多肽，主要组分是 42 500 Da，次要组分是 55 500 Da，并已计算出每个衣壳蛋白含有 120 个主要组分和 1 个次要组分。

2. 真菌病毒的种类

真菌病毒按核酸类型划分，主要有 dsRNA 和＋ssRNA 两类。其中 dsRNA 类占多数，多为球形，少数裸露或被寄主的膜包裹，分别归属于 4 个科，即 Chyroviridae、Hypoviridae、Paritiviridae 和 Totiviridae。已知基因组序列和结构的 dsRNA 真菌病毒约 38 种，分别感染 28 种真菌。＋ssRNA 真菌病毒，归入 Narnaviridae，分布于寄主线粒体中的 Narnaviridae 病毒，称为线粒体病毒 *Mitovirus*。目前在 *C. parasitica*、*Ophiostoma novo-ulmi*、*G. abietina*、*S. homoeocarpa* 和 *H. momp* 等真菌中已有报道。此外，还有真菌呼肠孤病毒 *Mycoreovirus* 和一些分类地位不明的病毒。

3. 真菌病毒的传播与侵染

目前人们认为真菌病毒只能靠寄主菌丝间的融合进行无性繁殖式的垂直传播，少有通过有性繁殖传播的情况，即使发现担子菌的真菌病毒可随担孢子传至子代，也未见传播介体。由于一个真菌群体内常有复杂的营养体亲和群，因而限制了真菌病毒在寄主体内扩散，这也是真菌病毒寄主范围较窄的主要原因。但有证据间接证明，真菌病毒可以在不同的营养体亲和型寄主间扩散。例如，*Hypovirus* 在欧洲的分布较广，且对栗疫病的防治效果也较好，说明病原菌的亲和性不太可能是限制病毒水平扩散的主要因素。在自然界真菌病毒也可能在亲缘关系相距较远的寄主间扩散。例如，来自 *O. novo-ulmi* 和 *S. homoeocarpa* 的病毒基因组序列间具有很高的同源性，来自 *Ceratocystis polonica* 和 *C. resinifera* 中的 *Partitivirus* 也具有高度的同源性，研究人员推测可能属于同一真菌病毒。真菌病毒在不同营养体亲和群甚至不同真菌种间的扩散，可能是一种遗传物质的水平转移。

一种真菌病毒可侵染一种或多种真菌，多种病毒也可复合侵染一种真菌，同一菌株有可能同时感染两种或更多种真菌病毒。例如，*Hv190SV* 和 *Hv14SV* 共同感染 *H. victoriae*，*Sphaeropsis sapinea RNA virus 1* 和 *S. sapinea RNA virus 2* 共同感染 *S. sapinea*，*Gremmeniella abietina* var. *abietina* type A 可同时受三种病毒侵染。

4. 真菌病毒与病原真菌、寄主植物间的相互关系

真菌病毒与寄主间的相互关系不同于动植物病毒。动(植)物病毒与寄主的相互作用是病毒与寄主双方的，而真菌病毒对病原真菌的相互作用涉及三方面，即病毒、病原真菌(病毒的寄主)和植物(病原真菌的寄主)。它们之间是否存在协同进化问题?

5. 真菌病毒的致病性及应用

真菌病毒对寄主致病力的影响差异较大。多数 dsRNA 病毒的致病性较低。例如，*P. chrysogenum virus* 对 *P. chrysogenum*、*Conithyrium minitans RNA virus* 对 *C. minitans*、*R. solani virus* 717 对 *R. solani* 等的影响都较小。以 *Hypovirus* 为代表的另外一些病毒对真菌的生命活动有显著影响，病原真菌受病毒感染后其表型和生活力将出现异常，呈明显的衰退现象。研究表明 *Hypovirus* 编码的蛋白质对寄主真菌表型和毒力都有较大影响，采用缺失突变的方法证实 *Hypovirus* 的 P29 蛋白不仅与寄主的表型紧密相关，还与病毒核酸的积累和病毒的转移有关。

有关真菌病毒的致病机制研究很少。Hiremath 等研究了欧洲及美洲低毒力菌株 EP713 和 GH2 的 dsRNA 的末端结构、cDNA、内切酶图谱及部分序列，认为 dsRNA 决定低毒力表型可能有两条途径：①dsRNA 直接抑制寄主的 mRNA 结合到核糖体上，从而抑制了毒力表现所必需的蛋白质合成；②dsRNA 间接地通过单顺反子 mRNA 的传代而起作用，mRNA 可转译为多肽，起到削弱或改变毒力的作用。

能引起植物病原真菌衰退的病毒可用于病害生物防治，用 *Hypovirus* 控制板栗疫病是真菌病毒应用的经典例子，但其他成功的例子并不多。真菌病毒的扩散效率是影响其利用的最

大障碍，因为多数病原真菌，如核盘菌和茄丝核菌等，具有复杂的营养体亲和型，限制了病毒的扩散。由于有些真菌的有性繁殖为同宗配合，病毒无法在种群间传播和扩散。但目前已经证实同种真菌病毒存在于不同的病原真菌中，暗示这种扩散障碍有可能被打破，一旦弄清了真菌病毒的扩散机理和进化途径，利用真菌病毒防治植物病害就可能会有重大突破。

二、细菌病毒

细菌病毒，也称噬菌体(bacteriophage)，是侵染细菌和放线菌的病毒，分别称为细菌噬菌体和放线菌噬菌体。

1. *形态和结构*

噬菌体是由核酸和蛋白质外壳构成的侵染性粒子。核酸以长丝状分子的形式存在，而且是一种双链或单链类型。蛋白外壳的形状和大小变化很大。蛋白外壳由均一的形态学亚基组装而成，这些亚基本身又可能由一系列更小的亚基组成。细菌病毒的形态多样，归纳起来有6种基本形态类型。

(1) 是一种较复杂的类型，具有一个六角形、能或不能延长的头部，有一个可收缩鞘附着在尾部。这种类型的粒体不易变形。

(2) 也有一个六角形的头部和一个尾部，但其尾部是相对可弯曲的，它可能有或没有末端附属物，尾部比头部直径要长，并且没有可收缩的附件。

(3) 也有一个尾部和一个六角形的头部，但其尾部短于头部直径或最大尺寸，尾部也可能有附属物，但也不可收缩。

(4) 没有尾部，其外观是六角形对称的，六边形的每一个角上有一个结或一个大的衣壳体。

(5) 病毒粒子为一个简单的有规则的六边形，但缺乏像第四种类型的大的衣壳体。

(6) 病毒粒子为一个长的可弯曲的丝状体，没有任何其他结构附着在丝状体上。与以上5种类型均不同。

2. *噬菌体的复制循环*

噬菌体的复制循环主要有两种类型。

(1) 循环类型。噬菌体的核酸被注射到敏感细菌的细胞内后，控制和改变了细菌的代谢活动并在其中分别复制蛋白质外壳和核酸，然后组装成新的噬菌体，并导致细菌细胞的消解，进而释放新的噬菌体。

(2) 循环类型。核酸注入细胞内并没有病毒粒子形成，而是将噬菌体基因组或其复制物插入到细菌染色体上，随后作为细菌染色体的一部分被复制。以这种方式被侵染的细菌菌株称为溶源性菌株，用代谢抑制剂处理后，这种菌株可诱导产生病毒粒子，导致细胞裂解并释放出子代噬菌体。

通常将具有第一种这种循环类型的噬菌体称为“烈性噬菌体”，而将具有第二种循环类型的噬菌体称为“温和噬菌体”。然而，由于许多噬菌体可以具有两种复制循环类型，因此不能将噬菌体截然地分为这两种类型。

3. *噬菌体的分布*

噬菌体的分布与其寄主细菌存在的场所有关。植物病原细菌的噬菌体主要存在于患病植物的病斑、带菌的种子、病植株下的土壤、灌溉水以及溶源性细菌菌株和载体细菌菌株中(多为非整合噬菌体)。一般从病组织中分离的噬菌体比从土壤中分离的噬菌体专化性要强,但高度专化性的噬菌体也可以从病植物生长的土壤中分离到。对植物病原细菌有活性的噬菌体也可以从污水或其他环境中分离得到。

4. 噬菌体的特异性

噬菌体都有一定的寄主范围,有的寄主范围广,可侵染一个属中不同种的细菌,称为多价噬菌体;有的寄主范围很窄,只能侵染同一种细菌的个别菌株,称为单价噬菌体。绝对专化性的噬菌体是很少的。从病组织中以及植株生长的土壤中能分离到专化程度较高的噬菌体,而从杂菌较多的残余组织或远离病植株生长的土壤中获得非专化性噬菌体的机会则更多。

5. 噬菌体的应用

噬菌体可以看做是细菌的天敌,其大量繁殖后用于浸种、喷洒或处理土壤等,对病害有一定的防治作用,因此可以将噬菌体作为对植物病害进行生物防治的制剂,如田波等人用噬菌体对水稻白叶枯病进行防治,研究表明噬菌体能对水稻白叶枯病起到有效的预防和控制作用。除此之外,可以利用噬菌体作为工具进行植物病原细菌种类和菌系的鉴别;利用噬菌体的消长预测病菌的消长和进行病害流行学研究;利用噬菌体测定寄主细菌的存在,检测种子苗木的带菌及病菌存活情况等。美国还利用高浓度的噬菌体喷雾达到减轻霜冻或推迟霜冻的效果,但总的说来噬菌体在植物病原细菌中的应用还是有限的。

三、线虫病毒

病毒作为植物寄生线虫的天敌因子研究甚少,并且对是否存在能够导致线虫病害的病毒仍没有定论。迄今为止,发现的受病毒感染的线虫只有 6 种:南方根结线虫 *M. incognita*、鼠膀胱线虫 *T. crassicauda*、异头锥线虫 *Dolichodorus heterocephalus*、食蚊罗索线虫 *Romanomermis culicivorax*、马氏矮化线虫 *Tylenchorhynchus martini* 和 *Thaumamermis cosgrovei*。

第六节 微生物代谢产物

微生物代谢产物(microbial metabolites)是指微生物在代谢过程中,产生的多种代谢产物。根据代谢产物与微生物生长繁殖的关系,可以分为初级代谢产物和次级代谢产物两类。初级代谢产物是指微生物通过代谢活动产生的、自身生长和繁殖所必需的物质,如氨基酸、核苷酸、多糖、脂质、维生素等。次级代谢产物是指微生物生长到一定阶段才产生的对该微生物无明显生理功能,或并非是微生物生长和繁殖所必需的物质,如抗生素、毒素、激素、色素等。用于植物病害生物防治的微生物代谢产物主要是次级代谢产物。

一、抗生素

抗生素,也称抗菌素,是微生物产生的、在低浓度下对其他微生物的生长有抑制或杀灭作用的一类非酶非激素类化学物质,它既不参与细胞结构,又不是细胞的贮存物质,对产生菌本身无害,但对敏感微生物有专性拮抗作用。绝大多数抗生素是由放线菌产生的,人类从放线菌中分离到的抗生素达上万种,另有部分抗生素是由细菌和真菌产生的。抗生素已广泛应用于工业、农业和医学领域,其中应用于农业的抗生素称为农用抗生素。

农用抗生素具有以下特点。①化学结构繁杂。②活性高,选择性强,使用剂量低。③与环境相容性好。农用抗生素是生物合成的天然物质，在自然界容易降解，对非靶标生物影响较小，不致破坏生态平衡。④毒性差别很大。很多农用抗生素对高等动物和非靶标生物的毒性很低。例如，急性经口 LD_{50} 剂量，井冈霉素大于 10 000 mg/kg，春雷霉素为 22 000 mg/kg，均属低毒级。但也有一些农用抗生素的毒性为中毒甚至高毒级的。⑤生产原料多为可再生性资源。通常农用抗生素的生产均采用发酵工程进行大量生产。所用原料多为农副产品如淀粉、葡萄糖等可再生性资源。⑥生产设备通用性强。与化学农药不同，农用抗生素所用的发酵设备具有通用性，只需变换菌种，就可以改变生产品种。抗生素的防病机理已于前述，主要是对靶标病原微生物的抗生作用。

生产上农用抗生素的应用方法主要有下列几种。①对种子、秧苗传染的病害，可用抗生素浸种或苗床喷洒。②对大田作物地上部病害，选择适当时期进行植株喷洒。③对根部病害及系统性病害，采用抗生素药液淋浇或灌根。④在果木上使用，若治疗树干病部，一般是将抗生素制成油膏进行涂敷或涂刷，如用内疗素涂敷橡胶树割面，防治橡胶条溃疡病；用放线酮涂刷树干防治白松疱锈病。防治果木叶部病害仍然是采用喷洒的方法。

下面分别介绍我国已应用于防治植物病害的主要农用抗生素。

（一）链霉素

1. 来源与组分

链霉素（streptomycin）是灰色链霉菌 *Streptomyces griseus* 产生的氨基糖苷类抗生素。能产生链霉素的链霉菌还有比基尼链霉菌 *S. bikiniensis*、暗红产色链霉菌 *S. erythrochro mogenes*、鲜黄链霉菌 *S. galbus*、橄榄链霉菌 *S. olivaceus*、枝链霉菌 *S. rameus* 和玫瑰产色链霉菌 *S. roseochromogenes* 等。

2. 结构和特性

化学结构式如图 4-36 所示。分子式：游离碱 $C_{21}H_{39}O_{12}N_7$、盐酸盐 $C_{21}H_{39}O_{12}N_7 \cdot 3HCl$、硫酸盐 $C_{21}H_{39}O_{12}N_7 \cdot 13/2H_2SO_4$。相对分子质量：游离碱 581.6、盐酸盐 691.0、硫酸盐 728.7。

链霉素纯品为强碱性，游离碱为无定形白色粉末，盐酸盐为白色单斜柱晶体，盐酸盐为白色粉末。熔点盐酸盐为 175～185℃（分解）。UV 末端吸收。

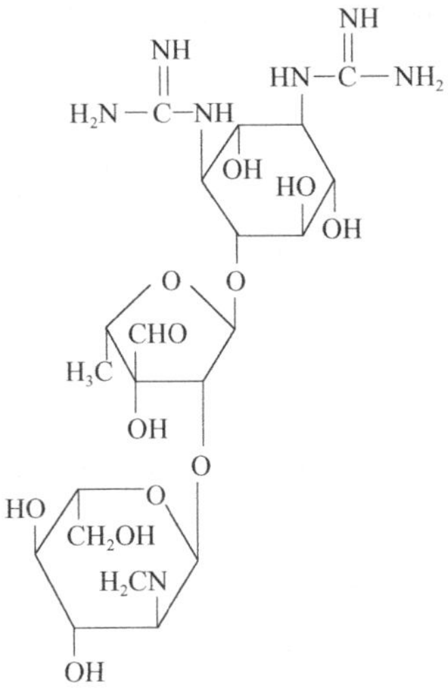

图 4-36　链霉素的化学结构

3. 作用及机理

广谱抗细菌抗生素，对革兰氏阳性菌、阴性菌都有作用。产品农用链霉素易溶于水，对人、畜低毒；有内吸治疗作用，对植物细菌性病害有较好防治效果，适用于果树和蔬菜的细菌性病害、烟草青枯病，柑橘溃疡病、水稻白叶枯病、细菌性条斑病。注意，使用浓度不宜超过 220 mg/L，以防产生药害；不能与碱性农药及其他生物药剂混用。

（二）春日霉素

1. 来源与组分

春日霉素（kasugamycin）是春日链霉菌 *S. kasugaenisis* M-388 菌株产生的氨基糖苷类抗

生素，与春雷霉素（chunleimycin）相同。

2. 结构和特性

化学结构式如图 4-37 所示。分子式：游离碱 $C_{14}H_{25}O_9N_2 \cdot H_2O$、盐酸盐 $C_{14}H_{25}O_9N_2 \cdot HCl \cdot H_2O$。相对分子质量：游离碱 394.4、盐酸盐 433.8、盐酸盐 · H_2O 460.0。UV 末端吸收。

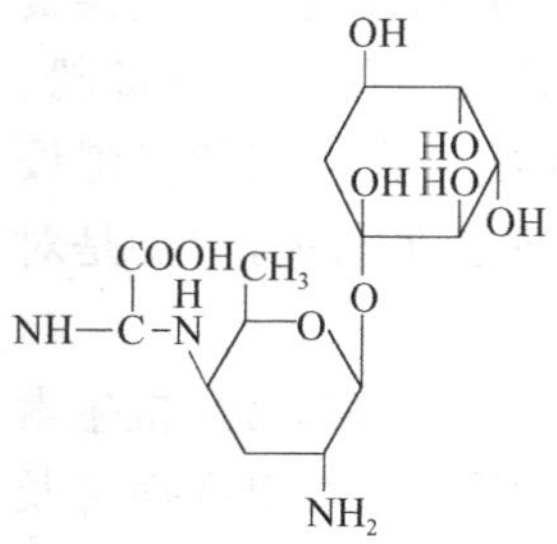

图 4-37　春日霉素的化学结构

弱碱性，无色针状结晶，其盐酸盐为无色片状结晶。熔点：游离碱 214～216℃（分解）、盐酸盐 236～239℃（分解）。25℃水中溶解度为 12.5%。不溶于有机溶剂。在酸性和中性溶液中较稳定，碱性溶液中易分解。

3. 作用及机理

对某些真菌和细菌有抗菌作用，作用机制是干扰酯酶系统，影响氨基酸代谢，从而影响蛋白质合成，抑制菌丝体发育。具保护和治疗作用。内吸性强，并运转。原粉对小白鼠急性口服 LD_{50} >8000 mg/kg，100 mg/L 对水稻无药害，对人、畜、鱼安全。制剂有 1%～2%水剂，2%、4%、6%可湿性粉剂，0.4%粉剂。商品名又称加收米，主要用于防治稻瘟病，对甜菜和芹菜叶斑病、黄瓜炭疽病、枯萎病、番茄叶霉病及水稻和蔬菜细菌性病害等也有较好的防治效果。注意，该药剂遇碱失效，不能与碱性农药混用。

（三）春雷霉素

1. 来源与组分

春雷霉素是我国研制的春日霉素的同类产品，由小金色放线菌 *A. microanueus* 产生，属氨基糖苷类抗生素，其组分与日本的春日霉素相同。

2. 结构和特性

同春日霉素。

3. 作用及机理

同春日霉素。

（四）灭瘟素

1. 来源与组分

灭瘟素（blasticidin）是从土壤中分离获得的一株灰色产色链霉菌 *S. griseochromogenes* 产生的核苷类抗生素，分离出 A、B、C、H、S 等成分，其中 S 成分称为灭瘟素-S（blasticidin-S）。

2. 结构和特性

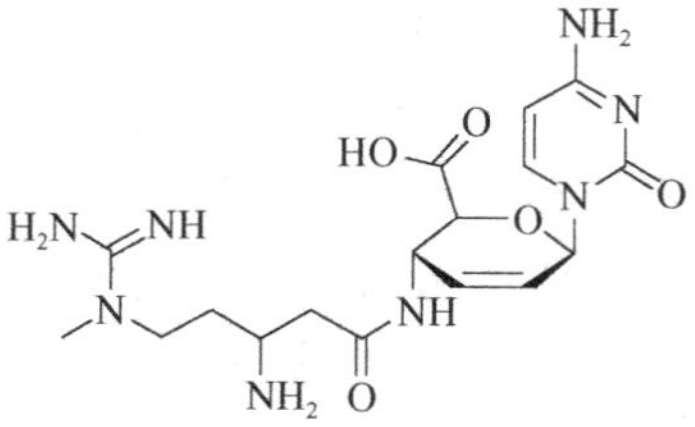

图 4-38　灭瘟素-S 的化学结构

灭瘟素-S 为白色针状结晶，化学结构式如图 4-38 所示。分子式：$C_{17}H_{26}N_8O_6$，两性，pK_a 2.4、4.5、8.0 和>12.5。熔点 236～237℃（分解）。溶解于水和乙酸。常制成苄氨基苯磺酸盐。此盐的纯品为白色针状结晶，熔点 253～255℃（分解）。溶于乙酸，难溶于水及大多数有机溶剂。

3. 作用及机理

灭瘟素-S 通过抑制肽基转移酶而阻断蛋白质合成，对雌性和雄性大鼠急性经口 LD_{50}

55.9 mg/kg 和 56.8 g/kg。对稻瘟病菌 *P. grisea* 有较强活性，防治稻瘟病的有效浓度为 5 mg/L，能影响病菌的蛋白质合成，抑制孢子的形成、萌发及菌丝的发育。具内吸治疗作用，通常制成乳剂。制剂有 0.16%粉剂，4%可湿性粉剂和 2%乳剂。主要用于防治稻瘟病、稻胡麻斑病、稻小粒菌核病，还具有抗病毒作用，对番茄、茄、豆、烟草、桑等病毒病有一定防治效果。注意，灭瘟素-S 不具内吸性，从损伤或感病处渗入并运转，40 mg/L 开始引起药害，对皮肤、黏膜、肺有接触毒性。

（五）有效霉素

1. 来源与组分

有效霉素（validamycin）是吸水链霉菌柠檬变种 *S. hygroscopicus* var. *limoneus* IFO 12703 和 12704 菌株产生的氨基糖苷类抗生素，与我国井冈霉素相同。最近报道海宁链霉菌 *S. hainingensis* 也可产生有效霉素。有效霉素含有 8 个组分：A、B、C、D、E、F 和有效霉胺（validoxylamine）A(VA-A)及 B(VA-B)，其中组分 A 称为有效霉素 A（validamycin A），目前已批量生产并用于病害防治。

2. 结构和特性

有效霉素 A 化学结构式如图 4-39 所示。分子式：$C_{20}H_{35}O_{13}N$；相对分子质量：497.51；弱碱性，白色无定形粉末，溶于水，微溶于乙醇，不溶于丙酮、苯、乙酸乙酯、乙醚等有机溶剂，吸湿性强，在室温 pH 3～9 水溶液中稳定。UV 末端吸收。

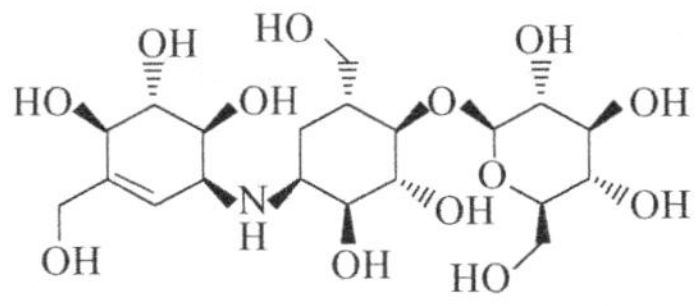

图 4-39　有效霉素 A 的化学结构

3. 作用及机理

各组分在普通测定培养基上对细菌和真菌没有抑制作用，但在含稻浸汁的培养基上则能使菌丝顶端出现不正常分枝，在温室试验中各组分均对水稻纹枯病有防治作用。有效霉素 A 能显著抑制黄瓜猝倒病菌 *Pythium* spp. 中肌醇的合成，加入肌醇后可使黄瓜猝倒病菌的致病性恢复。

有效霉素 A 具强内吸性和选择性，对防治水稻纹枯病具有特效，也可用于水稻稻曲病、小麦纹枯病、蔬菜立枯病和根腐病、棉花和豆类立枯病及水稻小粒菌核病、玉米大斑病的防治。

（六）井冈霉素

1. 来源与组分

井冈霉素（jinggangmycin）是我国研制的、由吸水链霉菌井冈变种 *S. hygroscopicus* var. *jinggangensis* 产生的氨基糖苷类抗生素，其组分与日本的有效霉素相同。

2. 结构和特性

同有效霉素 A。

3. 作用及机理

同有效霉素 A。最近发现，井冈霉素 A(有效霉素 A)对水稻纹枯病菌的主要存贮糖——海藻糖的酶活性有强烈的抑制作用，故井冈霉素 A 能有效地阻止纹枯病菌 *R. solani* 从菌丝基部向顶部输送养分(葡萄糖)，从而抑制病菌菌体细胞的生长和发育。此外，井冈霉素 A 处理后对水稻植株体内过氧化物酶、苯丙氨酸解氨酶以及海藻糖酶、几丁质酶、β-1，3-葡聚糖酶的活性变化动态，均与该抗生素在田间和盆栽植株上控制病害的效果及持效期相吻合，表明井冈霉素 A 能激发防卫反应。

井冈霉素具有较强的内吸性，易被菌体细胞吸收并在其内迅速传导；属低毒杀菌剂，纯品大小鼠急性经口 LD_{50} 均大于 2000 mg/kg，皮下注射 LD_{50} 均大于 1500 mg/kg。5000 mg/kg 涂抹大鼠皮肤无中毒反应。对鱼类低毒，鲤鱼 TLM(96 h)LD_{50}>40 mg/L。剂型有 5%、30% 水剂，2%、3%、4%、5%、12%、15%、17%水溶性粉剂和 0.33%粉剂。主要用于防治水稻纹枯病、小麦纹枯病、玉米纹枯病、棉花立枯病和蔬菜、草莓、生姜、甜菜、瓜类等作物的立枯丝核菌引起的病害，也可用于水稻稻曲病以及蔬菜和棉花等作物病害的防治。

（七）多氧霉素

1. 来源与组分

多氧霉素(polyoxin)，也称多抗霉素(polyoxin)，属肽嘧啶核苷类抗生素，含有 A、B、D、E、F、G、H、J、K、L 和 M 等 11 种活性组分。日本的多氧霉素是可可链霉菌阿苏变种 *S. cacaoi* var. *asoensis* 和产皮殴霉素链霉菌 *S. piomogenus* 产生的代谢物，主要成分为多氧霉素 B。我国研制的同类产品称为多抗霉素，是金色产色链霉菌 *S. aureochromogenes* 产生的代谢物，主要成分是多氧霉素 A 和多氧霉素 B。

2. 结构和特性

多氧霉素 B 为无定形结晶，化学结构式如图 4-40 所示。分子式：$C_{23}H_{32}N_5O_{13}$，相对分子质量：497.22。多氧霉素 A 为无色针形结晶，分子式：$C_{23}H_{32}N_6O_{14}$；相对分子质量 568.30。

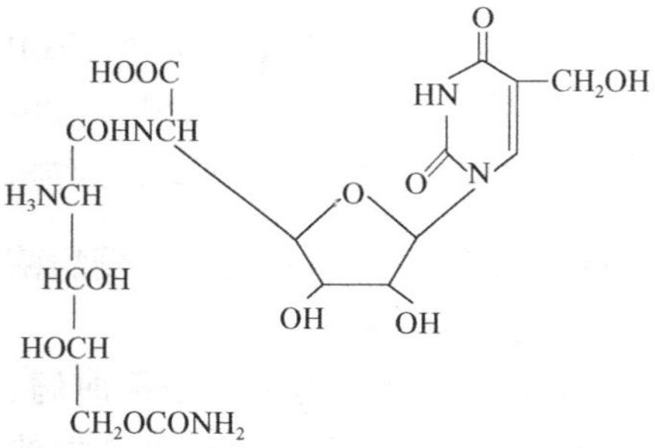

图 4-40　多氧霉素 B 的化学结构

各组分均为碱性。多氧霉素 B 纯品熔点 160℃以上(分解)。原药含多氧霉素 B 22%～25%，为浅褐色粉末，相对密度 0.10～0.20，分解温度 149～153℃，pH 2.5～4.5，水分含量小于 3%，细度>149 μm 的小于 25%。对紫外线稳定。在酸性和中性溶液中稳定，但在碱性溶液中不稳定。溶于水(5%)，不溶于丙酮、苯、氯仿、乙醇、己烷、甲醇等。

3. 作用及机理

多氧霉素是一种广谱性抗生素类杀菌剂，具有较好的内吸传导作用。其作用机理是干扰病菌细胞壁几丁质的生物合成，影响芽管和菌丝正常发育，还能抑制病菌产孢和病斑扩大。对高等动物低毒，对鱼、蜜蜂低毒，对人、畜安全，对植物无药害。但病菌易产生抗药性。

我国生产的制剂有：10%宝利安可湿性粉剂，3%、2%、1.5%多抗霉素可湿性粉剂，主要用于植物真菌性病害的防治，对苹果斑点落叶病、梨黑斑病、草莓灰霉病、烟草赤星病、甜菜褐斑病、人参黑斑病、瓜类蔬菜的立枯病、白粉病、霜霉病、灰霉病、炭疽病、枯萎病、水稻纹枯病、林木枯梢病等病害具有良好的防治效果，同时还能刺激植物生长。

（八）放线菌酮

1. 来源与组分

放线菌酮(actidione)，异名放线酮(actidione)、奈良霉素(naramycin)、环己酰亚胺(cycloheximide)，是灰色链霉菌 *S. griseus*、诺尔斯链霉菌 *S. noursei* 8054-Mc3、金羊毛链霉菌 *S. chrysomallus* 等链霉菌产生的戊二酰亚胺类抗生素。

2. 结构和特性

放线菌酮化学结构式如图 4-41 所示。分子式：$C_{15}H_{23}NO_4$，相对分子质量：281.36。

无色片状结晶，弱酸性。熔点 115.5～117℃。溶于水(2℃时 1 L 水中溶解 21 g)、甲醇、乙醇、丙酮、氯仿、异丙醇和乙酸乙酯。耐酸、耐热，室温时在中性和酸性介质中稳定，碱性介质中迅速分解为 2,4-二甲基环己酮。旋光度为－6.8°(20 g/L 水)。

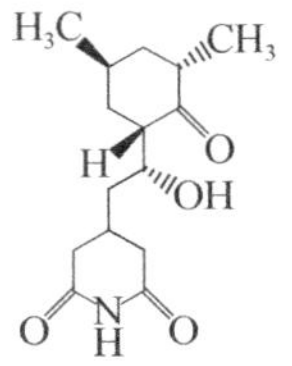

图 4-41　放线菌酮的化学结构

3. 作用及机理

对真菌有抑制作用，对细菌无显著抑制作用。作用机理是通过干扰蛋白质合成过程中的易位步骤而阻碍翻译过程，对真核生物蛋白质生物合成有抑制效应。内吸性较强，有内吸治疗作用。在植物体内有效期长，对植物能引起不同程度的药害；对人、畜有较强毒性，包括损害 DNA、导致畸形胎儿和出生障碍等。

放线菌酮制剂有粉剂、可湿性粉剂、片剂，主要用于防治茶树的云纹叶枯病、炭疽病、褐色叶斑病、黑点病、赤叶斑病，棉花角斑病、樱桃叶斑病、樱花穿孔病、桃树菌核病、橡树立枯病、薄荷及松树的疱锈病、麦类锈病、赤霉病，甘薯黑斑病等。此外，也是鼠类、兔子、狗熊、野猪等的忌避剂。注意，不宜与碱性农药混用。

(九) 农抗 120

1. 来源与组分

农抗 120(agricultural antibiotic 120)是吸水刺孢链霉菌北京变种 *S. hygrospinosus* var. *beijingensis* 产生的核苷类抗生素。

2. 结构和特性

碱性核苷类抗生素。

3. 作用及机理

农抗 120 对多种植物病原菌有强烈的抑制作用，抗菌谱广，以预防保护作用为主，兼有治疗作用。其作用机理是直接阻碍病原菌的蛋白质合成，导致病原菌死亡，并对作物有显著的刺激生长和增产作用。

制剂有 2%水剂，用于防治瓜类、苹果、葡萄、小麦、烟草等作物白粉病，西瓜枯萎病、炭疽病，芦笋茎枯病，水稻纹枯病，小麦锈病、纹枯病，苹果树腐烂病，柑橘疮痂病、脚腐病等。注意，本品可与多种农药混用，但不能与碱性农药混合使用。

(十) 制霉菌素

1. 来源与组分

制霉菌素(nystatin)，异名有 fungicidin、mycostatin，是诺尔斯链霉菌 *S. noursei* ATCC 11455 产生的多烯大环内质类抗生素，含有 A1、A2 和 A3 共 3 个活性组分。药用产品主要为制霉菌素 A1(nystatin A1)。制霉菌素产生菌还有金色放线菌 *S. aureus* A-94 等。

2. 结构和特性

制霉菌素化学结构式如图 4-42 所示。分子式：$C_{47}H_{75}NO_{17}$，相对分子质量：926.11。

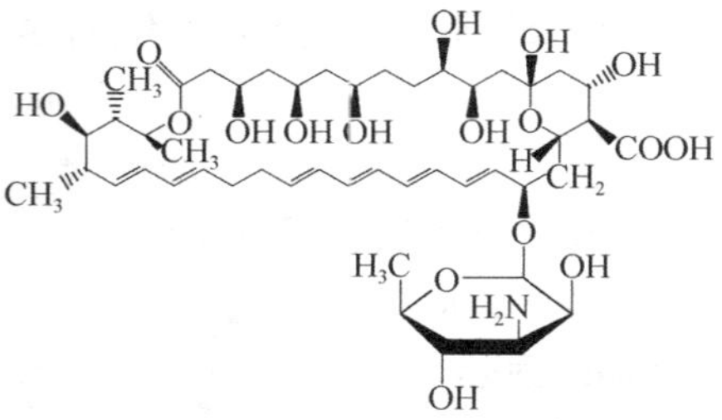

图 4-42　制霉菌素 A1 的化学结构

两性，淡黄色细针状丛生结晶。熔点：160℃（变色），300℃（分解）。性质不稳定，极微溶于水，略溶于乙醇、甲醇，暴露在热、光、空气或潮湿状态下会变质。在微碱性介质中稳定，pH 9～12 时不稳定。

3. 作用及机理

有抗丝状真菌和酵母菌作用，对原虫也有抑制作用。在霉菌的细胞膜内与脂醇(真菌上的胞浆膜甾醇)结合而造成细胞膜通透性的改变，导致真菌细胞内的成分——钾离子及其他成分如氨基酸、蛋白质等泄漏到膜外，破坏真菌正常代谢及抑制生长，细胞产生裂解而造成霉菌细胞死亡。由于细菌的细胞膜上并不含麦角甾醇，故此药对细菌并无抑制和杀灭作用。而人和动物的细胞膜上，则以胆固醇为主要成分，胆固醇与两性霉素 B 具有一定亲和力，因此对人体会具一定毒性。在农业科研上，制霉菌素主要作为真菌抑制剂用于一些微生物的选择性分离培养及植物组织培养。

（十一）胶霉毒素

1. 来源与组分

胶霉毒素（gliotoxin）是由木素木霉 *T. lignorum*、烟曲霉 *A. fumigatus* 和红青霉 *P. cinerascens* 等产生的一种多硫代二酮哌嗪类抗生素。

2. 结构和特性

化学结构式如图 4-43 所示。分子式 $C_{47}H_{75}NO_{17}$，相对分子质量 926.11。单斜晶体(甲醇)，熔点 221℃。胶霉毒素的化学性质不稳定，在酶的作用下或在代谢过程中可转化为二甲基胶霉毒素而丧失抗菌活性。

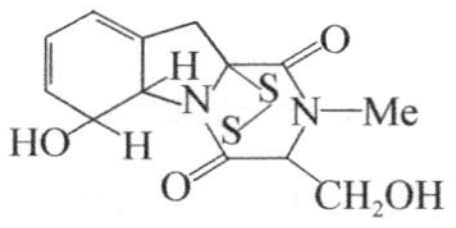

图 4-43　胶霉毒素的化学结构

3. 作用及机理

胶霉毒素抗菌谱较广，能抑制革兰氏阳性菌、阴性菌、丝状真菌和病毒，其作用机制是抑制蛋白质转移酶。胶霉毒素还具有免疫调节活性。木霉和粘帚霉属真菌，如木素木霉 *T. lignorum* 和胶粘帚霉 *G. fimbriatum*，对柑橘青绿霉病、棉苗立枯病、水稻纹枯病等真菌病害具有较好防效，主要起作用的物质为胶霉毒素。

（十二）四环素

1. 来源与组分

四环素(tetracycline)是一种由生绿链霉菌 *S. viridifaciens* BL-567201(ATCC11989)、生金链霉菌 *S. aureofaciens* NRRL2209、葡萄牙链霉菌 *S. lusitanias* 等多种链霉菌产生的苯甲酰胺类抗生素。

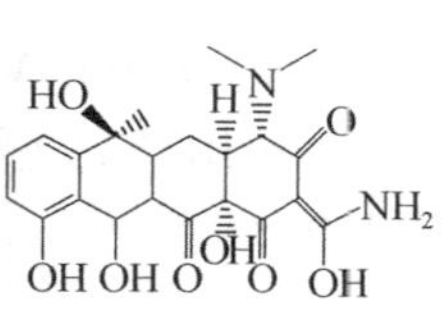

图 4-44　四环素的化学结构

2. 结构和特性

化学名为 6-甲基-4-(二甲氨基)-3，6，10，12，12α-五羟基-1，11-二氧代-1，4，4α，5，5α，6，11，12α-八氢-2-并四苯甲酰胺。其结构式如图 4-44 所示，分子式：$C_{22}H_{24}N_2O_8$，相对分子质量：444.44。

四环素纯品为黄色结晶，两性。熔点：盐酸盐 214℃，游离碱(无水)170～173℃(分解)。

3. 作用及机理

四环素对革兰氏阳性菌、阴性菌、植原体和放线菌都有很好的抑制作用，是一种广谱抗生素。其作用机制是与核蛋白体的 30S 亚单位结合，从而阻止氨酰-tRNA 同核蛋白体结合。在农业上，四环素主要用于植物植原体病害的诊断和防治；使用四环素能有效地控制柑橘黄化病、绿化病和其他病害。但近年来，其应用受到病菌抗(耐)药性的影响。

(十三) 其他农用抗生素

我国已应用于防治植物病害的农用抗生素除上述种类外，还有内疗素、公主岭霉素、多效霉素、武夷霉素、庆丰霉素、中生霉素、宁南霉素和天柱霉素等，其产生菌、组分、作用特点和防治对象如表 4-13 所示。

表 4-13 其他农用抗生素

抗生素名称	产生菌和组分	作用特点	防治对象
内疗素	吸水刺孢链霉菌 *Streptomyces hygrospinosus* 内疗素含甲、乙、丙三种成分，分别为放线酮、异放线酮和脱水放线酮	内疗素甲、乙对光、热、酸等环境因子稳定，遇碱分解；内吸性较强，对多种真菌有强烈抑制作用。作用机制同放线酮。对人和动物有毒性	对苹果、石榴、核桃腐烂病，禾谷类作物黑穗病，橡胶条溃疡病、白粉病，红麻炭疽病等防效较好。注意，浓度过大时易发生药害
公主岭霉素 gongzhulingmycin	不吸水链霉菌公主岭变种 *S. ahygroscopicus* var. *gongzhulingensis* 公主岭霉素是一种混合物，含有脱水放线酮、异放线酮、制菌霉素、奈良霉素 B 和苯甲酸等多种有效成分	对真菌有较强的抑菌作用，对细菌抑制作用不明显。高效低毒，对人畜安全，用作种子消毒剂，使用方便	对种子传播的禾谷类作物黑穗病有较高防效，也可用于防治苹果灰斑病、梨赤星病、大豆紫斑病、棉花炭疽病、玉米圆斑病、水稻恶苗病、蔬菜立枯病等病害
多效霉素 povamycin M	不吸水链霉菌白灰变种 *S. ahygroscopicus* var. *incarnis* 多效霉素有 B、C、D、SE 4 个组分	各组分均对一些真菌有较强抑菌作用，其主要机制是破坏植物病原菌细胞壁的形成。内吸性强，抑菌谱广。SE 组分对植物无药害，可作为水果保鲜防腐剂	对苹果及梨树腐烂病、柑橘树流胶病、青霉病、葡萄白腐病、橡胶条溃疡病、红麻炭疽病、西瓜炭疽病、黄瓜霜霉病、甘薯线虫病等均有良好的防治效果
武夷霉素 wuyiencin	不吸水链霉菌武夷变种 *S. ahygroscopicus* var. *wuyiensis* 主要活性组分武夷菌素 A 为核苷类抗生素	对真菌和细菌有较强的抑菌作用，机制是干扰病原菌蛋白质的合成。内吸性强，广谱、高效、低毒	黄瓜白粉病、水稻白叶枯病、稻瘟病、小麦赤霉病、水稻纹枯病、番茄叶霉病、棉花枯萎、黄萎病等
庆丰霉素 qingfengmycin	庆丰链霉菌 *S. qingfengmyceticus* 庆丰霉素属胞嘧啶核苷类抗生素	碱性；水溶性；无药害；对人、畜、鱼无毒	稻瘟病、麦类、瓜类和花卉白粉病
中生霉素 zhongshengmycin	浅紫灰链霉菌海南变种 *S. lavendulae* var. *hainanensis* 中生菌素属 *N*-糖苷类抗生素	对细菌和真菌有较强的抑菌作用，作用机制是干扰病原菌蛋白质合成，进而导致 RNA、DNA 合成受阻。无致畸、致突变毒性	对白菜软腐病、水稻白叶枯病、小麦赤霉病、白菜黑腐病、黄瓜角斑病、苹果轮纹病和早期落叶病等具有很好的防治效果
宁南霉素 ningnanmycin	诺尔斯链霉菌西昌变种 *S. noursei* var. *xichangensis*	诱导 PR 蛋白的产生，与抗病性耐病性有关。无药害；对人、畜、鱼无毒；抗雨水冲刷	水稻白叶枯病、小麦和蔬菜等白粉病、烟草花叶病、辣椒病毒病等

续表

抗生素名称	产生菌和组分	作用特点	防治对象
天柱霉素 tianzhuencin	不吸水链霉菌天柱山变种 *S. ahygroscopicus* var. *tianzhushanensis*	低毒、广谱、抗病毒；无药害；对人、畜、鱼无毒	TMV、PVY、CMV、SMV、MDMV、TuMV等引起的病毒病

二、抗菌蛋白类

一般认为拮抗菌产生抗菌蛋白类(antifungal protein)的途径分为核糖体和非核糖体合成两种。下面将对其分别做以介绍。

(一) 核糖体合成途径产生的抗菌蛋白类

1. 酶类

拮抗微生物分泌几丁质酶主要作用于真菌细胞壁的降解和重组，β-葡聚糖酶具抗真菌作用主要是因为它能水解β-1,3-糖苷键。几丁质酶与β-1,3-葡聚糖酶常常在植物体内被同时诱导，几丁质酶与β-1,3-葡聚糖酶同时使用具有更强的抑制真菌的作用，可以完全消解病原菌细胞壁，抑制病原菌生长，达到抗菌防病的目的。

1) 几丁质酶(chitinase)

几丁质酶广泛存在于各种植物、动物及微生物细胞和组织中，参与多种生理过程。几丁质酶可以有效降解自然界中数量巨大的天然多聚物——几丁质(chitin)，在自然界的物质循环中起着不可替代的作用。

(1) 产几丁质酶微生物的种类。Benecke(1905)首次分离和研究了能够利用几丁质作为营养物质的微生物，并将分离到的微生物定名为几丁芽孢杆菌 *B. chitinous*。研究者已经相继从多种微生物，包括细菌、放线菌和真菌、多种植物及动物中分离到几丁质酶。能够产生几丁质酶的微生物种类繁多，包括：细菌为粘质沙雷氏杆菌 *Serratia marcescens*、液化沙雷氏杆菌 *S. liquefaciens*、巨大芽孢杆菌 *B. megaterium*、液化肠杆菌 *E. liquefaciens*、色杆菌 *Chromobacterium* sp.、乳杆菌 *Klsbsiella* sp.、假单胞杆菌 *Pseudomonas* sp.、梭菌 *Clostridium* sp. 和弧菌 *Vibrio* sp. 等；放线菌为链霉菌属中大部分种，如灰色链霉菌 *S. griseus*、褶皱链霉菌 *S. plicatus* 等；真菌为烟曲霉 *A. fumigatus*、淡紫拟青霉 *P. lilacinum*、枯草毛霉 *M. subtilissimus*、绿色木霉 *T. viride* 等。

(2) 几丁质酶的分类及特点。微生物几丁质酶按反应初级产物类型可分为内切几丁质酶、外切几丁质酶和几丁二糖酶。内切几丁质酶从几丁质链的任何一部分切割，产生几丁质寡糖。外切几丁质酶从几丁二糖或几丁质寡糖的非还原端依次切割，产生几丁单糖。几丁二糖酶专一降解几丁二糖为几丁单糖。多数微生物几丁质酶为内切几丁质酶。

根据氨基酸序列同源性，几丁质酶分属于18、19和20家族葡萄糖苷水解酶。第18家族的几丁质酶在进化上具有多样性，包括细菌、真菌、病毒、动物和部分植物的几丁质酶。第19家族的几丁质酶包括高等植物几丁质酶(classes Ⅰ,Ⅱ,Ⅳ)和链霉菌的几丁质酶。第18家族和第19家族几丁质酶在氨基酸序列上没有同源性。两个家族的几丁质酶的3D结构和分子机制完全不同，因此有可能起源不同。第20家族几丁质酶包括细菌、链霉菌和人类的几丁质酶。

按最适作用 pH 几丁质酶可分为酸性、中性和碱性几丁质酶。

(3) 几丁质酶的抑菌机理。大多数植物病害是由真菌引起的，几丁质是大多数植物的病原真菌，如接合菌、子囊菌、担子菌和半知菌的细胞壁成分，几丁质酶可以分解真菌细胞壁的几丁质而杀死病原真菌，因此几丁质酶在控制植物真菌病害方面具有重要作用。

a. 抑菌作用。大多数丝状真菌在生长过程中，菌丝顶端同时合成几丁质和 β-1,3-葡聚糖，多糖交联形成几丁质、葡聚糖或其他多糖，菌丝顶端暴露的几丁质链被几丁质酶所水解。微生物几丁质酶可通过分解几丁质来抑制真菌菌丝生长，使顶端细胞壁变薄，继而形成球状突起，最后细胞壁降解、原生质膜破裂；几丁质酶还通过降解菌丝生长末端新合成的几丁质，破坏菌丝端部生长，使真菌孢子萌发、芽管伸长和菌丝生长受阻，芽管和附着胞解体。木霉产生的几丁质酶在与寄主真菌的相互作用中起重要作用。几丁质酶参与木霉对寄主真菌的侵染过程，消解寄主真菌细胞壁和杀死寄主真菌，从而获得营养。木霉产生的几丁质酶还对植物病原真菌的孢子萌发、芽管伸长和菌丝生长具有强烈的抑制作用。木霉几丁质酶因其对植物病原菌具有高效、广谱的抗菌和杀菌作用而优于其他来源(细菌、植物、动物)的几丁质酶。

几丁质酶的抑菌作用具有特异性，一种几丁质酶只对某些真菌具有抑制作用，并且来源不同作用效果不同。在成熟的菌丝细胞壁中，几丁质通常与某些蛋白质、多糖、脂类等形成复杂结构的复合物，因此能够降解胶状几丁质的酶，却不一定能够分解真菌细胞壁中的几丁质。有研究证实，几丁质酶只对真菌新生细胞，如芽管和菌丝顶端细胞壁具有破坏作用。有些几丁质裂解微生物对植物病原真菌的抑制作用与几丁质酶无关。

b. 提高植物的防御能力。几丁质酶水解真菌菌丝细胞壁几丁质，产生几丁寡糖，几丁寡糖在调节植物细胞代谢活动、提高植物防御能力等方面具有很好的作用，并且具有较强的抑菌、抗菌作用，能够抑制病原物的侵入或扩展，特别是聚合度较高的几丁寡糖，能够阻碍病原物生长。几丁寡糖可以作为植物功能调节剂，促进植物蛋白质合成，活化植物细胞，调节植物基因表达，刺激植物生长。

几丁寡糖可以作为激发子，在植物防御反应中充当信号因子，迅速启动植物的防御反应，诱导植物细胞对病原菌入侵作出反应，调节与抗病性有关的过氧化物酶(PO)、多酚氧化酶(PPO)、超氧化物歧化酶(SOD)及苯丙氨酸解氨酶(PAL)等酶活性的变化，产生植保素、酚类化合物等抗菌物质，使植物体内病程相关蛋白(pathogenesis related protein，PRP)含量升高。几丁寡糖在植物体内可以作为激活植物几丁质酶的诱导物，最小的活性单位为六聚或七聚寡糖。

c. 植物防御反应酶蛋白的协同作用。在植物抗病过程中，各种防御反应往往表现出协同作用。几丁质酶、β-1,3-葡聚糖酶及其他 PRP 常伴随产生，几丁质酶与其他防卫蛋白存在协同作用。Mauch 等证明，当几丁质酶与 β-1,3-葡聚糖酶协同作用时，抑菌效果提高、作用范围扩大。几丁质酶与 β-1,3-葡聚糖酶的协同作用对真菌细胞壁的降解作用增强；单独使用 0.1 μg Ⅰa 型几丁质酶对茄病镰刀菌 *F. solani* 的菌丝几乎没有影响，而 0.1 μg Ⅰa 型几丁质酶和 0.1 μg Ⅰ型葡聚糖酶同时使用，*F. solani* 萌发 2 h 后的菌丝完全被水解，萌发 3 d 后的菌丝生长完全被抑制。Takeshi 等从环状芽孢杆菌 *B. circulans* WL-12 中分离出 6 种几丁质酶，对酵母菌等真菌细胞壁的分解具有协同作用。

(4) 微生物几丁质酶防治植物真菌病害的应用。几丁质裂解菌有很多成功应用的实例(表 4-14)。直接利用微生物防治植物病害是传统生物防治的主要途径，这种方式的针对性不强，效果较差并且不够稳定；同时还存在微生物能否适应新的定殖以及难以与化学防治协调等问题。

表 4-14 已规模化生产的几丁质裂解菌应用实例(李华等，2003)

几丁质裂解菌	防治对象
粘质沙雷氏菌(*Serratia marcescens*)	菌核病(*Sclerotinia* disease)
荧光假单胞菌(*Pseudomonas fluorescens*)	立枯病(*Rhizoctonia* disease)
芽孢杆菌(*Bacillus* sp.)	菌核病(*Sclerotinia* disease)、立枯病(*Rhizoctonia* disease)
绿色木霉(*Trichoderma viride*)	菌核病(*Sclerotinia* disease)、立枯病(*Rhizoctonia* disease)
哈茨木霉(*Trichoderma harzianum*)	菌核病(*Sclerotinia* disease)、立枯病(*Rhizoctonia* disease)
轮枝孢菌(*Verticillium lecanii*)	花生锈病(peanut rust)
链霉菌(*Streptomyce* spp.)	土传、种传镰刀菌(soil-borne and seed-borne *Fusarinm* spp.)
拟青霉菌(*Paecilomyces lilacinus*)	大豆孢囊线虫(soybean cyst nematode)、烟草根结线虫(tobacco root-knot nematode)

a. 直接纯化利用几丁质酶。几丁质酶性质较为稳定，pH 3～9 时性质不变，pH 4～7 和 40～50℃时酶活性最高，因此可以直接纯化利用几丁质酶防治植物真菌病害。将纯化的几丁质酶放入灌溉水中，能够引起齐整小菌核菌丝顶端破裂，使豆科植物发病率降低。从灰色链霉菌 *S. plicatus* 纯化的几丁质酶，处理大麦离体胚芽鞘，小麦白粉病菌的吸器在 2 h 内完全被消解。但直接纯化利用几丁质酶难以进行大规模工业化生产，实际应用上受到一定限制。

b. 几丁质酶基因克隆。克隆几丁质酶基因可以作为构建基因工程生防菌和基因工程植物的基因来源。目前研究较多的是从哈茨木霉纯化的几丁质酶 CHIT42，并且对其编码基因 *ech42* 进行了克隆。已经从木霉 *Trichoderma* spp. 克隆的几丁质酶基因包括深绿木霉 *T. atroviride* 的内切几丁质酶基因 *Th-En42*、桔绿木霉菌内切几丁质酶基因 *ech42*、哈茨木霉内切几丁质酶基因 *chit42*、绿色木霉内切几丁质酶基因 *cht42*、哈茨木霉内切几丁质酶基因 *th-ch*、哈茨木霉内切几丁质酶基因 *encl*、哈茨木霉内切几丁质酶基因 *chit33*、桔绿木霉 nacetyl-glucosaminidase 基因 *nagl* 和哈茨木霉几丁质酶基因 *excl*、*exc2* 等。

c. 构建基因工程菌，生产几丁质酶制剂。首先，筛选出高产几丁质酶的微生物，从高产菌株中纯化几丁质酶，测定酶的活性，进一步筛选出几丁质酶抗菌活性强的菌株，克隆和转化高效几丁质酶基因，获得几丁质酶基因工程菌株；然后，采用几丁质酶基因工程菌的最佳发酵工艺，将基因工程菌产生的几丁质酶加工成适用剂型；最后，采用适宜的施用方法，将几丁质酶基因从粘质沙雷氏菌 *S. marcescens* 克隆到大肠杆菌 *E. coli* 中，被整合的大肠埃希氏菌和酶的提取液在室温下即可对真菌病害表现出生防效果。

d. 构建几丁质酶基因工程植物。将哈茨木霉几丁质酶基因转入烟草和马铃薯中，转基因植株可对链格孢菌 *A. alternata*、茄链格孢菌 *A. solani*、灰葡萄孢菌 *B. cinerea*、立枯丝核菌 *R. solani* 所致病害获得了完全抗性。

2) 葡聚糖酶(β-glucanase)

葡聚糖是真菌细胞壁的第二种组成成分。除了 β-1，3-葡聚糖这种基本葡聚糖之外，还发现有 α-1，3、β-1，4 和 β-1，6 等连接方式，因此认为可以水解不同葡聚糖的葡聚糖酶有潜在的抗菌能力。β-1，3-葡聚糖酶是一类能够特异作用于 β-1，3-糖苷键的葡聚糖水解酶系，广泛存在于自然界的生物体内，其在生物体的新陈代谢、防卫等方面发挥着重要的作用。

(1) β-1,3-葡聚糖酶的来源。β-1,3-葡聚糖酶的来源广泛,存在于多种动物、植物、微生物体内。目前,研究者从真菌、细菌、放线菌、病毒、酵母、藻类、软体动物和高等植物等许多生物体内均可得到β-1,3-葡聚糖酶(表4-15)。

a. 植物源的β-1,3-葡聚糖酶。目前,人们已经分离纯化了烟草、番茄、拟南芥、水稻、大麦、小麦、玉米、马铃薯、豌豆、大豆、菜豆等几十种植物的β-1,3-葡聚糖酶。

b. 微生物的β-1,3-葡聚糖酶。微生物中的细菌、放线菌和真菌均能产生β-1,3-葡聚糖酶。据不完全统计,在国内外已报道的菌株中,细菌有11种,其中多数为芽孢杆菌,如枯草芽孢杆菌、地衣芽孢杆菌、淀粉液化芽孢杆菌、克劳氏芽孢杆菌、环状芽孢杆菌、嗜碱芽孢杆菌、多粘芽孢杆菌、类芽孢杆菌等;放线菌有 *Streptomyces sioyaensis*、嗜热链霉菌、金色链霉菌;真菌中已报道的有哈茨木霉、绿色木霉、棘孢木霉、康氏木霉、里氏木霉、长柄木霉、少根根霉、冻土毛霉、烟曲霉、黑曲霉、局限曲霉、草酸青霉、意大利青霉、毛壳霉、印度毛壳霉、嗜热毛壳霉、螺旋毛壳霉、巴西副球霉菌、顶孢霉齐整小核菌、灰葡萄孢、立枯丝核菌、黄蓝状菌。

表4-15　不同来源的β-葡聚糖酶酶学特性的比较

来　源	分子质量/kDa	酶活最适温度/℃	最适 pH	等电点
Actinomyces cellulose	30		6.0	4.0
Bacillus No. 221	36		8.5	4.1
Bacillus circulans	87	70	6.5	4.3
Ruminococcus flavefaciens	25	55	6.8	
Trichoderma longubrachiatum	70	55	4.8	7.2
Penicillium oxalicum	79.4	55	4.0	6.3
Penicillium italicum	65	50	6.0	4.7
Penicillium funiculosum	14.4	50	4.8	4.2
Aspergillus fumigatus	74	60	7.0	
	82	55	5.0	
	230	65	5.0	
Trichoderma asperellum	83.1	55	5.1	
T. koningii	75	50	4.6	
		70	5.0	
T. harzianum	29	50	4.4	
	74			
Streptomyces aureo	41.3	55	5.0	
Chaetomium sp.	70	30	6.0	
Chaetomium indicum	54	60	4.4或5.6	
C. spirale	73	55	5.5	

(2) β-1,3-葡聚糖酶的分类。β-1,3-葡聚糖酶作为水解β-葡聚糖的葡聚糖酶系,按照降解作用的方式不同,β-1,3-葡聚糖酶分为内切β-1,3-葡聚糖酶(EC3.2.1.6或EC3.2.1.39)和外切β-1,3-葡聚糖酶(EC3.2.1.58)两种类型。内切β-1,3-葡聚糖酶是沿着多糖链随机水解β-1,3-葡聚糖分子中任何位置的β-1,3-糖苷键,释放出小分子质量的寡聚糖;而外切β-1,3-葡聚糖酶是从葡萄糖链的非还原性末端顺序切割葡萄糖残基(最外侧的一个β-1,3糖苷键),唯一的水解产物为葡萄糖单体。内切β-1,3-葡聚糖酶和外切β-1,3-葡聚糖酶对于β-1,3-葡聚糖的完全水解都是必需的。

(3) β-1,3-葡聚糖酶的作用机制。β-1,3-葡聚糖酶具有独立抗病性。β-1,3-葡聚糖酶可以由病原或植物信号因子(如乙烯和水杨酸等)诱导产生,经过一系列的反应后,植物 β-1,3-葡聚糖酶(包括胞内积累的碱性类型和胞间积累的酸性类型)大量合成 β-1,3-葡聚糖酶。同几丁质酶一样,β-1,3-葡聚糖酶通过水解真菌细胞壁中的 β-1,3-葡聚糖结构,特别是作用于葡聚糖中暴露比较薄弱的菌丝体顶端,从而导致脆弱细胞的裂解和死亡。同时,β-1,3-葡聚糖酶在降解病原物细胞壁的同时,其释放出来的寡糖还能作为植物多种抗病反应(如过敏反应)的激发子,诱导植物的全面抗病反应。除了 β-1,3-葡聚糖酶之外,有些植物中还有 β-1,6-葡聚糖酶、α-1,3-葡聚糖酶和 β-1,3-葡聚糖结合蛋白,它们都是通过与真菌细胞壁葡聚糖相互作用而起抗菌作用的。

β-1,3-葡聚糖酶在体外对病原菌有较强的抑制作用。Canihos 等研究表明,从表达节杆菌葡聚糖酶的 lividans 链霉菌培养液中提取的 β-1,3-葡聚糖酶在体外能够溶解莴苣盘霜霉的芽管,并认为节杆菌的 β-1,3-葡聚糖酶可用于莴苣抗霜霉病的基因工程中。Lawrence 等(2000)发现,从被茄链格孢侵染的番茄叶中分离得到的两种 β-1,3-葡聚糖酶,在体外都能抑制茄链格孢的生长。李继红等(1998)对经过修饰的烟草 β-1,3-葡聚糖酶和烟草 I 类几丁质酶 cDNA 分别构建了原核表达载体,并转化大肠杆菌 BL21,这两个片段在 BL21 中得到了表达,用表达产物进行对病原真菌尖孢镰刀菌的抑菌试验,结果表明,两种表达产物在体外均表现出较好的抑制病原真菌的效果。

a. β-1,3-葡聚糖酶基因的应用。β-1,3-葡聚糖酶基因在植物抗病基因工程研究中已被认为是最具吸引力的基因之一。在植物抗真菌病害的研究中,研究者开始用分子生物学技术解决利用野生型拮抗微生物进行生物防治时出现的受环境因素影响较大、性状不稳定等问题。目前,人们已克隆了许多 β-1,3-葡聚糖酶的编码基因,并将这些基因导入到生防因子如哈茨木霉、荧光假单胞杆菌及芽孢杆菌或植物中,以增强抑菌或抗病能力。

b. β-1,3-葡聚糖酶与其他防卫蛋白的协同抗病性。目前,β-1,3-葡聚糖酶的抑菌活性已经引起了人们的重视。迄今为止,β-1,3-葡聚糖酶基因已经转入到烟草、猕猴桃和玫瑰等植物当中,获得了转基因植株,但其表现出的抗性并不一致。这是由于真菌成熟细胞菌丝体结构成分复杂,单一的 β-1,3-葡聚糖酶或几丁质酶抑菌活性较弱。离体生物检测得知,β-1,3-葡聚糖酶或几丁质酶与核糖体失活蛋白具有很强的协同作用,它们的协同作用增强了其对真菌细胞壁的降解能力,故为了增强植物的抗病性,众多研究者让 β-1,3-葡聚糖酶与几丁质酶和其他病原体相关保护蛋白协同表达。目前,β-1,3-葡聚糖酶与几丁质酶、核糖体失活蛋白等防卫蛋白的协同表达在抗真菌基因工程中的应用已有较多的尝试,也取得了一些预期的效果。

2. *活性蛋白质类*

许多枯草芽孢杆菌生长代谢过程中会分泌一些抑制植物病害的活性蛋白,生防作用显著。

TasA(transition-phase spore-associated antibacterial protein)抗菌蛋白是 Axd 从枯草芽孢杆菌 PY79 菌株分离的孢子成分,对 G^+ 和 G^- 细菌具有广谱抗菌活性。基因 *tasA* 是通过氨基酸序列测定和枯草芽孢杆菌基因组序列文库比较获得的,它位于染色体 218.1°,*sipW* 和 *yqxM* 下游。TasA 前体为 34 kDa 孢子内蛋白,经信号肽酶 SipW 加工除去 N 端 27aa 成为 31 kDa 活性蛋白形式,并进一步掺入孢子外衣,但对孢子的形成无明显作用。

BS-98 菌株能强烈抑制苹果轮纹病菌等植物病原真菌。氨基酸组分分析表明,该蛋白质含 11 种不同的氨基酸,尤其富含谷氨酸和半胱氨酸等。纯化后的蛋白组分对苹果轮纹病菌、芦笋茎枯病菌等有很强的抑制作用，其抑菌机理主要是溶解细胞壁，造成菌丝畸形、孢子不萌发或萌发异常。

还有一些未知蛋白在抑制植物病原菌方面也表现出强烈的作用。SO113 菌株对水稻白叶枯病菌 *X. oryzae* pv. *oryzae* 有强烈的抑菌作用，对中国各稻区的白叶枯病菌的 7 种致病型都有强烈的抑杀作用，它分泌的蛋白质对水稻白叶枯病菌表现出良好的广谱抗性以及丰富的抗菌活性峰；B-916 菌株能分泌多种抑菌蛋白，对水稻纹枯病菌和水稻恶苗病菌有较强的抑制作用；BS2LX04 菌株对桑炭疽病病原菌的菌丝生长和分生孢子的萌发具有较强的拮抗作用，其产生的蛋白质能使菌丝生长受阻并产生畸形。

（二）非核糖体合成途径产生的抗菌物质

1. 脂肽类(lipopeptin)

非核糖体合成的抗菌肽是由细菌、真菌和链霉菌等分泌的具有抗菌活性的肽类物质。研究表明，这类抗菌肽是按照多载体硫模版机制在肽合成酶的作用下合成的。

(1) 伊枯草菌素(iturin)。是一类小分子环脂肽类物质，由 7 个氨基酸和 1 个 β-氨基脂肪酸(βAA，β-amino fatty acids)组成，其中包括伊枯草菌素 A、B、C、D、E 和芽孢菌素(bacillomycin)D、F、L 等，以 Iturin A 抗真菌的活性最强。

(2) 表面活性素(surfactin)。最初由 Arima 等鉴定和命名，它的化学结构为一个 $C_{13\sim15}$-3-羟基-脂肪酸，通过 β-羟基和羧基与 7 肽[Glx-Leu-D-Leu-Val-Asp(Asn)-D-Leu-Leu(Ile or Val)]末端基团形成内脂，被称为标准表面活性素，它是已发现的最强的一类生物表面活性剂。

(3) Fengycin。是另一种研究得比较深入的脂肽类抗真菌素，包括 Fengycin A 和 B。F29-3 菌株产生的 Fengycin 是环状脂肽，氨基酸结构为 L-Glu-D-Orn-L-Tyr-D-allo-Thr-L-Glu-D-Ala(D-Val)-L-Pro-L-Glu-D-Tyr-L-Ile。其中，L-Tyr 和 L-Ile 形成内脂环状结构。

此外，从 JA 菌株中获得三种对水稻纹枯病菌和小麦赤霉病菌均有抑菌作用的抗菌肽 AFP1、AFP2 和 AFP3，分子质量分别为 1462. 1645 Da、1476. 1390 Da 和 1490. 1530 Da，AFP1 和 AFP3 两者氨基酸组成的区别只是 Val 与 Ala 的不同，AFP1 由 1 个 Ala、1 个 Ile、1 个 Pro、1 个 Thr、3 个 Glx(Glu 或 Gln)、2 个 Tyr 和 1 个可能存在的 Orn 组成，推断它们很可能是低分子质量的环状脂肽，3 个抗菌肽和 Fengycin A 与 Fengycin B 在分子质量和氨基酸组成上十分相似，水溶性都非常好，但理化性质不同。枯草芽孢杆菌 B2 是仅含有表面活性素的一种脂肽类抗生素，B2 菌株的表面活性素变异体由 13、14 和 15 个碳原子的脂肪酸链以及 L-Glu-L-Leu-D-Leu-L-Val-L-Asp-D-Leu-L-Leu 七环肽组成。

2. 多肽类物质

拮抗微生物产生的抗菌多肽，包括环状、线状和分支环状三种，分子质量多在 1 kDa 左右。一些枯草芽孢杆菌菌株还能够产生一种环状 13 肽——Mycobacillin，结构为 D-Pro-D-Asp-D-Glu-Tyr-Asp-Tyr-Ser-D-Asp-Ala-D-Glu-Leu-D-Asp。

从 TG26 菌株中分离出环状多肽 B1 分子质量为 14 497 Da，N 端部分序列为 Tyr-Gln-Ala-Pro-Glu-Tyr-Ile-Tyr。

A30 对多种植物病原真菌，如水稻纹枯病菌 *R. solani*、稻瘟病菌 *M. grisea* 等有强烈抑制作用，纯化该菌株抗菌活性物质得到拮抗环状多肽 P1，分子质量为 1476. 7 Da。

JM4 菌株能够产生 JM4-A 和 JM4-B 两种新型抗菌肽，分子质量分别为 1422. 71 Da 和

1422.65 Da，除了 3 个未知序列外，它们的 7 个氨基酸序列组成相同，有很强的同源性。

BS-2 菌株分泌的抗菌多肽分子质量≤2884.39 Da，该多肽对热稳定并能抗紫外线照射，对植物炭疽病菌和番茄青枯病菌等多种植物病原真菌和细菌有强烈的抑制作用，施用 9 d 后对辣椒果炭疽病具有 69.79%的防病效果。

三、诱抗剂

（一）概念和含义

植物诱抗剂又称激发子（elicitor）。最初的概念是指病原真菌的非亲和小种诱导寄主植物合成植物保卫素的小分子化合物，现在激发子所包含的内容远不止这些。从广义上讲，激发子是指一类能诱导寄主植物产生抗病免疫反应、能够触发植物在生理和代谢等方面发生改变和使植物抗毒素积累的物质。它本身没有杀菌活性，依来源分为生物源和非生物源两类。生物源激发子包括来源于病原生物、其他微生物和寄主植物或由寄主-病原物互作后产生的能激发植物防卫反应的物质。一般把由病原生物或其他微生物产生的激发子称外源激发子，而由植物本身产生的激发子称内源激发子。而非生物源激发子则是一些化学物质（如 $HgCl_2$、液氮等）或物理作用（如机械损伤等）。在本节中激发子的含义与外源激发子等同，即指病原生物或其他微生物产生的能激发植物防卫反应的物质，主要包括真菌的 β-葡聚糖、糖蛋白、脂类物质和其他细胞壁组分，细菌细胞壁结构组分中的脂多糖和鞭毛蛋白，病毒的外壳蛋白，线虫的口针和头部的糖蛋白等。

（二）病原生物或其他微生物产生激发子的种类和性质

按激发子的生物化学结构划分，主要有寡糖和蛋白质两种类型。

1. 寡糖类激发子

寡糖是最早发现且研究得最深入的能诱导植物合成植保素的激发子，曾被认为是植物有别于动物的特有的信号分子。

1）几丁质及其衍生物

这类激发子包括由几丁质衍生的寡糖片段、*N*-乙酰葡萄糖氨残基、脱乙酰几丁质及其脱 *N*-乙酰化的衍生物等。这些多糖是许多真菌细胞壁的结构成分，对许多植物都有激发防卫反应的作用。例如，能激发豌豆荚、大豆悬浮细胞、欧芹悬浮细胞和烟草细胞合成和积累植保素，也可诱导番茄和马铃薯叶片产生蛋白酶抑制剂。生物活性的寡聚几丁质和脱乙酰几丁质被认为是在寄主植物-病原微生物互作中由于植物酶的作用从真菌细胞壁多糖中裂解产生的。几丁质酶和脱乙酰几丁质酶属一类病程相关蛋白，可由病菌侵染或激发子处理后诱导产生。除了在释放激发子中起作用外，几丁质酶和脱乙酰几丁质酶还有直接抑制真菌生长的作用。

2）葡聚糖

第一个被发现的葡聚糖激发子是从大雄疫霉大豆专化型 *P. megasperma* f. sp. *glycinea* 的培养滤液中检测出来的，后来在酵母浸出物中被纯化。这些激发子在组成上与许多真菌菌丝细胞壁的重要组分 β-葡聚糖相似。因此，随后的研究主要集中在由真菌菌丝细胞壁释放的激发子方面。大雄疫霉的菌丝细胞壁用三氯乙酸部分水解可以得到从寡聚到多聚的复杂化合物。在这些混合物中含有具激发子活性的 β-葡聚糖片段，其大小从七聚糖到相对分子质量

(Mr)>1×10^5 的多聚糖。在凝胶层析柱上分部收集大雄疫霉菌丝细胞壁的酸解物,发现聚合度>6 的部分都有激发子活性。对七聚体部分进一步分析后证明,一种分支的七聚葡聚糖醛醇异构体是唯一具激发子活性的组分,能诱导大豆积累植保素。

3) 脂多糖

脂多糖(lipopolysaccharide,LPS)是革兰氏阴性菌普遍产生的胞外多糖,许多植物病原细菌细胞壁成分具有激发子活性。例如,从甘蓝黄单胞菌 *X. campestris* pv. *campestris* 中分离出的一种脂多糖,可诱导烟草悬浮细胞产生活性氧。来自 *B. cepacia* 细胞壁的脂多糖能增强烟草防卫反应能力,并可诱导 PR 蛋白的产生。有实验证明,病菌脂多糖对木麻黄幼苗进行预处理后,可以使其供体菌的吸附量减少 58.5%~97.3%。还有实验证明,脂多糖预先处理辣椒叶 4 h 后与不兼容性细菌互作,可以使植物细胞中阿魏酰-酪胺(FT)和酰基-酪胺(CT)的合成增强,这种增强作用可以至少持续 38 h。脂多糖的早期处理同样增强了其他防卫反应,如使诱导酸性 β-1,3-葡聚糖酶基因的表达。

4) 脂肪酸

这类激发子是从马铃薯晚疫病菌菌丝细胞壁中提取发现的,都是不饱和脂肪酸,如花生四烯酸和花生戊酸,能够诱导马铃薯植物保卫素的合成。这些脂肪酸激发植保素积累所需要的浓度一般≥0.3 mol/L,相比而言浓度较高,而且这些分子诱导植保素合成的活性只有菌丝细胞总活性的 21%。从马铃薯晚疫病菌菌丝细胞浸出液中分离的 β-3-,β-3,6-寡聚葡聚糖对上述两种脂肪酸激发子诱导马铃薯合成日齐素的活性有促进作用,诱导效果可以和菌丝粗滤液的作用相似,但葡聚糖单独处理对日齐素的激发合成不明显。β-葡聚糖可能对脂肪酸所诱导的生理反应起调节作用。

2. 蛋白类激发子

具有激发子活性的蛋白质或糖蛋白已经从病原物中发现很多,其中主要包括疫霉属 *Phytophythora* 和腐霉属 *Pythium* 真菌产生的激发素(elicitins)、激活蛋白(activate protein)、细菌的过敏蛋白(harpins)和鞭毛蛋白(flagellin)、植物病毒的蛋白类激发子以及无毒基因(avirulence gene)产物无毒蛋白等。

1) 激发素

激发素是疫霉属 *Phytophythora* 和腐霉属 *Pythium* 两个属的植物病原菌产生的,在烟草上引起过敏反应和系统获得抗病性的一类胞外蛋白质的总称。激发素的氨基酸序列高度相似和保守,蛋白质前体含 19 个或 20 个氨基酸的信号肽,成熟蛋白质一般含 98 个氨基酸,分子质量一般为 10 kDa,少数激发素略有不同。激发素作为蛋白类激发子在国外得到了较为系统的研究,在寄主与非寄主抗性、作用靶标、作用机理、结构与生物活性的相关性以及抗病基因工程等方面的研究都取得了较大进展。已证实 *Phytophythora* 属的 37 种、*Pythium* 属的 2 种共可产生 40 种激发素。激发素有 α(酸性)和 β(碱性)两种类型;多数卵菌产生的激发素只有 α 或 β 一种类型,但致病疫霉 *P. infestans* 等 7 种卵菌分别产生 α 与 β 两种类型的激发素。

隐地蛋白(cryptogein)是激发素的一种,由隐地疫霉 *P. cryptogea* 所分泌的蛋白类激发子,等电点(pI)为 9.8,由 98 个氨基酸组成,无 *N*-糖基化位点,6 个半胱氨酸残基以二硫键连接,蛋白酶处理和还原作用可使其丧失活性。在极低浓度(100 pmol/mL)下就能诱导烟草产生 HR,并诱导植物产生与防卫反应相关的物质如乙烯、倍半萜烯植物保卫素、病程相关蛋白等,使植物获得广谱抗性。其他疫霉,如恶疫霉 *P. cactorum*、辣椒疫霉 *P. capsici*、樟疫霉

P. cinnamomi、柑橘褐腐疫霉 *P. citrophthora*、致病疫霉 *P. infestans*、大雄疫霉 *P. megasperma*、寄生疫霉 *P. parasitica* 等都产生 1.0×10^4 Da 的胞外蛋白，而且均表现对烟草有激发子活性。已测序的 5 种蛋白质与隐地蛋白有 84%～90%的同源性。

此外，寡雄腐霉也能产生一种与诱导抗性相关的拟激发素被称为寡雄蛋白(oligandrin)。有人用寡雄蛋白溶液处理番茄植株使处理过的番茄植株具有抗寄生疫霉的侵入的能力，显著降低了发病率，但是却没有产生过敏性坏死反应。这种用寡雄蛋白溶液处理过的番茄植株还能有效抵抗尖孢镰刀菌——番茄枯萎病菌的侵入。

2) 真菌糖蛋白

从植物病原物中已发现许多糖蛋白具有激发子活性，主要包括疫霉糖蛋白、酵母糖肽和禾谷锈菌糖蛋白等。

(1) 疫霉糖蛋白。大雄疫霉大豆专化型 *P. megasperma* f. sp. *glycinea* 菌丝细胞壁及培养滤液中存在一种相对分子质量为 4.2×10^4 的糖蛋白，对欧芹和番茄细胞具激发子活性。这种活性对蛋白酶敏感而对葡聚糖酶不敏感，表明其活性由多肽部分决定。经蛋白酶水解产生的非糖基化的 13 个氨基酸的短肽(pep-13)具有相同的激发子活性，可诱导欧芹细胞瞬时离子流、防卫基因转录和植保素积累，半最大活性浓度为 2 nmol/L，其中只有第 2 位的色氨酸和第 5 位的脯氨酸对激发子活性是必需的。

(2) 酵母糖肽。从酵母中提取的糖肽，能诱导番茄细胞产生大量的乙烯。其活性由肽链氮端连接的葡聚糖侧链决定。如果侧链含 8 个甘露糖残基，则糖肽无激发子活性，而含 9～11 个甘露糖残基，则有激发子活性，半最大活性浓度为 3 nmol/L，含 8 个甘露糖残基的葡聚糖侧链呈现一种核心结构，这种结构存在于包括植物在内的所有真核生物中，但真菌有多余的甘露糖残基附着在这个核心结构上，因而能被植物信号系统高度专一性地识别。

(3) 锈菌糖蛋白。从禾谷锈菌 *P. graminis* f. sp. *tritici* 的细胞壁以及侵染的小麦叶片中均能纯化到一种糖蛋白类激发子，能诱导小麦产生过敏性反应，并使侵染点细胞木质化。其激发子活性对高碘酸盐氧化作用敏感，活性部位在碳水化合物部分。

3) 激活蛋白

激活蛋白(activate protein)是中国农科院环发所从交链孢、纹枯病菌、黄曲霉、葡萄孢菌、稻瘟病菌、青霉菌、木霉、镰刀菌等多种真菌中筛选、分离、纯化出的一种新型蛋白。这种蛋白的氨基酸和核苷酸的序列不同于过敏蛋白和隐地蛋白，与过敏蛋白无同源性(小于 4%)，两者的共同特点是富含甘氨酸。该蛋白质不诱导烟草植株的过敏性反应，与过敏蛋白和激发素均能引起烟草产生过敏性反应不同。其对植物烟草花叶病毒病、黄瓜花叶病毒病和蚜虫的控制效果在 75%以上，并能促生增产。

4) 过敏蛋白

过敏蛋白(harpin)是由革兰氏阴性植物病原细菌产生的一类蛋白质激发子，由 *hrp* 基因编码。它们的共同特点是富含甘氨酸、热稳定、对蛋白酶敏感，注射到产生菌的非寄主植物叶片细胞间隙后，可以诱导细胞编程死亡形式的过敏反应，诱导植物产生防卫反应，促进植物生长，增加作物产量。许多革兰氏阴性细菌，包括 *Pseudomonas*、*Ralstonia*、*Xanthmonas* 和 *Erwinia* 等属的植物病原细菌都产生 Harpin 蛋白。在丁香假单胞菌中已经发现有 4 种 Harpin 蛋白。

$harpin_{Ea}$ 最早是从梨火疫病菌 *E. amylovora* 中分离出来的，是一种酸性、热稳定性的蛋白质，分子质量为 4.4×10^4 U，能诱导烟草叶片产生过敏反应。

5）无毒蛋白

病原菌无毒基因编码的产物可以作为激发子诱导含单个显性抗病基因（Rgene）的寄主植物产生过敏反应。在番茄叶霉病菌 *Cladosporium fulvum* 和寄主互作系统中已纯化了 2 种由病原菌无毒基因编码的小种专化性激发子，分别为 28 个氨基酸的 AVR9 蛋白和 86 个氨基酸的 AVR4 蛋白。

6）鞭毛蛋白

从植物病原细菌 *P. avenae* 非亲和菌株中分离的鞭毛蛋白（flagellin）能诱导水稻悬浮细胞产生抗病防卫反应。编码蛋白已在许多微生物中保守存在，现在认为它是病原菌相关模式分子（PAMP）的一种。PAMP 被植物中的病原菌识别受体 PRR 感应后，可以激发植物免疫性，表现为广谱抗性的基础抗性（basal defense）。

7）病毒蛋白

病毒外壳蛋白、复制酶蛋白和运动蛋白等可作为植物病毒的蛋白类激发子诱导植物产生 HR，使植物获得抗病性。

8）其他蛋白

最近在腐霉 *P. aphanidermatum* 细胞壁中分离到一种新的蛋白类激发子（PaNie），能诱导双子叶植物产生多种防卫反应，但对单子叶植物无活性。PaNie 蛋白是许多微生物包括卵菌、真菌、细菌等细胞壁的共有成分，而在植物细胞壁中不存在这类蛋白。

四、细菌素

（一）细菌素的定义

到目前为止，细菌素（bacteriocin）的定义尚无定论。Jocob（1953）最早定义细菌素为：由细菌产生的对同源细菌具有高度专一性的抗菌蛋白质。Konisy（1982）指出判断细菌素的两个关键点：具有蛋白质特性和细菌素对其产生菌有自身免疫性。细菌素不同于一种由多酶机制合成的肽类抗生素（peptide antibiotics），也不是一种自杀蛋白（suicide protein）。自杀蛋白对产生菌具有致死作用。

后来 Montville 和 Kaiser（1993）提出，细菌素是由某些细菌通过核糖体合成机制产生的一类具有抗菌活性的蛋白质，抗菌范围不仅仅局限于同源的细菌，产生菌对其细菌素具有自身免疫性。

目前细菌素的经典定义是：一种细菌的某些菌系所产生的对该种细菌的另一些菌株或关系较近的细菌有杀伤作用、非复制性的含蛋白抗生素类似物。该定义包括了细菌素的组成、抑菌作用及其特异性等基本属性。植物病原细菌的细菌素是植物病原细菌产生的一类复杂的抑菌物质。从结构和组成来看，有高分子质量的蛋白质颗粒，有低分子质量的蛋白质，也有小分子的非蛋白质物质。从抑菌谱看，既有抑菌谱仅限于同种不同菌株间的较窄类型，也有跨种、跨属甚至是跨类的抑菌类型。从对热、胰蛋白酶的敏感性看，植物病原细菌的细菌素有对胰蛋白酶不敏感但不耐热、耐热但对胰蛋白酶敏感、对热和胰蛋白酶全敏感和对热和胰蛋白酶均不敏感 4 种类型。由此看来，经典的细菌素的概念并不适用于植物病原细菌的细菌素。

（二）细菌素的种类和理化特征

根据化学结构、稳定性和分子质量大小可将细菌素分为5类。

第1类是羊毛硫细菌素(lantibiotics)，是一类含有19～50个氨基酸分子的小分子修饰肽，具有独特的氨基酸，如羊毛硫氨酸(lanthionine)、β-甲基羊毛硫氨酸(β-methyllanthionine)、脱氢丙氨酸(dehydroalanine)和脱氢丁氨酸(dehydrobutyrine)。Nisin是典型代表，主要用于食品防腐剂。

第2类是小分子热稳定的非修饰肽(SHSP)，分子质量小于10 kDa，具有疏水性和膜活性，它们的分子中不含有羊毛硫氨酸等非编码氨基酸残基。

第3类为热不稳定性大分子蛋白质(LHLP)，分子质量大于10 kDa，对热不稳定，抑菌谱较窄。产生这类细菌素的植物病原细菌有 *C. michiganense*、*E. carotovora*、*E. chrysanthemi*、*E. herbicola*、*E. salicis*、*P. aptata*、*P. lachrymans*、*P. s.* pv. *glycinea*、*P. s.* pv. *syringae*、*R. solanacearum*。其中已定名的有胡萝卜欧氏杆菌素(carotovicin)、丁香极毛杆菌素(syringacin)等种类。胡萝卜软腐欧氏杆菌的细菌素 carotovicin 是 *E. carotovora* subsp. *carotovora* 和 *E. carotovora* subsp. *atroseptica* 产生的一种高分子质量的化合物，在100 000 *g* 下离心60 min可以沉淀，在酸性和碱性条件下不稳定，可以为十二烷基磺酸钠所钝化，不耐热。这些都说明它的蛋白质性质。这一细菌素对许多蛋白酶的水解作用都不敏感。在电镜下观察，很像噬菌体的尾部，由鞘、髓部组成。鞘长160 nm，直径18.5 nm，髓部直径6 nm，鞘还可以收缩。

第4类是蛋白复合体，由细菌素和蛋白质、碳水化合物或内酯基团组成的大分子复合物。其作用时需要与特定的碳水化合物或脂类结合。

第5类是小分子类型，抑菌谱很窄。典型例子为 *Agrobacterium* spp. 产生的土壤杆菌素，包括土壤杆菌素84(agrocin 84)、土壤杆菌素D286(agrocin D286)、土壤杆菌素J73(agrocin J73)和土壤杆菌素434(agrocin 434)4种。Agrocin 84是 *Agrobacterium radiobacter* K84产生的，为腺嘌呤脱氢阿拉伯糖苷氨基酸盐，是核苷酸的衍生物，曾成功地用于防治果树根癌病，Agrocin 84能抑制具有胭脂碱型Ti质粒的菌株。土壤杆菌素J73、土壤杆菌素D286均为 *A. tumefaciens* 所产生，前者由生物型毒性菌株J73产生，后者由无致病力的自发突变体D286产生。这两种土壤杆菌素均较土壤杆菌素84的抑菌谱广，土壤杆菌D286对胭脂碱、章鱼碱、农杆碱型质粒的菌株均有抑制作用。

小分子质量细菌素的发现说明细菌素的定义还有待进一步完善。

（三）细菌素的抑菌谱和作用机制

通常认为细菌素的抗菌谱较窄，只作用于与产生菌同种的其他菌株或亲缘关系很近的种。例如，大肠杆菌产生的细菌素只能杀死 *E. coli* 或与 *E. coli* 亲缘关系很近的菌株，而对绝大多数革兰氏阳性、阴性细菌没有抑菌活性。Agrocin 84仅能抑制根癌土壤杆菌具有胭脂碱型Ti质粒的菌株。

然而也有的细菌素抑菌谱很广。例如，肠杆菌素E-I-S4、S5不仅能抑制 *E. coli*，还能抑制 *Erwinia*；绿脓杆菌素能杀死 *P. fluorenscens*、*E. coli*、*Shigella* 和 *Salmonella* 的粗糙型菌落；软腐欧文氏菌6个种的9个菌株产生的7种细菌素对欧氏杆菌、大肠杆菌、沙雷氏菌、黄单胞菌等都有抑菌活性；沙雷氏菌产生的细菌素除了能杀死沙雷氏菌外，还能杀死欧氏杆菌。

不同的细菌素，其抗菌谱不同，大多数革兰氏阴性菌产生的细菌素能抑制亲缘关系很近的种；而大多数革兰氏阳性菌产生的细菌素不仅能抗广谱革兰氏阳性菌，且对一些革兰氏阴性菌亦有抗菌作用。

同种细菌不同类型的菌株，其产生的细菌素抑制作用不同。*P. pyocyance* 产生的 pyocin 仅能抑制 *P. fluorenscens*、*E. coli*、*Shigella* 和 *Salmonella* 的粗糙型菌落，而对其相应的光滑型菌落则很少表现抑制作用。同种细菌可以产生相同的细菌素，也可以产生不同的细菌素，例如，*C. michiganensis* 的 4 个菌株可以产生高、低两种分子质量的细菌素；*Megacin* 有 17 种类型的细菌素，它们的抑菌谱完全一致，但以 *Megacin* 216 为抗原制备的抗血清与另外 16 种 *Megacin* 不发生中和沉淀反应，说明它们的抗原性不同。

细菌素对敏感菌株的作用机制与一般抗生素不同，能对敏感细胞中的许多代谢过程同时发生影响，但不同细菌素的作用可以不同。一般认为多数细菌素对敏感细胞作用是将其杀死，少数是将其溶解。但无论是哪一种作用方式，作用的第一个靶物是在细胞表面，即专一性地吸附到敏感细胞表面的受体上，而后发挥其不同的作用。例如，形成细胞质膜离子透性通道，引起离子渗漏，造成电子传递体的解偶联，影响 ATP 的合成和某些物质的运输，抑制蛋白质、DNA、RNA 等大分子物质的合成等，最终导致细胞死亡。植物病原细菌素研究较多的仅是土壤杆菌素 84 和胡萝卜欧氏杆菌素。土壤杆菌素 84 对敏感细胞的作用是土壤杆菌素 84 进入菌体内，影响细菌体内高能运输系统的正常运行，干扰细胞的主动吸收，从而抑制 DNA 的合成，同时由于土壤杆菌素 84 组分中含腺嘌呤类似物，因而也能对 DNA 的复制起特异性的抑制作用。土壤杆菌素 84 腺苷类似物中的糖不是核糖而是 3′-脱氢阿拉伯糖，因此作为 DNA 复制的抑制子，可导致未成熟的 DNA 链的提前终止。

（四）细菌素与抗生素的关系

从广义上讲，细菌素属于抗生素的一种。它们都是由微生物产生，用量都很小，且具有一定的抗菌谱，能较强地抑制甚至杀死其他微生物。由于细菌素具有与抗生素相似的一些性质和作用，因此细菌素最初甚至被认为就是抗生素，但是细菌素和抗生素是有区别的。

细菌素与抗生素的主要差别在于它的窄抑菌谱和蛋白质本质。但有的细菌素也有较宽的抑菌谱，如小分子细菌素的发现和作用谱较广的细菌素的发现使细菌素与抗生素之间的区别变得模糊。看来具有可沉降的高分子质量复合物细菌素与抗生素的区别较为明显，因为抗生素中还没发现分子质量、抑菌谱和形态上与之相似的类型。但区别低分子细菌素、小分子细菌素与抗生素却比较困难。

虽然大多数细菌素具有蛋白质性质，然而抗生素中也有一类是多肽类抗生素，如抗生朊链霉菌 *S. avidinii*、淡紫灰链霉菌 *S. lavendulae* 等产生的抗生素都是蛋白质性质的。常见的多肽类抗生素有杆菌肽、短杆菌肽 S 和多粘菌素 E 等，它们大多含有环状多肽链。

抗生素通常抗菌谱较广，但也存在抑菌谱很窄的类型。由小单胞菌产生的抗生素 G-78 是由 7 种氨基酸组成的肽类抗生素，除了只对大肠杆菌 O-111 菌株和藤黄八叠球菌有抑制外，对其他大肠杆菌及其他革兰氏阳性、阴性细菌均无抑制作用。

总之，细菌素和抗生素之间既有不同的地方，又有相似之处，在一些方面甚至出现了交叉的现象。

（五）细菌素的合成

细菌素的化学本质是多肽，它是由细菌的染色体编码，并由核糖体合成的，有的细菌素还可以由质粒编码控制。现在很多细菌素的基因都已通过克隆得到。据报道，增加培养基的黏度可以增加细菌素产量，这种方法包括添加琼脂、葡聚糖、甘油或淀粉，如 tabphyloccin 1580 在半固体培养基中的产量是液体培养基的 20 倍。另外，大多数细菌素的产生是不需要诱导的，但有实验表明诱导后会使细菌素的产量成倍增长。例如，用 1 g/L 的丝裂霉素 C 处理 *Lactobacillus casei* 80 后，可以使 cascicin 80 的产量增加 5～7 倍，而用 0.5 mg/L 的丝裂霉素 C 处理可增加 helveticin J 的产量 400 倍。细菌素由核糖体合成后，一般需要加工修饰才能变成有活性的形式，通过一些如水解、切除、形成二硫键等的方式进行加工修饰，使细菌素成熟后释放到胞外。

（六）细菌素的命名和分类

对于细菌素的命名，没有统一的标准。一般根据细菌素产生菌的种名或属名来命名，在种名后加"cin"，并标明菌株编号，如 *P. syringae* pv. *syringae* 4-A 菌株产生的细菌素被命名为 syringacin 4-A，而 agrocin 则来源于属名。由于对大多数细菌素来说研究得不是很系统，所以没有对细菌素进行系统分类。但大肠杆菌的细菌素由于研究的较深入，目前有一个由 F. Fredericq 提出的分类模式。该模式主要依据大肠杆菌素对受体的专化性进行分组，进而又根据免疫专化性进一步分型。

（七）细菌素在生物防治上的应用

利用不同寄主来源的细菌素无毒菌株进行生物防治。应用放射形土壤杆菌 K84 菌株有效防治多种植物的冠瘿病是细菌素防治植物病害中最好的例子。国内外利用无致病青枯菌产细菌素菌株防治细菌性青枯病例子很多。此外，利用细菌素特征研究植物病原菌田间自然种群的动态及植物病原细菌致病机理，也可以应用于植物病原细菌的分类鉴定及流行学方面。同时克隆植物病原细菌素基因，获得转细菌素基因的抗病植物或利用基因工程技术对细菌素菌株进行改良，使之适应不同作物不同环境的病害防治。

除上述这些应用外，有些植物病原细菌素抑菌谱很广，不仅抑制植物病原细菌，还抑制动物及人体致病菌甚至癌细胞。因此这些细菌素可以跨出植物病害领域，应用于人体疾病、动物疾病甚至是癌症等方面，显示出广阔的应用前景。

第七节　植物的提取物

植物在与环境长期互作或生存竞争的过程中，形成了多种适应或防御机制，包括形态结构、生理生化和代谢等方面，这些特性逐渐转变为可遗传的性质保留下来，这是植物适应环境进化发展的结果。植物的次生代谢产物在提高自身保护和生存竞争能力、协调与环境的关系中扮演着重要的角色。植物在抵御外界不利的生物环境（病原菌）或非生物环境（高温、冷害、干旱、紫外线等）的过程中，产生并大量积累次生代谢产物，以增强自身的免疫力和抵抗力。植物次生代谢途径是高度分支的途径，这些途径在植物体内或细胞中并不全部开放，而是定位于某一器官、组织、细胞或细胞器中并受到独立的调控。

植物是生物活性化合物的天然宝库，其产生的次生代谢产物超过40万种，与防御病原菌、昆虫或草食动物的侵染相关的次生产物达1万种之多。其中的大多数化学物质如萜烯类(terpene)、生物碱(alkaloid)、类黄酮(flavonoid)、甾体(sterides)、酚类(phenols)、独特的氨基酸(amino acid)和多糖(polysaccharides)等均具有杀虫或抗菌活性。

一、抑菌植物

人类自古代就记载了许多具有抗菌或杀菌作用的植物。这些植物中的化合物能以天然的抗性或防御体系来抵抗微生物或其他病害。较早用于植物病害防治的有大蒜汁、洋葱汁、棉籽饼、辣蓼 *Polygonum flaccidum* 等，至今人们已经调查和研究了一些植物的杀菌、抗菌活性。由表4-16可以看出，大部分资源集中在菊科、唇形科、木兰科、马兜铃科、蓼科、木犀科、百合科、葫芦科、莎草科、豆科、十字花科等植物中。此外，樟科、伞形科、卫矛科、葫芦科、桑科等植物的抗菌、杀菌活性也有报道。西北农林科技大学无公害农药研究服务中心对西北地区200余种植物的杀菌活性进行了初步筛选，综合分析认为，菊科和豆科植物在植物源杀菌剂的研究中值得重视。

表4-16 具有抑菌杀菌活性的植物资源

科 名	植物名称	主要应用部位
伞形科 Umbelliferae	孜然 *Cuminum cyminum*	根
	蛇床 *Cnidium monnieri*	果实
卫矛科 Celastraceae	苦皮藤 *Celastrus angulatus*	假种皮
樟科 Lauraceae	山苍子 *Litsea cubeba*	果实
	肉桂 *Cinnamomum cassia*	叶、枝、树皮、子
	山鸡椒 *Litsea cubeba*	果实
菊科 Compositae	飞机草 *Eupatorium odoratum*	叶片
	万寿菊 *Tagetes erecta*	根
	苍耳 *Xanthium sibiricum*	全株、叶
	孔雀草 *Tagetes patula*	花
葫芦科 Cucurbitaceae	丝瓜 *Luffa cylindrica*	伤流液
	苦瓜 *Momordica charantia*	果实
桑科 Moraceae	无花果 Ficus carica	根、皮、叶等
百部科 Stemonaceae	百部 *Stemona* spp.	根
紫金牛科 Myrsinaceae	*Maesa lanceolata* var. *goulungensis weir*	茎干
桃金娘科 Myrtaceae	丁子香 *Stzyugim aromaticum*	花蕾、花枝、叶
瑞香科 Thymelaeaceae	狼毒 *Stellera chamaejasme*	根
楝科 Meliaceae	苦楝 *Melia azedaeach*	树皮
百合科 Liliaceae	大蒜 *Allium sativum*	鳞茎
	芦荟 *Aloe* spp.	肉质叶
	滇黄精 *Polygonatum kingianum*	根茎
豆科 Leguminosae	苦参 *Radix sophorae*	根茎
	甘草 *Glycyrrhiza uralensis*	根、根茎

续表

科　名	植物名称	主要应用部位
唇形科 Labiatae	神香草 *Hyssopus officinalis*	种子
	广藿香 *Pogostemon cablin*	全草
	毛罗勒 *Ocimum basilicum* var. *pilosum*	地上部分
	滇黄芩 *Scutellaria amoena*	根
使君子科 Combretaceae	榄李 *Lumnitzera racemosa*	茎、叶
木犀科 Oleaceae	连翘 *Forsythia suspensa*	根
麻黄科 Ephedraceae	麻黄 *Ephedra* spp.	茎
马兜铃科 Aristolochiaceae	细辛 *Asarum* spp.	全株
木兰科 Magnoliaceae	厚朴 *Magnolia officinalis*	叶
芸香科 Rutaceae	花椒 *Zanthoxylum bungeanum*	果实
	柚 *Citrus maxima*	皮
蔷薇科 Rosaceae	乌梅 *Fructus mume*	果实
姜科 Zingiberaceae	高良姜 *Alpinia officinarum*	根、茎
莎草科 Cyperaceae	马蹄 *Eleoharis tubrosa*	皮
银杏科 Ginkgoaceae	银杏 *Ginkgo biloba*	根、茎、叶、果
茄科 Solanaceae	马铃薯 *Solanum tuberosum*	种子
十字花科 Brassicaceae	板蓝 *Baphicacanthus*	根
禾本科 Gramineae	高粱 *Sorghum vulgare*	种子
	玉米 *Zea mays*	种子
	日本纹竹(Kumazasa)*Sasa albo-marginata*	叶子
	燕麦 *Avena sativa*	叶子
	黑麦 *Secale cereale*	植株

有些植物既能抗真菌，又能抗细菌、杀线虫和其他害虫，可见植物源杀菌剂对靶标具有广谱性。抗真菌植物源主要有细辛 *Asarum*、白头翁 *Pycnonotus sinensis*、穿心莲 *Andrographis paniculata*、大黄 *Rheum officinale*、大蒜 *Allium sativum*、厚朴 *Magnolia officinalis* 等。抗细菌植物源包括大蒜 *A. sativum*、穿心莲 *A. paniculata*、荆芥 *Fineleaf schizonepeta*、洋葱 *Allium cepa*、仙鹤草 *Agrimonia pilosa*、半枝莲 *Scutellaria barbata* 等。抗病毒植物源主要有商陆 *Phytolacca acinosa*、甘草 *Glycyrrhiza uralensis*、小藜 *Chenopodium serotinum*、连翘 *Forsythia suspensa*、大黄 *R. officinale*、红花 *Carthamus tinctorius*、马齿苋 *Portulaca oleracea*、红叶藜 *Chenopodium rubrum* 等。杀线虫植物源主要有鱼藤 *Derris trifoliata*、穿心莲 *A. paniculata*、苦楝 *Melia azedarace*、常春藤 *Hedera helix*、烟草等。

（一）抗真菌植物资源

国外的研究表明，欧洲小蘖 *Berberis vulgaris*、山黄连 *Chelidonium majus* 对灰葡萄孢 *B. cinerea* 有生物活性；大蒜 *A. sativum*、洋葱 *A. cepa* 和姜 *Zingiber offinale* 提取物对豌豆白粉病 *E. pisi* 具很高活性；桉树 *Eucalyptus* spp.、大蒜 *A. sativum*、金盏花 *Calendula officinalis*、春黄菊 *Anthemis tinctoria*、荨麻 *Urtica fissa* 能有效抑制白腐小菌核 *S. cepivorum* 生长；番荔枝 *Annona squamosa*、银胶菊 *Parthenium hysterophorus* 提取物对菜豆壳球孢 *M. phaseoli* 有生物活性；相思树 *Acacia confusa*、雾冰藜 *Bassia dasyphylla*、圣罗勒 *Ocimum sanctum*、番荔枝 *A. squamosa* 提取物对番茄晚疫病菌 *P. infestans* 有防病作用；玫瑰草 *Cym-*

bopogon martini 油对丝核菌 *Rhizoctonia* spp. 有活性；丁香罗勒 *Ocimum Basilicum*、斑鸠菊 *Vernonia esculenta*、芒果 *Mangifera indica* 提取物对串珠镰刀菌 *F. moniliforme* 有活性；皱叶欧芹 *Petroselinum crispum* 和芸香 *Ruta graveolens* 提取物对苹果炭疽病菌 *G. cingulate* 子囊孢子有活性；厚朴 *M. officinalis* 叶提取液对禾谷镰刀菌 *F. graminearum*、棉花炭疽病菌 *C. gossypii* 等 81 种植物病原真菌都有很强的抑制作用，同时在盆栽和大田条件下用粗提液对棉苗立枯病菌 *R. solani*、小麦白粉病菌 *B. graminis* f. sp. *tritici* 和蚕豆赤斑病菌 *B. fabae* 所致病害进行防治，显示出较好的防治效果。喻大昭等(2004)以黄瓜灰霉病菌 *B. cinerea* 为靶标菌，对 49 种植物粗提物进行了生物活性筛选，结果表明，油茶 *Camellia oleifera* 和辣蓼 *Polygonum flaccidum* 粗提物的抑菌活性较高。陈娇等(2002)通过 58 种植物提取液对葡萄霜霉病菌 *Plasmopara viticola* 的游动孢子囊萌发抑制率和接种叶圆盘的发病控制研究，筛选出虎耳草 *Chloris virgata*、黄檀 *Dalbergia hupeana*、马尾松 *Pinus massoniana*、牡丹 *Paeonia suffruticosa* 和刺槐 *Robinia pseudoacacia* 5 种具有抑菌作用的植物提取液。以龙胆斑枯病菌 *Septoria microspra* 为供试菌种，孙海峰等(2005)对 9 种中药乙醇提取物进行抗龙胆斑枯菌活性试验，结果 9 种中药乙醇提取物均有抑菌作用，其中蛇床子 *Cnidium monnieri*、川楝子 *Melia toosendan*、知母 *Anemarrhena asphodeloides* 具有较强的抗病菌作用。于平儒和蒋继宏(2003)采用生长速率法测定了 28 种植物丙酮提取物的离体抑菌活性，发现菝葜 *Smilax china* 的抑菌活性突出。Deepak(2005)测试了 40 种植物的甲醇提取液对引起珍珠稷霜霉病的粟白发菌 *Sclerospora graminicola* 的抗孢子形成作用，结果表明，小蓑衣藤 *Clematis gouriana*、蒜 *A. sativum*、胡椒 *Piper nigrum* 等 5 种植物提取液的抗菌活性同市售的杀菌剂相当，甜橙 *Citrus sinensis*、万寿菊 *Tagetes erecta*、姜 *Z. officinale* 等 11 种植物的甲醇提取液稀释 10 倍后仍表现出较强的抗孢子形成作用。

原白头翁 *Pulsatilla chinensis* 提取液对小麦赤霉病菌 *Gibberella zeae* 菌丝有较高的抑制率，不仅可抑制菌丝扩展，还可使病原菌碟上菌丝萎缩。91502-5 制剂是由原白头翁提取液加工而成，其大田试验结果表明，该制剂具有较好的防治效果和明显的增产作用。黄连 *Coptis chinensis* 体内含有大量的生物碱，这些生物碱除对许多病原真菌的菌丝生长和孢子萌发有抑制作用外，对水稻白叶枯病菌 *X. oryzae* pv. *oryzae* 也有很强的抑制作用。从麻黄 *Ephedra sinica* 和细辛中提取的挥发油对立枯丝核菌 *R. solani* 等病原菌具有强烈抑制作用。银杏 *Ginkgo biloba* 粗提液对多种果树病害具有一定的防治效果。以银杏中生物活性物质 B 的化学结构为模板，莱阳农学院仿生中心成功地合成了拟银杏杀菌剂——绿蒂和银泰，用来防治苹果干腐病菌 *Botryosphaeria dothidea*、番茄灰霉病菌 *Botrytis cinerea* 等多种病害，并通过鉴定，申报了国家发明专利。有研究表明，毛金竹 *Phyllostachys nigra* var. *henonis*、毛竹 *Phyllostachys pubescens*、青皮竹 *Bambusa textiles*、短穗竹 *Brachystachyum densiflorum* 等竹提取物表现出较强的抗真菌作用，72 h 对小麦赤霉病菌 *G. zeae* 的菌丝抑制率均在 80%以上。在对 56 种植物进行抑菌活性筛选表明，莴苣 *Lactuca sativa*、苍耳 *Xanthium sibiricum*、苦豆子 *Sophora alopecuroides* 等多种植物具有较强的抑菌作用。苦参 *Sophora flavescens* 提取物抑菌活性的研究表明，苦参乙酸乙酯提取物对多种真菌和细菌有显著的抑制作用。近年来，湖南用山苍子 *Litsea cubeba* 油配制的乳剂，对茶树主要病害茶云纹叶枯病菌 *G. camelliae* 和棉花枯萎病菌 *F. oxysporium* f. sp. *vasinfectum*、黄萎病菌 *V. dahliae* 等有较好的防治效果。薄荷 *Mentha haplocalyx* 等粉碎物以土重 0.5%～0.1%的用量处理严重感染棉花枯萎病的土壤，防效达43.9%～74.3%。烟草、茶饼、鱼藤 *D. trifoliata*、雷公藤 *Tripterygium wilfordii* 等植物的提取物能抑制某些病菌孢子的萌发和生长，或阻止病菌侵入植株。另外，还发现许多植物具有较强的抑菌活性，如茶子 *Camellia oleifera*、花椒 *Zanthoxylum bungeanum*、某些红树 *Rhizophora apiculata* 以及蕨类植物等。

（二）抗细菌植物资源

相对而言，抗细菌的植物比抗真菌的植物要多，但由于细菌引起的病害相对较少，因此在该方面的研究也较少，并且多数停留在试验筛选阶段。Kawaguchi 和 Goto(1981)从草莓中分离出抗青枯菌 *R. dolaanacearum* 的成分，经鉴定为β-D-葡萄糖没食子素。Zohri 等(1995)测试了大蒜油对4种革兰氏阳性菌和4种革兰氏阴性菌的抑菌实验，结果表明大蒜油对一种革兰氏阴性菌有抑菌活性，对所有革兰氏阳性菌具高度抑菌活性。木麻黄 *Casuarina equisetifolia* 的乙醇抽提液对青枯病菌 *R. solanacearum* 和水稻白叶枯病菌 *X. oryzae* pv. *oryzae* 有显著的抑制作用。黄连生物碱粗提液对水稻白叶枯病有较好的防治效果，乌梅 *Prunus mume* 对所测普通变形杆菌 *Proteus vulgaris*、荧光假单胞杆菌 *P. fluorescence*、蜡状芽孢杆菌 *B. cereus*、枯草芽孢杆菌 *B. subtilis* 有强烈的抑制作用。

（三）抗病毒植物资源

小黎 *Chenopodium serotinum* 和玉簪 *Hosta plantaginea* 两种植物的抽提液对番茄花叶病毒病 TMV 有一定的治疗作用；连翘 *F. suspense*、大黄 *R. officinale*、板蓝根 *Isatis indigotica* 的提取液对 TMV 具有稳定的疗效；大黄提取物不仅影响番茄植株内 TMV 病毒的含量，还影响其症状表现；紫杉 *Taxus cuspidate* 皮提取液对植物病毒具有较明显的抑制作用。据研究，由商陆 *P. acinosa*、甘草 *G. uralensis*、连翘 *F. suspensa* 等几种植物提取物配制而成的复配剂 MH11-4 对植物病毒有较好的防治效果。

目前，植物源病毒抑制剂的研究才刚刚起步。国内对抗植物病毒植物资源的研究主要集中于虎耳草科 Saxifragaceae、藜科 Chenopodiaceae、紫草科 Boraginaceae、商陆科 Phytolaccaceae、红豆杉科 Taxaceae、木犀科 Oleaceae、萝摩科 Asclepiadaceae、菊科 Compositae、蓼科 Chenopodiaceae 等。植物提取液虽对植物病毒有一定的防效，但因其成分复杂，受环境影响后作用机制相互制约，在实际生产应用上往往稳定性差。因此，要从植物中开发出安全、有效的抗病毒剂，还需对植物提取液中抗病毒活性物质以及其抗病毒作用机理等方面进行深入的研究。

（四）除草植物源

植物源除草剂主要是利用植物的次生代谢产物对其他植物具有的异株克生作用，来影响其他植物的生长发育和代谢过程。目前已在30多个科的植物中发现了上百种植物含有除草活性的物质，如醌酚类、生物碱类、苯嗪酮类、酮类、肉桂酸类、香豆素类、噻吩类、腈类、类黄酮类、噻嗯聚乙炔类及萜烯类等10余种天然杀草化合物，其中一些已被开发成天然除草剂。例如，从万寿菊属植物非洲万寿菊 *Tagetes erecta* 中提取的α-三联噻吩，它除具有除草活性外，还具有杀线虫活性；小麦颖壳的甲醇洗脱物对白茅 *Imperata cylinderica* var. *major* 的抑制率可达90%；蕨类的枯死枝叶中含有阿魏酸和咖啡酸等酚类物质，由雨水冲刷流到土壤之中，对其他草本植物起到抑制作用；柠檬树 *Citrus limon* 中的莨菪亭(Scopoletin)、蒿属香豆素等香豆素类化合物具有明显的杀草活性；小麦提取物对白茅 *I. cylinderica* var. *major* 有杀除作用。目前，开发成功的植物源除草剂品种并不多。

（五）杀线虫植物源

已有100余种植物被报道具有杀线虫活性。臭草 *Rutag raveolens*、孔雀草 *Tagetes patula*、向日葵 *Helianthus annuus*、印楝 *Azadirachta indica*、百日菊 *Zinnia elegans* 等多种植物可用于线虫防治。菊科植物普遍抗穿刺短体线虫 *Pratylenchus penetras*，可能与其含有多炔类有关。烯丙基异硫氰酸酯(allyl isothiocyanates)是黑芥子 *Brassica nigra* 种油的主要成分，1 μg/mL 浓度就可抑制马铃薯金线虫的卵孵化。绿肥植物苏丹草 *Sorghum sudanese*、普通高粱 *Sorghum vulgare* 两者均含有蜀黍苷(dhurrin)，该化合物可以水解生成氰化物，并可能对北方根结线虫 *M. hapla* 有活性。瑞香 *Daphne odora* 根中的一种瑞香毒素活性类似物——芫花萜(odoracin)对水稻干尖线虫 *Aphelenchoides besseyi* 有活性。骆驼蓬 *Peganum harmala* 等几种植物提取物对松材线虫 *Bursaphelenchus xylophilus* 和南方根结线虫 *M. incognita* 具有较好的毒杀活性。

二、抗菌、杀菌有效成分在植物体中的分布

由表4-14还可看出，不同的抗菌、杀菌植物，其有效成分分布在植物根、茎、叶、花、果、种子等不同部位。例如，厚朴 *M. officinalis* 存在于叶中，苦瓜 *Momordica charantia* 存在于果实中。同种植物不同部位活性成分的含量亦存在差异。例如，对香港地区4种红树植物的根、茎分别用95%乙醇浸取，其浸取物对3种植物病菌抑制活性存在一定差异。研究有效成分在植物中的分布，应针对具体的杀菌、抗菌植物，分成根、茎、叶、花、果实等部分，采用生物测定法来分析活性成分在植株中的部位，只有研究清楚有效成分在植物中的分布，才能有的放矢地对其开发利用。

三、植物中抗菌、杀菌主要有效成分

目前发现的植物中的杀(抑)菌活性成分，其结构类型涉及萜类、生物碱类、黄酮类、苷类、皂甙、醌类、香豆素、木脂素、芪类、胺类、酯类、酚类、醛类、醇类、甾类、有机酸及精油类等化合物(表4-17)。山鸡椒 *Litsea cubeba* 挥发油中的柠檬醛是抑制尖孢镰刀菌、蠕孢菌、格孢腔菌生长的有效成分，且有明显的保鲜作用。从香港地区红树植物榄李 *Luminitzera racemosa* 提取分离到的丹宁是抑菌的重要活性成分。厚朴酚是厚朴 *M. officinalis* 粗提物中抗菌的主要成分。苦皮藤 *Celastrus angulatus* 假种皮中分离到间苯二酚、麝香草酚、1α，2α，4β，6β，8α，9β，13-羟基二氢沉香呋喃对玉米小斑病 *B. maydis* 有较好的抑制作用。从长生花 *Sempervivum tectorum* 中分离到的多酚对地霉 *Geotrichum* sp. 等病菌具有抑制作用。从日本植物 Kumazasa 中分离到了乙酸、丙炔酸、苯甲酸、苯乙酸、水杨酸、3-羟基苯甲酸、*O*-茴香酸、邻甲氧基苯酚、苯酚、4-乙基苯酚等抗菌活性成分。从禾本科高粱属中分离的抗真菌蛋白质(AFP)能抑制串珠镰刀菌 *F. moniliforme* 等真菌孢子萌发。

表 4-17 植物中抗菌、杀菌的有效成分

植物名称	主要成分	植物名称	主要成分
茵陈蒿 *Artemisia capillaris*	茵陈素	柠檬草 *Cymbopogon citrates*	柠檬醛
三叶草 *Oxalis* spp.	皂角苷	百里 *Thymus vulgaris*	百里酚
刺桐 *Erythrina indica*	紫檀素	肉桂 *Cinnamomum cassia*	肉桂醛
山鸡椒 Litsea Cubeba	柠檬醛	丁子香 *Stzygium aromaticum*	丁子香酚
玉米 *Zea mays*	氧肟酸	假樟木 *Canella winterana*	倍半萜烯类
Thymbra spicata	酚	香叶風轮菜 *Satureja thymbra*	酚
樟科植物 Lauracea	月桂酸	滇黄芩 *Scutellaria amoena*	黄酮类
Funkioside	甾体化合物	苦参 *Sophora flavescens*	生物碱
长生花 *Sempervivum tectorum*	多酚	十字花科种子 Brassicaceae	抗真菌蛋白
红树 *Luminitzera racemosa*	丹宁	厚朴 *Magnolia officinalis*	厚朴酚
广藿香 *Pogostemon cablin*	广藿香酮	苦皮藤 *Celastrus angulatus*	酚类
柑橘 *Citrus reticulata*	多甲氧黄酮	道氏蒿 *Artemisia douglashma*	Vulgarone B
葛缕子 *Carum carvi*	香芹酮	发财树 *Pachira aquatica*	Isohemigossypolone
儿茶 *Acacia catechu*	儿茶酚	苦豆子 *Sophora alopecuroide*	生物碱
黑蓍草 *Achillea atrata*	1,8-桉叶素	紫杉 *Taxus cuspidate var. nana*	紫松素
南亚蒿 *Artemisia nilagirica*	侧柏酮	肖楠 *Calocedrus formosana*	α-杜松醇

有些植物粗提物本身没有抗菌、杀菌活性,但是经过酶解、水解等可得到较好的抗菌、杀菌活性物质。芥子油苷存在于十字花科芥子属的一些种中,当植物遭受损伤或胁迫后,黑芥子酶释放出来的芥子油苷经水解转变为具毒性的异硫氰酸盐同系物。蜀黍苷、亚麻苦苷和苦杏苷是三种生氰糖苷,水解后能产生氢氰酸 HCN。每种植物都含有高活性的酶,在植物中这些酶的分布是与这些非毒性的糖苷类物质隔离开的,只有当组织破坏或受病菌侵染后才会诱导这些酶发挥作用。

四、天然抗菌物质作用机理

从天然产物中提取有关抗菌活性物质目前已有一些报道,但关于它们抗菌机理的研究却甚少,研究表明,植物源抑(杀)菌物质可作用于菌体细胞的多个结构。香叶醇可提高细胞外渗透并增加真菌细胞的流动性、降低细胞膜脂质层的相变温及膜脂的流动性。从三叶草 *Trifolium* spp. 中分离的一种植物皂角苷能有效防治一种疫病菌 *P. cinnamomi*,其作用机理主要在于细胞膜的蛋白质、磷脂和甾体。Karavaev 等(2001)研究发现欧洲防风草 *Pastinaca sativa* 和紫草 *Lithospermum erythorhizon* 叶片提取物强烈抑制禾布氏白粉菌 *B. graminis* f. sp. *tritici* 无性孢子和禾柄锈菌 *P. graminis* 夏孢子的萌发。试验表明植物提取物激发了小麦自身的合成系统,从而使得光合系统Ⅱ释放 O_2。某些活性成分含有—OH 基团,而—OH 基团很活泼,容易与酶中活性部位形成氢键,进而导致代谢系统紊乱。有些植物提取物不但作用于病原真菌,还对寄主植物的防御系统起活化作用。总之,活性物质对细菌、真菌和植物的作用方式尚不清楚,是否具有抑制其他能量和物质合成作用仍需进一步研究。

第八节 生物多样性和植物微生态调控

一、植物物种多样性及遗传多样性的控病机理

利用生物多样性控制农业生态系统中有害生物的危害是当前农业可持续发展的根本途径

之一。这主要包括开发利用作物基因(遗传)多样性降低和减缓有害生物暴发的程度，开发利用农田中的作物相(种群多样性和分布)来调整作物、有害生物和天敌或其他相关生物的种间关系，开发利用非作物生境的多样性增加天敌库和农田系统资源库的功能，等等。自20世纪80年代以来，关于农田生物群落的结构及其多样性与植物病害控制的研究在理论和实践上都取得一定的进展。1996年云南农业大学和国际水稻研究所等单位提出了利用生物多样性持续控制水稻病害的研究项目，并系统地开展了利用生物多样性控制水稻病害的基础理论和应用研究，在利用传统地方品种和现代杂交稻品种多样性混栽控制稻瘟病方面取得了重大突破。此外，我国在利用生物多样性控制小麦锈病、白粉病，高粱炭疽病、叶枯病等病害方面也取得一定进展。

1. 利用作物遗传(基因)多样性控制植物病害

众所周知，植物抗病品种的选育和利用是控制植物病害最经济有效的措施。人类利用抗病品种有效控制了许多大范围流行的农作物重要病害，如小麦锈病、稻瘟病、玉米大(小)斑病、马铃薯晚疫病及棉花枯(黄)萎病等。但是，长期以来，在作物抗病育种实践中，人们往往注重小种专化性抗病性(垂直抗病性)基因的利用，致使抗病品种的抗病性丧失现象日益严重，加之，由于农业耕作制度、种植模式的变革以及农药化肥的大量施用和农业生产的过度开发，导致农田生态系统的稳定性降低，新病害不断出现，许多次要病害逐渐上升为主要病害，所有这些均给作物抗病育种带来了极大的挑战。聚合多个主效抗病基因或利用微效抗病基因已经成为抗病育种的发展趋势。充分利用抗病基因多样性来减小对病原菌群体的选择压力，并最终达到有效控制病害的目的已成为抗病育种理论和实践的重要内容。研究表明，作物遗传上的异质性或多样性布局可大面积抑制病害的发生(Garrett，1999)。这一理论在利用水稻遗传多样性控制稻瘟病的实践中得到了验证。1979～1980年韩国对单基因品种轮换的方法进行了改进，采用同时携带两个不同抗病基因的品种进行轮换，有效地控制了稻瘟病的流行；云南农业大学选用5个现代品种(种汕优63、汕优22、合系41、楚粳12和8126)和2个传统品种(黄壳糯和紫谷)，利用抗病基因同源系列(resistance gene analogue，RGA)技术，完成了品种抗性遗传分析及其多样性种植田间防效试验，结果均表明，抗病性遗传差异较大的品种搭配混栽对稻瘟病控制效果明显。传统品种黄壳糯和紫谷与现代品种汕优63和汕优22之间遗传相似性分别为44%和63%，两类品种搭配间栽后，稻瘟病发病率、病情指数均明显下降，防治效果达88.2%～92.3%；而抗性遗传差异较小的品种搭配混栽对稻瘟病的控制效果不明显，汕优63和汕优22搭配混栽与净栽相比控制效果仅为32.1%和24.3%，黄壳糯和紫谷搭配混栽与净栽相比控制效果仅为10.2%和7.5%；另外3个品种的抗性遗传差异甚微，混合间栽的防治效果仅为15.8%～20.7%。由此可见，水稻品种遗传差异是影响稻瘟病控制效果的重要因素之一。

2. 利用作物种群多样性控制植物病害

利用作物种群多样性控制植物病害包括多系品种混栽、品种间混栽和物种间混栽三种策略，其中品种间混栽是研究和应用最普遍的策略。曹克强等(1992)研究了不同小麦品种混合种植对小麦条锈病、叶锈病和白粉病的控制及其增产效果，结果证明，混合品种确实具有抗病增产的效果，而且其抗病增产效果在病害压力较高时尤为明显。在水稻病害控制方面，云南农业大学农业生物多样性应用技术国家工程研究中心在完成大量水稻品种遗传多样性分析的基础上，筛选出最佳品种搭配组合，并深入研究了不同品种搭配和不同种植模式对稻瘟病的防治效果，开展了水稻多样性混栽田块中稻瘟病菌群体遗传结构、田间稻瘟病菌孢子空间分布、田间发病环境条件等研究，在多年试验研究的基础上构建了品种混栽的技术参数和推广操作技术规程。这种利用遗传背景不同的水稻品种进行混合间栽的生产模式是目前国内外应用生物多样性持续防治稻瘟病的重大创新。在物种间混栽控制植物病害方面，利用高粱和非寄主植物玉米的混栽控制高粱炭疽病和叶枯病取得了良好的防效。

3. *利用农业生态系统和农业景观多样性控制植物病害*

如果说利用农作物遗传多样性和物种多样性来控制植物病害主要是通过维持植物自身抗病性的稳定和植病系统的稳定性来实现的话，那么，利用农业生态系统和农业景观多样性控制植物病害则是在充分利用作物遗传、种群多样性的基础上，协调构成农业生态系统和农业景观生态系统的各种生物或非生物因素的相互作用，使之形成有利于农作物生长发育而不利于病原物繁殖和侵染的选择压力，最大限度地发挥农业生物多样性的生态服务功能。农业生产实践中的一些经验总结如"栽桐种松，没有好景"、"梨柏是冤家，并栽必出差"、"要吃葡萄莫种榆"等是这一理论的早期实践。朱有勇等(2004)通过不同农艺性状的品种间混种，如高秆和矮秆的水稻品种在田间形成空间上的差异，并由此形成立体植株群落，降低了田间微环境的湿度和植株持露面积，促进了硅元素的吸收。这些农田小气候环境的差异减缓了病原孢子的运动和传播，降低了稻瘟病的发生。1997 年国际水稻研究所启动了由中国、越南、泰国、菲律宾等国参加的为期 5 年的"利用生物多样性稳定控制水稻病虫害"的研究项目，其中的研究内容之一即是利用杂草多样性控制病虫害，即在数块稻田四周建立一定宽度(1 m 以上)的"绿色走廊"，在走廊中有选择地种植一些杂草和低矮植物作为天敌生存、越冬和繁衍的栖息地，各种天敌可随时迁移到稻田中，从而有效控制水稻病虫害初始群体数量和增殖速度。Kerry(1989)对桃园根结线虫的土壤生态系统自然控制进行了详细研究，当桃树抗根结线虫品种 Nemaguard 出现后，在美国加利福尼亚州有 20%的桃园仍然保留着感病品种，而这些桃园有 45 年以上的历史，在这些桃园里根结线虫数量极少，而周围相似环境的葡萄园则根结线虫数量很大，研究发现桃园中根结线虫的卵 20%～80%被 *Dactylella oviparasitica* 寄生。在农业景观多样性的利用方面，国内外的研究表明，受野生群落包围的作物生态系统中天敌的数量会急剧增加，这些生境提供了自然的天敌庇护场所，而且田间的这些廊道可以提高天敌的分散性，从而控制杂草等的数量，另外廊道还可以防止病害的传播、阻止有害生物的传播(章家恩，1999)。

综上所述，应用生物多样性与生态平衡的原理，进行农作物遗传多样性、物种多样性的优化布局和种植，增加农业物种多样性，保持农业生态系统的稳定。利用物种间相生相克的自然规律，不仅能有效控制植物病害的发生和流行，更重要的是可大幅度减少化学农药的施用和环境污染，提高农产品质量和产量，促进农业生产的可持续发展。

二、植物微生态调控剂

植物微生态调控是指在植物微生态学基本原理指导下产生的植物病害防治的新方法，是微生态学在植物病害防治实践中的应用。微生态调控是调控微生态环境与有害生物(病原菌)的平衡、调节寄生细胞组织与有害微生物的平衡、协调植物体内的内生共生菌与寄生和腐生微生物的平衡，以达到防治病害的目的。

根据微生态学原理，为了调节微生物平衡，利用有益微生物制成的微生物制剂，一般通称为微生态调控剂。中国农业大学植物生态工程研究所用芽孢杆菌研制出的微生态制剂——益微制剂，对一些土传病害具有较好的防治效果，小麦纹枯病减少 60.2%～74.3%，棉花萎蔫病减少 43%～63%，油菜菌核病减少 56.2%～81.3%。益微制剂还具有增强作物抗旱、抗干热风、抗寒、防治霜冻等能力。此外，报道较多的微生态制剂还有 SC27 微生物土壤增肥剂，对瓠瓜、丝瓜和巨峰葡萄具有促进生长、增产和改善品质的作用。

（一）植物微生态调控剂的作用机理

植物微生态调控剂与以往应用的生物制剂及化学制剂在作用机理上有本质上的不同。植物微生态调控剂是作用于植物体表或体内，通过调节植物体固有微生物的比重和平衡，从而达到保健、增产和改良品质等作用的活菌或其他制剂。而现在应用于植物微生态制剂的菌株主要是内生细菌。植物微生态调控剂的作用机理目前尚未完全明了，多数微生态调控剂的效用是与机体相互作用的结果，微生物菌群定殖于植物体内、体表后，与其中的正常菌群会合，显现出共生、栖生、竞争或吞噬等复杂关系。根据当前的认识，可以将其作用机理归纳为以下几点。

1. 保持正常的微生态平衡

植物体内、体表菌群是在长期进化过程中形成的，与植物保持相对平衡稳定的状态，对植物的生长发育和抵抗病害具有十分重要的意义。因此，菌群的失衡是植物病害的直接诱因之一。将有益菌群作为微生态制剂进行补充，可以建立新的微生态平衡，从而达到抑制病原菌生长和繁殖的目的。

2. 生物拮抗作用

植物体表正常菌群是机体生物防御的屏障结构之一，在影响过路菌或侵袭菌在植物体内、体表定植生长方面发挥着重要的作用。将繁殖速度快且对机体有益无害的菌群作为微生态制剂进行补充，就可以通过营养竞争、空间占领或重寄生作用抑制病原菌的生长繁殖；有些微生态制剂还可合成抗生素、有机酸、H_2O_2 等物质，抑制有害菌的生长。研究发现，用植物根际促生细菌(PGPR)接种到作物上进行生物防治能达到增产效果，起到生物拮抗作用。

3. 促进植物体生长，间接防病

许多微生态制剂含有可直接为生物体提供的营养元素，增加微环境营养含量或共生微生物，促使植物产生如激素、维生素、酚类等物质改善微环境提高微循环，或者活化促进生物对营养元素的吸收促进生物体生长。Barea、Brow 和 Hussain 等研究都表明，植物生长发育过程中共生微生物促使产生的植物激素起一定作用。植物激素类物质主要有生长素 auxin（主要是 IAA）、赤霉素 gibberellin（主要是 GA_3、GA_1）、细胞分裂素 cytokinin（CTK）、脱落酸 abscisic acid（ABA）、乙烯 ethylene 和酚类化合物或其衍生物等。它们的作用不是孤立的，而是相互协调、相互制约的。Coopor 等报道了微生物可产生多种维生素。潘超美等报道接种 *G. mosseae* 和 *G. caledonium* 都能显著地促进玉米的生长，改善了玉米植株的营养条件，尤其是改善了磷的营养吸收。微生态区系达到平衡时对作物的产品品质改善，以及降低施肥用量等都有作用。

4. 产生抗菌物质

许多植物、微生物都能产生抗生素等物质防治多种病虫害并间接促进生物生长。推测并证实荧光假单胞 B10 产生的铁载体与抑病和促生作用有关。很多微生物还产生抗生素抑制病害发生。

5. 刺激机体免疫机制

某些微生物及物质可提高宿主的抗旱性、抗盐碱性、抗极端温度、湿度和 pH、抗金属毒

害、抗病等能力，提高宿主植物的逆境生存能力。

6. 生化机制

一些植物促生细菌能够产生几丁质酶和β-1,3-葡聚糖酶，有的还能产生卵磷脂酶C等多种系统防卫酶以及抑菌物等间接促进植物生长，因为卵磷脂酶C在几丁质酶和纤维素酶的协调作用下，作用于植物细胞膜，影响细胞膜的通透性等，强化了其抑病作用。

（二）植物微生态调控剂的种类

1. 增产菌

增产菌是根据植物微生态原理研制的植物保健益菌制剂。它用系统工程手段将植物体内有益的微生物筛选出来，加以选育，经过工业化生产，再用到植物体上，促进植物增加产量，改进品质，增强抗性。增产菌具有4个方面的特点。

(1) 高效的多功能性。增产菌是植物保健益菌，它有综合、高效的多功能性。它可促进植物的生长发育，可促进种子发芽、根系生长、分蘖和穗分化，增加千粒重等提高植物生物产量。使用增产菌后，从生物产量增加情况看，营养器官增产幅度较生殖器官大，双子叶植物增产幅度较单子叶植物大。增产菌可以促进植物组织结构向丰产优质变化，例如，茶叶使用增产菌后，栅栏组织层次增加，海绵组织细胞间隙减少，二者之间空隙消失，从而提高了产量，并改进了品质。提高作物的抗逆性，例如，经过增产菌处理的作物抗逆性普遍提高，除抗病、抗旱、抗寒性有明显提高外，其他如抗干热风、抗霜冻能力均有提高。

(2) 广泛的适应性。从原理上讲，增产菌是植物体自然生态系的成员，它已经摆脱土壤微生物的范畴。增产菌的活动，主要受植物个体内的微生态环境的影响。例如，黑龙江省黑河、北京、上海以及海南三亚的水稻，在抽穗时，它们植株个体内的温度、水分含量、营养成分、代谢状况，大体上是一致的。所以，水稻增产菌在各地水稻上均表现出增产效果。

过去用的微生物制剂，大多数属于土壤微生物，它们受土壤的温度、水分、酸碱度、微生物以及田间小气候、环境天气等的影响。而它们受到外界条件的限制程度远远超过增产菌。增产菌表现出极度广泛的适应性。

(3) 极大地亲和性。增产菌完全不同于以往的菌肥、菌药和生长刺激素。它属于植物体自然生态系成员。增产菌是一个全新的农业措施，这一措施有一个突出的特点，就是同其他农业措施有着高度的亲和性。

增产菌可以同其他一些农业措施相结合，不但没有矛盾，还可以起到相互促进、互补、增效的作用。

增产菌同品种的优化关系是密切的，可以提高抗病虫品种的丰产性。它不但不会影响优良品种发挥其固有的特性，反而可以弥补其某些不足之处。

增产菌同栽培措施可以进行合理搭配使用，增强综合治理作用。

增产菌同化学措施不但没有矛盾，而且可以同杀菌剂(杀细菌剂除外)、杀虫剂、除草剂、化肥、微量元素等混合使用。

(4) 高度的安全性。增产菌系植物体自然生态系成员，是植物体上的共生菌，并不是来自土壤中的微生物，也不是其他生境中与植物毫无关联的腐生菌。因此，从其本身的特性决定了增产菌具有多方面的安全性。

增产菌不会对植物造成任何伤害，也不会对植物体上有残留。增产菌只在局部地区有一定时间内起到积极的促进作用，过后植物体又恢复使用增产菌前相对稳定的微生态系。

增产菌是从不同作物上筛选出来不同的具有增加产量、提高品质，增强抗性的微生物野生群体或菌株组合，不但对植物安全，对动物、家禽、家畜也是安全的。

增产菌的工业化生产安全性也很高。由于增产菌应用的菌株是一个野生的群体，而不是纯粹的单孢系（纯菌株），因此在工业化生产中遭受的变异和噬菌体的危害减轻，保证了生产的安全。

2. 菌肥

微生物肥料是指一类含有活微生物的特定制品，应用于农业生产中，作物能够获得活微生物特定作用的肥料效应。这个定义十分科学并高度准确地概括了微生物肥料的意义、作用和内容。在我国，微生物肥料又称为接种剂、生物肥料、菌肥（细菌肥料）等。

微生物肥料具有以下几种作用特点。

(1) 微生物对土壤肥力的特殊作用。在土壤-植物生态系统中，微生物对土壤肥力的作用至关重要。微生物一方面分解有机物质形成腐殖质并释放出养分，另一方面又转化土壤碳素和固定无机营养元素。土壤微生物对于系统中的养分循环和植物有效性主要有两方面的作用：一是微生物自身含有一定数量的 C、N、P、S 等，可看成一个有效养分的储备库，土壤生物量（包括土壤微生物量和土壤动物生物量）本身就是一个养分贮藏库，具有“源与汇”的调控功能，它对土壤养分具有贮存和调节作用；二是土壤微生物通过其新陈代谢推动着这些元素的转化与活动。

(2) 微生物在自然生态系统中的作用。微生物作为自然生态系统的基本组分，履行着主要分解者的作用，是物质循环的重要一环，推动着自然界养分元素的生物化学循环过程，是大自然中元素的平衡者。如果没有微生物的作用，物质循环过程便会中断，地球上的动、植物残体和废物也将堆积如山，生态系统就不可能持续发展下去，没有微生物，高等生物和人类也难以持续发展下去。

(3) 制造和协助农作物吸收营养。微生物肥料中最重要的品种之一是根瘤菌肥料，施用后，其中的根瘤菌可以浸染豆科植物根部，在其根上形成根瘤。生活在根瘤里的根瘤菌类菌体利用豆科植物宿主提供的能量将空气中的氮分子转化成氨，进而转化成谷氨酰胺和谷氨酸类植物能吸收利用的优质氮素，供给豆科植物一生中氮素的主要需求。AM 菌根真菌可与多种植物根系共生，真菌菌丝可以吸收更多的营养供给植物吸收利用，其中以对磷的吸收最明显。研究证明，AM 真菌对在土壤中活动性差、移动缓慢的元素如锌、铜、钙等元素也有加强吸收的作用。

(4) 刺激和调控作物生长。许多用作微生物肥料生产的微生物种类在生长繁殖过程中产生对植物有益的代谢产物，如生长素、吲哚乙酸、赤霉素、多种维生素、氨基酸等能够刺激和调节作物生长，使植物生长健壮、营养状况改善，进而有增产效果。

(5) 减少或降低植物病（虫）害。多种微生物可以诱导植物的过氧化物酶、多酚氧化酶、苯甲氨酸解氨酶、脂氧合酶、几丁质酶、β-1，3-葡聚糖酶等参与植物防御反应，利于防病、抗病，有的微生物种类还能产生抗生素类物质，有的则是由于在植物根区形成优势种群，使病原微生物难以生长繁殖而降低了作物病虫害的发生。

(6) 对作物品质的影响。许多微生物肥料使用后对作物品质有良好的影响。与豆科作物共生的根瘤菌固定的氮素主要输往籽粒，因此使用根瘤菌接种剂以后豆科作物籽粒的蛋白质含量提高。有的微生物肥料使用后可增加产品中的维生素 C 或糖分或氨基酸含量，有的则可提高蔬菜品质或使作物的硝酸盐含量降低。

3. 菌根

菌根是生物界最广泛、最重要的一类共生体，对促进各生态系统中生物之间的物质交换，能量、信息的传递，生物的演化与分布，保持生态平衡和可持续发展，保护生物多样性，稳定生态系统，促进农林牧业生产，具有深远的经济、社会和生态意义。

菌根真菌在土壤中分布着庞大的菌丝系统，并且该菌丝系统与植物根系紧密联结成一体。这些蔓延的庞大菌丝体系是菌根的主要吸收器官，能很大程度上扩大植物水分、养分的吸收范围。菌根真菌能活化土壤中的矿质养分，促进植物根系对营养元素尤其是移动性较差的磷、锌、铜等矿质元素的吸收。根外菌丝的延伸和扩展、菌根侵染可能增加根长密度或者改变根系形态，增大了植物根系的吸收范围和吸收能力，降低永久凋萎点，提高植物抗旱性和水分利用效率。另外，绝大多数兰科植物种子萌发率极低，或萌发后因无营养供给而不能进一步发育生长。自然条件下种子萌发和萌发后形成原球茎阶段都需要有相应的菌根真菌与之共生并为其提供养分，否则兰科植物就不能生长。

生态系统中分布着大量盐渍化土壤，菌根真菌同样也存在于这类土壤中。盐胁迫条件下接种菌根真菌能够促进植物生长，提高其适应盐胁迫的能力。例如，丛枝菌根(AM)真菌能够通过增加植物对 P、Cu、Mg 的吸收而减少植物对 Na 和 Cl 吸收，提高植物耐盐能力。菌根真菌在改善土壤与植物健康状况中发挥着重要作用。菌根真菌与寄主植物形成良好的共生关系后，能诱导植物对土传病原物产生抗病性。AM 真菌能够减轻一些土传病原真菌和胞囊线虫、根结线虫等对植物造成的危害。AM 真菌根外菌丝能产生一种细胞外糖蛋白，与菌丝网一起有利于土壤团粒结构的形成，提高土壤稳定性，保持土壤孔隙度，保证良好的耕作条件和通气状况，从而更好地抵抗风和水的侵蚀。菌根真菌能够减轻由重金属、有机污染物、放射性元素等对土壤环境造成的污染及其对植物造成的不利影响。Kaldorf 等发现 Zn、Ni 等金属元素在菌丝和含有丛枝结构的根皮层细胞区含量较高。接种菌根真菌的植物能比不接种的吸收更多的重金属而不受毒害，这可能是菌根真菌分泌的黏液和真菌组织中的聚磷酸、有机酸等能络合重金属，从而减弱重金属的毒性，并减少重金属从根部向地上部的运输。黄艺等也认为形成外生菌根菌套的菌丝间有大量空隙，存在于此空间的大量菌丝分泌物可能是固定重金属的重要贮藏库。另外，菌根真菌也能够参与有机污染物的降解，它们可能在植物降解有机污染物中具有潜在价值。

小　　结

植物病害生防因子较多，主要有活体微生物、微生物代谢产物、植物提取物及其影响植物微生态的微生物类群。可用于植物病害生物防治的活体微生物包括真菌、细菌及放线菌。生防真菌来源广泛、种类繁多，作用机制复杂，常见的有木霉、毛壳菌、盾壳霉、粘帚霉、腐霉、淡紫拟青霉、厚壁轮枝菌、酵母及锈菌和白粉菌的重寄生菌。锈菌重寄生菌包括锈菌寄生孢、锈生座孢等。白粉菌重寄生菌主要是白粉寄生孢。这些生防因子主要通过寄生、抗生、竞争、诱导抗病性及促生作用达到控制病害的目的。细菌及放线菌是一类具有广泛用途的重要微生物资源，其中具有生防价值或潜力的主要有链霉菌属、诺卡氏菌属等，其作用机制包括在寄主体外通过抗生、竞争、捕食和重寄生作用，降低病原菌的致病性、侵染效率以及接种体密度，导致病原菌群体密度以及毒性下降；也可在寄主植物组织内诱发其产生抗性或者产生抑菌物质，破坏病原菌的繁殖、生长，最后导致靶标病菌死亡。抗生素是一类非常重要的生防因子，为非酶非激素类化学物质，活性高，选择性强，使用剂量低、与环境相容性好，但物质结构和毒性差别很大。微生物代谢产物还有细菌素、酶类、其他活性蛋白类及脂肽类和多肽类物质，目前是比较受重视和有应用前景的种类。植物本身也是生物活性化合物的天然宝库，其有效成分分布在植物根、茎、叶、花、果、种子等不同部位。目前发现的植物代谢产物杀菌活性较好的主要为萜类、生物碱类、黄酮类、苷类、皂甙、醌类、香豆素、木脂素、芪类、胺类、酯类、酚类、醛类、醇类、甾类、有机酸及精油类等化合物。

复习思考题

1. 生防真菌的主要种类有哪些？各有何特点？
2. 简述木霉作为生防菌的作用机制。
3. 简述盾壳霉作为生防菌的作用机理。
4. 植物寄生线虫的生防真菌有哪些？各有何特点？
5. 植物寄生线虫生防真菌的作用机理。
6. 植物锈菌的寄生真菌主要有哪些种类？并简述其特点。
7. 生防放线菌有哪些主要种类？各有何特点？
8. 试举例说明生防放线菌的作用机制。
9. 何谓抗生素？农用抗生素有何特点？
10. 常见农用抗生素中，用于防治植物真菌病害、细菌病害、植原体病害和病毒病害的抗生素分别有哪些？
11. 何谓细菌素？并举例说明植物病原细菌素在病害防治中的应用。
12. 简述几丁质酶在植物病害防治中的抑制作用。
13. 简述β-1，3-葡聚糖酶在植物病害防治中的作用方式。
14. 植物中抗菌、杀菌的主要有效成分有哪些？试举例说明。
15. 植物体中抑菌的有效成分分布在哪些部位？试举例说明。
16. 利用抑菌植物资源来进行病害防治有何前景？
17. 论述生防细菌的主要作用机制。
18. 讨论目前生防细菌在植物病害生物防治中的应用前景及存在问题。

主要参考文献

陈娇，代光辉，顾振芳，等. 2002. 58种植物提取液对葡萄霜霉病菌的抑菌活性筛选研究. 天然产物研究与开发，14(5)：9-13.

陈志谊，高太东，严大富，等. 1997. 枯草芽孢杆菌B-916防治水稻纹枯病的田间试验. 中国生物防治，13(2)：75-78.

陈志谊，许志刚，Mew T W. 1999. 水稻纹枯病拮抗细菌的种群分布及其生物多样性研究. 植物病理学报，29(2)：97-103.

陈中义，张杰，黄大昉. 2003. 植物病害生防芽孢杆菌抗菌机制与遗传改良研究. 植物病理学报，33(2)：97-103.

迟玉杰，杨谦. 2002. 毛壳菌对植物病害的生物防治及存在的问题. 农业系统科学与综合研究，180：215-218.

方敦煌，吴祖建，邓云龙，等. 2006. 防治烟草赤星病拮抗根际芽孢杆菌的筛选. 植物病理学报，36(6)：555-561.

付艳平，姜道宏. 2005. 真菌病毒(Mycovirus)的研究进展. 第七届海峡两岸真菌学学术研讨会论文集：23-33.

高克祥，庞延东，秦乃花. 2006. 内生菌螺旋毛壳抗生素和水解酶的协同抗真菌作用. 植物病理学报，36(4)：347-358.

高立强，杨家荣，商鸿生，等. 2007. 秦岭地区白粉寄生孢的自然分布和生物学特性. 植物保护学报，34(2)：161-166.

高雯,杨合同,吴远征,等. 2007. 木霉产生的β-1,3-葡聚糖酶. 山东师范大学学报(自然科学版),22(1):135-137.
高晓杰,刁治民,刘吉祥. 2004. 微生物肥料的研究现状与发展趋势. 青海草业,13(1):31-34.
葛米红. 2008. 利用内生细菌防治水稻白叶枯病的研究. 华中农业大学博士学位论文.
贺水山,张炳欣,葛起新. 1992. 寡雄腐霉重寄生作用的研究. 植物病理学报,(22):77-82.
黄路枝,胡兆农,郭正彦,等. 2007. 土壤稀有放线菌的选择性分离及其抗菌活性研究. 农药学学报,9(1):59-65.
黄云,叶华智,黄天达. 2002. 大叶白蜡树锈病及其重寄生菌研究. 植物病理学报,32(4):351-355,360.
黄云. 1993. 梨胶锈重寄生菌的研究及应用Ⅰ梨胶锈重寄生菌的寄生和形态特征. 四川农业大学学报,11(2):203-207.
黄云. 1994. 梨胶锈菌的重寄生菌研究Ⅱ重寄生菌的生物学特性. 植物病理学报,24(4):329-335.
黄云. 2004. 植物锈菌的锈生座孢属(*Tuberculina*)重寄生菌及寄主的研究. 四川农业大学博士学位论文
姜钰,董怀玉,徐秀德,等. 2005. 放线菌在植病生防中的研究进展. 杂粮作物,25(5):329-331.
李宝聚,王莉,陈捷. 2005. 植物病害微生态防治研究. 北方园艺,(6):89-91.
李国庆,王道本,张顺和,等. 1995. 菌核寄生菌盾壳霉的研究Ⅰ. 生物学生性及在湖北省的自然分布. 华中农业大学学报,14:125-129.
李华. 2003. 产几丁质酶木霉菌菌株筛选及特性的研究. 山东农业大学博士学位论文.
梁晨,赵洪海,李宝笃,等. 2004. 大花金鸡菊白粉菌重寄生菌研究. 莱阳农学院学报,21(1):30-33.
林东,徐庆,刘忆舟,等. 2001. 枯草芽孢杆菌 SO113 分泌蛋白的抑菌作用及抗菌蛋白的分离纯化. 农业生物技术学报,9(1):77-80.
刘爱媛. 1993. 用粘帚霉防治茄子立枯病和白绢病. 植物保护,(1):23,24.
刘喜梅,何晨阳,许艳丽. 2006. 非致病性尖孢镰刀菌及其在生物防治中的应用. 植物保护,32(5):5-8.
刘杏忠,张克勤,李天飞. 2004. 植物寄生线虫生物防治. 北京:中国科学技术出版社.
刘雪,穆常青,蒋细良. 2006. 枯草芽孢杆菌代谢物质的研究进展及其在植病生防中的应用. 中国生物防治,22(增刊):179-184.
陆群,陆永乐,吴林森. 1998. 新抗生素 H4750-D2 的研究:发酵、分离、结构鉴定和生物活性. 中国抗生素杂志,23(5):326-330.
罗成,徐斌. 1987. 噬菌体研究的历史与现状. 微生物学杂志,5:20-23.
梅汝鸿,徐维敏. 1998. 植物微生态学. 北京:中国农业出版社.
欧阳由男,夏陆欣,朱练峰,等. 2007. 寡雄腐霉制剂"多利维生"对水稻的促长与防病增产效果. 中国稻米,6:48-51.
覃玥. 2005. 真菌病毒的研究进展. 广西农业科学,36(3):280-283.
帅正彬. 1995. 植物病原细菌素的研究进展. 植物保护,21(4):37-39.
孙海峰,王喜军,周磊,等. 2005. 中药提取物对龙胆斑枯病病原菌抗菌活性的筛选. 东北林业大学学报,33(2):96,97.
田波,李卫,周世力. 2004. 关于噬菌体在防治水稻白叶枯病上的研究. 福建稻麦科技,22(2):24-26.
王金生,田端华,方中达,等. 1989. 枯草杆菌 B_1 菌株对大白菜软腐病的生防作用. 南京农业大学学报,12(4):59-62.
王金生,张学君,钱显明,等. 1993. 小麦纹枯病生防菌株的筛选及小区试验. 生物防治通报,9(3):102-105.
王金生. 1985. 细菌素在细菌病害生防中的应用. 生物防治通报,1(2):36-40.
王金生. 1999. 分子植物病理学. 北京:中国农业出版社.
王金生. 2000. 植物病原细菌学. 北京:中国农业出版社.
王淼焱,王洪娴,李敏,等. 2006. 菌根生物肥料的研究现状. 山东科学,19(6):94-97.

王燕,宗兆锋,程联社. 2005. 放线菌在植物病害生物防治中的应用. 杨凌职业技术学院学报,4(3):21-23.
王祖明. 1992. 根结线虫卵寄生真菌的研究Ⅱ. 淡紫拟青霉菌生长和产孢条件. 华中农业大学学报,11(1):52-56.
吴健胜,王金生. 1996. 植物病原细菌的细菌素. 微生物学通报,23(2):95-97.
吴军林,林炜铁,彭运平,等. 2003. 防治植物病害的农用抗生素研究及应用. 新农药,(4):27-30,33.
吴云,叶华智,严吉明. 2007. 黄柏鞘锈菌重寄生菌研究初报. 植物保护,33(5):118-121.
吴云锋. 2008. 植物病虫害生物防治学. 北京:中国农业出版社.
邢金华,王斌. 2002. 植物葡聚糖酶基因抗病作用的研究进展. 遗传,24(6):715-720.
徐丽华,李文均,刘志恒,等. 2007. 放线菌系统学——原理、方法及实践. 北京:科学出版社.
阎逊初. 1992. 放线菌的分类与鉴定. 北京:科学出版社.
晏立英,周乐聪,谈宇俊,等. 2005. 油菜菌核病拮抗细菌的筛选和高效菌株的鉴定. 中国油料作物学报,27(2):55-57.
杨合同,唐文华,Ryder M. 1999. 木霉菌与植物病害的生物防治. 山东科学,12(4):7-15.
杨合同,王桂英,庞定远,等. 1990. 植物病原细菌的细菌素与细菌性病害的防治. 山东科学,3(1):59-64.
杨树军,夏振远. 2001. 两种生防菌剂对南方根结线虫卵孵化的影响. 西南农业大学学报,23(3):247,248.
于平儒,蒋继宏. 2003. 28 种植物样品提取物离体抑菌作用测定. 徐州师范大学学报(自然科学版),21(4):43-45.
余永年. 1998. 中国真菌志第六卷霜霉目. 北京:科学出版社.
喻大昭,杨小军,杨立军,等. 2004. 49 种植物源粗提物对黄瓜灰霉菌的生物活性筛选. 植物保护学报,31(2):217,218.
袁秀英,韩艳洁. 1998. 锈寄生菌控制扬柴锈病的研究Ⅰ锈寄生菌的形态鉴定及培养性状. 内蒙古大学学报,29(2):250-254.
张玉勋,李光,张光明. 2000. 拮抗细菌在大棚温室番茄叶片定殖及对灰霉病害的控制效果. 植物病理学报,30(1):91.
张致平,姚天爵. 2005. 抗生素与微生物产生的生物活性物质. 北京:化学工业出版社.
张中义,冷怀琼,张志铭,等. 1988. 植物病原真菌学. 成都:四川科学技术出版社.
赵纯森,黄俊斌,周茂繁. 1994. 厚朴叶中抑菌活性成分鉴别及其防病效果. 华中农业大学学报,13(4):373-377.
赵新华,陈卫良,李德葆. 2000. 白叶枯病菌拮抗菌筛选及水稻叶围微生物互作研究初报. 中国水稻科学,14(3):161-164.
赵云福,梁晨,罗丽. 2008. 国内 11 省区白粉寄生孢的自然发生调查研究. 现代农业科技,22:102-103,105.
周春娜,吴仕豪,邵庆华,等. 2004. 浅谈植物寄生线虫生物治研究进展. 中国植保导刊,24(8):12-14
朱宏建,易图永,周鑫钰. 2007. 土壤放线菌生防活性物质的研究进展. 作物研究,(2):149-151.
朱双杰,高智谋. 2006. 木霉对植物的促生作用及其机制. 菌物研究,4(3):107-111.
宗兆峰,康振生. 2002. 植物病理学原理. 北京:中国农业出版社.
Baker R. 1991. Diversity in biological control. Crop Protection,10:85-94.
Barak R,Elad Y,Mirelman D. 1985. Lectins:a possible basis for specific recognition in the interaction of *Trichoderma* and *Sclerotium* rolfsii. Phytopathology,75:458-462.
Beer S V,Vidaver A K. 1978. Bacteriocins produced by. *Erwinia herbiaola* inhibit *Erwinia amylovora*. Journal of Applied Microbiology,76(1):22-29.
Bergdahl D R,French D W. 1978. Occurrence of *Tuberculina maxima* on *Cronartium* and *Endocronartium* rusts in minnesota. Plant Disease Reporter,62(9):811-812.
Carrión G,Rico-Gray V. 2002. Mycoparasites on the coffee rust in Mexico. Fungal Diversity,11:49-60.

Che F S, Nakajima Y, Tanaka N. 2000. Flagellin from an incompatible strain of Pseudomonas avenae induces a resistance response in cultured rice cells. J Bio Chem, 275: 32 347-32 356.

Chet I, Viterbo A, Brotman Y. 2010-3-12. Plant Biocontrol by *Trichoderma* spp. http://www.weizmann.ac.il/Biological_Chemistry/scientist/Chet/Chet.html

Chona B L, Durgapal J C, Gugnani H C. 1996. *Trichothecium roseum* link, a hyperparasite of sugarcane rust (*Puccinia erianthi*). Indian Phytopath, 18: 386, 387.

Cizkova D, Svecova M. 1997. The effect of biological preparation polyversum and ibefungin against fungi of genus *Ophistoma* sp. XIV. Slovak and Czech Plant Protection Conference, Nitra: 343, 344.

Colin J E, Chafik Z. 1986. Comparison of biological and chemical teratments for control of bacterial speck of tomato under field conditions in morocco. Plant Disease, 70(11): 1048-1050.

Deacon J W, Laing S A K, Berry L A. 1991. *Pythium mycoparasiticum* sp. nov., an aggressive mycoparasite in British soils. Mycotaxon, 27: 1-8.

Deepak S A, Oros G, Sathyanarayana S G, et al. 2005. Antisporulant activity of leaf extracts of Indian plants against *Sclerospora graminicola* causing downy mildew disease of pearl millet. Archives of Phytopathology and Plant Protection, 38(1): 31-39.

Donner S C, Jones D A, MeClure N C. 1993. Agrocin434, a new plasmid encoded a grocin from the biocontrol A grobacterium strains K84 and K1026, which inhibits biovar 2 agrobacteris. Physiological and Molecular Plant Pathology, 42: 185-194.

Driessen S A, O'Brien P A, Hardy G E St J. 2004. Diversity of *Puccinia boroniae* assessed by teliospore morphology and restriction fragment patterns of ribosomal DNA. Australasian Plant Pathology, 33(1): 77-82.

Elad Y, Barak R, Chet I. 1983. The possible role of lectins in mycoparasitism. Bacterial, 154: 1431-1435.

Elad Y, Kapat A. 1999. The role of *Trichoderma harzianum* protease in the biocontrol of Botrytis cinerea. Eur J Planthol, 105: 177-189.

Hashioka Y, Nakai Y. 1980. Ultrastructure of pycnidial development and mycoparasitism of *Ampelomyces quisqualis* parasitic on Erysiphales. Trasn. Mycol Soc Japan, 21: 329-338.

Hsieh S P Y, Buddenhagen I W. 1974. Suppressing effects of Erwinia herbicola on infection by *Xanthomonas oryzae* and on symptom development in rice. Phytopathology, 64: 1182-1185.

Jalata P, Katenbavh R, Bocarigel M. 1979. Biological control of *Meloidogyne incognita* and *Globodera pallida* on patatoes. Nemato, 11: 303.

Jatala P. 1986. Biological control of plant-parasitic nematodes. Ann Rev Phytopathol, 24: 452-489.

Johnson J R, Bruce W F, Dutcher J D. 1943. Gliotoxin, the antibiotic principle of *Gliocladium fimbriatum* production, physical and biological properties. J Am Chem Soc, 65: 2005-2009.

Joosten M H A J, Vogelsang R, Cozijnsen T J. 1997. The biotrophic fungus Cladosporium fulvum circumvents cf-4-mediated resistance byproducing unstable AVR4 elicitors. Plant Cell, 9: 367-379.

Karavaev V A, Sclntsev M K, Iurina T P, et al. 2001. Antifungal activity of aqueous extracts from the leaf of cowparsnip and comfrey. Biology Bulletin, 28(4): 365-370.

Kawaguchi K, Goto M. 1981. Studies on bacterial wilt of strawberry plants caused by *Pseudomonas solanacearum*, 2: Beta-D-glucogallin, the antibacterial substance detected in the tissues of strawberry plants. Annals of the Phytopathological Society of Japan, 47(4): 520-527.

Kiss L. 2008. Intraccellular mycoparasites in action interaction betwwen powdery mildew fungi and *Ampelomyces*. British Mycological Society Symposia Series. Elrevier Ltd.

Koc N K, Rorrer H R, Kern H. 1981. Studies on the relationship between *Puccinia graminis* and the hyperparasite *Apbanocladium album*. Phytopath Z, 101, 131-135.

Kuhlman E G et Miller T. 1976. Occurrence of *Tuberculina maxima* on fusiform rust galls in the southeastern United States. Plant Disease Reporter, 60(7): 627-629.

Laing S A K, Deacon J W. 1990. Aggressiveness and fungal host ranges of mycoparasitic *Pythium* species. Soil Biology & Biochemistry, 22: 905-911.

Larkin R P, Fravel D R. 1999. Mechanisms of action and doseresponse relationships governing biological control of *Fusarium* wilt of tomato by nonpathogenic *Fusarium* spp. Phytopathology, 89: 1152-1161.

Lemanceau P, Alabouvette C. 1991. Biological control of *Fusarium* diseases by *fluorescent Pseudomonas* and non-pathogenic *Fusarium*. Crop Protection, 10: 279-286.

Lewis J A. 1985. Effect of myceial preparations of *Trichoderma* and *Gliocladiumon* populations of *Rhizoctonia solani* and the incidence of damping-off. Phytopathol, 75: 812-817.

Li G Q, Huang N C, Acharya S N. 2002. Ultrastructural study of mycoparasitism of *Gliocladium roseum* on *Botrytis cinerea*. Botanical Bulletin of Academia Sinica, 43: 211-218.

Li W J, Jiang Y, Kroppenstedt R M. 2004. *Nocardia alba* sp. nov., a novel actinomycete strain isolated from soil in China. Syst Appl Microbiol, 27: 308-312.

Liu B, Qiao H P, Huang L L, et al. 2009. Biological control of take-all in wheat by endophytic *Bacillus subtilis* E1R-j and potential mode of action. Biological Control. doi: 10. 1016/j. biocontrol. 02. 007.

Mandeel Q, Baker R. 1991. Mechanisrns involved in biological control *Fusarium* wilt of cucumber with strains of nonpathogenic *Fusarium oxysporum*. Phytopathology, 81: 462-469.

Meyer A, Puhler A, Niehaus K. 2001. The lipopolysaccharides of the phytopathogen Xanthmonas campest ris pv. campest ris induce an oxidative burst reaction in cell cultures of Nicotiana tabacum. Planta, 213: 214-222.

Michael D. 1989. Transformation of the mycoparasite *Gliocladium*. CurtGenet, 15: 415-420.

Miyadoh S, Hamada M, Seino A, et al., 1997. Atlas of Actinomycetes. Japan: Askura Publishing Co Ltd.

Nelson S. 2009. Rusts of *Acacia koa*: *Atelocauda digitata* (Gall Rust). Hawaii: University of Hawaii, 1-9.

Papavizas G C. 1980,. Biological control of soil-borne fungal propagules. Ann Rew Phytopath, 18: 369-413.

Plachecka A. 2005. Microscopical observations of *Sphaerellopsis filum*, a parasite of *Puccinia recondita*. Acta Agrobotanica, 58(1): 67-71.

Powell J M. 1971. Incidence and effect of *Tuberculina maxima* on cankers of the pine stem rust, *Cronartium comandrae*. Phyto-protection, 52(3): 104-111.

Pratella G C. Mari M. 1993. Effectiveness of *Trichoderma*, *Gliocladium* and paecilomyees in postharvest fruit protection. Postharvest Biology and Technology, 3: 49-56.

Rostrup E. 1890. Ustilagineae. Daniae. Festskrift Bo Forening I Kjbenhaon, 117-168.

Saccardo P A. Sylloge Fungorum. Ann Arbor, Edwards Brothers. Inc. 1886, Ⅳ: 653-656. 1892, Ⅹ: 709-710. 1895, Ⅺ: 646-647, 1889, ⅩⅣ: 1118. 1902, ⅩⅥ: 1092. 1906, ⅩⅧ: 661-662. 1912, ⅩⅫ: 1461-1463. 1931, ⅩⅩⅤ: 949. 1972, ⅩⅩⅥ: 1417.

Sasser J N. 1991. Influenceof experimental methods and environmental conditions on the efficacy of *Paecilomyces lilacinus* as a biocontrol agent for plant-parasitic nematodes. Journal of Nematology, 23(4): 550.

Schmidt D. 1988. Prevention of bacterial wilt of grasses by phylloplane bacteria. Phytopathology, 122(3): 253-260.

Segers R, Butt T M, Carder J H, et al. 1999. The subtilisins of fungal pathogens of insects, nematodes and plants: distribution and variation. Mycological Research, 103: 395-402.

Swinburne T R. 1975. Microbial proteases as elicitors of benzoic acid accumulation in apples. Phytopathologische Zeitschrifi, 82: 152-162.

Verma J P, Chowdhury H D, Singh R P. 1978. Interaction between phylloplane bacteria and Xanthomonas malvacearum. Proceeding 4th International Conference on Plant Pathogenic Bacteria, Angers, France. 795-802.

Vidaver A K. 1976. Prospects for control of phytopathogenic bacteria by bacteriophage and bacterocins. Ann Rev Phytopathol, 14: 453-465.

Walther D, Gindrat D. 1988. Biological control of damping off of sugarbeet and cotton with *Chaetomium globosum* or a fluorescent *Pseudomonas* sp. Can. J Microbiol, 34: 631-637.

Weinding R. 1932. Studies on a lethal princiole effective the paramitic action of *Trichodermuc lignorum* on *Rhizoctonia soloni* and other siol fangi. Phytopathology, 22: 837-845.

Weeraratne T P, Adikaram N K B. 2006. Biology of *Plumeria* leaf rust disease caused by *Coleosporium plumeriae*. Ceylon Journal of Science, 35(2): 157-162.

West P V, Appiah A, Gow N. 2003. Advances in research on root pathogenic oomycetes. Physiology & Molecnlar Plant Pathology, 62, 99-113.

Whipps J M, Gerlagh M. 1992. Biology of *Coniothyrium minitans* and its potential for use in disease biocontrol. Mycol Res, 96: 897-907.

Whipps J M, Sreenivasaprasad S, Muthumeenakshi S, et al. 2008. Use of *Coniothyrium minitans* as a biocontrol agent and some molecular aspects of sclerotial mycoparasitism. Eur J Plant Pathol, 121: 323-330.

Wicker E F, Wells J M. 1968. Overwintering of *Tuberculina maxima* on pine blister rust cankers. Phytopathology, 58: 391.

Xu G W, Gross D C. 1986. Field Evaluations of the interactions among fluorescent pseudomonads, *Erwinia carotovora*, and potato yields. Phytopathology, 76: 423-430.

Yoshida S, Hiradate S, Tsukamoto T, et al. 2001. Antimicrobial activity of culture filtrate of *Bacillus amyloliquefaciens* RC-2 isolated from mulberry leaves. Phytopathology, 91(2): 181-187.

Yuan Z W, Pei M H, Hunter T, et al. 1999. Pathogenicity to willow rust, *Melampsora epitea*, of the mycoparasite *Sphaerellopsis filum* from different sources. Mycological Research, 103: 509-512.

Zambettakis C, Sankara P, Métivier M A. 1985. *Darluca filum*, *Tuberculina costaricana* et *Verticillium lecanii*, Hyperparasites de Puccinia arachidis, Consideres Comme Elements Dune Lutte Integree. Bull Soc Myc Fr T, 101: 165-181.

Zohri A N, Abdel-Gawad K, Saber S. 1995. Antibacterial, antidermatophytic and antitoxigenic activities of onion (*Allium cepa* L.) oil. Microbiological Research, 150(2): 167-172.

第五章　植物病害生物防治的途径和措施

植物病害生物防治的主要途径包括三个方面：一是利用生防因子直接控制植物的病原物及其所致病害；二是利用有益微生物对植物体的保护，诱导抗性作用及促生，提高抗病能力；三是利用生态环境的调控作用，控制病害。措施包括：种苗处理、根际处理、气围处理和诱导抗病性（图 5-1）。此外，生防措施与农业防治、化学防治和物理防治等相结合，也可提高防治效果。

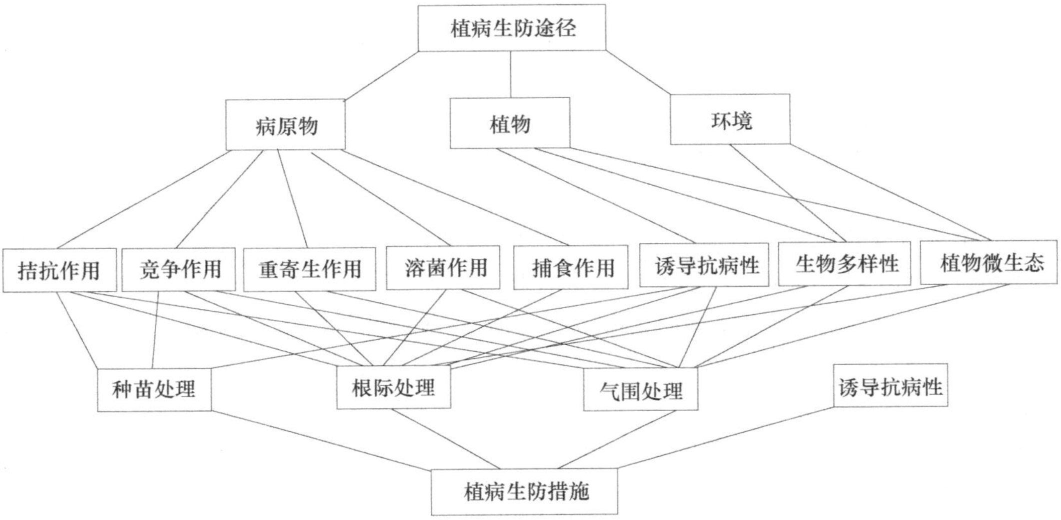

图 5-1　植物病害生物防治的主要途径和措施

第一节　植物病害生物防治的途径

一、利用生防因子直接作用病原物

利用生防因子的抗生作用（antibiosis）、竞争作用（competition）、重寄生作用（hyperparasitism）、捕食作用（predation）和溶菌作用（lysis）等控病机制，直接作用于病原物，通过杀死、抑制病原物控制病害的发生、发展及危害。植物病原物虽具有较强的适应性和变异性，并且可以产生各种具有抗逆性的休眠结构，但是其生活史中仍然暴露出许多薄弱环节，人们可利用病原物在自然界可能受到各种生物因子相生相克，对病原物的生长发育、侵染，病害的发生、发展和危害等进行控制，达到生物防治的目的。下面分几方面介绍主要途径和措施。

（一）抗生作用的利用

抗生作用是利用生防菌的代谢产物或抑菌植物的提取物对病原物直接的致死和抑制作

用，使病原物群体数量受到控制，从而控制病害的发生、发展和危害程度。抗生作用是植物病害生物防治的重要控病机制，利用抗生作用也是植物病害生物防治的主要途径和方法。

1. 植物体表拮抗菌的利用

植物体表的微生物包括丝状真菌、酵母菌、细菌和放线菌，其中有偶然降落或污染的暂居菌(casual 或 allochthonous)和能够在叶面定殖繁衍的居留菌(residental 或 autochthonous)两大类。后者由于适应性更强、容易建立起优势种群，故我们可以利用其中部分种类对病原物的拮抗性进行生物防治，减少病害的发生。例如，栖居于叶表的交链孢属的某些种可产生对革兰氏阳性菌及一些真菌具有活性的抗生素；从黑麦叶片上分出一种荧光假单胞菌 *P. fluorescens* 具有抑制黑麦叶斑病菌 *Drechslera dictyoides* 孢子萌发及芽管乃至溶解菌丝的效果；灰葡萄孢产生的草酸、葡萄孢素和灰霉二醛，对植物表面的其他真菌具有拮抗作用；在可控环境条件下，接种病原菌的同时或之前施用一些常见的叶面丝状真菌和酵母菌，对于引起多种叶斑病的死体营养病菌有拮抗作用，这些微生物能使各种寄主植物上的致病菌(如 *Alternaria* spp. 和 *Cochliobolus* spp.)的侵染减少 50%。

2. 植物内生菌的利用

植物内生菌的发现为植物病害的生物防治拓宽了思路并提供了另一个广阔的研究领域。首先，可以直接从内生菌(endophyte)中寻找具有抗病作用的新的活性化合物，或利用从内生菌中寻找的先导化合物来研制新的生物农药。其次，可以使某些具有抗病活性的内生菌接入或感染植物作为拮抗菌或增产菌而发挥生防作用。例如，袁军等(2002)从健康马铃薯块茎中分离到 133 株内生细菌，通过离体抑菌作用测定、菌悬液浸种后的田间和温室试验，初步筛选出 5 个具有促生或潜在防治马铃薯环腐病的内生细菌，其中 118 菌株定殖、促生和拮抗 3 种作用兼备，具有很好的开发应用前景。何红等(2008)从海陆两栖的红树(apiculata)植物体内分离筛选到一株对茄青枯拉尔氏菌 *R. solanacearum* 等多种植物病原菌具有较强拮抗作用且能在辣椒等多种植物体内及其根际土壤中定殖的海洋细菌 CⅢ-1 菌株，室内盆栽和大田小区试验结果表明，该菌株对辣椒青枯病具有良好的促长、增产和防病效果。

此外，还可将植物内生菌作为外源基因的载体，将某些基因导入到内生菌中，这样既提高了植物的抗病虫能力，又保持了植物本身的基因和天然性状。

3. 土壤拮抗菌的利用

具有生防潜力的土壤微生物种类主要包括真菌和细菌两大类。

(1) 土壤拮抗真菌可用于多种病害防治。利用绿粘帚霉 *Gliocladium virens* 处理被茄丝核菌 *Rhizoctonia solani* 或终极腐霉 *Pythium ultimum* 感染的土壤使菌核数量明显下降。毛壳菌 *Chaetomium* spp. 在田间已经被应用于防治苹果黑星病 *Venturia inaequalis*、苹果黑腐皮壳菌 *Valsa mali* 和由茄丝核菌 *R. solani*、尖镰孢霉 *Fusarium oxysporum* 等引起的松苗猝倒病。马艳等(2004)从辣椒根际中分离筛选获得了拮抗性真菌菌株 F-310，盆栽试验结果表明，土壤经拮抗真菌 F-310 及其培养滤液处理后，辣椒苗的发病期比未处理的推迟 3～4 d，防治效果达到 64.5%。

(2) 土壤拮抗细菌多用于防治植物土传病害。最著名的当属土壤放线杆菌 *A. radiobacter* K84 菌株，用高浓度菌悬液处理种子、根或插条，它可有效地防治根瘤土壤杆菌 *A. tumefaciens* 引起的桃、樱桃、葡萄和玫瑰等植物的根癌病，被誉为植病生防史上的一个里程碑。用荧光假单胞杆菌 *P. fluorescens* JF1 菌株对花生种子浸泡诱导接种，菌液对土壤中青枯菌的侵染有明显抑制作用。芽孢杆菌 *Bacillus* spp. 不仅对病害有防治作用，还能促进作物的生长。在德国解淀粉枯草芽孢杆菌变种 FZB24 *B. subtilis* var. *amploliquefaciens* 作为植物促长剂被商业化生产，用于控制温室和大田植物的不同真菌病害；在美国枯草芽孢杆菌被用于控制黄瓜和番茄上的瓜果腐霉和烟草疫霉 *P. nicotianae*。国内魏春妹等(2000)研制出的生防制剂“青枯散”，田间试验证明该制剂对番茄青枯病、烟草青枯病有 70%和 80%的防治效果，并有 10%的增产效果，表现出具有发芽势高和壮苗的作用。由河北农林科学院植物保护研究所以枯草芽孢杆菌 NCD-2 菌株为有效成分，研制出防治棉花黄萎病的高效微生物农药“萎菌净”可湿性粉剂，该药剂对茄子黄萎病、麻山药根腐病、西瓜枯萎病等土传病害也有良好的防治效果，并于 2006 年通过国家农药登记，是国内外第一个将棉花黄萎病作为防治对象而通过登记的生物农药。

4. 抑菌植物提取物的利用

植物提取物(plant extract)被认为是化学杀菌剂替代品最好的资源。人们从植物和药用植物中提取到一大批对病菌具有抑制作用的活性物质，包括生物碱类(alkaloid)、类黄酮类(flavonoid)、蛋白质类(protein)、有机酸类(organic acid)和酚类化合物(phenol)等。Negi 和 Jayaprakash(2001)从柚子皮中提取到了柚皮苷对革兰氏阴性菌有明显的抑制作用。孔秋莲等发现丁香、肉桂的提取物可抑制黑曲霉和扩展青霉的孢子萌发，五倍子、川芎的提取物则可抑制黑曲霉和扩展青霉的孢子形成。

（二）溶菌作用的利用

近年来，某些微生物对植物病原菌的溶菌作用在国内已有报道。中生菌素(农抗 751)是中国农科院生防所研制成功的一种新型 *N*-糖苷类农用抗生素。多年的田间试验证明该抗生素对大白菜软腐病、水稻白叶枯病、小麦赤霉病等有较好的防治效果。淡紫灰链霉菌 *S. lavendulae* 及其产生的中生菌素(zhongshengmycin)对青枯拉尔氏菌 *Ralstonia salanacearum* 有明显的溶菌作用，中生菌素处理过的马铃薯青枯病菌 *Pseudomonas solanacearum* 原生质外溢，细胞壁完全破裂，菌体解体成片状。

研究表明，枯草芽孢杆菌 *B. subtilis* 也具有溶菌作用。林福呈和李德葆(2003)报道了枯草芽孢杆菌 *B. subtilis* S9 对立枯丝核菌 *R. solani* 等植物病原真菌的溶菌作用。何红等(2004)从广东湛江冬季辣椒叶片内分离获得了一株内生枯草芽孢杆菌 *B. subtilis* BS2，该菌株分泌的抗菌多肽能抑制病菌生长、引起菌丝(或芽管)细胞消融、导致菌丝畸形以及抑制病菌分生孢子的产生和萌发等，对植物炭疽病菌和番茄青枯病菌等多种植物病原真菌和细菌有强烈的抑制作用，其中对辣椒果炭疽病的防病效果达 69.79%(处理 9 d 后)。邱思鑫等(2004)从福建罗源烟区烟草茎秆中分离到一株内生芽孢杆菌 *Bacillus* sp. TB2，研究发现，该生防菌的胞外分泌物对病菌菌丝生长、孢子囊形成和游动孢子释放均有明显的抑制作用，该菌体及其胞外分泌物对辣椒疫霉 *P. capsici* 引起的辣椒苗和果疫病有良好的防治效果，其胞外分泌物的速效性以及菌体的持效性都较好，菌液还可诱导植物抗性相关酶的变化。目前有关具有溶菌机制的生防菌的筛选和研究工作仍在继续，相信在不久的将来会有新的产品问世。

（三）重寄生的利用

目前，研究较多的主要是病原真菌的重寄生菌，包括真菌和放线菌；其次是病原细菌的重寄生，包括细菌病毒——噬菌体(phages)的研究和寄生性蛭弧菌(bdellovibrio)的研究。目前在病害生物防治中有应用前景的真菌寄生菌包括以下几种。

1. 木霉

木霉 *Trichoderma* spp. 主要是哈茨木霉 *T. harzianum* 和钩木霉 *T. hamatum*，它们至少可寄生 18 个属中的 29 种植物病原真菌。随着生物技术的发展，木霉菌已由原来单一地从自然界分离筛选到目前有目的地研制开发商品制剂。截至目前，国外已经登记的木霉制剂为 16 种，其中包括哈茨木霉 *T. harzianum* 12 种、多孢木霉 *T. polysporum* 1 种、绿色木霉 *T. viride* 1 种和其他木霉菌 2 种。这些制剂多数用于植物土传病害的防治，主要是土壤处理和种子处理。在土壤处理中，与堆肥和绿肥等各种肥料混合使用；在种子处理中，以包衣等处理方式为主。另外，还可用哈茨木霉、绿色木霉防治大棚黄瓜灰霉病，其防效均达 80%以上。

2. 绿粘帚霉

绿粘帚霉 *Gliocladium virens* 广泛分布于世界各地，它可以寄生于多种土传植物病原菌，如腐霉菌 *P.* spp.、立枯丝核菌 *R. solani* 和齐整小核菌 *S. rolfsii* 等。绿粘帚霉的菌丝缠绕其寄主菌，然后分泌酶来破坏寄主菌的菌组织，同时分泌一种广谱性抗生素——胶霉毒素(gliotoxin)来杀死寄主菌。许多国家都把它制成制剂，如 GL-21、Glio Gard™ 和 Soil Gard™ 等，对防治温室和大田作物的幼苗病害和根部病害效果非常显著。

3. 盾壳霉

盾壳霉 *C. minitans* 对核盘菌菌核的寄生，导致菌核崩解，使菌核不能萌发而控制病害。目前，主要用于油菜菌核病、莴苣菌核病等菌核病的防治，可杀死 80%以上的菌核。在温室和大田试验中，常用方法主要有在健康植株、残株和土壤的表面喷洒盾壳霉的孢子粉剂或悬浮液，在播种前用孢子悬浮液浸泡种子，或将孢子固体培养物与土壤混合。国内在油菜盛花初期喷雾盾壳霉孢子悬浮液(孢子浓度为 1×10^6)防治油菜菌核病菌子囊孢子侵染或早期应用于土壤寄生菌核减少菌核的萌发。在英国，盾壳霉也被广泛的应用于防治莴苣菌核病。在德国，盾壳霉是唯一被注册的生物防治农药，被制成可湿性颗粒在市场销售，商品名为 ContansWG。在瑞士和匈牙利，盾壳霉被定名为 Koni，已经被注册和商品化，每年销售量达到 30 t。

4. 锈生座孢

锈生座孢 *Tuberculina* spp. 是柱锈菌属 *Cronartium*、胶锈属 *Gymnosporangium*、春孢锈菌属 *Aecidium*、单孢锈菌属 *Uromyces*、柄锈菌属 *Puccinia*、栅锈菌属 *Melampsora*、伞锈菌属 *Ravenelia*、被孢锈菌属 *Peridermium* 等 10 余属锈病菌的重要重寄生真菌。例如，国外用紫霉菌 *T. maxima* 控制美国白松疱锈病菌 *Cronartium ribicola*、加拿大的油松疱锈菌 *C. coleosporioides*、松疱锈病菌 *C. comandrae*、松针叶锈病菌 *C. comptoniae* 和松瘤锈病菌 *Endocronartium harknessii*；国内用梨锈生座孢 *T. pyrus* 寄生在梨锈病菌 *G. asiaticum* 和苹果锈病菌 *G. yamadai* 锈子器(aecidia)，以消解锈孢子和封闭锈子器出口、阻碍锈菌的病害循环。*T. pyrus* 的侵入途径是以分生孢子萌发形成芽管，芽管经性子器口和锈子器口侵入，故在田间梨锈病发生期，即性子器成熟时用重寄生菌的孢子悬浮液喷雾接种于性子器处，其重寄生率可达 92%以上，可有效控制梨锈病的危害。

5. 锈菌寄生孢

锈菌寄生孢 *S. filum* 是落叶松褐锈病菌 *Triphragmiopsis laricinum*、杨柴锈病菌 *Uro-*

myces hedysarimongolici、花棒锈病菌 *U. onobrychidis* 等上的重寄生菌。袁秀英和韩艳洁(2000,2006)研究了 *Sphaerellopsis* sp. 对杨柴锈病菌和花棒锈病菌的寄生作用,试验结果显示,被寄生的冬孢子堆中的冬孢子萌发率降低约 40%,被寄生的夏孢子堆中夏孢子萌发率降低约 50%。采用人工喷雾接种的方法在未发现落叶松褐锈病重寄生菌存在的幼林中进行试验,发现不同浓度施菌区寄生率的平均值比对照高 78.9%,冬孢子堆被寄生 89%~98%。

6. 白粉寄生孢

白粉寄生孢 *Ampelomyces quisqualis* 是白粉菌上的重寄生菌,可寄生在白粉菌科 9 属 65 种以上的白粉菌上。白粉寄生孢对白粉菌的重寄生作用是其控病的主要机制。*A. quisqualis* 寄生在白粉菌的菌丝、未成熟闭囊壳及分生孢子梗内、分生孢子中生长,并产生分生孢子器,影响了白粉菌产孢细胞的形成以及随后分生孢子的产生,从而降低了致病白粉菌接种体数量。白粉寄生孢的分生孢子降落在白粉菌附近时,在潮湿条件下,分生孢子经 10~20 h 萌发,并形成菌丝,菌丝侵入白粉菌菌丝内,经过 5~8 d 后,主要在白粉菌的分生孢子梗和未成熟的闭囊壳内产生分生孢子器。美国 Ecogen 公司已开发出 AQ10R(*A. quisqualis* 为其主要成分)的生物杀菌剂,1994 年,经权威审定可用于防治各种植物白粉病。

7. 其他重寄生菌的利用

链霉菌 *Streptomyces* sp.、寡雄腐霉 *Pythium oligandrum* 和头状茎点菌 *Phoma glomerata* 也是很有潜力的重寄生菌类。宗兆锋等(2002)用选择性培养基和诱捕分离法分别从温室番茄叶片上和被条锈菌感染的小麦叶片上获得重寄生放线菌 F46(链霉菌 *Streptomyces* sp. 金色类群)和 PR(链霉菌 *Streptomyces* sp. 轮生类群),它们对由梨状毛霉、灰葡萄孢和扩展青霉引起的苹果、草莓、番茄采后腐烂病有控制作用。寡雄腐霉能够寄生于立枯丝核菌 *R. solani*、终极腐霉 *P. ultimum*、刺腐霉 *P. spinosum* 和畸雌腐霉 *P. irregulare*,该菌在防治疫霉菌和丝核菌引起的根部病害方面具有广阔的应用前景。雄腐霉已由 Image Trade 国际股份有限公司与捷克生物制剂有限公司共同开发出活性微生物广谱杀菌剂——“多利维生”(Polyversum),在欧盟及美国、加拿大、巴西等几十个国家均获得正式登记及专利,国内已有商品销售和应用。“多利维生”广泛应用于大田、经济作物、果树、蔬菜、园林花卉上的白粉病、灰霉病、疫病的防治。

二、保护、促生及诱导抗病性

(一) 保护作用

保护作用就是利用有益微生物直接作用于寄主植物的易感染部位或器官以阻止病原物的侵染,其主要是利用微生物的竞争作用。竞争作用包括占位作用和营养竞争。目前竞争作用的生防菌主要是细菌、放线菌和真菌等,重要的有放射土壤杆菌 *A. radiobacter*、木霉 *T.* spp.、绿粘帚霉 *G. virens*、无毒的镰刀菌 *Fusarium* spp. 和大隔孢伏革菌 *Peniophora gigautea* 等。保护作用的生防菌应用比较广泛。从防治对象看,这些生防菌多是用来防治一些由真菌、细菌引起的根、茎、花、果的腐烂、坏死和癌肿等局部性侵染病害。从防治时期看,最易感病的时期是幼苗期、生殖期、采运期和贮藏期,其中针对幼苗期的保苗所采取的生防措施是最常见和易收效,而其他时期特别是采运期和贮藏期的生防措施的应用相对要少些。从防治部位看,植物的种子、根系、茎叶、花果及伤口都可采取生防保护措施。从生物防治的基本措施看，通过大量引进外源拮抗菌是目前植病生防的主要措施，而通过调节环境条件使已有的有益微生物群体增长并表现拮抗活性的措施还不多。目前生防保护作用的应用主要在以下几方面。

1. *种苗保护*

种子和幼苗的保护历来受人们重视，这是因为种苗是农业生产的根本，是植物生长发育的开始，一旦种苗因病受到伤害，将对生产影响很大；种苗是许多病原物的侵染来源和传播途径，对种苗的防病处理是防治某些种传和土传病害的一项主要措施；种苗的处理比较简单，效果显著，易于实行。多种有益微生物已成功地用于防治植物根病。例如，放射土壤杆菌 *A. radiobacter* K84 可产生农杆菌素 84(agrocin84)的抗生素，能抑制引起苹果、梨、李、葡萄、山楂等多种植物上根癌病的致癌土壤杆菌 *A. tumefacions*。利用拮抗性木霉制剂处理农作物种子或苗床，能有效地控制由腐霉菌、疫霉菌、核盘菌、立枯丝核菌和小菌核菌侵染引起的根腐病和茎腐病。种苗保护处理一般持续时间较短，因为随植物的生长，根系不断伸展，又会遇到土壤中活跃的病原，产生新的侵染。利用既保护根系又促进生长的菌如菌根真菌效果会更好。

2. *成株保护*

植物地上部的叶、花、果等表面微生态环境中，一些微生物和病原菌之间天然就存在的抑制或竞争等现象。利用生物因素对植株地上部的病害进行生防的实例在田间和温室均有报道。一些表面腐生细菌如荧光假单胞杆菌 *P. fluorescens* 等对黄瓜炭疽病菌 *Gloeosporium orbiculare*、黑麦叶斑病菌 *Drechslera dictyoides*、落叶松栅锈菌 *Melanpsora medusal* 和葱锈菌 *Puccinia allii* 等都有拮抗作用，并能减轻病毒病。有效成分为枯草芽孢杆菌 *B. subtilis* B908 的微生物农药“百抗”，大田应用对水稻纹枯病防效达 70%以上，已获得农药部登记注册。植株表面的酵母菌及其他丝状真菌也能较好地抑制灰葡萄孢 *B. cinerea*、交链孢 *Alternaria* spp. 等弱寄生性病原物对花、果、穗的侵染，有的还能减轻麦类和树木锈病等专性病原菌的侵染。在自然感染麦角菌 *Claviceps purpurea* 的黑麦上喷布接骨木粉红镰刀菌 *F. roseum* f. sp. *sulmbucium*，可以大大减少菌核的形成。葡萄在始花期至收获期用绿色木霉的孢子液喷布 3 次，可降低由灰霉菌引起的藤蔓及贮藏期果实的腐烂等。

3. *伤口保护*

植物的器官和组织因自然或人为原因造成各种伤口，而这些伤口常常是一些兼性寄生菌侵入的途径，为病原菌的侵入提供营养基物和通道，因此，减少和保护伤口是防治此类病害的重要措施。用于保护伤口的生物因子应具有快速定殖并占领伤面、促进伤口愈合及对病原有拮抗性的特点。最典型的例子就是英国林区采用大隔孢伏革菌 *P. gigautea* 保护新砍伐的松树树桩免受多年层孔菌 *Fomes annosus* 的侵害。在澳大利亚，将砖红镰刀菌 *F. lateritium* 的孢子悬浮液涂于杏树剪口上，可以保护剪口免受杏黄弯壳孢菌 *Eutypa armeniacae* 侵染而引起枝枯病。用枝状芽枝孢霉 *Cladosporium cladosporioidies* 接种苹果树剪锯口可以减轻仁果干癌丛赤壳菌 *Nectria galligena* 危害嫩枝。用枯草芽孢杆菌 *B. subtilis* 保护苹果叶痕，可减轻丛赤壳菌 *Nectria* sp. 引起的溃疡。用枯草芽孢杆菌处理马铃薯切块可以减轻茄属块茎球二孢菌 *Botryodiplodia solanituberosi* 引起的炭腐病等。

4. *采后保护*

20 世纪 70 年代后，施用生防菌保护采后贮藏期的果实受到人们重视，国内外对拮抗菌控制采后病害进行了广泛的研究，其中研究最多的是酵母菌、芽孢杆菌以及假单胞杆菌。例如，在鲜果保存方面，将枯草芽孢杆菌 *B. subtilis* 渗入包被果实的蜡膜中能防治柑橘果实绿霉病和核果类贮藏器官。用含酵母菌的 2%氯化钙水溶液浸渍果实，酵母菌通过竞争果面的营养物质和侵染位点而抑制苹果灰霉病、青霉病和柑橘绿霉病及桃褐腐病。许多研究表明，先施用拮抗菌再接种病菌，果蔬的发病程度会明显低于先接种病菌再施用拮抗菌的处理，这是因为一方面可能由于拮抗菌需要一定的时间进行定殖并形成有效种群，另一方面在于诱导植物体产生抗性反应。除了鲜果外，科学家也对一些粮食、油料等种子及产毒真菌方面的生物防治进行了研究。

（二）促生作用

植物根际(rhizosphere)或体内有些微生物能促进植物生长和增产，增强植物的抗性，甚至还能抑制某种病害，这是生防中一个重要方面。促生抗病的根际微生物主要有下面几种。

1. 菌根真菌

菌根(mycorrhiza)是真菌和植物的根形成的共生体。许多植物都可形成菌根。菌根分为外菌根和内菌根。外菌根早已在造林育苗中广泛应用，特别是松柏科的外菌根。大多数农作物的根上主要是内菌根，是接合菌中内囊霉科的真菌，在寄主细胞内形成囊状——丛枝状菌根，故内生菌根真菌也称为丛枝菌根真菌(arbuscular mycorrhizal fungi，AMF)，因其不易人工培养，在应用上有一定限制。

菌根真菌不仅有助于改善植物的矿质营养状况，尤其是提高土壤中的有效磷供给，促进植物生长并提高产量，而且可以提高植物的抗逆性和抗病性。研究表明，AMF 能不同程度地减轻由油壶菌属 *Olpidium*、腐霉属 *Pythium*、疫霉属 *Phytophthora*、镰刀菌属 *Fusarium*、丝核菌属 *Rhizoctonia*、壳球孢属 *Macrophomina*、棘壳孢属 *Pyrenochaeta*、根串珠霉属 *Thielaviopsis*、茎点霉属 *Phoma*、顶囊壳属 *Ophiobolus* 和小核菌属 *Sclerotium* 等属的病原引起的多种植物真菌病害及一些线虫和细菌病害。例如，西瓜接种摩西球囊霉 *Glomus mosseae* 能明显减轻枯萎病，防病效果在 50%以上。此外，丛枝菌根真菌还能通过菌丝直接吸收作用和菌根真菌间接调节植物渗透势的双重机制来提高落叶果树的抗旱性，还能提高植物抗盐胁迫的能力，减轻土壤中重金属离子对植物的危害，减轻蒸汽灭菌土壤或化学灭菌土壤中的有害物质对作物的损害。由于长期大量使用化肥和农药会导致土壤被硝酸盐、磷酸盐等污染以及土地退化，因此，目前内外菌根的应用均受到进一步重视。

2. 促生细菌

促进植物生长的根细菌(PGPR)简称为促生细菌，其有效菌种主要是荧光假单胞杆菌 *P. fluorescens*。促生细菌的作用主要有：一是产生赤霉素等激素；二是改变根际微生态系，排斥或促进某些微生物种群；三是代谢产生不利病原物的特定物质，如嗜铁素可夺取土壤中的铁，使某些植物病原物得不到所需的铁而不能正常致病。采用这种细菌的培养物处理马铃薯种薯片以及其他蔬菜和农作物的种子之后，可以促进发芽和植株生长，且增产效果很显著。尽管如此，由于 PGPR 容易受环境影响，因此大面积使用受到一定限制。

增产菌是由陈延熙等从农作物的根际和体内分离获得的一类芽孢杆菌。这类细菌对多种大田作物、蔬菜、果树等有明显的促长和增产效果，同时还可以减轻一些土传病害和叶斑病，缓解干热风、霜冻等造成的危害。这些细菌可用作拌种、浸根和叶面喷雾，在根面、叶表容易定殖和扩散，并在一段时间保持优势，也较少因环境条件而发生波动，是一类适应性较强的生态系微生物，在全国得到了推广及应用。

3. 其他微生物

固氮菌、磷细菌、钾细菌和有机质降解与矿化的微生物，通过转化作用为植物提供可利用的营养物质，在一定程度上起到促进植物生长、减轻病害的作用。例如，有机质降解和矿化微生物以菌肥等形式应用于生产中，除将机质转化为植物可利用的多种元素外，它们还可以通过改变植物根际微生物区系、溶菌作用、产生激素及争夺营养和侵染位点等方式减轻病害的发生。植物的根际是有益微生物的宝库，有待人们去发掘。

(三) 诱导抗病性

诱导抗病性就是植物经诱导而新表现出来的抗病反应。大量研究表明，植物体内存在可以抵抗所有病原菌的基因，植物对侵染性病害的抗病表现，不仅决定于抗病基因的存在与否，还取决于这种基因的表达程度，而抗病基因的表达程度可由一定因素的诱导而得到加强。诱导植物获得抗性的因子比较复杂，按照性质可分为生物因子、化学因子和物理因子。

1. 生物因子

国内外在这方面的研究也很多，主要有病原物的非亲和小种、弱毒株系或近似种及处理物、植物的根际促生细菌和内生菌根菌以及生物性的激发子等。

几乎所有能诱导植物产生过敏性反应(HR)的非亲和性病原物、一些弱致病菌或非致病菌都能诱导植物产生抗病性，即交互保护作用。交互保护作用在防治植物病毒病方面的研究较多。荷兰科学家拉斯特用亚硝酸相互作用的方法削弱了烟草花叶病毒，分离出 Mi-16 弱毒疫苗，在温室中番茄移栽前喷洒接种番茄幼苗，不但防治番茄花叶病毒病，而且提高了产量。巴西在柑橘生产上预先用温和毒系接种，有效地控制了由柑橘衰退病毒强毒系造成的损害。马铃薯若先用马铃薯块茎病毒(类病毒)的温和株系接种，可获得对严重株系的保护作用。我国已有烟草、番茄弱毒疫苗在生产中推广应用。交互保护作用在其他病害也有研究。例如，水稻用非亲和性白叶枯菌菌系接种后，间隔一定时间和距离用亲和性菌系挑战接种，后者病斑扩大受到显著抑制。瓜类炭疽病菌 *C. lagenarium* 弱毒株可诱导黄瓜抗炭疽病。红麻炭疽菌 *C. hibisci*、香蕉炭疽菌 *C. musarum*、菜豆炭疽菌 *C. lindemuthinaum* 可诱导黄瓜对瓜类炭疽病菌 *C. lagenarium* 的系统抗性。利用尖孢镰刀菌非致病或弱致病菌系可诱导棉株产生对黄萎病的抗性。还有人用热杀死的真菌孢子预先处理植株，使其获得对灰霉菌的抗性。利用荧光假单胞菌 *P. fluorescens* 作为诱导子能诱发植物对尖孢镰刀菌、炭疽病菌的抗病性。

生物性激发子主要有寡糖、蛋白质和糖蛋白类激发子。Harpin 是一类能激活、诱导植物保卫反应和产生系统抗性的新型蛋白，最早发现于梨火疫病菌 *Erwinia amylovora* 的侵染机理研究。现已得到梨火疫病菌产生的过敏素(hapirea)和丁香假单胞菌 *P. syingae* 产生的 Harpin 等。从大雄疫霉大豆专化型培养滤液中分离出一种 42 kDa 的糖蛋白能激发欧芹细胞和原生质体产生香豆素植保素。另外，目前开发应用的还有葡聚糖。

2. 化学因子

诱导植物产生抗病性的化学因子主要有无机化合物和有机化合物等。无机化合物中的一些磷酸盐如磷酸钾(K_3PO_4)、磷酸氢二钾(K_2HPO_4)、磷酸钠(Na_3PO_4)、磷酸氢二钠(Na_2HPO_4)等喷施到黄瓜、豆类和玉米叶片上，引起局部黄化或坏死，导致这些植物产生系统获得性抗性(SAR)，抗性可持续 7 d 以上。关于有机化合物诱导植物抗性的报道较多。例如，在黄瓜上喷施草酸(oxalic acid)不但能诱发对多种真菌病害的抗性，还可诱导出对细菌和病毒的抗性。水杨酸(salicylic acid，SA)处理烟草或黄瓜后，诱导寄主对病原物的抗性和获得性系统抗性基因表达。用外源乙烯(ethylene)能诱发拟南芥系统性积累植物保卫素。2,6-二氯异烟酸(INA)及其甲酯衍生物在温室和大田使用，能保护黄瓜、水稻、烟草等植物免受多种真菌、细菌和病毒的侵害。β-氨基丁酸(BABA)局部处理番茄、马铃薯和烟草可以提高它们对疫霉病系统抗性。苯(1,2,3)噻二嗪-7-硫代羧酸-*S* 甲酯(BTH)及其衍生物能诱导小麦、水稻和烟草的 SAR，可防治稻瘟病、水稻白叶枯病、小麦白粉病等，且持效期可持续 10 周之久。脱乙酰几丁质可诱导番茄对根腐菌的抗性。

3. 物理因子

诱导植物产生抗病性的物理因子主要有机械损伤、重金属盐、氯仿、去污剂、高温、低温、紫外线等能引起植物细胞损伤或死亡的因素。因为损伤或死亡细胞能产生一些低分子质量激发子，诱导周围细胞产生和积累植保素等抗病反应，从而使植物产生抗病性。

适当地改变环境温度能诱导植物产生抗病性。例如，采用 50℃高温处理大麦叶片 1 min 后，能诱发大麦对白粉病的系统抗性。禾本科植物经低温(1℃)处理后能提高对真菌的抗性。水稻经持续低温(≤20℃)处理 7 d 就可抑制稻瘟病发生。

紫外光对植物抗病性有明显诱导作用。例如，将 6～7 d 苗龄的大豆幼苗在紫外线下辐射 30 min 后转入黑暗，2 d 后接种大豆疫霉，接种 4 d 后，经紫外线处理的植株死亡率明显小于始终置于黑暗中的对照。

有关低湿诱导植物抗病性也有研究。曲波等(2002)研究表明，黄瓜幼苗经一定时间低湿处理后，对霜霉病的抗性明显增强。

植物诱导抗病性具有广谱、持久、稳定、无污染等特点，克服了抗病育种和化学防治等一些防治措施的不足，它可以成为病害综合防治的重要内容之一。把诱导抗病性和其他防治技术有机结合，将能有效提高植物病害现有综合防治水平，具有良好的应用前景。

三、利用生物多样性和植物微生态的调控作用

生态系统中，生物的生存和发展受其周围生物及其个体微生态环境的影响，只有它们保持平衡与协调，生物才能正常地生活。在农田生态系统中，由于受人类活动的干预，与自然生态系统相比，整个系统生物多样性大大降低，植物生存环境发生变化，植物与病原物等其他生物的关系失衡，植物自身的微生态环境失调，导致植物病害易于发生和流行。因此，可以利用生物措施，通过增加生物的多样性和调节植物的微生态环境以达到防治病害的目的。

（一）生物多样性的利用

生物多样性是指一切生命存在形式的多样化，包含遗传多样性、物种多样性和生态系统多样性三个层次。生物多样性有利于生态系统的稳定，一个生态系统的每一部分，无论大小，都必须依赖其生活环境内的其他物质才能生存，正是由于有各种各样千差万别的植物、动物和微生物的存在，才使生态系统的各个部分得以延续。自然生态系统经长期的进化形成了多样稳定的生物群落，不同物种生物之间、物种内部以及它们和周围环境之间达到一种动态平衡，生态功能得以正常发挥，植物病害处于稳定状态。因此，应用生物多样性与生态平衡的原理，进行农作物遗传多样性、物种多样性的优化布局和种植，增加农田的物种多样性，保持农田生态

系统的稳定，利用物种间相生相克的自然规律，有效地减轻植物病害的危害，最终实现农业的可持续发展。

充分利用农业系统生物多样性来控制病害的发生和流行。农业生态系统是半自然生态系统，生物种类较少，遗传基础狭窄，营养级别简单，结构单一的植物群体常常面临复杂多变的病原物群体的定向选择，因而植物病害易于流行。Savary 等研究认为品种的遗传多样性是病害防治的重要基础。在抗病品种的培育和推广应用过程中，为了防止因病原物的小种组成发生变化而引起抗性丧失，必须注意采取合理布局品种、采用多抗品种、培育水平抗性品种、及时轮换品种、利用复合品种和多系品种等措施，防止抗性遗传基因相同或近似的品种大面积连年种植，以延长抗病品种的寿命，减轻病害流行程度。另外，注意利用野生种和近缘植物资源抗性基因，利用远源植物抗性基因和转基因抗病植物。我国在利用生物多样性控制稻瘟病方面已取得了重大突破。云南农业大学选用了 2 个杂交稻品种(汕优 63 和汕优 22)和 2 个优质糯稻地方品种(黄壳糯和紫谷)进行品种多样性控制稻瘟病田间小区试验。2 个杂交稻品种的抗性基因指纹相似系数为 86%，2 个杂交稻品种与紫谷的相似系数为 65%，与黄壳糯的相似系数仅为 45%。栽种时以杂交稻(汕优 63 和汕优 22)为主栽品种，优质地方糯稻(黄壳糯和紫谷)为间栽品种，在杂交稻常规条栽方式的基础上，每隔 4 行间栽 1 行糯稻。结果表明，杂交稻和地方优质稻混栽稻瘟病的发病率显著降低，净栽黄壳糯的稻瘟病平均发病率为 32.43%，病情指数为 0.12；而混栽黄壳糯(与杂交稻)的稻瘟病平均发病率仅为 1.8%，病情指数仅为 0.0055，与净栽相比平均防效为 95.35%。另一优质地方品种紫谷混栽与净栽相比平均防效为 87.3%。2 个杂交稻品种混栽以及 2 个地方优质品种混栽对稻瘟病没有明显控制效果。此外，杂交稻和地方优质稻混栽还具有较明显的增产效果。

土壤微生物的多样性对现代农业生产和有害生物的防治也是非常重要的。土壤微生物种类繁多，数量巨大，大多数对作物没有危害，少数对作物正常的生长和发育极其重要(如内生菌根真菌、外生菌根真菌、共生固氮菌及根瘤菌等)，仅极个别是病原菌。土壤微生物是土壤最具活力的成分，是土壤物质和能量循环与转化的动力，对土壤养分供给和植物生长发育具十分重要的作用。维持和提高土壤生物多样性，是土壤资源可持续利用的基础和关键。现代农业由于大量施用农药、化肥和采用单一的种植制度，使土壤生物多样性降低，微生态环境失衡，导致根病频繁发生。所以通过调整种植结构、增施有机肥和应用生物防治等措施，做到以地养地，以保持土壤足够的生物量和种群的多样性，使土壤资源得以可持续利用。

生物多样性不仅依靠迁地保持，还要考虑就地保护。因为，就地保护是一个动态过程，可与野生亲缘种进行基因交流和人工选择，能连续地进化，并适应所在地的环境变化，这样，可能产生更多有利的种质资源。另外，不应把注意力只放在农田少数作物上，而要使农田、果园、宅旁生态经济园、材用林、薪炭林、经济林、防护林、牧场、水库和鱼塘等得到合理配置、协调发展。这样，才能达到生物多样性保护和持续利用的目标。

总之，农业生态系统中植物病害的流行是由于生物多样性减少和失衡造成的，采取多种措施增加和维持其生物多样性是控制病害的基础。

(二) 植物微生态的利用

植物微生态指植物个体与其所携带的全部正常微生物群的统一体。从植物微生态理论看，植物病害的发生是由其微生态平衡失调引起的。植物微生态的基本要素有寄主、病原物、正常微生物群和微环境，在正常的植物体上，病原物的种类和数量被压低在一定水平，不能引起发病，一旦其他要素改变，病原物的种类和数量增加到一定程度，引起微生态失调，便导致发病。植物微生态调控就是通过调节、控制寄主组织和生理、寄主个体微生态、微生物种群与病原物种群之间的微生态平衡关系，从而控制植物病害的发生和发展。植物微生态调控的指导思想是“保健为主，综合调控”，要求在植物生长过程中，将有益微生物保健和栽培保健结合起来，在充分发挥自然调控作用的基础上，综合协调应用生物、栽培、物理和化学等措施调控植物的微生态系统，以促进植物生长，增强植物抗性，使有益微生物处于微生物群落中的优势种群，而有害生物被控制在一个低的允许水平，从而获得最佳的经济、社会和生态效益。因此，进行植物微生态调控时，可从以下方面考虑。

1. 促进有益微生物

在植物体的微生物群落中有益微生物种群和有害微生物种群往往是同时存在的。通过人工干扰植物微生态系统，调节植物体内的有益微生物种群，使它成为微生物群落中的优势种群，并保持以有益微生物种群为优势种群的微生态系统的相对稳定性，才能使植物生长处于最佳状态。为使有益微生物成为微生物群落的优势种群，可采取以下措施。

(1) 人工接种有益微生物。这是目前主要的方法。接种有益微生物时要求按以下原则进行：接种有益微生物宜早用，通常一年生作物从种子处理开始应用，效果多数明显；不同作物选用相匹配的有益微生物种类；植物不同发育阶段，使用有益微生物的方法和剂量不同；有益微生物以促生为目的时一般应隔 20～30 d 施用一次；根据促生、控病等不同的目的选用相应的有益微生物种类；依据植物不同生长发育阶段的生长特点，在不同阶段将有益微生物与植物生长调节剂和微肥配合使用，促生增抗效果更为显著；以控制植物病害为目标，当达到防治指标时，有益微生物应与对有害微生物有抑制作用而对有益微生物无害的化学农药或抗生素混用，提高防效；应根据不同作物和应用目标合理使用有益微生物，如以提高座果率和结实率为目标，应在植物初花期使用。

(2) 利用化学药剂。应用对有益微生物无影响而对有害微生物有抑制作用的杀菌剂控制有害微生物种群，使有益微生物得到增长。例如，用甲基溴处理土壤后，柑橘根中的蜜环菌 *Armillaria mellea* 停止分泌抗菌物质，这就使得木霉迅速生长，重寄生到蜜环菌上使其死亡，从而使柑橘根病得到控制。

(3) 利用自然因素。通过调整播期，使作物感病期正处于拮抗菌的适生时期，从而使有害微生物的危害得到控制。

2. 控制有害微生物

控制有害微生物的数量并不是要彻底消灭有害微生物，只是把它的数量控制在一个允许的经济阈值以下。目前有效控制有害微生物种群数量的，主要措施如下。

(1) 控制有害微生物的传播。有些有害微生物不是寄主植物本身携带的，而是通过传播从外界进入植物微生态系统内。对这类有害微生物的控制主要是切断其传播途径，尽可能地减少转移进植物微生态系统的数量，以保持微生态系统的平衡。主要措施如下。①调节植物体的物理环境因素，降低侵染点的温度，造成一个不利于有害微生物侵染的环境条件。例如，在病害流行季节割胶时，割面由低线转向高线，并在雨天停割，降低侵染部位的温度，从而明显减轻橡胶割面的条溃疡菌的侵染。②侵染前接种有益微生物，利用有益微生物消耗侵染点外渗的营养物质或对有害微生物的拮抗作用，减弱或控制有害微生物对寄主植物的侵染。③通过栽培等措施来调节植物体的环境，提高寄主植物对有害微生物的抗侵入能力。④通过栽培措施破坏有害微生物的传播途径，减少其侵染率。例如，在胡椒瘟病流行前，在胡椒园里开挖好深沟，使流行季节的病菌游动孢子随雨水携带顺沟流出园外，不能和植株的根部接触，减少了传病概率，从而减轻病害。⑤在致病微生物侵染寄主之前，接种生物制剂占领寄主植物，使致病微生物不能侵染寄主植物。⑥在病害始发期应用农药将有害微生物杀死在侵染之前。

（2）排除植物体有害微生物。通过对携带有害微生物的种苗或其他繁殖材料的热处理，杀死已侵入寄主的有害微生物。应用组织培养技术，培养和繁殖无病种苗。

（3）抑制植物体有害微生物。对进入植物微生态系统的有害微生物，应用生物、物理、化学和栽培等措施控制其数量的增长和危害程度的扩展。例如，用井冈霉素和稻麦增产菌混合喷雾防治水稻纹枯病，严重度比单独用井冈霉素处理明显减轻。水稻施用钾肥，可以减轻其胡麻斑病和纹枯病的危害。用杀毒矾与广谱增产菌混合喷雾控制黄瓜霜霉病，病情指数比单用杀毒矾处理低 1 倍。用四环素抗生素控制由类菌原体引起的植物病害。北京地区将马铃薯秋种，通过调整种植季节可减缓马铃薯病毒在植株体内的复制速度。

3. 调节植物微生态环境

植物体微生态环境包括空间、营养物质、水分、温度等，为寄主体内的微生物群落提供生存条件。通过调节寄主植物体的微生态环境，使它不利于有害生物而利于有益微生物，并使寄主植物处于最佳的健康生长状态。调节途径包括以下几方面。

（1）利用或诱导植物抗性。同一作物的不同品种之间存在着对有害微生物的抗性差异，充分利用自然界的这种抗性，选择和培育抗性品种是控制有害生物的一条经济而有效的途径。生产上一些重要大田作物病害如锈病、萎蔫病、白粉病等主要通过应用抗病品种来控制。品种抗性的正常发挥也需要相应的环境条件和栽培管理，应用抗病品种时，一方面是要根据当地的自然条件合理布局品种，另一方面要根据品种的特点实行科学管理。另外，还可以利用物理、化学和生物的因子来诱导寄主植物产生抗病性。

（2）接种有益微生物。如通过喷施增产菌等接种有益微生物，调节寄主植物生长，改善植物体内的微环境，提高寄主对有害微生物的抗性，控制有害生物的危害。

（3）调节植物体的环境因子。植物体的微环境受宏观环境的影响，因此可以采取调节和控制宏观环境的措施来达到调控微环境的目的。主要措施如下：①合理布局作物。应根据不同病害和各农业区域的特点，合理地布局作物，改进耕作制度和栽培管理，改善作物生长环境和状况，实现防病丰产。②合理轮作休闲。不仅可使病原物在一定时期内因没有寄主植物而处于“饥饿”状态，而且还会使病原物周围的营养及微生物等环境发生变化，直接或间接地削弱其致病力或减少其传播体的数量，是土传性防治的重要措施之一。轮作的茬口和年限通常根据病害种类和病原物的寄主范围而定。③合理间作套种。可以利用不同作物的适应能力和抗逆性，增强植物抗击旱涝、热冷和病虫等多种自然灾害的能力，做到稳产保收。例如，玉米与小麦间作，玉米叶斑病、小麦白粉病和锈病得到减轻。间作套种要注意间套时间和作物种类的搭配和选择。④合理耕作栽培。合理耕作不仅为植物根系发育提供较好的环境，还可使土壤中病原物和病残组织重新分布，起到分散和稀释病原物的作用，可使土传病原接种体减少侵染。然而，大面积频繁地机器耕作也存在破坏土壤结构、导致土壤板结等弊端。另外，生长季中的中耕也起到扩散和传播病原的作用。⑤加强水肥管理。采取适宜的灌水方式可减轻病害的发生。例如，滴灌由于保持较低的田间湿度，有利于控制白粉病、炭疽病、菌核病等茎叶病害；浅水灌溉，适时烤田，可控制纹枯病等病害。我国南方一些地区实行水稻和棉田及其他旱地作物轮作，以减轻棉花枯、黄萎病的危害。有机肥对改善土壤环境、减轻根部病害发生、促进作物健壮生长、增强植物抗性等方面具有重要作用。无机肥对病害控制也有一定作用。例如，氨本身对病原物有毒杀作用，故在实践中可采用喷洒尿素，控制各种叶斑病；磷、钾、钙肥对于增强作物抗病性有明显效果。⑥搞好田间卫生。可以阻止病原物接种体传播和最大限度地减少病原接种体。除了在植物收获后进行外，还要注意在生长期间将发病的死苗、病叶、病果等及时携出田间销毁。⑦覆盖日晒土壤。近年来一些地区把晒土和覆膜结合起来，用于土壤消毒和枯萎病、根肿病及线虫病等一些土传病害的防治。日晒时应注意时间应选择在高温季节，覆盖宜用透明的聚乙烯薄膜，土壤应保持疏松和潮湿，以及日晒应持续一定的时间，一般是 4 周或更长。⑧调节气围环境。主要是改善植物地上部的通风、透光和温湿度环境。措施有合理密植、地膜覆盖、挂反光幕、变温管理、高温闷棚、整枝修剪等。⑨调节土壤酸碱度。土壤中每种病原物都有适宜繁殖生长的酸碱度，所以对于一些病害可以通过调节土壤 pH 得到缓解。例如，十字花科根肿病菌 *Plasmodiophora brassicae* 根据土质要求采用适量施用石灰并防止氮肥偏多而磷钾肥不足的办法得到控制。调节土壤 pH 时，既要考虑对病原菌和作物生长两方面的影响，又要考虑病害种类和各自的酸碱适应性，还要考虑调节土壤酸碱度对有益微生物的影响。

总之，植物病害的发生涉及多方面的因素，因此植物微生态的调控是复杂的应根据病害的特点因地制宜地协调应用各种措施。

（三）抑菌土

抑菌土(fungistatic soil)又称抑制性土壤(suppressive soil，SS)、衰退土(decline soil)、竞争性土(competitive soil)、长命土(long-life soil)等，其主要特点是病原物引入后不能存活或繁殖；或病原物可以存活并侵染，但感病寄主受害很轻微；或病原物在这种土中可以引起严重病害，但经过几年或几十年发病高峰之后病害减轻至微不足道的程度。与抑菌土相反的是感病土(receive soil)、利病土(conducive soil)、非竞争性土(noncompetitive soil)、短命土(short-life soil)等。了解抑菌土的形成原因和表现特点，可以用来防治植物病害，开发利用抑菌土是病害生物防治的又一重要领域。

抑菌土在自然界普遍存在。至今发现抑制土的病害已有许多种，包括土传性真菌、细菌、线虫等病害，其中土传性真菌病害最多。例如，致萎镰刀菌所致的棉花枯萎病、小麦全蚀病、疫霉引致的鳄梨和菠萝根腐病、丝核菌和腐霉引致多种幼苗根腐病、细菌性根癌病、胞囊线虫病和根结线虫病等。

抑菌土是在一定栽培条件下形成的。小麦全蚀病产生自然衰退(take-all decline，TAD)的先决条件有两个：一是连作，二是危害达到高峰，二者缺一不可。经研究调查发现，小麦连作区全蚀病从田间零星发病到全田块严重危害一般经 3～4 年，如土壤肥力高则病害发展缓慢，一般需 6～7 年达到高峰。病害达到高峰的标志是白穗率在 60%以上，且病田出现明显矮化早死中心。严重危害时间 1～3 年不等，此后病害趋于下降稳定。另外，在我国一些棉花、西瓜抗萎蔫病育种场，普遍反映病圃在连续几年后即使再进行人工接种，其对照区也很难发病。

抑制土的抑菌作用与土壤生物和非生物因素有关。抑菌土中的微生物种群及拮抗性微生物都比感病土中的高。例如，小麦全蚀病菌和致萎尖镰孢菌 *F. oxysporum* 的抑菌土壤根际存在大量的拮抗性荧光假单胞杆菌 *P. fluoresens*，根结线虫的抑菌土和一种卵寄生真菌 *Dac-*

tylella oviparasitica 有关。土壤中常见的尖孢镰刀菌，在沙土中容易发生枯萎病，而在黏土中则很少发病，但病原菌在两种土壤中都存在，只是在黏土中有利拮抗微生物的存活，从而干扰了病原菌的活性。酸性土壤有利于木霉孢子萌发，增强对立枯丝核菌的抑制作用，而碱性土壤有利于诱导荧光假单胞杆菌的抑病性。澳大利亚鳄梨根腐病抑菌土在水淹等土壤缺氧情况下其抑制性减弱。

土壤抑制性的保持要结合施用有机肥和合理供水，以提高微生物种群含量并改善土壤结构。抑菌土的抑菌作用经热力或杀菌剂处理可以消除。例如，小麦全蚀病菌和致萎尖镰孢菌 *F. oxysporum* 的抑菌土一般 60℃的蒸汽处理 30 min 即可破坏其抑制性，樟疫霉 *Phytophythora cinnamomi* 的抑菌土一般 100℃的蒸汽处理 30 min 才能破坏其抑制性。另外，小麦全蚀病菌如果在病害高峰出现后中断感病寄主连作，那么 TAD 就不会出现。

抑菌土的抑菌作用具可传染性。用极少量抑菌土与大量感病土混合(体积比 1∶100～1∶10)，会使感病土变为抑病土，说明抑菌土的抑制性可以传染给感病土。

抑菌土发生的许多机制还不清楚。大多数的研究表明，各种类型的抑制土中，除极少数是由于理化因素起作用外，绝大多数是土中微生物因素所决定的。这从以上抑制土的传染性、对高温的敏感性及其微生物种群及拮抗性微生物变化得到证明。

抑菌土已用于病害防治的实践。例如，在病田多年连茬播种单一感病品种，可以诱发小麦全蚀病田、水萝卜丝核菌病田以及棉花枯萎病田等产生抑制性。对全蚀病衰退的麦田或即将衰退的麦田，要推行小麦两作或小麦-玉米一年两熟制，以维持土壤拮抗菌的防病作用。美国用荧光假单胞菌防治全蚀病，大田增产 30%，但效果不够稳定。施用土壤添加剂 S-H，可产生对青枯病菌杀菌的物质，使土中病菌的浓度迅速降低，具有抑菌效果。在温室条件下种植番茄的土壤中，加入 8%的抑菌土，对镰刀菌枯萎病有较好的防效。

第二节　植物病害生物防治的措施

利用生防因子防治植物病害的措施很多，既可以利用自然界中已有的生防因子，也可以引进外源的生防因子。但是由于植物病害生物防治措施尚未得到广泛应用，许多方法和措施尚需不断完善。就现有植物病害生物防治措施来看，可以分成以下几种。

一、种苗处理

种子和幼苗是农业生产的基础，种苗处理也是防治植物病害的关键措施。利用生防制剂进行种苗处理方法主要有拌种、浸种、蘸根和包衣等。利用各类生防因子处理种子和幼苗国内外已有很多成功的实例。

(一) 利用生防细菌

早在 2000 多年前的我国西汉时期，农民就采用骨汤浸种(溲种法)处理水稻种子，防治苗期烂秧，这可能与生防微生物有关。20 世纪 30 年代后，关于利用生防细菌处理种子防治植物病害的报道不断增多。例如，前苏联学者 Norgrudsky 发现利用土壤细菌处理亚麻种子可以防治因镰孢菌 *Fusarium* 和炭疽菌 *Colletotrichum* 引起的苗期根病。国外利用枯草芽孢杆菌 *B. subtilis* 和荧光假单胞杆菌 *P. fluorescens* 处理蔬菜种子防治苗期猝倒病和立枯病非常有效，并在美国等许多国家广泛推广，即所谓的“种子细菌化”。当前，从各种生态环境中筛选出来的具有拮抗作用的细菌主要是枯草芽孢杆菌、荧光假单胞杆菌和放射土壤农杆菌 *A. radiobacter*。

澳大利亚学者 Kerr 发现利用从果树根部分离到的放射土壤杆菌 K84 菌株接种桃、李、苹果等多种果树幼苗，可以明显控制由根癌土壤杆菌 *A. tumefaciens* 引起的果树根癌病。后来，在该菌株的基础上经过遗传改造，又开发出防治效果更加稳定的生防菌株 K1026 并在世界范围内广泛推广。国内陈晓英等针对 K84 对葡萄根癌菌株防治无效问题，报道了从啤酒中分离到对葡萄根癌土壤杆菌有较好抑制作用的放射土壤杆菌 HLB-2 菌株。温室田间防治试验表明，用 HLB-2 菌株悬浮液分别预接种根癌土壤杆菌的葡萄苗和田间自然带菌的葡萄苗，抑制葡萄癌瘤发生的效果分别为 85.6%和 100%。

近年来，我国利用生防细菌防治植物病害还有很多研究报道。南京农业大学研究开发了主要有效成分为枯草芽孢杆菌的 B 系列生物农药，用于防治大白菜软腐病、油菜菌核病和小麦纹枯病，均有较好的防治效果。崔云龙等发现短小芽孢杆菌 D82 对小麦根腐病有强抗生作用，盆栽试验结果表明，D82 菌液原液浸种对带毒种子的防病效果达 100%，对人工接种病原菌的防病效果达 95%。孔建等利用盆栽和田间试验，证明枯草芽孢杆菌 B-903 菌液浸种可显著降低棉炭疽病等棉苗病害的苗期发病率，防治效果分别为 50%和 70%。张学君等从多种植物根围土壤的分离到 5 株芽孢杆菌，对棉花立枯病菌、炭疽病菌、黄萎病菌、枯萎病菌、棉铃疫霉病菌和棉叶斑病菌均有较强抑制效果，5 个菌株的培养液处理棉种后对苗期立枯病、炭疽病等的防治效果为 60.0%～75.7%，株高、苗鲜重、真叶数及茎粗均高于对照及灵福合剂处理。

荧光假单胞菌是生防工作者主要的研究对象之一。刘杰贤等应用荧光假单胞菌处理种子防治甜菜立枯病效果优良，连续 3 年的试验和示范结果表明，对甜菜立枯病的防治效果达 75%以上，显著优于生产上应用的福美双拌种剂，同时还具有十分明显的促进幼苗生长的作用。周思君等发现荧光假单胞菌菌液拌种对重茬大豆有明显的防病增产效果，2 年平均增产效果为 11.8%。汪来发等报道利用假单胞杆菌的分离物 *Pseudomonas* sp. A03 菌悬液浸种对杉木和云杉幼苗立枯病菌 *R. solani* 有明显防病效果，并能促进植物生长。张炳欣等筛选出荧光假单胞杆菌和枯草芽孢杆菌等 9 个生防菌株，处理番茄种子对苗期病害有较好防治效果，处理组较对照组的出苗率明显提高，各菌株防病效果均达 60%以上。彭于发等对从小麦根部分离到的一株荧光假单胞杆菌 CN12 采用转座子 Tn5 诱变技术，筛选到荧光 93 菌株，经山东、宁夏等地多年大田试验示范表明，对全蚀病造成白穗的防治效果稳定在 65%～90%，平均增产 21%以上。

另外，魏春妹等研究表明，经细菌 90B422 菌液处理的番茄种子对番茄青枯病防效达 70%～80%，增产 11%左右，而且该菌能够在植物体内繁殖，浸种处理后对番茄具有增强发芽势、健株防病和增产作用。陆凡等用拮抗细菌 B-916、91-2、31-2、A-2 和 A-3 浸种可有效地防治水稻苗期恶苗病的发生，防效达 84.55%～95.57%，其中 A-3 和 31-2 在成株期仍有较高的防效，分别为 81.57%和 79.53%。陈捷等从玉米根表和根际分离到具有抗生作用的 10 个细菌菌株和绿色木霉 *T. viride* 菌株，并将它们复配而成的生防制剂保根灵 1 号和 2 号，经田间测定，分别对由瓜果腐霉菌 *P. aphanidermatum* 和禾谷镰孢菌 *F. graminearum* 引起的玉米茎腐病具稳定的防治效果，并有较明显的增产效果。郭坚华等用抑菌圈和定殖力双重测定法筛选出 6 个定殖密度大于 10^5 cfu/g 根、抑菌能力较强且易于人工培养的菌株作为青枯病的潜在生防菌株，温室试验防病效果达 41.6%～91.6%，增产效果为 21.3%～110.1%；南京和淮阴两地小区试验，J3 和 BB11 菌株移栽 40 d 后对辣椒青枯病平均防效均达到 60%以上，平均增产效果分别达到 76.5%和 78.5%。

（二）利用生防真菌

木霉菌是生防真菌中报道最多的一类。木霉菌能防治的植物病原菌包括丝核菌属 *Rhizoctonia*、小核菌属 *Sclerotium*、核盘菌属 *Sclerotinia*、镰刀菌属 *Fusarium*、轮枝孢属 *Verticillium*、腐霉属 *Pythium*、疫霉属 *Phytophythora*、间座壳属 *Diaporthe* 等。唐文华等自北京田园土分离到一株哈茨木霉 *T. harzianum* Y32 菌株，使用该菌株麦麸-稻壳培养物田间防治小麦纹枯病效果达 67.2%。徐同等（1993）报道哈茨木霉 T28 菌株对白绢病菌 *Sclerotium rolfsii*、茄丝核菌 *R. solani*、瓜果腐霉 *P. aphanidermatum*、刺腐霉 *P. spinosum* 和尖镰孢菌 *F. oxysporum* 具有很强的抑菌作用，温室用 0.6%（*w/w*）T82 麸皮培养物（10^7 cfu/g）处理土壤，人工接种白绢病菌、立枯丝核菌及瓜果腐霉，播种 20 d 后黄瓜幼苗发病率分别比未处理对照减少 46.5%、28.4%和 81.2%；用 T82 和 NF9 木霉菌孢子悬浮液（10^9 cfu/mL）处理黄瓜种子，人工接种白绢病菌 11 d 后黄瓜成苗率分别比对照增加 14%和 20%。路炳声等分离到一株康氏木霉 *T. koningii*，对棉苗立枯菌的抑制作用很强，将木霉菌与麦麸等原料混合制成菌剂，使田间棉苗立枯病情指数降低 63.4%。

李玉等采用厚环乳牛肝等 3 种外生菌根真菌纯培养接种物，对日本落叶松、油松播种苗进行接种试验，测定其对苗木根部病害的生物防治作用。试验表明，3 种外生菌根真菌对苗木猝倒病均有明显的抑制作用，接种不同菌根真菌的松苗猝倒病发病率比对照降低 4.0%～55.9%，苗高、地径、单株鲜重等生长指标提高 2.8%～62.9%。

国外在利用生防真菌处理种苗方面也有许多报道。美国学者发现利用球毛壳菌 *Chaetonium globosum* 处理玉米种子可以有效控制由镰刀菌引起的玉米苗枯病，其效果与杀菌剂福美双处理相当。

在植物线虫病害生物防治方面，刘杏忠等从大豆胞囊线虫上分离到很多生防微生物，对其中的淡紫拟青霉菌株进行了商业化开发，研制的大豆保根剂在田间应用后效果显著，已经大面积推广应用。马承铸等利用厚垣孢轮枝菌 *Verticillium chlamydosporium* 3 个菌株 Am-4、Am-5 和 Jn-11 的液体和固体培养物拌种防治大豆胞囊线虫 *Heterodera glycines*，播种 36 d后 3 个菌株处理的豆苗单株根系胞囊线虫雌虫数均比对照有显著降低，雌虫和胞囊被寄生率达 26.7%～38.3%，是自然寄生率的 7～23.9 倍，大豆产量比对照增产 18.3%～43.7%。

（三）利用生防放线菌

在利用放线菌防治植物病害方面，我国学者进行了许多研究工作，并取得较大进展。早在 20 世纪 50 年代，尹莘芸等发现利用细黄链霉菌 *S. microflavus* 制成的 5406 菌剂处理棉花、小麦、水稻种子，可以有效防治枯、黄萎病和根腐病。该菌剂在当时曾大面积推广应用。

张克诚等（2002）通过室内和田间试验测定了从小麦根际筛选的一株链霉菌 *Streptomyces* sp. S-5 菌株对棉花苗期病害根腐病、红腐病、炭疽病和棉花枯、黄萎病菌的防病效果。抑菌作用测定结果表明，链霉菌 S-5 具有广谱抑菌作用，对棉花枯、黄萎病菌抑菌作用明显。在自然发病的棉田，利用链霉菌 S-5 拌种，对棉花苗期的防治效果为 65.5%，明显高于多菌灵的防效(40%)。李洪连等从小麦根际和土壤中分离到 161 个放线菌株，经平板抑菌测定，发现有 7 个菌株对小麦纹枯病菌表现出较强的抑菌作用活性，其中 S024 菌株抑菌活性最好。室内盆栽试验发现 S024 菌株发酵液对纹枯病的防效为 45.38%，而田间小区防效达到 63.21%，并能提高小麦种子发芽率，促进幼苗的生长。通过物理和化学诱变处理，获得了抑菌效果更强的放线菌菌株 YB024，该菌株不仅对小麦纹枯病防效较好，而且可有效降低小麦全蚀病发病率。盆栽和田间小区防效试验结果表明，S024 对小麦全蚀病的防效分别达到 56.90%和 53.31%，优于对照杀菌剂立克秀拌种处理。

近年利用放线菌防治蔬菜病害的研究报道也很多。杨文香等报道链霉菌 M63、S15 和 S93 菌株对黄瓜白粉病具有保护性防治作用，与对照相比，浸种的平均防效分别为 62.7%、40.3%和 56.8%，以 M63 菌株的防治效果最好且较稳定，但链霉菌对黄瓜白粉病的治疗效果不明显。潘争艳等报道放线菌Ⅲ261 和 A221 菌株对蔬菜枯萎病菌和灰霉病菌具有很强的抑菌活性，用该菌株发酵滤液 4 倍稀释液灌根 20 mL/株对黄瓜枯萎病的温室盆栽防效达到 60%以上，利用其菌悬液喷雾对番茄和辣椒灰霉病的防效分别为 62.49%和 89.76%。杨秀芳等从京郊菜园土壤中分离到一株放线菌 A03，该菌株对多种植物病原真菌均有抑制作用，其中对果蔬灰霉病菌、番茄早疫病菌、小麦纹枯病菌和瓜果腐霉的抑制作用较强，温室防病试验结果表明，其发酵液对甜椒灰霉病和番茄灰霉病具有良好的生防作用，防治效果分别为 84.97%和 79.51%。谢晨昭等发现放线菌 B1 菌株对 10 种植物病原真菌和 3 种病原细菌有抑制作用，其中对番茄灰霉病菌、番茄早疫病菌、小麦纹枯病菌、甘蓝黑腐病菌和西瓜果腐病菌的抑制作用较强，利用该菌株发酵滤液在离体叶片和活体植株上对番茄灰霉病防治效果达 60%以上。

Mycostop 是一种世界上已广泛应用的放线菌活体制剂。该菌剂是由芬兰的 Kemira 从泥煤中分离到的灰绿链霉菌 *S. griseovidis* 的孢子和菌丝制成的制剂，主要用来防治常见的一些土传病原菌，如腐霉菌 *Pythium* spp.、镰孢菌 *Fusarium* spp.、疫霉菌 *Phytophythora* spp. 和丝核菌 *Rhizoctonia* spp. 等，还可用于控制温室中的观赏植物和蔬菜上的一些常见病害，如由链格孢 *Alternaria* spp.、拟茎点霉 *Phomopsis* spp. 和灰葡萄孢 *B. cinerea* 等引起的病害。Mycostop 主要用于种子处理、土壤喷洒或灌根等，它能够在植物的根部定殖、生长和繁殖，从而阻止病原物的侵入，还可以产生激素促进寄主植物的生长，从而提高作物的产量。

(四) 利用农用抗生素

利用生防菌代谢产物——农用抗生素浸种是防治种传病害的有效措施。目前，国内用于浸种的抗生素有农用链霉素、公主岭霉素、多抗霉素、农抗 120、中生菌素等。农用链霉素浸种可以有效控制黄瓜角斑病菌、菜豆疫病菌、番茄溃疡病菌等引起的多种植物细菌性病害。用公主岭霉素原粉的 200 倍液浸种，按种子 1 份，药液 2～3 份的比例浸泡水稻种子，可以有效防治恶苗病。用 2×10^{-4} 多抗霉素液浸泡人参、西洋参和三七种子 1 h，可以防治黑斑病。用 10^{-4} 多抗霉素液浸泡种苗 5 min，可杀伤种苗携带病菌。利用农抗 120 药液浸种，可以防治多种作物病害，如水稻稻瘟病、纹枯病，小麦的锈病、白粉病、赤霉病，大豆、花生的叶斑病、锈病、根腐病，西瓜、甜瓜的枯萎病、炭疽病、白粉病等。利用中生菌素 1%水剂 300～500 倍液浸种 2 h 可以防治姜瘟病，用 600 倍液浸种 3 d 可以防治水稻白叶枯病。

二、土壤处理

利用生防制剂进行土壤处理也是土传病害生物防治的重要手段。土壤处理的基本方法包括生防菌剂穴施、沟施、浇灌以及与有机改良剂混施等。

（一）直接利用生防菌

将生防菌剂直接用于土壤以防治土传根部病害已有很多研究报道。但总的来说这种方法的效果不是十分理想，其原因是由于土壤中含有复杂且数量繁多的各种微生物，一般生防菌难以在土壤中大量定殖和长期生存。如果生防菌具有很强的竞争和生存能力，或采取适宜的处理方法，也有可能取得良好的生防效果。

木霉菌对土传病害的防治效果被许多研究所证实。例如，Chet 等发现利用哈茨木霉 *T. harzianum* 处理土壤对于由立枯丝核菌引起的番茄、花生和香石竹立枯病是有效的，如果土壤事先采用溴甲烷处理，则效果更好。1986 年，Sivan 自田间枯萎病患病棉花植株的根际分离到 35 个哈茨木霉菌菌株，从中筛选到一个菌株 T-35，可以有效地抑制棉花枯萎病菌。在温室试验中，将该菌株的泥炭糠制剂（在 1∶1 的米糠和泥炭混合基物上的培养物）施入土壤中，或者制成分生孢子悬浮液进行拌种，可以降低枯萎病的发病率。每千克土壤中含有哈茨木霉菌分生孢子达到 $2\times10^{6}\sim2\times10^{7}$，可以降低土壤中棉花枯萎病菌的群体数量，该抗生菌在土壤中可以连续存活 3 年并且可以增殖。

Aldrich 等报道利用枯草芽孢杆菌拮抗体接种于繁殖香石竹的基质，可以减少枯萎病的发病率。Broadbent 等将芽孢杆菌和链霉菌引入经过蒸汽消毒的土壤，减少了胡椒幼苗猝倒病和立枯病的发生。

（二）利用有机改良剂

国内外不少研究表明，土壤施用有机改良剂能够有效控制植物土传病害。有机改良剂种类繁多，主要有壳质粗粉、植物残体及加工废料、绿肥、饼肥、堆肥和粪肥等。

1. 壳质粗粉

此类有机改良剂中用得最多的是虾壳和蟹壳。Mitchell 等通过向土壤中增施蟹壳，使土壤中的几丁质分解菌（主要是放线菌）大量增加，对镰刀菌引起的病害具有一定的防效。Khalifa 等报道，在温室和田间用壳质处理土壤可以防治镰刀菌引起的豌豆枯萎病，在自然感染的田间土壤中施入壳质后立即播种可明显减轻发病率。李洪连等发现用 1%（*w*/*w*）的虾蟹壳粉碎物处理土壤，在盆栽条件下对棉花黄萎病的平均防效可达 65.7%，优于对照药剂多菌灵。

2. 植物残体及加工废料

甄文超和曹克强等从 100 多种药用植物中筛选出丁香、川芎、百部、五倍子和苦参等，研究了它们对 3 种主要病原菌 *R. solani*、*F. oxysporum* 和 *Verticillium dahliae* 引起的草莓重茬病害的防治效果。在日光温室小区试验中，土壤中添加药用植物材料的 5 个处理组与对照组相比，草莓生长发育状况明显改善，现蕾期死苗率降低了 22.4%～33.2%，产量提高了 32.6%～33.8%。同时提出川芎和苦参的等量混合物有望用于草莓重茬病害的防治。

大量研究表明，由许多植物的秸秆、叶片、荚果皮等制成的粗粉加入到土壤中可以减轻病害的发生。Nirwanto 等报道，用豆科作物如花生、大豆的叶片粗粉加入到含有 *F. oxysporum* f. sp. *lycopersici* 的土壤中，明显降低了由该病原菌引起的马铃薯萎蔫病的发病率。Lewis等报道，用稻秸粉、谷壳粉、蛭石及*Gliocladium viren*的分离物制成的颗粒剂可以有效地减轻茄子猝倒病的发生。黄俊丽研究发现，用豆秸粉处理土壤可以明显减轻棉花黄萎病的发生，在盆栽试验中收获期剖秆调查防效为 60.02%，在田间小区试验中防效为 58.78%。此外，还有报道用印度麻秆、小麦秸秆、水稻秸秆可以防治 *Rhizoctonia bataticola* 引起的红花根腐病等。我国学者曾研究发现利用薄荷秸秆施用于棉田，可以减轻棉花枯萎病的发生程度。

刘辉志和李洪连等研究报道，一些作物残体对蔬菜根结线虫病具有良好的防治作用。盆栽试验和田间小区试验结果表明，以麦糠、蓖麻叶、楝树叶等处理土壤对黄瓜根结线虫病均有明显的防效，而且对黄瓜植株的生长具有一定的促生作用。

3. 绿肥

许多报道表明，用十字花科作物作为绿肥可以起到防病作用。Mojtahedi 等报道，用油菜的叶片作为土壤改良剂可以有效地降低土壤中线虫 *Meloidogyne chitwoodi* 的群体密度，土壤处理后 6 周内线虫不能生存，而且用油菜茎和根组织的粉碎物混匀进行处理也有效。若用生长 4 个月的油菜植株的叶片进行土壤处理，第二阶段的幼虫更为敏感。他们研究发现，秋季种油菜，春季将其埋入土中作为绿肥，这样连续 2 年，可以大大减轻 *M. chitwoodi* 对马铃薯造成的损失。李洪连等研究发现，用油菜叶片作绿肥施入土壤，在盆栽和田间小区试验中可明显降低棉花黄萎病的病株率和病情指数，收获期防治效果达到 50%以上。在我国一些地区，过去曾利用油菜压青来防治棉花枯萎病，取得了一定效果。

豆科植物作为绿肥在防治植物病害中发挥了重要作用。Marshun 等报道将苜蓿的地上部分作为绿肥翻入土壤中，可以有效地减轻下茬作物由大丽轮枝菌引起的黄萎病，同时也发现土壤中 *V. dahliae* 的微菌核的数量也明显减少。周新根等研制的有机改良剂 MX(一种由蚕豆粉和无机物质组成的复合物)对 *Phytophythora capcisi*、立枯丝核病菌 *R. solani* 及终极腐霉 *P. ultimum* 都有很好的抑制效果。

4. 饼肥

饼肥施入土壤中能起到防病增产的作用已有许多报道。经常使用的饼肥有芥子饼、豆饼、花生饼、芝麻饼、棉籽饼、印楝(neem)饼、press-mud 饼。早在 20 世纪 50 年代，朱凤美等就曾报道用豆饼可以防治小麦腥黑穗病和秆黑粉病。他们推测豆饼肥改变了土壤中微生物之间的平衡，放线菌数量增加，从而产生了对病原菌的拮抗作用。Harender 等用花生饼、芥子饼、芝麻饼和棉籽饼进行土壤处理来防治由镰刀菌引起的马铃薯萎蔫病，发现花生饼和芥子饼效果最好，土壤中病原菌的群体数量下降 70%以上。Pandey 等发现分别用芥子饼和亚麻饼等饼肥处理土壤能有效地防治鹰嘴豆的根结线虫病。同时，他们还发现，先用锯末后再用饼肥处理，效果更佳。

5. 堆肥和粪肥

用垃圾堆肥防治作物病害的研究近年来发展很快，目前，不少国家和地区已生产出商品化的垃圾堆肥。堆肥的来源有城市垃圾、植株残体垃圾、农场畜粪垃圾、工业垃圾、果园垃圾等。我国台湾学者对此做了大量研究工作，其产品 S-H 有机改良剂在当地已经大面积推广使用。Widmer 等发现将柑橘树种植在 CMW(composted municipal waste，商品化的产品是 EM4，其中有效的是微生物因子)处理过的土壤中可以有效地降低 *Phytophythora nicotianae* 引起的柑橘腐烂病。Tuitert 等报道，用腐烂蔬菜、水果和果园垃圾堆制而成的果园堆肥 VFG(vegetable fruit and garden waste)处理土壤可以有效地降低 *P. cinnamomi* 所致病害的发病率，也可以有效地抑制木本观赏植物上的立枯病。吴文希等报道，将 CPM(composted pig manure)加到长有金盏菊、鱼尾菊的无土培养基中，可以促使这些植物抵抗 *R. solani* 的侵染。进一步研究发现，CPM 中有大量的哈茨木霉，对植物病原菌有很好的拮抗作用。

我国在有机改良剂利用方面一直走在世界前列。例如，利用植物秸秆和残体沤制有机肥，利用田菁、油菜、豆类植物等作为绿肥压青，利用各种饼肥腐熟后作为基肥等措施在我国农村广为应用，对于培肥地力、改善土壤结构、提高作物产量和品质以及防治植物土传病害方面都发挥了重要作用。

三、喷雾处理

近年来，将生防菌剂用于地上部分病害的防治也有不少报道。主要方法包括将生防菌剂、抗生素、植物源杀菌剂、化学诱抗剂直接喷雾于叶片、果实和枝干等。

(一) 利用生防微生物

在利用生防微生物喷雾防治植物病害方面，利用最多的是芽孢杆菌。孔建等利用盆栽和田间试验，证明利用枯草芽孢杆菌 B-903 菌液果园喷雾可使苹果轮纹病和叶斑病的防效相当于化学药剂处理，以 B-903 菌液 30～60 倍稀释液浸果可使贮藏期 15 d 和 30 d 的烂果率比清水对照降低 50%以上。张淑梅等将分离于黄瓜根际的枯草芽孢杆菌 ZH-8 菌株发酵后，添加辅助剂制成液体菌剂，该液体菌剂在温室试验和田间试验中对黄瓜霜霉病的防治效果分别达 75.61%和 69.12%。王雅平等对枯草芽孢杆菌 A014 菌株防治小麦赤霉病的效果及作用机理进行了研究，结果证明在小麦穗期接种赤霉菌之前 3～7 d 喷施 A014，防治效果可达极显著水平。颜思齐等用菌量为 4×10^7 cfu/mL 的蜡质芽孢杆菌 R2 菌液喷施田间接种病菌的稻株，对纹枯病防效为 43.8%。

当前生产上推广应用的特立克木霉菌可湿性粉剂(2 亿活孢子/g)，可以有效防治保护蔬菜叶面、茎部、花和果实病害，如霜霉病、灰霉病等，使用浓度 600～800 倍液，在病发初期，每隔 7～10 d 喷药 1 次，连喷 2～3 次，效果良好。

郑爱萍等从田间筛选到对水稻纹枯病具有强烈拮抗作用的生防菌 H50，利用该菌喷施处理对水稻纹枯病菌的防治效果达 60.75%，而且对穗粒数、千粒重、结实率和穗长都有明显的促进作用。黄云等对梨胶锈菌的重寄生菌 *T. pyrus* 进行了系统研究，用重寄生菌的孢子悬浮液于性子器成熟时喷雾，防治贴梗海棠锈病，重寄生率可达 94%。

(二) 利用抗生素

利用生防微生物代谢产物抗生素喷雾防治植物病害，特别是细菌病害多年以来一直得到广泛应用。目前农用抗生素包括以下种类。

1. 春雷霉素

用 2%春雷霉素(kasugamycin)水剂的稀释液喷雾，可防治黄瓜炭疽病和细菌性角斑病、番茄叶霉病和灰霉病及甘蓝黑腐病。用 2%水剂 50～100 倍液灌根、喷根颈部或喷淋病部，可防治黄瓜枯萎病等病害。

2. 农用链霉素

农用链霉素(streptomycin)对细菌性病害有较好防效。利用该产品72%可溶性粉剂2500～3000倍液叶面喷雾，可防治烟草野火病、青枯病、角斑病，大白菜软腐病，甘蓝黑腐病，柑橘溃疡病，水稻白叶枯病和细菌性条斑病等多种病害。

3. 中生菌素

中生菌素(zhongshengmycin)属于*N*-糖苷类抗生素，对水稻白叶枯、大白菜软腐病、十字花科黑腐病、苹果斑点落叶病、苹果轮纹病、苹果炭疽病、葡萄炭疽病、葡萄黑痘病、西瓜枯萎病、西瓜炭疽病等多种细菌和真菌病害有良好的防治作用。

4. 农抗120

农抗120(antibiotic120)主要组分为下里霉素(harimycin)，其次是潮霉素B(hygromycin B)和星霉素(asteromycin)。对瓜菜枯萎病、小麦白粉病、小麦锈病、水稻纹枯病、番茄早疫病、番茄晚疫病、苹果白粉病、苹果炭疽病、葡萄白粉病等多种真菌病害均有很好的防效。

5. 多抗霉素

多抗霉素(polyoxin)由不同的同系物组成的混合物，是金色链霉菌产生的代谢物。可有效防治人参黑斑病、草莓灰霉病、苹果斑点落叶病、红麻炭疽病、苹果树腐烂病、柑橘树流胶病、水稻纹枯病、黄瓜霜霉病、烟草赤星病、番茄早疫病、甘薯线虫病等。

6. 井冈霉素

井冈霉素(validamycin)是水稻纹枯病的优良防治药剂，经多年使用，防效稳定，效果好，成本低，使用安全，增产效果显著。一般1 hm^2 施药有效成分45～75 g，防治效果即可达到90%以上。而且持效期长，一次用药能保持14～28 d的防治效果。

7. 宁南霉素

宁南霉素(ningnanmycin)是我国新近开发的胞嘧啶核苷肽型抗生素，主要用于防治植物病毒病，如烟草花叶病、番茄病毒病、瓜类病毒病等。同时，该产品对水稻白叶枯病，小麦、蔬菜、花卉等作物的白粉病，水稻小球菌核病等病害也有很好的防效。

(三) 利用植物源杀菌剂

许多植物含有杀菌活性物质，如萜烯类、生物碱、类黄酮、甾体、酚类和多糖等。Wilkings和Board于1989年报道有1389种植物有可能作为杀菌剂，其中包含许多不同类型的化合物。因此，植物源杀菌剂的研制与开发具有广阔前景。有学者从芦荟中分离出的酚性与非酚性成分，其抗菌活性可与新霉素、四环素相匹敌。麻黄和细辛两种植物挥发油对供试的链格孢*A. panax*、疫霉*Phytophythora* spp.、茄丝核菌*R. solani*等几种病原真菌有较强的抑制作用。从厚朴树的自然落叶中提取总酚化合物，对禾谷镰孢霉*F. graminearum*、茄丝核菌*R. solani*等10种真菌都有很强的抑制作用，盆栽和大田试验均显示出较好的防治效果。

科学家已在应用植物和杂草的提取液来防治植物线虫方面做了大量出色的工作。他们从500多种有记载的杀线虫和昆虫的中草药中挑选58种进行筛选试验，研究表明，这些提取液经处理后直接作用于线虫，其中22种中草药能杀死爪哇根结线虫*Meloidogyne javanica*，26种对伤残短体线虫*Pratylenchus vulnus*有很强的药效，其中9种能明显杀死它们。这种杀线虫的能力一般认为是来自植物本身的化学成分，因为这些筛选的植物都有驱杀蛔虫、昆虫、螨等的作用。

植物源杀菌剂的剂型包括单一剂型和复合剂型。其中对单一剂型中活性物质的研究较为深入,有一些已明确了其中的有效杀菌物质的化学成分和结构,大多数为生物碱、黄酮、萜等低极性的化学成分,近年来对极性较大的和水溶性的成分如皂苷、鞣质、多糖等亦进行了较深入的研究。例如,大蒜的有效成分大蒜素,具有广谱抗菌抑菌活性,不但对细菌有较强的抑制效果,而且对真菌、线虫也有较好作用。一般复合剂型杀菌效果较单一剂型明显增强,是今后研究和开发的重点。现在一般多采用复方中草药,一种中草药中就含有很多化学成分,一个由十几种中药组成的复方可能相互反应产生新的物质。因此应利用中草药的配伍增效作用,积极开发克服单一剂型药效不高、疗效缓慢的药剂。

对于植物源杀菌剂的作用机理,目前对该方面的研究多采用植物提取液对病原菌的直接作用。例如,抑制菌丝生长、抑制游动孢子的产生、附着胞形成及侵入丝形成、对线虫的致死率、对病毒的病株抑制率及体外钝化效果等;对寄主的作用,如诱导寄主产生抗性、增强寄主的生长及繁殖能力、保鲜及贮藏能力等。

四、诱导处理

利用生物、化学或物理因子处理植物以诱导植物获得抗性是当前生物防治研究的热点,也是一种前景十分广阔的生防途径。传统的诱抗因子包括植物自身病原物、病原物的非亲和小种(株系)、弱致病株系、近似种及其处理物等,这种诱导处理也称为交叉保护。近年来,化学诱导也成为一项重要的处理方式。诱导处理通常是在作物生长前期病菌侵染之前,将具有诱导抗性作用的因子采用喷雾、注射、浸根处理等方式接种到被保护植物,诱导植物产生抗病性,从而达到控制病害的目的。

(一)真菌诱导因子

Kuc 等(1975)用黄瓜炭疽病菌,在黄瓜子叶或第 1 片真叶进行诱导性接菌,获得对相同病原的系统保护。以病原物近似种作为诱导因子,也可获得较好的防病效果。陈延熙等以红麻炭疽病菌、油菜炭疽病菌、湿地松炭疽病菌等 26 种炭疽病菌为接种源,事先接种苹果,可控制苹果炭疽病的发病。李洪连等用柑橘炭疽病菌处理黄瓜,诱导黄瓜获得对黄瓜炭疽病菌的抗性,效果可达 50%~75%。

用尖孢镰刀菌非致病菌株配成孢子悬浮液,浸泡带有伤口的甘薯幼苗根部,2 d 后就产生对枯萎病的抗病性,相对防效达 75%。该项技术已在日本甘薯产区推广,田间防效达 88%~93%,产量提高 1 倍。张元恩(1992)在黄瓜幼苗上预先接种西瓜枯萎病菌 *F. oxysporum* f. sp. *niveum*,可获得黄瓜幼苗对黄瓜枯萎病菌 *F. oxysporum* f. sp. *cucumerinum* 的抗性,室内诱导接种后 21 d 内交叉保护效果达 64.8%,在自然病土中诱导接种 6 d,移栽 30 d 交叉保护效果为 43.7%,55 d 后仍有部分保护效果。吴营昌等的研究表明,弱致病菌株诱导接种后对黄瓜抗枯萎病的防效随着时间延长而上升,间隔期 5 d 时为 63%~92%,间隔期 10 d 时为 69%~100%。

董汉松等用烟草赤星病菌 *A. longipes* 弱毒株 TBA16 的孢子以叶面悬滴诱导处理法对烟苗进行诱导处理,可明显地诱导烟草对赤星病的系统抗性。结果表明,诱导的抗性第 6 天开始表现,第 12 天达到最高并持续到 21 d。重复诱导可使抗性持续期延长、抗性程度提高,经 3 次重复诱导,抗性效应可由 36%~85%提高到 100%,经 4 次重复诱导,抗性持续期可由 21 d 延长到 42 d 以上。

骆桂芬等(1996)以东北霜霉菌注茎诱导黄瓜，可使黄瓜植株产生对黄瓜霜霉病菌的系统保护作用，表现为发病始期较对照株推迟 12～13 d，平均病情指数降低 17.6。

（二）细菌诱导因子

任欣正等用青枯假单胞菌 *P. solanacearum* 无致病力但产细菌素菌系 MA-7 或 noE-104 泥炭土制剂(含 2×10^8 cfu/mL)在田间番茄移栽时浸根 30～50 min，在番茄移栽后两个月内对番茄青枯病防治效果可达 69%～70.14%。董春等发现自发突变的无致病力番茄青枯菌株 Tm3 具有产生细菌素的能力，盆栽和小区试验结果表明该菌株具有较好的防治番茄青枯病的能力，进一步研究防病机理发现该菌株可能具有细菌素的抗生性和诱导植物抗病性的双重作用。

（三）植物弱毒疫苗

预先接种病毒弱毒株对作物产生的保护作用，即把一种弱毒株系先接种到无病健康的植株上，经一段时期后，当同一种病毒的强毒株系再次侵染时，由于该植株已产生免疫能力，抵抗或削弱强毒株的侵染，使植株发病减轻或不发病而受到保护。弱毒疫苗可以通过多种方法获得：一是从病毒危害严重的田间植株中获得，如柑橘衰退病毒病的弱毒系就是这样获得的；二是通过高温处理获得弱毒苗，将带毒植株或某一部分组织在一定的高温下处理一定时间，然后对处理过的植株或组织进行实验室检定；三是用化学诱变获得弱毒株系。最常用的是采用 HNO_2 处理，引起病毒核酸碱基脱氨，使腺嘌呤变为次黄嘌呤，鸟嘌呤为黄嘌呤，胞嘧啶变为尿嘧啶，从而使病毒产生变异。中国科学院微生物研究所采用此方法获得了 TMV 的弱毒株系 N-14，用其接种番茄、甜椒能预防强病毒株系侵染，全国示范应用大多都得到了较好的防病效果。

（四）利用化学诱导因子

有些化合物本身没有杀菌作用，但处理植物后却能诱导植物产生抗病反应。例如，一些研究表明，外源性水杨酸对烟草、马铃薯、番茄、水稻等都有诱导抗性活性。苯并噻二唑硫代羧酸甲酯可在水稻、小麦、蔬菜、香蕉、烟草等中作为保护剂使用，主要用于预防白粉病、锈病、霜霉病等。烯丙异噻唑对稻瘟病防治效果显著，并且可兼治白叶枯病。苯硫脲处理黄瓜，可使黄瓜黑斑病大为减轻，这种防病作用的原因是苯硫脲可提高黄瓜体内过氧化物酶的活性，并产生木质化反应，使病菌难以侵染。利用盐酸普鲁卡因处理黄瓜，可诱导其抗白粉病。将水稻幼苗用二氯环丙烷处理后，也可诱导水稻抗稻瘟病。范桂芳等研究发现，对氨基苯磺酸钠能提高小麦品种的抗锈能力。雷新云等研制出植物病毒病诱抗剂 NS-83，它不仅能钝化病毒和抑制病毒侵染，还能诱导植物体内过氧化物酶的活性，提高抗病能力。寡聚糖，包括低聚葡萄糖和脱乙酰壳多糖的防病效果十分明显。由中国科学院大连化学物理研究所研制的 2%壳寡糖(中科 6 号)，对多种病害有较好的防治效果，其中对棉花黄萎病、大豆病毒病防治效果分别达到 71% 和 80%。黄瓜经喷洒人工合成的葡聚六糖诱导后，霜霉病的发病程度显著降低。

五、其他措施

除了上述主要生防措施外，还有一些其他措施。

（一）生防菌浸果

对于采后果实病害，可以采用利用生防微生物菌剂进行浸果处理。蒋跃明采用枯草芽孢杆菌培养液和多抗霉素处理荔枝果实，结果发现，二者均可以有效地防止由于荔枝霜疫霉侵染引起的贮藏病害，但以二者混合处理效果最好。田世平等用丝孢酵母 *Trichosporon* sp. 对苹果灰霉病和青霉病的抑制试验结果表明，当接种灰霉菌和青霉菌孢子浓度分别为 1×10^5 个/mL 和 5×10^4 个/mL 时，在 25℃下，1×10^8 cfu/mL 的酵母悬浮液可抑制这两种病害的发生。

（二）生防制剂涂抹法

对于一些枝干病害，可以采用生防制剂涂抹法进行防治。例如，利用农抗 120 防治苹果树腐烂病，可于早春或晚秋在刮治后的病斑上用 2%农抗 120 水剂 30 倍液涂抹两次，消毒杀菌，防效较好。陆燕君等自泡桐腐烂病病斑中分离到一株短小芽孢杆菌 *B. pumillus* A3 菌株，室内平板拮抗试验证明该菌株对泡桐腐烂病菌 *Valsa poulowmiae* 抑制作用很强。在林地用 A3 菌株发酵液进行 3 年防治试验，刮去烂皮后涂抹菌液或加化学农药的菌液，防治效果达到 97.8%，比常用农药福美砷效果更好。

（三）种植拆菌植物和诱捕植物

一些研究报道，田间前茬种植或套种大蒜、大葱、薄荷等抑菌植物，可以减轻一些病害的发生。据有关报道，大豆胞囊线虫能侵入猪屎豆、柽麻等多种豆科植物，但不形成胞囊，也不能繁殖。种植这些植物，可以切断线虫的生活史，有效地降低土壤中的胞囊数，从而达到防治的目的。另外，一些速生蔬菜（如白菜、菠菜），能被根结线虫侵染危害，由于其生长周期短，线虫对其危害较小。可以利用这些蔬菜，诱使土壤中大部分根结线虫二龄幼虫侵入，随后将其捕捉带出田间，减少下茬蔬菜种植时初侵染的虫量，减轻危害。

第三节　植物病害生物防治与其他防治措施的结合运用

生物防治虽然是一种非常有前景的植物病害防治方法，但是有时单一使用生防制剂效果往往不够理想。将生物防治方法与其他防治技术如农业防治、化学防治、物理防治等相结合，可以达到单一生防菌剂难以达到的效果。

一、生物防治与农业防治

农业措施和生物防治关系非常密切，有时一些农业措施中就包含有生物防治的因素。例如，利用施用绿肥增加土壤中抗生菌的数量而使病害减轻，就是一种常见的现象。植物病害生物防治第一个成功报道的实例就是施用黑麦草和三叶草等绿肥后导致土壤中枯草芽孢杆菌的大量增加，使得马铃薯疮痂病得到控制。

施用有机肥常使得一些土传病害得到控制，这是因为有机肥中含有大量微生物，其中一些种类对病原菌具有抑制作用。Kelman 等（1977）和 Cook 等（1983）认为，当时我国及东南亚一些国家农田中较少发生土传病害，是长期施用有机肥的结果。长期以来，我国传统农业由于常年使用大量有机堆肥，土传病害程度很轻，很难造成大的流行。但是，近 20 年来，由于多种因素，农田大量使用化肥，有机肥施用量大幅度减少，造成各种土传病害日益严重。一些研究表明，施用有机肥能够改善土壤微生物区系组成，增加有益微生物的数量，减轻小麦全蚀病、棉花黄萎病和枯萎病、蔬菜根结线虫病、丝核菌病害等土传病害的发生程度。

Kuter 等(1983)研究发现，将阔叶树皮制成堆肥，施入土壤后可以减轻立枯丝核菌 *R. solani* 引起的病害。进一步研究发现，堆肥中含有大量的木霉菌。Lumsden 等(1983)报道，将 10%垃圾堆肥施用于土壤，可以减轻丝核菌引起的棉花立枯病、镰刀菌引起的黄瓜枯萎病等病害。李洪连等(2002)研究报道，施用壳质粗粉、豆秸粉、麦秸腐熟物、粪肥等，可以减轻棉花黄萎病，并且发现这些有机改良剂的防病作用与增加了土壤中的拮抗菌数量有关。

秸秆还田可以增加土壤有机质和肥力，改善土壤结构，提高土壤微生物活性，而且可以减少焚烧带来的浪费和环境污染，但是往往也增加了土壤中病原物的数量。秸秆还田应充分粉碎，并适当深翻，利用土壤微生物加快秸秆腐解；同时，可以考虑在秸秆还田之前，喷洒一些具有腐解作用的微生物，包括生防微生物，如木霉、青霉菌、毛壳菌，既加速秸秆腐烂，促使病原菌死亡，也可更好地发挥生防菌的作用；或者将秸秆收集粉碎后加入腐解微生物和生防菌制成堆肥，然后施入田间，既可肥田，又可防病。

轮作倒茬是防治土传病害的有效措施，对于根腐病、枯萎病、黄萎病、全蚀病、青枯病、根结线虫病、胞囊线虫病等病害通过一定年限的轮作，在土壤微生物的作用下或由于病菌饥饿作用，均可使土壤中病原物种群密度大量降低，病害发生程度明显减轻。此时如果再结合使用生防制剂，防病效果更好。另外，利用薄荷、大蒜、大葱等抑菌植物与作物进行轮作和间作，既可看作是一种农业防治措施，实际上也是一种生物防治。

利用合理施肥、精细整地、种子精选、适时适量播种、合理密植、科学管理等栽培措施来创造适宜于作物生长的环境条件，减轻病害的发生程度，同时再结合科学的生物防治，都将会提高病害的防治效果。

二、生物防治与化学防治

综合利用化学防治和生物防治措施以提高生防的效果，是长期以来受到生防工作者关注的研究课题，该领域已有不少成功的事例。二者的结合应用，一方面，可以降低化学农药的使用量，减轻对环境的污染；另一方面，少量的化学杀菌剂同时对土壤中的有益微生物伤害较小，结合生防措施的应用，可以使生防菌的防病效果明显提高。化学防治和生物防治的结合可以通过以下几种方式实现。

(一) 向低剂量农药处理的土壤引入生防菌

一些研究发现，在低剂量(亚致死剂量)化学药剂处理后，再施入生防菌可以获得理想的防病效果。例如，向溴甲烷和氯化苦熏蒸过的土壤中加入曲霉菌、青霉菌以及木霉菌的分生孢子，明显减轻了番茄镰刀菌茎腐病的发病率。

由罗氏白绢小核菌引起的白绢病是许多作物上一种难防病害，单独利用化学杀菌剂或生防菌(如木霉菌)效果均不够理想。研究发现，低剂量的硫威钠可以削弱该病原菌菌核的生活力，从而易被哈茨木霉寄生和降解。溴甲烷是田间试验中同生防菌综合运用的主要熏蒸剂，Elad 等(1982)综合运用溴甲烷与哈氏木霉结合应用成功地控制了番茄、花生和草莓上的立枯丝核菌和罗氏白绢小菌核菌引起的病害。他们把用哈氏木霉处理的番茄苗栽入溴甲烷熏蒸过的土壤中，对其白绢病和立枯病的防治效果达93%，产量增加到了160%。Strashnow(1985)报道，低剂量溴甲烷同哈茨木霉的麦麸培养物综合运用，对胡萝卜猝倒病的防效优于溴甲烷的正常剂量的防效，而单独运用低剂量的溴甲烷则不能有效控制该病。

国内外研究均发现五氯硝基苯、菌核净和甲霜灵等一些杀菌剂对木霉菌抑菌活性较低，可以结合使用。例如，将哈茨木霉与五氯硝基苯共同施用防治萝卜立枯病和菜豆白绢病，与甲霜灵共同施用防治辣椒疫病 *Phytophythora capsici* 和豌豆根腐病 *Pythium ultimum* 都获得了成功。杨合同等利用木霉对五氯硝基苯的天然抗性，在土壤中施用低剂量的五氯硝基苯(4 μg/g土)，再施用哈茨木霉 T7 菌株，可以提高该木霉菌在玉米根际土中的种群密度，从而提高其根际竞争力。但高浓度的五氯硝基苯处理会影响木霉的生长而降低其在根际的竞争能力。

Marois 报道(1982)，在茄子育苗期加入黄丝曲霉菌的子囊孢子或分生孢子，然后栽入常规用量 1/4 的土壤处理剂(D-D 混剂和敌线酯)处理的土壤中，对茄子黄萎病的防治效果十分明显，产量大幅度增加。Davis 等(1986)发现，使用低剂量的硫威钠后再加入黄丝曲霉，对马铃薯黄萎病的防效与常量的硫威钠相同。用噻菌灵处理种薯，用硫威钠处理土壤，然后再加入黄丝曲霉的子囊孢子，可以进一步提高对马铃薯黄萎病的防效。

需要指出的是，无论化学药剂处理之前或之后再施用生防菌，这种生防菌自身必须对所使用的化学药剂具有较强的耐药性。耐药生防菌可以通过不同的筛选方法获得，既可以从自然环境中筛选，也可以通过人工诱变和基因工程途径筛选。大量研究表明，不同生防菌对化学药剂或杀菌剂的敏感性差异很大，同一生防菌的不同菌株也不相同。例如，绿色木霉对苯并咪唑类杀菌剂如甲基托布津等十分敏感，但对灭菌丹、硫黄、铜制剂却不敏感。有研究发现，木霉菌中不同分离物对溴甲烷的抗性差异明显，从溴甲烷处理的土壤中所获得的木霉菌株具有更好的拮抗活性。Lewis 等(1984)发现，一些木霉菌株对硫威钠具有很强的忍耐力，甚至可以在硫威钠溶液中萌发。他们认为可将木霉菌的分生孢子与硫威钠或其他农药做成筒袋制剂，或与杀菌剂一起制成种衣剂或浸种剂。另外，目前已经通过紫外线或化学诱变方法获得了一些突变菌系，比各自的野生菌系能更有效地发挥作用。

(二) 通过化学处理诱发土壤中有益微生物的增加

一些研究发现，土壤处理剂和杀菌剂如氯化苦、棉隆、溴甲烷、福美双、硫威钠、克菌丹处理土壤后，均可刺激木霉菌、青霉菌等生防菌的大量增殖，从而减轻土传和根部病害的发生。Bliss 等发现，用低浓度的二硫化碳(280 mL/m^2)处理柑园土壤后，木霉菌大量迅速繁殖，从而控制了由蜜环菌引起的柑橘根腐病。而在高浓度的二硫化碳处理后，由于木霉菌种群数量急剧减少，柑橘根腐病更为严重。用低浓度的溴甲烷处理也有同样的效果。Richordson 等报道，用福美双处理土壤后，可以有效地防治豌豆猝倒病，甚至当福美双在土壤中被分解后较长时间内，还可以有效地控制病害。进一步研究发现是由于福美双刺激土壤中木霉菌和青霉菌的生长和繁殖。

(三) 通过化学处理提高植物抗病性

利用一些对病原菌没有直接杀伤作用或抑菌活性很低的化学物质处理植物以提高抗病性。从某种程度上看这是一种化学防治，但实际上也属于生物防治的范畴。抗病诱导剂不同于常规的杀菌剂，其主要特点：一是它们对病原菌没有或几乎没有直接的抗菌活性，因此，不会对病原菌产生选择压力，不易产生抗药性；二是诱导剂产生的抗性是非专化性的，它可以有效的防治真菌、细菌、病毒等病害，使用一种诱导剂可以防治多种病害；三是抗病诱导剂是通过提高植物的抗病性来防治病害的，它们对不具有致病性的腐生菌、拮抗菌无影响，可以克服常规杀菌剂可能引起的环境污染，保持生态系统中微生物之间的平衡；四是抗病诱导剂激活的抗病反应类似于抗病品种，而且抗性的持效期较长。因此，将化学因子诱导和常规杀菌剂的应用结合起来，或者开发利用具有杀菌和诱导功能的杀菌剂，将会提高植物病害的防治效果，减少化学防治的负面影响。

三、生物防治与物理防治

利用一些物理措施来提高生防效果曾有不少研究报道。在这方面最成功的措施是高温处理土壤，或称日晒(solarization)。这种措施是在高温季节太阳辐射最强的时候，将土壤翻松，或加入作物秸秆粉碎物，土表撒上草木灰，并保持较高土壤湿度，然后盖上透明的聚乙烯塑料薄膜，保持一定时间(一般 1 个月以上)，可使土壤耕层中大多数病原菌致死或降低其生活力。这种方法在以色列、美国、欧洲以及我国部分地区都取得了明显效果，被防治的病害包括由轮枝菌引起的棉花和茄子黄萎病、立枯丝核菌引起的作物根腐病、小核菌引起的作物白绢病、镰刀菌引起的作物枯萎病以及一些土壤线虫病害。

土壤高温处理可以促进生防效果。一方面，高温处理削弱了病菌的生活力和抵抗能力，更容易发生重寄生和溶菌现象；另一方面，高温处理增加了抗逆性强的土壤腐生菌如木霉菌的活性，增强了土壤的抑菌能力，使得一些新传入的病原菌难以生存或形成优势群体。如果在高温处理后再施用生防菌，可能会起到更好的效果。

最近，有人研究发现利用微波处理土壤可以杀死或抑制土壤表层的病原物，也可考虑将这种方法与生防微生物的利用结合起来，在微波处理后施用生防菌剂(包括土壤处理和种子处理等)，以提高生防菌的防病效果。

小　　结

植物病害的发生是病原物和寄主植物在一定条件下相互作用的结果，因此植物病害生物防治的途径包括三个方面。一是抑制和减少病原物。利用植物体表、体内或土壤的真菌、细菌和放线菌等有益微生物及其与天然植物的代谢产物的抑菌、溶菌或重寄生作用直接控制植物病原物及其所致病害。二是保护、促生和诱导寄主的抗病性。利用有益细菌、放线菌和真菌等保护植物的种苗、成株、伤口和果实，使其免受病害危害；利用植物根际或体内一些微生物，如菌根真菌、促生细菌、固氮菌、磷细菌、钾细菌及有机质降解和矿化微生物等促进植物生长，增强植物抗性；利用物理因子、化学因子或生物因子诱导植物抗病性，抵抗病害侵染。三是改善生态环境。通过保护和增加农业生态系统中的遗传多样性、物种多样性、生态系统多样性进行生物多样性调控；通过促进有益微生物、控制有害微生物、改善植物微生态环境进行植物微生态调控；利用抑菌土防治植物病害。植物病害生防措施既可以利用自然界中已有的生防因子，也可以引进外源的生防因子，具体包括种苗处理、土壤处理、喷雾处理、诱导处理、浸果、涂抹、种植抑菌植物和诱捕植物等。应用生防措施时，应注意与农业防治、化学防治、物理防治等其他防治技术的结合。

复习思考题

1. 植物病害生物防治有哪些途径？
2. 怎样从病原物和寄主植物方面进行病害的生物防治？

3. 如何通过改善生态环境对植物病害进行生物防治?
4. 植物病害生物防治的措施有哪些?
5. 怎样实现植物病害生物防治与其他防治措施的有机结合?

主要参考文献

包建中,古德祥. 1998. 中国生物防治. 太原:山西科学技术出版社.

程亮,游春平,肖爱萍. 2003. 拮抗细菌的研究进展. 江西农业大学学报,25(5):732-737.

杜小凤,徐建明,王伟中,等. 2000. 植物源农药研究进展. 农药,39(11):8-10.

范青,田世平,徐勇. 2001. 丝孢酵母对苹果采后灰霉病和青霉病抑制效果的影响. 中国农业科学,34(2):163-168.

桂永珠,池景良,胡永兰. 2001. 生物农药的研究应用现状及前景. 微生物学杂志,21(2):48,49.

郭润芳,刘晓光,高克祥. 2002. 拮抗木霉菌在生物防治中的应用与研究进展. 中国生物防治,18(4):180-184.

何红,蔡学清,兰成忠,等. 2004. 辣椒内生菌 BS-2 在白菜体内的定殖、促生和防炭疽病作用. 植物保护学报,31(4):347-352.

何红,欧雄常,王立才,等. 2008. 红树内生海洋细菌 CⅢ-1 菌株对辣椒青枯菌的防病作用. 植物保护学报,35(6):497-500.

黄大昉. 2003. 生防微生物生物技术研究与发展. 植物保护,29(5):3,4.

黄云,陈幼林. 1997. 梨胶锈菌重寄生菌对贴梗海棠锈病菌的寄生及控病作用. 中国生物防治,13(1):10-13.

黄云,叶华智,董宝成,等. 2004. 长叶胡颓子锈病菌及其重寄生菌. 中国生物防治,20(3):193-196.

李洪连,黄俊丽,袁虹霞. 2002. 有机改良剂在防治植物土传病害中的应用. 植物病理学报,32(4):289-295.

李洪连,王守正,袁红霞,等. 1994. 植物诱导抗病性研究的现状与展望. 河南农业大学学报,28(3):219-225.

李荣森. 2000. 我国微生物防治研究与微生物农药产业化的进展(1980~1999). 中国病毒学,15:1-15.

林福呈,李德葆. 2003. 枯草芽孢杆菌(*Bacillus subtilis*)S9 对植物病原真菌的溶菌作用. 植物病理学报,33(2):174-177.

刘杏忠,刘文敏,张东升. 1995. 定殖大豆胞囊线虫的淡紫拟青霉生物学特性研究. 中国生物防治,11(2):70-74.

鲁素云. 1993. 植物病害生物防治学. 北京:北京农业大学出版社.

陆庆光. 1999. 50 年来中国生物防治回顾. 世界农业,(9):19-21.

马德钦. 1995. 果树根癌病及其生物防治. 中国果树,(2):42-44.

马艳,常志州,朱万宝,等. 2004. 拮抗真菌 F-310 对辣椒疫霉菌的抗生活性及防效. 江苏农业学报,20(3):180-183.

梅汝鸿,徐维敏. 1998. 植物微生态学. 北京:中国农业出版社.

祈碧菽,杨文香,刘大群. 2000. 链霉菌对玉米弯孢霉菌抑制作用的初步研究. 河北农业大学学报,23(3):76-79.

邱思鑫,何红,阮宏椿,等. 2004. 内生芽孢杆菌 TB2 防治辣椒疫病效果及其机理初探. 植物病理学报,34(2):173-179.

沈寅初,张一宾. 2000. 生物农药. 北京:化学工业出版社.

沈寅初. 1997. 农用抗生素研究开发新进展. 植保技术与推广,17(6):35-37.

王进强,吴刚,许文耀. 2004. 植物病害生防制剂的研究进展. 福建农林大学学报(自然科学版),33(4):448-452.

魏春妹,张春明,陶树玉,等. 2000. 番茄青枯病生防制剂的研制与应用. 上海农业学报,(16):69-72.

魏艳敏,刘大群,田世民,等. 2000. 链霉菌(*Streptomyces* spp.)对几种蔬菜病原菌的拮抗作用. 河北农业大学学报,23(3):65-68.

吴云峰. 2008. 植物病虫害生物防治学. 北京：中国农业出版社.
许长蔼，岳东霞，陈融，等. 2001. 荧光假单胞杆菌的生防遗传改良. 天津农业科学，7(3)：4-7.
杨合同，唐文华，Ryder M. 1999. 木霉菌与植物病害的生物防治. 山东科学，12(4)：7-15.
杨文博，冯波，佟树敏. 1997. 链霉菌 S01 菌株几丁质酶对植物病原真菌的拮抗作用. 微生物学通报，24(4)：224-227.
袁军，孙福在，田宏先，等. 2002. 防治马铃薯环腐病菌有益内生细菌的分离和筛选. 微生物学报，42(3)：270-274.
袁秀英，白玉明，袁登胜. 2006. 重寄生菌对花棒锈病的抑制作用. 中国沙漠，26(6)：1020-1023.
袁秀英，韩艳洁. 2000. 锈寄生菌对杨柴锈病菌的寄生及控病作用. 林业科学研究，13(1)：103-106.
张学君，凌宏通，李洪连，等. 1994. 生物农药麦丰宁 B3 对小麦纹枯病菌的抑制作用. 植物病理学报，24(4)：361-366.
朱昌雄，白新盛，张木. 2002. 生物农药的发展现状与前景展望. 上海环境科学，21(11)：645-661.
朱有勇，Hei Leung，陈海如，等. 2004. 利用抗病基因多样性持续控制水稻病害. 中国农业科学，37(6)：832-839.
宗兆锋，乔宏萍. 2003. 重寄生菌 F46 和 PR 对苹果采后病害三种致病菌的控病作用. 中国生物防治，19(1)：47-49.

中篇　实践应用

第六章　植物真菌病害的生物防治

按病原物类型的传统分类，植物侵染性病害可分为真菌病害、细菌病害、病毒和类病毒病害、线虫病害及寄生性植物病害。其中，真菌性病害已知的有3万种，占植物侵染性病害的70%～80%。根据病害发生的部位，又可分为地下部的根和根茎病害及地上部的茎、叶、果病害。依病原物的传播途径，则可分为土传病害、气传病害、雨水传病害、虫传病害。本章以病原类型分类为主线，重点介绍植物真菌病害生物防治的基础研究和实践应用的内容。

第一节　根和根茎部真菌病害的生物防治

根据病害发生的部位和病原物的传播途径，本章植物根和根茎部真菌病害包括为害根、根茎，以及病原菌在土壤中越冬后经土壤传播(土传病害)为害地上部的病害。

本节主要介绍的根和根茎部真菌病害主要有：根腐病(root rot，导致根部腐烂、病株枯死)、猝倒病(damping off，引起幼苗呈现热水烫状并迅速萎蔫倒伏)、立枯病(soreschin，病苗干枯站立而死)、小麦全蚀病(wheat take-all)和玉米青枯病(fungal wilt，也称茎腐病)。上述病害的病原菌常以厚垣孢子、卵孢子、分生孢子、休眠孢子和菌丝等形式随病残体在土壤中越冬，或直接在土壤中营腐生生活，成为初次侵染源。病菌在土壤中存活3～10年。病菌主要借雨水、灌溉水、农具和农事操作等途径传播，也可随种子或带菌肥料传播。病原菌一般从根部、茎基部伤口或直接侵入，在维管束中扩张蔓延。低温、高湿是此类病害发生的必要条件，其中湿度是主导因素，尤其是湿度持续在85%以上，寄主表面有水膜(水滴)时更易发病。地势低洼，排水不良往往发病重；光照不足、密度过大、植株徒长、通风不良、偏施氮肥、管理粗放也导致发病加重。

土传真菌病害主要有纹枯病(sheath blihgt)、菌核病(sclerotinia stem rot)，它们主要以菌核在土壤中越冬、存活多年，经土壤和气流传播，侵染地上部。有些具有土传和气传病害的特点，如纹枯病、菌核病。此类病害高湿、多雨时有利于发病、流行。

它们大多数属积年流行病害，致病菌多属兼性寄生菌，一般寄主范围广泛，土壤中存活方式多样，易受土壤环境和栽培措施的影响，防治难度大。近年来，随着农业结构的调整，作物复种指数不断提高，连年种植同一作物，引起土壤病原菌的积累逐年增加，使该类病害的发生越来越严重，造成重大的经济损失，严重制约了作物的生产。由于根和根茎部真菌病害存在和危害根部和土传病害真菌病害的病原菌在土壤中越冬，因而，对此类病害的生物防治有极好的生防潜能，根部真菌病害生物防治的研究已成为热点，备受人们的关注。

由于根和根茎部真菌病害的病害有的由多种病原菌所致，症状复杂。例如，三七根腐病的主要症状表现有黄腐型、干裂型、髓烂型、急性青枯型、湿腐型和茎基干枯型等，其病原真菌类群主要包括 *Cylindrocarpon destructans*、*C. didynum*、*Fusarium solani*、*F. oxysporum*、*Phytophythora cactorum*、*Phoma herbarum*、*Rhizoctonia solani* 等。本节以主要单病原所致根腐病、猝倒病和立枯病予以介绍。

一、镰刀菌根腐病的生物防治

镰刀菌根腐病(root rot)是由镰刀菌 *Fusarium* spp. 导致的根腐病。该病可为害大豆、辣椒、小麦、玉米、草莓、甜菜、花椒、三七、川芎等多种植物。该病主要导致根变褐、腐烂、全株死亡,成株期也能发病。病株还易被一些腐生性强的病原物再侵入,加速根部腐烂,造成复合症状。其病原种主要有尖孢镰刀菌 *F. oxysporum* 和茄腐镰刀菌 *F. solani*。

(一) 生物防治研究概述

对根腐病的生物防治研究,国内外学者做了大量的研究。目前,对根腐病有生防作用的主要是木霉、芽孢杆菌、假单胞杆菌及放线菌等。

木霉在植物病害生物防治中研究很多,应用也很广。叶鹏盛(2003)从生长在不同生态环境的丹参根际土样中分离筛选出对腐皮镰刀菌有较强拮抗作用的哈茨木霉 T23、桔绿木霉 *T. citrinoriviide* T56 等菌株。田间试验结果表明,T23、T56 对丹参根腐病的防效分别为 52.3%和 55.7%,与常用化学杀菌剂多菌灵的防效相当。李琼芳等(2007)筛选、纯化得到抑菌拮抗效果达 80%以上的哈茨木霉 *T. harzianum* T23,不同剂量试验结果表明,施用 T23 生物制剂 7.5 kg/hm^2 效果最佳,田间防治麦冬、丹参、川芎等中药材根腐病效果达 70%以上,显著优于多菌灵,比对照增产 14.2%~24.5%,大面积防治中药材根腐病的防病增产效果与田间小区试验一致。邵红涛和许艳丽(2007)测试了 80 个木霉菌株对大豆根腐病主要病原菌尖孢镰刀菌 *F. oxysporum* 的控病效果,筛选出 3 个防治效果较好的菌株 MM35、MM9 和 MM3,相对防效分别为 26.95%~66.34%、21.52%~63.70%和 22.78%~51.05%。盆栽试验表明,MM35 能够降低尖孢镰刀菌在土壤中的种群数目,其中 MM9 对大豆植株能够起到增生作用。进一步研究比较木霉菌株与大豆根腐病病原菌 *F. oxysporum*、*R. solani* 对炭、磷、铁等营养元素的竞争,表明 MM35 利用可利用铁的速率显著高于病原菌。

王光华等(2004)从大豆根际分离获得芽孢杆菌 *Bacillus* spp. BRF-1 菌株,平板对峙培养结果表明,该菌对大豆根腐病 4 种主要病原菌大豆尖孢镰刀菌 *F. oxysporum* 和茄腐镰刀菌 *F. solani* 具有很强的拮抗作用。进一步盆栽试验发现,BRF-1 的不同处理不仅可以有效抑制由尖孢镰刀菌引起大豆根腐病发生,而且还具有促进幼苗生长的作用。李德新等(2005)从白术健株根茎内外分离得到真菌和细菌 68 个菌株,经平板培养和盆栽观测,筛选出对白术根腐病有较好防效的 6 个菌株,田间小区生防试验结果表明芽孢杆菌 B-4、B-5 和 B-6 有明显的防病增产效果,尤其两种芽孢杆菌 B-5 和 B-6 效果极显著,防病效果分别为 77.6%和 79.2%。Idris 等(2007)通过 78 株细菌的平板筛选和温室控病试验发现,23 株菌株对尖孢镰刀菌菌丝生长的抑制作用为 30%~66.3%,温室控病试验中,芽孢杆菌 KBE5-7、KBE 5-1、KBE2-5 以及 NAE5-5 控病效果达到 100%,另外两色素杆菌菌株抑菌效果达到 70%以上。

(二) 生物防治的方法

拮抗木霉用于防治根腐病的方法主要有土壤处理和种子处理两种方式。刘云龙等(2002)在田间用哈茨木霉制剂处理土壤,结果表明:哈茨木霉不但对尖镰孢 *F. oxysporum* 引起的根腐病具有一定的防病作用,而且能促进植株生长,提前开花、挂果,提高产量 15%左右。朱廷恒等(2004)利用木霉 T97 菌株对几种植物病原真菌的拮抗作用机制和温室防治试验中，用 0.6%木霉培养物在播种前 1 周内处理土壤，对由主要致病菌茄腐镰刀菌 *F. solani*、豌豆根腐病的防治效果为 75.3%。种子处理包括种苗及球茎处理，播前每千克种子用 10 g 菌粉拌种防治温室黄瓜根腐病，防效达 70%。

曾华兰等(2003)利用木霉 T23 和 T56 制剂进行防治丹参根腐病试验，木霉处理对丹参根腐病具有较好的防治作用，T23、T56 制剂处理的防效分别为 52.3%和 55.7%。曾华兰等(2006)利用制成的哈茨木霉 T23 制剂控制麦冬根腐病的发生，500 g/亩处理对麦冬根腐病的防治效果达 67.52%，显著优于化学农药代森锰锌，300 g/亩处理，处理区的麦冬产量比空白对照高 24.46%。李霞等(2003)利用木霉、枯草芽孢杆菌、荧光假单胞菌对引起香荚兰根腐病的主要病原尖镰孢菌香荚兰专化型 *F. oxysporum* f. sp. *vanillae* 在室内进行拮抗作用测定，并进行了比较，结果表明木霉对尖镰孢香荚兰专化型的抑制作用最强，抑制率可达 78.57%，3 种生防菌的抑制效果是：木霉＞枯草芽孢杆菌＞荧光假单胞杆菌。"根腐消"为昆明沃霖生物工程公司登记注册的由枯草芽孢杆菌和荧光假单胞菌复配的可湿性粉剂，通过灌根处理防治三七根腐病。

现代生物技术为根腐病的生物防治研究提供了新的契机，对根腐病的生物防治研究在以下方面有待深入：①扩大对根腐病有生防作用的拮抗菌株的筛选，从木霉菌到芽孢杆菌、假单胞杆菌、放线菌及稀有微生物等菌群；②利用基因工程技术和原生质体融合技术等基因改良方法筛选耐化学农药、耐低温干燥及高效表达水解酶活性的生防工程菌株；③深入研究生防菌株与寄主植物和根腐病原之间的相互作用机理，尤其是相关基因的表达与调控，对于提高生防菌的生防效率是极其重要的。

二、猝倒病的生物防治

猝倒病(damping-off)，俗称倒苗、霉根、小脚瘟和绵腐病。猝倒病病原主要为卵菌门、腐霉科、腐霉属，瓜果腐霉菌 *Pythium aphanidermatum*，其次为德氏腐霉 *P. debaryanum*、终极腐霉 *P. ultimum*，畸雌腐霉 *P. irregulare*、群结腐霉 *P. myriotylum* 和德地腐霉 *P. deliense*。病菌寄主范围很广，可以引起茄科蔬菜、瓜类、花卉及一些木本植物的猝倒病。

(一) 生物防治研究概述

国内外对猝倒病生物防治的研究，多集中于芽孢杆菌、木霉、假单胞菌、菌根菌等生防材料上，取得了一些成绩，芽孢杆菌和木霉已经形成产品用于防治猝倒病。外生菌根菌是较早被用于防治植物猝倒病的生防菌之一，20 世纪 90 年代，国内外许多植物病理学家在外生菌根菌控制松树猝倒病上进行了广泛的研究。

木霉在防治猝倒病的防治上研究很多。木霉发酵液或发酵孢子制成包衣剂，可以有效防治猝倒病。目前，国内外对于木霉防治黄瓜、松树、番茄、棉花等作物猝倒病的生物防治都进行了研究。陈文瑞等(1990)用木霉培养物控制番茄幼苗猝倒病，结果显示木霉处理的防治效果与五氯硝基苯相当，优于敌克松。Lewis 和 Lumsden(2001)试验表明木霉对温室辣椒、黄瓜猝倒病有一定的防效。

美国农业部南方作物研究室的植物病理学家进行了绿粘帚霉的菌系与其培养基质的组合试验，并研究了各组合培养物及这些培养物作种衣剂后该生防菌的抗菌活性和防治棉花猝倒病的效应。

(二) 生物防治的方法

何红等(2004)研究表明,*B. subtilis* BS-1 和 BS-2 菌株可通过浸种、灌根和涂叶等接种方法进入番茄等多种非自然宿主植物体内定殖。和其他生防菌一样,芽孢杆菌防治猝倒病的一个重要机制是产生拮抗物质,主要种类有脂肽类、肽类、磷脂类、多烯类、氨基酸类和核酸类等多种化合物,它们具有抑制真菌、细菌、病毒和菌原体等作用。还可通过吸附在病原真菌的菌丝上,并随着菌丝生长而生长,产生溶菌物质消解菌丝体,使菌丝发生断裂、解体、细胞质消解,或者是次生代谢产物对病原菌孢子的细胞壁产生溶解作用,致使细胞壁产生穿孔、畸形等现象。

梁建根等(2006)用短芽孢杆菌 *B. brevis* CH1 处理黄瓜幼苗,研究 CH1 诱导黄瓜对猝倒病的抗性以及黄瓜植株经 CH1 处理后根部与叶部组织的超氧化物歧化酶、过氧化物酶、过氧化氢酶、多酚氧化酶和苯丙氨酸解氨酶的活性变化。结果表明,CH1 提高了黄瓜的成苗率,处理 28 d 后对猝倒病相对防效高达 78.64%,推测 CH1 使黄瓜产生的诱导抗性是其防病的主要原因。黄瓜经 CH1 处理并同时接种病原菌后,处理根部与未处理叶部组织中各种酶活性都明显高于其他处理,叶部酶活性变化基本与根部的相吻合。表明这些酶活性的提高与 CH1 诱导的黄瓜对猝倒病抗性可能有一定的相关性,而且 CH1 对这些酶活性的诱导具有系统性。

蔡学清等(2005)也发现辣椒内生枯草芽孢杆菌 BS22 对辣椒有明显的促生作用,还可诱导辣椒体内吲哚乙酸等促进植物生长的激素含量提高,并降低脱落酸等抑制生长激素的形成。

河南省科学院将地衣芽孢杆菌 *B. licheniformis* 做成产品制剂 201,黄绍宁等(1999)将该制剂用于基质栽培黄瓜防治苗期猝倒病,使用方法如下。①拌种法。黄瓜播种在温室育苗槽内,所用基质为木屑、鸡粪和蘑菇泥的混合物。将黄瓜种子与制剂按一定比例混合,即混即播。②淋兜法。于黄瓜苗移栽后每株苗淋 100 mL 药液。两种方法都设置苗林卫士(木霉制剂)、敌克松处理为对照,淋兜法还设置加收米为对照。采用制剂与种子 1∶1 的比例拌种,201 处理的黄瓜苗防效为 47.6%,低于苗林卫士的防病效果,与 1∶100 敌克松的效果相近。采用移苗后淋兜法,在同一稀释倍数为 100 倍时,201 对该病的防效优于苗林卫士,为 62.7%,与 500 倍敌克松的防效相近,加收米与苗林卫士在试验浓度下防效较低。

三、立枯病和纹枯病的生物防治

立枯病(soreschin)和纹枯病(sheath blight)是主要由丝核菌 *Rhizoctonia* spp. 引起的重要的土传病害。该病原菌隶属半知菌亚门、丝孢纲、无孢目不产生分生孢子而以有隔菌丝繁殖的一类真菌,寄主范围广,除作物水稻、小麦、玉米外,茄科、瓜类蔬菜,一些豆科、十字花科蔬菜和林木也能被害,已知有 160 多种植物可被侵染。立枯病不产生絮状白霉、不倒伏且病程进展慢,可以此区别于猝倒病。重要的立枯病有蔬菜、林木的苗期立枯病。重要纹枯病有:由茄丝核菌 *R. solani* 引起的水稻纹枯病、玉米纹枯病,禾谷丝核菌 *R. cerealis* 引起的小麦纹枯病,该病主要为害叶鞘、茎秆、叶片。

(一) 生物防治研究概述

Bardin 等(2004)用 *P. fluorescens* 708 和一些作物秸秆粉末制成甜菜种子的包衣剂控制

甜菜苗期立枯病。冯虹等(1990)利用绿粘帚霉 *G. virens* 发酵制剂、粉剂和分生孢子及其与低量五氯硝基苯(PCNB)联合防治杉苗立枯病,最好防效为 70.6%。杨秀荣等(2000)分离、筛选出木霉 *Trichoderma* sp. 菌株,对茄子苗期立枯病有明显的防治效果,子叶期防效达 73.3%,真叶期防效达 71.34%。刘富平和朱天辉(2008)对绿粘帚霉和芽孢杆菌对马尾松幼苗立枯病进行了研究,发现两种生防菌联合防治起到了增效、协同作用,且对幼苗有促生作用。王刚等(2007,2009)利用绿色木霉 *T. viride*TW-3 菌株对幼苗期绿豆立枯病的生防效果分别为87%~94%和 81%~94%。从大田种植的黄瓜植株根际分离荧光假单胞菌 *P. fluorescens*06-83 对黄瓜苗期立枯病的生防效果为 70.1%,优于多菌灵拌种的防治效果。

南京农业大学研发的“麦丰宁”是由枯草芽孢杆菌 *B. subtilis* B3 制成的活体生物杀菌剂,对小麦纹枯病田间防效达 50%~80%,其防病机制主要表现在产生抑制小麦纹枯病病菌菌丝生长、菌核形成和菌核萌发的抗菌物质。江苏苏科农化有限公司的“纹曲宁”是 100 亿活芽孢/mL 枯草芽孢杆菌水剂和 2.5%井冈霉素的复混制剂,主要防治水稻纹枯病和稻曲病。张广志等(2005)从大田玉米根际土壤中分离到、筛选出哈茨木霉 *T. harzianum*T8、黄绿木霉 *T. aureoviride*T2 和长枝木霉 *T. longibrachiatum*T13 用于田间防治玉米纹枯病,其防治效果分别为 62.75%、64.48%和 68.52%,比井冈霉素(49.68%)效果高。3 株木霉固体培养物对玉米产量影响显著,增产率依次为 29.77%、43.37%、54.21%。王艳丽等(2000)用哈茨木霉 TC3 和 NF9 进行水稻纹枯病的防治效果和不同因素对防治效果的影响研究,其防效可以达到 62.48%~72.29%;哈茨木霉 NF9 菌株对水稻纹枯病菌具有很强的重寄生能力。柳良好等(2003)以 1%几丁质或水稻纹枯病菌细胞壁为唯一碳源,初始 pH 6.5,28℃条件下诱导获得的几丁质酶粗提液对水稻纹枯病菌有体外拮抗作用。Cho 等(2007)认为利用三木脂素能减轻水稻稻瘟病的发生,抑制水稻纹枯病的发展。Biswas(2007)发现一种盾构结构的毒素,被制作成生物杀菌剂后能有效减轻水稻纹枯病的发生。Duan 等(2007)试验表明粗毒素及其代谢产物禾稗能抑制菌丝生长和减少菌核,可以代替农药成为理想的控制水稻纹枯病的药物。Wiwatta-napatapee 等(2007)发明一种含有芽孢杆菌的泡腾快速崩解颗粒对防治水稻纹枯病具有良好的效果。Mahanta 等(2007)用 Flusilazole 12.5%+多菌灵 25%混合防治水稻纹枯病取得较好的防病效果。Groth 等(2006)用嘧菌酯制成的生物杀菌剂能减轻水稻纹枯病的严重度和发生率。云南农业大学和中国农业大学共同研制的微生物农药“百抗”(10 亿/g 枯草芽孢杆菌可湿性粉剂)获得农业部登记注册,已在多个省推广使用,推广面积约 4667 hm^2,主要防治水稻纹枯病、三七根腐病、烟草黑胫病。百抗的主要有效成分是枯草芽孢杆菌 B908。大田应用中,“百抗”对水稻纹枯病防效 70%以上。江苏省农业科学院植物保护研究所与国际水稻研究所合作研究利用土壤拮抗细菌,研制开发出防治水稻病害的高效生物杀菌剂——纹曲宁,其由枯草芽孢杆菌 Bs-916 菌株的井冈霉素复配而成。经大面积示范推广,纹曲宁对水稻纹枯病防效达 75%~87.7%。

(二) 生物防治的方法

“百抗”可湿性生防菌粉剂采用拌种、浸(灌)根、喷施均可;每公顷每次施用 1500~1875 g,使用次数可根据病情的发展情况确定,对水稻纹枯病的防治效果可达 70%以上。对蔬菜类根腐、立枯病等均有较好的防治效果。在水稻纹枯病发病初期,手动喷雾纹曲宁水剂(2.5%井冈霉素·100 亿活芽/mL 枯草芽孢杆菌)对水稻纹枯病的防效最好,穴防效与枝防效分别为 68.55%、74.82%。间隔 15～20 d 可进行第二次防治。应用麦丰宁 B3 菌株制剂(总量为 5 亿/g 以上)防治小麦纹枯病,可采用拌种、灌根、蘸根、喷雾等方法,每亩用菌剂为 100～300 g。

四、疫病的生物防治

疫病(phytophthora blight)是由疫霉 *Phytophthora* spp. 引起的具有毁灭性的植物土传病害。疫霉寄主范围广泛,侵染作物、蔬菜和林木等多种寄主的地下和地上部位,如由致病疫霉 *P. infestans* 导致的马铃薯晚疫病是著名的毁灭性病病害。疫病菌具生理分化,目前国内外已报道有 7 个生理小种。该病菌可在种薯、其他茄科寄主、病残体上越冬,借风雨、土壤、等多种途径传播,经气孔或直接侵入,具多次再侵染性。一般病株率为 15%～30%,严重时达 80%以上,损失可达 20%～40%,现已在世界各地的茄科蔬菜种植区普遍发生和流行,成为生产中的主要病害。

(一) 生物防治研究概述

植物疫病的生物防治研究比较多,尤其针对疫霉生防因子的研究较多,其中包括真菌、细菌、放线菌。生防真菌中研究应用较多的有木霉 *Trichoderma* spp.、曲霉 *Aspergillus* spp.、粘帚霉 *Gliocladium* spp.、漆斑菌 *Myrothecium* spp.、青霉 *Penicillium* spp.。此外,对疫霉菌具有生防潜力的还有非致病腐霉 *Pythium* spp.。用于疫病生物防治的细菌主要有芽孢杆菌 *Bacillus* spp.、假单胞菌 *Pseudomonas* spp. 和沙雷氏菌 *Serratia* spp.。这些生防微生物可以单独起作用,还可以联合起作用。其主要的防病机制是重寄生、抗生作用、溶菌作用、交叉保护作用和竞争作用等。

Xiao 等(2002)从土样中筛选得到 53 株产抗生素的链霉菌在平板上对疫霉有明显的抑制效果,实验表明,有 8 株链霉菌菌株对由苜蓿疫霉根腐病菌 *P. medicaginis*、大豆疫霉病菌 *P. sojae* 引起的紫花苜蓿和大豆的根腐病具有显著的防治效果($P<0.05$)。司美茹等(2006)利用抑菌圈-定殖力双重测定法筛选辣椒疫霉拮抗放线菌,结果表明有 6 株拮抗菌在辣椒幼苗根茎部的定殖能力较强,其中 B2 和 F1 的定殖密度为 176.0 和 134.0,分别是致病菌辣椒疫霉的 6.5 倍和 5 倍;这 6 株拮抗菌均具有较高的相对防效(81.2%～100%),在灭菌和未灭菌土壤中的相对平均防效分别为 93.3%和 87.0%;同时发现拮抗菌的相对防效与接种时间有关。

(二) 生物防治的方法

用于由疫霉引起的根腐病的生防真菌有寡雄腐霉 *P. oligandrum*、曲霉 *Aspergillus* spp.、粘帚霉 *Gliocladium* spp.、漆斑菌 *Myrothecium* spp.、青霉 *Penicillium* spp. 和木霉 *Trichoderma* spp.。木霉是较早受到重视并被认为是病害生防中最具应用潜力的拮抗真菌之一,目前已有商品化制剂应用生产。利用木霉进行种子处理,控制疫霉引致的许多作物苗期猝倒病获得成功。据报道,用哈茨木霉 *T. harzianum* 制剂处理土壤,对辣椒疫霉具有良好防病效果,并能促进植株生长,提前开花、挂果和提高产量(刘云龙等,2002;燕嗣皇等,1999)。木霉对疫病的主要防病机制是占领侵染位点并吸收营养,抑制疫霉菌的生长;木霉产生代谢产物抑制疫霉菌丝的生长,消解菌丝内的原生质,诱导疫霉菌产生休眠结构,如卵孢子和厚垣孢子,抑制疫霉菌的营养生长，迫使疫霉菌转入生殖生长（郑小波，1997），此外，木霉产生的代谢产物还可以抑制游动孢子的萌发与生长（李梅云等，2002）；木霉寄生疫霉的菌丝、孢子囊、厚垣孢子和卵孢子、游动孢子也在重寄生作用过程中受到破坏，木霉对疫霉的寄生现象包括木霉菌丝缠绕疫霉菌丝，于接触点产生吸器或类似吸器的结构穿入或穿透疫霉菌的菌丝，疫霉菌丝消解并液泡化，原生质体凝聚。除木霉以外，具有潜力的辣椒疫病生防真菌有寡雄腐霉 *Pythium oligandrum*（何美仙，2002）、曲霉 *Aspergillus*（孙敬祖等，2006）和青霉 *Penicillium*（马艳等，2006）。

对疫病具有生防潜力的细菌有芽孢杆菌、假单胞菌和沙雷氏菌等。芽孢杆菌分布广泛，极易分离培养，抗高温和干燥，液剂和粉剂均可贮存几个月，批量生产工艺较简单，是较理想的生防细菌。已报道用于防治疫病的芽孢杆菌有地衣芽孢杆菌 *B. licheniformis*、枯草芽孢杆菌 *B. subtilis*、蜡状芽孢杆菌 *B. cereus* 和多粘芽孢杆菌 *B. polymyxa*。其主要抗病机制是产生抗生素、激素和快速定殖于植物根际和伤口。假单胞杆菌 *Pseudomonas* spp. 是近年研究报道较多的一类细菌。已报道用于防治疫病的假单胞菌有绿针假单胞菌 *P. choloraphis*、荧光假单胞菌 *P. fluorescens* 和铜绿假单胞菌 *P. aeruginosa*。其主要防病机制是定殖在植物根际、产生铁载体（siderophores）、抗生素和诱导寄主产生抗性。沙雷氏菌 *Serratia* spp. 也是近年研究报道的一类细菌。已报道用于防治疫病的沙雷氏菌有普城沙雷菌 *S. plymuthica* 和粘质沙雷菌 *S. marcescens*。其主要防病机制是产生抗生素，分泌一些分解酶（几丁质酶和 β-1，3-glucanases）和产生铁载体等。

利用生防微生物防治疫病的方法有种子处理、浸根处理、土壤处理和植物地上部处理。植物疫病可通过生防菌剂的浸根处理和土壤灌注处理来保护植物根部，并降低土壤中病原菌的密度，抑制病原菌的生长发育，保护植物根际免受病原菌的侵染。同时通过生防菌的植物地上部喷雾处理减少病原菌的再次侵染，减少病害的扩散蔓延。Shen 等（2005）利用普城沙雷菌 *S. plymuthica* A21-4 菌株的浸根处理和土壤灌注处理，明显减少土壤中疫霉菌的数量，减轻病原菌的侵入，达到防治辣椒疫病的目的。另外，在这些生防菌的使用过程中可以利用添加剂和多种抗病机制的生防菌的混合使用提高防病效果。利用活性微生物（寡雄腐霉）广谱杀菌剂——“多利维生”可防治大田经济作物、果树、蔬菜、高尔夫球场、园林花卉上的疫病。例如，用寡雄腐霉可湿性粉剂（孢子浓度为 1×10^6 个/g）田间防治番茄晚疫病，其剂量为 200～300 g/hm^2，使用次数 3 次，间隔期 7d，防治时期为结果期。

利用生防微生物的生物防治具有巨大的应用潜力。这些生防微生物在植物根际土壤和植物根部定殖并发挥其生物防治作用，需要克服包括病原菌在内的土壤习居微生物对它的排斥作用和土壤环境条件的影响。提高和稳定植物疫病的生防效果可以从以下几方面入手进行研究。①努力寻找并筛选高效、稳定的生防菌。筛选高效稳定的生防菌是植物病害生物防治中最基础而且最重要的工作，同时更要考虑到生防菌在植物根际土壤和植物根部的定殖能力。因此，必须研究各生防菌的生物学特性以明确其适应范围，提高其根际定殖效果和防治效果。②结合现代生物技术，尤其是利用基因工程技术，改造野生型生防菌株，构建生防工程菌，以延长生防菌在土壤中的竞争、定殖能力和存活时间。③努力探索和研究生防菌的生产工艺，试图通过改进生防菌的生产工艺，提高生防菌的发酵水平和生物效价，达到提高生防菌防治效果的目的。④疫霉是水生性土壤习居菌，地势低洼、排水不良时发病重，应努力探索和开发农业防治措施与生物防治措施相结合的综合应用技术。

五、小麦全蚀病的生物防治

小麦全蚀病（wheat take-all）是由禾顶囊壳小麦变种 *Gaeumannomyces graminis* var. *tritici* 引起的一种小麦根部病害，目前在全世界范围内普遍发生，是难以防治的土传病害之一。该病害最早于1884年在英国报道，我国以山东省胶东地区和河北、甘肃、内蒙古、陕西、山西等省（自治区）的部分地区发生较重。小麦全蚀病从苗期开始危害，使根部变黑并腐烂，成熟期形成白穗，造成严重减产，一般减产10%～20%，重病田可达50%以上，甚至绝收。

世界各地对小麦品种抗全蚀病的鉴定结果表明，小麦不具备抗全蚀病的基因，品种间有耐病性的差异。由于是土传病害，化学防治不仅投资过大而且效果也不理想，难以应用于生产；轮作虽然可以防治全蚀病，但在小麦集中产区这种农业措施的贯彻难度很大。因此，随着相关基础研究的不断深入，生物防治逐渐被接受为该病害的首选防治措施。

（一）生物防治研究概述

小麦全蚀病的生物防治归纳起来包括两个方面：一是通过自然环境、寄主、拮抗体的控制，即生态环境的调节处理，从而达到长期控制病害的目的；二是引进拮抗体，包括细菌、真菌，以达到减轻侵染或加速专化性拮抗微生物的产生，从而达到减轻危害和促进衰退的作用。

全蚀病自然衰退是指小麦在全蚀病土壤中连年单作而引起的病害逐年减轻甚至消失的现象（Slope et al.，1964）。当全蚀病在一地发生后，随着小麦的连年种植，全蚀病病情逐年加重，在6～8年内，病情达到高峰，甚至造成绝产时，如果继续种植小麦，全蚀病的危害突然大幅度下降，小麦地上部分几乎难以发现全蚀病导致的植株矮化及白穗症状，但全蚀病并没有完全消失，在小麦地下部分仍然可以观察到受侵染的症状。如果自此以后不再中断小麦种植，全蚀病将长期受到抑制而不能再度流行。

全蚀病的自然衰退现象在世界各地都有出现。1934年，Fellow 和 Ficke 报道，在美国堪萨斯由于小麦连作，全蚀病在第1年出现，第2年扩大、第3年缩小、直至第4年消失，之后小麦全蚀病这种时而出现、继而消失的现象相继在英国、荷兰、瑞士、丹麦、前南斯拉夫、澳大利亚、美国等国家被发现并进行了报道（Shipton，1975）。英国汉普郡农场随着小麦连作，全蚀病逐渐加重，在第4、5年发病率及严重度达到高峰，以后逐年减轻。在丹麦 pH 较低的轻沙质土衰退发展较慢，在南斯拉夫黑钙土的全蚀病衰退表现最快和最普遍。

国内亦在多个省份报道了全蚀病的自然衰退。山东泰安研究表明始见白穗后3～4年或当年白穗率达到30%左右时，翌年发病就急剧上升或达到危害高峰。宁夏于20世纪70年代初小麦全蚀病开始发生，蔓延至1976年前后达到高峰，之后自然衰退病情减轻。甘肃威武地区一般连作4年病害发生达到高峰期，病株率达100%，严重度达40%左右，以后全面衰退。

20世纪初人们就观察到这种现象，但由于这种现象不符合植物病理学的基本原理，人们对这种观察的可靠性持怀疑，无人做深入研究。从20世纪60年代开始，人们才对这种现象进行认真研究及大量试验，并提出一些观点，这些研究所得到的结果可归纳为：①抑制全蚀病发生的这种土壤（抑制性土壤）仅对全蚀病有抑制作用，而对其他病害无效，属于专性抑制作用；②这种土壤在60℃进行热处理30 min或经土壤熏蒸剂处理后抑制因素消失；③这种抑制因子可以随土壤传播到尚未衰退的土壤中去。在美国华盛顿州哥伦比亚河谷地区第一次成功地诱发了全蚀病自然衰退，具体做法是将已衰退的土壤运到发病田地里，均匀撒于土表，翻耕后播种冬小麦，当年观察病情并未减轻，但从第二茬开始衰退，以后连年单作小麦，再未见全蚀病流行。

国内外专家普遍认为引起小麦全蚀病自然衰退的是某种生物因子，而且与一些不产孢的微生物有关。目前，关于小麦全蚀病衰退的原因有4种学术解释：①Gerlagh认为是病原菌接种体本身独占优势而产生对其自身具有高度专化的微生物拮抗作用；②Jackson和Poper提出由于根际细菌群落发展的抗生素作用，使病菌菌丝对寄主的根的趋性反应受到抑制；③Vojinovic认为寄主衰老时全蚀病发生严重增加了病残体数量及与之相联系的拮抗微生物群落，对菌丝分枝起抑制作用而减少了病原菌的存活及其侵染；④罗森姆斯丹研究小组提出土壤微生物通过改变根部营养环境，改变硝态氮与铵态氮比例而限制了全蚀病。

（二）生物防治的方法

1. 增施有机肥，调节土壤生态环境

土壤有机物质是土壤肥力诸因素的重要物质基础。它不仅可以调节土壤物理、化学和生物等肥力关系，而且直接影响着耕作性和生产性。生产实践证明，增施有机肥料具有明显的防病增产效果。除增强抗病能力以外，有机质在分解过程中还能减少病原菌数量和抑制病原菌生长。病原菌在残茬上度过腐生阶段，当周围土壤中供应适当的氮素时，休眠菌丝能形成新的分枝，长出新的未受腐蚀的细胞，进一步利用基物上的碳水化合物延长其寿命；当周围环境缺少可利用的氮素时，则促进病菌死亡。而土壤中有机质含量高时，在其分解过程中，促进了微生物的活动，对可利用的氮素进行争夺，大量氮素被微生物固定，全蚀病菌得不到可利用的氮素，便加速了死亡。当微生物将有机质分解解体后，又重新释放出可利用的氮素，供小麦生长需要。

另外，1974年Smith、Cook等研究报道，土壤中细菌产生的乙烯对全蚀病菌有抑制作用。当土壤空气中乙烯的含量达到5%时，对寄生状态的全蚀病菌有抑制作用。土壤中增施有机肥，增加有机质的含量细菌数量也随之增加，由其产生的乙烯含量也相应提高。

2. 应用生防细菌

1) 荧光假单胞杆菌 *P. fluorescens*

小麦全蚀病的减轻是由于与病原菌相拮抗的微生物区系所引起的，而荧光假单胞杆菌是该区系中最重要的成分。经过对比土壤中的微生物可以发现，连作小麦已达20年的TAD土壤中能分离到大量对全蚀病菌有拮抗性的荧光假单胞菌，其数量是感病土的10倍以上，这些微生物对温度敏感，经60℃热处理30 min后即失去抑制作用，把这种荧光假单胞杆菌进行小麦拌种并与全蚀病菌培养物同时播到田间，1个月后小麦根际的荧光假单胞杆菌达90%，9个月后仍然在植株根际存在，对小麦也具有很好的保护作用。

国内外在开发利用荧光假单胞菌防治小麦全蚀病方面的研究中取得了良好的效果。国外大量的研究结果表明：通过土壤接种、蘸根、拌种及种子包衣的方式应用荧光假单胞杆菌(Smiley和Cook、Sivasithamparam和Parker、Weller和Cook)，均可降低小麦全蚀病的发生，达到较好的防治效果。在我国，由中国科学院植保所研制的荧光假单胞菌剂——荧光93，在宁夏、山东及内蒙古对全蚀病表现出较好的防效，1993年在内蒙古巴盟对小麦全蚀病的防效达到65.7%，增产效果亦达到43.2%。此外，荧光假单胞杆菌A菌剂浸种处理后，在宁夏对小麦全蚀病的防效为35.8%，每亩增产32.1kg。

荧光假单胞杆菌对全蚀病有很强的专化抑制作用。荧光假单胞杆菌能侵占根围区域内或植物根上可用性营养丰富的空间，促使其先于病原菌形成优势群落，同时减少病原菌的营养源，从而抑制病原菌的生长。此外，荧光假单胞杆菌还可在小麦根表，特别是小缝内定殖，在根表形成保护层，阻止全蚀病菌侵染定殖，还可以直接侵入已侵入的菌丝，使其穿孔和断裂，不能正常增殖和扩展，抑制全蚀病菌向根内的生长。

目前，研究者普遍认为荧光假单胞杆菌对小麦全蚀病的作用机制主要是其产生的抗生素类物质，其在土壤中可以分泌几类低分子有机化合物，已被分离鉴定的有吩嗪酸（PCA）、2，4-二乙酰藤黄酚（PHL）、硝吡咯菌素（PRN）、藤黄绿脓菌素（PLT）、脓青素（PYO）等。其中对PHL和PCA的研究最为深入，它们对小麦全蚀病杆菌有较强的抑制作用。

荧光假单胞杆菌2-79最初是从土壤中分离出来的，在能够检测细菌含铁物和抗生素的KB和PDA培养基上能抑制全蚀病菌，表明细菌含铁物和抗生素在生物防治上均起了作用，其中，一种叫双吩嗪1-羧酸（PCA）的二聚体的绿黄色抗生素钝化物能抑制多种不同的真菌，包括小麦全蚀病菌。用转座子插入引起的抗生素合成缺陷型（hz^-）菌株与2-79相比，对小麦全蚀病菌的抑制作用很低，进一步说明了抗生素在生物防治中的作用；荧光假单胞杆菌产生的吩嗪色素也已用于小麦全蚀病菌的生物防治（Gurusiddaiah et al.，1986）。Thomashow等（1986）用单位点Tn5插入方法得到不产生吩嗪色素的突变体，所有这些突变体在体外不抑制小麦全蚀病菌，在温室试验中对于全蚀病有低抑制作用，用黏性质粒文库导入野生型DNA，突变菌株产生抗生素能力恢复。

Raaijmakers证明荧光假单胞菌产生的2，4-二乙酰基藤黄酚（PHL）是防治全蚀病最主要的作用机制。在抑病土中产生PHL的荧光假单胞菌在根际的数量最少为10^5～10^6 cfu/g。如果将产生的PHL菌株消除，抑菌土的抑菌性就会丧失，再给它接种同样多的产生PHL的菌株，抑菌性又可以恢复。

2）应用芽孢杆菌

芽孢杆菌是土壤和植物微生态区系的优势生物种群，具有很高的抗逆能力和抗菌防病作用。已经报道的从小麦根际或土壤中分离获得的对全蚀病具有抑病效果的芽孢杆菌的种类主要包括：枯草芽孢杆菌*B. subtilis*、巨大芽孢杆菌*B. megaterium*、蜡样芽孢杆菌*B. cereus*、苏云金芽孢杆菌*B. thuringiensis*和凝结芽孢杆菌*B. coagulans*等，其中以枯草芽孢杆菌*B. subtilis*居多。

已有的研究结果表明（韩艳霞，2005；张颖，2006；罗兰，2006；韩艳霞，2008等）：芽孢杆菌的带菌培养液在离体条件下能够抑制全蚀病菌的菌丝生长，可导致全蚀病菌菌丝膨大，畸形，断裂，细胞内含物渗透；在温室及田间对小麦全蚀病表现出较好的防治效果，并认为其主要的作用机制为通过抑制全蚀病菌菌丝生长以降低菌丝在植物体内的扩展能力，但不能降低病害发病率，表明对全蚀病菌侵入小麦可能没有抑制作用。张霞等（2007）通过转座子Tn917的转座诱变对枯草芽孢杆菌B931防治全蚀病的机制进行了系统研究，结果发现抗生素的产生是B931具有病害防治能力的主要原因。

3．生防真菌

具有生防能力的真菌包括腐生性真菌和寄生性真菌。迄今为止，已经报道的小麦全蚀病生防真菌以木霉*Trichoderma* spp.研究得最多。

1965年，前苏联人用木霉菌素（frichoderma）浸种，可使全蚀病菌感染率降低28%，产量增加 39.2%。在南澳大利亚田间，在病害发生严重的条件下，利用康宁木霉 *T. koningii* 可降低小麦全蚀病的发病程度 24%，小麦产量增加 7%。1976 年山东农业科学院植物保护研究所利用木素木霉、亚木霉和绿色木霉培养物施入播种沟内，可使白穗率显著下降，比对照分别下降 40.49%、56.13%、17.04%。还有研究发现，将木霉菌和荧光假单胞杆菌混合使用来控制全蚀病，其防治效果明显好于单独施用。拮抗木霉防治小麦全蚀病菌主要是通过其产生的抗性物质和酶类来作用的。将康氏木霉、钩状木霉、哈茨木霉液体培养后研究它的次生代谢产物共有 8 种。Ghisaberti 测定哈茨木霉 73 菌株的液体培养代谢产物，其中生物合成相关的代谢产物均对小麦全蚀病有拮抗作用。

此外，也有报道认为，根瓶梗霉禾生株系 *Phialophora radicicola* var. *graminicola* 可以在植株根部与病原菌竞争营养和空间位点，诱导植物抗病性的产生，明显降低全蚀病的侵染。Wong 发现禾顶囊壳禾谷变种 *Gaeumannomyces graminis* var. *graminis*，Ggg 提前定殖可以保护小麦根部免受全蚀病菌的侵染；Duffy 和 Weller 发现将该变种和荧光假单胞菌混合防治小麦全蚀病比单独的防治效果要好。

利用不致病的或弱致病系首先占领小麦根表，诱发寄主抗性，也可以减轻全蚀病菌对小麦的侵染。法国学者 Lapierre 的研究中就发现在 TAD 土壤中存在 Ggt 的弱致病株，这种弱致病株感染了类似病毒的病原，只在小麦根部形成病斑，并不向地上部发展。该弱致病株不产生子囊壳，培养基上的菌落呈扇形，无同心圆生长圈，这种 Ggt 菌种很难保存。他们将这种变异的菌株用于小麦田间，可使全蚀病的发病率减轻 46%，增产 10%～30%，但效果并不稳定。

4. *应用内生菌*

植物内生菌作为一类新型的微生物资源，在长期的自然进化中与植物形成了相互依存、相互作用的生态学关系。由于内生菌对植物生长发育、抵抗病虫侵染及不良环境等具有广泛的生物学作用，是不可多得的天然生物资源，在农业生产中具有良好的研究和开发潜力。乔宏萍(2006)和 Liu(2009)发现小麦内生枯草芽孢杆菌 E1R-j 菌株在田间对小麦全蚀病具有良好的防效，并且该菌株可在小麦体内进行定殖，认为抗菌蛋白是其发酵液中最主要的抑菌活性物质。彭娟(2008)从小麦内生细菌中筛选到一株变形斑沙雷氏菌 *Serratia proteamaculans* 3-36，能显著降低全蚀病的发病率。对其生防机制的研究结果发现，在体外对峙试验中，该菌株对全蚀病菌没有抑菌活性，能够产生几丁质酶和铁载体。除了有关内生细菌的报道外，李文峰等(2009)对小麦内生真菌抑制全蚀病的作用进行了研究，发现菌株 104 在不同测定条件下对全蚀病表现出稳定的生防效果。

5. *根系分泌物*

根系分泌物是指植物根系释放到周围环境中的各种物质，其种类繁多，数量差异大，既有糖、蛋白质和氨基酸等初生代谢产物，又有有机酸、酚类等次生代谢产物。1904 年自德国微生物学家 Hiltner 提出“根际”概念以后，随着显微技术的广泛应用和现代仪器分析方法的飞速发展，人们对根系分泌物与根际微生物之间的相互作用研究已成为目前一个重要方向。许多研究表明，根系分泌物不仅为根际微生物提供所需能源，而且也直接影响着根际微生物的种群结构、代谢和生长发育，有时起促进作用，有时也会起抑制作用。

Angus(1994)在研究中发现双低油菜品种“*Brassicas canola*”和芥菜 *Indian mustard* 的根部分泌物对小麦全蚀病菌具有抑制作用，对其作用机制的深入研究认为，两种作物的根部能够释放一种异硫氰酸酯的挥发性物质，从而达到抑菌的效果。国内张庆平(1994)、康萍芝

(2006)对不同作物根系分泌物对小麦全蚀病菌的影响的研究结果表明:不同作物根系分泌物对全蚀病菌的影响不同,荞麦、大蒜、蚕豆、玉米的根系分泌物对全蚀病菌具有一定的抑制作用;胡麻、小麦的根系分泌物对病菌有一定的促进作用,但没有对其作用机理进行深入探究。

6. 遗传改良生防菌的应用

微生物是在时间、空间及遗传上存在异质性的群体,因此理想的拮抗菌所应具有的特性很难集中于同一微生物机体中。为此,混用拮抗机制不同的拮抗菌是提高防病效率的一条途径。Weller 和 Cook 从全蚀病衰退的土壤中分离得到荧光假单胞杆菌,单菌株用作种子处理,可增产 10%左右,将几个菌株混合施用效果更好,可以增产 27%以上。1970~1980 年,原北京农业大学植物病害生物防治研究室用芽孢杆菌和荧光假单胞杆菌混合体接种,根部病指比对照降低 39.8%~51.0%,且有一定增产作用。

另一种途径就是将这些特性集中于同一有机体中。现代分子生物学的发展使拮抗菌的定向遗传改造成为可能,包括植物病原菌的遗传改造和拮抗特性在微生物间的转移,成为生物防治最富有吸引力的研究领域之一。对小麦全蚀病菌生防菌的遗传改良研究,假单胞杆菌是研究最多也是最成功的生防菌,一般情况下,一类菌株只能合成 PCA 和 PHL 其中的一种,通过基因导入,可以实现单一菌株同时合成两类或两类以上抗生素,提高防治效果。Pierson 等将控制 PCA 合成的质粒导入到 PHL 产生菌株中,获得了具有 PCA 和 PHL 两种抗生素同时表达的菌株,从而提高了对全蚀病的生防活性。Lohrke 等将 *P. fluresence* F113 PHL 合成基因簇引入 PHL 突变体内,恢复了 PHL 的合成及生防作用,引入野生型菌株,获得了 PHL 的超量表达,生防活性也有进一步提高。彭于发等对荧光假单胞菌 CN-12 利用转座子 TN5 进行遗传改良,获得了工程菌株 D93,对小麦全蚀病的防效比 CN-12 提高了 30%。张杰等分别采用结合转移和电击法将 BT 的 *crylA*(c)基因导入荧光假单胞杆菌 P303 菌株,新构建的 PT210 和 PT415 工程菌兼有对小麦全蚀病和小菜蛾、棉铃虫、玉米螟等多种害虫的防效。

六、玉米青枯病的生物防治

玉米青枯病(fungal wilt,也称茎腐病)是世界玉米产区普遍发生的一种重要土传真菌病害,美国、加拿大、印度、法国、前南斯拉夫等 23 个国家都有发生,其中美国发生普遍,危害严重,遍布 24 个州,减产达 20%~30%。我国于 20 世纪 20 年代就有发生,60 年代后主要选育和推广的抗大斑病、小斑病和丝黑穗病玉米品系,而对青枯病抗性不强。因此,玉米青枯病很快成为玉米生产中亟待解决的重要病害。近年来,玉米青枯病在我国扩展速度很快,危害程度明显加重。一般年份发病率为 10%~20%,严重时可达 50%~60%,减产约 25%,重者甚至绝收。玉米青枯病在我国玉米产区已经由过去的次要病害上升为主要病害。玉米青枯病是由禾谷镰刀菌 *Fusarium graminearum*、串珠镰刀菌 *F. moniliforme*、尖孢镰刀菌 *F. oxysporum*、瓜果腐霉 *Phthium aphanidermatum*、禾生腐霉 *P. graminicola* 和肿囊腐霉 *P. inflatum* 等多种病原菌引起的,各地的病原菌种类复杂多样,主要致病菌和侵染方式不完全一样,因而需要有针对性地进行防治。

(一) 生物防治研究概述

20 世纪 80 年代以来,国内外对玉米青枯病生物防治研究较多,主要生防菌包括细菌、真菌、放线菌等,其中以细菌的研究和应用较多,主要生防细菌有荧光假单胞杆菌 *P. fluorescens*、铜绿

假单胞 *P. aureofaciens* 等假单胞菌属细菌和枯草芽孢杆菌 *B. subtilis*、地衣芽孢杆菌 *B. licheniformis* 等芽孢杆菌属细菌，防治对象重点是腐霉菌和镰刀菌。生防真菌有木霉、毛壳霉和粘帚霉等。Windels(1982)曾利用哈茨木霉 *T. harzianum* 防治玉米青枯病；陈捷等(1994)报道，从玉米根表和根际分离的具有抗生作用的10个细菌菌株和具重寄生作用的一个绿色木霉 *T. viride* 菌株复配而成的生防制剂保根灵1号、2号，这两种制剂能明显提高植株鲜重及根系干重，减轻茎基腐病造成的植株矮化现象。应用绿色木霉 *T. viride* 和细菌防治由瓜果腐霉菌和禾谷镰刀菌引起的玉米青枯病，在人工接菌土壤上对腐霉菌防效高达58.15%，对镰刀菌的防效达56.25%；在自然土壤中防效达100%。王晓鸣(2001)从植物根表分离到了芽孢杆菌菌株B3、B96-1、B908、B908-2和荧光假单孢杆菌菌株Y38-13、P879、W1，对腐霉菌有一定的抑制作用，芽孢杆菌对镰刀菌的抑菌效果比荧光假单孢杆菌效果显著，并发现两类细菌的代谢产物对腐霉菌有直接抑制作用，而未发现小分子质量的挥发性物质有抑菌作用。

（二）生物防治的方法

保根灵1号拌种能有效地防治由瓜果腐霉菌 *P. aphanidermatum* 引起的茎腐病，保根灵2号穴施能有效地防治由禾谷镰刀菌 *F. graminearum* 引起的茎腐病，以绿色木霉为功能菌株研制的生防制剂具有稳定防治玉米青枯病和增产效果。

在玉米青枯病的生物防治方面进行了一些研究，并取得了一定的进展，但与日趋严重的青枯病危害相比，需要进一步的探索和研究：①努力寻找和筛选广谱、高效、稳定的生防菌株；②努力探索和研究多种生防菌混合使用(复合菌剂)技术，利用复合菌剂具有多种生防机制或多种作用方式的特点防治多种病原菌混合侵染所引起的玉米青枯病；③努力筛选生防菌的存活基质，结合现代生物技术，尤其是利用基因工程技术，改造野生型生防菌，构建广谱、多功能的生防微生物，以延长生防菌在土壤中的竞争、定殖能力和存活时间。可以预见玉米青枯病的生物防治具有更广阔的发展前景。

七、菌核病的生物防治

菌核病是由核盘菌 *S. sclerotiorum* 引起的一种植物病害。该病原菌分布在世界各地，包括欧洲、亚洲、非洲及南美洲和北美洲等地。核盘菌的寄主范围非常广泛，可以侵染75科278属408种及42个变种或亚种的植物，其中以双子叶植物居多。在我国，核盘菌在油菜、十字花科蔬菜、茄科蔬菜、向日葵和大豆等植物上引起的菌核病已成为影响这些经济作物产量和品质的重要限制因子。例如，在我国长江中下游流域春油菜主产区，油菜菌核病是一种常发性病害，发病率一般为10%～30%，严重年份可达80%以上，减产11%～73%，含油量降低1%～5%。

核盘菌的发生具有土传病害和气传病害的特点。核盘菌以菌核在土壤中或作物残体中越夏和越冬。在适宜的温度和湿度(含水量)条件下，菌核萌发产生子囊盘，释放出的子囊孢子，经气流传播到植物地上部分，引起花腐、果腐、果荚腐烂或籽粒腐烂、叶斑和茎腐。菌核也可以直接萌发产生菌丝，引起植物根或茎基腐烂。核盘菌寄主范围广泛，不同寄主上的核盘菌可以交互感染。因此，在水稻与油菜连作区，水稻种植时的淹水条件可致死大多数菌核，但邻近田块中的菌核或菜园中的菌核萌发产生的子囊孢子可感染稻作田块中的油菜。此外，核盘菌的发生与气候条件关系密切。在我国复杂的气候条件下，一年四季都有核盘菌菌核病的发生。例如，在台湾，菌核病在12月发生；在长江中下游流域，核盘菌菌核病在3～4月发生；在我国北方，核盘菌菌核病则发生在8～9月。

（一）菌核病生防研究现状

菌核病是一种顽固性病害。目前在油菜、大豆和向日葵等作物中还没有发现真正的抗菌核病品种。采用水旱连作法可取得一定的防病效果，但效果不够稳定。化学防治是目前主要依赖的防治措施，但其效果往往取决于对菌核病流行的预测准确程度，而对油菜菌核病而言，花期化学防治，也有诸多不便。同时，化学防治带来的负面效应（病菌产生抗药性、杀菌剂残留和环境污染）受到关注。作为菌核病防治的替代措施，生物防治日益受到各国研究者的重视，并取得了一些可喜进展。

菌核病的生物防治主要集中在利用盾壳霉 *C. oniothyrium* 对菌核病菌的重寄生，其中主要是对菌核的重寄生。除盾壳霉之外，粘帚霉 *Gliocladium* spp. 也是一类重要的真菌重寄生菌，可寄生于包括核盘菌在内的多种植物病原真菌，具有较大的生防潜力。目前，已成功开发出分别以绿粘帚霉 *G. roseum* 和链孢粘帚霉 *G. catenulatum* 为有效成分的生物农药 SoilGard 和 Primastop。马桂珍等(2004)、暴增海等(2004)的研究表明，链孢粘帚霉对核盘菌菌核有强寄生能力，室内平板试验对菌核的寄生率达100%，并使90%以上的菌核腐烂，同时对多种植物病原真菌具有抑制作用。关于粘帚霉对核盘菌的寄生机理，已有较多报道，但主要集中于组织学、形态学、生物化学等方面的研究。研究表明，粘帚霉可使核盘菌菌丝变形、扭曲，破坏菌核结构，消解细胞质；几丁质酶和β21,32葡聚糖酶等一些细胞壁降解酶参与了粘帚霉对核盘菌菌核的寄生过程。但 Laing 和 Deacon 对细胞壁降解酶在寄主菌物细胞壁消解和穿透过程中的直接作用有异议；也有人认为酶和机械压力在这个过程中都发挥了重要作用。高会兰等(2009)链孢粘帚霉寄生核盘菌菌核差异表达基因的筛选及分析研究，推测脂滴包被蛋白基因是粘帚霉在寄生菌核过程中表达的，与粘帚霉菌丝生长的强弱及其对菌核的寄生能力有一定的相关性。此外，土壤中还存在着其他寄生核盘菌菌核的重寄生真菌，包括：黄色蠕形霉 *Talaromyces flavus*、木霉 *Trichoderma* spp.、粉红粘帚霉 *Gliocladium roseum* 和 *Sporidesmiums sclerotiovorum*。研究表明，这些重寄生菌对控制由核盘菌引起的菌核病有一定的效果。还有一些真菌虽不能寄生核盘菌，但却具有较强的腐生竞争能力，能够抑制核盘菌子囊孢子在衰老植物组织上定殖，进而抑制核盘菌侵染。这些真菌包括紫色附球菌 *Epicoccum purpurascens* 和黑细基格孢 *Ulocladium atrum*。McQuilken 等(2003)报道了盾壳霉抑制核盘菌菌丝生长的抗生机制，并从盾壳霉培养物中分离和鉴定出抗真菌物质(anti-fungal substance, AFS) macrosphelideA。

核盘菌菌核有两种萌发方式，即产生菌丝的菌丝式萌发(myceliogenic germination)和产生子囊盘的子囊盘式萌发(carpogenic germination)。加拿大的黄鸿章认为：核盘菌菌核以菌丝式萌发，引起向日葵苗发生根腐和萎蔫。将盾壳霉接种至土壤可以有效抑制菌核存活，从而减轻向日葵苗期萎蔫病的发生。长期施用盾壳霉可导致土壤产生向日葵菌核病发生衰退现象。但在大多数情况下，核盘菌菌核以子囊盘形式萌发，产生的子囊孢子由气流传播，引起植物地上部病害。研究表明，给土壤施用盾壳霉之后，核盘菌菌核萌发产生子囊盘的数量显著降低。一些研究表明，降低核盘菌菌核萌发产生子囊盘数量能够起到防病效果，土壤长期施用盾壳霉还可能产生对菌核病的抑病效果。但也有一些研究结果表明，盾壳霉虽然能控制核盘菌萌发产生的子囊盘数量，但对菌核病的控制效果却不明显。造成这种现象的可能原因有：第一，核盘菌寄主范围广，未使用盾壳霉田块产生的子囊孢子可以借气流传播至使用盾壳霉的田块；第二，在使用盾壳霉的田块仍然有少数子囊盘产生，其释放出的子囊孢子也可能引起严重病害。因而，在较大范围使用盾壳霉制剂可能起到对核盘菌菌核病的控制效果。

使用盾壳霉于土壤之后，核盘菌菌核萌发产生子囊盘的数量显著降低而起到防病效果。长期在土壤中使用盾壳霉还可能产生对菌核病的抑病效果。在植物地上部使用盾壳霉也可能对核盘菌的侵染产生抑制作用。在初花期将盾壳霉分生孢子喷雾于油菜、菜豆和苜蓿等植株上，对核盘菌菌核病有一定程度的防治效果。许多试验结果还表明，将盾壳霉在植物地上部使用，与对照相比菌核病发病株率可能没有显著下降。但从盾壳霉处理小区发病植株上搜集的菌核却遭到盾壳霉的寄生。这种携带盾壳霉的核盘菌菌核萌发产生子囊盘的能力大大降低。长期在地上部分使用盾壳霉可以产生防治核盘菌菌核病的长期效应(long-term effect)。

目前，国外已有 Contans® WG 和 KONI 两个盾壳霉商品制剂问世。Contans® WG 由德国普诺菲塔生物农药有限公司(Prophyta Biologischer Pfanzenschuta Gmbh)生产，用以防治温室和大田作物的菌核病。KONI 由匈牙利 Bioved 有限公司生产。此外，俄罗斯也研制出一种盾壳霉制剂 Coniothyrin，用于防治向日葵菌核病。近年来，华中农业大学姜道宏等对利用盾壳霉防治油菜菌核病方面做了大量的基础性研究，并进行了防治试验，取得了较好地控病效果。

除对核盘菌菌核存活及由其引起的菌核病有控制效果外，盾壳霉对小核盘菌 *Sclerotinia minor* 引起的莴苣菌核病和花生菌核病，以及对洋葱小核菌 *S. cepivorum* 引起的洋葱白腐病也表现出一定程度的控制效果。小核盘菌和洋葱小核菌的菌核一般以菌丝方式进行萌发。盾壳霉寄生在这两种病菌的菌核之后产生控制病害效果。

一些细菌对核盘菌菌丝生长及子囊孢子侵染植物具有显著的抑制作用，包括芽孢杆菌 *Bacillus* spp. 和假单胞菌 *Pseudomonas* spp.。研究表明，芽孢杆菌产生的脂肽类抗生素具有开发利用的潜能。核盘菌菌体可被真菌病毒(mycovirus)侵染。一些真菌病毒可以导致核盘菌的致病力发生衰退，且能在不同核盘菌菌株之间传染，因而也存在着潜在的利用价值。

(二) 利用盾壳霉防治核盘菌菌核病

1. 菌核病生物防治策略

根据核盘菌的侵染循环规律，菌核病的生物防治策略如下。①抑制初侵染源数量。通过重寄生真菌和食菌核动物的作用，减少存活的核盘菌菌核数量。②抑制核盘菌子囊孢子的侵染。核盘菌是一种弱寄生真菌，子囊孢子在衰老的植物组织(如油菜花瓣)上萌发，进而进行菌丝生长、产生侵染垫(infection cushion)、侵染植物组织及引起菌核病。一些腐生竞争强的微生物在衰老的植物组织上可以抑制核盘菌定殖，从而抑制由子囊孢子引起的侵染。③诱导植物抗性。一些微生物或其代谢产物，能够诱导植物的防卫反应，可能起到减轻核盘菌侵染的效果。

2. 菌核病生物防治方法

施用盾壳霉防治核盘菌的方法有两种，即土壤处理和植物地上部分处理。土壤施用盾壳霉的防病机制是通过盾壳霉寄生菌核，从而减少菌核病初侵染来源数量(表 6-1)。在植物地上部使用盾壳霉也可能对核盘菌的侵染产生抑制作用。在初花期将盾壳霉分生孢子喷至油菜、菜豆和苜蓿等植株上，对核盘菌菌核病有一定程度的防治效果。将盾壳霉使用至植物地上部分，与对照相比，菌核病发病株率可能没有显著下降。但从盾壳霉处理小区发病植株上搜集的菌核却遭到盾壳霉的寄生。这种携带盾壳霉的核盘菌菌核萌发产生子囊盘的能力大大降低。长期在地上部分使用盾壳霉可以产生防治核盘菌菌核病的长期效应(long-term effect)。

表 6-1　盾壳霉制剂处理土壤对核盘菌菌核存活及萌发产生子囊盘的控制效果(武汉，湖北，1993～1994)

盾壳霉制剂用量/(g/m^2)	菌核存活率/%	每平方米累计子囊盘数量
0	33a	24a
1	6b	9b
3	4b	5c
5	4b	3d
10	2c	1e
20	1c	1e

注：盾壳霉制剂中分生孢子含量为 2×10^9 个/g。土壤处理时间是 1993 年秋季，每平方米埋 100 粒核盘菌菌核。

对于防治核盘菌菌核病而言，盾壳霉存在着巨大的应用潜力。尽管这种重寄生真菌的寄主范围有限，但核盘菌及其近缘种的寄主范围广。这意味着可利用盾壳霉防治多种经济作物的核盘菌(或近缘种)引起的菌核病。为更好地利用盾壳霉防治菌核病，在研究方面必须解决以下问题：第一，深入研究盾壳霉的生态学及其在环境中的扩散及传播规律，以便建立轻简化使用技术，并降低使用剂量；第二，深入研究盾壳霉与核盘菌之间互作的分子机制，以便定向改良盾壳霉野生型菌株，并可能从盾壳霉中挖掘有益的基因资源；第三，深入研究盾壳霉的规模化生产工艺及菌剂制备技术，以降低盾壳霉制剂成本。

第二节　地上部真菌病害的生物防治

一、锈病的生物防治

锈菌目真菌通称锈菌(rust)，大约有 5000 种。锈菌属担子菌门、冬孢菌纲、锈菌目(Uredinales)。锈菌是植物的专性寄生菌，引起众多的植物锈病，因病害症状呈铁锈色的锈状物而得名。锈病导致严重的危害和巨大的损失。锈菌的生活史较为复杂，除不完全锈菌外，所有锈菌均产生冬孢子(teliospore，有性态)经核配和减数分裂后产生担子和担孢子(basidiospore)，担孢子侵染转主寄主，产生性子器和性孢子(pycniospore)，经性孢子与受精丝融合，产生锈子器和锈孢子(aeciospore)，锈孢子再侵染寄主，产生夏孢子(uredospore，春孢子)，植物生长后期产生冬孢子，从而完成生活史循环(life cycle，图 6-1)。

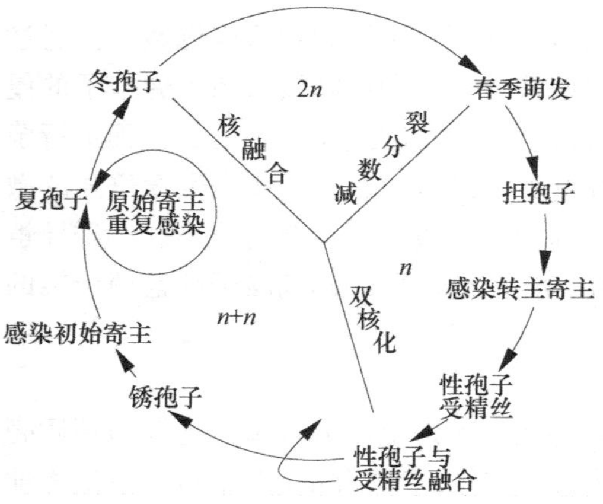

图 6-1　典型锈菌生活史循环
(宗兆锋等，2002)

锈菌生活史可分为三类：①全型锈菌(euform rust)，具有 5 种孢子(即性孢子、锈孢子、夏孢子、冬孢子和担孢子)，如禾柄锈菌属 *Puccinia*；

②半型锈菌(hemi-form rust),无夏孢子,如梨胶锈菌 *G. asiaticum*;③短型锈菌(short-form rust),无锈孢子和夏孢子阶段。此外,有的锈菌未发现或无冬孢子阶段,常称为"不完全"锈菌,如春孢锈菌 *Aecidium*。锈菌的生活史具有转主寄生的特点,需在两个不同科的寄主上寄生方能完成其生活史,但也有单主寄生。一些锈菌还具有明显的生理分化现象,如小麦条锈病菌 *P. striiformis* f. sp. *tritici*。

锈病的病害循环依锈菌生活史和锈病的不同而异。小麦叶锈病菌 *P. recondita* f. sp. *tritici* 属全型锈菌,在我国其病害循环仅以夏孢子世代完成。梨锈病 *G. asiaticum* 属半型锈菌,其病害循环和生活史相同,需有转主寄主的存在才能完成。锈病菌属专性寄生菌,在侵染植物的病部越冬和越夏,经气流传播,直接侵入或自然孔口侵入,以夏孢子再侵染。

(一) 植物锈病的生物防治研究概况

植物锈病生物防治的研究主要是利用重寄生菌控制植物锈病,植物锈病菌的重寄生菌尤为普遍,对植物锈菌重寄生菌的研究有不少的报道。

1. 锈菌寄生孢 *Sphaerellopsis filum*

锈菌寄生孢 *S. filum*(Biv. ex Fr.)B. Sutton,异名 *Darluca filum*(Biv. ex Fr.)Castagne,有性态 *Eudarluca caricis*(Fr.)O. Erikss. 。其为全世界广布种。主要是通过对锈菌夏孢子堆、夏孢子的重寄生,也可寄生冬孢子堆及冬孢子,抑制夏孢子、冬孢子的萌发,消解夏孢子、冬孢子而控制锈病的危害。

Swendrsrud(1971)在小麦苗期用重寄生菌 *S. filum* 的分生孢子和禾草叶锈的夏孢子同时接种或先接种禾草叶锈的夏孢子,3 d 后再接种分生孢子,重寄生率分别为 76%和 67%;Hau 等(1978)报道了 *S. filum* 寄生在小麦叶锈 *P. recondita* f. sp. *tritici* 上,当重寄生菌的分生孢子器在 40%~60%的夏孢子堆产生时,锈病的危害减轻 60%~80%;Plachecka(2005)报道了 *S. filum* 寄生小麦叶锈菌的超显微形态结构。Yuan 等(1999)研究了不同来源的 *S. filum* 对柳锈病菌 *Melampsora epitea* 的寄生性,接种重寄生菌 *S. filum* 的锈病疱疹上 58%产生了分生孢子器,重寄生菌的定殖可减少 64%~98%锈孢子的产生。

苑健羽和袁志文(1991)、李连芝等(1988,1991,1993)对落叶松褐锈病菌 *Triphragmiopsis laricinum* 的重寄生菌 *S. filum* 进行了研究报道,该重寄生菌寄生于锈菌的冬、夏孢子堆上,重寄生率为 59%,使冬孢子的萌发率下降 50%左右。被重寄生菌寄生的冬、夏孢子褪色,后期胞壁破碎,内含物释出。随重寄生菌率逐年上升,锈病的危害逐年减轻。张华友等(1999)报道应用 *S. filum* 在辅以人工方法下可使落叶松褐锈病的重寄生率由原来的 16%提高至 85%以上。袁秀英等(1998,2000)报道了 *S. filum* 对杨柴锈病 *Uromyces hedysari-mongolici* 的重寄生率为 65.3%,被重寄生菌寄生的锈菌孢子被破坏后,孢子萌发率降低 50%,对杨柴锈病有明显的控制作用。

2. 锈生座孢 *Tuberculina*

锈生座孢属 *Tuberculina* Tode ex Sacc. 有性阶段为卷担菌属 *Helicobasidium* Pat. 。该属下已报道 40 种左右,全球分布。*Tuberculina* spp. 主要是通过对锈菌锈子器或锈孢子的重寄生,阻碍、延缓锈菌生长发育,抑制锈孢子或封闭锈子器口,阻碍锈病病害循环而控制锈病的危害。

Rostrup(1890)、Hubert(1935)报道了紫霉菌 *T. maxima* 对美国白松疱锈病菌 *Cronar-*

tium ribicola 的重寄生。Tubeuf 等(1901,1930,1936)和 Rohmeder 等(1931)研究松-疱锈菌-紫霉菌 *T. maxima* 三者的关系,并提出用 *T. maxima* 作为一种生防菌来防治白松疱锈病,认为其控制松疱锈病效果好。Powell 等(1971)报道了 *T. maxima* 寄生在加拿大的油松疱锈菌 *C. coleosporioides*、松疱锈病菌 *C. comandrae*、松针叶锈病菌 *C. comptoniae* 和松瘤锈病菌 *Endocronartium harknessii* 上,寄生率为 20%~70%,阻止了 10%~15%锈孢子的产生,使 50%的松疱锈菌失去活性。Kuhlman 等(1976)报道 *T. maxima* 寄生在美国的火炬松纺锤瘤锈病菌 *C. fusiforme* 上,寄生率为 15%~26%,被寄生的松纺锤瘤锈病菌上没有锈孢子的产生。Bergdahl(1978)报道了在美国 *T. maxima* 寄生在 *Cronartium* and *Endocronartium* 属的锈菌上。Weissenberg 等(1979)报道了 *T. maxima* 寄生在欧洲赤松、落叶松-杨锈锈病菌 *Melampsora pinitorqua* 上,认为 *T. maxima* 在防治锈病方面有重大作用。Wicker 等(1980)报道了 *T. maxima* 寄生于美国白松疱锈病菌 *C. ribicola* 上,被寄生的锈菌吸器,菌丝和孢子受到损坏和抑制,认为用 *T. maxima* 防治白松疱锈作为综合防治中的一种措施是有潜力的,有助于减少锈菌的锈孢子。Thirumalachar(1941)报道了在印度 *Tuberculina* sp. 寄生在 *Uromyces hobsoni* 上。Sharma 等(1977)报道了在印度 *T. costaricana* 寄生于花生锈病菌 *Puccinia arachidis* 上,其夏孢子堆和夏孢子的生长被控制。Gardner(1979)报道了在美国 *Tuberculina* sp. 寄生在洋槐锈病菌 *Uromyces koae* 上,并研究了该重寄生菌的生活史循环。Kiattisak-Pothidee 等(1980)在泰国大豆锈病菌 *Phakopsora pachyrhizi* 发现了 *Tuberculina* sp. 的重寄生现象。Keener(1981)研究了 *T. persicina* 与 *Puccinia conspicua* f. sp. *tritic* 的寄生关系。Vaishnav 等(1984)在印度番薯属 *Ipomoea terpethum* 锈病菌 *Puccinia stenotaphri* 上发现了 *T. costaricana* 的重寄生。Prachoom-Jutawantana 等(1992)报道了在泰国 *Tuberculina* sp. 寄生在 *Phakopsora pachyrhizi* 上。Casulli 等(1995)报道了在意大利 *T. vinosa* 寄生在甘草锈病菌 *Uromyces glycyrrhizae* 上。Romero 等(1999)报道了在墨西哥 *T. persicina* 寄生在 *Dietelia portoricensis* 上,有很好的控病作用。Mijuskovic 等(2001)报道了在南斯拉夫 *T. persicina* 寄生在梨锈病菌 *G. sabinae* 上及 *T. sbrozii*、*T. ovalispora*、*T. persicina* 在减轻锈病的危害中扮演重要的角色。Nelson(2009)报道了 *T. maxima* 在 *Acacia koa* 锈病菌 *Atelocauda digitata* 上的重寄生现象。Wicker 综述了前人的研究结果,认为"在与锈菌有关的为人所知的众多重寄生菌中,在抑制锈菌生长与防治锈菌方面,*Tuberculina* spp. 是最有效的"。

黄云等(1993~2004)在国内首次研究报道了锈生座孢 *Tuberculina* spp.。黄云等(1993,1994,1996,1997,1999,2000,2003)报道了梨锈生座孢 *T. pyrus* 对梨锈病菌 *G. asiaticum* 及人为接种该重寄生菌对苹果、垂丝海棠锈病菌 *G. yamadai*、贴梗海棠和木瓜等锈病菌 *G. asiaticum* 的重寄生,并对控病机制和效果进行了研究。黄云等(2002,2004)又报道了大叶白蜡树锈病菌 *Aecidium fraxinibungeanae*、华中五味子锈病菌 *A. schisandrae*、小舌紫菀锈病菌 *A. asterum*、接骨木锈病菌 *A. sambuci*、牛奶子锈病菌 *A. elaeagni-umbellatae* 及长叶胡颓子锈病菌 *A. elaeagni-umbellatae* 的重寄生菌 *Tuberculina* spp.。对梨锈生座孢 *Tuberculina vinosa* 和白蜡树锈生座孢 *T. fraxinis* 的寄生专化性的研究表明,不同种锈生座孢对不同锈菌属存在寄生专化性(黄云等,2005)。

3. 其他锈寄生菌

Freeman 等(1965)和 Ahmad 等(1970)报道了粉红聚单孢 *Trichothecium roseum* 寄生在锈菌 *Puccinia eranthi*、*P. penniseti*、*P. striiformis*、*P. graminisvar* 和 *P. hordei* 的夏孢子堆

上。Chona 等(1966)发现在印度 *T. roseum* 寄生在甘蔗锈病菌 *Puccinia erianthi*。Flora 等(1971)在茉莉花锈病菌 *Uromyces cestri* 上发现了重寄生菌 *Cercospora uromycestri*。Bahadur 等(1974)在印度的小麦锈病菌 *P. graminis* var. *tritici* 上新发现了重寄生菌 *Penicillium notatum* 的寄生。Kuhlman 等(1976)研究表明,重寄生菌 *Scytalidium uredinicola* 在火炬松和湿地松松纺锤瘤锈菌 *Cronartium fusiforme* 上产生橄榄绿色至褐色的分生孢子,重寄生后的锈孢子被解体,并被重寄生菌的分生孢子所取代。Tsuneda 等(1980)用重寄生菌 *S. uredinicola* 防治西方松瘤锈 *Endocronartium harknessii*,重寄生菌 *S. uredinicola* 的菌丝缠结在锈孢子上,并形成附着胞和穿透锈孢子。被重寄生的西方松瘤锈的锈孢子凹陷,变为灰白色,破碎,存活力极大下降,被重寄生的锈孢子萌发率为 0,而未被重寄生的锈孢子萌发率为 79%。Koc 等(1981,1983)报道了在瑞士重寄生菌 *Aphanocladium album* 寄生在麦类杆锈菌 *P. graminis* f. sp. *tritici* 的夏孢子堆上,用 *A. album* 接种于麦类杆锈菌上,其夏孢子堆上被重寄生菌的绵状、白色菌丝完全覆盖;透射电镜观察表明,重寄生菌的菌丝缠绕夏孢子,致使其凹陷,穿透夏孢子胞壁,使夏孢子内部物质分解、死亡。Ghewande(1990)报道了在印度应用重寄生菌 *Acremonium persicinum*、*Eudarluca caricis*、*Penicillium islandicum* 和 *Verticillium lecanii* 防治花生锈病菌 *Puccinia arachidis*。Carrión 等于 1999 用 *V. lecanii* 对墨西哥咖啡锈病菌 *Hemileia vastatrix* 进行了室内和田间试验。马建鹏等(2002)报道了重寄生菌 *Acremonium* sp. 对由茶藨生柱锈菌 *Cronartium ribicola* 引起的华山松疱锈病有较好的防效,将营林防治技术与使用该重寄生菌相结合治愈率可达 91.39%。

除上述对锈菌的重寄生菌研究外,Weeraratne 和 Adikaram(2006)在斯里兰卡研究 *Verticillium* sp. 和 *Absidia* sp. 重寄生鸡蛋花锈病菌 *Coleosporium plumeriae* 夏堆子堆时,发现在重寄生锈病病斑周围形成了坏疽,从顶芽向下第三片叶下的嫩叶表现为抗锈病菌的侵染,嫩叶比成叶有更多的乳汁,这种乳汁能抑制夏孢子萌发。研究发现乳汁中含有几丁质酶,因此,乳汁在嫩叶抗锈病菌侵染中起了重要的作用。Ghewande(1990)用重寄生菌 *V. lecanii* 的培养液在室内对花生锈病菌 *P. arachidis* 的夏孢子萌发有 49%~79%抑制作用,在田间,喷雾 *V. lecanii* 和 *P. islandicum* 培养液可减轻花生锈病的发生。

(二) 植物锈病的生物防治

1. 锈菌寄生孢 *S. filum* 对落叶松褐锈病和小麦叶锈的生物防治

落叶松褐锈病菌 *Triphragmiopsis laricinum* 是我国东北林区的重要病害。褐锈病菌为单主寄生,在落叶松叶部形成夏孢子堆、夏孢子和冬孢子堆、冬孢子,以夏孢子、冬孢子和担孢子完成病害循环。小麦叶锈菌 *P. recondita* f. sp. *tritici* 是小麦上的重要病害,锈病菌属转主寄生,国外证实为唐松草和小乌头,国内尚未证实,在我国锈菌以夏孢子完成病害循环。

重寄生是 *S. filum* 的主要控病机制。据苑健羽(1991)报道,*S. filum* 寄生于落叶松褐锈病夏孢子和冬孢子上(图 6-2),重寄生的锈菌冬孢子堆和夏孢子堆逐渐失去原有的鲜色而褪变为褐色至灰白色,在光学显微镜下夏孢子和冬孢子形状不完整或已破碎、消解。被寄生的孢子萌发率降低约 50%。Plachecka(2005)报道,*S. filum* 寄生小麦叶锈菌 *P. recondita* f. sp. *tritici* 的扫描电镜观察显示,*S. filum* 的白色菌丝在小麦叶锈病菌夏孢子堆内和表面生长,锈菌寄生孢的附着孢于夏孢子上,侵入夏孢子,夏孢子表面的刺突消失(图 6-3)。

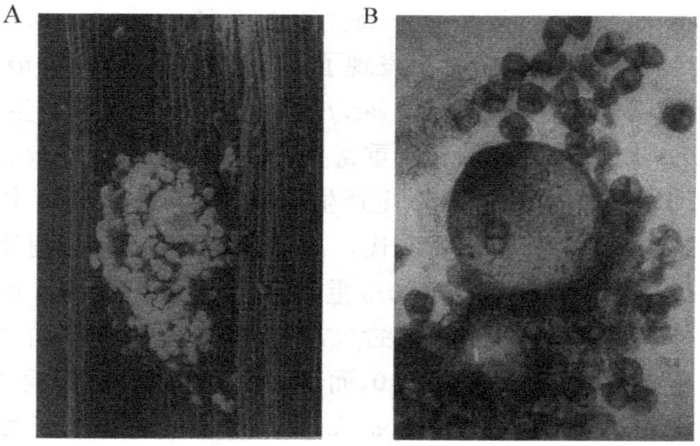

图 6-2　*S. filum* 寄生落叶松褐锈病菌 *T. laricinum* 冬孢子堆扫描电镜图(苑健羽,1990)
A. 锈菌寄生孢寄生于冬孢子堆上；B. 锈菌寄生孢的分生孢子器与冬孢子

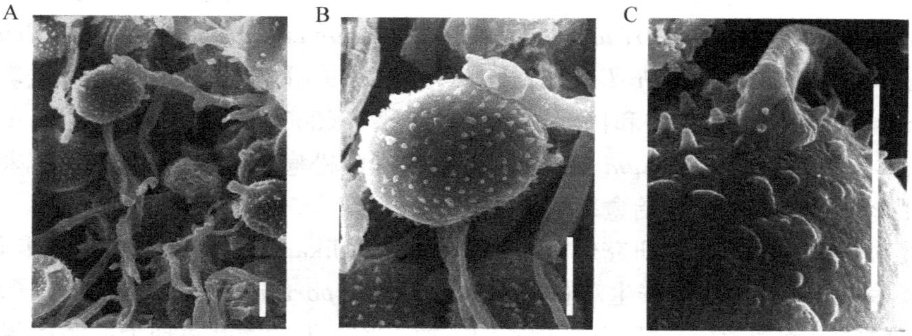

图 6-3　锈寄生孢寄生小麦叶锈 *P. recondita* f. sp. *tritici* 夏孢子扫描电镜图(Plachecka,2005)
A. 锈寄生孢菌丝在锈菌夏孢子间扩展；B. 锈寄生孢附着孢于夏孢子上；C. 锈寄生孢侵入夏孢子(标尺＝10 μm)

在寄生菌发酵液配制的悬浮液中，夏孢子和冬孢子均不萌发，可见发酵液有较强的抑菌作用。对发酵液的液相色谱仪检测显现出 3 个特征峰，说明锈寄生菌产生的代谢产物内含有抗生物质，对锈菌还具有拮抗作用。

利用 *S. filum* 自然接种，经过 3 年的调查结果表明，在辽宁省草河口林场落叶松褐锈病的发生程度随着锈寄生菌寄生率的逐年增加而逐年减轻。锈病发生率从 1986 年的 68%下降到 1988 年的 37%，病情指数从 44.6 下降至 18.6。除了某些环境因子的影响之外，主要是由于锈寄生菌寄生的控病效果，大量落叶松褐锈病菌的孢子受到破坏，失去萌发能力，因此减少了第二年褐锈病的侵染源。

2. 梨锈生座孢 *T. pyrus* 对梨、苹果锈病的生物防治

锈病是梨、苹果上的重要病害。梨胶锈菌 *G. asiaticum* 和山田胶锈菌 *G. yamadai* 属担子菌亚门胶锈菌属。病菌生活史中可产生 4 种类型的孢子。冬孢子及担孢子阶段在柏科寄主植物上。性孢子及锈孢子阶段发生在梨、苹果上。病菌无夏孢子阶段。*G. asiaticum* 除为害梨外，还可为害山楂、贴梗海棠和木瓜等植物，*G. yamadai* 除为害苹果外，还可为害垂丝海棠。

T. pyrus 是梨锈病菌上的自然重寄生菌。*T. pyrus* 以分生孢子于重寄生部位越冬(图 6-4)，气流传播，分生孢子萌发形成芽管，从锈病菌的性子器口侵入(图 6-5)，不能直接侵入。从性子器孔口侵入所需时间为 7 h，潜育期 8～12 d(14～19℃)(表 6-2)，具多次再侵染。

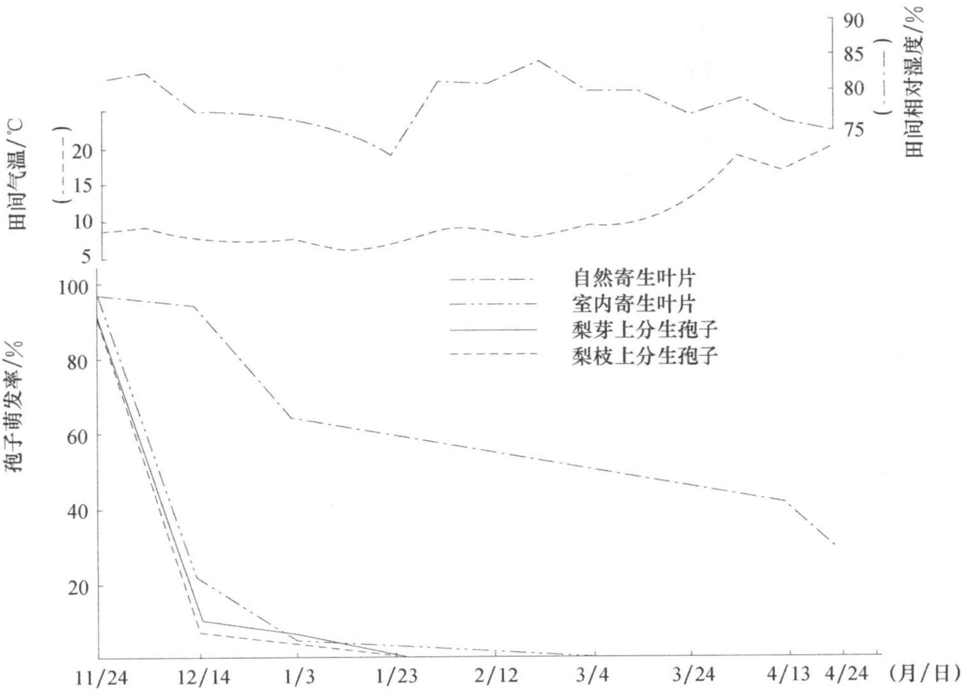

图 6-4　梨锈生座孢分生孢子的越冬存活(黄云,1996)

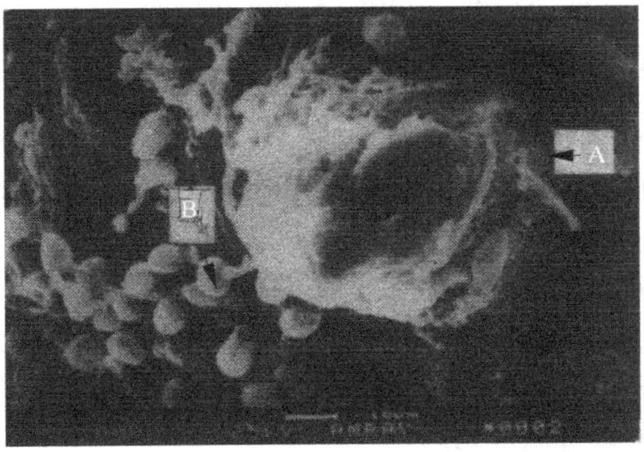

图 6-5　*T. pyrus* 从梨锈病菌的性子器侵入(黄云,1996)

A. 梨锈病菌的性子器;B. *T. pyrus* 的孢子萌发从梨锈病菌的性子器侵入

表 6-2　田间及室内接种 *T. pyrus* 于 *G. asiaticum* 的潜育期(黄云,1996)

处　理	接种一重寄生现象出现期	接种部位	温度/℃	潜育期/d	处　理	接种一重寄生现象出现期	接种部位	温度/℃	潜育期/d
	4/5—4/17	性子器	14	12		4/20—4/29	性子器	15	9
	4/7—4/18	同上	15	11			锈子器	15	9
田间	4/10—4/20	同上	16.5	10	室内	5/3—5/10	同上	20	8
	4/13—4/21	同上	18.8	8				20	8
	4/15—4/22	同上	21.1	7		4/2—4/28	同上	25	7
								25	7

T. pyrus 对梨和苹果锈病的主要控病机制为重寄生。梨锈生座孢的分生孢子座将锈子器口封闭，致使锈子器内锈孢子不能释放而最终消解，从而对锈病病害循环形成阻碍。寄生锈病病斑平均大小为 8.3 mm×6.1 mm，未寄生锈病病斑平均大小为 9.7 mm×7.1 mm，从而也减轻了锈病的为害。由于梨、苹果锈病菌具转主寄生的特点，故也可同时减轻柏科植物锈病的为害。

在梨、苹果锈病发病初期，叶面出现性子器时，用 *T. pyrus* 孢子悬浮液（10×10 倍镜下 50 个左右孢子）涂抹或喷雾于性子器处。据 1993 年调查，田间重寄生率从 4 月下旬的 27.24% 逐渐上升至 6 月上旬的 63.42%和 8 月上旬的 92.3%，表明在梨锈病发生期，重寄生菌可发生多次侵入，致使重寄生率不断上升（图 6-6）。

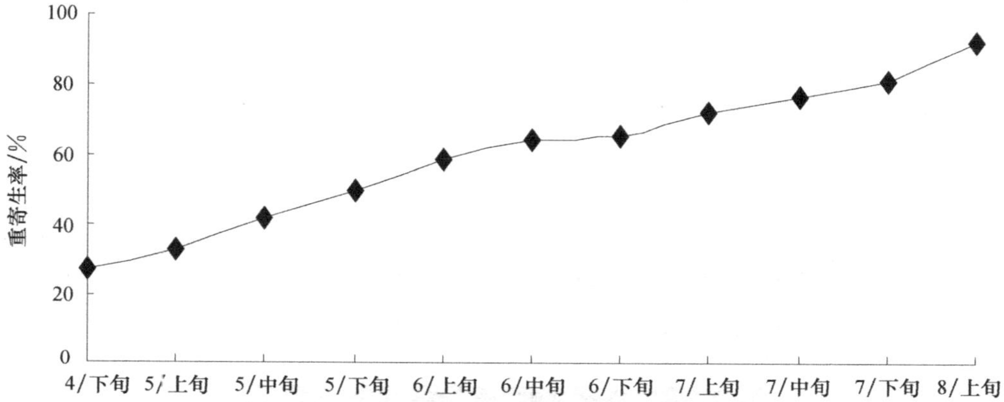

图 6-6　梨锈生座子孢对梨锈病的重寄生率（黄云，1996）

3. 其他重寄生菌对松疱锈病的生物防治

松疱锈病是松树上的一种严重枝干病害，世界性分布。在美国、英国、法国和意大利等国导致欧洲赤松 *Pinus sylvestris*、海岸松 *P. pinaster*、欧洲黑松 *P. nigra*、意大利果松 *P. koraiensis* 的疱锈病；在国内疱锈病菌 *Cronartium ribicola* 主要导致华山松 *P. armandii*、五针松 *P. parviflora*、樟子松 *P. sylvestris* var. *mongolica*、油松 *P. tabuliformis*、赤松 *P. densiflora*、马尾松 *P. massoniana*、云南松 *P. yunnanensis*、黄山松 *P. taiwanensis* 和思茅松 *P. kesiya* var. *langbianensis* 等的疱锈病。

不同疱锈病菌的病害循环各异。马尾松疱锈病菌 *P. massoniana* 以菌丝在罹病枝干韧皮部组织中越冬，未枯死枝干 9 月病皮溢出蜜滴（性孢子混合液），翌年 5 月，病皮裂缝伸出疱囊状锈子器，锈孢子经气流传播，侵染转主寄主山芍药叶上，产生夏孢子堆，夏孢子再侵染转主寄主，后在夏孢子堆中或周围产生冬孢子柱，冬孢子萌发形成担子及担孢子，担孢子经气流传播侵染松树针叶。*C. ribicola* 为长循环的生活史，在自然状况下，性子器阶段和锈子器阶段出现在松枝干皮部，夏孢子阶段和冬孢子阶段在转主寄主茶藨子属（*Ribes*）植物和马先蒿属（*Pedicularis*）植物的叶背。

松疱锈菌上的重寄生菌除 *Tuberculina* spp. 外，还有顶枝孢 *Acremonium* sp.（马建鹏等，2002）、*Pestalotiopsis* sp.、*Trichoderma viride* 和 *Trichoderma* spp. 等（陈玉惠，2006；周利等，2008）。

Acremonium sp. 和 *Pestalotiopsis* sp. 两种重寄生菌在疱锈病菌的锈子器处长出白色菌

丝体，并能大量产孢，镜检发现菌丝缠绕锈孢子，表明供试菌株能以锈孢子为营养基质，重寄生菌锈子器中锈孢子大量变白，经台盼蓝染色后发现变白的锈孢子已失去活力。

陈玉惠等(2006)从茶蔗生柱锈锈孢子堆上分离的 3 株木霉 *Trichoderma* spp. 的室内生测结果显示，菌丝和培养滤液对锈孢子壁有较强的破坏作用，导致锈孢子孢壁或疣突脱落。培养滤液处理 24 h 时孢壁破坏率已达 95%以上，且绝大多数孢子壁脱落，原生质团裸露，说明供试的 3 株木霉均能产生破坏锈孢子壁的物质(孢壁降解酶)。

利用 *Pestalotiopsis* sp. 和 *T. viride* 活菌体及培养液的混合物作为接种体，用涂抹法接种于锈菌性子器和锈子器部，并保湿。结果表明，两种重寄生菌在锈子器上均有较强的定殖能力，定殖率 100%，平均防效在 99%以上，对该病害起到了控制发展、抑制其蔓延流行的作用。

上述重寄生菌在相对湿度达 90%以上时，孢子才能萌发，一般情况下，林内相对湿度达不到 90%，故用寄生菌防治华山松疱锈病时，必须采取保湿措施才能有效防治。

二、白粉病的生物防治

白粉菌目的真菌统称为白粉菌。目下有一个白粉菌科，常见属有 7 个。白粉菌可为害 1300 个属、7000 多种植物，其中 90%以上为双子叶植物。许多白粉菌具寄生专化性，分化出专化型和生理小种。由于病害的病部表面通常均有一层白色粉状物，故将白粉菌所致病害称为白粉病(powdery mildew)。白粉病是植物上的一大类病害，其中不少是植物上的重要病害，如麦类白粉病、瓜类白粉病等。白粉菌无性繁殖大多在分生孢子梗上产生串生的分生孢子，有性生殖产生闭囊壳。白粉菌常以菌丝体在病组织内、闭囊壳和分生孢子越冬，孢子经气流传播，以分生孢子再侵染。

(一) 植物白粉病的生物防治研究概况

白粉病菌的重寄生菌主要集中在白粉寄生孢 *Ampelomyces quisqualis*，而头状茎点霉 *Phoma glomerata* 也有研究报道。张月季(2008)报道了枫杨白粉病菌上的重寄生菌新种粉霉芽枝孢 *Cladosporium erysiphicola* sp. nov.，该重寄生菌还能寄生在枸杞白粉病菌及小麦白粉病菌上，缠绕菌丝、侵入孢子、萎缩消解孢子，具生防潜能。

白粉寄生孢属 *Ampelomyces* 由 Ces 和 Schltdl 在 1852 年建立，*A. quisquali* 在全世界广布，其有性阶段未知。茎点霉属 *Phoma* 由 Saccardo 在 1880 年建立。现代分类研究不支持将 *A. quisqualis* 应用于白粉菌上所有具分生孢子器的重寄生菌，分子生物学研究显示在自然界中 *Ampelomyces* 不只存在一个种。在早期的一些报道中，被描述为“快速生长的白粉寄生孢菌株”是从白粉病叶片上的分生孢子器分离的。“缓慢生长的白粉寄生孢菌株”(每天放射性生长 0.1～1 mm)分离自真正白粉寄生孢典型的胞内分生孢子器。ITS1 序列分析表明，“快速生长的菌株”(每天放射性生长 3～4 mm)应归为 *Phoma*，而“缓慢生长的菌株”则应归为 *Ampelomyces*。

通过对白粉菌的重寄生作用是 *A. quisqualis* 控病的主要机制。其寄生白粉菌的营养体和产孢结构，从而降低了致病白粉菌接种体数量。而 *P. glomerata* 则是从腐生真菌或植物病原菌上获得营养，其分生孢子器产生在寄主植物的表面，从而降低白粉菌分生孢子产生的机会(Raymon，2000)。

1870 年 De Bary 首次研究了 *A. quisqualis* 的重寄生关系。Emmons(1930)随后进行了广

泛的细胞学研究，详细描述了 *A. quisqualis* 侵入白粉菌闭囊壳内、生长及产孢的过程。当其生防潜力被意识到的同时，Yarwood(1932)报道了 *A. quisqualis* 的分生孢子悬浮液对白粉菌的作用，从而第一次对植物病原真菌进行了生物防治。Kiss 于 1992～1995 年在匈牙利和罗马尼亚从 41 个属寄主植物的 27 种(9 属)白粉菌上广泛采集了 570 个样品，首次报道叶面上自然发生的重寄生作用中重寄生菌、寄主真菌和寄主植物三者之间的定量关系及禾本科布氏白粉菌 *B. graminis* 和枫树上二角叉钩丝壳 *Sawadaea bicornis* 上的白粉寄生孢，认为 *A. quisqualis* 寄生白粉菌几乎没有属间和种间的专化性或选择性，而且对大多数化学农药具有较强的抗性。Kiss 等(2001，2004)认为寄主植物、白粉菌、白粉寄生孢间的关系可以作为真菌和植物生态学上三个营养水平的模型进行深入研究。所有已知的白粉菌拮抗真菌(包括在田间发现的及没有任何拮抗记录但被作为白粉菌潜在生防菌)有 40 多种可抑制白粉菌的生长和产孢(Kiss，2003)。这表明大量真菌(包括重寄生菌和其他的拮抗菌)在田间与白粉菌有关。对白粉菌有拮抗作用的微生物，如 *Pseudozyma* spp.、*Tilletiopsis* spp. 可以迅速杀死白粉菌，使它们的细胞在 24～48 h 内完全质壁分离。

（二）*A. quisqualis* 对白粉病的生物防治

A. quisqualis 寄生的白粉菌广泛，主要有白粉菌属 *Erysiphe*、单丝壳属 *Sphaerotheca*、布氏白粉属 *Blumeria*、钩丝壳属 *Uncinula* 和叉丝单囊壳属 *Podosphaera* 等 9 个属的 60 多种白粉菌，涉及包括豆科、槭树科等在内的 59 属 256 种寄主植物。

A. quisqualis 对白粉菌的重寄生研究表明，*A. quisqualis* 的分生孢子器普遍存在于白粉菌菌丝、分生孢子梗(图 6-7)和未成熟的闭囊壳内(Falk et al.，1995；Kiss et al.，2004)。分生孢子在分生孢子器内产生，单胞，透明，大部分具油滴。分生孢子产孢细胞内壁芽生瓶梗式，离生，瓶形至安瓿形。有水存在时，基质膨胀，分生孢子器释放分生孢子。

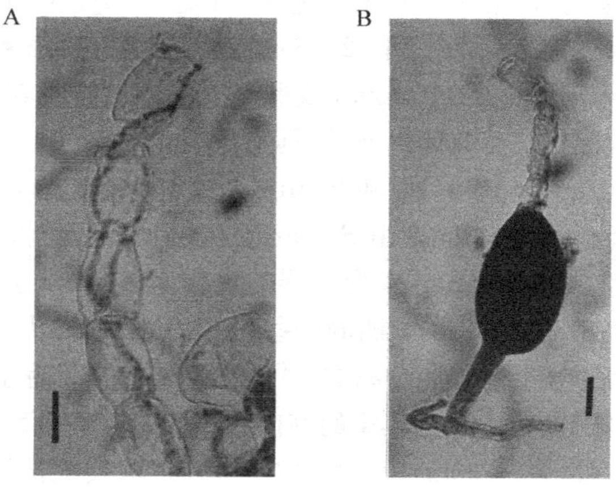

图 6-7　*A. quisqualis* 寄生白粉病菌(Kiss，1998)

A. *A. quisqualis* 的菌丝寄生在黄瓜白粉病菌 *Sphaerotheca fuliginea* 的分生孢子链中(标尺＝20 μm)；
B. *A. quisqualis* 的分生孢子器产生于苹果白粉病菌 *Podosphaera leucotricha* 的分生孢子梗中(标尺＝20 μm)

A. quisqualis 对白粉菌的侵染循环，De Bary(1870)、Emmons(1930)和 Yarwood(1939)在衰老或死亡的植物组织上发现 *A. quisqualis* 的分生孢子器，并认为分生孢子器是田间的越冬结构。而 Falk 等(1995)则认为碎叶中腐生的分生孢子器对北美葡萄园 *A. quisqualis* 的越冬

不重要，*A. quisqualis* 的分生孢子器主要存活于所寄生的葡萄树树皮上的闭囊壳中。Marboutie 等(1995)同样发现，白粉寄生孢的分生孢子器在所寄生的桃树树皮上的白粉菌闭囊壳中越冬。对苹果树和其他 13 个木本及草本寄主植物上白粉寄生孢的越冬研究表明，*A. quisqualis* 可在寄主植物表面通过多种方式越冬。采用白粉病离体叶片实验证明，春天从寄主植物上搜集的白粉寄生孢越冬的分生孢子器于前季白粉菌的分生孢子梗和未成熟的闭囊壳中产生，越冬的分生孢子器是重寄生菌生活史的开始(Szentivanyi et al.，2003)。此外，De Bary认为白粉寄生孢的厚壁、褐色的休眠菌丝也可作为春天白粉寄生孢主要的初侵染源。综上所述，产生于前季白粉菌菌丝中的白粉寄生孢的分生孢子、分生孢子器细胞、休眠菌丝细胞是重寄生菌在春天侵染循环的开始。

A. quisqualis 的分生孢子通过植物冠层雨水飞溅或植物表面的水流而分散进行近距离传播，并可随气流进行远距离传播。当分生孢子降落在白粉菌附近时，在潮湿条件下，分生孢子经 10～20 h 萌发，并形成菌丝，菌丝侵入白粉菌菌丝内，经过 5～8 d 后，主要在白粉菌的分生孢子梗和未成熟的闭囊壳内产生分生孢子器，但有时也产生在侵入的菌丝中。

A. quisqualis 侵染白粉菌的研究表明，白粉菌分生孢子产生的一种水溶性物质在体外可刺激白粉寄生孢分生孢子萌发(Gu et al.，1997)，*A. quisqualis* 的芽管直接朝向白粉菌的菌丝生长。如同病原真菌穿透寄主的细胞壁是酶和机械共同作用的结果一样。*A. quisqualis* 侵染时发现了类似附着孢的结构产生(Sundheim et al.，1982)。叶片上白粉寄生孢分生孢子浓度是影响萌发的重要因素，当分生孢子浓度达 10^6 cfu/mL 以上时，萌发率迅速降低，高湿环境可促进白粉寄生孢内部生长和产孢(Jarvis and Slingsby，1977；Philipp and Cruger，1979)。梁晨等(2004)研究表明，在自然条件下，寄生在叶片和茎秆上的大花金鸡菊白粉病菌的 *A. quisqualis* 能在其寄生部位越冬，经气流和雨水传播，分生孢子萌发形成芽管和附着胞，直接侵入，具多次再侵染。

A. quisqualis 重寄生的早期很明显是活体营养，被入侵细胞质随后逐渐死亡，重寄生也转为死体营养寄生阶段(Hashioka et al.，1980；Sundheim et al.，1982)。Philipp 等(1984)发现在活体营养阶段被寄生的白粉菌能继续它的放射性生长，但寄生的分生孢子梗上已经停止形成分生孢子。Emmons(1930)通过细胞学研究发现，在 *A. quisqualis* 的菌丝侵入菊科白粉菌 *Erysiphe cichoracearum* 后的很短时间内，寄主细胞的外观保持不变，白粉寄生孢从活细胞获得营养。一段时间后，寄主的核膜消失且细胞内含物解体，显示死亡的信号，而白粉寄生孢继续生长和发展。Hashioka 等(1980)研究发现当被侵染的白粉菌细胞逐渐死亡时，白粉寄生孢仍然能够在寄主细胞内正常生长。Philipp 等(1985)研究发现在活体营养阶段被寄生的白粉菌虽能继续它的放射性生长，但分生孢子梗上已经停止产生分生孢子。

一些生防真菌有多个对抗宿主的生防机制。例如，木霉菌产生抗真菌的化合物、作为重寄生菌及诱导植物的防卫反应并促进植物生长(Howell，2003；Harman et al.，2004)。相反，*A. quisqualis* 直接侵入并破坏寄主的细胞质，通过解体细胞内含物杀死白粉菌的菌丝(Hashioka et al.，1980)。和其他分生孢子器重寄生真菌(如盾壳霉)相比，白粉寄生孢尚未发现产生毒素(Beuther et al.，1981)。

利用 *A. quisqualis* 对白粉病的生物防治的研究，已完成从应用基础研究到生物农药的开发。Javis 等(1977)间隔喷施 *A. quisqualis* 分生孢子悬浮液和水时，对温室黄瓜白粉病菌 *Sphaerotheca cucurbitae* 的防治效果很好。Falk 等(1995)研究发现在病害流行的初始阶段引

入 *A. quisqualis*，可减少葡萄白粉病菌 *U. necator* 越冬的闭囊壳，进而加强 *A. quisqualis* 的生防效果。美国 Ecogen 公司已开发出 AQ10^R（*A. quisqualis* 为其主要成分）的生物杀菌剂，1994 年，经权威审定可用于防治各种植物白粉病。AQ10R 为易随水扩散的干粉，在室温下孢子的活性能保持 12 个月。施用 AQ10R 后，分生孢子迅速萌发侵染正形成的白粉菌落。Larsen(2000,2001)进行了比较试验，发现 AQl0R 在皇家嘎拉果园对苹果白粉病菌 *Podosphaera oxyacanthae* 防治效果较好；在具高病害压力的乔纳森果园，秋季施用 AQ10R 可减少越冬的苹果白粉病菌对芽的侵染率，使芽寄生率从 34%（对照）降至 11%（处理）。Pasini 等在温室中测试了 *A. quisqualis* 对玫瑰白粉病菌 *S. pannosa* var. *rosae* 的防治效果，在病害发生率高的条件下，*A. quisqualis* 对白粉病的防治效果为 75%，白粉寄生孢对玫瑰白粉病菌具有稳定的生防活性。据梁晨等（2004）报道，当田间大花金鸡菊的白粉病中度发生时，用 *A. quisqualis* 的孢子悬浮液喷雾接种，重寄生率从 9 月上旬的 67.01%逐渐上升至 9 月中旬的 88.38%，对照的自然寄生率为 7.69%。

白粉菌菌丝中白粉寄生孢的存在导致白粉菌对其寄主植物危害降低的同时，还可使植物恢复健康和增加叶绿素的含量。Abofoul 等(1996)证明在染病黄瓜上使用白粉寄生孢将杀死病原菌而使黄瓜恢复健康，用白粉寄生孢的分生孢子悬浮液处理 8 d 后，染病黄瓜叶片中叶绿素含量及固定的 CO_2 几乎与健康叶片相同。Romero 等(2003)同样证明了这点，他们发现用白粉寄生孢处理后可显著增加感染白粉病甜瓜离体叶片的叶绿素含量，研究还发现，从田间搜集的感染白粉菌且被大量白粉寄生孢寄生的枸杞叶片中叶绿素含量显著高于没有重寄生菌的白粉病病叶(Kiss,2008)。

三、灰霉病的生物防治

灰葡萄孢 *B. cinerea* 是葡萄孢属的最常见种，无性阶段隶属半知菌亚门、丝孢纲 hyphomycetes 丝孢目 hyphomycetales 淡色菌科 Monilisceae，有性阶段为富氏葡萄盘菌 *Botryotinia fucheliana* (De Bary) Whetzel，属子囊菌亚门葡萄盘菌属。灰葡萄孢所致病害症状呈灰色霉状，故名灰霉病(grey mould)。*B. cinerea* 为弱寄生病原菌，寄主范围很广，可侵染几百种植物的花、果及绿色组织部分，特别是茄科和葫芦科蔬菜及葡萄发病尤重。病菌以分生孢子、菌丝体或菌核在病残体和土壤中越冬，菌核萌发产生分生孢子梗和分生孢子，分生孢子借气流或雨水传播，经伤口侵入，具再侵染性。

（一）植物灰霉病的生物防治研究概况

灰霉病的生物防治研究，就生防机制而言，一是利用重寄生现象，如重寄生菌木霉、粘帚霉；二是生防菌代谢产物的抗菌作用，如芽孢杆菌 *Bacillus* spp.、荧光假单胞杆菌 *P. fluorescens*；三是诱导抗病性，如利用胶粘红酵母 *Rhodotorula glutinis* 和浅白隐球酵母 *Cryptococcus albidus* 的诱导抗病性；四是抑菌植物的提取物，如利用丁香 *Syzygium aromaticum* 的提取物等。就生防因子而言，有真菌、细菌、抑菌植物等。

1. 生防真菌

用于防治番茄灰霉病的生防真菌主要为木霉 *Trichoderma* spp.，此外，其他真菌还有：出芽梗短霉 *Aureobasidium pullulans*、浅白隐球酵母 *Cryptococcus albidus*、胶粘红酵母 *Rhodotorula glutinis*、球毛壳 *Chaetomium globosum*、粘帚霉 *Gliocladium* spp. 等(表 6-3)。

表 6-3 用于灰霉病生防的主要真菌(童蕴慧等,2003)

真菌名称	寄主植物	真菌名称	寄主植物
木霉 *Trichoderma* sp.	草莓、番茄	毕赤酵母 *Pichia anomala*	葡萄
绿色木霉 *T. viride*	草莓、葡萄、鹰嘴豆、黄瓜	薛氏酵母 *Saccharomyces chevalieri*	葡萄
哈茨木霉 *T. harzianum*	葡萄、黄瓜、番茄	螺卷毛壳 *Chaetomium cochliodes*	葡萄
拟康氏木霉 *T. pseudokoningii*	草莓	球毛壳 *C. liobosum*	莱豆、番茄
哈马木霉 *T. hamatum*	云豆	粘帚霉 *Gliocladium* sp.	番茄
木素木霉 *T. lignorum*	番茄、黄瓜	粉红粘帚霉 *G. roseum*	草莓
瘢痕枝孢 *Ulocladium atrum*	洋葱、葡萄、百合、玫瑰、仙客来	链孢粘帚霉 *G. catenulatum*	莱豆、番茄
出芽短梗霉 *Aureobasidium pullulans*	黄瓜、番茄、苹果	青霉 *Penicillium* sp.	草莓
隐球酵母 *Cryptococcus* sp.		棒型青霉 *P. claviforme*	莴苣
浅白隐球酵母 *C. albidus*	草莓	腐霉 *Pythium radiosum*	葡萄
罗伦隐球酵母 *C. laurentii*	黄瓜、番茄、莱豆、玫瑰	多主枝孢 *Cladosporium herbarum*	草莓
纤细假丝酵母 *C. tuneis*	苹果	胶孢炭疽菌 *Colletotrichum gloeosporioides*	草莓
清酒假丝酵母 *C. sake*	苹果	紫附球孢 *Epicoccum purpurascens*	草莓
胶粘红酵母 *Rhodotoyula glutinis*	苹果	粉红聚端孢 *Trichothecium roseum*	草莓
	莱豆、番茄、苹果	外瓶柄霉 *Erophiala jeanselmia*	玫瑰

Neill 等(1996)用哈茨木霉 *T. harzianum* 防治番茄灰霉病,将 *B. cinerea* 和 *T. harzianum* 同时接种,10 d 后调查表明,茎部侵染减少 62%~84%,严重度减少 68%~71%,产孢量减少 87%。Elad 等(1998,2000)将哈茨木霉 *T. harzianum*T39 菌株制成菌剂 Trichodex 用于控制温室作物和葡萄灰霉病的发生。以色列的 Makhteshim Agan 公司开发以哈茨木霉 T39 菌株为发酵液生防制剂 25% Trichode-x 可湿性粉剂,用于防治灰霉病、苗枯病、霜霉病和白粉病等叶部病害及果实在贮藏期的腐烂。Dik 和 Elad 比较了哈茨木霉 T39 和出芽短梗霉、浅白隐球酵母对黄瓜和番茄灰霉病的防治效果,发现用哈茨木霉和出芽短梗霉处理都能使茎部病斑与植株的死亡率降低 40%~100%。Pristchepa 等(1999)应用木素木霉 T13-82 菌株产生的木霉素(trichodermin)抑制番茄和黄瓜灰霉病菌的侵染,取得很好的防效。李国庆等(2002)利用光学显微镜和电镜,对粉红粘帚霉 *G. roseum* 寄生灰霉菌 *B. cinerea* 的显微和超显微结构进行了研究。

赵蕾等(1999)研究表明,木霉不仅寄生植物病原真菌菌丝,也能寄生菌核,使之软腐并失去萌发能力。应用木霉菌 LTR-2 菌株在田间进行灰霉病防治,取得较好的防治效果。童蕴慧从番茄根、叶和土壤中分离得到抑制灰葡萄孢生长的木霉和粘帚霉。马辉刚等(1998)用木霉素 300、500 和 700 倍液对番茄花果灰霉病的防治效果分别为 84.75%、81.15%和 74.99%。田连生等(2000)利用木霉菌 T5 菌株的培养物(悬浮液孢子含量为 2×10^6~5×10^6 个/mL)防治草莓、番茄灰霉病,防治效果可在 80%以上。

Sentinel 是由林肯大学生物防治中心研制由 Key 工业公司生产的商业化的生防产品,也是第一个在新西兰注册使用的同类产品。Sentinel 是新筛选培育出的一种有益木霉菌(LC52),它通过侵入葡萄的叶子、花和果实,来阻止灰霉的入侵,从而防治灰霉病的发生。Sentinel 由 Key 工业公司生产,在防治葡萄灰霉病上丝毫不输于传统的化学杀菌剂的作用。

2. 生防细菌

用于防治灰霉病的生防细菌有芽孢杆菌 *Bacillus* sp.、枯草芽孢杆菌 *B. subtilis*、短体芽孢

杆菌 *B. pumilus*、地衣芽孢杆菌 *B. licheniforus*、多粘芽孢杆菌 *B. polymyxa*、荧光假单胞杆菌 *P. fluorescens*、假单胞杆菌 *Puseudomonas* sp.、乳芽孢杆菌 *Lactobacillus* sp. 和嗜麦芽黄单胞菌 *Xanthomonas maltophilia* 等 10 余种。

张中鸽研究多粘芽孢杆菌对灰葡萄孢引起的病害有抑制作用。童蕴慧等（2000，2001）用 Y2-11-1 芽孢杆菌，对灰霉病菌的抑菌圈直径达 29.7 mm，对番茄叶片和果实灰霉病的防效分别达 68.7%和 75.0%；张玉勋等（2000）应用荧光假单胞杆菌 M95 号菌株对大棚番茄灰霉病的防效接近 80%，明显优于 50%扑海因 600 倍液的防效（62%）。兰琪从苦皮藤中分离到能强烈抑制番茄灰霉菌的内生真菌，抑制番茄灰霉病菌的菌丝生长达 92.7%。Hang 等（2005）用 *B. subtilis* S1-0210 菌株防治草莓灰霉病，田间防效可达 70%。潘争艳等（2005）用放线菌Ⅲ-61 和 A-21 防治灰霉病，两菌株的平板菌落对番茄灰霉病菌的抑菌带宽达 17.5～20.9 mm，发酵液稀释液对番茄和辣椒灰霉病的防效为 62.49%～89.76%。武汉天惠生物工程有限公司完成登记并投产的枯草芽孢杆菌 BS-208 可湿性粉剂抗灰霉、白粉两种病害，为细菌性植物保护剂，是多种植物病原菌的竞争性抑制剂。它通过竞争性生长繁殖占据生存空间的方式来阻止植物病原菌的生长，能在植物表面迅速形成一层保护膜，使作物免受病原菌为害。

3. 抑菌植物提取物

王树桐等（2005）利用植物丁香的提取物防治番茄灰霉病，提取物在 20 000 μg/mL 和 10 000 μg/mL 两浓度下对菌丝生长的抑制作用均达到 80%以上，10 000 μg/mL 可完全抑制分生孢子的产生，在温室盆栽条件下，使用浓度为 10 000 μg/mL 对番茄灰霉病保护防治效果达到 86.45%，这与化学农药施加乐的防效无显著性差异。

4. 诱导抗病性

Elad 等（1994）认为胶粘红酵母 *Lignocellulosic biomass* 和浅白隐球酵母 *Cryptococcus albidus* 可诱导番茄和菜豆植株产生抗性，抵抗灰霉病的侵染。deMayer 等（1997）报道铜绿假单胞菌 *P. aeruginosa* 和哈茨木霉 T39 能诱导菜豆产生水杨酸而获得对灰霉病的抗性。李宝聚利用葡聚六糖诱导番茄抗灰霉病菌的侵入，通过三次诱导，防效可达到 89.05%。童蕴慧等（2000，2001）发现地衣芽孢杆菌和多粘芽孢杆菌及其代谢物不仅能直接抑制灰葡萄孢的生长和繁殖，而且能诱导番茄产生系统获得抗病性。张拥华等（2003）试验表明，番茄果实于 20℃下保湿存放 21 d 后，葡聚烯糖在 10^{-5} mg/mL 和 10^{-7} mg/mL 的浓度下对灰霉病的防病效果分别为 61.6%和 40.6%。赵继红等（2003）用灰霉菌菌丝体提取物喷雾番茄幼苗，该诱导因子激发了番茄的诱导抗性，番茄幼苗在一定程度上抵抗灰霉菌的侵染。绿色木霉孢子处理鹰嘴豆种子（200～500 mg/kg），在控制灰霉病发生的同时还增加种子的萌发率、根和苗的长度以及植株的活力。魏林等（2004）应用改良的 GPF 发酵培养基培养哈茨木霉 T2-16 菌株，其发酵产物处理豇豆种子胚根组织，初步探明了 T2-16 对种子幼根分生区、伸长区和根毛区的促进作用，以及发酵产物提高豇豆种子发芽势的作用机制。

（二）灰霉病的生物防治

1. 利用重寄生菌对灰霉病的生物防治

木霉 *Trichoderma* spp. 和粘帚霉 *Gliocladium* spp. 对灰霉菌具有重寄生作用。

李国庆等（2002）利用光学显微镜和电镜，对粉红粘帚霉 *G. roseum* 寄生灰霉菌 *B. cinerea*

的显微和超显微结构研究表明，*B. cinerea* 的孢子和芽管均易被 *G. roseum* 侵染(图 6-8)，用扫描电镜观察，*G. roseum* 直接侵染 *B. cinerea* 孢子和芽管的细胞壁，不形成附着胞。用透射电镜观察，*G. roseum* 的侵入常导致细胞壁的凹陷、剥离分层和破裂。在寄生后期，*B. cinerea* 的孢子和芽管的原生质完全溃解，而 *G. roseum* 在细胞内蔓延生长形成分枝(图 6-9)。绿粘帚霉 *G. virens* 的菌丝缠绕其寄主菌，然后分泌酶来破坏寄主菌的菌组织，同时分泌一种广谱性抗生素——胶霉毒素(gliotoxin)来杀死寄主真菌。

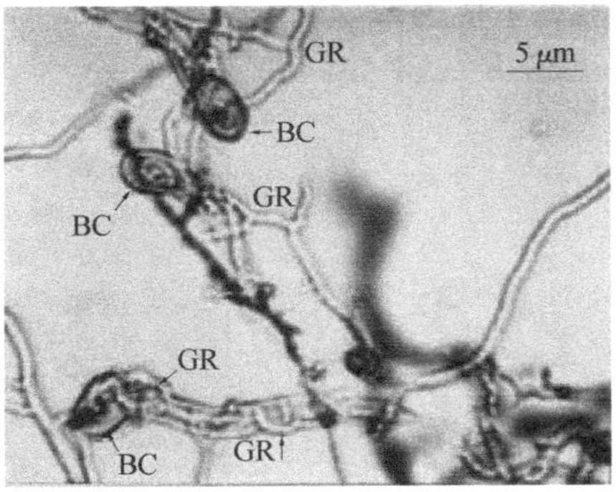

图 6-8　*G. roseum*(GR)的菌丝侵入 *B. cinerea* (BC)的分生孢子和芽管(48 h)(Li et al. ,2002)

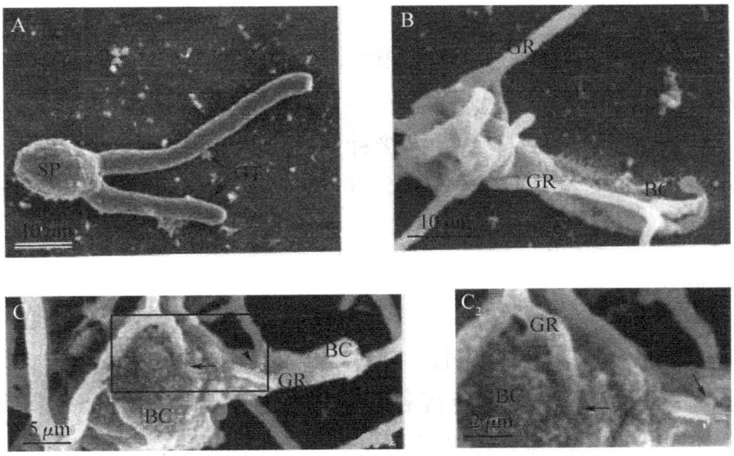

图 6-9　扫描电镜下 *G. roseum*(GR)侵入 *B. cinerea*(BC)的分生孢子和芽管(Li et al. ,2002)

A. 正常分生孢子和芽管；B. 被侵染分生孢子和芽管；C_1. 侵入分生孢子；C_2. 侵入芽管(箭头所指)

Zeilinger 等(2007)认为 *Trichoderma* 控制植物病害是基于 *Trichoderma*-病原物-植物三者间的综合作用，迄今，两个重要的生防作用已被证实，即 *Trichoderma* 对病原菌的直接重寄生现象和诱导植物产生抗病性。重寄生菌-病原物的相互作用是寄主专化性的，而不仅是接触反应。这很可能是来自寄主真菌的信号被 *Trichoderma* 所识别，并激发与重寄生现象有关基因的信使核糖核酸的形成。*Trichoderma* 生物防治的可能信号通路是异三聚体 G 蛋白和促分裂素原活化蛋白激酶影响生物防治相关的过程，如水解酶和抗真菌代谢产物和侵染结构的形成。促分裂素原活化蛋白激酶信号还发现在 *T. virens* 诱导植物的系统抗性和在 *T. harzianum* 的高渗应激反应中。对 cAMP 通路作用的分析，在 *Trichoderma* 生防中显示的与重寄生现象相关的缠绕和几丁质酶的产生也受 cAMP 的影响。另外，光反应和 cAMP 信号通路间的调节在 *T. atroviride* 也被发现。

2. 利用拮抗菌对灰霉病的生物防治

Hang 等(2005)将枯草芽孢杆菌菌株(*B. subtilis* S1-0210)与 *B. cinerea* 接种于平板，28℃下进行对峙培养 7 d，产生了明显的拮抗带。在光学显微镜下观察 *B. cinerea* 的菌丝体呈现畸变(图 6-10)，表明 *B. subtilis* 能产生抗生物质，且对灰霉菌有明显抑制作用。而 *Bacillus* 的菌株能产生抗生素，如 lipopeptide、zwittermycin、kanosamine 等已被证实（Vanittanakom et al.，1986；Suh et al.，1994）。

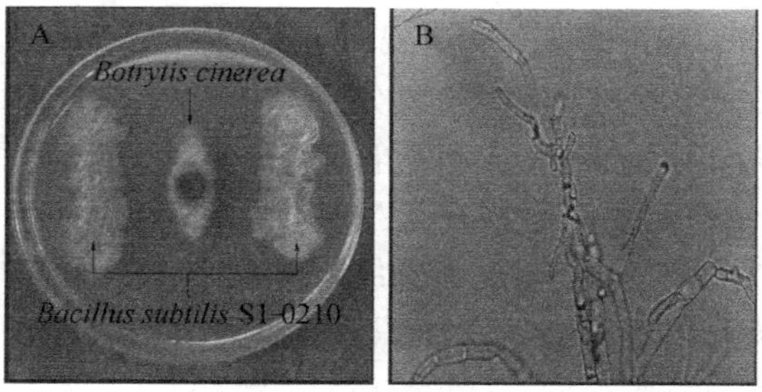

图 6-10　*B. subtilis* S1-0210 菌株对草莓灰霉病菌的拮抗作用（A）及导致菌丝的异常（B）（Huang et al.，2005）

花期喷雾 *B. subtilis* S1-0210，浓度为 10^6 cfu/mL 的菌液，结果表明，对照病果率为 100%，而 *B. subtilis* S1-0210 的控病效果达 70%，这一效果与药剂对照无显著差异。采后用 *B. subtilis* S1-0210 菌液处理草莓 48 h 后再接种灰霉病菌（孢子浓度为 10^5 个/mL），于 20℃ 下，5 d 后调查病果率。结果表明 *B. subtilis* S1-0210 菌液处理的病果率在 5%以下，而对照高于 70%。

四、稻瘟病的生物防治

水稻稻瘟病（rice blast）是全世界稻区危害最严重的水稻病害之一，一般造成水稻减产 10%～20%，严重的高达 40%～50%，世界各稻区均有发生。以叶部、穗颈、节部发生为多，发生后可造成不同程度减产，尤其穗颈瘟或节瘟发生早而重，可造成白穗以致绝产。

病原菌无性态称灰梨孢菌 *Pyricularia grisea*，有性态称灰色大角间壳菌 *Magnaporthe grisea*。稻瘟病菌主要以分生孢子和菌丝体在病残稻草及种子上越冬，在干燥情况下，病菌可存活半年或一年以上。种子上的病菌在温室或薄膜育秧时易于诱发苗瘟；稻草中的病菌在翌年条件适宜时，可不断产生分生孢子，借气流和雨水传播侵染植株的各个部位。分生孢子萌发产生芽管，从伤口侵入或直接穿透侵入，引起发病。其后病斑上产生新的分生孢子，进行反复侵染，进而引起穗颈瘟、节瘟、谷粒瘟发生，收割脱谷后病菌则在病稻草和病种子上越冬。

（一）稻瘟病生防研究概况

目前，稻瘟病的生物防治方法主要是利用生防微生物、农用抗生素和植物源农药三个方面。近年来云南农业大学朱有勇提出的利用生物多样性控稻瘟病，以其良好的社会、经济和生态效益得到国内外的一致认可。

1. 生防微生物

利用有益微生物对稻瘟病的生物防治从 20 世纪 50 年代开始，国外先后研究过的用于稻瘟病的生防微生物包括 *Pseudomonas* sp.、*Bipolaris* sp.、*Trichoderma* sp.、*Chaetomium* sp.、*Micromonospora* sp.、*Exserohilum monoceras*、*Serratia marcescens*、*Bacillus* sp. 等。国内近

几年得到了一些在抑菌能力上较好的菌株。例如，*B. subtilis* B5423 菌株，离体条件下及温室中对稻瘟病菌有很强抑制作用，同时在离体条件下对其他几种主要的水稻病原菌也有很强的抑制作用，表现出很好的广谱抗性。但在水稻植株上的定殖能力较弱，田间效果差。目前对拮抗菌的研究主要集中在菌株的分离、筛选及拮抗物质提取和活性的研究。在利用拮抗作用这一生防机理筛选拮抗物质或其他生理活性物质时，以前多以放线菌为主要对象，后来，越来越多的科研工作者把目光转向了细菌。用细菌作为拮抗菌来防治植物病害有着很多优势，如种类多、存在广、繁殖快、易培养、抗逆性强、作用位点多等。对稻瘟病菌有明显抑制作用的生防细菌多为芽孢杆菌 *Bacillus* spp. 和假单胞杆菌 *Pseudomonas* spp.，近年来对这两种菌的研究占有相当大的比例，并筛选出了一些有生防潜力的菌株。芽孢杆菌中用于防治稻瘟病的主要有枯草芽孢杆菌 *B. subtilis*、短小芽孢杆菌 *B. pumilis* 和蜡状芽孢杆菌 *B. cereus* 等。

2. 农用抗生素

最初是 1958 年由竹内等首先分离得到灭瘟素-S(blasticidin-S)用于防治稻瘟病，收到显著效果，并在 1961 年大面积应用于稻瘟病的防治。灭瘟素是一种从放线菌培养液中提取出来的抗生素。对稻瘟病菌引起的水稻苗瘟、叶瘟、穗颈瘟等有很好的治疗效果。我国 1959 年从广东花县土壤中也分离到一株灰色金色链霉菌 *S. griseochromogenes*，产生灭瘟素-S，后来又从多个放线菌培养液中分离到该物质。灭瘟素-S 的发现使农抗素的开发和研究进入了新的时期，此后又先后研制出了春雷霉素(kasugamyci，也称春日霉素)、多氧霉素(ployoxin)、有效霉素(validamycin)等高效低毒无公害的新农用抗生素，其中春雷霉素用来防治稻瘟病。另外，人们在研究和开发生物农药的同时开展了对水稻植株体自身受到生物或非生物因子侵袭时在体内合成并积累的低分子质量抗菌性物质的研究，这一类低分子质量的抗菌性物质也就是我们所说的植物保卫素(phytoalexins，简称植保素)。植保素具有侵染可诱导性和体外抗菌活性，它可以作为植物病害的一种重要防御物质，也被认为可能是水稻的一种重要抗病机制。在水稻中，迄今已发现并纯化了多种水稻植保素。目前已知结构的有稻壳酮(momilactone)A 和 B、水稻素 A～F(oryzalexins A～F)、phytocassanes A～D、樱花素(sakuranetin)及一些环氧型或多羟基型氧化不饱和脂肪酸。

3. 抗真菌多肽

四川大学丘小庆教授研发的“抗真菌多肽及其制备方法”于 2007 年获国家知识产权局专利，其研究内容于 2003 年发表在国际权威杂志 *Nature Biotechnology*。抗真菌多肽用于室内抑菌试验及田间水稻稻瘟病的防治试验，结果表明该抗真菌多肽室内对稻瘟病菌菌落的生长有较强的抑制作用和很好的田间防效。

4. 植物源浸提物

Amadioh 研究发现，印度楝树 *Azadirachta indica* 种子的油浸提物、乙醇浸提物和冷水浸提物对稻瘟病在温室的防效较好。Lee 等的研究结果表明，*Piper longum* 果的乙烷抽提物对稻瘟病菌的抑制率为 33%。最近，中国科学院昆明植物研究所从植物吴茱萸 *Evodia rutaecarpa* 中分离到一种藻类生物碱化合物，对稻瘟病菌有显著的抑菌活性。以发现的活性物质为先导物，合成了抗稻瘟菌活性强的化合物。胡柯也报道了在 247 种中国传统中药材中，有 42 种对稻瘟病菌孢子有抑制作用。

5. 水稻遗传多样性

利用水稻遗传多样性控制稻瘟病技术是近年来所应用的一种新型技术，利用生物多样性控防稻瘟病——水稻杂糯间作栽培增产技术，是根据生态农业原理，追求可持续发展模式，利用水稻品种多样性栽培方式控防稻瘟病，采取间作的物理作用抗倒伏，充分利用温光资源，提高土地利率，减少农药施用量，保护自然环境，实现农产品安全。其作用在于：减风险（稻净作易感稻瘟病）；再利用（传统品种继续用）；保安全（减少农药施用量）；深化水稻结构调整，推动农产品商品化提高种植效益，是容易做、花钱少、见效快、效果好的一条途径，值得示范推广。

（二）稻瘟病的生物防治

1. 春日链霉菌 *Streptomyces kasugaensis* 对稻瘟病的生物防治

春雷霉素主要用来防治叶瘟和穗颈瘟，具有保护、治疗及较强的内吸活性，其治疗效果更为显著。渗透性强并能在植物体内移动，喷药后见效快，耐雨水冲刷，持效期长，且能使施药后的瓜类叶色浓绿并延长收获期。在水稻抽穗期和灌浆期施药，对结实无影响。在发病初期每亩用2%液剂 80 mL，加水 65～80 L，喷药 1 次，叶瘟达 2 级时喷药，病情严重时应在第一次施药后 7 d 左右再喷施 1 次，防治穗颈瘟在稻田出穗 1/3 左右时喷施，穗颈瘟严重时，除在破口期施药外，齐穗期也要喷 1 次药。0.4%粉剂可直接喷粉施药，每亩用量 1.5 kg，最好在早晚有露水时施药，使药粉能沾在稻株上。经国内水稻产业多年使用，防效一般均在 85%以上，有的地方高达 90%。春雷霉素不仅用于防治稻瘟病，还用于防治番茄叶霉病、溃疡病、黄瓜角斑病、枯萎病、炭疽病、柑橘溃疡病、辣椒疮痂病等，效果十分明显。但是菜豆、豌豆对春雷霉素敏感，使用时要慎重。特别是因其对人畜无毒、无残留、无污染，符合现代环保要求，适合生产蔬菜等绿色食品使用，备受欢迎。使用过程中也要注意春雷霉素在酸性和中性中比较稳定，遇碱性溶液易破坏失效。

春雷霉素制剂自 1966 年推出市场以来，由于其毒性低、高效和内吸渗透性强等突出优点，应用作物及防治对象不断拓宽，由刚开始的防治水稻稻瘟病扩大到各种蔬菜瓜果等作物病害上，在日本、中国及世界上（特别在南美等国家）许多国家登记注册并广泛应用。目前，春雷霉素国外商品名为加收米，是一种小金色放线菌产生的水溶性抗生素，属低毒杀菌剂，也是农、医两用的抗生素；具有较强的内吸性，对病害有预防和治疗作用。产品可分为 2%、4%、6%春雷霉素的可湿性粉剂及 2%的水剂等，一般使用浓度为 40 单位左右，即 2%的制剂 500 倍。

对于防治稻瘟病而言，春雷霉素存在着巨大的应用潜力。但其可湿性粉剂和 25%水剂使用不易定量，稀释时易产生粉尘，堆密度低，加入水中不能快速润湿，在水中易结块甚至堵塞喷头的现象。2%水剂有效成分含量低，大量水的加入使灌装体积庞大，给运输和储存带来麻烦。长期使用春雷霉素单剂容易产生抗药性，导致药效降低，而且春雷霉素农药也存在预防作用微弱、持效期短的不足点，所以期待开发出克服抗药性、防效高、持效长的春雷霉素混剂。如与稻瘟净混用，可将防治效果提高到 97%，还可延缓抗性菌株的产生，与三环唑混用也能使春雷霉素药效显著提高。

2. 利用生物多样性控制稻瘟病

(1) 生防机制。将不同品种进行搭配种植，利用不同品种、不同熟期、不同株高的特点，进行合理配置，使光温等自然资源得到多层次利用，增加光合面积和光合产物的积累，从而使水稻产量增加。同时，不同品种混栽后，田间湿度变小，光照增强，形成一个立体空间，田间微生态环境发生了改变，水稻稻瘟病菌生理小种群体结构相对稳定，导致单一品种稻田中的优势稻瘟病菌优势生理小种无法形成。此外，不同品种进行搭配种植，打破了单一品种的平面分布局面，使易于在潮湿环境中发生的稻瘟病得到有效控制。

(2) 应用方法。品种选配应该根据水稻品种抗性遗传背景、农艺性状、经济性状、当地栽培条件及农户种植习惯，进行品种选配。品种间抗性遗传背景的选配技术参数为相似性小于75%；农艺性状选配原则是矮秆品种和高秆品种搭配，高秆品种比矮秆品种高 30 cm 以上，成熟期基本一致，前后不超过 10 d。经济性状的选配原则是高产品种和优质品种的搭配，满足农民对高产和优质的需求，充分体现经济效益互补的原则。

目前，品种搭配组合主要有两类：一类是以高产矮秆杂交稻为主栽品种，以优质高秆本地传统品种作为间栽品种；另一类是高产矮秆的粳稻品种为主栽品种，以优质高秆本地传统品种作为间栽品种。播期调整：为了使不同品种成熟期一致，有利于田间收割，按主栽品种和间栽品种的不同生育期调整播种日期，实行分段育秧，早熟的品种迟播，晚熟的品种早播，做到同一田块中不同品种能够同时成熟和同期收获。一般间栽的地方优质高秆传统品种比主栽的现代高产矮秆杂交稻品种提前 10 d 左右播种，若选配的主栽品种和间栽品种生育期基本一致，则可同时播种。栽培管理：在传统栽培方式(双行宽窄条栽，即每两行秧苗为一组，行间距为 15 cm，株距 15 cm；组与组之间的距离为 30 cm)的基础上，每隔 4～6 行秧苗的宽行中间多增加一行传统优质稻。矮秆高产品种(杂交稻)单苗栽插，株距为 15 cm，高秆优质传统品种丛栽，每丛 4～5 苗，丛距为 30 cm。

(3) 使用效果。2001 年以来，该技术发明在云南、四川、江西、湖南、贵州、广西、重庆等省(自治区、直辖市)的累计应用面积已达 2366.34 余万亩，且面积逐年扩大。此外，在菲律宾、印度尼西亚、泰国、越南等国进行了示范和应用。统计结果表明，该技术使感病品种稻瘟病的发病率降低了 57.38%～92.03%，病情指数降低为 56.02%～95.39%；抗病品种稻瘟病的发病率降低 14.5%～44.08%，病情指数降低 18.4%～66.1%，减少农药使用量 56%～62.5%，每亩增产 34.5～56.8 kg，累计新增产量 10.53 亿 kg，新增效益 13.17 亿元。随着推广区域和品种组合数量的不断扩大，生态环境和品种抗性的差异越来越大，加之各年度间气候差异，使得不同地区、不同年份、不同品种组合控制稻瘟病效果有所差异，但混栽与净栽相比控制稻瘟病的效果均基本一致，说明该技术具有普遍的适用性。

品种的遗传多样性是病害防治的重要基础，因此，应用生物多样性与生态平衡的原理，进行农作物遗传多样性、物种多样性的优化布局和种植，增加农田的物种多样性，保持农田生态系统的稳定，利用物种间相生相克的自然规律，有效地减轻植物病害的危害，也间接阻止了稀有植物基因的流失，从而保护了品种资源。该技术是在农民原有的种植模式上升华、提炼而来，因而符合农民的种植、生活习惯，简单易行。在生产实践中，杂糯间栽技术给农户增加了少量劳动力，在推广上应给予一定的支持，在保护生态环境、保护和利用水稻地方品种资源、促进农民增产增收、控制稻瘟病危害等方面产生了较大的社会、经济和生态效益。推广该技术时，应在品种组合搭配上了解品种的抗病性遗传背景和株高、生育期等特性，选择遗传背景差异大和株高差异较大的品种组合，可大幅度减少化学农药的施用和环境污染，提高农产品的质量和产量，最终实现农业的可持续发展。

五、赤霉病的生物防治

小麦赤霉病(wheat scab)是全世界小麦生产中的主要病害，我国以长江中下游冬麦区和东北春麦区受害最重，该病在给小麦产量造成损失的同时，还产生以脱氧雪腐镰刀菌烯醇

(DON)为主的真菌毒素,对人畜都有较大危害。病原菌主要为禾谷镰刀菌 *F. graminearum*,属半知菌类的镰刀菌属,其有性阶段为玉蜀黍赤霉 *G. zeae*,属于子囊菌门的赤霉属。病原菌在土表玉米秸秆、病麦组织、稻桩等作物残体上越冬,春季温湿度适合时产生子囊壳,释放子囊孢子经气流传播侵染小麦穗部引起发病。

(一) 小麦赤霉病生物防治研究概述

有关小麦赤霉病生物防治的研究较多,根据其生防因子的来源情况看,主要从以下几方面获得。

1. *植物表面——附生微生物*

附生微生物主要指从不同地域、品种和不同生育期的小麦植株地上部叶、穗表面分离的拮抗菌,其作用机制主要是抗生作用。余桂容等(1998)从小麦叶片和穗部筛选出对小麦赤霉病菌有很强抑制作用的枯草芽孢杆菌 B4 和 B6。叶华智等(2003)进一步对两株枯草芽孢杆菌产生的抗菌蛋白进行研究,蛋白质组分的分子质量范围为 20～63 kDa,抗菌物质在酸性和中性条件下对热稳定,在碱性条件下则不稳定。Khan 等(2001)从小麦花粉囊上分离到 700 多种微生物,其中有 7 种对赤霉菌具有拮抗作用,以芽孢杆菌和隐球酵母菌最好。杨慧勇等(2006)从受禾谷镰刀菌侵染的小麦麦穗中分离筛选出一种对小麦赤霉菌和纹枯病菌具有拮抗作用的拮抗细菌 AFR0406。经 16S rDNA 序列分析,初定为多黏类芽孢杆菌。可见,在小麦地上部存在对禾谷镰刀菌有抑菌作用的生防菌,已经报道的主要有芽孢杆菌和酵母。

2. *植物内部——植物内生菌*

近年从植物内生菌中筛选生防因子的报道较多,禾谷镰刀菌的许多生物防治因子资源都来自植物内生菌,包括细菌、放线菌和真菌等,由于它们与植物建立了和谐互惠、互相制约的关系,产生的小分子多糖、抗生素、大分子抗菌蛋白或细胞壁降解酶类对植物无害,并能干扰病原菌与寄主植物的细胞识别、抑制病原真菌细胞分裂生长和孢子繁殖;另一方面内生菌通过生态位点的竞争,迅速占领侵染位点,对氧气、水分和营养产生"控制"效应,从而抑制病原真菌的侵染和扩展,因此植物内生菌作为生物防治资源具有很好的应用价值。从"川麦 107"茎叶中分离的链霉菌属金色类群(Series Aureus)L16 菌株,对禾谷镰刀菌有强拮抗作用(李正辉等,2007)。在嫩江小麦赤霉病流行区,从小麦叶部和穗部分离得到的一株枯草芽孢杆菌 *B. subtilis* B08,对镰刀属真菌综合抑菌活性效果明显(刘伟成等,2005)。另外,还发现一些来自非寄主植物的内生菌也能有效拮抗禾谷镰刀菌,郭小炜等(2007)从菊科植物大花金挖耳 *Carpesium acrocephalum* 中分离到两株内生真菌 J11 和 H18,分别以菌株发酵液和菌丝丙酮提取物处理禾谷镰刀菌,对菌丝生长抑制率分别高达 85.71%和 82.12%。一种分离自健康樟树的鲍氏不动杆菌 *Acinetobacter baumannii* 的抗菌组分对多种病原有强烈抑制作用,对禾谷镰刀菌的效果尤其好(Liu et al.,2007)。

3. *土壤有益微生物*

已经发现土壤中存在对小麦赤霉病菌有拮抗作用的生防菌,以细菌居多。分离自丝瓜根部土壤中的枯草芽孢杆菌 TG26 抗菌谱广,能分泌大量的抗菌蛋白,经 Sephadex G-150 柱和 FPLC Mono Q 柱层析后得到单一组分的抗菌蛋白,命名为 BI。BI 能抑制多种植物病原菌的生长,对热稳定,对蛋白酶敏感。经 SDS-PAGE 和等电聚焦电泳测定其分子质量约 14.5 kDa,等电点为 5.58(王雅平等,1993;刘伊强等,1994)。郑秀丽等(2006)从四川土壤样品中分离到一株高活性几丁质裂解菌——浅黄金杆菌 *Aureobacterium flavesnes*，该菌对禾谷镰刀菌的拮抗带达 5～10 mm。张波等(2004)从陕西秦岭土壤中分离到一株小单孢菌属放线菌，其发酵液对 11 种病原真菌有较强拮抗能力，对禾谷镰刀菌的抑菌率更是高达 94.9%，而且该放线菌发酵液具有耐高温和酸碱的特性。

除此之外，还有一些来自于其他场所或人工合成的抗菌物质或诱抗剂。

(二) 小麦赤霉病的生物防治

1. 芽孢杆菌

对小麦赤霉病具有生防作用的芽孢杆菌种类有枯草芽孢杆菌(刘伟成等，2005；余桂容等，1998)、多黏类芽孢杆菌(杨慧勇等，2006)，还有一些未鉴定的类群(Khan et al.，2001)。这类拮抗菌的机制主要为抗生作用，产生次生代谢产物，可作为开发新型农药的先导化合物。Ramarathnam 等(2007)研究芽孢杆菌对禾谷镰刀菌的抑制作用时，鉴定获得芬枯草菌素(fengycin)和芽孢杆菌霉素 D(bacillomycin D)合成酶的生物合成基因。枯草芽孢杆菌 DFH08 具有芬枯草菌素操纵子的 *fen* D 基因。蜡状芽孢杆菌 DFE4、解淀粉芽孢杆菌 DFE16 和 BS6 具有芽孢杆菌霉素 D 合成酶生物合成操纵子的 *bam*C 基因，而枯草芽孢杆菌菌株 49 同时存在上述两种基因。

芽孢杆菌的生防研究还多停留在试验阶段，应用于实践的仍不多。王雅平等(1992)报道用枯草芽孢杆菌 A014 菌株防治小麦赤霉病，田间防治效果在 50%左右。而分离自丝瓜根部土壤中的枯草芽孢杆菌 TG26 对多种植物病原菌有强烈的抑菌活性，在小麦感病品种的盆栽试验中，对小麦赤霉病的防效为 82.25%～89.80%，田间小区试验对赤霉病的防效为 76.4%，并有明显的增产效益(王雅平等，1993)。从小麦叶片和穗部分离的枯草芽孢杆菌 B4 和 B6，经室内离体叶、穗防效测定和田间小区防效试验，两菌株对小麦赤霉病的相对防效分别为 68.4%和 68.9%，接近多菌灵的防效(70.4%)(余桂容等，1998；叶华智等，2003)。黄昌华等(1993)从小麦地土壤中分离的芽孢杆菌 HCH 菌株田间小区防效试验，发酵原液的防效为 59.36%，发酵灭菌原液＋多菌灵的防效为 75.64%。杨慧勇等(2006)对多黏类芽孢杆菌 *Paenibacillus polymyxa* AFR0406 的研究表明，该菌株的活菌及其代谢产物对小麦赤霉病菌的平均抑菌带半径为 0.8 cm，对分生孢子萌发的抑制率达 90%，且高温处理对其抑制活性不发生改变，是一个非常有应用前景的菌株。

陈利锋等(2001)在农业植物病理学的赤霉病防治中也提到芽孢杆菌的生防作用，小面积试验对该病有一定的防效，但大面积应用的效果尚不明确。目前大量的研究表明芽孢杆菌是防治赤霉病的重要生防资源，但如何找到更好的突破口以解决大面积防效低的问题仍是研究的重点。

2. 放线菌

作用机制还是以抗生作用为主。金同铭等(1989)从广西土壤中分离的 *Streptomyces roseoalutaceus* var. *pallidus* 中提取农用抗生素 861-A，对小麦赤霉病防治效果达 80%～97%。农抗 86-1 是 1979 年中国农科院原子能利用研究所从广西土壤中分离出来一株链霉菌，对小麦赤霉病菌有明显抑制作用。86-1 粗制品稀释 500 倍对小麦赤霉病的防效为 85%；86-1 浓缩液 20 倍，防效为 85%～92%。从川麦 107 分离的内生拮抗菌 L16(链霉菌属的金色类群)对小麦赤霉菌的平均抑菌圈达到 2.2 cm(李正辉等，2007)。张波等从陕西秦岭土壤中分离到一株小单孢菌属放线菌 Z139,其代谢产物具有作为先导化合物开发为新型农药的潜力。实验表明,它的代谢产物对 11 种病原真菌有较强拮抗能力,抑菌率都在 85%以上,对禾谷镰刀菌的抑菌率高达 94.9%,而且该放线菌经过 10 代传代后对禾谷镰刀菌的抑菌率依然稳定在 95%左右。

3. 木霉和一些未知菌

这些菌的作用机制推测有抗生作用、竞争作用等。室内测定木霉菌(孢子量 5 亿个/g)对镰刀菌有较好的抑菌效果,而田间实际效果则有待于进一步研究(蒋家珍等,2004)。郭小炜等(2007)从菊科植物中分离的 2 株内生真菌 J11 和 H18,分别以菌株发酵液和菌丝丙酮提取物处理禾谷镰刀菌,对菌丝生长抑制率分别高达 85.71%和 82.12%。戴富明等(1994)对 8 个细菌和酵母菌菌株进行了温室和田间小区小麦赤霉病的防治试验。结果在温室中 Y-12 菌株防效最高,达 94.3%,其他菌株的防效均在 65%以上。大田试验以 G16、YN1 和 Y-12 三个菌株的防效较高,分别为 64.9%、67.9%和 56.8%。

4. 诱抗剂

由杨公正和黄洪标(1999)发明(专利号:ZL9117102.0),广东原沣生物工程有限公司生产的一种新型无公害生物农药"0.4%低聚糖素"是一种从天然水果植物中提取的专一结构的功能性物质。其作用机制是诱导植物产生和积累抗病物质,从而提高作物免疫力,达到作物增产优质的功效。尤其在小麦赤霉病和水稻纹枯病的病害始发期喷施叶片,具有较好的防治效果。

第三节　系统性真菌病害的生物防治

由真菌引起的系统性病害,根据病原菌及其侵染特点可分为三大类:第一类是由黑粉菌侵染禾本科植物引起的系统侵染病害,第二类是由霜霉菌侵染禾本科植物引起的系统侵染病害,第三类是由镰刀菌等土居真菌侵染植物引起的系统侵染病害。

一、黑粉病

黑粉病(smut)是一类由黑粉菌属 *Ustilago*、腥黑粉菌属 *Tilletia*、丝黑粉菌属 *Sporisorium* 和轴黑粉菌属 *Sphacelotheca* 真菌侵入禾本科作物引起的系统性病害。病菌的侵染方式有三种。第一种,当年产生的冬孢子萌发侵入花器并驻留于胚中,来年播种时随生长点分生组织扩展到达穗部破坏花器。第二种,脱落于土壤中的冬孢子,在第二年种子萌发时萌发芽管从胚芽侵入生长点随分生组织扩展到全株引起系统性侵染并破坏花器。第三种,当胚芽长度超过 2 cm 时,冬孢子萌发形成菌丝从伤口侵入。黑粉病的分布与黑粉菌冬孢子萌发对温度的要求密切相关,可分为三种类型:高温型,冬孢子萌发最适温度为 25～30℃,属于这种类型的病害如玉米丝黑穗病;冷凉型,冬孢子萌发最适温度为 15～20℃,属于这种类型的病害如大麦坚黑穗病;低温型,冬孢子萌发最适温度为 5℃,属于这种类型的病害如小麦矮腥黑穗病。黑粉菌通常一年或一个生长季节只发生一次侵染,被称为单循环病害。带菌种子是黑粉病远距离传播的主要途径,污染了冬孢子的土壤、种子和粪肥是这类病害的初侵染源。防治黑粉病通常采取种子处理、及时清除病残体、轮作、选种抗病品种和土壤粪肥处理。轮作和选种抗病品种既是栽培防病措施亦属于生物防治。对禾本科黑粉病较有效的生防措施是应用抗生素进行种子处理,或直接利用颉颃细菌进行防治。从植物中筛选抑菌成分的研究工作刚起步尚处于研究阶段。

（一）黑粉病生物防治概述

关于黑粉病的生物防治在国外未见开展这方面的研究，国内研究和应用较成功的是利用抗生素或拮抗菌处理带菌种子。1971年吉林农业科学院从放线菌不吸水链霉菌公主岭新变种 *Streptomyces ahygroscopicus* var. *gongzhulingensis* No. 769 中分离获得抗生素，这种抗生素是脱水放线酮、异放线酮、制菌霉素、荧光霉素、奈良霉素 B 和苯甲酸组成的混合物，经研究发现具有广谱抗植物病原菌的作用，对禾谷类作物的黑穗病和水稻恶苗病的防效达到95%以上。由吉林省延边农药厂生产的0.25%可湿性粉剂，命名为公主岭霉素(gongzhuling mycin)，主要用于种子处理，防治禾谷类作物的黑粉病。新疆植保站赵健桐等(1979年)从新疆农科院微生物室获得农抗"769"(公主岭霉素)菌种以玉米为原料生产生防菌干料，采用液剂闷种的方法进行了两年的田间试验，结果表明该菌剂对小麦光腥黑穗病的防效达到84%以上，但对小麦网腥黑穗病的防效则较差，同时发现该菌剂高浓度会对小麦出苗产生影响。使用农抗"769"常以1∶10至1∶20的药液，浸种24 h，或以种子重量8%的药液拌匀种子后覆盖薄膜闷种4 h，然后播种。

近年来在黑粉菌拮抗菌的筛选方面国内做了大量的研究工作。广西大学张桂英(2002)从蔗田土壤和甘蔗植株上分离筛选获得18株对甘蔗鞭黑穗病菌有颉颃作用细菌，其中1株为铜绿假单胞菌 *Pseudomonas aeruginosa*，2株为其他假单胞杆菌，1株为拟遗传不动杆菌 *Acinetobacter genospecies*，1株为布克氏菌 *Burkholderia cocovenenans*，1株为粘质沙雷氏菌 *Serratia marcescens*，12株为芽孢杆菌 *Bacillus* spp.。采用基因探针的方法检测和初步明确这些菌株存在与专化合成脂肽类抗生素的 *itu*B 和 *myc*B 基因片段具有很高同源性的基因片段。四川大学赖翼(2005)和西藏自治区高原生物研究所等从西藏佩古错湖湖边的土壤中分离到一株对青稞散黑穗病菌具有较强抑制作用的细菌，经鉴定为多粘芽孢杆菌，命名为LN-176。该菌株对多种植物病原真菌、部分革兰氏阳性菌及革兰氏阴性菌有较好的拮抗作用。中国农业大学周文文等(2006)从20种中草药中分离筛选获得1株对玉米黑粉病菌和棉花枯萎病菌具有很强拮抗能力的芽孢杆菌5-1菌株。黑龙江八一农垦大学刘洪亮(2008)从土壤中分离获得一株链霉菌命名为SF-1，其发酵液对玉米丝黑穗病菌冬孢子萌发的抑制率达到76%以上，并发现蛋白胨对该菌株合成抗生素有重要作用，缺少蛋白胨该菌株的发酵液对冬孢子萌发的抑制率仅为61%；与麦芽糖和乳糖相比，蔗糖对拮抗菌合成抗生素有促进作用，其发酵液对冬孢子萌发的抑制率接近78%。

从植物中筛选对黑粉菌具有药效作用成分的工作刚起步。安徽科技学院张从宇等(2007)的研究发现中草药白藓皮的煎煮浓缩液对小麦黑粉病菌菌丝的生长有较强的抑制作用，抑制率达到60%以上。

（二）黑粉病的生物防治

黑粉病的生物防治主要是利用微生物的代谢产物，抗生素的拮抗作用，采用种子处理的方法。利用放线菌不吸水链霉菌公主岭新变种对禾谷类作物的黑穗病防效达到95%以上。采用农抗"769"(公主岭霉素)液剂闷种的方法对小麦光腥黑穗病的防效达到84%以上。

二、黄萎病

棉花黄萎病(verticillium wilt)由大丽轮枝孢 *Verticillium dahliae* 和黑白轮枝孢 *V. albo-*

atrum 两种菌引起,我国目前仅发现有大丽轮枝孢。大丽轮枝孢是我国进境植物和全国农业植物检疫性有害生物,其引起的病害是危害性极大的维管束系统病害。该病于 1914 年在美国弗吉尼亚州首次被发现,以后随着棉种的调运传播到世界约 21 个棉花主产国。20 世纪 30 年代随美棉的引进而传入我国江苏、陕西、山西、河南、河北、山东等棉区。该病近年来在我国扩展蔓延较快,现各主要植棉省(自治区、直辖市)均有发生,北方棉区重于南方棉区,且多数病区均与棉花枯萎病混合为害。受害植株叶片枯萎、蕾铃脱落、棉铃变小,一般减产 20%～60%。全球每年因黄萎病危害所造成的经济损失在 10 亿美元以上。

黄萎病菌的病害循环分腐生和寄生两个阶段,腐生阶段在土壤中以腐殖质营腐生生活,寄生阶段从根部侵入,在细胞内吸取营养,并通过导管繁殖和扩展到植株其他部位。病原菌的侵染源有 4 种:①病原菌以菌丝或小菌核黏附在种子表面,或以菌丝体存在于种子表面的短绒上,或侵入种皮内部使染病菌种子成为侵染源;②病原菌孢子通过牲畜消化道后仍保持活性,因而可污染粪肥使其成为侵染源;③病原菌的孢子或菌丝体落入土壤后能以腐生方式存活,受污染的土壤亦是侵染源;④病原菌的寄主有 38 科 660 种植物,包括向日葵、茄子、辣椒、番茄、烟草、马铃薯、甜菜、西瓜、黄瓜、花生、菜豆、绿豆、大豆、芝麻和甜菜等常见作物,因此,田间感病寄主是另一侵染源。病害远距离传播主要通过染菌种子或带菌棉饼的调运。近距离传播主要通过农事操作或随风雨流水扩散。由于病原菌在土壤中能营腐生生活,因而连作棉田中的病原菌量积累逐年发病严重。

生物防治研究概述

2000 年以来,生物防治成为国内攻克黄萎病的研究热点,主要集中于细菌、真菌、放线菌及其次生代谢产物、植物抑菌成分、丛枝菌根、土壤有机改良剂、化学杀菌剂与生物防治菌剂混配等方面。

1. 细菌

利用细菌进行防治棉花黄萎病研究的主要类群有内生细菌、芽孢杆菌和假单胞杆菌等。吴蔼民等(2000)和林玲等(2006)用棉株组织内生菌 73a 进行蘸根处理,然后移栽入病田,结果发现内生菌 73a 对黄萎病具有良好的防治效果,表现为对棉花株高、果枝数、脱落有明显的改善。苗期株高可增长 29.9%,鲜重增加 45.2%,田间试验结果籽棉增产 11.5%;73a 菌液灌根对棉花黄萎病的防治效果达到 50%。齐东梅等(2005)从土贝母和腊肠等中药和发酵食品中筛选出对棉花枯萎、黄萎病菌有广谱拮抗作用的芽孢杆菌 29 株,其中有 12 株菌产抗菌蛋白。有 5 株抑菌活性较强:H110、H184、H216、B316 和 B382。经初步鉴定,H110 和 H184 为枯草芽孢杆菌,H216、B316 和 B382 为地衣芽孢杆菌。5 株菌的蛋白质粗提液对热稳定,对蛋白酶 K、胰蛋白酶均不敏感,但 H184、H216 的蛋白质粗提液对胃蛋白酶部分敏感。梁启美等(2005)分离到 3 株对棉花黄、枯萎病菌均有强烈抑制作用的菌株 B_{110}、B_{184} 和 B_{216}。分离自中药白豆蔻的 B_{110} 拮抗作用尤为显著,根据形态特征和生理生化特征初步鉴定为枯草芽孢杆菌,其蛋白质粗提物液有较强抑菌活性,命名为 $B1_{10\text{-}a}$。郝华昆等(2007)用枯草芽孢杆菌菌株 *B. subtilis* B_{110} 的粗提蛋白对分生孢子萌发和对菌丝生长的抑制试验发现粗提蛋白能够使棉花黄萎病菌的孢子萌发受到抑制,菌丝扭曲畸变,进而原生质凝聚,最后导致菌丝断裂。李术娜等(2006)从棉花叶部组织中分离出类芽孢杆菌 LC-04 菌株,其发酵液上清液的硫酸铵沉淀物对大丽轮枝菌 V-190 菌株的生长具有明显的拮抗作用,认为这些抗菌物质为蛋白质或多肽类物质。拮抗菌株产生的抗菌蛋白通过抑制大丽轮枝菌孢子萌发和使菌丝体原生质凝集而抑制其生长。张洪涛等(2007)从新疆有毒植物掀麻 *Urtica cannabina* 中筛选出一株对棉花黄萎病具有较强抗性的内生菌 XJUL-6，根据其形态特征、生理生化检测、16S rDNA、(G+C)%，将其鉴定为蜡状芽孢杆菌。尹梦亭等(2008)从棉花根际土壤中分离并通过盆栽和小区试验筛选，获得了拮抗细菌菌株 S258，对棉花黄萎病的田间相对防效达到 60%，同时能促进棉花生物量的增加。

2. 真菌

孟娜等(2007)以绿色木霉 *T. viride*、康氏木霉 *T. koningii* 和两株木霉菌株 *Trichoderma* spp. 为供试木霉菌株，采用对峙培养法测定了不同温度处理下对棉花黄萎病菌 *V. dahliae* 的拮抗作用。结果表明，木霉在不同温度下对棉花黄萎病菌的抑制作用不一，其中以在 30℃和 25℃黑暗条件下木霉对棉花黄萎病菌菌丝生长的抑制作用最强，对峙培养 5d 后，绿色木霉、康氏木霉和两株未知木霉菌在 30℃条件下对棉花黄萎病菌的抑制率分别达到 67.3%、65.9%、56.8%、65.9%，25℃条件下的抑制率分别为 65.9%、72.9%、65.9%、78.8%；20℃下木霉菌株对棉花黄萎病菌的抑制作用次之，10℃、15℃和 35℃条件下木霉菌丝扩散速度较慢，且孢子产生量少，不能有效地抑制棉花黄萎病菌菌丝的扩展，表明环境温度过高或过低对木霉菌丝的生长及分生孢子的产生均有较大影响。该研究为筛选棉花黄萎病菌更为有效的生防木霉菌株提供理论依据。高智谋等(2007)采用平板对峙法、杯碟法和显微观察法研究了哈茨木霉 *T. harzianum* TH-1 菌株对棉花枯萎病菌和黄萎病菌的拮抗作用及其机制。结果表明，哈茨木霉 TH-1 菌株与病菌对峙培养及在培养基中加入 TH-1 菌株孢子悬浮液，对供试棉花枯、黄萎病菌均有较好的抑制效果；但 TH-1 菌株的发酵液对棉花黄萎病菌的抑制效果较差，对枯萎病菌几乎无抑制效果；显微观察发现，TH-1 菌丝与枯、黄萎病菌的菌丝平行生长、产生附着胞结构附着于病菌菌丝上，或穿透病菌菌丝使病菌菌丝发生裂解。上述结果说明，哈茨木霉 TH-1 菌株对供试棉花枯、黄萎病菌的拮抗机制主要是营养和空间竞争及重寄生作用。李雪玲等(2003)通过温室盆栽试验发现菌株 *Trichoderma* sp. T3-4、*T. hamatum* THT 和 T2-4 的 PD(马铃薯、葡萄糖培养液)菌液对棉花黄萎病的防治效果明显，其防治效果分别为 70.5%、70.0%和 65.3%。田间小区试验表明，三株木霉菌株对棉黄萎病在第一次发病高峰和第二次发病高峰的相对防治效分别为 47.7%、33.1%、37.0%和 19.3%、43.2%、28.0%。Huang 等(2001)从棉花铃内部分离到两株镰刀菌 VL-1 和 VL-2。平板对峙法表明，VL-1 和 VL-2 生长速度快，通过空间竞争和营养有效地抑制黄萎病菌的生长；并且能够抑制棉花黄萎病菌微菌核的产生。温室生测结果表明，VL-1 和 VL-2 对棉花黄萎病的相对防效分别达到 87.9%和 66.4%。田间试验结果显示，在棉田第一次黄萎病高峰时，VL-1 和 VL-2 对黄萎病的防效较理想，分别为 51.5%和 45.4%。

3. 放线菌及其产生的抗生素

张克诚等(2002)从小麦根际筛选出一株链霉菌 *Streptomyces* spp. S-5。在自然发病的棉田，用链霉菌 S-5 拌种，对棉花苗期黄萎病的防治效果为 65%，明显高于多菌灵 40%的防效。使用量 37.5 kg/hm^2 穴施，对棉花枯、黄萎病的防病效果分别为 81%和 100%。

4. 植物提取物抑菌成分

朱荷琴等(2007)采用生长速率法，以 0.005 g/mL 的质量浓度，对 22 种中药提取物的抑菌活性进行筛选。结果表明，五倍子、土元和蛇床子对黄萎病菌的抑制效果最好，对菌丝生长、毒素分泌、孢子萌发、孢子产量的抑制效果分别达 100%、96.5%、94.4%和 100%,100%、93.7%、81.3%和 100%,100%、95.7%、34.2%和 100%;与五倍子和土元相比,蛇床子对孢子萌发的抑制效果较差。

李付广等(2009)利用蛋白质组学策略分离了荒漠植物牛心朴子 *Cynanchum komarovii* 抗病、抗旱功能相关蛋白质 CkND。以棉花黄萎病菌为供试菌株,研究了蛋白质 CkND 对棉花黄萎病菌的抑制作用。结果表明:蛋白质 CkND 对棉花黄萎病菌菌丝生长及孢子萌发具有较好的抑制作用。离体试验中,100 mg/L 的蛋白质 CkND 对棉花黄萎病菌菌丝生长抑制效果在 24h、48h、72h 分别为 79.5%、83%、87.5%,35 mg/L 的蛋白质 CkND 对孢子萌发抑制率为 100%;试验结果表明蛋白质 CkND 对棉花黄萎病具有显著的防治效果。

5. 丛枝菌根菌

刘润进(1995)发现摩西球囊霉 *G. mosseae* 和地表球囊霉 *G. veriforme* 能减轻棉花黄萎病的危害。李敏等(1997)研究发现玫瑰红巨孢囊霉 *Gigaspora rosea*、摩西球囊霉 *G. mosseae*、地表球囊霉 *G. versiforme* 和弯丝硬囊霉 *Sclerocystis sinousa* 能显著降低西瓜枯萎病的发病率、病情指数和死株率。刘冰江等(2005)在温室盆栽条件下研究了丛枝菌根(AM)真菌聚生球囊霉菌 *Glomus fasiculatum*,Gf 和珠状巨孢囊霉菌 *G. margarita* 对棉花根内棉花黄萎病菌 *V. dahliae* 防御性酶活性的影响。结果表明,感病陆地棉花 *Gossypium hirsutum* 品种李台 8 号和 86-1 于播种时接种 AM 真菌,30 d 后接种黄萎病菌安阳菌系,可诱导棉花根内苯丙氨酸解氨酶(PAL)、几丁质酶、β-1,3-葡聚糖酶、过氧化物酶(POD)等酶的合成,提高了这些防御性酶的活性,并且其活性上升速度和活性峰值均高于单独接种黄萎病菌的处理,下降速度低于单独接种黄萎病菌的处理。这说明 AM 真菌激活了棉花的防御反应,使棉花植株对黄萎病菌的侵染产生强烈而快速的反应,从而抑制了病原菌的侵染。

6. 土壤有机改良剂

李洪连等(2005)用 7 种不同有机改良剂处理土壤,在盆栽和田间小区试验条件下分别研究了它们对棉花黄萎病的防治效果。结果表明:几丁质(蟹壳粉)处理对棉花黄萎病的防治效果最好,在盆栽和小区试验中病情指数分别比对照降低了 72%和 62%;豆秸粉和绿肥(新鲜油菜叶腐熟物)也有较好的防效,在盆栽和小区试验中均达到 50%以上。田间小区的试验结果与盆栽试验结果基本一致。对根际微生物区系分析结果表明,不同有机改良剂处理土壤后根际微生物群体数量显著增加,种类增多,区系组成更加复杂,而且对棉花黄萎病菌具有抑制作用的真菌和放线菌比率也高于对照的。

7. 化学杀菌剂与生物防治菌剂混配

刘方玉等(2009)利用微量化学杀菌剂与生物防治菌剂(绿色木霉菌和荧光假单胞杆菌)的正向调控原理研制的棉花枯黄萎病特效防治生物农药在山东和新疆等地的田间试验表明,防治效果在 60%以上,有时可以达到 85%,主要用于棉花拌种和发病高峰期之前灌根,也可以随灌溉水使用。阎淑珍等(2004)测定了两株链霉菌 R-1、R-2 及其分别与有机肥配制的两种复合微生物肥料对几种植物病原真菌菌丝生长和孢子萌发的影响。R-1 对草莓灰霉病菌、棉花黄萎病菌、棉花枯萎病菌的抑菌圈直径分别是 2.7 cm、1.4 cm 和 2.1 cm,对孢子萌发的抑制率分别是 46%、19%和 11%;R-2 对以上三种病菌的抑菌圈直径分别是 3.1 cm、1.2 cm 和 1.7 cm,对孢子萌发的抑制率分别是 42%、12%和 4%。苗期人工接种试验表明,一号复合微生物肥料对棉花黄萎病、油菜菌核病的抑制率分别为 28%、41.9%,二号肥分别为 72%、97.2%。

三、枯萎病

枯萎病(fusarium wilt)是由镰刀菌寄生引起的一种世界性的真菌土传病害，其主要的致病菌是尖孢镰刀菌 *Fusarium oxysporum*。枯萎病是一类幼苗期从根部侵染、维管束内寄生的全株性病害。枯萎病尖镰孢菌寄主范围广泛，可引起 100 多种植物维管束萎蔫病害，在植株的全生育期均可发生。目前，在世界范围内已报道的被枯萎病严重为害的作物有番茄、香蕉、辣椒、西瓜、黄瓜、棉花、香石竹、康乃馨、萝卜、鹰嘴豆、菠菜、草莓、川红花、甘蔗、芝麻、粉蕉、凤梨及瓜类和豆类等多种植物。枯萎病从零星发生到大面积发病只需 2～3 年的时间，是当前作物生产上的一类严重病害，有植物“癌症”之称。以瓜类枯萎病为例，病田一般减产 20%～30%，严重田块可达 50%～60%，甚至绝产。枯萎病的生物防治研究起步比较早，得到了很好的效果。

枯萎病菌主要以菌丝体和厚壁孢子在病残体和土壤中越冬，病菌在土壤中可存活 6～7 年。在温湿度适宜的条件下，菌丝体可产生大量的分生孢子，通过灌溉水、土壤耕作、地下害虫或土壤线虫传播。孢子萌发后从根部伤口或自然裂口或根冠侵入。侵入后，开始时扩展缓慢，至进入维管束的导管后，扩展速度加快。病菌在导管内可分泌一些分解酶，致使导管内积累许多胶状物质而堵塞导管，同时病菌还能分泌毒素毒害寄主，因而使染病植株表现萎蔫、枯死的症状。枯萎病的特点是从侵染到发病(即所谓潜育期)的时间很长，一般在一个生长季节进行一次侵染，少有再侵染发生。

枯萎病生物防治概述

1. 生防真菌

已报道能防治枯萎病的生防真菌有 10 多种(表 6-4)。生防真菌中研究应用较多的有木霉属真菌 *Trichoderma* spp.、丛枝菌根真菌 *Arbuscular mycorrhiza* AM 和非致病尖孢镰刀菌等。

表 6-4　用于防治枯萎病的主要生防真菌

真菌名称	作　物
木霉 *Trichoderma* spp.	香蕉
哈茨木霉 *T. harzianum*	辣椒、西瓜、川红花、芝麻、香蕉
绿色木霉 *T. viride*	香蕉、棉花、西瓜、黄瓜、番茄、芝麻
康氏木霉 *T. koningii*	棉花
拟康氏木霉 *T. pseudokoningii*	川红花
桔绿木霉 *T. citrinoririd*	川红花
丛枝菌根 *Arbuscular mycorrhiza*, AM	西瓜
丛枝泡囊菌根菌 *Glomus mosseae*, *G. versiforme*, *Gigaspora margarita*	西瓜
草酸青霉 *Penicillium axalicum*	番茄
海洋青霉 Marine *Penicillium*	粉蕉、凤梨
淡紫拟青霉菌 *Paecilomyces lilacinus*	棉花
粘帚霉 *Gliocladium* spp.	西瓜

(1) 木霉。木霉分布广泛，极易分离和培养，可以在许多基物上迅速生长，对多种病原菌有抑制作用，是一种理想的生防菌。木霉的生防机制目前认为主要有重寄生、抗生和竞争作用。已报道用于防治枯萎病的主要有哈茨木霉 *T. harzianum* 和绿色木霉 *T. viride*。电镜扫描表明，哈茨木霉对枯萎病菌菌丝有强烈的寄生作用，产生吸器直接穿入枯萎病菌菌丝，分泌

胞外溶菌酶，从而减轻病害。绿色木霉对黄瓜枯萎病菌的主要抗生机制是产生几丁质酶、β-1，3-葡聚糖酶和蛋白质酶消解病原菌细胞壁，从而杀灭病原菌。目前生产上应用的木霉制剂多为活孢子制剂，常受到田间温度、湿度、雨水、土壤微生物及化学农药等因素的干扰，大田防治效果不稳定是限制木霉活孢子制剂大面积推广的主要因素。

(2) AM 菌根菌。AM 菌根是枯萎病生物防治研究的又一类重要生防真菌。AM 菌根是自然界普遍存在的一类真菌与植物根系建立的互惠共生体，它可促进共生植物的生长，提高产量，改善品质，增强植株的抗逆性。李敏等(2004)的研究结果表明，AM 菌根真菌不但能够改善作物的营养状况，更重要的是能选择性地抑制根围的部分病原物，减少枯萎病发病率、病情指数及根内和根围土壤中镰刀菌繁殖体的数量，促进西瓜植株的生长发育从而减轻西瓜枯萎病的危害。徐宗刚等(2003)用主要成分为丛枝泡囊菌根的恩益碧(简称 NEB)菌肥在西瓜定植期灌根，也能有效抑制西瓜枯萎病原菌尖孢镰刀菌的发生发展。

(3) 非致病尖孢镰刀菌。利用非致病尖孢镰刀菌防治枯萎病是应用交互(叉)保护原理。日本学者驹田等从健康甘薯植株分离非致病尖孢镰刀菌，用于甘薯的人工免疫，对甘薯枯萎病有很好的防效，并经田间试验获得了成功。国内亦有类似报道。然而作为微生物之间的这种干扰作用，往往易受各种因素影响。同时在大面积应用时，必须考虑选用无致病力或致病力很弱的菌株，并注意防止新选择的诱导菌的致病性变异问题，否则产生的后果将不堪设想。另外，某些土壤对镰刀菌枯萎病具有天然抑制作用，其原因之一是在这些土壤中存在有非致病尖孢镰刀菌，而且不同尖孢镰刀菌株之间存在有不同程度的诱导抗性作用。利用非致病性 *F. oxysporum* 菌株 F047 能减轻番茄枯萎病 *F. oxysporum* f. sp. *lycopercisi* 的发生。接种 F047 后，植株体内的几丁质酶、β-1，3-葡聚糖酶、β-1，4-葡糖苷酶的活性增强，从而诱导番茄产生抗性。同时，F047 还可以与病原菌竞争营养物质及侵染位点，从而起到保护作用。

(4) 其他真菌。青霉素和拟青霉素的真菌也可以利用在枯萎病的生物防治上。据研究报道，在移植前用草酸青霉 *P. oxalicum* 孢子悬浮液浇灌番茄幼苗，能够取得防治番茄枯萎病的效果，这是草酸青霉通过诱导番茄植株的抗性来减轻番茄枯萎病的发生。草酸青霉处理过的番茄植株，其新生组织活性持久，且能生成次生木质部。王明祖等(1996)从根结线虫卵上分离到一株淡紫拟青霉菌 *Paecilomyces lilacinus* 36-1，试验结果表明 36-1 菌对棉花枯萎病的发生及蔓延具有一定的控制作用。

2. 生防细菌

目前已报道的植物土传病害生防细菌有 18 个属。成功应用的生防细菌有土壤农杆菌 *Agrobacterium* spp.、芽孢杆菌 *Bacillus* spp.、假单胞菌 *Pseudomonas* spp. 等属的一些菌株(表 6-5)。生防细菌的抑菌机制主要包括营养物质和生态位的竞争、产生嗜铁素和抗生素等。

表 6-5 防治枯萎病的主要生防细菌

细菌名称	作 物
假单胞杆菌 *Pseudomonas* spp.	黄瓜、棉花、香蕉
荧光假单胞杆菌 *P. fluorescens*	西瓜、香石竹、棉花
恶臭假单胞杆菌 *P. putida*	康乃馨、萝卜、棉花
铜绿假单胞菌 *P. aeruginosa*	印度鹰嘴豆、香蕉
芽孢杆菌 *Bacillus* spp.	香蕉、西瓜、甜瓜、番茄
枯草芽孢杆菌 *B. subtilis*	棉花、菠菜、西瓜、番茄、香蕉、黄瓜

续表

细菌名称	作 物
蜡状芽孢杆菌 *B. cereus*	棉花
地衣芽孢杆菌 *B. licheniformis*	香蕉
淀粉芽孢杆菌 *B. amyloliquefaciens*	黄瓜
粘质沙雷菌 *Serratia marcescens*	香蕉
荚壳布克氏菌 *Burkholderia glumae*	香蕉

(1) 芽孢杆菌。芽孢杆菌用于植物土传病害防治的例子很多，该种群能产生耐热耐干燥的内生孢子，且分布广泛，极易分离培养，批量生产工艺简单，成本较低，施用方便，贮藏期长，是一种理想的生防细菌。目前，生防芽孢杆菌发酵液、无细胞培养液、抗生素和产抗生素缺失突变株的综合防病试验，已经系统证明抗生素是芽孢杆菌抗菌防病作用的重要机制。例如，目前已知枯草芽孢杆菌产生的脂肽类抗生素有 surfactin、fengycin 和 iturins 三大类。其中 surfactin 是高活性的生物表面活性剂，也是具有广泛用途的生物活性物质。它表现出抗病毒、抗肿瘤、支原体、抗真菌，及一定程度的抗细菌活性。在美国获得环保局(EPA)商品化或有限商品化生产应用许可的枯草芽孢杆菌生防菌株中，GBO3、MBI600、FZB24 都可用于枯萎病的防治。

(2) 假单胞杆菌。假单胞杆菌广泛存在于植物的根际，常见的有荧光假单胞杆菌 *P. fluorescens*、恶臭假单胞杆菌 *P. putida*、铜绿假单胞菌 *P. aeruginosa*，均具有显著的防病增产作用。生防假单胞菌对枯萎病的主要防治机制是产生嗜铁素有效地与病原菌竞争铁离子或诱导植物产生对镰刀菌引起的枯萎病的抗性。Boer 等(2003)的研究表明恶臭假单胞菌 *P. putida* WCS358 菌株可以通过其假单胞菌素嗜铁细胞有效地与病原菌竞争铁离子，从而抑制萝卜枯萎病。用荧光假单胞菌 WCS417 处理香石竹，则香石竹中植物保卫素积累增加，可诱导植物产生对尖孢镰刀菌 *Fusarium oxysporum* f. sp. *dianthi* 的抗病性(Van Peer et al.，1991)。恶臭假单胞菌 *P. putida* 菌株 RE8 可以诱导植株产生对镰刀菌枯萎病的系统抗性。将 WCS358 与 RE8 混合后施入土壤，即使其中一个菌株在单独施用时起不到抑制病害的作用，二者结合使用仍能控制病害。这很可能是它们不同的抑病机制共同表达的结果。

裂解真菌的细菌一般都可产生降解菌丝的几丁质酶。通过给土壤中加入有机改良剂，来促使土壤中产生几丁质酶的细菌活性的提高和数量的增加，使镰刀菌被抑制或裂解。从印度鹰嘴豆根围分离得到的铜绿假单胞菌 *Pseudomonas aeruginosa* 菌株 PNA1 能显著减少感病及中抗鹰嘴豆品种枯萎病的发生(Vanamala，2003)。然而只有在中抗品种上这种保护作用才能一直持续到成熟期。进一步的研究发现中抗品种根围的 PNA1 菌量是感病品种的 10 倍，这说明生防菌与植物之间的互作对病害防治具有重要意义。PNA1 产生的吩嗪类抗生素也是其发挥生防作用的一个因素。缺失吩嗪产生能力的 Tn5 突变体对枯萎病的防治作用降低或丧失。

3. 生防放线菌

放线菌中应用种类最多的是链霉菌(表 6-6)。放线菌活体制剂 Mycostop 是由芬兰的 Kemira(1989)用灰绿链霉菌 *Streptomyces griseovidis* 研制的。Mycostop 主要是通过种子处理、土壤喷洒或灌药等措施使它在植物的根部定殖、生长和繁殖，防治常见的由镰刀菌引起的枯萎病，同时还可以产生激素促进寄主植物的生长。Getha 等(2002)发现紫黑链霉菌 *Strep-*

tomyces violaceusniger G10 对香蕉枯萎病菌具有很好的拮抗作用。曹理想等(2005)分离出一株能产生铁载体的香蕉内生灰链霉菌 *Streptomyces griseorubiginosus* S96 菌株对香蕉枯萎病菌具有明显的拮抗活性。

表 6-6 防治枯萎病的主要放线菌

放线菌名称	作物
链霉菌 *Streptomyces* spp.	棉花、草莓、黄瓜
玫瑰浅灰链霉菌 *S. roseogriseolus*	香蕉
紫黑链霉菌 *S. violaceoniger*	香蕉
内生灰链霉菌 *S. griseorubiginosus*	香蕉
灰绿链霉菌 *S. griseovirdis*	观赏植物和温室蔬菜

4. 抗生素

目前，应用最广泛的抗生素是由中国农业科学研究院研制的农抗 120，由吸水链霉菌北京变种产生的抗生素，其抗生作用主要是抑制菌丝生长，使菌丝畸变，原生质凝集和小分子物质外流；通过抑制病原菌和提高植株的抗病性对西瓜枯萎病具有较好的防治效果。蒋细良等(1997)以西瓜枯萎病菌为实验菌，研究了中生菌素对病原真菌的抑制作用，结果表明中生菌素能显著地引起菌丝细胞内原生质凝集，对病原菌孢子的萌发具有强烈的抑制作用，并具杀死作用，对孢子的形成有较强的阻碍作用。因此，中生菌素可作为防治枯萎病的有效农药。

5. 其他生防因子

木瓜的发酵物(fermented products of pawpaw，FPP)用来防治镰刀菌引起的菠菜枯萎病和番茄枯萎病，结果表明在接菌处理后，FPP 处理过的菠菜或番茄种子和幼苗上的枯萎病均显著减少。0.01%和 0.05% FPP 处理后的植株，其病害严重度及维管束变色程度均明显降低。FPP 处理过的菠菜根部和番茄茎部的病原菌数量也都明显低于对照。由于 FPP 并不具有任何抗生素活性，所以其抑菌机理可能与诱导植物系统抗性有关。

第四节 采后和贮藏期真菌病害的生物防治

据估计，全世界农产品采收后平均损失约为收获量的 25%，发展中国家，如印度和非洲国家约为 30%。发达国家，如美国，收获后因运输、贮藏管理不当，损失也很可观。据调查，我国水果采收后的损失率约为 25%，而蔬菜则高达 40%～50%，切花损耗约 20%，苹果腐烂率 20%，柑橘腐烂率 20%，荔枝采后腐烂率 20%～30%，最高可达 70%。谷物、果蔬等农产品采后贮藏期间的环境与大田的气候条件有显著不同，严格寄生菌通常在贮藏中不是主要的病原菌，在田间次要的一些弱寄生菌或腐生菌，如青霉菌、灰霉菌、根霉菌、地霉菌等在农产品贮藏中较为重要，通常可引起谷物、果蔬等农产品霉变、腐败。农产品贮藏期的主要真菌病害有青霉病、绿霉病、软腐病、轮纹病、灰霉病、曲霉病、炭疽病、酸腐病、果腐病、黑色蒂腐病、黑腐病和黑斑病等。

水果、蔬菜等农产品因为含水量比较高，在贮藏过程中通常处于低温、高湿的环境，真菌病害的主要特点：果蔬表面出现湿腐或软腐，产生酒味或者散发出芳香气味；在病部出现白色、乳酸样或像泡沫样的棉絮状物、丝状物；后期病部产生黑色小颗粒或散生小黑点。

谷物、豆类等农产品因含水量低，通常表现为干腐，散发出霉味，病部产生各种霉状物，如花生曲霉病。

一、贮藏期真菌病害生物防治现状

化学防治是农产品贮藏期真菌病害的主要途径,但化学药剂存在"三致"作用,且污染环境,使其在食品上的应用受到限制。另外,一些杀菌剂的频繁使用也使病菌产生抗性,使防效大大降低,如灰葡萄孢、青霉菌早已对苯有抗性,在柑橘上长期使用苯并咪唑类杀菌剂,使原来对其不敏感的柑橘黑腐病菌和柑橘酸腐病菌种群上升,成为新问题。

生物防治对人、畜相对安全,且更适合于贮藏期病害的防治。首先,由于环境空间相对集中,贮藏阶段的温湿度基本可控制,有利于对生防微生物的生长条件进行调控,通过浸果或喷雾均可有效地将拮抗菌引入作用位点,使生物农药发挥最佳的效果。其次,贮藏期的农产品,产后物品的经济价值高,利润空间较高,可以接受生物农药较高的防治投入。再次,对贮藏期病害进行生物防治,从实验室到实际应用的环境差异不像大田病害防治那么大,实验室可模拟果蔬贮藏条件,因此,可较快将实验结果应用于防治实践。近年来,果蔬贮藏期病害的生物防治研究进展较快,主要包括拮抗微生物、植物提取物、提高抗性的诱抗因子和生物技术等的研究和应用。

1. 拮抗微生物

目前,筛选出对果蔬贮藏期病害具有防治作用的拮抗微生物主要如下。①酵母菌,主要有:脆红隐球酵母 *Cryptococcus infirmominiatus*、粘红酵母 *Rhodotorula glutinis*、假丝酵母 *Candida guillier-mondii*、间型假丝酵母 *C. intermedia*、季也蒙假丝酵母 *C. guilliermondii*、啤酒酵母 *Saccharomyces cerevisiae*、柠檬形克勒克酵母 *Kloeckera apiculata*、汉逊德巴利酵母 *Debaryomyces hansenii*、浅白隐球酵母 *Cryptococcus albidus*、丝孢酵母用丝孢酵母 *Trichosporon* sp. 等。②细菌,主要有枯草芽孢杆菌 *B. subtilis*。

田世平等(2003)发现季也蒙假丝酵母 *Candida guilliermondii* 对桃采后果实软腐病的抑制效果与 1000 mg/L 的扑海因处理的效果一样;季也蒙假丝酵母 *C. guilliermondii*、柠檬形克勒克酵母 *Kloeckera apiculata*、汉逊德巴利酵母 *Debaryomyces hansenii* 三种酵母菌对甜樱桃褐腐病都表现出显著的抑制效果,季也蒙假丝酵母和柠檬形克勒克酵母能有效地防治核果类果实采摘后软腐病。从桃果实表面分离得到的丝孢酵母 *Trichosporon* sp. 能够很好地控制苹果灰霉病和青霉病的发生;而从桃果伤口处分离到的膜醭毕赤酵母 *Pichia membranefaciens* 则对核果类果实软腐病有较好的抑制作用,并申请了专利(申请号 200410034028)。张静等(2008)以枯草芽孢杆菌 PY-1 的菌悬液、发酵液、无菌发酵液、热处理发酵液对绿霉病以及对菌斑扩展的抑制作用,发现抑制效果强弱依次是:发酵液、菌悬液、无菌发酵液、热处理发酵液。其中,发酵液在接种病原菌孢子后的6 d、7 d、8 d 后对菌斑的抑制率分别是 99.4%±1.4%、81.8%±1.0%和 71.0%±1.3%。菌悬液在接种病原菌孢子的 6 d、7 d、8 d 后对菌斑的抑制率分别是 99.0%±1.2%、65.9%±1.1%和 46.8%±1.0%。

2. 抑菌植物提取物

筛选出对果蔬贮藏期病害具有防治作用的植物提取物主要是从一些香辛料和富含黄酮类物质的植物中提取。国内学者对中草药抑菌活性研究比较深入,在取得抑菌效果的基础上对中草药的抑菌成分进行了分析。蒋志国等(2006)研究了陈皮、肉桂、丁香、五倍子、艾叶、辛夷、姜黄、川芎、虎仗和蜂胶 10 种中草药提取物对果蔬致腐真菌扩展青霉和黑曲霉的抑制作用,比较发现中草药丁香提取物具有较强的抗菌活性，对扩展青霉和黑曲霉的最小抑菌浓度(MIC)分别为25%和50%。通过GC-MS从丁香挥发油中分离分析出14种化合物，其中丁香酚的含量最多，相对含量高达68%。马齿苋中含有丰富的黄酮类物质。刘绍军(2006)等发现马齿苋提取物对灰葡萄孢霉、黑曲霉和毛霉均有明显的抑制作用，对三种霉菌的最低抑菌浓度不超过80 mL/L，并以100 mL/L的马齿苋提取物处理贮藏期间的番茄具有明显的抑菌防霉效果。冯晓元等以标准工艺制备的黄柏 *Phellodendron chinese* 树皮提取物[其中主要成分小檗碱(berberine)含量≥5.0%]、虎杖 *Polygonum cuspidatum* 根提取物[其中主要成分白藜芦醇(resveratrol)含量≥20.0%]、厚朴 *Magnolia officinals* 树皮提取物[其中主要成分和厚朴酚(honokiol)含量≥5.0%]、松萝 *Usnea longissima* 提取物[其中主要成分松萝酸钠(sodium usnicacid)含量≥98.0%]等为主要成分制备洗果液，或以该洗果液洗果后，辅助采用壳聚糖涂膜来防治采后病害、保鲜水果的方法(专利号CN1644066)。

3. 诱导抗病性

通过物理、化学、生物因子的刺激、诱导来提高贮藏期农产品的抗病性，也是近年来的研究的热点。①物理诱抗因子，如UV-C处理、热处理、高氧处理等。②化学诱导因子，如水杨酸(salicylic acid，SA)、茉莉酸(JA)、茉莉酸甲酯(MJ)、脱乙酰壳聚糖等天然有机诱抗剂，$CaCl_2$、磷酸钾等无机诱抗剂，2，6-二氯异烟酸(2，6-dichloroisonicotinic acid)及其甲基酯、acibenzolar benzo2(1，2，3)-thiadiazole-7-carbothioic acid S-methyl ester，苯并噻唑硫代乙酸甲酯等合成有机诱抗剂。③生物诱导抗病性。Porat等(2003)发现用20 mmol/L的β-氨基丁酸(β-amino butyric acid，BABA)处理葡萄柚，能够诱导葡萄柚对青霉病菌的抵抗能力，葡萄柚体内的苯丙氨酸裂解酶(PAL)和几丁质酶的活性升高，青霉菌孢子萌发能力下降，使葡萄柚青霉病的发生率降低65%。

4. 生物技术对生防菌进行人工改造

应用生物技术的方法，将拮抗性能强的拮抗菌基因转移到另一种在果蔬表面更具适应性的微生物中，是富有吸引力的课题。使用生物工程技术改造拮抗酵母菌从而提高其生防效果，是酵母菌用于果蔬采后生物防治的最新研究领域。最近，杀菌肽A的编码基因被转化入啤酒酵母 *Saccharomy cescerevisia* 细胞，啤酒酵母细胞转化体很好地阻止了毛刺盘孢属霉菌 *Colletotrichum coccodes* 孢子的萌发，并有效地阻止了由毛刺盘孢属霉菌引起的西红柿的腐烂。

二、贮藏期真菌病害的生物防治

(一) 青霉病、绿霉病的生物防治

青霉病和绿霉病是农产品贮藏期的重要真菌病害，主要为害含水量比较多的果实，如柑橘、甜橙、苹果、梨等，在果蔬贮运过程中造成很大的损失。因此，对青霉病、绿霉病的生物防治的研究报道也比较多。

目前，筛选到对农产品青霉病、绿霉病有抑制作用的生防菌主要有：毕赤酵母 *Pichia anomala* YT73、汉逊德巴利酵母 *Debaryomyces hansenii* YT22、季也蒙有孢汉逊酵母 *Hanseniaspora guilliermondii* YT13、罗伦隐球酵母 *Cryptococcus laurentii*、柠檬形克勒克氏酵母 *Kloeckera apiculata*、粘红酵母 *Rhodotorula glutinis*、成团泛菌 *Pantoea agglomerans*。范青等(2000)、张静等(2008)筛选到枯草芽孢杆菌 *B. subtilis* 对柑橘青霉、绿霉病有较好的抑制

作用。

Ron Porat 等(2003)发现用 20 mmol/L 的 β-氨基丁酸(β-amino butyric acid,BABA)处理葡萄柚,能够诱导葡萄柚对青霉病菌的抵抗能力。

已有的研究证明,酵母菌、枯草芽孢杆菌和 β-氨基丁酸对青霉、绿霉病菌的主要拮抗机制如下。①竞争作用。主要为竞争生存空间和营养物质。酵母菌生命力强、生长繁殖快,能迅速地占领空间,吸收营养,抑制青霉菌和绿霉菌的生长。②抗生作用。酵母菌和枯草芽孢杆菌在代谢过程中可以产生拮抗性化学物质来抑制青霉菌和绿霉菌的生长。通过平板上对峙培养,很容易观察到抑菌圈的存在。张静等(2008)测定枯草芽孢杆菌的无菌发酵液对指状青霉的抑制效果,可以得到直径为(39±1)mm 的抑菌圈,但不清楚具体是哪类物质。③诱导抗性。Ron Porat 等(2003)用 20 mmol/L 的 BABA 处理葡萄柚,青霉病的发生率降低 65%。进一步研究发现,BABA 处理后的葡萄柚,体内的苯丙氨酸裂解酶(PAL)和几丁质酶的活性升高,青霉菌孢子萌发能力下降。用针刺将葡萄柚造成 1～2 mm 深的伤口,然后用 30 μL 的 β-氨基丁酸处理伤口,24 h 后在伤口处接种 20 μL 浓度为 5×10^4 的青霉菌孢子液,20℃保湿培养。检测发现,β-氨基丁酸处理能够提高苯丙氨酸裂解酶和几丁质酶的活性,病果率降低 52%。

张静等(2008)以枯草芽孢杆菌 PY-1 的菌悬液、发酵液、无菌发酵液、热处理发酵液对绿霉病以及对菌斑扩展的抑制作用,发现抑制效果强弱依次是:发酵液、菌悬液、无菌发酵液、热处理发酵液。其中,发酵液在接种病原菌孢子后的 6 d、7 d、8 d 后对菌斑的抑制率分别是 99.4%±1.4%、81.8%±1.0%和 71.0%±1.3%。菌悬液在接种病原菌孢子的 6 d、7 d、8 d 后对菌斑的抑制率分别是 99.0%±1.2%、65.9%±1.1%和 46.8%±1.0%。

(二) 酸腐病的生物防治

酸腐病是水果贮藏、运输期间的一种重要病害,如柑橘酸腐病、荔枝酸腐病、葡萄酸腐病、香蕉酸腐病。发病初期,病部呈水渍状软化,以后受害区域表皮组织开裂,流出酸臭汁液,表面长有致密的白色霉层。病原菌的无性阶段为白地霉 *Geotrichum candidum*,菌丝体无色,多分枝,多隔膜,老熟的菌丝断裂为串生的节孢子,孢子无色,初为矩形或呈卵圆形。病原菌可在土壤中腐生,分生孢子借风雨或昆虫传播,采收时的工具接触也能传播,通过茎疤、表皮裂口、剪口及各种刺痕侵入组织。在柑橘、荔枝、葡萄等水果的产区和贮藏运输过程中均有发生。通常,青果期较抗病,果实成熟度越高越容易感病。窖贮藏和薄膜袋贮藏发生较多,贮藏时间越长,发病越多。高温、高湿、缺氧及伤口都有利于此病的发生。

对酸腐病的生物防治主要是利用拮抗微生物和植物提取物。Marcian 等(1991)发现 *Pseudomonas aureofaciens* Q2-87 对柑橘酸腐病病菌 *Geotrichum candidum* 的菌丝生长有较强的抑制作用。林壁润等(2006)从新疆天山采集的土壤样品中分离出链霉菌属 *Streptomyces* 的一个菌株 GAAS7310,该菌株所产生的抑菌物质对柑橘酸腐病病菌 *G. candidum* 的菌丝生长有明显的抑制作用,其 IC_{50} 为 90.52 μg/mL。丘麒等(2008)的研究表明油茶 *Camellia sinensis* 甲醇浸提物在浓度为 10 mg/mL 干粉溶剂时,对柑橘酸腐病菌有很好的抑菌活性,抑制率达 96.96%,而 25%使百克(50 μg/mL)对柑橘酸腐病菌的抑制率只有 78.76%。

小　结

第一章至第五章是植物病害生物防治的基础理论内容,从第六章起则是按病原物类型分类的各类植物病害的具体生物防治，是理论指导下的实际应用，是植物病害生物防治研究的出发点和落脚点，因而，此章是本书的重要内容。

不同类型的植物侵染病害，分别由病原真菌、细菌、病毒类、线虫和寄生性种子植物侵染所致，由于病原物的特性不同，因而发生流行规律不同，既有侵染性病害共性，更有各自的特点，在进行生物防治时，所利用的生防机制和方法也不同。在生长过程中，植物的不同部位都会发生病害，但地上部(叶、花、果、茎)和地下部(根和根茎)的环境不同，发生流行规律也就不一样，因而，所利用的生防机制和方法也各异。

植物真菌性病害的生物防治，就根部病害而言，可利用的生防因子主要为微生物源和微生物代谢产物。生防机制主要是利用拮抗作用、竞争作用、重寄生作用、溶菌和捕食作用及促生等。可采用的主要方法有种子处理和根际处理等。就地上部病害而言，可利用的生防因子主要为微生物源、微生物代谢产物、弱毒株系、抑菌植物提取物和植物多样性利用等。生防机制主要是利用拮抗作用、竞争作用、重寄生作用和溶菌及生物多样性的自然调控作用等。可采用的主要方法有叶围处理和诱导抗病性等。系统性病害是由病原物侵染后扩展至全株的病害，系统性真菌病害的生防因子主要为拮抗微生物和抗生素，此外，还有丛枝菌根、抑菌植物提取物；生防机制主要是利用拮抗作用，此外，还有竞争作用和诱导抗病性等；可采用的主要方法有种苗处理和根际处理等。贮藏期病害较多，大多在田间侵染，贮藏期发病。可利用的生防因子主要为微生物源、微生物代谢产物、抑菌植物提取物；生防机制主要是利用拮抗作用、竞争作用等；可采用的主要方法有果实、贮藏器官处理等。

复习思考题

1. 根据根和根茎病害发生的特点，试述生物防治的地位和作用。
2. 重寄生菌以“寄生链”的形式存在于自然界，如何利用重寄生菌控制植物病害？
3. 木霉具有哪些控病机制？如何利用木霉控制植物病害？
4. 生物多样性的控病原理是什么？如何利用生物多样性控制植物病害？
5. 如何利用植物微生态控制植物病害？

主要参考文献

蔡学清，何红，胡方平. 2005. 内生菌 BS-2 对辣椒苗的促生作用及对内源激素的影响. 亚热带农业研究，1(4)：49-52.

陈玉惠，杨艳红，李永，等. 2006. 3 株木霉(*Trichoderma* spp.)对华山松疱锈病菌锈孢子的破坏作用. 植物保护，32(6)：62-65.

何红，邱思鑫，蔡学清，等. 2004. 辣椒内生细菌 BS-1 和 BS-2 在植物体内的定殖及鉴定. 微生物学报，44(1)：13-18.

黄绍宁，沈华山，吴华明. 1999. 应用地衣芽孢杆菌和木霉防治基质栽培黄瓜苗期猝倒病. 中国生物防治，15(1)：45.

黄云，曹五七，邓绍红. 1996. 梨胶锈菌的重寄生菌研究Ⅳ重寄生菌的越冬、传播及侵入. 植物病理学报，26(1)：69-73.

黄云，叶华智，董宝成，等. 2005. 接骨木(*Sambucus williamsii*)锈病(*Aecidium sambuci*)及其重寄生菌(*Tuberculina* sp.)研究. 林业科学，41(6)：181-184.

黄云，叶华智，黄天述. 2002. 大叶白蜡树锈病及其重寄生菌研究. 植物病理学报，32(4)：351-355，360.

黄云，叶华智，刘紫英，等. 2004. 华中五味子锈病菌及其重寄生菌的鉴定. 植物病理学报，34(2)：117-121.

黄云，叶华智，严吉明，等. 2005. 重寄生菌葡酒锈生座孢(*Tuberculina vinosa*)和白蜡树锈生座孢(*T. fraxinis*)的寄生专化性. 植物病理学报，35(6)：481-485.

李德新，齐巧丽，安信伯，等. 2008. 药剂处理种栽及生物防治白术根腐病研究. 安徽农业科学，36(15)：6372，6373.

李晶，杨谦. 2008. 生防枯草芽孢杆菌的研究进展. 安徽农业科学，36(1)：106-111.

李琼芳，曾华兰，叶鹏盛，等. 2007. 哈茨木霉(*Trichoderma harzianum*)T23生防菌筛选及防治中药材根腐病的研究. 西南大学学报(自然科学版)，29(11)：119-123.

李术娜，马平，胡明，等. 2008. 棉花黄萎病拮抗细菌筛选与B-101菌株抗菌蛋白分离. 植物病理学报，38(4)：445-448.

梁晨，吕国忠，李宝笃. 2006. 重寄生菌白粉寄生孢的研究进展. 莱阳农学院学报(自然科学版)，21(1)：317-322.

梁建根，张炳欣，陈振宁，等. 2006. 促生菌CH1诱导黄瓜对猝倒病抗性的研究. 园艺学报，33(2)：283-288.

林福呈，李德葆. 2003. 枯草芽孢杆菌(*Bacillus subtilis*)S9对植物病原真菌的溶菌作用. 植物病理学报，33(2)：174-177.

刘富平，朱天辉. 2008. 复合拮抗剂对马尾松幼苗猝倒病的生物控制. 海南大学学报(自然科学版)，26(2)：149-152.

刘洪亮. 2008. 玉米丝黑穗病菌冬孢子萌发条件及生防菌的筛选. 黑龙江八一农垦大学博士学位论文.

刘薇，杨超，邹剑锋，等. 2009. 水稻纹枯病生物防治研究进展. 广西农业科学，40(5)：512-516.

刘伟成，潘洪玉，席景会. 2005. 小麦赤霉病拮抗性芽孢杆菌生防作用的研究. 麦类作物学报，25(4)：95-100.

刘云龙，何永宏，张旭东. 2002. 哈茨木霉对辣椒生长的影响. 云南农业大学学报，17(4)：345，346.

楼兵干，张炳欣，Maarten R，等. 2002. 黄瓜苗期猝倒病的生物防治. 植物保护学报，29(2)：109-113.

邵红涛，许艳丽. 2007. 具有生防能力的木霉菌(*Trichoderma* spp.)与两株大豆根腐病病原菌(*Fusarium oxysporum*、*Rhizoctonia solani*)对碳、磷、铁的竞争研究. 黑龙江大学自然科学学报，24(1)：126-129.

司美茹，薛泉宏，余博，等. 2006. 辣椒疫霉生防菌的双重筛选. 植物保护学报，33(1)：41-46.

童蕴慧，纪兆林，徐敬友，等. 2003. 灰霉病生物防治研究进展. 中国生物防治，19(3)：131-135.

王光华，周克琴，金剑，等. 2004. 生防微生物BRF-1对大豆根腐病的拮抗作用. 大豆科学，23(3)：188-191.

王娜，许雷. 2007. 棉花黄萎病、枯萎病拮抗细菌的筛选及其生长特性的研究. 植物保护，33(6)：39-43.

杨靖然，蒋伶活. 2008. 禾谷镰刀菌的生物防治研究进展. 安徽农业科学，(23)：10043-10045.

袁志文，苑健羽，李连芝. 1991. 锈寄生菌对落叶松褐锈病抑制作用的观察. 生物防治通报，7(2)：61-63.

苑健羽. 1990. 落叶松真菌病害. 北京：科学出版社.

曾华兰，叶鹏盛，何炼，等. 2006. 利用木霉对麦冬根腐病的生物防治研究. 世界科学技术——中医药现代化(基础研究)，8(5)：63-66.

曾华兰，叶鹏盛，李琼芳，等. 2003. 利用木霉防治丹参根腐病的研究. 四川农业大学学报，21(2)：142-144.

张慧，杨兴明，冉炜，等. 2008. 土传棉花黄萎病拮抗菌的筛选及其生物效应. 土壤学报，45(6)：1095-1101.

张志刚，邱德文，杨秀芬，等. 2007. 极细链格孢蛋白激发子诱导棉花抗病性及相关酶的变化. 中国生物防治，23(3)：292-294.

赵学谦，廖华明. 2006. 四川省利用水稻品种多样性间栽技术持续控制稻瘟病. 西南农业学报，19(3)：418-422.

周洪友，王烨，张力群，等. 2004. 产抗菌素2，4-二乙酰基藤黄酚假单胞杆菌的分离及其防治沙打旺根腐病的室内测定. 中国生物防治，20(3)：197-201.

周利，黄丽丹，徐斌，等. 2008. 2株重寄生菌对华山松疱锈病的野外防治试验. 中国森林病虫，7(4)：26-28.

周艳芬，杜红方，袁洪水，等. 2007. 棉花黄萎病拮抗蛋白的分离与纯化. 棉花学报，19(2)：98-101.

朱廷恒，邢小平，孙顺娣. 2004. 木霉T97菌株对几种植物病原真菌的拮抗作用机制和温室防治试验. 植物保护学报，3(2)：139-144.

朱有勇，Hei Leung，陈海如，等. 2004. 利用抗病基因多样性持续控制水稻病害. 中国农业科学，37(6)：832-839.

Ahmed I H，Labuschagne N，Korsten L. 2007. Screening rhizobacteria for biological control of fusarium root and crown rot of sorghum in Ethiopia. Biological Control，40(1)：97-106.

Avery S V, Stratford M, West P V. 2008. Stress in Yeasts and Filamentous Fungi. New York: Academic Press.

Bardin S D, Huang H C, Moyer J R. 2004. Control of pythium damping-off of sugar beet by seed treatment with crop straw powders and a biocontrol agent. Biological Control, 29: 453-460.

Elmer P A G, Reglinski T. 2006. Biosuppression of *Botrytis cinerea* in grapes. Plant Pathology, 55(2): 155-177.

Emmons C W. 1930. Cicinnobolus cesatii, a study in host-parasite relationships. Bulletin of the Torrey Botanical Club, 57: 421-439.

Emmons C W. 1930. Cicinnobolus cesatii, a study in host-parasite relationships. Bulletin of the Torrey Botanical Club, 57: 421-439.

Essghaier B, Fardeau M L, Cayol J L, et al. 2009. Biological control of grey mould in strawberry fruits by halophilic bacteria. Journal of Applied Microbiology, 106(7): 833-846.

Haggag, Wafaa M. 2008. Isolation of bioactive antibiotic peptides from *Bacillus brevis* and *Bacillus polymyxa* against Botrytis grey mould in strawberry. Archives of Phytopathology and Plant Protection, 41(7): 477-491.

Hau B, Kranz J. 1978. Model-computations of the effectiveness of the hyperparasite eudarluca caricis on rust epidemmics. Plant Diseases and Protection, 85(3/4): 131-141.

Huang Y, Ye H Z, Chen G Y, et al. 2005. *Aster albescens* rust caused by *Aecidium asterum* and its hyperparasitic fungus *Tuberculina persicina*. Sciena Agricultura Sinica, 4(3): 187-191.

Hubert E E. 1935. Observations on *Tuberculina maxima* a parasite on *Cronartium ribicola*. Phytopathology, 25: 253-261.

Joo G J, Kim Y M, Kim J W, et al. 2004. Biocontrol of cabbage clubroot by the organic fertilizer using *Streptomyces* sp. AC-3. Korean Journal of Microbiology and Biotechnology, 32(2): 172-178.

Kiss L. 1998. Natural occurrence of *Ampelomyces* intracellular mycoparasites in mycelia of powdery mildew fungi. New Phytol, 140, 709-714.

Kiss L. 2001. The role of hyperparasites in host plant-parasitic fungi relationships. *In*: Jeger M J, Spence N J. Biotic Interactions in Plant-Pathogen Associations CAB International, Wallingford: 227-236.

Kiss L. 2003. A review of fungal antagonists of powdery mildews and their potential as biocontrol agents. Pest Management Science, 59: 475-483.

Kiss L. 2004. How dangerous is the use of fungal biocontrol agents to nontarget organisms? New Phytologist, 163: 453-455.

Koc N K, Rorrer H R, Kern H. 1981. Studies on the relationship between *Puccinia graminis* and the hyperparasite *Apbanoc-ladium album*. Phytopath, 101: 131-135.

Kuhlman E G, Miller T. 1976. Occurrence of *Tuberculina maxima* on fusiform rust galls in the southeastern United States. Plant Disease Reporter, 60(7): 627-629.

Lewis J A, Lumsden R D. 2001. Biocontrol of damping-off of greenhouse-grown crops caused by *Rhizoctonia solani* with a formulation of *Trichoderma* spp. Crop Protection, 20: 49-56.

Li G Q, Huang N C, Acharya S N. 2002. Ultrastructural study of mycoparasitism of *Gliocladium roseum* on *Botrytis cinerea*. Botanical Bulletin of Academia Sinica, 43: 211-218.

Plachecka A. 2005. Microscopical observations of *Sphaerellopsis filum*, a parasite of *Puccinia recondita*. Acta Agrobotanica, 58(1): 67-71.

Powell J M. 1971. Incidence and effect of *Tuberculina maxima* on cankers of the pine stem rust, *Cronartium comandrae*. Phytoprotection, 52(3): 104-111.

Rostrup E. 1890. Ustilagineae. Daniae. Festskrift Bo Forening I Kjbenhaon: 117-168.

Saravanakumar D, Spadaro D, Garibaldi A, et al. 2009. Detection of enzymatic activity and partial sequence of a chitinase gene in *Metschnikowia pulcherrima* strain MACH1 used as post-harvest biocontrol agent. European Journal of Plant Pathology, 123(2): 183-193.

Swendrsrud D P, Calpouzos L. 1971. Effect of inoculation sequence and humidity on infection of *Puccinia recondite* by the mycoparasite *Darluca filum*. Phytopathological Notes, 62: 931, 932.

Weeraratne T P, Adikaram N K B. 2006. Biology of *Plumeria* leaf rust disease caused by *Coleosporium plumeriae*. Cey J Sci(Bio Sci), 35(2): 157-162.

Wicker E F. 1980. Biocontrol of conifer stem rusts the purple mold. Phytopath Medit, 19: 21-26.

Xiao K, Kinkel L L, Samac D A. 2002. Biological control of phytophythora root rots on alfalfa and soybean with streptomyces. Biological Control, 23(3): 285-295.

Yuan Z W, Pei M H, Hunter, et al. 1999. Pathogenicity to willow rust, *Melampsora epitea*, of the mycoparasite *Sphaerellopsis filum* from different sources. Mycol Res, 103(4): 509-512.

第七章　植物细菌病害的生物防治

第一节　植物根部细菌病害的生物防治

植物根部细菌病害是重要的植物细菌病害种类之一，在我国各地均有分布，主要有：由根瘤农杆菌 *Agrobacterium tumefaciens* 引起的各种果树的根癌病，由茄科雷尔氏菌 *R. solanacearum* 引起的茄科蔬菜青枯病，由果胶杆菌属 *Pectobacterium* 引起的各种作物的细菌性枯萎病、马铃薯黑茎病及各种蔬菜作物的软腐病等，以及由密执安棒杆菌马铃薯环腐致病变种 *Clavibacter michiganense* subsp. *sepedonicum* 引起的马铃薯环腐病。植物根部细菌病害的发生特点多为全株性或系统性病害，多数由土传或种传，病害的潜育期较长，再侵染所起的作用较小，病原物侵入寄主后，受环境条件的影响较小，病菌数量在土壤中会逐年积累，几年后会造成较大危害，与连作有密切的关系，前一年发病重的地块，第二年再种其寄主作物时，往往发病较重。对于多年生的寄主植物而言，病害发生会逐年加重，直至寄主植物死亡。病害发生后，土壤中的病菌难以根除，病害较难防治，会给生产造成很大的损失。

一、果树根癌病的生物防治

果树根癌病(fruits crown gall)又叫冠瘿病，是多种果树上重要的根部病害之一。该病是由根瘤农杆菌 *A. tumefaciens* 引起的一种世界上难以根除的顽固细菌病害，对生产影响很大。该病发生的最大特点是病菌的寄主范围很广，多达 93 科 331 属 643 种植物，危害严重的果树有桃、樱桃、苹果、葡萄、梨、李、杏、海棠、山楂、枣、木瓜、板栗和核桃等。果树发病后，在植物的根部(有时在茎部)形成大小不一的肿瘤。该病可造成植株生长发育迟缓，树势减弱，产量降低，寿命缩短，甚至死亡，严重影响果树的产量和品质。果园一般发病率在 20%～100%，严重时可造成毁园。病菌主要存在于土壤中，主要从伤口(嫁接、机械和昆虫等造成)侵入，病菌一旦侵入，很难防治。造成这种结果主要是因为该菌致病机制特殊，由于细菌染色体外的遗传物质，即 Ti 质粒中的一个片段 T-DNA 转移到植物细胞并整合到植物染色体组上，随着染色体的复制，致病基因表达所致。所转移和整合的 DNA(T-DNA)，含有编码合成两种生长剂——生长素和细胞分裂素，以及一类氨基酸衍生物——冠瘿碱(opine)的基因。植物激素合成的基因表达，导致植物肿瘤发生。一旦有根癌症状出现，就证明 T-DNA 已经转移到植物的染色体上，再用杀菌剂杀细菌细胞已无法抑制植物细胞的增生，更无法使肿瘤症状消失，给该病的防治带来极大的困难。引起该病的病原菌存在不同的生物型和 Ti 质粒类型，不同生物型和 Ti 质粒类型对生防菌产生的细菌素的敏感性不同，给病害的防治带来复杂性。根据生化性状、血清型、蛋白质电泳图谱及致病性等特征，病菌可分为生物型Ⅰ、生物型Ⅱ、生物型Ⅲ和生物型Ⅳ 4 个生物型。北京地区引起梨和桃根癌病的病菌为生物型Ⅰ和生物型Ⅱ；北京、内蒙古、吉林、辽宁和山东等地葡萄上的病菌为生物型Ⅰ、生物型Ⅱ和生物型Ⅲ 3 种类型。对葡萄致病性较强的以生物型Ⅲ为主，苹果上的病菌为生物型Ⅳ。不同生物型的根癌菌在不同植物上的优势

(比例)不同,例如,葡萄根癌菌主要(80%以上)是 *A. vitis*(生物型Ⅲ),少数是 *A. tumefaciens*(生物型Ⅰ),质粒类型以章鱼碱型为主;苹果、柿、梨的根癌菌主要属于生物型Ⅱ,少数是生物型Ⅰ,质粒类型均为胭脂碱型;海棠根癌菌多数是 *A. tumefaciens*(生物型 Ⅰ),少数是 *A. rhizogenes*(生物型Ⅱ),质粒类型主要是胭脂碱型;核果类果树冠瘿病菌主要是生物型Ⅱ型,属于胭脂碱/农杆碱素 A 型的 Ti 质粒。

(一) 果树根癌病生防研究现状

1. 应用 K84 菌株进行生物防治

放射状土壤杆菌 K84 是 1972 年由澳大利亚的 Kerr 从桃树根癌病的病土中分离出来的无致病性的菌株,并首先在防治桃树根癌病上取得成功,也是最早应用于防治果树根癌病的菌株。此后 K84 菌株引起世界关注,用来防治某些果树的根癌病也取得良好的效果,如希腊用 K84 菌株完全控制了杏和桃树苗的根癌病。1973 年,K84 菌株制剂已有商品生产,并在美国和澳大利亚有制剂出售。K84 菌株制剂是目前美国为数不多的已经注册登记的细菌菌株生防制剂。20 世纪 80 年代后,K84 在国外得到了广泛应用,并为防治果树根癌病开辟了一条新的生物防治途径。K84 菌株防治根癌病的机理是由于它抢先占领果树伤口的位点,在其上定植并产生细菌素 A84,阻止病菌从伤口侵入。因此,它的作用是预防而不是治疗。细菌素 Agrocin84 是一种低分子质量抗生素,其化学结构类似腺嘌呤核苷酸,它对产生胭脂碱型/农杆素碱 A 的 Ti 质粒(如侵染核果类、苹果、梨、柿的根癌菌)有强烈抑制作用,而对章鱼碱型或引起葡萄根癌病的生物型Ⅲ的 Ti 质粒无效。因此在生产应用时要采集根癌菌进行冠瘿碱分析,才能确定病原菌的 Ti 质粒类型,更有效地防治病害。

中国农业大学等单位于 20 世纪 80 年代在调查我国根癌病为害情况和发病较重植物的根癌菌菌系分析的基础上引进了 K84 菌株,通过检测 K84 菌株对不同植物上根癌菌的抑制效果,研究了适应于我国条件的 K84 菌株发酵、制剂生产和使用方法。同时为弥补 K84 菌株抑菌谱的局限性进行了新的生防菌株的筛选,以期对我国不同植物根癌病进行全面有效的防治。

在我国现已明确 K84 菌株可降低桃树根癌病发病率 90.15%～100%,降低病害严重度(即平均每株结瘤数)96.18%～100%。柰李的室内平板和温室试验表明,K84 对 97%的菌株均有明显的抑制作用。用 K84 菌剂处理的樱桃苗木发病率是 0.15%,而且肿瘤的个体也明显小于对照区。苹果的室内和温室研究表明,K84 菌株对所有供试根癌菌均有显著的抑制作用(温室试验中完全不结瘤)。该菌株目前在中国已经商业化生产。

由于 K84 菌株含有 pAgK84 基因,pAgK84 能转移到含有包括根癌菌的其他土壤杆菌中,也能产生农杆菌素 A84,并对其产生免疫,导致寄主生瘤发病,使生防失败。另外也不排除根癌菌可能发生突变,变成对农杆菌素 A84 具有抗性的菌株,从而影响 K84 菌株的生防效果。所以 K84 菌株有时具有生防效果,有时又丧失生防效果,有其不稳定的一面。

2. 应用其他放射状土壤杆菌菌株或生物手段进行根癌病生物防治现状

鉴于 K84 菌株的一些缺陷,K84 产素质粒 pAgK84 有能转移的性能,因此,澳大利亚科学家通过限制性酶切和 DNA 重组技术,把有转移的 DNA 片段,即所谓的转移区切掉,使 pAgK84 再无接合转移能力,即获得 K84 的转移缺失株(Tra^-),命名为 K1026。由于 K1026 不会发生产素质粒转移的危险性,因此使用安全,另外菌株其他方面的特性和生防效果与亲代 K84 没有区别。目前,该菌株已申请专利,并由澳大利亚 Bio-Care 公司登记注册,商品名称为

NOGall^{TM}，在澳大利亚和美国有商品出售。这是世界上第一个作为商品出售的遗传工程菌株。我国已引进该菌株，在不久的将来也许会有产品面市。除此之外，1983 年 Handson 从桉树冠瘿瘤中分离出 D286 菌株，它产生的农杆菌素 D286 亦为核苷酸类物质。1985 年 Staphorst 在南非从葡萄根癌病组织中分离获得 F2/5，不致病，产生农杆菌素。J73 是 1986 年南非 Webster 从李树根癌中分离到的，本身是病原菌，但对葡萄不致病，且能通过产农杆菌素抑制葡萄根癌病的发生，很有应用前景。1994 年，Burr 从葡萄冠瘿中分到 H6，含有一个质粒，无致病性，混合接种可明显减少瘤数和瘤的大小；Stahl 等(1998)发现质粒连接的媒介 RSF1010 对 *A. tumefaciences* 的毒性有较好的抑制作用；Escolar 等设计出 iaaM 和 ipt 的干涉 RNA，通过对转基因后的阿拉伯芥进行体外接种，发现抑瘤率可达 97.5%；2002 年，Herlache 等发现蛋白质类抗生素 Trifolitoxin(TFX)对葡萄农杆菌有较好的抑制效果；2003 年，Lee 等通过使转录后致癌基因沉默，抑制根瘤的生长。我国在此方面也开展了大量工作。最早是 1984 年谢学梅、游积峰等从内蒙葡萄冠瘿中分离得到一株产细菌素菌株 MI15，该菌株可抑制 90%以上不同根癌土壤杆菌的生长；此后 1986 年陈晓英等从山东啤酒花根癌中分离获得 HLB-2，无致病性，能产生农杆菌素；E26 是 1990 年梁亚杰等从葡萄根癌组织中分离的，无致病性，能产生农杆菌素，对 85.2%的供试菌株有防治效果。E26 是国内分离的对葡萄根癌病效果较好、系统研究较深入的一个菌株；2004 年，王关林等以发根土壤杆菌 K84 为供试菌株，对其进行紫外诱变，筛选出高产细菌素的菌株 WJK84-1，通过樱桃接瘤实验表明，WJK84-1 菌株和其产生的细菌素均可抑制根瘤发生，抑制率达到 83.4%。在对生防菌分离、鉴定的同时，也开展了其他方面的研究。如不同根癌菌质粒类型与防治效果的关系，E26 等生防菌的生防机制、生防效果的稳定性等，为进一步利用生防菌奠定了良好的基础。

(二) 利用 K84 和 K1026 对果树根癌病的生物防治

1. K84 和 K1026 生防菌的分类地位

K84 和 K1026 菌株属于细菌域，普罗特斯细菌门，Apha 普罗特斯细菌纲，根瘤菌目，根瘤菌科，土壤杆菌属，*Agrobacterum* sp.。K84 菌株主要分布于桃树根围的土壤中，K1026 是用分子生物学手段构建的 K84 转移缺失株(Tra$^-$)，在土壤中未发现。

菌株杆状，不产生芽孢，大小为(0.6～1.0) μm×(1.5～3.0) μm，单生或成双，以 1～4 根极生鞭毛运动，革兰氏反应阴性。在含碳水化合物的培养基上，会产生丰富、黏稠的胞外多糖。菌落通常为圆形，隆起、光滑、无色素，白色至灰白色，半透明；过氧化氢酶阳性，氧化酶和尿酶通常也是阳性，不含 Ti 质粒，为土壤习居菌。

2. 生防机制

K84 菌株防治根癌病的生防机理是由于它抢先占领果树的伤口位点，在其上定植并产生农杆菌素 A84，阻止病原菌侵入。这是 K84 菌株非常重要的两个生防机制。

农杆菌素 A84 由 K84 菌株的一个大小约 48 kb 的质粒 pAgk84 编码，能够抑制胭脂碱/农杆菌素碱 A 型 Ti 质粒的土壤杆菌，其结构类似腺嘌呤核苷酸，只是带有两个替代基，A84 对农杆菌素免疫和使该质粒转移。

K84 菌株除含有 pAgk84 外，还含有一个 pAgk84b(或 pNOC)质粒，大小约 173 kb，主要功能是分解代谢胭脂碱(noc)及对 Ti 质粒的不相容性，使其保护 K84 菌株以免通过接合转移获得 Ti 质粒，变成既致瘤又对农杆菌素免疫的病原菌，具有 noc 功能也可促进 K84 菌株群集在产生胭脂碱的冠瘿瘤上生长，并分泌农杆菌素 84，阻止病原细菌蔓延到其他侵染位点。K84 菌株这种群集于根部，迅速定植的作用对 K84 菌株的生防作用非常关键。实践证明当 pAgk84 质粒从 K84 菌株转移到生物型Ⅰ的土壤杆菌中时，此新菌株虽然有产农杆菌素 84 的能力，但其群集在根上的能力差，对冠瘿病的防治效果就大不如 K84 菌株了。

K84 菌株防治冠瘿病失败的机制可能有三个方面：pAgk84 质粒从 K84 菌株转移到生物型Ⅰ的土壤杆菌中，结果使病原菌既能抗农杆菌素 84，又能致瘤；Ti 质粒转移至 K84 菌株，使 K84 菌株变成了能产农杆菌素又对农杆菌素 84 免疫的致病菌，但这种可能性不大，主要是因为 K84 含有 pNOC 质粒，它与 Ti 质粒不相容，如果 K84 接受了 Ti 质粒，必须先丢失自己的 pNOC；第三个原因是根癌农杆菌突变产生对农杆菌素 K84 抗性。

K1026 是用分子生物学手段构建的 K84 转移缺失株（Tra^-），其产农杆菌素的能力，含有的菌株质粒及产素质粒的稳定性都与 K84 菌株没有差别，其生防机制与 K84 相同，其最大优点是 K1026 的质粒 pAgk84 不能接合转移至其他农杆菌，对冠瘿病的防治效果稳定。

3. 应用方法

(1) 防治对象：核果类（核桃、桃、樱桃）、苹果、梨、柿等果树苗木根癌病。

(2) 时期：两个菌株的制品处理苗木的时期是播种、定植、嫁接、移栽和运输，而且要求在处理根部的受伤部位时越早越好。

(3) 使用浓度：K84 和 K1026 的发酵培养液，稀释至 10^7～10^8/mL，处理苗木和种子 5～10 min；K1026 进口商品包装为 250 g，并随包赠送附着剂，用 12 L 水稀释后，进行种苗处理 5～10 min。

4. 防治效果

自 K84 菌株商品制剂问世后，用 K84 菌株防治植物根癌报道很多。国外 Moore 曾对此作了详细评述。他列举了许多植物如蔷薇科、菊科、胡桃科、杨柳科等植物幼苗用 K84 菌株处理后，对根癌病的防治效果很好，甚至达到了 100%。目前该菌剂在美国已广泛用于防治樱桃疾病，在澳大利亚、欧洲、北美洲主要用于防治园艺和观赏植物的冠瘿病。

我国自从 1985 年引进该菌株后，先后在桃、樱桃、樱花、啤酒花、毛白杨等作物的冠瘿病的防治上取得较好的效果。上海农科院用 K84 在桃树上试验结果表明：K84 菌剂 30 倍稀释液浸泡桃核 5 min，处理的苗全苗高，发病率为 8.5%，而对照缺苗多，苗高矮不齐，发病率高达 67.7%；用 30 倍液与根癌菌 1∶1 浸根 5 min 后定植，防效可达 95.8%，处理的桃树长势强壮，无死苗株，而且发病的植株癌瘤个体小且少；对 2～3 年患病幼树，将瘤切净，药棉蘸足 K84 30 倍液敷于伤口处，且灌 30 倍液 2 kg/每株，治愈率可达 93.3%；在 5～7 月在桃树生长期用 30 倍液进行浇灌，每株 1～2 kg 药液，处理植株叶片生长正常，发枝好，整株长势良好。先后在上海区县和 10 多个省进行田间示范结果表明，对桃根癌病田间防效达 97%以上，防效显著。中国农业大学王慧敏等用 K84 防治桃树根癌病，可使病害降低发病率 99.5%～100%，降低病害程度（即平均每株结瘤数）96.8%～100%。

K1026 菌剂田间试验表明，能使核果类、苹果、梨、柿等果树的根癌病发病率降低96.8%～100%，防治效果与 K84 无差别，同时由于不会将产细菌素质粒转移到病原菌内，因此，不会使病原菌产生抗性，不易丧失防效，是 K84 的替代品，应用前景非常广阔。

5. 影响因子及展望

尽管根癌病菌寄主范围广，病菌存在不同的生物型及质粒类型，不同植物上的侵染特点也不同，但是所有的根癌菌都存在于土壤中，均是以伤口作为唯一的侵染途径，而且是以同样的致病机制使植物发病，因此，防治的时间应以在种子或植株接触未消毒的土壤之前为好，保护伤口，从根本上阻止根癌菌的侵入。

K84 和 E1026 菌剂对由生物型Ⅲ引起的葡萄根癌病无效，针对这一情况，中国科学院微生物所与中国农业大学等单位合作，从啤酒花及葡萄冠瘿中分离与筛选出不致瘤、能产生抗生素抑制生物Ⅲ型葡萄根癌菌生长的放射状土壤杆菌 HLB-2、MI15（均为生物Ⅰ型）及 E26（生物Ⅲ型），经过 1000 多亩大田试验证明对葡萄冠瘿病的防治效果良好，达 80%～100%。在美国温室与田间试验 HLB-2、E26 的防治效果同样明显，是我国在葡萄根癌病生物防治中的特色和创新，并引起国外关注。另外世界各国也都分离出具有良好应用前景的生防菌株如 F2/5、J73 等，但将这些菌株真正应用到生产实际中来，还涉及诸如菌株的遗传稳定性、对环境的适应性、对病菌的广谱性、是否会产生抗性及对寄主无致病性等诸多问题。

二、茄科蔬菜青枯病的生物防治

茄科蔬菜青枯病（bacterial wilt of solanceous vegetables）又称细菌性枯萎病，是由青枯劳尔氏菌 *R. solanacearum* 引起的一种世界范围内发生的茄科蔬菜重要根部土传毁灭性病害。该病广泛分布于热带、亚热带和某些温带地区，给多种作物造成严重的损失。该病菌寄主范围广泛，可以危害以茄科植物为主的 44 个科 300 多种植物。茄科植物中以番茄受害最重，马铃薯和茄子次之，辣椒受害最轻。在我国该病主要分布于我国黄河以南各省区，20 世纪 70 年代以来，发病区迅速扩大，危害程度也逐渐加重。

植物青枯病是一种典型的土传维管束系统侵染病害，虽然不同植物在不同时期、不同环境条件下的症状和危害程度表现有差异，但其共同特点是病原菌主要以病残体遗留在土壤中越冬，病原菌既可在病残体上营腐生生活，也可在无寄主的情况下在土壤中存活 14 个月甚至更长时间。细菌从植株根部或茎基部伤口侵入，通过增殖和一系列生化活动破坏寄主维管束输导组织，导致植株失水枯萎，一些作物还存在青枯菌的潜伏侵染和危害现象。多数农作物一旦受青枯菌侵染即表现枯萎症状，基本失去产量或经济价值。

（一）茄科蔬菜青枯病的生防研究现状

近几十年来国内外的学者对茄科青枯病的生物防治做了许多研究，越来越显示出生物防治在茄科作物青枯病防治方面的巨大应用潜力，可望作为青枯病防治的一种有效措施。

1. 生防菌的筛选和利用

目前对青枯病生物防治的研究主要包括利用无致病力青枯菌、拮抗细菌、菌根真菌对病原菌进行抑制，以及利用基因工程对有关植物进行抗病转化等。

(1) 无致病力产细菌素的青枯菌株（ABPS）的利用。无致病力青枯菌是青枯菌的变种，与青枯病原菌相比，它同样对植物具有侵染作用，但侵染植物后不会使植物致病，反而会诱导植物对青枯病原菌产生抗性，或是依靠其自身或菌系产生的细菌素来杀伤或抑制致病菌。细菌素（bacteriocin）是一种由细菌的某些菌系所产生的对该种细菌的另一些菌株或关系较近的细菌有杀伤作用、非复制性的含蛋白抗菌物质。Okabe 在 1954 年首次发现青枯菌株之间有拮抗作用，有些菌株具有产生抑菌物质的能力，通过分析为一种含蛋白质的细菌素。自从 1981 年美国 Lum 通过试验发现有些无致病力产细菌素拮抗菌在灭菌土条件下对番茄青枯病有较好的防效后，国内外许多学者通过多种途径获得了无致病力的青枯菌株，开展了利用无致病力产细菌素青枯菌(ABPS)防治植物青枯病的研究工作，证实了细菌素在防治中的重要作用。无论是自发突变的无致病力菌株还是诱变产生的无致病力青枯突变株，均取得温室或小区试验的良好防效，但后期防效降低，大田试验效果不理想，防效不稳定。利用产细菌素菌株作为茄科作物青枯病生防菌的主要优点是它们能在与病菌相似的生态条件下发挥作用，而且对生态环境的影响不大。

(2) 拮抗细菌及代谢产物利用。目前，已报道的用于防治青枯病的拮抗细菌主要包括芽孢杆菌 *Bacillus* spp.、假单胞杆菌 *Pseudomonas* spp. 和链霉菌 *Streptomyces* spp. 等。

芽孢杆菌由于可以产生芽孢，抗逆能力强，繁殖速度快，营养要求简单，易定殖在植物表面，芽孢杆菌产生的芽孢有利于生防制剂的生产和贮存。因此，芽孢杆菌的利用是青枯病拮抗细菌研究中的重点和热点。用于防治青枯病的芽孢杆菌主要包括枯草芽孢杆菌 *B. subtilis*、多粘芽孢杆菌 *P. polymyxa*、蜡状芽孢杆菌 *B. cereus* 等。目前国内外报道的对青枯病菌在温室和田间试验均有效的菌株有 30 余株，而且还表现出良好的提高种子发芽率、促进植物生长和增产的作用。另外在对青枯病有良好防病效果的内生拮抗菌中，绝大多数是芽孢杆菌。目前已有 3 个芽孢杆菌的菌剂投入了商业化生产。

假单胞菌作为生防因子主要集中在荧光假单胞菌 *P. fluorescens*、恶臭假单胞菌 *P. putida*、洋葱假单胞菌 *P. cepacia* 这 3 个种上。无论使用假单胞菌菌剂处理种子还是浸根均表现出一定的防效，同时还表现一定的增产作用。并对个别菌株的拮抗物质进行了分离、提纯和分析。

除产生拮抗物质外，由于假单胞杆菌属 *Pseudomonas* 细菌通常能在植物根围土壤中大量增殖，可在适宜的植物体外和自然条件下产生噬铁素。噬铁素在微生物互作和生物防治中的作用主要表现在作物根围环境中对根部病害的抵制作用，而且假单胞杆菌对植物生长的促进作用直接与它们在体外产生的噬铁素活性有关。因此假单胞菌属的生防菌也是人们研究的热点。目前国内已有两个商品化的防治青枯病的假单胞菌的生防菌剂问世。

链霉菌属 *Streptomyces* spp. 是产生抗生素的重要菌，在自然界中 70% 的抗生素是其产生的。已报道的用于防治青枯病的生防链霉菌虽然不多，但也显示出了其生防潜力。如 El Abyard 等将 3 个链霉菌菌株包括灰白链霉菌 *S. canescens*、柠檬荧光链霉菌 *S. citrecofuorescens* 和极美链霉菌 *S. pulcher* 分别制成种衣剂处理番茄种子，可以在 42～63 d 内控制由 *R. solanacearum* 引起的青枯病。谢德龄等报道 *S. lavendulae* 能产生一种 *N*-糖苷类抗生素，多年的室内和田间试验表明该菌对马铃薯青枯病等细菌性病害具有很好的防治效果。

在利用拮抗微生物代谢产物进行防治方面，国外报道的抗生素有链霉素、安卞西林、四环素和青霉素等，但一般认为其对青枯病的防治效果不理想。国内报道的抗生素类有井冈霉素、新植霉素、农用链霉素、抗菌剂“401”和爱力杀等。链霉素是较常用的防治药剂，常喷施于叶片、花和果实以防治青枯病，但是病原菌对链霉素抗性的产生已成为持续利用这种防治方法的主要限制因子。

到目前为止，我国已报道的拮抗微生物制剂及菌株主要有姜瘟灵(*B. acillus* B130 菌株)、青枯停、青枯散(90B4-2-2)、酵素菌、保得土壤接种剂、康地雷得(HY96-2)、青枯病生防菌 ANTI-8098A、克菌康、CPF210、AR99、2P24、B1301、BB11、01-144、01-182、Atm044、Asp061和

AQB-16 等。据报道，青枯病生防菌 ANTI-8098A 的防效可达 75%～85%，2P24、CPF210 的防效为 60%，AR99 的防效为 91%～94%，HY96-2 菌剂的防效为 70%～92%。但是，这些生防制剂及菌株由于多方面原因，商业化生产的仅有 5 个。

(3) 转基因植物的利用。随着分子生物学技术的发展，目前国内外正积极地探索将一些与抗病有关的一些基因转入寄主植物，以期获得抗青枯病转基因植物。虽然转基因植物距离实际应用还有很长的一段距离，但极有可能成为防治植物青枯病最有希望的途径。美国等将 Cecropin B 类似物 *shival* 基因转入烟草植株，发现此植株的子代在接种了强毒性 *R. solanacearum* 后能够比对照推迟显症，降低发病程度和死亡率。国内也将相关基因转入马铃薯和番茄中并使其表达，获得了具有一定抗性的植株。

(4) 其他生防因素的应用。除以上主要拮抗细菌外，沙雷氏菌 *Serratia* spp. 对辣椒青枯病也表现出良好的防治效果。与生防细菌相比，目前用于防治植物青枯病的生防真菌的报道较少，主要是土壤真菌和菌根菌。哈茨木霉 *T. harzianum* 室内防效很好，但田间效果不明。菌根菌可以减轻由 *R. solanacearum* 引起的番茄青枯病的发生和显著提高根系酚类物质的含量，降低根际、根表面和木质部中青枯菌的数量。

2. 生防机制研究

防治青枯病的生防菌株生物防治机制主要包括拮抗物质的产生、定殖位点的竞争及植株抗性的诱导等方面。有的菌株以一种机制为主，有的同时具有多种机制。

(1) 产生细菌素。不论是无致病力的青枯病菌株(ABPS)，还是芽孢杆菌 *Bacillus* spp.、假单胞杆菌 *Pseudomonas* spp. 和链霉菌 *Streptomyces* spp. 等拮抗菌防治青枯病，其最重要的生防机制之一就是产生细菌素。20 世纪 80 年代利用 ABPS 防治青枯病的机制研究大多集中于细菌素的产生方面。Chen(1984)、日本的 Hara 和 Ono(1991)先后发现用 ABPS 菌悬液预处理烟草比用 ABPS(青枯假单胞菌无致病力不产细菌素菌系)菌悬液更有效，他们认为这应归因于细菌素的产生。Cuppels、张建华等证明了青枯菌产生的细菌素特异性较强。任欣正等(1988)发现 ABPS 菌株 MA27 和 nOE2104 对细菌素敏感的毒性菌株防治效果明显高于不敏感菌，说明细菌素在生防中起着重要作用。此后，章健和任欣正(1993)从 nOE2104 中提纯出具生物活性的细菌素，分子质量为 19 000 Da，该细菌素具有蛋白质性质，含 16 种氨基酸。以后国内外多人证实生防菌细菌素的产生在青枯病生防方面的作用。Gallardo 等(1989b)还通过电镜观察，发现生防菌 *P. fluorescens* BC8 菌株能产生一种具螺旋结构的棒状颗粒形细菌素，由外壳和内核两部分组成，称为 Fluocin BC8。

(2) 产生其他抗菌物质。除细菌素外，生防菌产生多种其他物质抑制青枯假单胞菌也是生防机制之一。Sumanta 和 Basu(1991)发现吲哚衍生物，尤其是 3-吲哚丙酸(3-indo lepropionic acid)和 3-吲哚丙烯酸(3-indo leacrylic acid)可选择性地抑制 *R. solanacearum*，而不抑制其他假单胞菌，可见能够产生这类化合物的菌株亦可能成为控制青枯病的有效生防因子。日本 Aoki 等(1991)从洋葱假单胞杆菌 *P. cepacia*B5 菌株中提取出一种抗青枯菌的物质 2-酮基葡糖酸，将少量该物质加入含 *R. solanacearum* 的土壤悬浮液中可杀死病原菌。埃及的 Wagih(1991)则在无致病力青枯菌对致病菌的抑制作用中基本排除了吲哚乙酸和细菌素的作用，他发现该菌的抑制因子经高压灭菌不失活，对链霉蛋白酶、胰蛋白酶、DNA 酶和 RNA 酶均不敏感。Furuga 和 Matsuyama(1992)的研究表明，*P. glumae* 对番茄青枯病除抗生素的拮抗作用外，胞外多糖也有一定的控制作用。何红等发现由内生枯草芽孢杆菌 *B. subtilis*bs-2 分泌的抗菌蛋白对多种细菌有强烈的抑制作用。罗远婵等证实生防菌株 HY96-2 能产生有机酚酸类化合物抑制青枯病菌。

(3) 定殖位点的竞争。生防菌株在寄主根围小生境中能否占据有利位点而定殖，也是其关键的生防机制。智利 Gallardo 等(1989)用 *P. fluorescens* BC8 菌株可在 15 d 内保护 90%的幼苗不受青枯病菌侵染，田间小区试验中亦有 80%的马铃薯薯块被 BC8 定殖，而无青枯菌的定殖，说明 BC8 已抢先占据了定殖位点。任欣正等(1987)发现 nOE2104 能在番茄植株根部定殖，并对致病菌 LE2101 在根部的增殖有抑制作用。

(4) 诱导抗性。国外早期 Goodman(1967)、Lourekovich 和 Farkas(1965)利用细菌的无毒变异株作为诱导物成功地诱导出了植物抗病性。日本 Arwiyanto(1994)等在研究中发现一株无致病力 *P. solanacearum* 菌株 Str210，用其接种番茄，可诱导植株产生一种比对照浓度高很多的细菌生长抑制物——番茄素(tomatine)。此外，Maim 还报道非致病的青枯菌接种烟草能诱导产生凝集素。何礼远等(1990)利用青枯菌无致病力菌株 A2P7 和 A82 对花生做茎部毛细管滴注接种，可诱导茎部产生抗病性，此抗病性可维持 10 d 以上，且具有一定传导性。陈庆河等用紫外诱变法获得青枯无致病力菌株，该菌株对致病菌没有直接的抑制作用，且对番茄不能致病，但番茄经无致病力菌株处理后植株产生了对青枯病的抗性，体内与抗病反应相关的酶类(PAL、POD、PPO)活性显著增强，酚类物质、木质素和病程相关蛋白(PRP)含量也显著提高，认为是番茄植株本身的抗病代谢过程被激活了。

不同的菌株生防机制不同，同一菌株亦可能有几种防治机制同时起作用。芽孢杆菌属、假单胞杆菌属、多粘类芽孢杆菌 *P. polymyxa* 等均具有多种生防机制。例如，王羽等发现利用无致病力青枯病病菌防治青枯病的效果并不与抑菌圈的大小成正比，其控病的影响因子与细菌素、无致病力青枯菌的位点竞争能力和营养竞争能力、引起寄主组织的诱导抗性因子和突变菌株的稳定性有关。

综上所述，国内外学者对植物青枯病的生物防治技术进行了大量的研究，但大多数还停留在对生防菌的筛选鉴定工作上，且仅进行了盆栽或小区的防效试验，很少进入田间示范和推广，目前以生防菌为有效成分登记防治植物青枯病的生物农药有 5 个，如 0.1 亿 cfu/g 多粘类芽孢杆菌细粒剂(登记证号：LS20040563)、10 亿/mL 荧光假单胞杆菌水剂(登记证号：LS20030189)、3000 亿个/g 荧光假单胞菌粉剂(登记证号：PD20090002)、20 亿孢子/g 蜡质芽孢杆菌可湿性粉剂(登记证号：LS20072575)、10 亿个孢子/g 枯草芽孢杆菌可湿性粉剂(登记证号：LS20061169)等。这些微生物活菌制剂在田间应用上对青枯病的防治均较为理想，但在不同区域和不同作物上的防效差异较大，表现出效果的不稳定性。因此还需在微生物活菌制剂的作用机制方面和田间应用技术方面加强研究，找到有利于活菌发挥拮抗作用的环境和营养条件，尽量减少环境条件对其影响，最大限度地提高其生防潜力。同时利用分子生物学技术，对现有生防菌株进行改造，构建适应性强，具有多种生防机制、防效稳定的工程菌菌株。

(二) 生物防治的方法

多粘类芽孢杆菌 *P. polymyxa*(异名 *B. polymyxa* HY96-2 菌株)对茄科作物青枯病的生物防治。

1. 多粘类芽孢杆菌 *P. polymyxa* 的分类地位及分布

P. polymyxa 属于细菌域，硬壁菌门，芽孢杆菌纲，芽孢杆菌目，芽孢杆菌科，类芽孢杆菌

属。革兰氏染色阳性、阴性或可变，接触酶阳性，氧化酶反应可变，厌氧条件下所测定的大多数菌株固定氮。菌落多呈浅黄或白色，隆起，黏稠状，表面湿润光滑，菌体呈杆状，大小为(0.5～2.5) μm×(1.2～10) μm，(G+C)%含量为 40%～59%，周生鞭毛运动，在膨大孢子囊中产生椭圆形芽孢；最适 pH 7，最适温度为 28～30℃，兼性厌氧，分解葡萄糖和其他糖类产酸，有时产气，在营养琼脂上无可溶性色素。

广泛分布于土壤根基周围。小麦、大麦、白三叶草、多年生黑麦草、冰草、黑松、花旗松、青刀豆、大蒜等根际都能分离到。

2. *生防机制*

多粘类芽孢杆菌作用范围广，能防治多种病原细菌，作用机制多样，既有抗菌物质起作用，又有细菌菌体的直接作用，还有可能是诱导宿主植物产生抗病性和促生作用等。

(1) 产生抗菌物质。目前从 HY96-2 菌株中分离到两大类拮抗物质。一类是对青枯病菌具有拮抗作用的物质，主要为酚酸类化合物，包括苯乳酸、苯甲酸、对羟基苯甲酸、琥珀酸及 2，4-二叔丁基苯酚等，但经室内试验验证，这些物质对青枯病菌的抑制作用较弱，HY96-2 对青枯病菌的主要抑菌物质的确定尚在进一步研究中；另一类是对植物病原真菌——尖孢镰刀菌具有拮抗作用的物质，为 fusaricidins 类化合物(环脂肽类化合物)，目前已从该菌株中分离得到了 fusaricidin A、C 和 D 化合物。

(2) 诱导植物产生抗病性和促生作用。多粘类芽孢杆菌不仅能直接杀死病原菌，还能通过与植物之间的互作来起到抗病效果，经 HY96-2 诱导处理的番茄植株接种青枯病菌后，可推迟一周发病。处理植株内的 β-1，3-葡聚糖酶、POD(过氧化物酶)、PAL(苯丙氨酸解氨酶)的活性显著提高。可见，诱导抗性也是生防菌株 HY96-2 的一种重要作用机制。多粘类芽孢杆菌 HY96-2 除能防治植物病害外，还能促进植物生长。已有研究表明 HY96-2 菌株主要通过三个方面促进植物的生长。首先通过产生植物生长激素(如 IAA 和一些酚类)，促进植物的生长；其次，可通过诱导植物抗病、抗旱，从而促进其生长；最后，通过固氮作用，提高植物对氮的利用率，促进其生长。

(3) 良好的定殖能力。研究表明 HY96-2 该菌株能在番茄根围及植株内良好定殖，与青枯病菌同时灌根接种番茄，在 21 d 内能有效阻止青枯病菌入侵番茄植株。

3. *应用方法*

多粘类芽孢杆菌 *P. polymyxa* HY96-2 菌株已制成 0.1 亿 cfu/g 多粘类芽孢杆菌细粒剂(康地蕾得 FG 菌剂)，已获得专利(中国授权发明专利号：ZL20151019.9，PCT 专利：W02004/050861，美国专利：S2006/0018883A1)。目前已获得康地蕾得防治番茄、茄子、辣椒和烟草青枯病的农药临时登记证(登记号 LS20040563)，批准证书号：HNP31069-D3535，企业标准号：Q/GHNB1-2003。2009 年获得农药正式登记证(PD20096844)；于 2007 年被认定为有机产品(COFCC-R-0706-0118)。由于细粒剂颗粒较大，不适合喷雾防治叶部病害，目前研发了更高含量、可用于喷雾防治叶部的升级产品：50 亿 cfu/g 多粘类芽孢杆菌原药及 10 亿 cfu/g 多粘类芽孢杆菌可湿性粉剂(简称多粘 WP)并公开了中国发明专利(CN101243801)，目前正在进行防治番茄青枯病、西瓜枯萎病、黄瓜角斑病及西瓜枯萎病的农药临时登记申请。

多粘类芽孢杆菌系列微生物农药(多粘 FG、多粘 WP)对青枯病的防治以预防为主，分别在种子处理时、苗床中期、移栽定植时和发病初期使用，推荐使用量约为：多粘 FG 剂型 2500～

3000 g/亩、多粘 WP 剂型 560～680 g/亩。其中多粘 FG 剂型使用前需用少量水浸泡2～6 h以便生防菌从载体中解析出来。具体用药方法如下。

(1) 种子处理。多粘 FG 稀释 10～20 倍或多粘 WP 稀释 50～100 倍，浸种 30 min，晾干后播种，然后将药液泼浇于苗床。包衣种子不需进行种子处理，只需对苗床喷淋药液即可。

(2) 苗床中期或假植期。多粘 FG 稀释 500 倍或多粘 WP 稀释 3000 倍，在育苗中期泼浇苗床，若假植则泼浇营养钵。每株用药液量约为 60 mL。

(3) 移栽定植期。多粘 FG 稀释 500 倍或 WP 稀释 3000 倍，移栽当天灌根，每株用药液量约为 250 mL。

(4) 发病初期。多粘 FG 稀释 500 倍或 WP 稀释 3000 倍，每株用药液量约为 250 mL。

注意事项：大田定植后灌根时，要选择土壤较干时施药，在有效浓度范围内，每株灌药液量要不少于 250 mL，灌根后 24 h 内如遇雨天，天晴后应补灌。药剂稀释时必须充分搅拌，使菌体均匀分布，稀释倍数不能小于 300 倍，否则可能会影响出苗。该药剂为生物农药，使用时不能与化学农药混用。

4. 防病效果

康地蕾得对植物青枯病具有较好的防治效果。在收获后期，对番茄、茄子、辣椒、烟草的青枯病的田间防效可达 70%～92%，对番茄、茄子、辣椒和烟草生长安全、无药害，对生长有明显的促进作用，株高高于空白对照区，叶色更浓绿，增产效果显著，施用后番茄果色光亮，畸形果少，含糖果(维生素 C)稍有提高，口味较好。对同期发生的枯萎病有明显的兼治和预防作用。

5. 影响因子及展望

以 HY96-2 创制的细粒剂及可湿性粉剂因是活体制剂，在使用过程中易受到化学杀菌剂的影响，不可与大多数化学药剂混合或同时使用。但防治青枯病等土传病害时，地上部喷雾其他化学药剂对其防效影响不大。

目前已经筛选出部分可与 HY96-2 混合的化学药剂(数据未发表)，使得日后 HY96-2 与合适的化学药剂同时使用，同时防治青枯病等多种土传病害及叶部病害成为可能。此外，也为研发 HY96-2 与化学药剂的复配制剂奠定了基础。已有的研究表明生防菌的混合有增效作用，因此与其他生防菌研制复配制剂防治青枯病也是 HY96-2 今后的研究重点之一。

此外，应进一步开展田间应用技术研究，扩大多粘类芽孢杆菌 HY96-2 的防治对象，扩大登记范围。

第二节　地上部细菌病害的生物防治

植物地上部的细菌病害种类较多，其引起的病原细菌主要是黄单胞杆菌属 *Xanthomonas* 和假单胞杆菌属 *Pseudomonas*。重要的地上部细菌病害主要有水稻白叶枯病、细菌性条斑病，大豆的细菌性斑点病，烟草细菌性野火病，黄瓜细菌性角斑病，瓜类的细菌性果斑病，十字花科蔬菜黑腐病，柑橘溃疡病等。这类病害发生的共同特点是病菌多数可危害所有的地上部分，造成各种叶斑、叶枯、茎枯、枝枯、荚枯、花腐、果腐等的局部症状，病原物的传播方式多为气传和风雨流水传播，也有昆虫等介体传播。只要条件适宜，病害在一个生长季节内可多次流行。但病害流行受环境条件影响较大，条件适宜时，病害流行迅速；条件不适宜时，发展趋于缓慢甚至停止。由于受环境条件影响较大，病害在年度间流行的程度差异也较大。

一、水稻细菌性白叶枯病的生物防治

水稻白叶枯病（rice bacterial leaf blight）是由稻黄单胞杆菌水稻白叶枯病致病变种 *Xanthomonas oryzae* pv. *oryzae*引起的病害，是世界范围内水稻生产最严重的病害之一，也是我国的水稻三大病害之一。该病最早于1884年在日本发现。20世纪50年代以来，病区不断扩大，在亚洲、欧洲、非洲、南美及美国和澳大利亚都有发生，尤以亚洲稻区，如日本、印度和中国受害较重。该病随种子调运传播，加上我国水稻生产以多肥、密植和矮秆品种为栽培特点，该病扩展蔓延迅速。在我国目前除新疆、甘肃未见报道外，其余各省均有发生，以华东、华中和华南稻区发生普遍且重，尤其是沿海、沿江、丘陵和低洼易涝地区发生较为频繁。受侵染的水稻一般减产20%～30%，严重时能够达到50%，发生凋萎型白叶枯时损失更大，甚至绝收。同时发病后造成米质松脆，发芽率降低。

（一）水稻白叶枯病生防研究概述

作为水稻生产上的最重要病害之一，水稻白叶枯病的生物防治一直受到人们的关注和重视。关于水稻白叶枯病的生物防治已取得一些研究成果。国际水稻所 Anratha 等(1987)用 *P. fluorescens* 处理水稻种子或喷洒水稻秧苗，20 d后可使水稻白叶枯病的发病率下降40%～60%。Saikia 等(1993)用 *E. herbicola*、*B. subtilis*、*Serratia* sp.、*Aspergillus* sp.、*A. oryzae*、*X. oryzae* pv. *oryzae* 的无毒和热杀死细胞等叶面微生物进行防治水稻白叶枯病的试验，结果发现单独使用这些微生物能在不同程度上抑制病害的发展，但当将它们混合在一起时抑制病害的效果反而下降。徐增富等(1994)从稻飞虱中筛选到 *Bacillus* sp. (ax14)菌株，发现它对水稻白叶枯病菌有很强的抑制作用，并对其产生的拮抗物质进行了初步的研究。李德葆等(1995)报道一种来源于水稻叶片的阴沟肠杆菌 *Enterobacter clocae* B8 菌株防治水稻白叶枯病的最佳效果可达67%，其他一些拮抗细菌菌株，如 *B. subtilis*826、*B.* sp. A30 等菌株也具有不同程度的防病效果。杨海莲等(1999)自水稻苗期根内、根面分离到具有固氮能力的植物促生细菌 *E. clocae* MR12 和 *Alcaligenes paradoxus* R4 预处理水稻叶片能够明显提高其对水稻白叶枯病的抗性，并且可以引起与抗病性相关的酶脂氧化酶(LOx)、过氧化物酶(POD)和苯丙氨酸解氨酶(PAL)等的活性发生相应的变化，这些酶的活性变化与其他诱导子诱发的抗病性反应相类似，表明有益的植物促生细菌能够作为诱导子诱导植物的抗病性反应。吴健胜等研究软腐欧氏菌细菌素 Echcin 对水稻白叶枯病的防病作用。结果表明，无论接种前或接种后对水稻进行喷雾接种，Echcin 处理对水稻白叶枯病均具有一定的防病作用，说明 Echein 对水稻白叶枯病菌的侵入和扩展可能均具有抑制作用。李湘民等(2000)从稻种、稻叶、稻田土壤、稻田菌核和菜地土壤共105份样品中分离细菌菌株2672株，通过拮抗性能测定发现共有11株细菌菌株分别对上述水稻水稻白叶枯病菌具有拮抗作用。Vidhyasekaran 等(2001)发现 *P. fluorescens* Pf1 菌株可诱发水稻对白叶枯病的系统抗性。赵新华等(2000)分析了水稻叶面微生菌落的主要细菌和真菌种类，部分拮抗微生物对水稻叶面微生物菌落的影响及它们对水稻白叶枯病的抑制效果，显示出水稻叶面微生物菌落的复杂性。洪永聪(2001)从稻谷中分离得到多个成团泛菌 *Pantoea aagglomerans* 菌株，其中以 DAT4 和 FDQ4 对白叶枯病菌的拮抗效果为最好，分别为53.0%和51.0%，并研究了 DAT4 的定殖能力和田间小区对白叶枯病的防治效果。葛米红(2008)等从水稻植株体内分离到多个内生细菌,并研究了其对白叶枯病菌的拮抗作用。除上述利用自然界得到的拮抗微生物外,唐纪良等(1998)通过 Tns 诱变、缺失分析和标记置换构建了一个缺失 *rpf*C 基因上游约 0.8 kb 序列的水稻对白叶枯病菌突变株(SL3751)。在温室条件下用此突变株处理水稻广桂 110 种子,于植株分蘖和抽穗剪叶接种野生菌株,17 d 后发现被突变株处理的病斑长度比对照下降 39%和 18.6%;突变株浸种处理对水稻白叶枯病的防效为 7%。刘凤权等(1998)也进行了相似的研究,结果发现在接种水稻叶枯病致病菌 Ahc11 之前喷雾毒性基因突变株 Du728 可使病叶率下降,对病斑长度影响不大,如先接致病菌则无效。同时,突变株还有诱导水稻产生抗性的作用,效果为 19.3%～23.7%。李毅荣构建了 X0013751*hrc*V 基因的缺失突变体,在温室中检测了该缺失突变体对水稻白叶枯病的防治效果,试验结果表明防效达 55%。田波等(2004)等证实在病原菌感染的早期进行噬菌体处理,能明显地抑制病情的发展,同时表明,在病原菌感染前的一个阶段内,噬菌体预处理能有效地预防白叶枯病的发生。邵敏等从水稻白叶枯病菌培养滤液中提取对水稻白叶枯病菌有机酸毒素具解毒作用的解毒蛋白粗提物(crude detoxification protein,CDP),用 CDP 处理水稻后,水稻体内与抗病性相关的酶活性显著提高,接种水稻白叶枯病菌,病斑长度明显降低。

在利用微生物代谢产物防治水稻白叶枯病方面也有一些报道。例如,薛元海报道克菌康和链霉素在孕穗期初现病时开始喷雾,用 3%克菌康可湿性粉剂(中生菌素)400 倍液喷雾,可以有效控制水稻白叶枯病的危害。链霉素 1000 万单位叶面喷两次,对白叶枯病也有一定的防治效果。邵敏等采用从水稻白叶枯病菌的培养液中分离到具有激发子活性的物质处理水稻,可使水稻体内与抗病性相关的苯丙氨酸解氨酶和过氧化物酶活性显著提高,在田间喷洒水稻叶片,可以显著提高水稻对白叶枯病菌的抗性,病斑长度明显降低。

在抗水稻白叶枯病病菌转基因研究方面,随着水稻等单子叶植物的转基因转化体系的日益完善,*Xa21* 等抗病基因的克隆和其他非水稻来源的抗性基因的获得,在水稻抗白叶枯病转基因方面取得了重大进展。国内外目前已成功将 *Xa21*、天蚕抗菌肽 B 基因、铁氧化还原蛋白类似物基因及来自水稻白叶枯病菌编码 harpinXoo 的 *hrfAXoo* 基因等多个基因成功转入水稻,获得了对白叶枯病的抗性,某些抗性材料已完成生物安全性评价,进入了田间释放和大田应用阶段,正向实用化发展。

在生防机制方面的研究,目前已取得如下进展。

(1) 诱导抗病性。目前发现的能诱导水稻产生对白叶枯抗性的因子包括生物因子和非生物因子。非生物因子主要是中生霉素、水杨酸(SA)、苯并噻二唑(BTH)和 *hrp* 基因产物 harpin 蛋白等。SA 在苗期和一定浓度(10 μg/mL)下,使水稻获得对白叶枯病的系统抗性。一般认为,在不同病害系统中诱导抗性所需 SA 浓度不同,维持抗性的时间也可能不同。能诱导水稻产生抗性的生物因子较多,如病原物的毒性基因缺变株、内生细菌、拮抗微生物(细菌、真菌)等,其对水稻的诱导机制主要是使水稻组织中一些与防卫反应相关的基因表达,如酚类物质、过氧化物酶(PO)、脂氧化酶(LOx)、过氧化物酶(POD)、苯丙氨酸解氨酶(PAL)、查尔酮合成酶(CHS)、多酚氧化酶(PPO)的基因,或促使其更多更快得到表达。

(2) 拮抗作用。能够对白叶枯病均产生拮抗作用的菌株主要有 *Bacillus* sp.,其次为 *P.* spp. 和 *Pantoea* spp. 等。产生的拮抗物质初步明确多数是抗菌蛋白。*E. cloacae*B8 菌产生的是对白叶枯病均有拮抗作用的物质,对蛋白酶 K 稳定但不耐贮存,分子质量为 453 Da。

(3) 促生作用。其是许多内生细菌、根际促生菌、拮抗细菌等防治白叶枯病的一个重要机制。如内生成团泛生菌 *Pantoea aggrolomerans* 可产生多种植物生长激素，促进光合作用产物由源向库的转移，促进植物生长。Elbeltagy 等(2001)对内生细菌在野生型水稻与种植的水稻中的定殖情况进行了研究，其结果表明，经 *gfp* 基因标记的一种具有固氮能力的内生细菌 *Herbaspirillum* sp. B501 专性定殖于野生型水稻，并有明显的固氮能力。

(4) 生态位竞争。Du728 是南京农业大学通过对水稻白叶枯病菌 *X. oryzae* pv. *oryzae* JXO Ⅲ毒性基因克隆 pNAX3103 上 9.2 kb 片段进行缺失，并经重组和标记交换，从突变体 XooM3105 基因组中置换出 Tn5 标记及其旁侧序列后构建而成的毒性基因缺失突变体。Du728 防治水稻白叶枯病的作用机制为 Du728 及其无细胞培养液对白叶枯病菌没有直接抑制作用，Du728 的作用机制主要是位点竞争，Du728 占据叶片上的侵染位点后，能部分阻止白叶枯病菌在叶片上的定殖侵入；但病原菌侵入后，Du728 不能阻止病原细菌在叶片细胞间的扩展。

(5) 微生物代谢产物的利用。细菌素是由一种细菌的某些菌系所产生的对该种细菌的另一些菌系或关系较近的细菌有杀伤作用的抗菌物质。软腐欧氏菌细菌素 Echcin 无论接种前或接种后对水稻进行喷雾接种，Echcin 处理对水稻白叶枯病均具有一定的防病作用。这说明 Echcin 对水稻白叶枯病菌的侵入和扩展可能均具有抑制作用。利用微生物源农药克菌康、链霉素、中生霉素防治水稻白叶枯病都是利用相应菌的代谢产物。

(二) 生物防治方法

1. Du728 生防菌对水稻白叶枯病的生物防治

(1) 生防菌的分类地位及分布。Du728 是稻黄单胞菌 *X. oryzae* pv. *oryzae* JXO Ⅲ毒性基因缺失突变体，属于细菌域，普罗特斯细菌门，Gamma 普罗特斯细菌纲，黄单胞杆菌目，黄单胞杆菌科，黄单胞杆菌属 *Xanthomonas*。*X. oryzae* pv. *oryzae* 菌体短杆状，两端钝圆，极生单鞭毛，不形成芽孢和荚膜，菌体表面有一层胶质分泌物。琼脂培养基上菌落呈蜜黄色或淡黄色，圆形，边缘整齐，质地均匀，表面隆起，光滑发亮，无荧光，有黏性。革兰氏反应阴性。好气性，代谢呼吸型。不水解淀粉和明胶，能使石蕊牛乳变红，不能使其凝固。不还原硝酸盐。产生氨和硫化氢，不产生吲哚。能利用蔗糖、葡萄糖、木糖和乳糖发酵产酸，不产气。在含 3%葡萄糖或含 20 mg/L 青霉素的培养基上不能生长。生长温度范围为 5～49℃，最适温度为 26～30℃。致死温度在无胶膜保护条件下为 53℃，在有胶膜保护下为 57℃。

(2) 生防机制。Du728 的作用机制表现在两个方面：一是位点竞争，是 Du728 的主要作用机制。Du728 及其无细胞培养液对白叶枯病菌没有直接抑制作用。Du728 菌液拌种后不能从长出的幼苗各部位回收到目的细菌，浸根处理后 Du728 可通过维管束传导到上部叶片，叶面喷雾(下部 3 张叶片)后，15 d 内可从处理的叶片上回收到目的细菌，未处理叶片(第 4 叶)一直未回收到 Du728。先用 Du728 喷雾处理水稻幼苗再接种白叶枯病菌(Ahc11)，白叶枯病的防治效果为 49.1%～50.2%，当 Du728 使用菌量达到 1×10^6 cfu/mL 时，再增加浓度，防病效果增加甚微。这种防治效果主要表现为病叶率下降，而对病叶上的病斑长度影响不大。将 Du728 和 Ahc11 混合后接种，随着 Du728 在混合液中比例的增加，防病效果逐渐增加。先接种 Ahc11 再用 Du728 处理，对白叶枯病基本无防治效果。这些结果表明：Du728 的作用机制主要是位点竞争，Du728 占据叶片上的侵染位点后，能部分阻止白叶枯病菌在叶片上的定殖侵入,但病原菌侵入后,Du728 不能阻止病原细菌在叶片细胞间的扩展。Du728 可以在水稻叶片和伤口定殖,在叶片上主要定殖于水孔。叶面喷雾后 15 d 内可从处理的叶片中回收到 Du728,剪叶接种 11 d 内可从伤口分离到目的细菌。但在测定时间内 Du728 未能从喷雾或剪叶接种的叶片传导至未处理的叶片。Du728 菌液拌种后不能从长出的幼苗各部位回收到目的细菌,但 Du728 可从根系伤口进入根系,并可能随植株对水分的吸收通过维管束组织传导到植株地上部。

除位点竞争外,Du728 还能诱导稻苗产生对白叶枯病的抗性,诱抗效果为 19.13%~23.17%。尽管在邻近 Du728 处理叶片的未处理叶片中未能分离回收到 Du728,但这些叶片上的病情比对照叶片相应要低,表明 Du728 能诱导稻苗产生对白叶枯病的系统获得抗性。

(3) 应用方法。使用时期及方法:移栽时蘸根,20 d 后喷雾 1 次,或大田移栽缓苗后连续喷雾 3 次,间隔期 10~15 d。浓度为 5×10^9 cfu/mL。

(4) 防病效果。Du728 在浓度为 5×10^9 cfu/mL 时,采用蘸根,蘸根加喷雾处理及喷雾 3 次处理,在田间自然发病的情况下,其对水稻白叶枯的防效分别为 55.0%、58.3%和 68.0%。采用同样处理方法,水杨酸(10 mg/kg)防效分别为 60.3%、55.1%、57.7%,Du728+水杨酸的防效依次为 59.0%、72.4%和 80.1%,对照药剂叶枯灵的防效为 78.9%。Du728 和水杨酸混合施用比它们单独使用效果要好,从施用方法来看,喷雾 3 次或沾根后再喷雾的效果比单独沾根的效果好(表 7-1)。

表 7-1 Du728 及其与助剂混合使用的田间防效(刘凤权,1998)

处 理	施用方法	防效/%	产量/(kg/90m^2)
Du728	沾根	55.8	69.08
Du728	沾根+喷雾 1 次	58.3	67.86
Du728	喷雾 3 次	68.0	64.12
SA	沾根	60.3	66.96
SA	沾根+喷雾 1 次	55.1	69.35
SA	喷雾 3 次	57.7	70.10
Du728+SA	沾根	59.0	69.70
Du728+SA	沾根+喷雾 1 次	72.4	69.66
Du728+SA	喷雾 3 次	80.1	71.92
叶枯灵		78.9	66.19
CK 清水			63.08

在高剂量人工接种条件下,Du728 与水杨酸混合施用的效果分别为 54.14%和 34.6%,与叶枯灵(55.1%和 33.9%)的防效相当,但都比自然发病情况的防效要低。Du728 与 harpin (20 μg/mL)混合施用后的防效虽然仅为 44.1%和 28.6%,但小区产量最高,比对照增加 44.4%。

2. 中生菌素对水稻白叶枯病的生物防治

1) 生防菌的分类地位及分布

中生菌素是由淡紫灰链霉菌海南变种 *S. lavendulae* var. *hainanensis*B-7 产生,B-7 菌株由中国医学科学院医药生物技术研究所从海南的土壤中分离得到的。产生菌在多种分类培养基上,都能形成发育良好的气生菌丝体及基内菌丝体,菌丝单叉分枝,在气生菌丝体顶端形成卷曲 1~4 圈的螺旋形孢子丝,形成 10 个以上的分生孢子链,孢子呈圆形或椭圆形[(0.6~0.8) μm×

(1.0～1.2) μm]，孢子表面光滑。

链霉菌B-7菌株在通常的分类培养基及国际链霉菌规划拟定的培养基简称ISP培养基上，形成的粉末状气生菌丝体呈灰白色或微粉的灰色或淡紫灰至暗紫色，基内菌丝体呈乳脂色或浅黄色至芥黄色，无可溶性色素。在蛋白胨-酵母膏-铁琼脂上(IPS6)形成褐色色素，在酪氨酸琼脂ISP7上无可溶性色素形成。该链霉菌能液化明胶、凝固并胨化牛奶、水解淀粉、还原硝酸，但不分解纤维素，能很好地利用葡萄糖、甘露糖、木糖、鼠李糖、阿拉伯糖，以及果糖、肌酸、菊糖、乳糖、半乳糖，但不利用酒石酸、甘露醇、桐子糖、乙酸钠、柠檬酸钠。对蔗糖的利用情况不明。

中生菌素有6个有效成分，各组分之间依次递增一个赖氨酸。纸层析结果表明它属于典型的碱性水溶性抗生素类群。

2) 中生菌素防治水稻白叶枯病的作用机理

中生菌素对白叶枯病菌的生长繁殖有很强的抑制作用。蒋细良等研究表明在悬浮细胞系中加入中生菌素7 d后，未加入中生菌素的2个品种悬浮细胞系中的白叶枯病菌数量都大约是加入中生菌素悬浮细胞系的10^5倍；感病品种悬浮细胞系中的白叶枯病菌的数量是抗病品种的10倍，说明中生菌素对白叶枯病菌有明显的抑制作用，而且水稻抗病品种悬浮细胞系与感病品种悬浮细胞系相比有明显的抑制细菌生长繁殖的作用，即水稻对白叶枯病抗性与抑菌作用有关。

蒋细良等对不同白叶枯病抗性水稻品种用200 μg/mL中生菌素55℃温汤药液浸种，自然降温，秧田3～4叶期和移栽前5 d各用30 μg/mL中生菌素处理后，于成株期剪叶接种白叶枯病菌。结果表明中生菌素前期处理，于成株期接种白叶枯病菌时，不同抗性品种中过氧化物酶、苯丙氨酸解氨酶和多酚氧化酶三种酶活性都有不同程度的提高，且以中等抗性品种酶活提高最多，接种24 h和48 h，三种酶活性较清水对照分别增加26.92%、26.74%、24.06%和7.09%、1.31%、1.60%。盆栽试验表明，中生菌素对中抗品种的防治效果最好，达58.4%，说明中生菌素对水稻防御酶活性的诱激作用是其防治白叶枯病的机制之一。

3) 防治时期及方法

(1) 浸种。用1%中生菌素60倍，55～60℃温水药液自然降温浸种。温水药液浸种可以明显提高对病原细菌的杀灭效果。

(2) 秧田喷药保护。在水稻3～4叶期和移栽前5～7 d各喷1%中生菌素200倍液一次，可有效地保护水稻免受白叶枯细菌侵染，使大田白叶枯病始发期推迟10 d，发病率降低50%。浸种与秧田期喷药保护结合使用对水稻白叶枯病的预防效果更好，在一般年份或一般田块经浸种和秧田喷药保护后本田期不用防治即能控制水稻白叶枯病的为害。

(3) 本田期喷药防治。在重病田块或年份用1%中生菌素200倍药液，于白叶枯病发生初期(或病株率5%～10%)喷2～3次，以阻止白叶枯细菌的传播蔓延和病斑发展。

4) 防治效果

作为生物农药，中生菌素已登记水稻白叶枯病等7种防治对象，累计至2001年底，已在全国十几个省市应用推广800万亩次。福建等多省区的实验证明，1%中生菌素100 mg/L 55～60℃温汤药液下浸种然后自然冷却48 h，对种子外部和内部白叶枯病菌的杀灭效果均为100%，且对种子发芽没有影响。用同剂量田间试验证实，用1%中生菌素60倍55～60℃温汤药液浸种48 h，然后于田间育秧移栽，可使本田期水稻白叶枯病的始发期推迟6 d，病株率减少45.5%，明显好于叶枯净27.3%和噻枯唑21.2%的效果。移栽前5 d用1%中生菌素200倍液喷雾，推迟白叶枯病始发期15 d，病情指数降低77.4%；3～4叶期和移栽前5 d各喷雾一次，水稻白叶枯病始发期推迟21 d，病情指数降低90.6%。川化018常用量喷雾推迟始发期10 d，病情指数降低86.8%。

用1%中生菌素200倍液于本田水稻白叶枯病始发期喷雾1次、2次、3次的防治效果分别为73.6%、86.8%、90.6%，噻枯唑的防治效果为66.4%～83.2%。增加防治次数可明显提高防病效果和增产效果。

1%中生菌素60倍液浸种和秧田水稻3～4叶期及移栽前7 d各喷雾一次，对水稻白叶枯病的防治效果比3次处理单一使用的效果要好。浸种与秧田期2次喷雾联合使用推迟始发期27 d，病情指数降低91.2%，而单独使用，始发期推迟6～14 d，病情指数降低45%～67%。

5）影响因子和展望

中生菌素是通过微生物发酵生产的一种农用抗生素，对水稻白叶枯病等农作物细菌性病害具有良好的防治效果。多年的田间试验结果表明，中生菌素的预防效果明显地好于化学农药，但它的治疗效果比化学农药差，且药效持效期仅7 d。而且中生菌素作为一种抗生素，虽然到目前未见报道病菌对其抗药性的产生，但在使用中生菌素中需要密切注意的问题。除中生菌素等少数几种生物农药外，但到目前为止，与大多数叶面病害的生物防治研究一样，水稻白叶枯病的生物防治还只停留在拮抗微生物的筛选、鉴定方面，少数进行了拮抗物质分析、防病机理方面的研究，所进行的药效试验只停留在保护地、田间小区范围，很少在生产上得到应用。大部分筛选到的拮抗微生物的防治效果都不够理想，防治效果低于常规的农药。但也发现一些具有生防潜力的菌株，如 *Enterobacter cloacae* B8菌株、Du728等，但要进入实用阶段，还有必要进行一些应用基础方面的研究工作。如作用机制，在水稻叶片上的定殖、传导，对环境的适应性，施用技术，培养条件和剂型研制等。

二、柑橘溃疡病的生物防治

柑橘溃疡病（citrus bacterial canker disease，CBCD）是一种世界性病害，其病原菌——柑橘溃疡病病菌是全国农业植物检疫性有害生物。国外分布较广，在亚洲、美洲和非洲均有分布。国内主要分布于广西、广东、台湾、福建、浙江、江西、江苏、湖南、湖北、四川、贵州11个省（自治区）。该病主要危害柑橘叶片、枝梢与果实，以苗木、幼树受害最重，可造成落叶、梢枯，削弱树势和降低产量；果实受害后，轻的带有疤痕，影响品质，重的引起落果，严重降低产量。该病的危害严重影响了柑橘的产量和品质，对柑橘的出口创汇影响也极大。

病害由地毯草黄单胞菌柑橘致病变种 *Xanthomonas axonopodis* pv. *citri* 引起，病菌至少可分为5个菌系。病菌主要危害芸香科的柑橘属和枳壳属，金橘属也可被侵染。据报道酸草也是此菌的寄主。病菌在柑橘枝、叶、果实等组织中越冬，春季从组织中溢出的病菌由风雨、昆虫、人畜活动和树枝接触等传播，远距离传播主要靠带菌苗木、接穗等繁殖材料和果实传播。

（一）柑橘溃疡病生物防治研究概述

关于柑橘溃疡病拮抗微生物方面的研究国外已经有不少的报道。柑橘溃疡病菌的拮抗微生物主要有细菌、原生动物和噬菌体等。据室内平板测定，已知对柑橘溃疡病菌有拮抗作用的微生物有枯草芽孢杆菌 *B. subtilis*、草生欧氏杆菌 *E. herbicola*、荧光假单胞杆菌

P. fluorescens 和丁香假单胞杆菌 *P. syringae* 及腐生的黄单胞菌 *Xanthomonas* sp.。1969年，日本的太田从黄色晕环特别大的溃疡病斑上分离出一种假单孢菌 *Pseudomonas* sp.，可在柑橘溃疡病斑内寄生和繁殖，是一种具有近乎天敌性质的细菌。它能抑制病原菌的增殖，阻止发病，但不溶解病原菌，太田孝顺(1983)认为这种抗菌物质属于类植保素。以等量的此拮抗细菌和柑橘溃疡病菌混合接种在柑橘枝梢上，可以观察到溃疡病的发病率大大降低。从墨西哥的柑橘溃疡病斑中多次分离到一种细菌可以抑制溃疡病菌，但至今还未鉴定。在印度从感染柑橘溃疡病的叶片上分离出 *P. fluorescens*，证明是该病菌的拮抗菌。原生动物主要靠吞噬柑橘溃疡病菌。据报道，至少有三种噬菌体能专门溶解柑橘溃疡病菌，噬菌体 CP1 和 CP2 能溶解 A 菌系，噬菌体 CP3 能溶解 B 菌系，至今还没有找到能溶解 C 菌系的噬菌体。但有一种丝状的单链 DNA 噬菌体能严重阻碍 *X. campestris* pv. *citri* 的细胞分裂，但不杀死寄主细胞。

我国目前对柑橘溃疡病的生物防治研究较少，张清杰等首次报道了一种免疫血淋巴——柞蚕抗菌肽对柑橘溃疡病具有杀菌作用。经离体试验结果表明，它对柑橘溃疡病病原菌具有很强的杀菌效应，可迅速、有效地破坏细菌的细胞膜，导致物质渗透压改变和渗漏，从而杀灭病菌。周吉奎等报道了 K-2 与 K-8 两株拮抗细菌在温室和大田防治试验中对柑橘溃疡病表现出良好的防治效果。谭小艳等从柑橘园的土壤、叶片和果实上分离到对柑橘溃疡病菌有拮抗作用的 9 个菌株，拮抗菌经盆栽防治试验筛选后，对防治效果好的 4 个生防菌株(Bt8、Bv10、Bp27、Bc51)进行鉴定，分别为鲍氏不动杆菌 *Acinetobacter baumannii*、枯草芽孢杆菌 *B. subtilis*、副短短芽孢杆菌 *Brevibacillus parabrevis* 和洋葱布克氏菌 *Burkholderia cepacia*，盆栽试验表明，Bt8、Bv10、Bp27、Bc51 对柑橘溃疡病菌的抑制率分别为 52.6%、42.9%、36.6%、60.3%。研究了鲍氏不动杆菌 Bt8 在柑橘溃疡病田间防治上的潜能，在温室条件下将该细菌悬浮液喷施到柑橘叶片上，获得了 55.2%的病斑抑制效果。研究测定了三种环境因素(温度、pH 与培养基)对菌株 Bc51 抑菌圈的影响，初步认为菌株 Bc51 可能产生两种拮抗物质，其施用时间与柑橘溃疡病菌的接种时间对病斑抑制率有显著影响。其中菌株 Bc51 与病原菌同时接种对病斑的抑制效果最好，菌株 Bc51 于病原菌侵染前 2 d 接种对病斑的抑制效果也优于其对于病原菌侵染的滞后处理，其对病害的预防效果大于治疗效果。邓业成等在室内用生长速率法测定了广西地不容块根提取物及其化合物对柑橘溃疡病菌的抑菌活性。结果表明，地不容块根提取物质量浓度为 10 g/L 时，72 h 的抑菌率达 100%，其分离化合物中 l-罗默碱的抑菌活性最高，质量浓度为 1 g/L 时，72 h 的抑菌率为 100%。沙建(2006)筛选到了 4 种生物因子和 4 种非生物因子的诱抗剂，并研究了其诱抗效果、产生最佳诱抗效果的时间及推迟发病的天数。2007 年陈力从柑橘叶片上筛选出的对柑橘溃疡病菌有良好抑制作用并产生拮抗物质的拮抗细菌 CQBS03，确定 CQBS03 应该属于枯草芽孢杆菌 *B. subtilis*，通过单因素实验和正交设计实验筛选优化了 CQBS03 菌株的最佳培养发酵条件，最适培养基为 YPG 液体培养基，产抑菌物质的最适培养条件为：发酵培养温度 28℃，初始 pH 8.0，摇瓶装液量 1/5 体积，接种量 5%，摇床转速 250 r/min，发酵周期 72 h。利用饱和硫酸铵盐析，获得抑菌活性成分粗提物。该粗提物 70℃处理 30 min 活性显著下降，100℃处理 30 min 后则完全失活，表明其不耐高温；抑菌活性成分对胰蛋白酶和蛋白酶 K 不敏感，对氯仿敏感，分子质量大于 10 kDa，等电点(pI)为 5 左右。初步认定此抑菌活性成分为蛋白质类物质。该抗菌蛋白的分子质量在 55 kDa 左右。

利用转基因技术培育优良抗柑橘溃疡病病品种方面也开展了一些工作。由于柑橘溃疡病菌是通过寄主叶片的特异凝集因子而感染的，Takahashi 发现特异凝集因子 AG 是一种高分子糖蛋白。Lichtenstein 将阻止这种高分子糖蛋白合成的 RNA 导入柑橘，实践证明可以完全阻止柑橘溃疡病菌的感染。陈善春利用农杆菌介导的柑橘遗传转化系统，将柞蚕抗菌肽 D 基因导入了 3 个柑橘优良主栽品种，获得了对该病抗性明显提高、其他优良性状无劣变的转基因锦橙、新会橙和脐橙株系。谢玉明(2007)采用根癌农杆菌介导的方法，将抗病基因 *chit*42 和光敏色素基 *phy*B 导入溆浦甜橙等柑橘品种中，并从分子水平、外源基因表达和转化植株生物学特性等方面进行了研究。2008 年胡春华又将 *phA-a-nls* 和 *sScFv* 基因转入柑橘品种中，并获得了对柑橘溃疡病菌有一定抗性的植株。

中生菌素是淡紫灰链霉菌海南变种生物发酵后产生的 *N*-糖苷类抗生素。其商品制剂为一种新型农用抗生素类杀菌剂 3%克菌康 WP，另外也有其他含量和剂型的产品问世。据朱昌雄、王洪详报道对柑橘溃疡病有良好的防治效果，其中 800 倍液的效果优于 77%可杀得 WP800 倍处理，1000 倍液的效果与 77%可杀得 WP800 倍处理相似。该药剂以治疗作用为主，兼有保护作用，各抽梢期连续使用两次基本能控制脐橙溃疡病的发生，被认为是目前防治柑橘溃疡病最好的生物制剂。该产品已在水稻白叶枯病、苹果轮纹病和白菜软腐病等 7 种病害上获得了登记。

另外，春雷霉素、链霉素、新植霉素对柑橘溃疡病也有一定的防治效果。

（二）中生菌素对柑橘溃疡病的生物防治

(1) 中生菌素作用机理。以白菜软腐病菌为试验菌，中生菌素对菌体细胞膜无明显的影响，100 μg/mL 时引起部分菌体原生质凝聚。同位素标记前体物掺入实验表明，15.6 μg/mL 对白菜软腐病菌的 DNA、RNA 的合成影响很小，但强烈抑制菌体蛋白质的合成。用化学测定法分析了中生菌素对枯草杆菌细胞内大分子物质含量的影响，得到了和前体物掺入法相似的结果，表明中生菌素的作用机制是抑制菌体蛋白质的合成。在此基础上通过无细胞体系进一步研究，表明其抑制 polyU 指导的多聚苯丙氨酸的合成，而且其抑制作用与 Mg^{2+} 浓度密切相关，说明其是通过抑制菌体蛋白质合成过程中的肽键形成而起到防治细菌病害的作用。

已有研究表明中生菌素对水稻白叶枯病具有诱导抗病作用机制，但对柑橘是否具有诱导抗性的作用还不清楚。

(2) 应用方法。3%中生菌素 WP 使用浓度为 30～40 μg/mL，从嫩芽开始每隔 10 d 喷雾 1 次，共喷 6～8 次。

(3) 防治效果。室内抑菌测定表明中生菌素对柑橘溃疡病菌的室内最小抑菌浓度为 0.39～0.78 μg/mL，最小杀菌浓度为 3.12～6.25 μg/mL，其最小抑菌浓度和杀菌浓度分别是农用链霉素的 1/8～1/4。

2 年 3 地的田间小区试验表明 3%中生菌素可湿性粉剂在使用浓度 25.0～37.5 μg/mL 浓度下对柑橘溃疡病的防治效果为 80.1%～94.4%。

在江西赣州及福建省的大面积示范效果也较好且稳定，防治效果为 60%～90%，是具有良好的应用前景的新型抗生素。

(4) 展望。柑橘溃疡病是柑橘生产上危害严重的病害种类之一，由于可用于生产的药剂种类少，有些已对病菌产生抗药性，因此是目前病害防治的难点。中生菌素作为一种农抗类农药新品种，已经在水稻白叶枯病、苹果轮纹病、白菜软腐病上取得三证，多年的试验表明其对柑橘溃疡病的防治较好，且优于其他目前生产上使用的药剂，相信在不久的将来在柑橘上可获准登记，可以进行推广应用。中生菌素生产工艺简单，生产原料易得，工厂化生产技术适用于一般采用深层发酵工艺的发酵工厂，其可用于防治水稻、果树和蔬菜病害，特别是细菌性病害，其在生产上的应用不仅可大大减少化学农药的使用，减少环境污染，而且可提高柑橘的产量和品质，是非常有应用前景的抗生素。但在其对柑橘溃疡病及其他多种病害的生防机制方面应进一步加强研究，病菌对其抗药性的产生应密切监测，在高效生防菌的获得及生防菌的遗传改良、生防菌的发酵条件，商品制剂的剂型改良等仍有许多工作等待去做。

小　　结

细菌病害是植物上的第三大病害，其危害严重，难以防治。根癌病菌导致不同种类的果树根癌病，危害严重。对根癌病的生物防治最经典的当属 K84 的利用，K84 和 K1026 菌株是目前防治根癌病最有效的方法。其生防机制是它们能够抢先占领果树的伤口位点，在其上定殖并产生农杆菌素，阻止病原菌侵入。

茄科蔬菜作物的青枯病是一类典型的土传维管束系统侵染的病害，病菌寄主范围非常广泛。病害一旦发生，病菌在土壤中逐年积累，很难根除。国内外对茄科蔬菜作物青枯病的生物防治做了大量研究，取得了很多重要成果。目前，对茄科作物青枯病的生物防治主要利用生防菌产生的细菌素和其他拮抗物质、生防菌的位点竞争优势及诱导植物产生抗性。用于防治茄科作物青枯病的生防菌主要种类有芽孢杆菌 *Bacillus* spp.、多粘类芽孢杆菌 *Paenibacillus polymyxa*、假单胞杆菌 *Pseudomonas* spp.。我国目前已有三个芽孢杆菌、两个假单胞杆菌的生防制剂产品获得商业化生产。在转基因植物抗青枯病的利用方面也取得了一定进展。

相对于根部细菌病害的生物防治，地上部细菌病害的生物防治研究较晚且薄弱。对地上部细菌病害的生物防治主要利用生防菌的代谢产物，其次是诱导促生作用及生态位点竞争。最成功的实例是利用淡紫灰链霉菌海南变种产生的中生菌素防治水稻白叶枯病、柑橘溃疡病、大白菜软腐病等 7 种细菌病害，大面积防治效果与目前生产上使用的化学农药相当，且未发现病菌对其产生抗药性。除中生菌素外，目前对地上部细菌病害的生物防治研究大多停留在生防菌株的筛选、鉴定，少数进行了拮抗物质分析及防病机理研究，较少在生产上应用。

复习思考题

1. k84 和 K1026 两个菌株有什么关系，在防治果树根癌病方面有什么缺陷？在防治应用中应注意什么问题？其生防机制是什么？

2. 植物根部细菌病害的发生有什么特点？哪些因素影响生防菌对根部细菌病害的生防效果？要想提高生防菌的生防效果，还应加强哪些方面的研究工作？

3. 防治茄科作物青枯病目前主要有哪几类生防菌，其各自的生防机制是什么？在生产上的应用前景如何？

4. 中生菌素是那种菌的代谢产物，其主要成分是什么，可以防治哪些病害，其生防机制是什么，使用中应注意什么问题？

5. 在利用转基因植物抗地上部细菌病害的工程方面有哪些新进展？

主要参考文献

巢进. 2005. 利用拮抗菌对柑橘溃疡病的生物防治. 湖南农业大学硕士学位论文.
郭坚华，龚龙英，祁红英. 2003. 三个拮抗菌株对辣椒青枯病的作用机制. 中国生物防治，19(1)：6-10.
刘凤权，王金生. 1998. 毒性基因突变体 Du728 防治水稻白叶枯病的初步研究. 中国生物防治，14(3)：115-118.
谭小艳，黄思良，任建国，等. 2007. 柑桔溃疡病内生拮抗细菌 Bc51 的研究. 植物病理学报，37(1)：9-17.
徐玲，王伟，魏鸿刚. 2006. 多粘类芽孢杆菌 HY96-2 对番茄青枯病的防治作用. 中国生物防治，22(3)：216-220.

杨国平，任欣正，王金生. 1986. K84 的生物防治效果与土壤杆菌 Ti 质粒类型的关系. 生物防治通报，2(1)：25-30.

杨少波，刘训理. 2008. 多粘类芽孢杆菌及其产生的生物活性物质研究进展. 微生物学通报，35(10)：1621-1625.

朱昌雄，蒋细良，孙东园，等. 2002. 新农用抗生素中生菌素. 精细与专用化学品，(16)：14-17.

Kerr A. 1972. Biological control of crown gall：seed inoculation. J App Bact，35：493-497.

Vidhyasekaran P，Kamala N，Rmanathan A. 2001. Induction of systemic resistance by *Pseudomonas flurescens* Pfl against *Xanthomonas oryzae* pv. *oryzae*. Phytoparastica，29(2)：155-166.

第八章　植物线虫病害的生物防治

线虫(nematode)是一类低等、两侧对称、具三胚层原体腔的无脊椎动物(invertebrate)。植物寄生线虫隶属动物界线虫门 Nematoda 侧尾腺纲 Secernentea 垫刃目 Tylenchida 和滑刃目 Aphelenchida。目前世界上已经报道的植物线虫有 260 多个属 5700 多种。农业上重要的寄生植物地上部及地下部的寄生线虫有:粒线虫属 *Anguina* 小麦粒线虫 *A. tritici*、茎线虫属 *Ditylenchus* 腐烂茎线虫 *D. destructori*、滑刃线虫属 *Aphelenchoides* 水稻干尖线虫 *A. besreyi*、伞滑刃线虫属 *Bursaphelenchus* 松材线虫 *B. xylophilus*。根部寄生线虫有:根结线虫属 *Meloidogyne* 南方根结线虫 *M. incognita*、矮化线虫属 *Tylenchonrhynchus* 饰环矮化线虫 *T. annulatus*、穿孔线虫属 *Radopholus* 相似穿孔线虫 *R. similis*、潜根线虫属 *Hirschmaniella* 水稻潜根线虫 *H. oryzae*、盾线虫属 *Scutellonem* 慢盾线虫 *S. bradys*、螺旋线虫属 *Helicotylenchus* 双宫螺旋线虫 *H. dihystera*、孢囊线虫属 *Heterodera* 大豆孢囊线虫 *H. glycines*、球形胞囊线虫属 *Globodera* 马铃薯金线虫 *G. rostochiensis*、珍珠线虫属 *Nacobbus* 异常珍珠线虫 *N. aberrans*、肾形线虫属 *Rotylenchulus* 肾状肾形线虫 *R. reniformis*、半穿刺线虫属 *Tylenchulus* 柑橘半穿刺线虫 *T. remipenetrans*。

危害植物的线虫分布广、危害重、防治难。植物寄生性线虫能寄生低等的苔藓、蕨类、藻类、菌类,高等的裸子和被子植物,几乎所有栽培植物都受到一种或一种以上线虫的寄生和危害。它们有的寄主植物范围窄,如潜根线虫属线虫,其寄主主要是水稻;有的寄主植物范围宽,如根结线虫的寄主植物有 114 科 3000 余种,仅蔬菜上就有茄科、豆科、葫芦科、十字花科 4 科及菠菜、胡萝卜、生菜、苋菜、香菜、芹菜、洋葱等数十种。据 Sasser 等(1987)估计,全世界主要农作物因线虫病害造成的年产量平均损失为 12%～23%,超过 1000 亿美元。FAO 保守估计,因线虫危害,粮食和纤维作物损失约为 12%;蔬菜、花生、烟草和果树损失超过 20%。我国地处温带,植物种类繁多,各类线虫发生和危害严重。目前已知的粮食作物、油料作物、经济作物、果树蔬菜、热带作物、饲料作物、花卉、药用植物、牧草和林木等 100 多种植物发生线虫病害,其中危害严重的线虫病害有各类作物的根结线虫病、大豆孢囊线虫病、小麦孢囊线虫病和松材线虫病等。例如,根结线虫病在我国大多数省区均有发生,仅蔬菜每年因根结线虫病造成的经济损失达百亿元;大豆孢囊线虫病造成的损失为 10%～80%,每年损失达到 6 亿～8 亿元;花生根结线虫病造成损失 20%～80%;小麦孢囊线虫病在我国 11 个省区 200 余个县市为害面积近 4000 万亩,造成严重损失;甘薯茎线虫病减产 20%～60%;1982 年首次在南京发现的松材线虫 *Bursaphelenchus xylophilus*,已蔓延到安徽、山东、浙江和广东等省,造成大面积松林枯死,对我国松林造成极大的威胁;水稻的潜根线虫广泛分布在我国水稻产区,研究证明,该线虫对水稻产量的影响为 7%～15%。许多作物的根腐病或"烂根",是生产中一个比较突出和复杂的问题,但人们很少考虑到线虫的因素。其实,作物的烂根中 30%左右与线虫相关。

植物线虫绝大多数雌雄同形,极少数为雌雄异形,雌虫虫体膨大为球形、梨形、肾状等,雄虫虫体微小,细长透明,一般不超过 1 mm。植物寄生线虫都是专性寄生虫,具有一定的寄生专一性,有的还有小种和生物型。其致病性的原因是线虫对植物的营养掠夺、机械损伤、化学致病和复合侵染。植物寄生线虫生活史具卵、幼虫和成虫三种虫态，并以此在土壤中越冬，通过人为、种苗、风、灌溉水和农具传播，多以二龄幼虫侵染和再侵染，一般 3～4 周一代，一个生长季节可发生多代。

植物寄生线虫多在地下或植物体内隐蔽为害，被害植物通常无明显的特殊症状，一般表现为植株矮小、畸形、变色、萎蔫、早枯等，易于缺水、缺素和其他病原所致病害的症状相混淆。植物受线虫危害表现出各种症状，如植物地上部的症状有顶芽和花芽的坏死，茎叶的卷曲或组织的坏死，形成叶瘿或种瘿等；根部受害的症状，有的生长点被破坏而停止生长或卷曲，根上形成瘤肿或过度分枝，根部组织的坏死和腐烂等。多肉质的地下根或茎受害后，组织先坏死，以后由于其他微生物的侵染而腐烂。根部受害后，地上部的生长受到影响，表现为植株矮小、色泽失常和早衰等症状，严重时整株枯死。

植物线虫病害的生物防治最早可追溯到 1874 年，Lohde 发现了醋线虫钩丝孢 *Harposporium anguillulae* 寄生醋线虫 *Anguillula* sp.。Zopf(1888)报道过少孢节丛孢 *Arthrobotrys oligospora* 捕食小麦粒线虫 *A. tritici*。此后的百余年来，全球的植物病理学家对利用线虫生防微生物进行了大量的研究，其中食线虫真菌和食线虫细菌的研究更为广泛和深入。近年来，由于化学药剂的长期使用带来了一系列的副作用，如产生抗药性、破坏生态平衡及环境污染等，农药的广泛应用对人类健康与环境的危害正受到人们广泛的关注。因此，符合当前环保和健康理念的生物防治成为线虫防治的首选措施，已受到各国的普遍重视。国内外许多专家、学者对植物寄生线虫的生物防治开展了大量研究工作，取得了可喜的成绩。迄今为止，全球已报道线虫捕食性真菌 140 余种，线虫机会真菌 200 多种，已有一些杀线虫商品制剂问世。

第一节 植物线虫病害生物防治研究概述

Cobb(1917)最早提出用捕食性线虫真菌防治线虫病害的观点。植物线虫病害的生物防治研究主要集中在植物根部线虫病害。线虫生物防治的早期研究工作主要在法国、美国、英国及前苏联，他们对食线虫真菌分类学和生态学研究的成果为开展根结线虫和其他植物寄生线虫的生物防治提供了基础。但以化学防治为主的线虫病害的防治一直维持到 20 世纪 70 年代初。基于长期使用剧毒化学杀线虫剂给生态环境带来的危害日渐显露及大豆孢囊线虫和根结线虫自然衰退现象的发现，人们重新认识到线虫生物防治的重要性和科学性，使得线虫的生物防治在 70 年代中期开始受到全世界的关注。

植物线虫的生防因子是指自然存在的线虫天敌生物，主要包括食线虫真菌(nematophagous fungi)、食线虫细菌[包括专性寄生细菌(obligate endoparasitic bacteria)、根际细菌(rhizobacteria)、放线菌(actinomycetes)]和杀线虫植物提取物。此外，还有病毒(virus)、立克次氏体(rickettsia)、原生动物(protozoa)、水熊(tardigrade)、扁虫(turbellarians)、螨类(mites)、跳虫(collembola)及捕食性线虫(predacious nematodes)等。

一、食线虫真菌

线虫生防真菌按功能区分包括捕食性真菌(trapping fungi)、寄生性真菌(parasitic fungi)、机会真菌(opportunistic fungi)和真菌次生代谢产物(fungi secondary metabolites，包括产毒真菌 toxin fungi)。传统上将具上述功能的线虫生防真菌称为食线虫真菌，指对线虫具有寄生和拮抗作用的真菌的统称。食线虫真菌可分为以下几种。

1. 捕食性真菌

捕食性真菌(trapping fungi)是指以菌丝特化形成的捕食器官(trapping device)捕捉线虫的一类真菌。例如,由捕虫霉属 *Stylopage* 和泡囊霉属 *Cystopage* 产生的黏性菌丝(abhesive hyphae),*Monacrosporium cionopagum* 产生的黏性分枝(abhesive branches),轮枝霉 *Zoophagus* sp. 形成的黏性球(abhesive knobs),节丛孢属 *Arthrobotrys* 少孢节丛孢 *A. obligospora* 产生的三围菌网(3-dimensional networks),圆盘菌属 *Orbilia* 产生的收缩环(constricting ring),*Dactylella leptospora* 产生的非收缩环(non-constricting ring),丝霉属 *Hyphoderma* 产生的冠囊体(stephanocysts)。其中节丛孢属中状节丛孢 *A. dactyloides* 是许多诱捕线虫真菌种类中最有潜力的真菌,这种真菌的小颗粒增生的效果非常好,温室试验中它可以有效地减少土壤中线虫的数量,抑制率达到 96%,如果带菌的小颗粒施用在作物根际周围,在作物最初生长的几周,可以有效地减少线虫对作物根部的危害。

2. 寄生性真菌

寄生性真菌(parasitic fungi)是指既可在土壤中营腐生生活又可寄生在线虫体内的真菌,其又可分为卵寄生真菌和虫体内寄生真菌,它们寄生在线虫的卵和虫体内,并从中吸取营养。目前的研究主要集中在根结线虫和胞囊线虫的卵、雌虫、卵囊和胞囊的寄生真菌。卵寄生菌中研究最多的是淡紫拟青霉,该菌是南方根结线虫与胞囊线虫卵的有效寄生菌,对南方根结线虫的卵寄生率高达 60%~70%,这是较重要的卵寄生菌,同时也可侵染线虫幼虫和成虫。厚孢普可尼菌 *P. chlamydospora* 和淡紫拟青霉可寄生胞囊线虫和根结线虫雌虫。泡囊丛枝菌根菌(VAM)能寄生大豆胞囊线虫的胞囊。

3. 真菌的杀线虫代谢产物

此类真菌主要分布于子囊菌、担子菌和半知菌中,其产生的代谢产物主要是醌类化合物、生物碱类化合物、萜类化合物、大环内酯类化合物、脂类化合物、吡喃类化合物和呋喃类化合物。例如,淡紫拟青霉的发酵产物中含有的乙酸能控制线虫卵和幼虫的生长发育,珊瑚状猴头菌 *Hericium coralloides* 培养物的萃取液中含有杀线虫活性的脂肪酸混合物,奥尔类脐菇 *Omphalotus olearius* 可产生对线虫有毒杀作用的一环十二缩肽物质。一些半知菌产生的环缩肽环孢素对南方根结线虫有较强毒性。

目前,世界已报道的捕食性真菌近 200 种,其中仅根结线虫食线虫真菌约 30 属,近 80 种。常见的捕食性真菌有节丛孢属寡孢节丛孢 *Arthrobotrys oligospora* 和指状节丛孢 *A. dactyloides*、厚垣孢普可尼亚菌 *Pochonia chlamydospora*、淡紫拟青霉 *Paecilomyces lilacinus*、黑曲霉 *Aspergillus niger*、木霉 *Trichoderma* spp.、尖孢镰刀菌 *Fusarium oxysporum*,担子菌中的粗披侧耳 *Pleurotus ostreatus* 及 *Pseudopapulospora kendrickii*、*Nigrospora sphaerica*、*Catenaria auriliaris*、*Verticillium leptobactrum*,隔指孢属 *Dactylella* 和单顶孢属 *Monacrosporium* 的一些种。迄今研究较多的是根结线虫病和孢囊线虫病的生物防治,应用较多的生防真菌主要是淡紫拟青霉和厚垣孢普可尼亚菌。

美洲、澳洲、欧洲等的国家在 20 世纪 70~80 年代就对植物寄生线虫食线虫真菌资源进行了深入的调查和研究。根据 Cooke 和 Godfrey(1964)和 Rodríguez-Kábana 和 Morgan-Jones(1988)统计报道,分离自植物寄生线虫的食线虫真菌超过了 350 种。1991 年 Crump 报道了分离自甜菜、谷物和马铃薯胞囊线虫的生防真菌 129 种,仅 Rodríguez-Kábana 和 Morgan-

Jones(1988)从胞囊线虫和根结线虫上分离的 97 种生防真菌中,分离自胞囊线虫的有 92 种。Nicole 等(1998)报道了分离自美国纽约北方根结线虫 *M. hapla* 卵囊和幼虫上的食线虫真菌 40 株,鉴定出 8 个种。

我国在 20 世纪 80 年代初开始了植物寄生线虫生防真菌的研究工作。与国外不同的是,我国的研究多集中于根结线虫食线虫真菌的调查,对于胞囊线虫则报道较少。1987 年何胜洋和葛起新报道了南方根结线虫天敌真菌 9 个种,并对每个种进行了详细描述和简要讨论。王明租等(1990)对 32 种植物 64 份根结线虫的样品进行了卵寄生菌的分离和筛选。1991 年马承铸等从北方根结线虫上分离寄生真菌 410 株,除 52 株未鉴定外,已鉴定的 385 株属于 4 个属 20 个种。张克勤等(1993)报道了分离自南方根结线虫和爪哇根结线虫的寄生真菌 14 个种,对每个种进行了简要描述,同时进行了高效捕食根结线虫菌株的筛选。李天飞等(1994)描述了分离自烟草根结线虫的寄生真菌 6 个种。杨秀娟等(2000)对福建省根结线虫卵囊寄生真菌进行了调查,初步鉴定出 46 个种,其中根结线虫卵在各菌的孢子液中校正死亡率在 20%以下的有 29 种,在 20%～40%的有 9 种,在 40%～60%的有 5 种,在 60%以上的有 3 种,有生防活性的有益菌株率为 36.9%,总体生防指数为 20.3%,其中具有生防活性的 17 种有益真菌分别属于木霉、淡紫拟青霉、黑曲霉、柱孢 *Cylindrocarpon* spp.、粉红粘帚霉 *Gliocladium roseum* 及尖孢镰刀菌 *F. oxysporium*、茄腐镰刀菌 *F. solani* 和两个未定种。2001 年汪来发等报道了我国华东地区根结线虫寄生真菌 22 个种及曲霉属、青霉属和不产孢真菌的一些待定种。钱振官等(1993)报道了分离自北方根结线虫上的寡孢节丛孢 *Arthrobotrys oligospora* 和褶生轮枝菌 *Verticillium lamelicola* 两个种,并测定了它们对根结线虫的致病力。郭凤广等(2004)研究发现分离自北方根结线虫卵囊和雌虫的菌株 GL0604、GL0509 对该线虫卵的孵化具有很强的抑制作用。2006 年,赖宝春从栀子花、烟草等作物的根结线虫样本上共获得食线虫类菌物 116 株计 7 个属,鉴定出 13 个种和 1 个变种,第一次在根结线虫上分离获得真马特镰刀菌 *F. eumartii*、楔形镰刀菌 *F. cuneiforme*、砖红镰孢 *F. lateritium*、禾谷镰孢 *F. graminearum*、谷镰刀菌 *F. graminum*。其中,淡紫拟青霉、茄腐镰刀菌和尖孢镰刀菌为两种作物根结线虫食线虫菌物的优势种群,分别占分离食线虫菌物分离物总数的 37.1%、14.7%和 5.2%,发现根结线虫食线虫菌物以卵囊寄生为主,卵囊上菌物分离率为 32.2%,雌虫上菌物分离率为 18.9%,并认为根结线虫食线虫菌物区系具有多样性,不同菌物区系的食线虫菌物种类、数量和优势种群与根结线虫寄主植物及根结线虫种关系密切。淡紫拟青霉和镰孢霉是重要的食线虫真菌,种群间或不同分离物存在较大的致病性分化现象。向红琼(1999)研究发现粗皮侧耳 *Pleurotus ostreatus* 的子实体可以分泌产生某种毒素杀死线虫并对花生根结线虫的群体动态产生影响。镰孢霉不同分离物的发酵粗提液 12 h 后对 2 龄幼虫的致死率为 46.7%～87.0%。孙建华等(2002)利用 Sr18 真菌的代谢物在保护地(大棚)对番茄根结线虫病的防治进行了研究,结果表明,收获末期 Sr18 菌液处理的病情指数较对照降低 46%～55%。

二、食线虫细菌

线虫生防细菌是指对植物寄生线虫具有寄生和拮抗作用的细菌,其生防机制主要有寄生和拮抗作用。例如,穿刺巴氏杆菌 *P. penetrans* 是对根结线虫的寄生,根际细菌可能产生挥发性 NH_3 和 NO_2 等杀线虫拮抗物质。此外还有竞争作用。例如,根际 G^- 细菌优先占据线虫的侵染位点,并在根部定殖,消耗根围营养;诱导抗病性,如 *Pseudomonas aeruginosa* IE-6S(+)

和 *P. fluorescens* 可诱导番茄产生系统抗性，降低线虫的侵染率。

1. 寄生细菌(parasitic bacteria)

线虫生防细菌主要有巴氏杆菌属 *Pasteuria* 的两个种穿刺巴氏杆菌 *Pasteuria penetrans*、*P. thornei*，以及根际细菌。穿刺巴氏杆菌 *P. penetrans* 是研究最多的一种线虫生防细菌，分布非常广泛，专性寄生于线虫的 2 龄幼虫。1888 年，Metchnikoff 发现并描述一种寄生水虱(daphnia magna straus)的细菌，命名为 *Pasteuria ramosa*。Cobb(1906)和 Thorne(1940)先后在线虫体内发现了与 *Pasteuria* sp. 相似的寄生物，但当时他们都认为是原生动物，直到对这种寄生物做了电镜观察之后才确认是细菌，1975 年 Mankau 将其命名为穿刺芽孢杆菌 *B. penetrans*，Sayre 和 Wergin(1977)发现根结线虫寄生细菌的超微结构与 *P. ramosa* 十分相似，且又再次发现这种细菌能侵染水虱，终于由 Sayre 和 Starr(1989)将其定名为穿刺巴氏杆菌 *P. penetrans*。20 世纪 70 年代后，关于穿刺巴氏杆菌的研究逐渐增多，而且研究重点转移到对能够侵染植物寄生线虫的种类上。许多研究证实，巴氏杆菌的分布非常广泛，已在世界上五大洲的 50 多个国家及太平洋、大西洋、印度洋的各类岛屿上的土壤线虫体内发现了巴氏杆菌或其类似物，被寄生的土壤线虫多达近 100 个属 200 余种。其中能侵染植物根结线虫的穿刺巴氏杆菌是研究较多的一种。穿刺巴氏杆菌的作用方式是以球形的孢子黏附于线虫 2 龄幼虫体表，受侵染的 2 龄幼虫侵入根系后，随线虫的发育，细菌不断在其体内增殖，到雌线虫发育到成虫时，其体内充满细菌而导致雌成虫彻底被摧毁，释放出大量的细菌于土壤中。该细菌抗干旱，在干燥条件下可存活几年(张克勤等，1990)。而 *P. thornei* 专性寄生于最短尾短体线虫 *Pratylenchus brachyurus*，近 20 年来，美国、英国、澳大利亚对该菌进行了深入研究并广泛用于根结线虫的生物防治，取得了很好的防治效果。他们认为穿刺巴氏杆菌是用于植物根结线虫病生物防治的一种有希望的研究对象。我国在 20 世纪 90 年代开始了这方面的研究，但这些研究总体来说尚属于起步阶段。由于穿刺巴氏杆菌为专性寄生物，人工难于培养，大量生产受到限制，目前尚无商品化制剂。

2. 根际细菌(PGPR)

根际细菌(PGPR)最先由 Kloepper 和 Schroth(1978)及 Suslow(1978)提出这一概念，系指与根有密切关系并能定殖于根系，能促进植物生长的细菌。1988 年，Sikora 在研究根际细菌对植物寄生线虫的作用时发现，有些根际细菌并不引起作物产量增加，所以他提出用 PHPR(plant health-promoting rhizobacteria)代替 PGPR 来定义那些对植物寄生线虫有抑制作用的根际细菌。现在人们研究的根际细菌多指在生防中具有拮抗作用或促生作用的有益根际细菌。根际细菌对线虫的作用机理目前尚不清楚，将其归纳为三个主要的方面。①产生杀线虫物质，改变植物根分泌物与线虫的作用方式，营养和空间位点的竞争(郭荣君等，1996)。杀线虫物质可能是含氮物降解过程中产生的挥发性的 NH_3 和 NO_2(Becker，1988；田红林，1992)。②以产毒方式作用于线虫的大多数属于细菌(Jatala，1986)。例如，丁酸梭菌 *Clostridium butyricum* 1880 菌株能在培养液中产生对矮化线虫属马丁矮化线虫 *Tylenchorhynchus martini* 有毒的蚁酸(formic acid)、醋酸(acetic acid)、丙酸(propionic acid)和丁酸(butyric acid)的混合物(Johnston，1959)。与此相似，Rodríguez-Kábana 等(1965)发现脱硫弧菌 *Desulfovibrio desulfuricans* 菌株在水淹稻田中能够释放大量的 H_2S 控制线虫危害水稻。Walker(1971)报道苏云金芽孢杆菌 *B. thuringiensis* 能形成一种耐热但非特异性的毒素，该毒素对南方根结线虫和滑刃线虫属 *Aphelenchus* 具有毒性。③还有许多其他根际细菌能够产生抑制线虫的化合物。Jatala(1986)认为,由于根际细菌对线虫的这种作用方式和其产生的有毒化合物易于生产,它们可能是线虫生物防治重要的天敌类群。关于改变根分泌物与线虫的作用方式,Racke 和 Sikora(1992)认为从特定的根区分泌出来的根分泌物是影响线虫生活史中特定发育阶段的重要因素,如根分泌物影响线虫卵孵化、线虫趋向于根的运动、线虫与寄主的识别及在根上的寄生等。这些阶段被认为是线虫发育的薄弱环节而适用于生防。特定根围的根际细菌可消耗或改变根分泌物的分泌形式,从而影响根分泌物依赖型植物寄生线虫的发育,而不是产生抗生素或嗜铁素。关于营养和空间位点竞争,Zuckerman 和 Jasson(1984)认为线虫与根的相互识别是根表面的外源凝聚素(Lectins,又称植物性血细胞凝集素 Hemagglu-tinins)与线虫体表糖类之间的相互识别。G^- 菌的细胞双层脂膜上具有结合植物外源凝聚素的结构(Oosendorp and Sikora,1989)而优先占据线虫的侵染位点,并且在根部定居繁殖,消耗根围营养,占据空间位点,从而达到生防的目的。

根际细菌用于防治植物寄生线虫的研究始于 20 世纪 80 年代。目前在温室和田间对植物线虫具有防效的根际细菌主要有:荧光假单胞菌 *P. fluorescens*、球形芽孢杆菌 *B. sphaericus*、枯草芽孢杆菌 *B. subtilis*、放射性土壤杆菌 *Agrobacterium radiobacter* 及致金色假单胞菌 *P. aureofaciens* 等。一些控制植物寄生线虫的有效根际细菌尚未鉴定。Backer(1988)报道用根际细菌蜡状芽孢杆菌 *B. cereus*、*B.* sp. 和两株假单孢菌控制南方根结线虫 *M. incognita*、大豆胞囊线虫 *H. glycines*、玉米胞囊线虫 *H. zeae* 均获得一定的效果。Oostendorp 等(1990)从根际细菌的分离鉴定、对植物寄生线虫的温室和田间防效、根际细菌与植物寄生线虫的体外关系,以及拮抗机理等方面作了系统研究。刘志明等开展了根结线虫幼虫致病细菌的筛选,从 205 份样品中分离和纯化细菌 142 株,其中 4 株对番茄根结线虫的校正死亡率达 80%以上,同时发现使香蕉根结线虫侵染率为零(刘志明等,2000)。根际细菌在温室自然土中的防效同田间效果一致,大部分超过 40%。

3. 放线菌

放线菌中的一些种类能够产生具有抗生或杀线虫特性的化合物,主要是链霉菌及其变种。从除虫链霉菌 *Streptomyces avermitilis* 的代谢物分离到一种大环内酯化合物——阿维菌素,已被证明具有高效广谱杀线虫活性。阿维菌素的颗粒剂和液体剂型对根结线虫具有一定的控制效果,该化合物目前正在被广泛地用于控制根结线虫。但由于该化合物不溶于水,在土壤中会快速降解,因此它控制线虫作用的潜力需要进一步的深入研究。

三、杀线虫植物提取物

具有杀线虫活性植物的资源丰富、分布广泛,已报道的有 40 多科 100 余种,其中以豆科和菊科植物居多。杀线虫植物能降低线虫活性引起线虫死亡,或抑制线虫卵的孵化以减轻线虫对寄主作物危害。通常利用这些植物不同部位提取液防治线虫,有的用切细的植物叶片与土混合防治或用杀线虫植物与寄主植物并种防治线虫。美国、英国、印度、墨西哥等国家目前已开始研究和使用杀线虫植物防治植物寄生线虫,并取得了较好的效果。文艳华(2001)从我国 10 科 14 种植物的抽提物筛选出 6 种具杀线虫活性抽提物,其中毛鱼藤对松材线虫具有极强的杀线虫活性,三尖杉、狼牙刺、紫斑牡丹对南方根线虫和水稻潜根线虫具有极强的杀线虫活性,并对三尖杉的杀线虫活性成分和杀线虫机理做了初步研究。迄今为止,国外利用植物防治植物线虫已有几十年的历史,但有效地从杀线虫植物中提纯杀线虫化合物并鉴定其化学结构的，国内外还处在初步探索阶段。

1. 杀线虫植物种类

植物源农药来源于自然，具有对人畜相对安全，不污染环境，不易引起抗药性，在自然环境中易于降解等优点。植物中蕴藏着具有潜在应用价值的天然产物。自 20 世纪 60 年代开始从植物中提取天然杀线虫活性物质，开发植物源杀线虫剂的研究引起人们极大的兴趣。目前已有 90 多科 300 余种植物被报道具有杀线虫活性（Uhlenbroek，1958，1959；Chitwood，2002；Claudia，2004；文艳华，2001；徐汉虹，2001；庄占兴，2001；杨秀娟，2002；文艳华，2004）。在已报道的杀线虫植物中草本植物居多；木本植物和藤本植物居次。研究历史较长、研究内容较深入的有葫芦科 Cucurbitaceae、罂粟科 Papaveraceae、禾本科 Gramineae、十字花科 Cruciferae、豆科 Leguminosae、茄科 Solanaceae、唇形科 Labiatae、伞形科 Umbelliferae、云实科 Caesalpiniaceae、马鞭草科 Verbenaceae、萝藦科 Asclepiadaceae、大戟科 Euphorbiaceae、桑科 Moraceae、爵床科 Acanthaceae、夹竹桃科 Apocynaceae、含羞草科 Mimosaceae、旋花科 Convolvulaceae、百合科 Liliaceae、茜草科 Rubiaceae、荨麻科 Urticaceae、石蒜科 Amaryllidaceae、苦木科 Simaroubaceae、藜科 Chenopodiaceae、胡椒科 Piperaceae、君子兰科 Clusiaceae 等 27 科。这些杀线虫植物约对 47 种植物寄生线虫有活性，包括根结线虫 *Meloidogyne* spp.、松材线虫 *Bursaphelenchus xylophilus*、香蕉穿孔线虫 *Radopholus similis*、大豆胞囊线虫、甜菜胞囊线虫 *Heterodera schachtii*、矮化线虫 *Tylenchorhnchus* spp.、螺旋线虫 *Helicotylenchus* spp.、纽带线虫 *Helicolylenchus* spp.、短体线虫 *Pratylenchus* spp. 等影响农业经济增长的植物线虫，其中对根结线虫有活性的植物约有 260 种（徐汉虹，2001）。

2. 杀线虫植物提取物

近年来研究学者对于植物提取物的杀线虫活性方面的研究取得了较大的进步。对于所选取的植物整株及各个部位的不同杀线活性，研究者作了许多研究及报道。例如，在植物线虫病害防治过程中，利用具有杀线虫作用的植物根、茎、叶、花、果实、树皮或整株植物的提取液防治线虫病害，采用提取液灌根、浸根、浸种等措施；利用植物的切细叶与土混合防治线虫；利用具有杀线虫作用的植物与线虫寄主植物并种，以减少线虫对寄主植物的危害（Mohandas，1981；Nandal，1986；Akhtar，1989；Jatala，1995；Vats，1993）。具杀线虫活性的植物能降低线虫活性，引起线虫死亡，抑制线虫卵的孵化，减轻线虫对寄主植物的危害。具杀线虫活性植物提取液的作用与植物的部位器官、生育期、生长年限及其浓度有关。一般在温度适宜条件下，植物生长成熟度、年限长度、提取液浓度、线虫在提取液中暴露时间长度都与杀线虫活性呈正相关（杨秀娟，1999）。目前世界上如美国、英国、印度、日本、意大利、孟加拉国等已开始使用植物防治线虫，并取得了较好的防治效果（徐汉虹，2001）。

国外研究较多的是植物源粗提取物的杀线虫活性。已报道的杀线虫植物中属于菊科的种类较多，其中万寿菊属植物 *Tagetes* spp. 的研究报道最多，多以根结线虫为主要研究对象。例如，万寿菊属植物中的小万寿菊 *T. minuta*、孔雀草 *T. patula* 能防治多种植物寄生线虫。保加利亚、印度、阿尔及利亚等都作了报道，它们对控制线虫严重发生与危害，减轻环境污染起了很大作用（Indra，1985；Nakajima，1985；Poornima，1990；Sellami，1994；Mateeva，1995；Sasnelli，1995）。目前国际上研究较多的植物源杀线虫植物的科是楝科 Meliaceae，楝科已见报道的杀线虫植物种类不多，只有 2 属 3 种。印楝是研究最多的楝科植物，也是世界上最优秀的药源植物。前人在生物防治植物线虫方面对印楝的花、叶、种子、种仁、种壳、树皮、根、果、油及籽饼的杀线虫活性都有研究报道。不同印楝产品的杀线虫活性已有较详细的研究报道(Mojumder,1995)。

近年来,我国的研究学者在这方面也进行了许多研究,取得了较好的效果。一些学者对万寿菊属植物及楝科进行了研究,同时对许多植物源杀线虫植物进行了筛选,证明了许多植物具有较高的杀线虫活性。杨秀娟等(2002)测定了53种植物提取液对南方根结2龄线虫的生物活性和毒力,以及在不同提取溶剂和光照处理条件下植物提取液的杀线虫活性,结果表明不同植物种类、部位的提取液具有不同的杀线虫活性。翁群芳等(2005)采用浸渍生测法测定了采自广东、新疆、湖南的15科28种植物提取物对南方根结线虫的毒杀活性,结果表明其中的一些植物有较强的杀线虫活性,对南方根结线虫病控制效果明显。王猛等(2006)用夹竹桃的树皮和树叶的乙醇提取物和水提取物对松材线虫有很强的毒性,尤其是叶片的水提取物对松材线虫的杀伤性极强。

关于具杀线虫活性的植物源提取物有效成分分析,始于20世纪50年代。人们从植物中提取天然杀线虫活性物质。开发植物源杀线虫剂的研究工作引起人们极大的兴趣。植物源杀线虫剂来源于自然界,在环境中易降解,对人类安全,具有良好的环境相容性,因此越来越受到人们的重视。目前,已有不少的杀线虫植物活性化合物被分离鉴定,许多已被开发成杀线虫剂应用于生产(庄占兴,2001;赵博光,1996;赵博光,1998)。现在已报道了10多类100余种化合物具有杀线虫活性,包括萜类、倍半萜及二萜类化合物、脂肪酸及其衍生物、生氰糖苷与生物碱类化合物、异硫氰酸盐与芥子油苷类化合物、多联噻吩与多炔类化合物、苦木素类、甾类及三萜系化合物、酚类化合物及其他活性化合物。

李维蛟等(2009)报道,木醋液稀释度为150倍,72 h条件下处理,松材线虫、拟松材线虫、北方根结线虫、花生根结线虫、南方根结线虫、爪哇根结线虫的校正死亡率分别为64.7%、82.7%、76.3%、78.4%、77.9%、72.2%;木醋液对根结线虫病的温室盆栽试验表明,在木醋液稀释度为50倍、100倍、150倍条件下处理,对番茄根结线虫病均有防治效果,防治效果依次为72.0%、68.0%、66.0%;在每千克腐殖质土中配制150g木醋液配剂对番茄根结线虫病的防治效果最好,达到72.0%;木醋液及木醋液配剂对石榴根结线虫病和番茄根结线虫病的田间防治试验表明,不同稀释浓度的木醋液和不同剂量的木醋液配剂对石榴根结线虫病和番茄根结线虫病均有一定的防治效果,防治效果分别达到了63.9%、50.5%。

植物源农药和传统的化学农药相比具有很多优点,但它本身的一些缺点限制了它的开发研究(刘晓娟,2006)。首先是植物体内的有效成分很低,大多数植物源农药发挥药效慢,当有害生物大面积暴发时,不能满足控制危害的需要,不具备化学农药用量少、速效性快的优点,农民群众较难接受;其次植物源农药制剂成分复杂,活性成分易分解,且对光不稳定(翟金玲,2008),一般来说,植物次生代谢物稳定性较差,产品保存期短,使用时受环境因素的干扰,植物源农药的有效成分往往不是单一化合物而是多种化合物共同起作用,有效成分在植物中含量较低,又因产地、季节、气候、部位不同而有较大差别,提取时原料生物量大,提取后废弃物也需要认真处理。这些不利因素都会影响到植物源农药产品的标准化生产等问题。为了适应农业可持续发展的要求,仍需要开发一些有效的、对环境友好的、能大面积推广的植物源农药产品用于防治植物线虫病害。

四、其他线虫生防生物

植物寄生线虫生防生物除捕食性食线虫真菌外,还有捕食性线虫、水熊 tardigrades(一种缓步动物)、扁虫 turbellarians、跳虫 collembola、螨类 mites、原生动物及捕食性线虫等。这些生物对植物寄生线虫的生防潜力有待进一步的研究。

捕食性线虫包括单齿目 Mononchida(又名肉食目)、矛线目 Dorylaimida 和膜皮目 Diplogasteroidea 三个目中的许多属,其中滑忍总科 Aphelenchoidea 的长尾滑属 *Seinura* 是专性捕食性线虫。它们在多数农业土壤中大量存在,但对它们在植物寄生线虫生物防治中的作用了解甚少。捕食性线虫通常从捕食的线虫、真菌、藻类及其他土壤微生物区系获得食物。人们已经注意到单齿目的一些种类可能作为控制植物寄生线虫的生防生物(Cassidy,1931;Cohn,1974; Endo,1979;Thorne,1940)。但研究发现,捕食线虫自身的种群数量也在逐渐减少,同种个体之间也有互相捕食的现象,说明其捕食没有特异性。在农业土壤中这些捕食性线虫对植物寄生线虫的自然控制,可能发挥了一定的作用,但是它们对植物寄生线虫的生防潜力如何,尚需进一步的研究。

早在 20 世纪 60～70 年代,就发现水熊捕食植物寄生线虫(Hutchinson et al.,1960; Doncaster et al.,1961;Sayre,1971)。栖居土壤的扁虫以线虫和其他土壤生物为食。Sayre 等(1966)观察到南方根结线虫被扁形虫 *Adenoplea* sp. 捕食,但他们认为尽管施用 *Adenoplea* sp. 可以减少根结指数,但没有足够的实际应用价值。跳虫和螨可能是植物根周围和腐烂有机物内数量最多的节肢动物,不同学科的研究者报道了它们捕食植物寄生线虫的现象(Sharma,1971;Mankau et al.,1975;Murphy et al.,1976;Inserra et al.,1983)。有报道称 Enchytraeides 可能作为线虫的拮抗物,但其对植物线虫捕食的实际作用尚不清楚。也有报道称一些与变形虫相似的原生动物(protozoa)能捕食植物寄生线虫,但这些生物对线虫的控制作用及其经济重要性不得而知。可见,由于对以上几类捕食性生物如何捕食线虫缺乏全面了解,以致其是否是植物寄生线虫真正的天敌生物还缺乏科学依据,大量的研究工作还有待进一步的展开。

寄生性线虫除寄生性食线虫真菌和细菌外,还有病毒和立克次氏体两类。目前已知一些植物病毒是以线虫为载体对植物进行侵染,这些病毒一般与剑线虫属 *Xiphinema*、长针线虫属 *Longidorus*、毛刺线虫属 *Trichodorus* 和拟毛刺线虫属 *Paratrichodorus* 中某些种的口针和食道有关,但没有发现这些病毒对线虫的致病力。由于现在搜集线虫的方法存在极大的局限性,特别是很难对被病毒侵染或无活动性的线虫进行有效的分离。Loewenberg 等(1959)报道可能由一种能通过细菌滤膜的病毒引起南方根结线虫行动呆滞,这种线虫的幼虫不能使植物形成根结,但也没有病毒颗粒从这种感病线虫中被发现。立克次氏体是存在于细胞内,类似于细菌一类的微生物。目前已在 *Heterodera goettingiana*、*Globodera rostochiensis* 和 *H. glycines* 等线虫中报道了立克次氏体的存在(Shepherd et al.,1973;Endo,1979;Walsh,1979;Walsh et al.,1983;Wala et al.,1983)。一些立克次氏体对昆虫具有致病性,并通过昆虫体内特有而异皮线虫属 *Heterodera* 没有的一种叫做菌胞体(mycetomes)的特化细胞结构进行增殖。Rumbos 等(1977)证明 *Xiphinema index* 可能是这些微生物的传播载体,但它们在线虫生物防治中的作用目前尚不明确。

第二节　植物线虫病害生物防治的途径和方法

线虫生物防治的应用基础研究为植物线虫病害的生物防治奠定了基础。线虫病害的生物防治途径和方法主要包括两个方面：一是生防制剂引入(induced control，即引入线虫生防因子)；二是自然控制(natural control，即线虫生防因子的自然调控)。目前，国内外已开发出一些防治线虫病害的生物农药或制剂，主要是食线虫真菌生物农药或制剂，如“Royal 300”(Cayrol，1978)、“Royal 350”(Cayrol，1981)、“Biocon”(Davide，1983)、“DiTera”(Warrior et al.，1998)、“Deny”(Copping，2001)、BIOACT® 和“线虫必克”(2001，农药临时登记LS2001154)、大豆胞囊线虫生防菌制剂“豆丰 1 号”颗粒剂(科技发明专利)、厚孢轮枝菌颗粒剂(主要成分为厚垣轮枝菌)。植物线虫病害生物防治的途径和方法主要有生防制剂的引入和自然控制。

一、生防制剂的引入

生防制剂的引入是植物线虫病害生物防治的主要途径。该途径以植物寄生性线虫为对象，引入线虫病害的生物农药或制剂，实现控制线虫病害危害的目标。

法国于 1978 年由 Cayrol 等研发出捕食线虫真菌商品制剂 Royal® 300，该制剂以粗壮节丛孢 *Arthrobotrys robusta* 为主要成分，防治蘑菇食菌茎线虫 *Ditylenchus myceliophagus*。Royal® 350 是含不规则节丛孢 *A. irregularis* 的菌剂，防治番茄根结线虫，在酸性条件下防效显著。俄罗斯开发出含两种节丛孢 *Arthrobotrys* spp. 制剂 Nematofagin-BL，能有效地降低线虫密度。Kerry 等(1984)用厚垣孢轮枝菌防治小麦上的胞囊线虫 *Heterodera avenae*，可降低雌虫量 65%。Vicente 等(1989)利用淡紫青霉 *P. lilacinus* 防治西瓜线虫病。Leij 等(1991)用厚垣孢轮枝菌防治温室番茄根结线虫 *M. hapla* 效果达 90%。Kim 等(1991)用卵寄生真菌(ARF18)防治温室大豆胞囊线虫。Warrior(1999)从大豆胞囊线虫上分离到 *Myrothecium verrucacia*，开发出 DiTera™ 对植物寄生线虫防效显著。Liu 等(2001)用洛斯里被毛孢 *H. rhossiliensis* OWVT-1 防治温室大豆胞囊线虫，防效达 90%以上。德国 PROPHYTA 公司用淡紫拟青霉 *P. lilacinus* 生物杀线虫剂(孢子粉)BIOACT® WG 防治根结线虫和香蕉穿孔线虫 *Radopholus similis*。

“线虫必克”是由昆明云大科技微生物资源开发股份有限公司生产的一种安全、高效的绿色环保型微生物农药，也是我国第一个在线虫防治领域获得农药登记证的高新技术产品，其主要有效成分是厚垣孢轮枝菌 *V. chlamydosporium* Zk7，防治对象为根结线虫，剂型为微粒剂，用量为 1～1.5 kg/亩，使用方法是将该制剂在作物移栽时施用，产品施入土壤后迅速萌发繁殖，捕杀线虫并抑制线虫卵的繁殖。淡紫拟青霉 IPC 菌株研发出“灭线灵”商品制剂(玉溪千九生物技术有限公司)对烟草根结线虫的防效达 50%～70%。刘维志等利用厚垣轮枝菌 *Verticillium chlamydosporium* 开发出大豆胞囊线虫生防菌制剂“豆丰 1 号”颗粒剂，在东北三省应用，防效达 59%～74%。还可用于烟草、花生、番茄、黄瓜、西瓜、茄子、生姜、香蕉、甘蔗等农作物的根结线虫和胞囊线虫。

二、自然控制

自然控制(natural biological control)是指利用土壤中自然存在的有益微生物来控制线虫病害的危害。植物寄生性线虫病害的自然控制途径，从研究的角度，可探明自然控制产生的机制；从应用的角度，一方面，利用自然控制线虫病害的危害恢复与重建良好的土壤微生态；另一方面，可从植物寄生性线虫病害自然衰退现象的土壤中获取食线虫生物因子，为生防制剂的引入提供生防资源。

对自然控制的研究发现，有 6 种胞囊线虫 *Heterodera* sp.、球形胞囊线虫 *Globodera* sp. 和 1 种根结线虫 *Meloidogyne* sp. 被发现在连作或多年生作物上线虫的种群数量自然下降，危害减轻，即发生自然衰退现象（Kerry，1987），这与小麦全蚀病的自然衰退现象相似。自然衰退现象与土壤中的食线虫真菌和细菌数量逐年增加相关，线虫雌虫和卵上的寄生物，如食线虫真菌和穿刺巴氏杆菌 *P. penetra*，是使这些易感作物线虫种群数量下降的原因。例如，美国加利福尼亚州的桃园根结线虫被隔指孢 *Dactylella oviparasitica* 抑制（Stirling et al.，1979）；非洲塞内加尔的菜园及澳大利亚南部的葡萄园中的根结线虫自然地被穿刺短体线虫 *P. penetrans* 抑制（Stirling and White，1982）。Kerry（1989）对桃园根结线虫的自然控制进行了研究，在美国加利福尼亚州有 20%的桃园仍然保留着有 45 年以上栽培历史的感病品种 Nemaguard，在这样的桃园里根结线虫数量极少，而周围相似环境的葡萄园则根结线虫数量很大，研究发现桃园中根结线虫的卵 20%～80%被隔指孢 *D. oviparasitica* 寄生，隔指孢有效控制了根结线虫的危害。通过从土壤分离大量被感染线虫的直接方法和使用选择性生物杀灭剂（biocides）抑制寄生物活性的间接方法，证明了有益微生物对线虫自然衰退的重要性。这种方法也被用来确定禾谷胞囊线虫 *Heterodera avenae* 自然控制的原因及控制程度，Kerry 等（1980）因此认为食线虫真菌是引起这种线虫 95%的雌虫和卵死亡的原因及衰退土限制这种线虫增殖的主要因素。

尽管自然控制在相当广泛的各类土壤中具有很高的防效，但在线虫病害得以控制之前，要建立起一个这样的生态系统却是缓慢的，一般需要 5 年或更长的时间。在英国 Rothamsted 实验站的微小区试验中，4 种类型土壤在连续 5 年种植感病作物后，禾谷胞囊线虫从每克土壤大于 400 个卵减少到每克土壤小于 5 个卵，虽进一步种植三种禾谷作物，但仍然保持其较低的种群数量。自然控制使线虫危害低于经济阈值在北欧禾谷胞囊线虫上被证实（Kerry，1989）。许多病害经过连作以后，都会出现衰退现象，但对它的估计是相当困难的，尤其是非专化性的自然控制，根结线虫也如此。因此，在线虫生物防治上，自然控制是人为难以控制的，但通过其机理研究加以充分利用将是可能的。通过施用有机肥，改善土壤生态环境，使土壤微生物的种群数量增加，自然控制会得以恢复。

土壤微生态（soil micro-ecosystems）是研究线虫病害生物防治和自然控制的基础，对该系统的正确认识无论对引入还是自然调控都很关键。植物线虫生物防治中最难克服的两大障碍：一个原因是在植物根围竞争激烈的微生物区系中植物线虫自由生活阶段很短与食线虫真菌接触的机会不多；另一个原因是大量的酶解物或有机质影响真菌或改变土壤环境从而导致植物寄生线虫的生防效果不稳定。由此可见，线虫生物防治研究进程中的主要障碍就是我们对于线虫天敌的生态学缺乏充分的了解。

土壤中的土壤质地、湿度、pH、重金属元素、有机质含量、农药及线虫、微生物区系、寄主植物的根系等生物和非生物因子组成了一个复杂而多变的生态系统，对真菌和细菌等线虫天敌具有不同程度的影响。系统的线虫天敌生态学目前尚未建立起来。国内外研究较多的是通过土壤有机修复、施用生物杀线虫剂或有机肥料等一种或几种措施来诱导或增强胁迫性土壤中真菌、细菌、放线菌等微生物对线虫的拮抗活性，从而达到防治线虫的目的。Robin 等（2001）研究表明在农业生态系统中，用植物 *Sorghum vulgare* 叶片对土壤修复处理可以优化真菌对根结线虫 *M. mayaguensis* 的拮抗活性，从而提高对线虫的防治效果；Bruce（2002）利用土壤笼法(soil cage)研究表明用葡萄叶片对土壤进行有机修复可以大大刺激真菌种群密度与捕食活性的增加,修复土壤线虫的分离率比未修复土壤降低了10%;Carolina(2001)用真菌 *Myrothecium* spp. 深层发酵获得的杀线虫剂 DiTera 处理土壤可以提高土壤或植物根围细菌对根结线虫的拮抗活性;Zaki(2001)通过试验表明荧光假单胞杆菌 *P. fluorescens* GRP3 菌株与有机肥料是防治番茄北方根结线虫 *M. hapla* 的最佳组合,大大减少了形成根结的数量和降低了线虫的繁殖率,促进了植物的生长。

小　结

植物线虫病害是由植物寄生性线虫引起的严重病害。长期使用剧毒化学杀线虫剂给生态环境带来的危害日渐显露及大豆孢囊线虫和根结线虫自然衰退现象的发现,人们重新认识到线虫生物防治的重要性和科学性。植物线虫的生防因子主要包括食线虫真菌、食线虫细菌和杀线虫植物提取物。食线虫真菌指对线虫具有寄生和拮抗作用真菌的统称,其生防机制按功能区分包括捕食性真菌、寄生性真菌和真菌次生代谢产物。食线虫细菌的生防机制主要有寄生和拮抗作用。杀线虫植物提取物主要是拮抗作用。植物线虫病害生物防治的途径和方法主要有生防制剂的引入和自然控制。生防制剂的引入是植物线虫病害生物防治的主要途径和方法,该途径以植物寄生性线虫为对象,引入线虫病害的生物农药或制剂,实现控制线虫病害危害的目标。自然控制是指利用土壤中自然存在的有益微生物来控制线虫病害的危害。植物寄生性线虫病害的自然控制途径,从研究的角度,可探明自然控制产生的机制;从应用的角度,一方面,恢复与重建良好的土壤微生态,利用自然控制线虫病害的危害;另一方面,可从植物寄生性线虫病害自然衰退现象的土壤中获取食线虫生物因子,为生防制剂的引入提供生防资源。

复习思考题

1. 植物线虫病害生物防治的生防因子主要包括哪些?
2. 何谓食线虫真菌?其生防机制是什么?
3. 何谓食线虫细菌?其生防机制是什么?
4. 植物线虫病害生物防治的途径和方法是什么?
5. 试述植物线虫病害生物防治的意义和前景。

主要参考文献

郭荣君,刘杏忠,杨怀文. 1996. 应用根际细菌防治植物寄生线虫的研究. 中国生物防治,12(3):134-137.
李天飞,张克勤,刘杏忠. 2000. 食线虫真菌分类学. 北京:中国科学技术出版社.
刘志明,余玉冰,秦碧霞,等. 2000. 根结线虫幼虫致病细菌的筛选. 中国生物防治,16(3):142.
孙漫红,刘杏忠,唐霖. 1997. 土壤抑制作用对食线虫真菌及其制剂的影响. 真菌系统,16(2):149-154.
汪来发,杨宝君,李传道. 2001. 华东地区根结线虫寄生真菌调查. 真菌系统,20(2):264-267.
吴云峰. 2008. 植物病虫害生物防治学. 北京:中国农业出版社.
杨树军,夏振远,李天飞,等. 2001. 两种生防菌剂对南方根结线虫卵孵化的影响. 西南农业大学学报,23(3):247-248.
杨秀娟,何玉仙,陈福如,等. 2000. 福建省根结线虫卵囊真菌的分离与筛选. 福建农业学报,15(1):12-15.
张克勤,刘杏忠,李天飞. 2001. 食线虫真菌生物学. 北京:中国科学技术出版社.
祝明亮,张克勤,李天飞,等. 2002. 烟草根际厚垣孢轮枝菌生态效应研究. 微生物学通报,29(2):5-8.
Cayrol J C. 1981. Possibilities of biological control of Meloidogyne nematode crop pest with the use of the "R350" nematophagous fungus(*Arthrobotrys irregularis*). La Defense des Vegetaux,35:279-282.
Copping L G. 2001. The BioPesticide Manual. British Crop Protection Council,UK. 131,132.

Davies K G, Flynn C A, Laird V, et al. 1990. The life-cycle, population dynamics and host specificity of a parasite of Heterodera avenae, similar to *Pasteuria penetrans*. Revue de Nematologie, 13: 303-309.

Freitas L G. 1992. Biological control of *Moloidogyne javanica* by the fungi Paecilomyces lilacinus and Cylindrocarpon desctructans. M. S. thesis. Depatamento de Fitopatologia, Universidade Federal de Vicosa, Brazil.

McInnis I. 1990. Suppression of Criconemella xenoplax on peach by rhizosphere bacteria. Proc. 2nd Inter. The Netherlands: Nematology Congr.

Oostendorp M, Sikora R A. 1990. *In-vitro* interrelationships between rhizosphere bacteria and Heterodera schachtii. Revue Nematol, 13: 269-274.

Racke J, Sikora R A. 1992. Isolation, formulation and antagonistic activity of rhizobacteria toward the potato cyst nematode Globodera pallida. Soil Biology and Biochemistry, 24: 521-526.

Rodrs P D. 1993. Potential of biopesticides in agriculture. Pesticide Science, 39: 117-120.

Rodríguez-Kábana R, Morgan-jones G. 1998. Potential for Nematode Control by Mycofloras Endemic in the Tropic. Journal of Nematode, 20(2): 191-203.

Warrior P, Beach R M, Grau P A, et al. 1998. Commercial development and introduction of Ditera, a new nematicide. In 9th international congress of pesticide chemistry, Royal Society of Chemistry, Cambridge, UK.

第九章　植物病毒病害的生物防治

植物病毒(virus)是植物的一种重要病原物，包括病毒和亚病毒(类病毒、病毒卫星和朊病毒)。类病毒(viroid)是无衣壳蛋白包被的低分子质量环状单链 RNA 分子；病毒卫星(virus satellite)是指依赖于与其共同侵染寄主细胞的辅助病毒进行繁殖的核酸分子；朊病毒(prion)是只有蛋白质而没有核酸的病毒。病毒引起不少毁灭性的植物病害，对植物的生长、发育，对人类的生存和发展造成了很大的威胁。在侵染性植物病害中，病毒病害仅次于植物真菌病害，位列第二位。例如，在 1951～1960 年的 10 年间，大麦黄矮病毒(barley yellow dwarf virus)造成了美国大麦 6000 多万美元的损失；1978 年的病毒大暴发，使加拿大曼尼托巴地区小麦损失约 1700 万元；1980 年，菲律宾至少有 4000 万株椰子树死于类病毒病，损失达 2000 万美元；在我国南方，由于水稻病毒病的流行，导致水稻减产 20%～30%。植物病毒一旦发病，很难防治，常常对农业生产造成严重损失，故植物病毒病有植物癌症之称。近年来，病毒病害已成为农业生产中越来越突出的问题，几乎每种农作物和经济作物都受到 2～3 种病毒的危害。

植物病毒是一种非细胞结构的生物，其基本单位是病毒粒体(virion)。大部分病毒的粒体为球状(等轴粒体)、杆状和线状，少数为弹状、杆菌状和双联体状等。植物病毒分类依据的是病毒最基本、最重要的性质：①构成病毒基因组的核酸类型(DNA 或 RNA)；②核酸是单链(single strand)还是双链(double strand)；③病毒粒体是否存在脂肪蛋白包膜；④病毒形态；⑤核酸分段状况(即多分体现象)等。

绝大多数植物病毒是由核酸构成的核心与蛋白质构成的外壳组成的，极少数还含有脂肪和非核酸的碳水化合物。植物病毒核酸类型有 ssRNA(单链 RNA)、dsRNA(双链 RNA)、ssDNA(单链 DNA)和 dsDNA(双链 DNA)，但绝大多数是 ssRNA，无包膜，其外壳蛋白亚基或呈二十面体对称，或呈螺旋式对称排列，形成球状或棒状颗粒。大多数植物病毒是由单一种外壳蛋白组成形态大小相同的亚基，多个亚基组成外壳。外壳内含有携带其全部基因的病毒核酸。有的植物病毒的核酸分成 1～4 段，分别装在外壳相同的颗粒中。例如，烟草脆裂病毒的 RNA 分成两段，分别装在两种颗粒中，分子质量大的一段装在长棒状颗粒中，小的一段装在短棒中，故称为二分体基因组病毒；又如雀麦花叶病毒的 RNA 分成 4 段，RNA1、RNA2、RNA3 和 RNA4，分别装在外形大小相同的三种球形颗粒中，故称为三分体基因组病毒。二分或三分总称为多分体基因组病毒。

病毒一旦侵染植物，可在植物体内长期存活。病毒的传播方式为介体(昆虫、线虫、真菌、螨类和菟丝子等)和非介体(机械、种子、花粉和营养繁殖器官等)两种方式。病毒以被动方式从不至于细胞死亡的微伤口侵入。

目前，植物病毒分为 18 个科(包括 3 个含有动物病毒的科、3 个由反转录转座子组成的科)、76 个属(包括 20 个未定科的悬浮属)，共有近 1000 种病毒，其中包括约 280 个暂定种。

由于病毒是核蛋白的大分子绝对寄生物，它不含有能量代谢和蛋白质合成场所——核糖体等细胞器。病毒复制所需要的原料、能量和大部分酶都依赖寄主细胞。因此，很难找到一种选择性的药物，能抑制病毒而对寄主无害。病毒病的防治主要以消除病毒侵染源（如清除传毒介体）、脱毒（组织培养和茎尖微芽嫁接）、选用免疫或抗病品种和选用无病毒的种植材料为主，辅以栽培保护与治疗及生物防治等方法。

第一节　植物病毒病害生物防治研究概述

植物病毒病害生物防治研究已有近百年的历史。目前，主要集中在交叉保护、植物源抗病毒活性物质、微生物源抗病毒活性物质等方面。

一、交叉保护

（一）概念、原理及机制

交叉保护（cross protection）是指把一种弱毒株系先接种到无病健康的植株上，经一段时期后，当同一种病毒的强毒株系再次侵染时，由于该植株已产生免疫能力，可以抵抗或削弱强毒株的侵染，使植株发病减轻或不发病而受到保护。

目前，交叉保护的作用机理并不明确，主要有下列几种假说。①与动物的免疫机理一样，植株受弱毒株系感染后，在体内产生了类似动物的免疫球蛋白（Ig），而使植株免受强毒株再次感染而得到保护。②先侵入植株体内的弱毒株系的外壳蛋白和核酸对后侵染的强毒株系有拮抗作用。例如，弱毒株系的 RNA 和强毒株系 RNA 配对杂交，阻止强毒株 RNA 的复制和翻译；或弱毒株系的 CP 阻止强毒株系基因组脱壳。③植株体内产生类似干扰素的物质，而得到保护。④保护病毒占用或耗尽寄主中对攻击病毒建立侵染所必需的代谢物或结构。⑤保护病毒阻止攻击病毒系统运输。⑥保护病毒激活寄主防卫机制，降解攻击病毒的 RNA。但是，以上每种假设都不能解释所有株系间的交互保护现象。

（二）交叉保护的应用

1929 年，McKinney 发现植物病毒株系间存在着干扰现象。1934 年，美国学者 Kunkel 提出了利用弱毒株系来防治植物病毒病的设想。但直到 20 世纪 50 年代，交叉保护的具体应用才见报道。例如，Grant 等（1951）发现柑橘衰退病毒病的弱毒系对强毒系有保护作用。1955 年，Posnett 和 Todd 用弱毒株保护的方法来防治在加纳流行的可可肿枝病，取得了较好效果，保护株发病率为 14%，而未保护株发病率高达 76%；用木质化弱毒株保护西番莲也取得良好效果，保护株发病率仅为 4%，而未保护株发病率高达 68%。1964 年，Chamberlain 发现苹果花叶病的弱毒株对强毒株也有明显的保护作用。20 世纪六七十年代，美国和巴西科学家用柑橘衰退病毒病的弱毒系，接种到无病的 Pera 实生甜橙株上，再将这些保护苗种到大田中，让衰退病的虫媒桔蚜自然反复传播、感染，经几年后，这些被保护的植株生长健壮，基本上未见衰退现象，而未保护的其他植株，则出现了严重的衰退现象，这一交叉保护的成果在 70～80 年代得到了大面积推广。目前，许多国家都开展了利用弱病毒防治植物病毒病害的研究。迄今为止，已有多种植物病毒弱毒疫苗研制成功（如由沈阳农业大学研制的抗植物病毒疫苗 1 号和 2 号、由中国科学院微生物所研制的弱毒疫苗 N14 等）并应用于生产上病毒病的防治。

(三)病毒弱毒株系的获得

弱毒株系的获得是进行植物交叉保护作用的关键。病毒弱毒株系可通过自然分离、物理处理、化学处理或现代分子生物学等手段使病毒毒性人为地减弱而获得的。目前弱毒株的获得主要有以下几种方法。

1. 从病毒危害严重的田间植株中获得

在被害群体中生长最好的植株就最有可能为弱毒株系。这一现象在柑橘等多年生的植物并由虫媒传播的病毒病中较普遍。将这些健康的植株作为候选树,在实验室试验鉴定确认是弱毒株系后,就可嫁接(或通过其他方法)到无病的实生植株上,进行保护,从而得到被保护的植株。例如,柑橘衰退病毒病的弱毒系就是这样获得的,且被证明对强毒系有保护作用。

2. 通过高温处理获得弱毒苗

通过高温处理获得弱毒苗是制作弱毒株的常用方法之一,是指将带毒植株或某一部分组织在一定的高温下处理一定时间,然后对处理过的植株或组织进行实验室鉴定,用不同方法将已确认的弱毒株接种到无病的健康株上,使植株得到保护。1934 年,Holmes 将接种了 TMV-U1 的番茄茎,用 34.6℃处理 15 d,获得了对烟草花叶病毒(TMV)强毒株有明显干扰作用的弱毒株 TMV-M。日本也有学者通过高温处理 TMV-L 株系分离到的弱毒株 L_{11}A,并已在日本大规模推广应用,保护番茄免受 TMV 强毒株的危害,获得增产 15%~30%的保护效果。1986 年,Ieki 和 Yamaguchi 通过白天 45℃、12 h,夜间 35℃、12 h 对受衰退病毒强毒系感染的森田脐橙苗进行热处理,结果从经 14 d 处理的苗木上得到了一个弱毒系。目前高温的诱变机制尚未明确,可能是引起了核酸的点突变,用此方法获得的突变株一般较稳定。

3. 用化学诱变获得弱毒株系

亚硝酸是一种最常用的强诱变剂,通过亚硝酸诱变获得弱毒株也是常用的方法之一。我国张秀华等通过亚硝酸处理制得了 TMV 两株弱毒株 N_{11} 和 N_{14},可以有效地用于防治番茄花叶病,使病情指数降低 50%以上,增产效果在 10%~40%。荷兰学者 Rast 用亚硝酸诱变 TMV 番茄株系,获得了 $M_{II\text{-}16}$ 弱毒株。Yeh 等用亚硝酸处理番木瓜环斑病毒,获得两株弱毒株 HAS-1 和 HA6-1。亚硝酸的作用机理是利用作用于病毒的 RNA,通过碱基的脱氨基作用,使胞嘧啶变为尿嘧啶、腺嘌呤变为次黄嘌呤,从而改变了病毒核酸的遗传密码,使病毒发生变异。

4. 用辐射诱变获得弱毒株系

辐射诱变作用一般认为有直接和间接作用两个方面。前者是指辐射直接作用于染色体,包括引起 DNA 骨架断裂所造成的染色体畸变,以及使 DNA 分子上相邻的 T 形成二聚体而引起的复制差错;间接作用是使染色体以外的细胞物质发生变化,再由这些物质作用于染色体引起突变,它包括碱基类似物的形成及其突变诱发作用、电离辐射引起过氧化氢和游离基的产生及它们对突变的诱发。

有研究表明,采用热空气和亚硝酸的复合处理可显著提高有效突变频率,且优于单种诱变处理,因而可增加获得弱毒株的概率。

5. 用现代分子生物学技术获得病毒弱毒株

分子生物学与基因工程的发展为防治病毒病带来了希望,随着分子克隆和转基因植物培育方法的日趋成熟，植物抗病毒基因工程方面的研究取得了很大发展。目前有效的抗病毒基因主要来源于病毒本身，在这一领域研究颇为活跃，并有一些重大突破。

1987 年，Nelson 等首次提出将转基因植物获得的对其相关病毒的侵染和复制等抗性称为遗传工程交互保护作用，随后这一概念得到广泛的支持。目前，利用病毒来源的抗病毒基因进行抗病毒基因的构建和在植物中的表达主要有 7 条途径：包括利用病毒外壳蛋白基因抑制病毒侵染、利用反义 RNA 阻断病毒复制、利用无翻译能力的正义 RNA 干扰病毒复制、利用卫星 RNA 干扰病毒复制、利用复制酶基因干扰病毒复制、利用转移蛋白基因限制病毒在植物体中的运转和利用 Ribozyme 裂解病毒基因组。

(1) 用病毒外壳蛋白基因导入植株得到保护植株。20 世纪 70 年代，人们发现将病毒外壳蛋白(CP)注入寄主体内或体外与接种源混合，有抑制病毒侵染的作用。这一生物现象给了人们重要的启示：外壳蛋白可能在抑制病毒侵染过程中起到了重要作用。1985 年，美国科学家 Beachy 等设想用类似交叉保护的方法将病毒的外壳蛋白基因转入植物基因中，从而使植株免受强毒系的再次感染而得到保护。1986 年，Beachy 等将烟草花叶病毒的外壳蛋白基因 cDNA 转入烟草细胞，转基因植物及其后代都高水平地表达了外壳蛋白，这些植物均表现出了不同程度的抗病性，可以有效地减轻或延缓另一种相关的强毒株系危害的症状。大田实验结果表明，在接种了 TMV 后，转基因番茄只有约 5%的植株发病，几乎不减产，而对照植株的发病率为 99%，产量损失达 26%～35%。1990 年，美国的 Monsanto 公司将 PVX 和 PVY 的外壳蛋白基因转入马铃薯，大田实验表明抗性达到 92%。从此，植物基因工程为抗病毒提供了一条十分诱人的途径，利用病毒外壳蛋白基因抗病的方法很快地应用到感染其他病毒的植物上。到目前为止，还有 TMV、黄瓜花叶病毒、马铃薯 X 病毒、苜蓿花叶病毒、烟草脆裂病毒、马铃薯 Y 病毒和大豆花叶病毒等的外壳蛋白基因在烟草、番茄、马铃薯和大豆中得到表达，这些转基因植株都获得了阻止或延迟相关病毒病发生的能力。在国际上我国首次获得转病毒外壳蛋白基因的转基因小麦，且转基因小麦对大麦黄矮病毒有抗性。1991 年，中国科学院微生物所与河南农业科学院合作将 TMV 和 CMV 的外壳蛋白基因共转化烟草，获得抗 TMV＋CMV 的双抗 NC89 烟草，防治效果达 70%。1993 年，中国农业科学院也成功研制了抗大麦黄矮病 BYDV GPV 株系的转 GPV CP 基因的小麦。

转外壳蛋白(CP)基因植株除对相关病毒有抗性外，还可对其他病毒的侵染产生抗性，如转 TMV CP 基因植株还对烟草花叶病毒和番茄花叶病毒等 4 种病毒有抗性。转 CP 基因的植株抗性强弱与接种病毒的浓度有关，浓度越高，敏感株越多，推迟发病的期限就越短。转 CP 基因植株的抗性大多只是推迟发病，而不能彻底根治。

(2) 将病毒卫星 RNA 基因导入植株得到保护植株。20 世纪 60 年代，Kassanis 首次发现有些烟草坏死病毒(TNV)分离物中含有 17 nm 的病毒颗粒，并将其称为卫星烟草坏死病毒(STNV)。目前已发现 30 多种植物病毒中含有卫星和类似卫星的分子。

基于有些卫星分子能抑制病毒复制因而减轻辅助病毒的病状，因此，可以把它看做是分子寄生物，用于植物病毒病的防治。1986 年，英国科学家 Baulcombe 把 CMV 的卫星 RNA 反转录成 cDNA，再转入烟草，首次成功获得了抗 CMV 的工程植株。CMV 卫星 RNA 已用于田间防治 CMV 危害并取得显著增产效果。1987 年，澳大利亚的 Gerlach 等将烟草环斑病毒的卫星 RNA 反转录成 cDNA，经体外重组转入烟草，转基因植物表现出对侵染病毒的抗性。

(3) 利用反义RNA阻断病毒复制。利用反义RNA片段封闭病毒基因组上重要的片段，如病毒复制酶结合位点、病毒装配位点、核糖体结合位点等，从而阻断病毒复制，这在理论上是完全可行的。但从目前世界上利用此途径的研究报道来看，大多效果不好，只有个别报道效果很好。1992年，Lindbo和Dougherty构建了EV的反义衣壳蛋白RNA嵌合基因，所获得的表达反义衣壳蛋白RNA序列的转基因植物，能够延迟或减轻症状的发生，甚至达到无症状的抗性程度。

(4) 利用复制酶基因干扰病毒复制。利用复制酶基因干扰病毒复制是植物抗病毒基因工程的一大重要进展。有学者将TMV复制酶核心组成部分导入烟草，其抗性程度明显高于表达TMV外壳蛋白基因的转基因植物。

6. 交叉保护存在的问题

交叉保护是防治植物病毒病害的一种重要手段，尤其是对那些采用茎尖嫁接等脱毒方法难以对付的由虫媒传播的病毒病害的防治有特别的效果和意义。但目前交叉保护作用也存在着一定的问题，主要表现在：①弱毒株的获得较难，以目前的技术仍需要花较多的时间或先进的手段去实现；②交叉保护作用所起到的抗病毒作用有限，交互保护作用往往发生在亲缘关系密切的株系间，也就是核苷酸序列同源性高的株系间，而且同源率越高，这种保护作用越强，即一种弱毒株只能保护植株免受同种强毒株的侵染和危害；③同一种病毒株系在不同地区，其致病的强弱都不尽相同，在甲地是弱毒系，到乙地可能表现为强毒性，这给其广泛应用带来了一定的困难。

针对上述交叉保护作用存在的问题，许多学者提出了相应的改进措施。例如，用现代DNA探针和PCR等生物技术来快速高效地鉴定强毒株系和弱毒株系，从而提高发现弱毒株系的能力和极早明确强弱毒株系变异的情况。也可利用遗传工程交互保护作用获得更多的抗病毒转基因植物，使植物抗病毒病的范围扩大等。同时，我们也应注意在采用是否以交叉保护来防治之前，必须对所要防治的目标病害加以认真、全面的分析研究后，才能确定进行。要完全地控制或减轻病毒的危害，还需要因地制宜地采用各种有效的防治方法和手段来实现。

二、植物源抗病毒活性物质

由于植物病毒大多具有内寄生性和系统侵染性，因此抗病毒药物的研究与开发非常困难。近年来，人们逐渐将注意力转向生物农药。其中，从植物中筛选天然、无公害、高活性的抗病毒活性物质，是开发抗病毒的天然药物的重要途径，具有重要的理论和应用价值。

自1914年Allard首次报道商陆*Phytolacca* spp.汁液具有抗病毒活性后，国内外学者对许多植物提取液的抗病毒活性进行了广泛的研究。目前研究发现，含有抗病毒活性物质的植物种类主要集中在虎耳草科、紫草科、红豆杉科、木犀科、萝摩科、菊科、蓼科、商陆科、藜科、石竹科、十字花科等。有学者以烟草花叶病毒为防治对象，经过在普通烟草上的生物学测定，筛选出了抑制率在20%以上的含有抗病毒活性物质的植物58种，其中银杏、无花果、板蓝根、大黄对烟草花叶病毒(TMV)的抑制率在50%以上，而无花果达到了68.6%。用虎耳草科7种植物3种溶剂的21种提取物对室内毒力测定结果表明，茶子的石油醚提取物和二氯甲烷提取物对盆栽烟草防治TMV的效果均达到50%以上。小花搜疏*Deutzia parviflora*的石油醚提取物和二氯甲烷提取物都对TMV表现出明显的保护作用，其中二氯甲烷提取物保护作用达

64.23 %。研究也发现从菠菜、灰藜、甜菜、甘草、莫合烟、苦豆子、大黄、连翘、板蓝根等植物的叶片抽提物对 TMV 均具有抑制作用，其中菠菜抽提物在处理 24 h 后对 TMV 的防效达到了 87.46%。上述研究表明，在这些植物中含有高活性的抗病毒物质。

研究发现植物源抗病毒活性物质大多集中在植物的茎、叶、根、花和种子内。植物体内的抗病毒化合物是植物体产生的多种具有抗病毒活性的次生代谢产物，主要包含了生物碱类、类黄酮类、蛋白质类、有机酸类和酚类化合物等许多不同的类型，例如，从萝摩科类杠板归中提取的单宁、菊科类三叶鬼针草中提取的黄酮苷、萝摩科类牛心朴子草脱甲氧基娃儿藤碱、木犀科类连翘提取的金丝桃素、红豆杉树皮提取物类似物苯丙氨酸二尖杉酯碱、紫草中提取的几种萘醌类化合物（丙酰氧基紫草宁）等。

目前研究证实，植物源抗病毒活性物质的防病机理主要表现在体外钝化病毒、体内抑制病毒增殖和诱导植株产生抗病性三个方面。①体外钝化病毒：在植物提取液中存在与植物病毒体外结合的活性成分，使其丧失侵染能力。例如，有研究表明三叶鬼针草中提取的黄酮甙对 TMV 具有明显的体外钝化作用，其质量浓度为 100 μg/mL 时，对 TMV 的抑制率为 91.3%。用植物源抗病毒制剂 VA 与 TMV 混合，经枯斑半叶法接种，结果表明 VA 对 TMV 有较强的体外钝化作用，体外钝化后的枯斑抑制率为 80%；通过电镜观察发现 VA 可使 TMV 粒体发生断裂或粗细不均等畸变现象，使之失去侵染活力；经 RNA 酶处理的结果表明 VA 对 TMV 具有体外脱衣壳作用。因此推断 VA 对 TMV 的作用机制为破坏了病毒衣壳蛋白亚基之间的作用力，使病毒粒体衣壳蛋白结构松散，从而导致了病毒粒体的断裂；或者是通过破坏病毒衣壳蛋白，使核酸部分暴露于寄主细胞后，受到寄主体内 RNA 酶的消化，达到降低病毒侵染率的效果。也有研究发现紫衫醇皮提取液对植物黄瓜花叶病毒（CMV）的抑制钝化效果最高可达 98.8%。大黄提取物对 TOMV 粒体具有钝化作用，但在电镜下没有观察到在形态、长度方面与对照组的差异。人工合成的三尖杉脂碱物质的类似物质-苯丙氨酸三尖杉脂碱对 TMV 具有一定的钝化作用。②体内抑制病毒增殖：从美洲商陆上分离到一种能抑制病毒侵染的蛋白质（PEP），研究发现 PEP 进入植物体后可以阻碍病毒外壳蛋白的合成及病毒粒子的装配，还对细胞体内存在的病毒有聚集和灭活作用。从紫草中提取出的 PZ1 成分，可抑制 TMV 增殖，其作用方式主要是抑制其 RNA 与核糖体结合，并抑制 RNA 合成，从而抑制了病毒蛋白质的合成。还有研究表明膨蟆菊、大蒜和决明子植物的乙醇提取物对烟草叶片中的 TMV 增殖有明显的抑制作用。③诱导植株产生抗病性：研究发现板蓝根提取物可以诱导烟草的病程相关蛋白的表达，并认为板蓝根提取物诱导的烟草对 TMV 抗性与烟草的系统获得抗性有关。也有研究发现大黄提取物对番茄花叶病毒的作用不单纯局限于病毒本身，而且能调节番茄植株的抗病毒机能、诱导激发植物潜在的抗、耐病能力。也有一些植物源抗病毒活性物质的防病机理同时具有上述三种特征。例如，从 600 多种植物中筛选复配的一种对 TMV 防效较理想的药剂 MH1124，其防病机理同时具有体外钝化病毒、体内抑制病毒增殖和诱导烟草产生抗病性三个方面的作用。MH1124 对 TMV 的预防效果为 85.6%，对 TMV 的防治效果为 65.7%，同时在病害形成过程中还表现为延缓和抑制病情的扩展，是一种抗扩展作用。这种高效、持久的诱导抗病作用的产生是由于 MH1124 引起烟株体内过氧化物酶、多酚氧化酶、苯丙氨酸转氨酶等抗性相关酶的活性升高等一系列的生理变化。

植物提取物虽对植物病毒病有一定的防效，但因其成分复杂，受环境影响后作用机制相互制约，在生产应用上稳定性往往较差。从不同科属的植物中筛选抗植物病毒的天然活性物，采用不同抽提方法的产物对病毒的作用机制和强度并不完全一样。要从植物中开发出安全、有效的抗病毒剂，还需对植物提取液中抗病毒活性物质及抗病毒作用机理等方面进行深入研究。利用植物抽提液研制抗病毒制剂已取得显著成效，许多抑制剂的有效成分得到分离和纯化，对植物病毒病具有良好预防和治疗作用，但大多停留在实验室阶段，要在生产上大面积应用于防治作物病毒病，还存在许多问题。①直接利用多，间接利用少。目前大多还停留在粗提物或复配阶段，对植物中活性物质及其作用机制缺乏深入研究。②药剂中活性成分含量低、结构复杂、选择性强等特点，难以满足当前开发实用、经济的剂型商品要求。③成本较高，作用缓慢，田间持效期短，往往要重复用药或与其他合成农药混用才能达到预期的目的。④药物稳定性差。一些制剂的防治效果在实际应用上稳定性不高，易受环境因素的影响。⑤品种和类型不多，其中植物源农药中的主要品种是杀虫剂类。随着生物工程技术的应用，利用转基因方法进行工厂化生产抗病毒产品，必将促进植物源抗病毒活性物质的开发与应用。

三、微生物源抗病毒活性物质

如果对自然界中微生物之间的拮抗作用进行人为的巩固和改善，并合理地加以利用，不失为一种经济而便利的预防植物病毒病的方法。

1. 微生物源抗植物病毒活性物质

(1) 细菌抗病毒活性物质。早在 1926 年 Mulvania 就发现被细菌污染的植物病毒榨出液很快丧失侵染力。后来发现软腐细菌 *Pectobacterium carotovora*、玉米枯萎杆菌 *Pantoea stewartii*、枯草芽孢杆菌 *B. subtilis*、产气杆菌 *Aerobacter aerogens* 的代谢产物具有抑制和钝化烟草花叶病毒(TMV)的能力。除此之外，一些生活于植物组织间隙的植物内生菌，能产生在微生物和宿主关系中发挥作用的生理活性物质，具有抗病毒的作用。例如，从樟树周皮组织中分离的一株内生细菌 EBS05，其代谢活性物质不仅对 TMV 有较强的体外钝化作用，而且能有效抑制 TMV 在寄主体内的增殖。

(2) 放线菌抗病毒活性物质。放线菌是微生物中最丰富具有抗病毒活性的生物资源，放线菌生物多样性的研究进展为发现新的生物活性物质提供了极大可能性。研究表明，许多放线菌产生的抗生素对植物病毒都有一定的治疗效果。中国科学院成都生物研究所从诺尔斯链霉菌西昌变种 *S. noursei* var. *xichangensis* 的发酵液中提取的宁南霉素(ningnanmycin)，是一种胞嘧啶核苷肽型新抗生素，对烟草花叶病、辣椒病毒病等多种病毒病都具有明显的防病和增产增值效果，已在生产应用中产生了极大的经济效益。另外，放线菌非抗生素生物活性物质对植物病毒也具有抑制作用。例如，放线菌 B25 产生的抗病毒物质 ASA 能被植物内吸并在植物体内转移，对 TMV、CMV 等有抑制作用；谷日娄链霉菌 *S. guogeroffic*、橄榄产色链霉菌 *S. loivochromogenes*、龟裂链霉菌 *S. ramous*、娄彻氏链霉菌 *S. rochei* 的代谢物对番茄花叶病毒(ToMV)、TMV 等有一定的抑制效果。

(3) 真菌抗病毒活性物质。研究发现黑根霉 *Rhizopus nigruicans*、蓝绿边青霉 *P. godlewskii*、哈茨木霉 *T. harzianum*、亮白曲霉 *Aspergillus candidus* 和好食脉孢霉 *Neurospora sitophila* 等霉菌以及葱刺盘 *C. circinans*、麦类赤霉病菌 *G. saubinetii*、立枯丝核菌 *R. solani* 等病原真菌的代谢物质都有抑制和钝化烟草坏死病毒(TNV)、TMV 和 SBMV 等植物病毒的能力。另外还发现，多种担子菌子实体、食用菌深层发酵液和固体培养物水浸液对植物病毒有抑制作用。例如，从树舌灵芝 *Ganoderma applanatum* 属的一株多孔菌 MP-01 发酵液中提取的多糖成分对 TMV 体外钝化效果显著，对 TMV 初侵染、增殖有一定的抑制作用，而且能诱导烟草产生一定的抗病性。

2. 微生物源抗植物病毒活性物质的主要作用机制

(1) 直接作用于病毒。抗病毒活性物质可以干扰病毒的正常复制或抑制病毒蛋白质的合成，从而阻碍病毒增殖或病毒颗粒的装配。例如，从毛头鬼伞中提取的活性物质 y3 蛋白与病毒衣壳蛋白相结合，使病毒核酸暴露于寄主组织，受到寄主体内 RNase 的消化。一些非蛋白质类病毒抑制剂也能够作用于病毒的 RNA，使其不再具有 mRNA 的功能，使病毒蛋白质的翻译受阻，不能正常合成病毒复制所需要的早期蛋白质。

(2) 作用于寄主上的病毒侵染位点。一些抗病毒药物能够改变寄主对病毒侵染位点的敏感性，使寄主细胞对病毒的敏感性降低而不能吸附病毒粒子，进而使病毒不能成功侵染。例如，烟草受根串株霉 *Thielaviopsis basicola* 侵染后形成坏死斑，该真菌所侵染过的烟草对 TMV 或 TNV 的侵染具有强烈的抗性。另外，寄主植株在接种病毒前经食用菌多糖处理，可以降低病毒侵入的成功率，其原因可能与食用菌多糖封闭了侵染点，使病毒失去了和细胞微伤口感受点结合的能力有关。

(3) 诱导植物产生抗性。植物防御酶系统的变化与植物的抗病毒性关系密切，有些微生物抗病毒活性物质可能在基因水平上诱导植物产生抗病毒物质或提高植物体内与抗病毒相关酶的含量，从而抑制病毒的侵染和增殖。例如，宁南霉素可能诱导植物产生病程相关蛋白来降低植物体内病毒粒子的浓度，或破坏病毒粒体结构，具有防治烟草花叶病毒病的作用。另外，食用菌多糖作为激发子，可诱导寄主植物活性氧的释放和植保素的合成，而达到抑制病毒的作用。

第二节　烟草花叶病毒病(TMV)的生物防治

一、烟草花叶病毒病概述

烟草花叶病毒是烟草花叶病毒属病毒的典型成员，其寄主范围非常广泛，能侵染茄科、藜科、苋科、葫芦科、十字花科、番杏科、豆科和商陆科等共 30 科 300 多种植物。在不同的寄主上，TMV 有许多不同的株系，在我国主要有普通株、番茄株、车前株、豆类株、葫芦科株和兰花株等。TMV 为单链正义 RNA 病毒，呈直杆状长圆柱体，大小为 18 nm×300 nm。单分体基因组 RNA 约 6359 个核苷酸。病毒基因组 RNA 编码 3 个 ORF，至少产生 4 个蛋白质：分子质量分别为 126 kDa、183 kDa、30 kDa 和 17.5 kDa，其中 17.5 kDa 蛋白质为病毒的 CP，其余 3 个为非结构蛋白。TMV 病毒粒体非常稳定，在无菌条件下致病力达数年，在干燥病组织内可存活 30 年以上。

TMV 是烟草的主要病害之一，平均发病率在 20%～30%，严重年份可达 60%～80%，甚至造成毁田和绝收，自苗期至收获期均能发病。TMV 在我国东北三省、云南、湖南、湖北、福建、四川等烟区普遍发生，严重降低了烟草产量和品质，经济损失惨重。TMV 的初侵染源为带病残体和其他寄主植物，未充分腐熟的带病毒肥料也可以引致初侵染。间叶轻微摩擦造成微伤口，病毒即可侵入，侵入后在薄壁细胞内繁殖，后进入维管束组织传染整株。田间通过病苗与间苗摩擦或农事操作进行再侵染。另外，烟田中的蝗虫、烟青虫等咀嚼式口器的昆虫也可以传播 TMV 病毒。

二、烟草花叶病毒病的生物防治

目前，对 TMV 引起的病毒病害的生物防治措施主要包括基因工程技术的应用、天然抗病毒物质的利用、植物的抗性诱导等方法。利用天然抗病毒物质进行 TMV 的防治目前已取得了一定的进展。日本学者原征彦等从绿茶或红茶叶中萃取的单宁酸、儿茶酚等化合物能保护作物免受 TMV 病毒侵染，抑制病毒在作物间扩散。在接种 TMV 前 72 h 和接种后 24 h 喷施连翘、大黄、板蓝根提取液，发现可使烟草内的病毒浓度下降 60%～70%。研究表明，从商陆科、银杏科、苋科、石竹科、葵科、蓼科、马齿苋科、紫茉莉科和中草药等植物中获得的提取物可通过抑制 TMV 的增殖、或抑制 TMV 对叶绿体的破坏、或促进寄主植物的光合作用等，达到对 TMV 的预防或治疗效果。

利用微生物提取物对 TMV 的抑制作用研究始于 20 世纪初期，目前研究表明，从真菌、细菌、放线菌等微生物中获得的代谢物对 TMV 具有不同程度的钝化或抑制作用。利用柱层析等方法从榆黄蘑 *Pleurotus citrinipileatus* 中获得的一种蛋白质，证实对 TMV 具有较好的抗病毒活性。从放线菌中分离的一种非蛋白的高分子代谢物质，证实对 TMV 有钝化作用，其主要对寄主细胞的侵染点起作用。从发生 TMV 的烟田耕作层土样中分离到的两株拮抗细菌，经生物测定试验表明，其无菌发酵液对 TMV 的体外抑制作用均达到了 81%以上，涂抹菌液 24 h 后再接种 TMV，发现仍有 66%以上的预防作用；进一步从拮抗细菌中获得拮抗蛋白质，其对 TMV 的体外抑制作用均在 85%以上，生物测定结果表明，拮抗蛋白质与 TMV 粒子的结合作用为不可逆，有抑制 TMV 在烟株体内复制的作用。

研究表明，使用外源信号物质也可诱导植物的系统获得抗性，达到抗 TMV 的作用。许多研究表明，水杨酸类物质可以诱导烟草对病毒产生抗性。

分子生物学的发展，特别是基因工程的发展为防治 TMV 带来了希望。目前，提出和已经应用的烟草抗 TMV 基因工程策略有导入病毒外壳蛋白基因、利用病毒复制酶基因、利用运动蛋白基因、利用植物的抗病毒基因、应用 RNAi 技术进行抗病毒等。1986 年，美国 Beachy 实验室的 Powell 等第一次将烟草花叶病毒的外壳蛋白基因转入烟草，并证实转基因烟草能抑制 TMV 的复制，在一定程度上降低和阻止了 TMV 的系统侵染，并延迟发病 12～30 d。Monsanto 公司在 1988 年获得了转 CP 基因的转基因番茄，田间试验表明，转基因植株在接种后发病延迟，发病率减少。中国科学院微生物研究所等单位利用 CMV-CP 和卫星 RNA 策略获得了烟 NC89 转基因品系，不仅保持了原有品种的优良性状，而且还具有良好的抗 TMV 效果。

利用 TMV 复制酶基因转入植物也获得了较强的抗病毒能力，研究表明和外壳蛋白基因介导的抗性相比，复制酶基因介导的抗性更强，对高浓度的病毒粒子与病毒 RNA 都能产生抗性。但两者均具有抗性狭窄的局限性，即转入一种病毒的复制酶或 CP 蛋白基因只对该种病毒具有抗性，甚至对同一种病毒的另一种株系也不具备抗性。利用植物的抗病毒基因来获得抗病毒烟草是抗 TMV 基因工程策略的重要方法之一。从烟草中分离出的一种抗 TMV 的 N 基因，将其转入烟草，获得了抗 TMV 的效果。RNA 干扰是 20 个世纪 90 年代发现的一种基因调控技术，是一种新的基因水平植物抗病毒研究的新方法。通过 RNAi 技术，对 TMV 和 CMV 的病毒 RNA 经反转录和外壳蛋白阅读框 PCR 扩增，获得 TMV 和 CMV 外壳蛋白基因 cDNA，设计干涉序列，通过各载体转化进入烟草植株，抗病性调查表明转化烟株对 TMV 和 CMV 抗性都显著增强。

第三节 黄瓜花叶病毒病(CMV)的生物防治

一、黄瓜花叶病毒病(CMV)简述

黄瓜花叶病毒(CMV)是雀麦花叶病毒科 Bromoviridae 黄瓜花叶病毒属 *Cucumovirus* 的典型成员，属单链 RNA 病毒，病毒颗粒为二十面体。CMV 能侵染 1000 多种单、双子叶植物，已发现受其危害的植物种类达 85 科 365 个属 775 种植物。主要经 75 种蚜虫的非持久性方式传播，有些分离物还可通过种子传播，少数可由土壤带毒传播，是寄主植物最多、分布最广、最具经济重要性的植物病毒之一。近十多年来，CMV 在一些国家和地区的许多作物上造成严重危害，如引起番茄的坏死，香蕉的花叶、豆科植物的花叶、瓜类的花叶、西番莲的死顶等。

二、黄瓜花叶病毒病(CMV)的生物防治

利用天然抗病毒活性物质防治 CMV。近 10 年来，从微生物或天然植物中分离抗植物病毒剂逐渐受到人们的重视。研究表明，不少天然药物具有抗病毒活性，对 CMV 的治疗有一定的效果。研究发现，从放线菌 B25 菌株分离的抗病毒物质 ASA 能被植物内吸并在植物体内转移，对 CMV 具有抑制作用；从大黄、连翘、板蓝根等中药中抽提的活性物质对辣椒上的 CMV 具有较好的治疗效果。目前，天然抗病毒活性物质的研究尚处于初级阶段，其开发和应用对于 CMV 的防治具有深远的现实意义和广阔的发展前景。

另外，植物基因工程技术的出现和飞跃发展为 CMV 的防治带来了希望。通过基因转化技术已获得了一批对 CMV 具有较好抗性的转基因植株，为生产上减轻 CMV 的危害起到了一定的作用，其利用的基因资源主要包括以下几个方面。

1. CMV *cp* 基因介导病毒抗性

导入 CMV *cp* 基因是目前介导 CMV 抗性较为成功的一种方法。*cp* 基因编码病毒的外壳蛋白，外壳蛋白在病毒的侵染过程中起重要作用，将病毒外壳蛋白注入寄主体内具有抑制病毒侵染作用。我国科研工作者成功地将 CMV *cp* 基因导入番茄、西番莲、甜椒、黄瓜等蔬菜作物，转化的植株对 CMV 侵染表现出不同程度的抗性。

2. CMV *rp* 基因介导病毒抗性

用病毒 *rp* 基因转化植物的研究最先开始于 TMV，此后不久，CMV 的 *rp* 基因转化烟草获得成功。*rp* 基因编码病毒的复制酶，利用缺失的 *rp* 基因转化植株，其表达的非完整复制酶干扰了正常的病毒复制过程，导致病毒复制受到抑制，病毒基因非正常表达，使其无法继续侵染和繁殖。Anderson 等将 CMV Fny 株系 *rp* 基因的 cDNA 缺失 94 个核苷酸后转化烟草，获得的转基因烟草植株对 CMV 的侵染具有较高的抗性。谢响明用缺失的 *rp* 基因转化烟草和番茄品种，转基因烟草和番茄均对 CMV 表现较高的抗病性。近年来，人们还通过 RNA 沉默机制，将复制酶的反向重复序列转化植株，获得 CMV 抗性转化植株。在这些抗病毒转基因植株中不存在功能病毒蛋白，也不存在参与 RNA 重组的模板，提高了转基因植物的生物安全性。

3. CMV satRNA 基因介导病毒抗性

satRNA 即卫星 RNA，是独立于病毒基因组之外，依赖于其辅助复制的小分子 RNA，通

常干扰辅助病毒的复制，改变CMV在植株上的致病性和症状。1986年，Baulcombe把CMV的satRNA转成cDNA，再转化烟草，获得抗CMV的转基因植株。1989年我国学者用satRNA的DNA单体构建了含CMVRNA的基因工程烟草植株，对CMV表现出极好的抗性。需要注意的是，satRNA容易发生变异，甚至可用弱毒株直接转化为强毒株。因此在利用satRNA防治CMV中，可采用缺失植物内转运能力或缺失突变能力的良性satRNA，以消除satRNA存在的潜在危险性。

小　结

植物病毒病的危害仅次于植物真菌病害，一旦发病，很难治愈。目前，其他防治方法效果较差，而生物防治却展示出广阔的应用前景。

植物病毒病害的生物防治，可利用的生防因子主要为：病毒（如弱毒株系）、抑病毒植物提取物、微生物代谢产物。生防机制主要是：利用诱导抗病性（交叉保护、外壳蛋白基因导入、病毒卫星RNA基因导入、植物源抗病毒活性物质）、反义RNA阻断病毒复制、复制酶基因干扰病毒复制、拮抗作用等。可采用的主要方法有气围处理和诱导抗病性等。

复习思考题

1. 根据植物病毒病发生的基本特性，试述生物防治的地位和前景。
2. 何谓交叉保护？如何利用交叉保护控制植物病毒害？
3. 试述分子生物学技术植物病毒病害防治中的地位和作用。
4. 生防细菌有哪些主要种类？如何利用生防细菌控制病植物病害？

主要参考文献

陈力力，高必达. 2006. 微生物抗植物病毒活性物的研究进展. 中国生物防治，22(4)：255-260.

崔伯法，王洪祥，翁法令. 1998. 交叉保护在植物病毒病害防治中作用的概述. 中国生物防治，14(2)：75-77.

李爱明，薛林宝，张永泰，等. 2004. 黄瓜花叶病毒病防治策略研究进展. 长江蔬菜，(3)38-42.

李华平，胡晋生，范怀忠. 1995. 植物病毒株系间交互保护和遗传工程交互保护. 生物工程进展，6：28-32.

邵碧英，吴祖建，林奇英，等. 2001. 烟草花叶病毒弱毒株的筛选及其交互保护作用. 福建农业大学学报，30(3)：297-303.

申莉莉，王凤龙，钱玉梅，等. 2007. 拮抗细菌对烟草花叶病毒(TMV)的抑制作用研究. 中国烟草科学，28(5)：9-11.

田波. 1990. 植物病毒卫星核酸的应用与植物抗病毒基因工程. 中国科学院院刊，5(2)：142-145.

薛伟，宋宝安，逢丽丽，等. 2005. 抗病毒植物的研究新进展. 农药，44(5)：193-197.

赵明敏，赵健. 2006. 烟草抗TMV基因工程的研究进展. 西北植物学报，26(1)：201-206.

Anderson J M, Palukaitis P, Zaitlin M. 1992. A defective replicase gene induces resistance to cucumber mosaic virus in transgenic tobacco plants. Proc Natl Acad Sci U S A, 89(18)：8759-8763.

第十章 寄生性种子植物及原生动物病害的生物防治

第一节 寄生性种子植物病害的生物防治

一、寄生性种子植物病害

寄生性种子植物寄生在高等植物上，其中大多为野生木本植物，少数是农作物果树和茶树。寄生性种子植物数量超过 3000 种，分属于 9 个科，主要的属有菟丝子属 *Cuscuta*、列当属 *Orobanche*、桑寄生属 *Loranthus*、槲寄生属 *Viscum*、独脚金属 *Striga* 和头孢藻属 *Cephaleuros*。其中菟丝子属、列当属、独脚金属（非中国种）被列入《中华人民共和国进境植物检疫性有害生物名录》（2007），菟丝子属、列当属被列入《全国农业植物检疫性有害生物名单》（2006）。此外，还有寄生性植物红藻门中的低等藻类，如头孢藻属 *Cephaleyros* 和红点藻属 *Rhodochytrium*。

寄生性植物按照对寄主的依赖程度可分为全寄生和半寄生两类。①全寄生：从寄主植物上夺取自身所需要的所有生活物质的寄生方式称之为全寄生，如菟丝子和列当，它们的叶片退化，叶绿素消失，根系变成吸根，吸根中的导管和筛管分别与寄主植物的导管和筛管相连，即吸收寄主植物的无机营养也吸收寄主植物的有机营养。②半寄生：槲寄生和桑寄生等植物的茎叶内有叶绿素，自己能制造碳水化合物，但根系退化，以吸根的导管与寄主植物的导管相连，吸取寄主植物的水分和无机盐。

寄生性植物按照寄生部位的不同可分为根寄生和茎寄生两类。①根寄生：列当和独脚金等寄生在寄主植物的根部，地上部与寄主植物分离。②茎寄生：菟丝子、无根藤和槲寄生等寄生在寄主植物的茎秆上，两者紧密地缠绕在一起，不易分离。

菟丝子缠绕寄主植物上的丝状体能不断伸长，蔓延繁殖，严重影响农作物的产量和质量，此外，还能传播支原体和病毒等，引起多种植物的病害。列当种子受到寄主植物根部分泌物的刺激，受害植物长势很差，细胞膨压降低，经常处在萎蔫状态，从而降低寄主对其他病虫害等不良条件的抵抗能力。被害植株细弱矮小，不能开花或花小而少，瘪粒增加，轻则减产 10%～30%，重则可全部毁灭。

寄生性种子植物菟丝子主要寄生于豆科、菊科、蓼科、茄科、苋科、藜科、百合科、伞形科、杨柳科、蔷薇科等草本和木本植物上，列当属为一年生根寄生性植物，无真正的根，只有吸盘吸附在寄主根上，通过吸盘吸取寄主植物的养分和水分，严重影响寄主生长发育，影响农作物的产量和质量。被害植物细胞膨压降低，经常处于萎蔫状态，植株矮小，不能开花或开花小而少。桑寄生属 *Loranthus*、槲寄生属 *Viscum* 隶属桑寄生科 Loranthaceae，为常绿寄生性小灌木。寄生性植物头孢藻寄主范围广，主要危害茶、荔枝、龙眼、柑橘、芒果、番石榴、咖啡和可可等。

二、寄生性种子植物的生物防治

目前，寄生性种子植物的生物防治研究和应用主要集中于利用有益微生物（寄生性种子植物的致病菌）和有益微生物的代谢产物（如毒素）。

1963年由山东农科院植保所在济南从患病的大豆菟丝子上分离到一种专性寄生菌，鉴定为胶孢炭疽病菟丝子专化型 *C. gloeosporioides* f. sp. *cuscutae*。对大豆田的中国菟丝子和南方菟丝子均可侵染致病，从该菌培养物研制成功的真菌除草剂商品名为“鲁宝一号”，在生产实践中采用孢子型除草剂“鲁宝一号”防治大豆菟丝子取得显著的效果，先后在山东、江苏、安徽、陕西、宁夏等20个省（自治区）推广面积达60万 hm^2，防治效果稳定在85%以上，取得巨大的经济效益。刘慧和袁世斌(2002)研究发现胶孢炭疽菌菟丝子专化型可产生有致病力的外毒素，成分为蛋白聚糖类物质。

新疆哈密植保站王之樾等(1985)从自然罹病枯死的列当植物中分离出列当镰刀菌 *F. orobanches* 研制而成的生防药剂，用于防治向日葵列当、哈密瓜列当、埃及列当 *Orobanehe aegytica*，防效可达95%以上。

前苏联和保加利亚用镰刀菌防除列当获得成功。尖镰孢直喙专化型 *F. oxysporium* f. sp. *orthoceras*(F798菌剂)被用于防治向日葵列当，直喙镰孢菌 *F. orobanches* 菌丝体制剂用于防治烟草、莫合烟、大麻及向日葵上的列当。

棉花 *Gossypium* spp. 根系中分泌一种醌类化合物独脚金萌素能有效地抑制玉米、高粱、甘蔗上的寄生性杂草独脚金。独脚金萌素已能人工合成，可用于大豆、豌豆、花生、棉田对独脚金进行防除。

韩珊等(2009)从35个枯斑盘多毛孢中自然选育出两个对列当、菟丝子有较高毒力的菌株，在此基础上经紫外线连续三次诱变获得了两株正突变抗紫外线生物型(PF11-4、PF11-6)，对寄生性种子植物和杂草有显著的致病作用。

第二节　原生动物病害的生物防治

原生动物 protozoan 隶属原生动物界 Protozoa，是单细胞动物，大多数自由生活在水中或潮湿的土壤中，少数可以寄生在人和其他高等动植物上。与植物病害有关的原生动物主要是根肿菌属 *Plasmodiophora* 和植生滴虫属 *Phytomonas* 的种。

根肿菌属隶属于根肿菌门 Plasmodiophoromycota、根肿菌纲 Plasmodiophoromycetes。因生活史中存在变形虫体（即原生质团）阶段，将其从菌物界归入原生动物界。属下芸薹根肿菌 *P. brassicae* 导致十字花科蔬菜根肿病(club root)，该病是一种重要的世界毁灭性土传植物病害，专性寄生，主要危害十字花科作物根部，致使根部薄壁细胞增生，受害根部肿大，故称根肿病。

根肿病菌的营养体为原生质团，休眠孢子(resting spore)散生在寄主细胞内，呈鱼卵状。根肿病菌以休眠孢子在土壤中和带有病残体未腐熟的厩肥中越冬。休眠孢子抵抗不良环境的能力很强，可以在酸性土壤中存活10年以上。休眠孢子借流水、雨水、灌溉水和土壤中的线虫、昆虫活动及农事操作等在田间传播。远距离传播则主要靠带病菜苗、病株的调运或带菌泥土的转移。条件适宜时休眠孢子萌发释放出具2条鞭毛的游动孢子(zoospore)，游动孢子经过一段时间后鞭毛脱落而囊化形成休止孢(silent spore)。休止孢萌发形成一管状结构—“管腔”(tube antrum)穿透寄主细胞壁，将原生质注入寄主细胞内，发育成原生质团。

根肿病发生的土壤温度为10～30℃，适温为19～25℃，播种后第2周的温度对根肿病发生的严重程度影响较大，若日均温≥19.5℃时则将近100%发病。土壤相对湿度60%～98%，适宜土壤相对湿度为70%～90%，土壤含水量低于45%或高于98%时则不发病。多雨年份发病重，干旱年份发病轻。适于该病发生的 pH5.4～6.5。

植生滴虫为单细胞，有一个细胞核，胞质分化，表面为细胞膜，形状可以改变，具鞭毛 1～4 条。细管植生滴虫 *Phytomonas leeptovasorum* 引起南美洲咖啡树韧皮部坏死病、植生滴虫 *Phytomonas* sp. 导致南美洲椰子心腐病和哥伦比亚油棕树速萎病等，*P. bancrofti* 寄生在桑科的无花果上，*P. leeptovasorum* 寄生在咖啡树上，*P. francai* 寄生在木薯，在巴西引起木薯空根病。植生滴虫一般经嫁接和介体昆虫传染，介体昆虫包括蝽科 Pentatomidae、长蝽科 Lygaeidae、缘蝽科 Coreidae 的一些刺吸式口器昆虫。

一、根肿病生防研究现状

Arie 等(1998，1999)报道利用 *Phoma glomerata* JCM 9972 可以抑制根肿病菌休眠孢子的萌发而有效控制根肿病的发生，其主要抑菌物质为顶环氧菌素(N-[3-氯-5-(三氟甲基)-2-吡啶基]-3-氯-4-(三氟甲基)-2，6-二硝基苯胺)，且 250 μg/mL 顶环氧菌素能完全抑制休眠孢子的萌发。在田间试验中，产生几丁质酶的放线菌 *Streptomyces* sp. AC-3 与有机肥按 2%的比例混合，可将根肿病危害减轻 50%，明显好于单用有机肥的效果。Narisawa 等(1998，2000，2004，2007)从小麦、油菜、大白菜、茄子、甜瓜、大麦、大白菜和象草地里生长的 663 份大白菜根中分离到 322 个根殖真菌，其中 16 个菌株在消毒土壤中可以完全抑制根肿病菌，有 2 株根内生菌 *Heteroconium chaetospira* 和 *Phialocephala fortinii*(深色有隔内生真菌，dark septate endophytes，DSE)在自然土中与作物根部充分接触后能高效地抑制根肿病。

何月秋等(2008)利用云南省的生物资源，依据生态平衡原理，从大白菜根际土壤中分离到一株枯草芽孢杆菌 *B. subtilis* XF-1 菌株(保藏号为 CGMCC NO. 2357)，室内、田间小区试验及生产示范应用证明该菌防治根肿病效果显著、稳定，且增产作用明显(专利申请号：200810058919.0)。XF-1 菌株防病机制可能是由于产生的几丁质酶分解根肿病菌甲壳质细胞壁和杆菌素所致，且可能对根肿病菌休眠孢子的萌发具有抑制作用。钟源(2008)从土壤中分离获得木霉菌株能防治十字花科根肿病，防治效果为 11.76%～53.74%。

二、生物防治的方法

XF-1 细菌生防制剂一般在十字花科作物播种期，播种后 10 d、25 d 及此后的每隔 15 d 左右施用。方法是将菌液用清水稀释为 100～500 倍液，浇灌于植株的根部即可。范成明等(2006)的试验表明，枯草芽孢杆菌 XF-1 生防制剂室内防治效果达 89.2%。何月秋等(2008)通过在云南昆明市大板桥镇进行田间小区防效试验，XF-1 生防制剂对大白菜、白菜和甘蓝型油菜根肿病的防治效果达 68.6%～84.8%。此外该制剂还具有很好的增产作用，比不防治的田块增产 2 倍左右。

小　　结

寄生性种子植物数量超过 3000 种，其中菟丝子属、列当属、独脚金属(非中国种)被列入我国进境植物检疫性有害生物，菟丝子属、列当属被列全国农业植物检疫性有害生物。在国内对农作物危害严重的为大豆菟丝子。寄生性种子植物的生物防治，可利用的生防因子主要为微生物源和微生物代谢产物。生防机制主要是：利用重寄生作用(寄生性种子植物的致病菌)。可采用的主要方法为地上部喷雾处理。最为成功的是利用“鲁宝一号”防治大豆菟丝子。

根肿病十字花科蔬菜和油料作物——油菜上的严重病害，其病原为原生动物界的芸薹根肿菌(*P. brassicae*)。这也是原生动物界唯一的严重病原物。根肿病的生物防治，可利用的生防因子主要为：微生物源、微生物代谢产物。生防机制主要是:利用拮抗作用。采用的主要方法为根际土壤处理。

复习思考题

1."鲁宝一号"防治大豆菟丝子的生防机制和方法是什么?
2. 试述根肿病生物防治的途径和方法。

主要参考文献

高昭远,于静娥. 1993. 大豆菟丝子的生物防除——"鲁保一号"的应用技术. 中国农学通报,9(2):52,53.

郭凤根,李扬汉. 2000. 检疫杂草菟丝子生物防治研究的进展. 植物检疫,14(1):30,31.

韩珊,朱天辉,李姝江,等. 2009. 枯斑盘多毛孢及其诱变生物型对寄生性种子植物和杂草的防除潜力. 林业科学. 45(4):95-99.

孔令晓,王连生,赵聚莹,等. 2006. 烟草及向日葵上列当 *Orobanch cumann* 的发生及其生物防治. 植物病理学报,36(5):466-469.

刘慧,袁世斌. 2002. 胶孢炭疽菌菟丝子专化型毒素的初步研究. 四川农业大学学报,20(3):246-248.

王之樾,朱广冀,马德成. 1985. 应用镰刀菌防治瓜列当. 中国生物防治,(1):24-26.

Amsellem Z, Barghouthi S, Cohen B, et al. 2001. Recent advances in the biocontrol of *Orobanche*(broomrape) species. Biocontrol, 46(2):211-228.

Arie T, Kobayashi Y, Kono Y, et al. 1999. Control of clubroot of crucifers by *Phoma glomerata* and its product epoxydon. Pesticide Science, 55(5):602-604.

Arie T, Kobayashi Y, Okada G, et al. 1998. Control of soilborne clubroot disease of cruci-ferous plants by epoxydon from *Phoma glomerata*. Plant Pathology, 47(6):743-748.

Devos S, Vissenberg K, Verbelen J P, et al. 2005. Infection of Chinese cabbage by *Plasmodiophora Brassicae* leads to a stimulation of plant growth: impacts on cell wall metabolism and hormone balance. New Phytologist, 166:241-250.

Dor E, Hershenhorn J, Andolfi A, et al. 2009. *Fusarium verticillioides* as a new pathogen of the parasitic weed *Orobanche* spp. Phytoparasitica, 37(4):361-370.

Joel D M. 2000. The long-term approach to parasitic weeds control: manipulation of specific developmental mechanisms of the pa-rasite. Crop Protection, 19(8-10):753-758.

Joo G J, Kim Y M, Kim J W, et al. 2004. Biocontrol of cabbage clubroot by the organic fertilizer using *Streptomyces* sp. AC-3. Korean Journal of Microbiology and Biotechnology, 32(2):172-178.

Ludwig-Muller J, Bennett R N, et al. 1999. The host range of *Plasmodiophora brassicae* and its relationship to endogenous glucosinolate content. New Phytologist, 141(3):443-458.

Narisawa K, Ohki K T, Hashiba T. 2000. Suppression of clubroot and Verticillium yellows in Chinese cabbage in the field by the root endophytic fungus, *Heteroconium chaetospira*. Plant Pathology, 49(1):141-146.

Narisawa K, Tokumasu S, Hashiba T. 1998. Suppression of clubroot formation in Chinese cabbage by the root endophytic fungus, *Heteroconium chaetospira*. Plant Pathology, 47(2):206-210.

Sauerborn J, Müller-Stöver D, Hershenhorn J. 2007. The role of biological control in managing parasitic weeds. Crop Protection, 26(3):246-254.

Thomas H, Sauerborn J, Muller-Stover D, et al. 1999. Fungi of *Orobanche aegyptiaca* in Nepal with potential as biological contral agents. Biocontrol Science and Technology, 9:379-381.

Zonno M C, Vurro M. 2002. Inhibition of germination of *Orobanche ramosa* seeds by *Fusarium* toxins. Phytoparasitica, 30(5):519-542.

下篇　研究开发

第十一章　植物病害生物防治产品的研发

第一节　实验设施和试验场地

一、实验室设施

植物病害生物防治研究的设施主要有灭菌、无菌操作、培养、发酵、显微镜、微生物生理生化和分析等设备，拮抗性与其代谢物测定技术和条件等。

（一）无菌操作及培养条件

包括所有器皿的洗涤和灭菌；培养基制作及灭菌；进行土样和植物材料上的微生物分离培养所需的无菌操作间或工作台；可控制温度、湿度、光照的无菌培养箱等。

（二）显微观察设备

显微镜下的形态特征观察和计数是随时要进行的。其中除了大量材料是在普通光学显微镜下观察外，有些材料还要在荧光显微镜、倒置显微镜和电子显微镜下观察。

（三）生理生化、生防菌鉴定及代谢物测定设备

液相色谱仪、气相色谱仪、台式高速冷冻离心机、PCR基因扩增仪、电泳仪、紫外分光光度计、水平电泳槽、紫外透射仪、超低温冰箱、电子天平、恒温水浴锅、超纯水仪、凝胶成像系统。

二、温室及试验农场

温室及试验农场是检测和评估生防益菌及其他生态制剂的实际应用效果不可缺少的环节。温室或人工气候室通常是以小量盆栽植物，在没有杂菌或非目标病原物的干扰下，检测生防益菌的实际防病效果的生物测定环节。筛选新的活性物质，在未推广使用之前，生物活性测定试验方法一般经过：室内测定、温室盆栽测定和田间试验三个阶段。温室盆栽测定是在室内测定的基础上进行，其结果可作为田间试验的参考。温室盆栽测定不受时间、地点的限制，另外还可以减少外界环境因子的影响，使结果明显可靠。只在室内测定生防益菌菌剂的活性，不足以说明菌剂具有稳定的活性，为了验证它们在温室盆栽时是否具有好的活性，必须设计温室盆栽试验。

由于温室和人工气候室均系人工控制的条件，不同于自然条件，无论效果多么明显，都必须进一步通过田间小区试验来评估，并且要有可靠的重复（至少两年）。田间小区试验也可以一年多点进行，如果防病效果经统计分析均显著时，可以逐步扩大面积和试点，因防治对象而异。

第二节　标样采集和处理

一、生防材料的来源

拮抗微生物主要来自土壤，因此曾经广泛采集不同环境条件下的耕作土和非耕作土进行分离筛选，近年来人们的注意力逐渐转向对植物体围及体内的微生物分离和筛选。此外水域、淤泥、污水等也是分析筛选拮抗菌和其他微生物材料的来源。

二、标样采集和处理

（一）采集土壤样品

根据土壤中微生物的动态变化和分布不均的特点，结合研究目的和具体条件，人们总结出了适合于检测一般微生物种群的取样方法。

1. 样点及深度

无论在非耕地、耕作地，还是试验田的不同小区进行取样，首先应确定取样的深度和取土样点。微生物在土中的垂直分布和水平分布与植物根系分布密切相关，大多以菌落附在黏土粒、腐殖质等颗粒上。在一般耕作土中，多数真菌和细菌分布在 0～15 cm 土层，土层越深微生物数量越少，如果只是为了获取土中主要微生物种群，通常是在 10～20 cm 土层取样。其取土样点数目越多代表性也越强，一般是按大 5 点或棋盘式多点取土样。具体是在选好的地点除去土表杂物，用取土钻钻入土层一定深度取出土样，或者挖坑做剖面后再用取土铝盒按所需深度取土。每个样点取土 3～5 份(每份土 50～100 g)，均匀混合。每块地或小区的 5 点或多点所取的土样可混合均匀后，取 200～250 g 装入无菌的塑料袋，供分析用。

如果是为了分析根际微生物而取根际土样，则是直接定点拔出植株，轻轻抖去根上松散的土团，再将根上黏附的土壤振落容器内。每个取样点 3～5 株，每块地或小区 5～10 点，视地块大小与土质均一情况而定。同一块地或小区所取植株的土可以均匀混合去掉杂物后装袋。

2. 土样的保存

采取的土样最好是当天进行微生物分离，否则会使所获得微生物数量下降。有研究表明室温下风干的土壤，其真菌种类和数量在 24 h 内已开始下降；无论是潮湿或干燥条件下，两周内微生物的数量明显下降，但在以后 7 个月内达到一种稳定状态，期间从湿土中分离到的菌落略多些；保存土样的温度一般不宜过高或过低，特别是潮湿土壤，短期内可在室温保存，较长时期宜在 5～10℃低温保存，过低温度甚至冰冻也会影响分离结果。

3. 注意事项

上述取样法适用于一般平板稀释法的微生物定性和定量分析，若为了其他计数或分离时可作修改，采土样必须备有刻度取土管或土钻、盛土的铝盒或塑料袋、标签、铅笔等仪器，一切接触土样的容器事先要经过清洗灭菌，不能当天分析或需运输过程，应有防止升温的装置，所取土样需保证有一定的重复。

（二）采集植物样本

1. 根系样本

对于一年生大田作物和蔬菜，一般是选定代表性植株后，用铁铲将四周土壤起松，然后慢慢将整个植株提起来，充分抖掉附着的土块，截取全部或部分根系装袋供室内分析。一块地或小区不得少于5株。如果是分析不同生育期或生长季节中根面及根内微生物动态时，就必须定点多次取样分析。所采集标样最好是当天分析，或存在冷凉处3 d内分析。对于多年生树木或果树的根系分析，一般是局部取样，于树体四周取点挖坑至暴露出根后再抖松土壤截取根段。若是进行较细的侧根及细根分析，可用水将根系冲洗，再取较完整的根段。

2. 地上部器官样本

具体可分为茎、叶、花、果、种子等。根据分析目的，可以一次或多次采样；根据物种，可以整株也可以局部取样。例如，分析一年生禾谷类作物茎叶部的微生物，可以全株拔取有代表性植株，分别取其茎秆和叶片作为分析标样；一年生的双子叶植物，可以按一定部位剪取分枝或叶片；多年生林木或果树，通常取1～2年生枝条或局部主侧枝及其叶片供分析用。花和果实通常是分期采样，特别是果实，可以从幼果到成熟乃至采收后贮藏期分别取样。花期一般比较短暂，其微生物组成除少数来自潜藏在花蕾中的致病及非致病种群外，大多与开花期授粉方式有关，因此可分别取花蕾和花进行分析，并且当天采样当天分离。根据分析要求和花的结构，可以将花瓣、花蕊等分别分离或整朵分离。有关花和果实的微生物区系分析迄今还不是很多，因此对不同物种的取样有待在实践中探索。

对于各种农作物种子的微生物分析已有许多工作，多数是按贮存的或运销及进口种子的带菌(致病菌)分析进行取样。采用专供使用的取样器从成堆袋装种子中抽取代表性样品5～10份，均匀混合，取出0.25～0.5 kg。有些种子的分析可以在成熟前分期取样进行分析，田间取种子应注意每批样品的生育期或成熟度尽量一致，其他条件如部位高低、是否向阳等也应考虑。其他器官如块茎、块根等的取样可在采收时进行，按品种或其他试验处理。

(三) 残体、污水标样的采集

包括植物残体、绿肥、堆肥、污泥、植株溢泌物和各种水源的水样等。

1. 植物残体

遗留田间的作物残体通常是病原物及其他腐生微生物争夺的有机物。分析残体中的微生物或病原物可以直接从田间采集残体，土壤中小块的及腐解中的残体应从采集土壤样品中筛洗出，通常借助分样筛完成。将大小不同的残体分别选出、洗净、晾干再供分析。

2. 绿肥及堆肥

绿肥种类很多，一般是长到一定成熟度后直接翻耕入土中待其腐解。为分析绿肥对土中微生物的影响，可取土样分析，也可取腐解中的绿肥残体进行分析。堆肥来源也较复杂，一般是厩肥加上作物残体和土，再经过升温堆制而成，可从不同层次取样分析堆肥中的微生物和病原物的成分。

3. 污泥

分析阴沟、水池及鱼塘淤泥中的微生物，也是提供生防和微生态制剂的来源。取样以城市阴沟或污泥源为样点，多位点取小份土样(50～100 g)，在灭菌容器中混合均匀，从中取出250 g供分析。样品应当天分析，或在4℃左右存放，但不宜超过3 d。这类样品中厌氧微生物较多，因此样品的保存和分离均应注意保持厌氧状态。

4. 植物溢泌物

溢泌物分析较多的是关于植物根和种子，研究人员设计了采集根分泌物的特定装置。其主要依据的原理是在无菌条件下进行沙培或液体培养单个植株，并定时供给无菌营养液，再定期无菌搜集沙土淋洗液或培养液，分析溢泌物成分和有关的生态系微生物。

5. 水样

采集河段或水域不同深度的水样，供水生微生物和病原物的分析。

第三节　生防因子的分离和获取

生防因子的分离和获取是植物病害生物防治研究的基础，正确的分离(生防菌)、提取(生防菌和植物)方法和适宜的培养条件(生防菌培养的培养基、温度、光)，对获取生防因子十分重要。

一、土壤中生防菌的分离和培养

目前还没有一种可以分离和检测接近土壤自然状态的分离技术，关于植物体表、叶面，以及内部组织和器官中微生物种群的分离和检测是近 20 年才引起人们注意的，其分离方法相对更不成熟。

(一) 土壤生防菌的分离

分离土壤微生物的方法主要有土壤稀释平板法、土壤平板法、埋土法、诱捕法等。

1. 土壤稀释平板法

此法是应用最广泛的一种分离和记数土壤中的放线菌、细菌和大量产孢真菌或主要以孢子存活的真菌的方法。其操作程序是：取经过风干(或烘干)过筛(2 mm 筛目)土 10 g，放入盛有 90 mL 灭菌水的三角瓶中，用磁力搅拌器或置于摇床上振荡 20～30 min(手握三角瓶充分摇动 30 min 亦可，但分离效果较低)，即成 10 倍的土壤悬浮液。趁悬浮液沉降静止前再吸 10 mL土壤悬浮液加入另一盛有 90 mL 灭菌水的三角瓶中振荡摇匀，并照此逐级稀释成不同的系列悬浮液。然后根据土样和所需分离的微生物，取一定稀释度的悬浮液 1 mL 加入已备好的适当培养基平板表面，再用经过加热灭菌的弯玻璃棒涂抹均匀，或者先取土壤悬浮液加入培养皿，再取溶解冷至 45℃的培养基 15 mL 加入培养皿中，并立即摇匀静置，再将完全凝固的平板置于 25～30℃下培养。根据不同微生物生长速度不同，分别于 5 d、10 d、15 d 观察记载分离结果。一般认为，欲使每个平板上达到形成 50～150 个菌落的适当分离稀释度：放线菌 10^{-3}～10^{-4}、细菌 10^{-5}～10^{-6}、真菌 10^{-4}～10^{-5}。表面涂抹土壤液的平板应当在接种前 3 d 制备好倒置，使过多水分蒸发掉，以免菌落不清晰。

分离一般真菌和细菌常用的培养基是 PDA 和牛肉汁蛋白胨。若主要分离真菌，可在倒平板前的 PDA 内加入 1000 mg/kg 链霉素等抗生素以抑制细菌生长，或在牛肉汁蛋白胨中加入抑真菌的五氯硝基苯等，抑制各种真菌以利细菌生长。放线菌在一般细菌培养基上也能生长，但为了提高分离效果，也有一些专门为分离放线菌而设计的选择性培养基。常用培养基和选择性培养基的成分和配方将在后面介绍。为提高放线菌的分离效果，有时必须对土样进行处理。例如，为抑制真菌和细菌而在分离时采用苯酚处理土壤稀释液，即首先在 10 mL 1∶40 的苯酚和无菌水液中加入 2 滴 1∶20 的土壤悬浮液，待 10 min，取均匀的苯酚和土的稀释液 1

滴加入培养基平板表面涂匀培养。其次是取土样用研钵充分磨碎，再取一定量按所需浓度的稀释液并置 3000 r/min，离心 15～20 min（根据土中杂菌而定），再取上清液分离，这样可以去掉大多数真菌孢子和较大的细菌。

2. 土壤平板法

用于分离不产生孢子或产孢很少的真菌。土壤平板法简单易行，分离效果也较好。具体操作是在无菌平皿中加入 5～15 mg 的磨碎土粒，再加 10～15 mL 溶后将要凝固的培养基，充分混匀平放待凝固。若土粒不易分散时，可先用 1～2 滴无菌水调匀再加培养基，有利于土粒分散。用这种方法可以使生长在腐殖质和矿质颗粒上的真菌分离出来。此法操作中每皿土样的多少因土样而定，最好先经过预试验。取土也最好配制相应工具，如用镍铬合金压制的小平铲，可以控制土量，也免去称土的麻烦。不过误差也在所难免，特别是在分离耕作土壤时，常因长出的菌落太多而影响转管和鉴定。因此有人设计了砂稀释法，既保持了土壤平板法的优点，又减少菌落密集的不便，其做法是取 250 mL 的广口三角瓶，装入定量灭菌砂（24 g、49 g 等），加入 1 g 待分离土样，轻轻转动 1～2 min 使砂与土粒混合均匀，再用小铲取样转至培养皿中，按上述土壤平板法制成平板培养。

3. 埋土法

将水洋菜培养基或其他基物放在土壤中，待真菌长到基物上后，再在室内从基物上分离真菌。具体做法是将基物置于有孔的试管中，制成带有支撑的平板或涂于载片上，然后埋入土中，几天后取出检查并分离和纯化长出的真菌。一种较易操作的平板埋土法是在厚度 1 mm、直径 9 cm 的塑料圆片上打出等距分布的直径 2 mm 的圆孔 20 个。在 9 cm 培养皿中倒入 25 mL 水洋菜待凝固后于表面放入圆片，加皿盖，将上述装置带到田间，做好土壤剖面，打开皿盖，将培养皿压盖到土坡剖面上贴紧，皿底盖上锡箔再埋土，4～6 d 取回室内，皿底按孔标号，揭开塑料膜，然后转移各孔心内的琼脂条于适当培养基上进一步分离，可获得较好的结果。

4. 诱捕法

采用一定基物或植物组织放入土中，经过一两周后取出分离，可以选择性地诱捕到所要检测的微生物。纸带诱饵就是常用的一种。其做法是：取 Whatman 8 号滤纸，做成直径 1 cm 的圆片，浸入规定营养液中，置纱网上晾干，再取 2 cm 宽的电工胶带，按 2.5 cm 距离打孔，孔径 0.5 cm，每条带约 10 个圆孔，两端留出 2 cm。每个胶带孔洞上重叠放上 5 个圆纸片，圆片上再挂盖一条同样孔径的胶带，压实封严，两端略卷起，包入防潮纸袋高压灭菌。在进行分离时将此灭菌的条带贴放在土壤剖面上，埋上土，经过一定时间取出胶带回室内，轻轻拉开两层胶带，用无菌镊子取最中层的滤纸圆片于培养基上分离，可以分离到较多的真菌属。此外，直接将植物组织埋入土中诱捕某些植物病原物的方法也经常采用。

（二）常用的培养基

通常采用一般的培养基。在分离特定菌群时，所用的培养基需要特别选择。常用的培养基有以下几种。

1. 马铃薯-葡萄糖（蔗糖）-琼脂培养基

即通常用的 PDA（PSA）培养基，其成分为：琼脂 17 g，马铃薯（洗净去皮切块）200 g，葡萄糖（或蔗糖）20 g，水 1000 mL。

将马铃薯块用 500 mL 水煮沸 30 min 过滤，琼脂先浸水洗净后用另 500 mL 水融化，将马铃薯滤液加入琼脂液内，加水定容到 1000 mL，加入葡萄糖，再经 4 层纱布过滤，分装入三角瓶或试管，加封棉塞及防潮纸，然后高压灭菌备用。该培养基适于多种真菌。

2. 察培克-蔗糖-硝酸盐琼脂培养基

其成分和配制法：琼脂 15.0 g，$NaNO_3$ 2.0 g，K_2HPO_4 1.0 g，$MgSO_4 \cdot 7H_2O$ 0.5 g，KCl 0.5 g，$FeSO_4 \cdot 7H_2O$ 0.5 g，蔗糖 30.0 g，蒸馏水 1000 mL。适用于分离和培养真菌和细菌。

用 500 mL 水将洗净的琼脂融化；另 500 mL 水溶解其余成分，加入到洋菜液中搅匀，加水定容到 1000 mL，加入蔗糖，过滤后分装灭菌。按此培养基成分改进的察培克-道克斯琼脂培养基是将 $NaNO_3$ 用量改为 3.0 g，并在培养基中加入 1 g/L 酵母浸膏。

3. 葡萄糖琼脂培养基

其成分和配制法：洋菜 15.0 g，牛肉浸汁 3.0 g，胰蛋白胨 10.0 g，葡萄糖 10.0 g，NaCl 5.0 g，水 1000 mL。适用于培养细菌。

4. 牛肉汁琼脂培养基

其成分和配制法：琼脂 15.0 g，牛肉浸汁 3.0 g，蛋白胨 5.0 g，NaCl 8.0 g，蒸馏水 1000 mL。用于培养对营养要求不高的细菌。配制的培养基最终 pH 7.3。也可以不加琼脂和 NaCl 而制成营养牛肉汤作为液体培养之用。

5. 自然培养基

其成分为：洋菜 12～25 g，水 1000 mL，天然物质的用量根据需要定。洋菜加水融化，过滤后高压灭菌，倒皿。取豆秸麦秆等植物的地下或地上器官，有时用蚧壳虫等昆虫，切成小块。置于密闭容器内，经丙烯氧化物熏蒸灭菌（熏蒸剂用量按容器容量，熏潮湿的自然物质是用药 1 mL/L），一夜之后开盖散发药剂，即可将材料混入培养基或置于平板表面，或直接加入灭菌水中作为培养基用。这种天然培养基可促进多种真菌生长或形成孢子。

6. TSA 培养基

通常适用于细菌的分离和培养。TSA 培养基（tryptic soy agar，Difco.）配方：TSB（tryptic soy broth，Difco.）30 g；琼脂 17～20 g；水 1000 mL。根据分析需要可以适当减少 TSB 的用量。

7. 葡萄糖酵母膏培养基

通常适用于酵母菌的分离和培养。配方：葡萄糖 10 g；酵母膏 10 g；琼脂 17～20 g；水 1000 mL。灭菌前培养基 pH 调节至 7.2。

8. Lindegren 培养基

通常适用于酵母菌的分离和培养。配方：蛋白胨 3.5 g；葡萄糖 40 g；酵母膏 20 mL；$MgSO_4$ 0.1 g；KH_2PO_4 2 g；吡多醇 200 μg；复合维生素 B 200 μg；硫胺素 200 μg；生物素 2 μg；琼脂 17～20 g；水 1000 mL。

9. 高氏 1 号培养基

通常适用于放线菌的分离和培养。配方：KNO_3 1 g；K_2HPO_4 0.5 g；$MgSO_4 \cdot 7H_2O$ 0.5 g；NaCl 0.5 g；$FeSO_4$ 0.01 g；可溶性淀粉 20 g；琼脂 17～20 g；水 1000 mL。灭菌前培养基 pH 调节至 7.2～7.4。

10. AIA 培养基

通常适用于放线菌的分离和培养。AIA 培养基（actinomycete isolation agar，Difco.）配

方：AIB(actinomycete isolation broth，Difco.)22 g；琼脂 17～20 g；水 1000 mL。

（三）分离特定菌群的培养基

1. 分离细菌的培养基

常用培养基有天门冬酰胺-甘露糖琼脂培养基、葡萄糖土壤浸汁琼脂培养基和土壤浸汁蛋白胨琼脂培养基。

天门冬酰胺-甘露糖琼脂培养基：天门冬素 0.5 g，甘露糖 1 g，$MgSO_4 \cdot 7H_2O$ 0.2 g，K_2HPO_4 1 g，$CaCl_2$ 0.1 g，KNO_3 0.5 g，琼脂 15 g，$FeCl_3$ 微量，水 1000 mL。

葡萄糖土壤浸汁琼脂培养基：葡萄糖 1.0 g，土壤浸出液 100 mL，K_2HPO_4 0.5 g，洋菜 15.0 g，自来水 900 mL。制备土壤浸汁是将 1 kg 园土加入 1000 mL 水，高压灭菌 30 min，再加 0.5 g $CaCO_3$ 经双层滤纸过滤后备用。

土壤浸汁蛋白胨琼脂培养基：蛋白胨 1 g，酵母浸膏 1 g，土壤浸出液 250 mL，K_2HPO_4 0.4 g，$(NH_4)_2HPO_4$ 0.5 g，$MgSO_4 \cdot 7H_2O$ 0.05 g，$MgCl_2$ 0.1 g，$FeCl_3$ 0.01 g，$CaCl_2$ 0.1 g，琼脂 15 g，自来水 750 mL。调节 pH 至 7.4，分装灭菌。土壤浸出液的制备如上述。

2. 分离放线菌的培养基

常用培养基有精氨酸-甘油-矿物盐琼脂培养基、葡萄糖天门冬酸胺琼脂培养基、几丁质琼脂培养基和大豆粉-葡萄糖琼脂培养基。

精氨酸-甘油-矿物盐琼脂培养基：盐酸精氨酸 1.0 g，甘油 12.5 g，K_2HPO_4 1.0 g，NaCl 1.0 g，$MgSO_4 \cdot 7H_2O$ 0.5 g，$Fe_2(SO_4)_5 \cdot 6H_2O$ 10.0 mg，$CuSO_4 \cdot 5H_2O$ 0.1 mg，$ZnSO_4 \cdot 7H_2O$ 0.1 mg，$MnSO_4 \cdot H_2O$ 0.1 mg，琼脂 15.0 g，水 1000 mL。调节 pH 至 6.9～7.1，分装灭菌备用。

葡萄糖天门冬酸胺琼脂培养基：葡萄糖 10.0 g，天门冬酰胺 0.5 g，K_2HPO_4 0.5 g，琼脂 15.0 g，水 1000 mL。调节 pH 至中性或接近中性，分装灭菌备用。

几丁质琼脂培养基：在 1000 mL 蒸馏水或矿质盐液中加入 1～2.5 g 胶态几丁质配制而成，包括矿质盐溶液和胶态几丁质。矿质盐溶液的配置为：K_2HPO_4 0.7 g，KH_2PO_4 0.5 g，$MgSO_4 \cdot 7H_2O$ 0.5 g，$FeSO_4$ 0.01 g，$ZnSO_4$ 0.001 g，水 1000 mL；制备胶态几丁质的方法为：采用 1 mol/L 的 NaOH 及 1 mol/L 的 HCl 交替处理粗壳质几次，然后用酒精洗去杂质，将剩余物溶入冷的浓盐酸中，经玻璃棉过滤。过滤物倒入过量的蒸馏水中，使几丁质沉淀，并继续用蒸馏水冲洗，直到冲洗液的 pH 接近中性，滤去水分备用。于配好的几丁质矿质液或水液中加入琼脂 20 g 煮沸融化，分装后灭菌备用。

大豆粉-葡萄糖琼脂培养基：一般用于富化和分离土壤中产抗生素放线菌，其成分和配制法是：大豆粉 40 g，葡萄糖 40 g，$CaCO_3$ 3.0 g，水 1000 mL。配好后高压灭菌 20 min，过滤成悬浮原液。将此原液再稀释到 8000 mL 水中，按每 1000 mL 加琼脂 17 g 再次高压灭菌。调节 pH 至 7.9～8.1。

3. 分离真菌的培养基

通常是在基本培养基中加入促使真菌生长或抑制细菌生长的抗生素。例如，在每 1000 mL的 PDA 中加 2.5～6 g 牛胆汁，便既可抑制细菌，又能限制某些快速扩展的菌落如 *Rhizopns*、*Trichoderma* 等。也有人采用在每 1000 mL 的马铃薯葡萄糖琼脂中加 33 μg 孟加拉红，可以明显增加分离的真菌菌落。此外还有两种分离真菌的培养基。

葡萄糖、蛋白胨、酵母浸膏琼脂培养基：琼脂 20 g，葡萄糖 5 g，蛋白胨 1 g，酵母浸膏 2 g，NH_4NO_3 1.0 g，KH_2PO_4 1.0 g，$MgSO_4 \cdot 7H_2O$ 0.5 g，$FeCl_3 \cdot 6H_2O$ 微量，牛胆汁 5 g，丙酸钠 1 g，蒸馏水 1000 mL，金霉素 30.0 mg，链霉素 30.0 mg。配制好的培养基分装于三角瓶进行高压灭菌，待冷却到 42～45℃时再加入抗生素。

蛋白胨、葡萄糖、孟加拉红琼脂培养基：琼脂 20.0 g，KH_2PO_4 1.0 g，$MgSO_4 \cdot 7H_2O$ 0.5 g，蛋白胨 5.0 g，葡萄糖 10.0 g，1%孟加拉红 3.3 mL，蒸馏水 1000 mL，链霉素 30 mg。配制时先将各营养成分溶入蒸馏水中，徐徐加热搅拌，并加入琼脂熔化后停火，再加入孟加拉红，分装入三角瓶后灭菌。链霉素是在溶化培养基倒平板前加入。

此外还有一些是具体工作者根据上述培养基修改的配制成分。

（四）土壤中生防菌的培养

分离于平板的生防细菌和放线菌，一般可置于 28℃左右（真菌置于 25℃左右）黑暗或光照下培养，待长出菌落后，细菌和放线菌用接种环挑取菌落于平板划线培养，又形成菌落后，再于斜面划线培养，置于 4℃冰箱保存。真菌用接种铲取菌落边缘，连同培养基转入斜面培养，产孢后置于 4℃冰箱保存。

二、植物地上部生防菌的分离和培养

（一）植物地上部器官的取样

植物地上部器官的取样，要选长势好，健壮的植株取样。根据分析目的，可以一次或多次取样，并根据物种可以整株也可以局部取样，也可分为茎、叶、花、果实、种子等。例如，分析一年生禾谷类作物茎叶部的微生物，可以全株拔取有代表性植株，分别取其茎秆和叶片作为分析标样。一年生的双子叶植物，可以按一定部位剪取部分枝或叶片；多年生林木或果树通常取1～2年生枝条或局部主侧枝及其叶片供分析用。花和果实通常是分期采样，特别是果实，可以从幼果到成熟乃至采收后贮藏期分别取样。花期一般比较短暂，其微生物组成除少数来自潜藏在花蕾中的致病及非致病种群外，大多与开花期授粉方式有关。因此可分别取蕾和花进行分析，并当天采样当天分离。

（二）生防菌的分离和培养

1. 生防菌的分离

植物地上部器官的微生物分离可以采用水洗法、悬浮液稀释平板法、印像法和孢子分离法。

(1) 水洗法。将植物地上部器官样品在自来水下缓缓冲洗去浮土，晾干。将样品置于盛有无菌生理盐水的三角瓶内，用手摇动或放在摇床上 30～60 min，取水洗液分离，即在 PDA 和牛肉膏蛋白胨固体培养基平板表面加入 0.1 mL 水洗液涂匀，置 25～28℃温箱中培养 5 d，取出检查菌落并计数，不同菌落分别转皿纯化，再转斜面保存，并进一步鉴定。根据分析目的，可以算出单位面积分离物密度。例如，植物叶片样品在自来水下冲洗去浮土晾干后，用经火焰灭菌的打孔器在叶片主脉间打取直径 1 cm 的圆片，每叶 4～5 片置于盛有 100 mL 无菌生理盐水的三角瓶内，用手摇动或放在摇床上 30～60 min，取水洗液分离。然后根据每皿平均菌落数和叶圆片面积计算出单位叶面积(cm^2)分离物密度，即

$$分离物密度(cfu/cm^2)=\frac{平均菌落数\times稀释倍数\times100\ mL}{叶面积\times叶圆片数\times2}$$

(2) 悬浮液稀释平板法。将植物地上部器官样品在自来水下缓缓冲洗去浮土，晾干。将1 g样品在无菌研钵中研碎，放入100 mL灭菌水的三角瓶中，用磁力搅拌器或置于摇床上振荡20～30 min(手握三角瓶充分摇动30 min亦可，但分离效果较低)，即成100倍的植物体悬浮液。趁悬浮液沉降静止前再吸10 mL加入另一90 mL灭菌水的三角瓶中振荡摇匀，并照此逐级稀释成不同浓度的系列悬浮液。然后根据样品和所需分离的微生物，取一定稀释度的悬浮液0.1 mL加入已备好的适当培养基平板表面，再用经过加热灭菌的弯玻璃棒涂抹均匀，或者先取样品悬液加入培养皿，再取溶解冷至45℃的培养基15 mL加入培养皿中，并立即摇匀静置，再将完全凝固的平板置于25～30℃下培养。根据不同微生物生长速度，分别于5 d、10 d、15 d观察菌落并计数，不同菌落分别转皿纯化，再转斜面保存，备进一步鉴定。

(3) 印像法。有些菌丝和细菌难以从植物体洗下来，因而采用印像法。例如，从植物叶片分离微生物具体操作是将叶圆片用无菌水冲洗3次，再用火焰灭菌后的镊子将叶圆片移至盛双层无菌吸水纸上吸干，再分别移贴到PDA及牛肉膏蛋白胨平板上，每皿3～4片，叶正面和叶背面各贴放3皿，置于25～28℃温箱培养，24 h后移去叶片，继续培养，3 d后检查结果，只作种群分析，不必计数。分析植物体芽孢杆菌，将植物体水洗液置80℃水浴锅中处理10 min，然后按上述方法进行分离。

(4) 孢子分离法。单孢分离的方法很多，如振落法、稀释法和直接挑取法。振落法和稀释法的共同点是都采用某种方法，使真菌孢子较稀疏地分散在水琼脂平板上，然后在显微镜下检查寻找在水琼脂平板表面的单个孢子，一旦找到单个孢子，就通过无菌操作将其(连同一部分培养基)移植到PDA斜面培养基上，置室温下培养，形成的菌落即为单孢系菌株。直接挑取法是在显微镜下直接挑取单个孢子进行分离纯化的方法。

2. 生防菌的培养

生防菌的培养基、培养、纯化和菌种保存可参照前述土壤生防菌所用培养基、培养条件、纯化和菌种保存的方法。

三、植物体内生防菌的分离和培养

(一) 培养基

NB：牛肉膏3 g；蛋白胨5 g；葡萄糖2.5 g；pH 7.2；水1000 mL。

NA：牛肉膏3 g；蛋白胨5 g；葡萄糖2.5 g；琼脂16 g；pH 7.2；水1000 mL。

TSA：胰蛋白胨15 g；大豆胨5 g；NaCl 5 g；琼脂16 g；pH 7.3；水1000 mL。

PDA：马铃薯200 g；葡萄糖20 g；琼脂18 g；自然pH；水1000 mL。

高氏1号培养基：可溶性淀粉20 g；KNO_3 1 g；K_2HPO_4 0.5 g；$MgSO_4\cdot7H_2O$ 0.5 g；NaCl 0.5 g；$FeSO_4\cdot7H_2O$ 0.01 g；琼脂20 g；pH 7.2～7.4；水1000 mL。

(二) 内生真菌的分离和培养

将采集的目标植物样品在自来水下冲洗干净，室内晾干，然后取根、茎、叶、果实各部分，浸于 36%甲醛溶液中表面消毒后用无菌水冲洗 3 次，将样品剪切成适当大小的小块，然后将小块样品铺于水琼脂(1%)平板上，加入氯霉素与链霉素 50 μg/mL，抑制细菌的生长，在 25℃条件下培养。

（三）内生放线菌的分离和培养

将采集的目标植物样品在自来水下冲洗干净，室内晾干，样品在 70%乙醇溶液中浸泡 5 min，然后用 0.9% NaClO(漂白粉)消毒 20 min，取出后浸入 10%无菌碳酸氢钠溶液中 15 min 以破坏样品表面结构并抑制内生真菌的生长，取出后用无菌水冲洗 3 次。处理后样品按上述剪成小块，铺于 S 培养基(1%琼脂)平板上，加 15 mg/L 奈啶酮酸抑制内生细菌的生长，于 25℃条件下培养。

（四）内生细菌的分离和培养

将采集的目标植物样品先用自来水冲洗干净，室内晾干，然后随机称取根、茎、叶、果实各 5 g，70%乙醇浸泡 5 min，再用 0.1%升汞表面消毒 5～10 min(叶片 5 min，根、茎、果实 10 min)，无菌水冲洗 3 次，取 0.5 mL 最后 1 次无菌水冲洗液涂布接种于 TSA 培养基平板上，每个处理重复 3 次；同时，将样品放在 TSA 培养基平板上印记，注意要印记各个面，然后培养 48 h，观察有无菌落产生。以此方法验证所用消毒方法是否能全部杀死供试材料表面微生物。样品晾干后转入无菌研钵中研磨匀浆，加 10 mL 无菌水碾碎，静止 15 min 后，各取 50 μL 均匀地涂布在 NA 培养基平板上，每个处理重复 3 次，28℃黑暗培养 48～72 h。根据菌落形态、颜色等挑取单菌落，按常规方法纯化后转接到 NA 斜面培养基上，4℃冰箱中保存。

以上的表面消毒效果要进行检测，以明确分离菌是否为内生菌，方法如下：取表面消毒后的样品于 5 mL 无菌水中振荡 1 min，吸取 0.3 mL 悬浮液涂布于 PDA 平板上，在 25℃条件下培养，观察是否有真菌生长；吸取 0.3 mL 悬浮液涂布于 S 培养基平板上及 NA 斜面培养基上，观察是否有放线菌和细菌的生长。另外，还应采用存活实验观察表面消毒效果，即分离到的内生真菌、放线菌、细菌菌落分别经过各自表面消毒程序处理后，再分别接种到各自平板上经 25℃培养后，观察是否生长。

四、其他生境中生防菌的分离和培养

（一）土壤放线菌、细菌的分离与纯化

可采用稀释法分离：做好一系列的土壤稀释液 10^{-1}、10^{-2}、10^{-3}、10^{-4}，用移液枪分别吸取 10^{-2}、10^{-3}、10^{-4}土壤稀释液 0.1 mL 加到高氏 1 号培养基平板上，用无菌玻璃棒涂匀，标明编号，放置 1 h 后将培养皿倒置，于 28℃中培养。从培养后第 3 天起，根据菌落形态、气生菌丝特点等挑选放线菌菌落，分别移接到高氏 1 号平板上，培养 7～14 d 后检查。经过纯化的菌株于高氏一号斜面培养基上培养 7～14 d 后，4℃保存。分离细菌时把土壤一系列稀释液加到 NA 培养基平板上，28℃培养 48 h，挑取单菌落，纯化后转接到 NA 斜面培养基上，4℃保存。

（二）叶际附生放线菌、细菌的分离和培养

用直径 0.8 cm 打孔器打取目标植物叶片，每叶打取 2 片，共取 40 个小圆片，置于 200 mL

无菌水中充分振荡(摇床 170 r/min,2 h),将摇匀的冲洗液稀释成一系列的浓度:原液、10^{-1}原液、10^{-2}原液、10^{-3}原液、10^{-4}原液,取各梯度悬液 0.4 mL,均匀涂布于高氏 1 号培养基和 NA 培养基平板上,倒置于 28℃恒温培养箱中培养,挑取各自的单菌落纯化后转接到各自的斜面培养基上,4℃保存。

(三) 拮抗菌的筛选与拮抗能力的测定

1. 对病原真菌的拮抗测定

1) 生防真菌对病原真菌的拮抗测定

采用对峙法,即用打孔器取生防菌和病原菌的菌丝块,接种在 PDA 平板上相距 5 cm 同一直线的两点上,同时设只接种病原菌的 PDA 平板为对照,25℃恒温培养,每天观察、测量生防真菌及病原真菌的菌落直径。病原真菌与生防真菌菌落相交后,观察记录生防真菌对病原真菌的包围、抑制及覆盖病原真菌菌落并占领其营养空间的过程。

2) 生防细菌和放线菌对病原真菌的拮抗测定

采用对峙法,在 PDA 平板中央接入直径为 5 mm 的病原真菌菌块,距中央 25 mm 处接入分离的细菌或放线菌,28℃培养 72 h,观察有无抑菌带的产生,选取能产生拮抗的菌株。

对能产生拮抗的菌株还要进行拮抗能力的测定,以筛选出拮抗能力强的菌株,可采用以下两种方法。

(1) 对峙法。在 PDA 平板中央接入拮抗细菌或放线菌,然后在平板边缘接入 4 个直径为 5 mm 的病原菌菌块,28℃培养 5 d 后,测定其抑菌圈大小。

(2) 三明治法。先在培养皿中倒入约 3 mL PDA,凝固后加入 1 mL 病原细菌或放线菌发酵液(离心并经细菌过滤器除菌)和 3 mL 冷却至 45℃左右的 PDA,摇匀凝固后再加入约 15 mL PDA(要求倒好的平板表面不长细菌),以中央加 1 mL 无菌水和 3 mL PDA 为对照,然后在平板上接入直径为 5 mm 的真菌菌块,28℃黑暗培养 72 h 测量菌落直径,计算抑制率。

2. 对病原细菌的拮抗测定

在 100 mL 熔化后冷却至 45℃左右的 NA 培养基中加入 1 mL 病原细菌菌液(1×10^{8} cfu/mL),混匀后制成含菌平板,然后在平板上均匀接入 4 个拮抗菌株,测定其抑菌圈大小。

五、线虫生防菌的分离和培养

(一) 样品采集

生防资源的收集是开展生物防治的基础。采集带根结的病根样品,用塑料袋密封并带回实验室及时分离;未能及时分离的样本宜放入冰箱 4℃左右低温保存。同时记录采集地点、采集时间、土壤的质地、寄主的种类及作物的生长期等。

(二) 根结线虫食线虫菌物分离培养技术

1. 培养基制备

常用培养基有 PSA 培养基、CMA 培养基、含抗生素培养基及促进产孢的培养基。

PSA 培养基:去皮马铃薯 200 g,切成 1 cm^3 小块,加水煮沸 20 min 后,用双层纱布过滤,加入蔗糖 18 g，琼脂 18 g，加水定容至 1000 mL，分装，在 121℃和 1.03 bar① 压力下灭菌20 min。

CMA 培养基：玉米粉 40 g，置于 70℃水浴 1 h，用双层纱布过滤后加入琼脂 18 g，加水定容至 1000 mL，分装，在 121℃和 1.03 bar 压力下灭菌 20 min。

含抗生素培养基：分为两类，即含抗生素 A 的选择性培养基、含抗生素 B 的选择性培养基。含抗生素 A 的选择性培养基在分装灭菌前，每 1000 mL 培养基中加入抗生素 A 1 支(2 mL)，分装灭菌即可；含抗生素 B 的选择性培养基，取 1 g 装抗生素 B 1 瓶，先用 10 mL 无菌水溶解，取 2.5 mL 溶液加入 247.5 mL 无菌水中，配成 0.1%的溶液，再分装到容积为 2 mL 的离心管中于－20℃下冷藏备用，使用时解冻。在培养基倒平板前，每 100 mL 培养基加入 1 mL 0.1%抗生素 B 的溶液，即配成每毫升培养基含有 100 μL 抗生素 B 的选择性培养基。

促进产孢的培养基：包括综合培养基和 VBC 培养基。综合培养基的组成为：磷酸二氢钾 1 g，硝酸钾 1 g，7 水硫酸镁 0.5 g，氯化钾 0.5 g，可溶性淀粉 0.2 g，葡萄糖 0.2 g，蔗糖 0.2 g，琼脂条 17.5 g，蒸馏水 1000 mL；VBC 培养基的组成为：磷酸二氢钾 1 g，硝酸钾 1 g，蔗糖 0.5 g，维生素复 B 1 片(含维生素 B_1 3 mg，维生素 B_2 1.5 mg，维生素 B_6 0.2 mg，烟酰胺 10 mg，泛酸钙 1 mg)，维生素 C 1 片(含 Vc100 mg)，琼脂 20 g，蒸馏水 1000 mL。

2. 线虫虫体表面消毒方法

消毒卵悬浮液的制备：将剖取的卵囊用 1.0%NaClO 溶液表面消毒 3 min 后，经无菌水洗 3 次，放入灭菌的 2 mL 离心管内的 1.5 mL 1.5%NaClO 溶液中，剧烈振荡 3 min，迅速倒入灭菌的 40 mL 离心管中，加入无菌水并冲洗小离心管壁上黏附的卵粒，加盖，3000 r/min 离心 3 min，小心倾倒上清液，再次加入无菌水，并用同样的方法再离心 1 次，倒去上清液，即可获得消毒过的卵悬浮液。

虫体表面消毒：为了减少杂菌对分离结果的影响，要对用于分离培养的卵囊、雌虫、幼虫进行表面消毒，可以用 1.0%NaClO 溶液或 0.1%升汞对供分离的虫体进行表面消毒 3 min，然后用无菌水洗 3 次；分离雌虫时要用无菌的 0.9%NaCl 溶液漂洗。

3. 食线虫菌物分离培养

概括起来有 3 种方法，包括卵囊、雌虫、雄虫平板法，卵平板法，盖玻片法。

卵囊、雌虫、雄虫平板法：将表面消毒的卵囊、雌虫、雄虫用无菌吸水纸吸去表面水滴，单个移入含有抗生素培养基平板内，25℃条件下黑暗培养。

卵平板法：将已制备好的卵悬浮液涂布于含有抗生素培养基平板上，每皿约为 100 个卵，25℃条件下黑暗培养；当有菌落形成时，迅速挑出并移入斜面培养基，避免菌落互相交错，影响纯化。

盖玻片法：取一灭过菌的盖玻片(24 mm×24 mm)，放入直径为 9 cm 培养基平板中央，将表面消毒经无菌吸水纸吸干表面余水的卵囊或雌虫挑到培养基平板上盖玻片的一角，卵囊、雌虫距盖玻片两边缘约 0.5 mm，25℃条件下培养。菌丝一旦伸长到培养基上，其生长速度加快，形成菌落后立即进行纯化培养。

4. 合线虫菌物的纯化、保存与编号

从以上分离平板上，每一个样多点挑出菌丝到 PSA 平板上，25℃条件下培养，挑选生长良好的菌落到斜面上，获得纯化。将菌种用斜面保存在 4～8℃的冰箱中，每隔 50 d 转管一次，保

① 1 bar=10^5 Pa

存用的培养基中的蔗糖的成分适当减少。编号按分离的年、月、日编号，“-”后为当次分离的株号。鉴定后，菌按类编号。

（三）根结线虫食线虫菌物的鉴定

线虫食线虫菌物的鉴定依据其分类，查询相关资料进行。

（四）根结线虫食线虫菌物的致病性测定

1. 固体培养基的制备

将麦粒用水充分泡胀后，按麦粒干重1%的用量加入 $CaCO_3$ 粉末，充分混匀后分装于三角瓶或组培瓶中，121℃和1.03 bar压力下灭菌1 h，待培养基冷却后接种。置于25℃黑暗条件下培养。培养期间可以用手轻轻摇一摇瓶子，使菌丝能较快在麦粒中生长，待菌种瓶内菌丝充分生长并产孢后即可使用。菌剂在用于处理根结线虫之前，要测定产孢量。

2. 产孢量计算

菌剂长好后，称取5 g固料装入自封塑料袋中。然后，每个袋中加入无菌蒸馏水20 mL，充分振荡，采用逐级稀释法稀释400倍，摇匀，取适量，用血球计数板进行孢子计数。以淡紫拟青霉、厚孢轮枝孢为例，淡紫拟青霉计算分生孢子数量，厚孢轮枝孢计算厚垣孢子数量。

$$\text{孢子数 /mL 菌液} = \text{每小格孢子数} \times 4000 \times 1000 \times \text{稀释倍数}(400)$$

$$\text{孢子数 /g 菌剂} = \frac{\text{每毫升菌液孢子数} \times 20}{5}$$

3. 孢子悬浮液法测定菌物对线虫卵寄生作用

以淡紫拟青霉、厚孢轮枝孢为例，将淡紫拟青霉和厚孢轮枝孢固体培养物，用无菌水稀释成 2.5×10^6 个/mL悬浮液以供测试。

采用凹玻片浸滴法和凹玻片悬滴法这两种培养方法测定菌物对线虫卵的寄生作用。

凹玻片浸滴法在洁净的凹玻片凹孔中，滴入根结线虫的卵悬浮液约0.2 mL，同时加入等量的孢子悬浮液，混匀，在25℃下黑暗保湿培养。

凹玻片悬滴法将菌卵混合液吸一小滴于单凹玻片的孔内，倒扣于培养皿内的2根小玻棒上，将滴有菌卵混合液的凹玻片倒扣平放于玻棒上使之悬滴，并置于25℃恒温箱中保湿培养。每天在倒置显微镜下观察并记载卵孵化数、被寄生卵的粒数直至第8天，计算寄生率。

$$\text{寄生率}(\%) = \frac{\text{被寄生的卵粒数}}{\text{供试卵粒数}} \times 100$$

（五）合线虫菌物发酵粗提液的杀线虫活性测定

1. 发酵粗提液的制备

挑取经培养纯化的分离物置于三角烧瓶内的改良萨氏培养液中，在28℃黑暗条件下以180 r/min振荡培养10 d。抽滤，滤液经4000 r/min离心10 min，取上清液即为发酵粗提液。

2. 供试线虫

从接种南方根结线虫的番茄根结中剖取卵囊或其他易于培养获取供试线虫的种类，用上述大量分离2龄幼虫方法获取供试线虫。

发酵粗提液对线虫的杀线虫活性测定在盛有1.5 mL发酵粗提液的小凹玻皿中加入供试

线虫 30～50 条，保湿，置于 25℃恒温箱中，分别于 12 h、24 h、36 h、48 h 后检测线虫的死亡率。设无菌的空白培养基为对照，每个处理设 3 次重复，计算各处理的死线虫数和统计校正死亡率。死亡率统计方法参考盖钧镒等的方法。

杀线虫活性强弱的分级按 Chandravadana 等的方法。

－：校正死亡率 10%以下；

＋：校正死亡率 11%～30%；

＋＋：校正死亡率 31%～50%；

＋＋＋：校正死亡率 51%～80%；

＋＋＋＋：校正死亡率大于 80%。

3. 线虫死活的鉴别

通常采用 NaCl 检测法，用细挑针挑取僵直的线虫，置于 2% NaCl 溶液中 5 min 后，假死线虫僵直的虫体会弯曲并开始运动，死亡的线虫虫体仍保持僵直并不运动。

4. 发酵粗提液对南方根结线虫卵的抑孵作用

在盛有 2.0 mL 发酵粗提液的小凹玻皿中加入 3～5 个经表面消毒的南方根结线虫卵囊，保湿，置于 25℃恒温箱中，分别于 24 h、48 h、72 h、96 h、144 h 观察其孵化的情况，设无菌的空白培养基和无菌水为对照，每个处理设 3 次重复。每次观察后吸去孵化的幼虫。

5. 发酵粗提液的热稳定性测定

发酵粗提液经过 121℃处理 25 min 后，按上述方法测试对南方根结线虫 2 龄幼虫的杀线活性，以未经热处理的发酵粗提液为对照。

六、生防病毒的获取

植物病毒弱株系可以用于防治植物病毒病，病毒弱株系可以从大田中分离和筛选，也可以用人工高温或物理化学诱变的方法处理病毒获得。

（一）从大田中分离和筛选弱毒株系

1. 利用分离寄主来分离弱毒株系

不同病毒在同一寄主植物上往往产生不同的症状。有些病毒侵染寄主植物后，会诱导寄主产生过敏反应，出现局部枯斑而不扩展成系统侵染。这样的寄主也称枯斑寄主。由于一个枯斑往往只代表一种有效病毒粒体所造成的一个侵染点，经 3～4 次单斑分离，再把单个枯斑转接到能产生系统侵染的寄主上去繁殖，这样就可获得较纯的病毒或株系。机械传毒的病毒可采用病株汁液摩擦接种方法来进行单斑分离，其步骤是取病叶组织在研钵中研碎，加水 2～10 倍，用纱布过滤并挤出病株汁液，接种时，将少量细金刚砂(300～400 目)加在汁液中或撒在接种的叶面上作为磨料，然后用手指、毛笔等蘸取汁液在叶片上来回轻轻摩擦，再用清水将叶面多余的汁液和磨料轻轻洗去。最好在植物的苗期接种。

2. 利用专化介体分离株系

病毒的介体传染有较强的专性，即一种病毒或株系往往只能由一种或几种介体传播，根据病毒介体的专化性，就可以将不同株系分离出来。可以通过三种方式分离株系。

(1) 利用介体在发病的植株上得病毒饲育时间持久性的长短，将可能是病毒混合物中的一个株系分离出来。

(2) 选定特定的介体，因它有可能是优先传播一种病毒的某些株系。

(3) 用稀释的接种物喂饲昆虫介体，再从发病植株中重复筛选特定的症状类型，可以分离到某种病毒变异株。

无论是用哪一种方法得到的分离物，都需要经过科赫法则验证，即将它们接种在原来的寄主植物上，发生症状与原来相同的病害。分离到的病毒株系要经过鉴别寄主的鉴定，从中筛选出致病弱的株系。每种病毒的鉴别寄主都不同，必须选出能起鉴别作用的寄主。初筛选出的弱株系还应进一步做交互保护试验和大田防治试验，以筛选出防治效果好的株系。

（二）高温诱变获得弱株系

把接种的植株放在高温环境下处理，可以让病毒产生变异，从而筛选出弱株系。例如，日本 TMV 的弱毒株系是由大岛等将强毒株系 TMV-L 接种到番茄的茎上，35℃的热处理 2 周，将其研磨液接种到烟草 *Nicotana glutinosa* 上，将产生的局部病斑分别采集下来，在烟草 samsun 和番茄上重复接种，接种后进行单个病斑的分离，最后分离到了病症最弱的病毒株，其只在番茄叶片上表现微弱病斑，对强毒株系有很强的干涉效果，能有效防止症状的出现和着果率的下降。

（三）物理化学诱变获得弱株系

1. 用钴-60 照射病毒

不同的病毒用钴-60 处理的剂量是不同的，要经过试验才能得到。例如，张满良(1998)曾用钴-60 照射烟草蚀纹病毒 TEV，获得弱株系，方法是取在 xanthi 烟上增殖的 TEV 病叶，剪碎后放入研钵中，加入磷酸盐缓冲液与金刚砂，充分研磨后用纱布过滤，滤液进行 8000 r/min 离心，取上清液备用。钴-60 处理剂量为 1.29 C/kg 和 2.58 C/kg，每个处理用 30 mL 病毒汁液，分别装入试管内用钴-60 照射。处理后将病毒汁液摩擦接种在苋色藜上，每个处理接种 10 株，接种后放于无虫温室，定期观察记载枯斑出现的情况。

2. 化学诱变病毒

用亚硝酸诱变处理病毒也可获得弱株系，但不同的病毒用亚硝酸诱变处理的时间可能不同，应经过试验才能得到理想效果。例如，张满良(1998)曾用亚硝酸诱变处理烟草蚀纹病毒 TEV，获得弱株系，方法是取 10 mL 病毒溶液，加入 1 mol/L 亚硝酸钠溶液 1 mL，然后加乙酸缓冲液 1 mL，处理 30～50 min，处理结束后加入 1/15 mol/L 的 PBS，接种在苋色藜上，每处理接种 5 株，放于无虫温室，观察枯斑的出现。

3. 弱株突变体的分离和选择

将上述钴-60 和亚硝酸处理在苋色藜上产生的枯斑，用刀片分别挖取，放在擦净的玻璃片上，加一滴 PBS，并放入少许金钢砂，用洗净的玻棒将枯斑捣碎后接种在 xanthi 烟上。每个枯斑接种 1 株，每个处理接种 50 个枯斑。接种后，定期观察记载症状表现，淘汰所有表现明显症状的单斑分离株，将不表现症状的又转接在苋色藜上。选取在 xanthi 烟上无症、而在苋色藜上出现枯斑的分离株，连续转接 3～4 次，结果稳定的，作为弱毒株进行增殖。

4. 室内交互保护试验

将已初选的弱毒株接种在不同叶龄期的寄主叶片上，放于 18～25℃的温室中，15 d 后，给每个处理接种强毒株，并设单独接种强毒株作为对照，观察记载发病株、发病时间，并计算发病率、交互保护效果，以及保护效果与株龄和时间的关系。

5. 弱株免疫后寄主株体内病毒含量的测定和田间防治效果试验

免疫株接种强株后分别于 10 d、20 d、30 d、40 d、50 d 测定寄主体内病毒含量，可用血清学方法，如酶联免疫吸附实验（ELISA）、双抗体夹心法等，选择在植株内病毒含量少的弱株系。同时要在田间做弱株系防治效果试验，筛选出防治效果好的株系。

七、微生物代谢产物获取

生防微生物次级代谢活性物质是生物农药的主要成分，根据其产生的方式可分为两类，即胞内分泌型和胞外泌出型。因此，针对不同类型的微生物代谢产物有不同分离纯化的策略和方法。

（一）胞内分泌型代谢产物的获取

有些微生物代谢产物存在于细胞内部，如大多数蛋白酶、类脂和部分抗生素等，称为胞内产物。对于胞内产物，首先应该收集菌体或细胞，经物理、化学或生物化学方法破碎细胞使目的产物进入液相，除去细胞碎片后，再从液相中获取目的产物。因此，细胞破碎是提取胞内产物的关键步骤。

常用的细胞破碎方法及其原理和适用范围如表 11-1。

表 11-1 细胞破碎方法、原理及其适应性（毛忠贵，2003）

破碎方法	原 理	适应性
珠磨法	固体剪切作用	可达较高破碎率，可大规模操作，大分子目的产物易失活，浆液分离困难
高压匀浆法	液体剪切作用	可达较高破碎率，可大规模操作，不适宜于丝状菌和革兰氏阳性菌
超声波破碎法	液体剪切作用	对酵母菌效果较差，破碎过程升温剧烈，不适合大规模操作
X-press 法	固体剪切作用	破碎率高，活性保留率高，对冷冻敏感的目的产物不适应
酶溶法	酶分解作用	具有高度专一性，条件温和，浆液易分离，成本较高
化学渗透法	改变细胞膜的渗透性	具有一定的选择性，浆液易分离，但是释放率较低，成本较高
渗透法	渗透压剧烈改变	破碎率较低，常与其他方法结合使用
冰结融化法	反复冻结-融化	破碎率较低，不适合对冷冻敏感的目的产物
干燥法	改变细胞膜渗透性	条件变化剧烈，易引起大分子物质失活

（二）胞外泌出型代谢产物的获取

胞外泌出型代谢产物的提取包括发酵液的预处理、分离提取和精制三个步骤。由于微生物及其代谢产物的成分、理化性质和用途各不相同，因此，预处理及固液分离、分离提取和精制的策略、方法和相关设备不尽相同。

1. 发酵液预处理及固液分离

发酵液预处理是从微生物发酵液中提取目的产物的首要步骤，包括菌体分离、去除杂质等。由于培养液中目的产物的浓度较低，料液组成复杂，其中所含的杂质都会对目的产物的分离纯化产生很大的影响，因此在目的产物的分离纯化之前必须进行发酵液的预处理，以除去各种固相杂质、部分可溶性杂质和改变滤液物理性质，利于后续分离提取和精制的顺利进行。而各种发酵产品由于菌种不同和发酵液特性不同，其预处理方法的选择也有所不同。常用的预处理方法包括调节酸碱度、热处理、有机溶剂沉淀、电解质处理、添加凝聚剂、添加表面活性物质、添加反应剂和添加助滤剂等。

发酵液经过预处理后再通过固液分离即可获得目的产物的粗提物。固液分离是微生物代谢活性物质分离纯化前的重要步骤。发酵液预处理后的沉淀、残余的培养基质及微生物的各种代谢中间产物等都需要进行固液分离。目前常规的固液分离方法有分离筛、重力沉降、浮选分离、离心分离和过滤等，其中用于发酵液固液分离的主要方法是离心和过滤。不同性状的微生物及其发酵液所选用的固液分离方法不同，如霉菌和放线菌为丝状菌，其发酵液多采用过滤方法处理，但是由于发酵液黏度较大，为了降低滤饼比阻，提高过滤速率和效果，在实际操作中常常先将发酵液进行热处理(目的产物具有一定的耐热性)，或适宜的有机溶剂处理后再进行过滤；细菌和酵母菌为单细胞，发酵液常采用高速离心分离。但是如果对发酵液采用适当的方法进行预处理，则细菌和酵母菌发酵液也可以采用过滤的方法进行固液分离。

2. 目的代谢产物的分离提取

发酵液是一个复杂的多相系统，含有菌体细胞、代谢产物及未用完的培养基等，而目的产物在其中的含量一般较低，因此，所设计的分离纯化步骤不宜于过多，如某产品的分离纯化包含 6 步操作，即使每步操作都十分完善，收率达 90%，其总收率也只有 54%。不同的目的产物，应根据其理化性质、稳定性、极性和溶解度选择合适的分离提取方法。

(1) 杂质粗分。杂质粗分也称为产品浓缩，其目的是提高单位体积(或质量)发酵混合物中目的代谢产物的含量，以提高后续分离的效率和得率。常用的分离方法包括溶剂萃取和吸附等。

(2) 溶剂萃取。溶剂萃取是利用溶质组分(如目的产物)在两个互不相溶的液相中竞争性溶解和分配性质上的差异来进行分离的操作。实际应用中，溶剂萃取不仅可以浓缩和提取产物，还可以除去部分与目的产物类似的杂质，使产物得到初步纯化，因此广泛应用于抗生素、有机酸、维生素等发酵产物的大规模工业化生产上，如用醋酸戊酯或用醋酸丁酯从发酵液中分离青霉素和红霉素等。近年来，溶剂萃取法与其他新型分离技术相结合，衍生出一系列新型的分离技术，如超临界液体萃取(supercritical fluid extraction)、反胶团萃取(reversed micelle extraction)和双水相萃取(partition of two aqueous phase system)等。有关这些分离技术的原理和应用可参考相关专业书籍。

(3) 吸附。吸附利用吸附剂对溶质中某一组分具有选择性吸附的能力，使其吸附在吸附剂表面的过程。与溶剂萃取法相比，吸附法具有更高的选择性，吸附过程条件温和，应用范围更加广泛，除广泛应用于抗生素、有机酸、氨基酸等生产外，还应用于酶等蛋白质的分离纯化。吸附与溶剂萃取的特点比较见表 11-2。

表 11-2　吸附与溶剂萃取的比较(欧阳平凯和胡永红，2001)

特　性	吸　附	溶剂萃取
处理能力	低	高
选择性	高	中等
平衡特性	非线性，溶质分子间存在相互作用，浓度要稀	线性，溶质分子间相互独立，与溶质浓度无关
操作性能	不稳定，周期操作	稳定状态
给料要求	可直接用发酵液	发酵液必须经澄清处理
缺点	吸附剂为固体，填料易造成不均匀	易出现乳化现象，产物易变性

根据吸附剂与吸附质之间吸附力性质的不同，吸附可分为物理吸附、化学吸附和交换吸附3种类型。常用的吸附剂包括活性炭、活性炭纤维、大孔网状聚合物及各种类型的离子交换树脂等。其中，大孔网状树脂吸附剂是目前反应性高分子技术领域发展最迅速最活跃的一个分支，它比其他天然吸附剂或凝胶型树脂具有更强的吸附性能。近年来，国内外应用大孔网状树脂吸附剂对抗生素的分离纯化几乎包括目前已知的各种类型化合物。通过离子交换树脂可有效地从发酵液中富集和初步纯化目的产物，具有成本低、工艺操作简便、提炼效率高及节约大量有机溶剂等优点，但是，也存在生产周期长、生产过程中pH变化较大及难以找到合适的树脂等缺点。目前利用吸附树脂从发酵液中分离提取氨基酸(如谷氨酸)、抗生素(如苄基青霉素和新生霉素)、有机酸(如柠檬酸)、酶等产物，均取得良好的效果。

3. 目的代谢产物的纯化

目的代谢产物经过初步分离后，还需要除去与产物化学性质相近的杂质，因此，处理技术要求有高度的选择性，如色谱法、超滤和电渗析法等。目前，色谱分离已成为生物产品高度纯化的重要手段之一。由现代分离科学理论计算可知，色谱和电泳是目前所知纯化效果最好的两种分离方法，其塔板数可达百万数量级。但是，电泳法不适宜于大规模工业化生产，因此，有关分离纯化蛋白质、酶、核酸、抗生素等大分子物质的研究重点多集中在色谱分离方面。与其他分离方法相比，色谱法具有分离效率高、选择性强、应用范围广泛、条件温和不易造成目的产物变性、设备简单及过程自动化操作等优点。

色谱法是一系列相关分离方法的总称。根据其分离机理，可分为吸附色谱(adsorption chromatography)、分配色谱(distribution chromatography)、离子交换色谱(ion exchange chromatography)、凝胶色谱(gel chromatography)和亲和色谱(affinity chromatography)5类；根据固定相的形状，可分为柱色谱、纸色谱、薄层色谱和旋转薄层色谱等；根据流动相的物态，可分为气相色谱和液相色谱。使用色谱技术分离纯化目的产物时，常常根据目的产物的分子结构、理化性质、分子质量大小及在色谱分离过程中其生物活性的稳定性等方面来选择合适的色谱分离方法。例如，蛋白质、酶、核酸等大分子物质，因具有分子质量大、易失活和生物专一性强等特点，因此多选用多糖基质(如纤维素、葡聚糖、琼脂糖等)离子交换色谱、疏水作用色谱、凝胶色谱和亲和色谱等分离方法；对于小分子代谢产物，由于它们分子质量小、结构和性质比较稳定、对操作条件要求不太苛刻，因此常选用吸附、分配和离子交换色谱等分离方法，其中，氨基酸、有机酸、核苷酸等离子型化合物的生产多采用离子交换色谱法；而抗生素、生物碱、萜类、色素等次级代谢产物多采用吸附色谱或反相分配色谱法。

4. 目的代谢产物的精制

获得目的代谢产物纯品后，往往需要进一步精制形成产品或商品，如结晶、超滤和干燥处理等。

综上所述，在设计获取微生物代谢产物的分离过程时，应首先明确目的产物存在的位置(胞内或胞外)，以选取适宜的预处理或固液分离方法，再根据目的产物的理化性质如分子大小、疏水性、电荷形式、溶解性、稳定性等选择适宜的分离提取技术。对于商业价值和纯度要求较高的目的产物，在获得一定纯度的提取物后，还应经过结晶、超滤及干燥处理得到最终产品。其基本操作单元和工艺流程见图11-1。

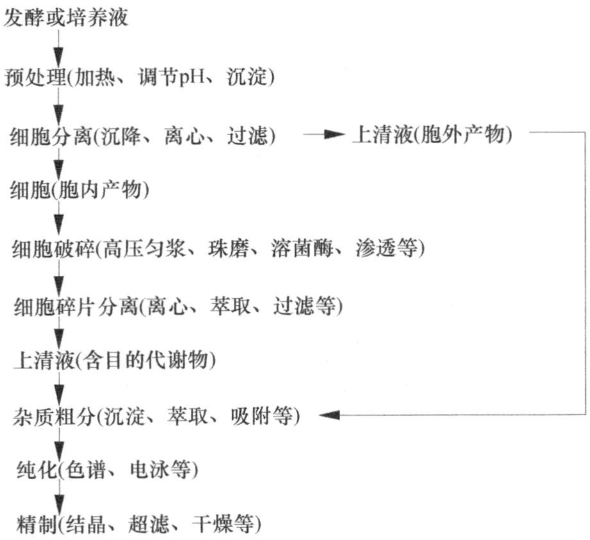

图 11-1　微生物代谢产物精制的基本操作单元和工艺流程

八、植物提取物的获得

植物中有效成分的提取，传统上主要采用溶剂提取法、水蒸气蒸馏法、升华法和压榨法等。这些提取方法不需要特殊的仪器，应用比较普遍。目前发展起来的现代提取方法主要有超临界流体萃取技术、超声波提取技术、微波提取技术和酶法提取等，这些方法具有节约时间、提取效率高等优点。下面分述其原理、方法及在植物有效成分提取中的应用。

(一) 传统提取技术

传统提取技术有 4 种：溶剂提取法、水蒸气蒸馏法、升华法、压榨法。

1. 溶剂提取法

溶剂提取法是根据植物中各种成分在不同溶剂中的溶解度不同，选用对有效成分溶解度大、对杂质溶解度小的溶剂，将有效成分从植物组织内溶解出来的方法。具体操作是：根据所提取成分的性质，选择合适的溶剂，加入粉碎过的植物原料中，溶剂通过扩散、渗透作用会逐渐渗入到细胞内，溶解可溶性物质，造成细胞内外的浓度差，使细胞内的浓溶液不断向外扩散，细胞外的溶剂则不断进入植物组织细胞中，如此往返多次，直至细胞内外溶液浓度达到动态平衡时，将此饱和溶液滤出，浓缩；继续在过滤后的植物残渣中加入新溶剂，重复以上过程，反复多次就可以把所需要的成分近于完全溶出或基本溶出，合并所有的浓缩液，即为含有所需有效成分的粗提液。

植物抑菌活性成分在溶剂中的溶解度与溶剂性质有关。溶剂可分为水、亲水性有机溶剂和亲脂性有机溶剂。实验室常用的有机溶剂的极性强弱顺序可以表示如下：石油醚＜苯＜氯仿＜乙醚＜乙酸乙酯＜丙酮＜乙醇＜甲醇。植物抑菌活性成分不同，分子极性就不同，要做到最大限度的将抑菌有效成分从植物中提取出来，需遵循“相似相溶”的原理。选择溶剂要注意以下三点：①溶剂对有效成分溶解度大，对杂质溶解度小；②溶剂不能和植物中的抑菌活性成分发生化学变化；③溶剂要经济、易得、使用安全、易于回收等。杨顺义等分别用石油醚、二氯甲烷、丙酮、甲醇为提取剂对苍耳抑菌成分进行提取，结果表明丙酮、甲醇分别为苍耳茎叶和苍耳根的最佳提取溶剂。王维华等用水、95％乙醇、丙酮提取连翘中抗菌有效成分，以95％乙醇的提取物抑菌最强。

用溶剂提取植物抑菌有效成分，常用方法有浸渍法、渗漉法、煎煮法、回流提取法及连续回流提取法。

(1) 浸渍法。该法是先将植物组织粉碎，然后加入适宜的溶剂(如乙醇、烯醇或水等)浸渍植物材料，以溶出其中有效成分。适用于有效成分遇热易挥发和易破坏的植物提取。按溶剂的温度分为热浸、温浸和冷浸等方法。此法简单易行，但提出率较低，并且如果以水做提取溶剂，其提取液易于发霉变质，需注意加入适当的防腐剂。此外，最好反复浸渍2～3次，以减少由于植物残渣吸附导致的损失，提高提取率。

(2) 渗漉法。将植物材料粉末装在盛有溶剂的渗漉器中浸渍24～48 h，膨胀后不断添加新溶剂，使其植物材料自上而下渗透，浸出液从渗漉器下部流出，收集其浸出液，即渗漉法。当溶剂渗透植物粉末细胞溶出有效成分后，由于其比重加大而向下移动时，上层新加入的溶剂便置换其位置，造成良好的浓度差，使扩散能较好地进行，故浸出的效果优于浸渍法。在渗漉过程中应该随时补充加入新的溶剂，使植物中有效成分充分浸出为止。当渗漉流出液的颜色极浅或渗漉液的体积相当于原药材重的10倍时，便可认为基本上已提取完全。

(3) 煎煮法。该法是将植物组织进行煎煮后获得其有效成分。这是我国最早使用的传统的浸出方法。此法简便易行，能煎出大部分有效成分，但煎出液中杂质较多，且容易发生霉变，一些不耐热的挥发性成分易损失。一般植物材料宜煎2次。所用容器一般为陶器、砂罐或铜制、搪瓷器皿，不宜用铁锅，以免溶液变色。加热时最好时常搅拌，以免植物组织局部受热太高，出现焦煳。多在大反应锅、大铜锅、大木桶，或水泥砌的池子中通入蒸汽加热，还可将数个煎煮器通过管道互相连接，进行连续煎浸。

(4) 回流提取法。是用乙醇等易挥发的有机溶剂提取原料成分，将浸出液加热蒸馏，其中挥发性溶剂馏出后又被冷却，重复流回浸出容器中浸提原料，这样周而复始，直至有效成分回流提取完全。操作时，在圆底烧瓶上连接回流冷凝器，加热前先开冷凝水。装原料量为圆底烧瓶容量的1/3～1/2为宜，溶剂浸过植物材料表面1～2 cm，实验室多采用水浴加热，比较安全。第一次提取以保持沸腾回流约1 h为宜，放冷后过滤，再在残渣中添加新的溶剂，做第二次、第三次加热回流提取，分别约半小时。此法提取效率较冷浸法高，但由于操作的局限性，大量生产中也很少被采用，而是多采用连续提取法。

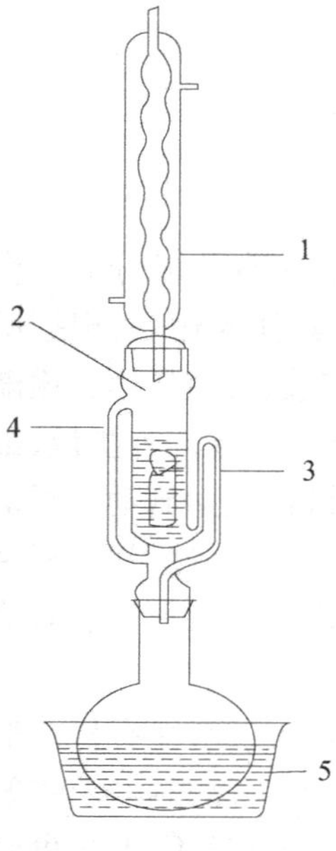

图11-2　索氏提取器
1. 冷凝管；2. 提取管；3. 虹吸管；4. 连接管；5. 提取瓶

(5) 连续提取法是实验室做植物抑菌有效成分分析时常用的方法，通常用脂肪提取器或索氏提取器来完成(图11-2)。将植物组织研碎放在滤纸套内，置于提取器中，提取器的下端与盛有溶剂的圆底烧瓶相连，上面接回流冷凝管。加热圆底烧瓶，使溶剂沸腾，蒸气通过提取器的支管上升，被冷凝后滴入提取器中，溶剂和固体接触进行萃取，当溶剂面超过虹吸管的最高处时，含有萃取物的溶剂吸回烧瓶，萃取出物质，如此重复，使植物组织不断被纯溶剂所萃取，萃取出的物质富集在烧瓶中。这种提取法需用溶剂量较少，提取成分也比较完全，但一般需数小时(常 6～8 h)才能完成，所以遇热不稳定易变化的成分不宜采用此法。尽管如此，在应用挥发性有机溶剂提取植物抑菌有效成分时，不论小型实验或大型生产，均以连续提取法为好。

2. 水蒸气蒸馏法

有些植物有效成分难溶或不溶于水，但能随水蒸气蒸馏而带出，并且又不会破坏植物的有效成分，可用此法提取。这类化合物的沸点多在 100℃以上，当加热使液体沸腾时，水蒸气将挥发性物质一并带出。常用于挥发油及某些小分子生物碱如麻黄碱、烟碱、槟榔碱等和某些小分子的酸性物质的提取。

3. 升华法

有些固体物质受热后会直接汽化，遇冷后又凝固为原来的固体化合物，此现象称之为升华。植物中有一些成分就具有升华的性质，故可以采用升华法直接提取。例如，从樟木中提取樟脑是世界上最早应用升华法从木材中提取的有效成分，这在《本草纲目》中有详细的记载。升华法虽然简单易行，但在实际提取时很少采用，因为：首先，升华所需要的温度较高，植物组织容易炭化，炭化后产生的挥发性的焦油状物，容易黏附在升华物上，不易除去；其次，升华不完全，出产率低。

4. 压榨法

植物中的有效成分含量较高且存在于植物的液汁中时，可将新鲜原料直接压榨，压出汁液，再进行提取。

（二）现代提取技术

常规的浸提方法存在耗时长、溶剂用量大、提取率低等缺点。因此，在常规溶剂提取的基础上结合现代先进的仪器，发展起来的超声波提取法、微波辅助提取法、超临界萃取法、酶法提取等新技术，克服了传统溶剂提取法存在的问题。使用新方法辅助处理，可以破坏植物细胞，使溶剂渗透到材料细胞中，有利于生物活性成分的提取，并且收率高，大大缩短提取时间。

1. 超声波提取

超声波提取是利用超声波产生的强烈振动、较高的加速度、强烈的空化效应、搅拌等特殊作用，增大物质分子运动频率和速度，增加溶剂穿透力，提高有效成分溶出速度和次数，缩短提取时间的浸提方法。被浸提的物质在被破碎瞬间生物活性保持不变。超声提取是一个物理过程，在整个浸提过程中不发生化学反应，不影响大多数植物有效成分的生理活性，同时超声波破碎细胞能力强，可以取得现有的机械或化学方法有时难于取得的理想破碎效果。例如，郭孝武等从川黄柏中提取小檗碱，用 20 kHz 超声波处理 30 min 比硫酸浸泡 24 h 的提取率高 28.32%，而且不改变小檗碱的结构。

2. 微波辅助提取

微波辅助提取目前新发展起来的利用微波能提高提取效率的新技术。被提取植物的有效成分在微波电磁场中快速转向及定向排列，从而产生撕裂和相互摩擦引起发热，可以保证能量的快速传递和充分利用，易于溶出和释放。该法具有选择性好、加热速度快、操作简便、副产物少、产率高、受热体系温度均匀、节约能量等优点。张海容等用微波萃取与传统酸碱法浸提小檗碱的对比研究表明，使用微波萃取用时 1.5 min，传统溶剂法用时 24 h，而且微波萃取工艺可提高产量 30%，同时具有工艺操作简便、省时、节能、易于控制等优点。

3. 超临界流体萃取技术

超临界流体萃取(supercritieal fluid extraction,SeFE 或 SFE)是 20 世纪 60 年代兴起的一种新型提取分离技术。任何一种物质都存在气相、液相和固相三种相态。三相成平衡态共存的点叫二相点。液、气两相成平衡状态的点叫临界点。在临界点时的温度和压力称为临界温度(T_C)和临界压力(P_C)。高于临界温度和临界压力而接近临界点的状态称为超临界状态。超临界流体(supercritieal fluid,SF)是指在临界温度和临界压力以上,以流体形式存在的物质,兼有气、液两者的特点,同时具有液体的高密度和气体的低黏度的双重特性。超临界流体萃取法是利用超临界状态下的流体为萃取剂,从液体或固体中萃取植物中有效成分并进行分离的方法。CO_2因其本身具有无毒、无腐蚀、临界条件适中的特点,成为超临界流体萃取法最为常用的超临界流体。该技术在国外已广泛用于香料、食品、石油、化工等领域。20 世纪 80 年代中期以来,由于其选择分离效果好、提取率高、产物没有有机溶剂残留、有利于热敏性物质和易氧化物质的萃取等特点,SFE 技术逐渐被应用到植物有效成分的提取分离上,具有提取率高、产品纯度好、流程简单、能耗低等优点,并且其操作温度低,系统密闭,尤其适合不稳定、易氧化的挥发性成分和脂溶性、分子质量小的物质的提取分离。对于极性较强、分子质量较大的物质,采用在超临界 CO_2 中加入适宜的夹带剂或改良剂,如甲醇、乙醇、丙酮、乙酸乙酯、水等以增加压力,改善流体溶解性质。张立伟等用氨水做碱化剂,无水甲醇为夹带剂,利用超 SFE-CO_2 法萃取了苦参中的苦参总碱,其提取率约为常规法的 2.14 倍,而耗时约为常规法的 1/3。许馨燕等对 SFE-CO_2 法和传统的酸水法提取苦豆子中苦参总碱进行了比较,结果表明超临界 CO_2 法提取总生物碱提取率较传统的酸水法提取率低,但其有效成分含量高。

4. 酶法提取

植物细胞壁是由纤维素构成,其中的有效成分往往是包裹在细胞壁内,酶法就是利用纤维素酶、果胶酶、蛋白酶等作用于植物材料,使植物的细胞壁及细胞间质中的纤维素、半纤维素等物质降解,以利于有效成分最大限度溶出的一种方法,可有效提高活性成分的提取率。邢秀芳等比较了加酶与不加酶对葛根总黄酮提取效力的影响,发现葛根在纤维素酶的作用下,总黄酮的提取率提高 13%。

(三) 植物抑菌活性成分的分离纯化技术

采用上述方法提取所得到的植物提取物仍然是混合物,需进一步除去杂质,进行分离、纯化,才能得到所需的有效成分。常用的分离方法有萃取法、分馏法、沉淀法、膜分离法和色谱法。其基本原理简述如下。

(1) 萃取法。根据萃取两相状态的不同可分为液-液萃取、液-固萃取和气-液萃取。其中液-液萃取法是天然有机化合物分离中常用的分离方法,即先用不同极性的有机溶剂萃取,把植物提取物分成不同极性范围的部分,然后再对每一部分进行逐步的分离分析。

(2) 分馏法。是利用提取成分具有不同沸点的性质,对植物成分进行分离。

(3) 沉淀法。是利用有机物的溶解性或与某些试剂产生沉淀的性质实现植物成分的初步分离,对所分离成分来讲,这种沉淀反应是可逆的。

(4) 膜分离法。是利用小分子物质在溶液中可通过具有一定孔径的膜,而大分子物质不能通过的性质可达到分离的目的。膜分离法常用于蛋白质、多肽、多糖等大分子化合物与无机盐、单糖、双糖等小分子化合物的分离。

(5) 色谱法。是利用不同的物质在固定相与流动相中不同的平衡分配系数来进行分离的一种方法，不同的化合物由于它们之间的物理化学性质的差异，在两相中存在量也各不同。色谱法常用的有薄层色谱、柱色谱、气相色谱和高效液相色谱法。薄层色谱是将吸附剂均匀地铺在玻璃板上，把欲分离的样品点加到薄层上，后用合适的溶剂展开而达到分离的目的，具有简便易行、快速灵敏等优点；柱色谱是将待分离混合物均匀地加在装有固定相的柱子中，再加适当的溶剂冲洗，由于固定相和移动相对各组分的亲和力不同，试样中各组分在两相中的分配不同，在柱中随流动相移动的速度不同，对固定相亲和力最弱的组分随洗脱剂首先流出，通过分段定量收集洗脱液而使各组分得到分离；气相色谱是利用试样中各组分在色谱柱中的气相和固定相中的分配系数不同进行分离的方法。当样品进入进样口时，瞬间气化被载气带入色谱柱中，组分在两相中连续多次反复分配，由于固定相对各组分的吸附或解吸附能力不同，经过一定长度的色谱柱后，彼此分离，由载气洗脱出色谱柱，进入监测器，而监测器把不同时间出来的组分转变成离子流讯号，经放大由记录仪描绘出电信号强度（也就是峰高或峰面积）与时间（保留时间）的关系图；高效液相色谱的分离原理与气相色谱的分离原理相同，在检测时，高效液相色谱的流出物采用在线检测技术，当组分从柱内流出时溶液的浓度变化可通过检测器转化为光学或电学信号而被检出。

通过分离纯化，下一步就是对植物中有效成分的结构鉴定。20 世纪 30～40 年代发展的紫外（UV）光谱和红外（IR）光谱是识别有机化合物生色基和官能团的有效方法。可以采用极少量的样品，非破坏性的实验得到有关结构的信息。50 年代发展起来的质谱（MS）方法可给出化合物的分子式，并且通过裂解方式提供分子的结构信息。

植物抑菌活性成分结构类型丰富，理化性质差异较大，因此提取分离纯化的方法也不尽相同。从一个粗提物要得到纯化合物常需要经过多次纯化步骤，因此，正确掌握提取分离的实验技术和快速、有效的纯化方法及了解化合物结构鉴定技术，并通过多学科的配合实验，才能获得真正的目的化合物。其过程往往相当烦琐、耗时，且花费很大，所以，要获得大量的植物源抑菌、杀菌活性物质还需要做大量的工作。

第四节　生防因子的检测和筛选

生防因子活性成分是生物有机体或它们的代谢产物，其效果受生防因子类型、培养条件、剂型、供试对象环境条件等多种因素的影响，因此，生防因子活性检测用生物测定的方法进行。生防因子的生物筛选就是采取一定的可重复的方法和步骤，用一定剂量的候选生防因子处理供试材料，根据供试材料的反应并经过特定的统计分析后，选出符合要求的生防因子供进一步商品开发和研究。

生物因子的筛选是一系列复杂的过程，大致有三种情况。一是从供筛选的生物材料范围上看，有定向筛选和广泛筛选两种模式。定向筛选有预定目标，即针对特定的有害生物进行筛选，如防治菌核病生防因子筛选等。广泛筛选又称普筛，是一种没有限定和预期目标的筛选。在新生物农药研究与开发工作中，尤其是在前期的研究阶段，生物筛选主要是普筛。但是普筛并不是漫无目的地盲目筛试，而是根据供试因子的特点、分子结构、理化性质、作用方式及类似化合物已有的生物活性资料，综合分析后选定。二是从检测和筛选的内容上看，包括生防因子的生物活性、使用方法、安全性、目标生物的抗性及作用机理的研究等方面。三是从筛选程序或步骤上看一般要通过初筛、复筛和田间药效试验。初筛在室内进行，包括离体测试和活体测试（盆栽测试），一般只设计供试生防因子的1～3个剂量作用于供试生物，以观察供试生防因子活性的有无、类型及强弱。复筛以低于初筛的浓度对初筛中保留下来有效样品作进一步的测试，一般采取5个浓度，求出LD_{50}、LC_{50}或ED_{50}、EC_{50}，并和常规的商品农药对照，以评价是否进入田间药效试验。田间药效试验包括田间小区试验、多点田间小区试验和大田试验。大田受药剂、生物和环境条件共同作用的影响，更能符合实际，只有通过大田试验才能进入生产应用。以下是各步骤的具体方法。

一、活体微生物抑菌效果的室内测定

主要采取在室内人为环境条件下的离体试验，有些专性寄生的需要在活体上初步筛选。离体试验不受季节性限制，简单、快速，适合微量样品的初筛。活体微生物抑菌效果的测定是针对一定的病原物而言的，产生抗生作用的生物称作拮抗体，用来测定拮抗作用的病原物称作测定生物。测定方法因拮抗微生物和测定病原物的种类、生活方式和营养方式等而异，一般来说，可分为以下几种情况。

（一）琼胶平板拮抗作用的测定

1. 纯化菌种的测定

拮抗体生物和测定生物都是经过分离和纯化，其优点是各个菌株在培养皿中单独测定，结果比较准确，同时对测定的拮抗体性状也有所了解。缺点是比较费时，分离到的拮抗菌可能只有一少部分有拮抗作用。主要有以下几种方法。

1）平板对峙培养测定

在平皿中加入两菌都可以生长的培养基制成平板（9 cm的培养皿加10～15 mL），根据测试菌种各自的生长速度，在选定的固体培养基表面相隔一定的距离接种培养检测菌和目标病原物，并根据两者向前扩展的菌落之间出现的抑制现象，确定所测菌株的拮抗性。

接种的具体方法是靠近琼胶平板的边缘，一边划线接种拮抗体，另一边平行划线接种测定生物；或靠近琼胶平板边缘划线接种拮抗体，与拮抗体垂直方向划线接种测定生物；或在琼胶平板上，距离2～4 cm平行划线分别接种拮抗体和测定生物；或在琼胶平板上，距离2～4 cm，一点接种拮抗体，一点接种测定生物；或在琼胶平板中央接种拮抗体，四周靠近边缘等距离接种3～4种测定生物。作用强的拮抗体和测定生物的距离可以适当远些。

接种时间也根据测定生物和拮抗体生物的生长情况而定。若两者生长快慢相差不多，可同时接种；若拮抗体生长较慢，可以在接种2～6 d后再接种测定生物；若测定生物生长较慢，则先接种测定生物，经过适当的时间再接种拮抗体。在很多情况下，待检测的拮抗体是细菌和放线菌，而病原物是生长较快的真菌，因此需先在平皿一侧接种待测的拮抗体，培养2～3 d后再接种病原菌继续培养，一周后检查对峙培养的结果。

检查对峙培养的结果时，注意观察在两菌落之间可能出现以下的拮抗反应：两菌落之间产生抑菌带，拮抗菌继续生长或停止生长；两菌落相接触后，病原物前缘菌丝死亡瓦解，菌落萎缩，拮抗菌继续发展；病原物菌丝被拮抗菌寄生，菌丝稀疏并萎缩；两菌相邻的边缘，供试病原物的菌落塌陷或菌丝尖端发生畸变。

2）平板抑制培养测定

将拮抗体接种于混有测定生物的琼胶平板。一种方法是先将测定生物如细菌、孢子或菌丝体悬浮液与冷却而未凝固的琼胶培养基混合，倒在培养皿中。凝固后，在琼胶平板上划线接种拮抗体，或在平板中央放一灭菌的小纸碟，将一滴拮抗菌的孢子悬浮液加在纸碟上接种，还有将已在平板培养的拮抗体生物菌落打成菌碟，放在混有测定生物的平板中央。另一种方法是将测定生物的悬浮液涂或喷在琼胶平板上，然后接种拮抗体。也可以先接种拮抗体，经过一定时间再接种测定生物。这种方法可以用于溶菌微生物的检测，将混有病原物孢子的琼脂培养基（10^4 个/mL）制成平板，菌落生长后，取可能的溶菌物点接或条接到测试病原物的菌落上，28℃下培养 10～20 d，检查溶菌微生物菌落周围被溶解的病原物菌丝。

2. 拮抗体直接混合筛选

不是先将可能的拮抗生物分离纯化，而是直接利用土壤、植物或其他环境中的拮抗体混合物与测定生物的相互作用来筛选拮抗体。此法省时、省工，可以很快地逐步筛选到拮抗体。主要方法有以下几种。

（1）平板稀释法。将要分离、筛选的土壤、植物等研磨配成悬浮液，稀释成不同的浓度（1∶100～1∶1 000 000），分别吸 1 mL 到灭菌的培养皿中，然后将混有测定生物的琼胶培养基倒在培养皿中，充分摇匀后培养，观察和移植有拮抗作用的微生物。为了分离能够消解真菌菌丝体的放线菌等微生物，可以将孢子悬浮液与琼胶培养基混合后制成平板，培养 2～3 d，菌丝生长很好后，每个平板上喷 1∶1000 或 1∶10 000 的土壤等悬浮液 0.6 mL，观察溶菌作用。

（2）三层琼胶法。培养皿中先加 15 mL 适宜于拮抗体生长的琼胶培养基，凝固后上面加 0.5～1 mL 软琼胶培养基（琼胶 0.25%）稀释的土壤样本，最后再加 3 mL 混有测定生物的琼胶培养基（琼胶 0.5%～1.5%），培养后观察抑菌圈。也可以简化为双层，稀释的土壤悬浮液加在第一层，培养一定时间以后加一层测定生物。

（3）喷雾法。将稀释的土壤等悬浮液与琼胶培养基混合制成琼胶平板，然后将细菌或真菌孢子的悬浮液喷在平板上，也可以培养一定时间（4～7 d）后再喷测定生物。如果将几种测定生物混合喷在平板上，可以筛选出对几种测定生物都有拮抗作用的微生物。

以上是针对人工可以培养的拮抗菌和测定生物的筛选。例如，像白粉菌、霜霉菌、锈菌等专性寄生病原菌不能人工培养，另外，对一些生防菌除拮抗作用外，还要了解其对植物是否有促长作用等，这种情况单靠平板测定无法完成，还要在活体植株、组织或器官上进行。

（二）病原真菌重寄生菌的测定

（1）菌核寄生物致病力的测定。测定时，通常是将新鲜菌核表面消毒，无菌蒸馏水冲洗，再浸入寄生物的孢子或菌丝悬浮液中 1～5 min，然后移植到无菌湿沙或土壤表面（用平皿或塑料袋装沙土）。22～28℃下保持 1～4 周，菌核表面可能有寄生物长出，将这些菌核取出来，洗净并表面消毒，分别移到水琼脂平板上，测定菌核萌发力并再次分离寄生物。若菌核已被杀死且失去萌发力，则应采用稀释的悬浮液接种，并缩短潜育培养的时间。

（2）白粉菌、锈菌重寄生菌的测定。将人工培养的重寄生菌的孢子悬浮液接种于植物上的白粉菌或锈菌，目测病原菌病斑扩展的快慢、孢子器或孢子堆颜色的变化、产孢量的多少等。在光学显微镜下观察寄生率、寄生作用、产孢情况等。结合其他培养性状、适应性等进一步筛选。

（三）病原细菌噬菌体的测定

(1) 寄主范围的测定。有的噬菌体只能侵染原来的用于分离的寄主细菌（单价的），有的还能侵染其他不同种的细菌，因此在了解一种噬菌体时首先要了解其寄主范围。从原来有寄主细菌存在的材料或场所，比较容易分离到专化噬菌体，如果从杂菌较多的、已经分解的残余组织或土壤，就有更多的机会分离到非专化性噬菌体。寄主范围测定时，可将各种测定细菌的悬浮液与熔化冷却到 46～47℃的琼胶培养基混合，倒在培养皿中制成平板。然后用灭菌的移植环蘸取少量浓的噬菌体悬浮液在凝固干燥的平板表面划线，培养观察是否有噬菌现象。在一个平板上一般可以划 4～6 条线，测定 4～6 个噬菌体样本的寄主范围。若噬菌体样本很多，采用此法比较简便。也可以反过来将噬菌体的悬浮液与熔化的琼胶培养基混合制成平板，然后将各种测定的细菌在上面划线，培养后，观察测定的细菌能否生长。噬菌体样本很少而测定的细菌种类很多的情况适合于此法。

(2) 噬菌体斑的形态和大小观察。噬菌体斑是分离、纯化和检测过程中首先观察到的性状。同一种细菌的不同噬菌体形成的噬菌体斑的大小和透明度都可以不同，有的在透明的噬菌体斑外还有一个晕圈。噬菌体斑的大小和形态是一种噬菌体的特征，当然噬菌体斑大小相同的也可能是不同的噬菌体，还要结合其他性状加以区别。噬菌体斑是由噬菌体经过反复多次侵染形成的，但一个噬菌体斑也不会无限扩大。经过一定时间，噬菌体周围的细菌已经老化而形成抗性，噬菌体斑进一步扩展也会受到限制。应该指出，一种噬菌体斑的大小在一定程度上还受分离和培养条件的影响。总体看来，有利于加快噬菌体的扩散和延迟寄主细菌老化的条件，都可以使一种噬菌体形成较大的噬菌斑。因此，在琼胶平板上观察到的大小和形状不同的噬菌体斑，可能是不同的噬菌体，但也不能忽视是由于培养条件的影响。

二、微生物代谢物和植物提取物的拮抗检测

为初步了解微生物代谢物和植物提取物的抑菌活性和抑菌范围，需要对其进行室内检测。生防代谢物检测试验以抑制孢子萌发率和菌丝生长等指标作为毒力衡量指标，通常采用离体平板法，如孢子萌发法、琼脂稀释法、滤纸片法等，此法简单，为筛选新杀菌剂不可缺少。为克服漏筛，发展了利用活体进行测定，此法将病原物和寄主结合起来，结果更可靠和接近田间实际，但涉及的因素较多，比较费工耗时。近年来又逐渐简化活体的方法，而采用果实、叶柄、枝条及叶圆片等部分组织或器官作为试材。现在人们根据杀菌剂对不同病害的作用机理，又发展了专一性的测定方法，如抑制细胞膜功能测定法、微管形成抑制法、RNA 和 DNA 生物合成测定法等。为使结果精确可比，检测时要求培养基、植物、测定生物、接菌浓度等方面实行标准化。

（一）离体平板法

1. 抑菌圈法

(1) 滤纸片法。于直径 9 cm 平皿中加入 15 mL 选定培养基，待凝固后再加入 4 mL 1.5%的水琼脂病原物孢子液。其中孢子浓度应不少于 10^4 个/mL。取直径 1 cm 的滤纸圆片，干热灭菌，将其浸入已稀释的培养滤液中，取出置于支撑网上待干，再将其移放到平板上四

周,纸片距皿壁 1～1.5 cm,每皿等距放 4～5 片,每一稀释度至少两皿,然后置 25℃恒温箱培养 1 周后检测滤纸片周围出现的抑制圈。

(2) 琼脂打孔法。如上法制备已接种病原物的平板,再用灭菌打孔器在平板四周等距打孔(直径 1 cm),移去琼脂柱,然后每孔注入不同浓度的过滤液 1 mL,经培养后检查圆孔四周的抑制圈。亦可用一定规格不锈钢环代替打孔。

2. 孢子萌发测定法

(1) 载玻片萌发法。于清洁的无菌凹面载玻片的凹陷穴中,滴加 0.2～0.5 mL 的拮抗菌滤液或植物提取液,室温下晾干后,再加入等量测试病原物孢子液,孢子液浓度为 5×10^3 个/mL 灭菌水或营养液,保持 25～28℃,24 h 后检查孢子萌发及芽管特征,并与不加拮抗菌过滤液的对照比较。在检测不同稀释度的过滤液时,每一稀释度应不少于 3 个凹穴载片。

(2) 平板培养基萌发法。在测定对象能够生长的合适培养基中加入拮抗菌滤液或植物提取液,制成平板。平板上接种测定对象的孢子,适宜条件下观察孢子萌发情况。此法孢子萌发时不受缺氧的影响。

3. 生长速率测定法

即在琼脂培养基中加入药液,冷凝后用打孔器切取正常培养基上的供试菌丝体(菌碟),放在平板上,经一定时间后观察测量菌落生长的速率,与对照组比较求出抑制百分率,比较其毒力的大小。

(二) 离体组织测定

离体组织测定是利用组织、叶片、种子等植物一部分组织来进行测定,是一种介于活体与离体之间的筛选方法,筛选与田间效果有高度相关性,因而日益受到人们重视。另外,人们发现,有一些抗生素在作物体外试验时无效,但在进行植物体内试验时却能表现出有效,这种情况就需要通过植物组织的内吸性来测定。离体组织筛选方法包括溢脓法、喷菌法、洋葱鳞片法、种子内吸测定法、叶片测定法、离体麦穗测定法(喷菌法)和薯块测定法等,这些方法能较快、全面地了解和选出一些新的生物农药。例如,尹莘耘等创造的溢脓法用于有效筛选抗水稻白叶枯病的抗生素,其原理为当水稻被白叶枯黄杆菌严重感染时,在湿度、温度适宜时,大量病原菌能通过叶端的水孔和大小叶脉切面伤口溢泌到外面形成蜜黄色的脓状物,附在叶片边缘或伤口的切面上,检查处理组和对照叶片端菌脓数,可计算抑菌效果。

(三) 挥发性抑菌物的检测

(1) 生长抑制观察。于皿底加入 10～15 mL 适于测试病菌的培养基,待凝成平板,再于皿盖中心加入 5～6 mL 适于测试拮抗菌的培养基待凝成薄层。于皿盖中心接种拮抗菌直径 0.5～1 cm 的圆片,28℃下培养 3 d 后,于皿底中心接种同样大小的测试病菌菌片继续培养。另设皿盖不接拮抗菌或只产生水溶性抗生素的拮抗菌作为对照。一周后取出检查病原菌落的扩展和形态。

(2) 孢子萌发试验。于适合拮抗菌的平板表面放置高 2.0 cm、直径 1.0 cm 的玻环(铝环或不锈钢环),环内接种拮抗菌细胞或菌丝块。将配好的病菌孢子液(无菌水或稀释营养液)一滴加在盖玻片上,反转悬垂盖在玻环的上方。另设不接拮抗菌的对照。10～24 h 后,检查孢子发芽率和芽管形态,和对照比较。

（四）生物效价的测定

对于纯净而稳定的物质，通常使用重量或体积表示其含量。而抗生素是生物活性物质，其含量是以抗菌效能，即效价来衡量的。效价是抗生素中有效成分的含量，通常以“单位”表示。单位的含义有两类。一是稀释单位，就是将 1 mg 抗生素配成溶液，在一定条件下进行稀释，对某一特定的微生物或昆虫能抑制其生长的最高稀释度，即为 1 mg 抗生素中所含有的单位。如 1 mg 制霉菌素含有 3600 个稀释单位。二是重量单位，即以纯抗生素的重量直接作为抗菌效能的衡量标准，1 μg 即为 1 单位。在抗生素效价测定时，主要是将检品和已知效价的标准品在相同实验条件下进行比较，从而检验出样品的效价。因此，作为标准品的抗生素具有纯度高、类型单纯、稳定性好、质量均一和单位准确等特点。效价测定的方法很多，总体来说有生物测定和理化测定两类。

1. 生物测定

生物测定是利用抗生素对其敏感的检定菌所起的抑制作用反应来测定的。这类方法是测定抗生素中有效活性成分的总效应，而对多组分抗生素中各组分间的相对含量和某些有效应的毒性物质的比例难作出评价。此法有稀释法、比浊法、扩散法等。

(1) 稀释法。是利用连续稀释的方法使含有不同量的抗生素的培养基依次分装在一系列容器中，再分别加入等量的试验菌液，经过一定的温度和时间的培养，观察能抑制试验菌生长的最低浓度范围，与同样处理的标准品抗生素的终点比较，即可求得检品的效价。

(2) 比浊法。是将不同量的样品与标准液的稀释液，加入到液体培养基里，观察试验菌的生长情况。测定不同剂量抗生素抑制试验菌生长的不同浊度的透光率与标准品测定值比较可计算检品含量。此法与稀释法的区别是试验菌不是受到完全抑制，而是受到不同程度的抑制而产生不同程度的混浊。此法的特点是：准确度比稀释法高；操作比较简便，不需要十分严格的无菌操作；不受抗生素扩散性的影响；实验结果得出较快；但影响因素较多，不适于测定有色或混浊的样品，有些需要使用比较敏感的光电比色剂等。

(3) 扩散法。是在含有试验菌的固体培养基上将检品用不同的方法置于其上，然后恒温培养一段时间，样品液的浓度呈抑制浓度时，试验菌不能生长。在同样条件下测定标准品，根据抑菌圈的大小，采取各种不同的计算方法，推算出检品的效价。扩散法包括垂直和水平扩散两种，水平扩散又可分为点滴法、滤纸法、杯碟法、管碟法和菌碟法等。

(4) 琼胶平板培养测定。将不同稀释度的抗生素加在冷却到 42～45℃的琼胶培养基中，倒入培养皿，然后在平板上划线接种测定的细菌，求得抑制生长最低浓度。一个培养皿可测几种细菌。测定真菌则先在一般琼胶平板上繁殖，然后连同培养基切去直径 3～5 mm 的菌碟，分别接种在含有不同量抗菌物质的琼胶平板中央。培养后每隔 24 h、36 h、48 h 测定菌落生长的直径，根据浓度与直径间的关系，推算完全抑制生长的浓度。

2. 理化测定

理化测定是根据抗生素结构特征而设计的，此法对于了解抗生素的性质、结构等十分重要，具有灵敏、准确、快速等特点，被广泛应用。有时，在抗生素的筛选过程中，为了避免对老抗生素的过多重复，需要很快测定所获得的抗生素的性质和结构，这就必须借助全面的理化测定。具体方法有纸层析法、薄层层析法、分光光度比色法、化学测定法、高压液相色谱法、质谱分析法、红外分光光度法和原子吸收光谱法等。

三、温室盆栽试验

病害防治是药剂、寄主植物、病原菌、环境构成的一个系统，而离体试验只涉及生防因子和病原菌，简单、快速，适合微量样品的初筛，但和大田病害防治的实际差距太大。而盆栽试验是用盆钵栽培作物进行农业科学实验的一种方法，是寄主植物、病原物和拮抗菌或提取物共同存在情况下进行的试验，结果与田间效果有很好的相关性。特别是对于一些生防因子来说，在离体条件下不表现杀菌活性，必须和寄主植物发生作用后（激发寄主植物产生防御素）才表现杀菌活性。如果只采用离体测试，必然不能反映生防因子的实际效果或被淘汰遗漏，因此必须采用盆栽活体测试。另外，有一些分离物在对峙培养中可能不产生抑制病原物的抗菌物质或其他拮抗作用，但是却能刺激种子萌发和幼苗生长，为了检验其实际应用价值，也需要进行盆栽试验。因此，盆栽试验是生防制剂筛选和研制必不可少的重要步骤。盆栽试验一般是在现代化的大型温室中进行，由于盆钵体积小、栽培植株的数目也少，土壤、肥料、水分、温度、湿度、光照等条件容易控制，这就为保证实验的顺利进行和精确性创造了有利条件。盆栽试验内容一般包括人工接种病原物、用初入选的生防因子处理和观察盆栽作物等，其具体操作因作物和病害不同而有不同，一般应遵循以下的原则和方法。

（一）处理设置

盆栽试验的处理视条件而定，每次可测试 10～20 个拮抗菌株。每一处理不得少于 5 盆(5 个重复)，并分设不施拮抗菌的和不接种病原物的对照。每盆植株数视花盆大小和所试植株，一般保持 5～10 株为宜。

（二）接种试验

接种病原物要能保证对照处理充分发病，既需要满足一定的发病条件，又要注意采用相应的接种方法。

1. 接种要求

使病害能够发生，主要从病原物、寄主植物和发病的环境条件考虑。

(1) 病原物具有强致病力和适宜的接种量。有些病原物在培养基上培养后会减弱或丧失其致病力。有些病原菌如禾本科植物的锈菌的单个夏孢子和马铃薯晚疫病的单个游动孢子接种即可发病。有些需要一定的菌量，一般孢子悬浮液浓度控制在低倍镜视野下有 20～30 个孢子，对土传病害及弱寄生病原物的接种注意控制菌量是很重要的。

(2) 寄主品种具有中度感病性。同一植物的不同品种、不同发育阶段和不同部位对病原物的反应可能有差异。为了便于同时测定大量的植株，接种试验大多希望在苗期测定。一般来说，苗期测定可以反映成株期情况，但也有许多不同的情况。例如，番茄对青枯病的抗病性主要表现为成株期抗性，不同品种的植株在 7～8 周以前大多是感病的，在 7～8 周之后有些品种表现为抗病。另外，植株接种前的发育状况或预置状态对发病也很重要。

(3) 温室条件和管理应接近自然发病条件。要注意植物喷撒接种后，一般需要保湿 12～24 h，使孢子萌发和侵入。白粉菌、伤口侵染的病原物等接种后，一般无需保湿。要避免环境温度波动太大。弱光照可以增加寄主的感病性，因此，接种前黑暗处理 1～2 d，是植物病毒接种的例行措施。

2. 接种方法

接种方法的选择既要要求发病率高，也要必须尽可能接近自然发病情况。根据侵染来源和侵入途径来划分，病害接种方法主要有以下几种。

(1) 种子传染病害接种。主要有拌种法和浸种法。拌种法就是用病菌的孢子拌种，是黑粉病常用的接种方法。至于种子内部带菌的大麦、小麦散黑穗病和大麦条纹病就要在花期接种。还有比较好的方法就是以孢子悬浮液抽气接种，或将种子和病原菌的孢子或菌丝体混合在一起，培养一定时间后再播种。浸种法是将细菌悬浮液与种子浸泡在一起，然后播种。

(2) 土传性病害接种。主要有土壤接种法、蘸根接种法和根部切伤接种法，镰刀菌、轮枝菌和疫霉菌等土传病害都可用此方法。土壤接种法是将病菌在播种前或播种时拌在土壤中。为避免接种时在土壤中加入大量的有机质，比较好的方法是将在液体培养基繁殖的菌丝取出，用清水洗过后，加少许沙子，将菌丝体混合搅散后拌入土壤。也可将孢子或菌丝体的悬浮液加在土壤中。另外，接种灭菌土壤一般发病率较高，因此，土壤传染病害的接种试验最好先用灭菌的土壤。蘸根接种法是将幼苗的根部稍加损伤，在孢子或菌丝体悬浮液中浸过以后再移植。此法病菌与根系直接接触，苗能较均匀地接种到病菌，受土壤微生物影响较小，病菌也易于侵入，效果比前者较好，也比较省时。根部切伤接种法是将移植铲或其他器具在植株附近插入土壤，使植株根部受到损伤，然后将孢子或菌丝体悬浮液从移植铲插入的空隙灌入。

(3) 气流和雨水传播病害接种。包括喷雾法、喷撒法、涂抹法、注射法和针刺法。喷雾法是将孢子或菌丝悬浮液喷洒在寄主表面。对从气孔侵入的病菌，则注意应喷洒气孔数目较多的叶背；对于从伤口侵入的病菌，喷洒前应先用细的沙土或金刚砂摩擦叶面，将寄主表面稍微损伤；叶面有蜡质水滴不易附着的，接种前可用湿布将蜡层去掉，或在病菌悬浮液中加入适量的展布剂。喷撒法是将干的病菌孢子喷洒在潮湿的植物表面，用于接种锈菌和白粉菌；可将孢子与10倍于孢子量滑石粉混合后放在小喷粉器中喷。涂抹法如接种麦类锈菌，由于寄主表面和锈孢子都不易沾湿，可以先用手指沾水摩擦叶片，使表面有一薄层水膜，然后将孢子涂抹在上面。以上方法接种后的植物，必须保湿 24～48 h，使病菌孢子能够萌发和侵入。注射法是将病菌孢子悬浮液用注射器注射到植物生长点或幼嫩部分，用于接种麦类锈病和玉米瘤黑粉等病菌的效果很好。针刺法一般是用灭菌的针刺伤寄主组织，然后将病菌接种在伤口内。用于伤口侵入的病茵，如果实、块茎、块根等腐烂病菌及有些枝干病害。

(4) 昆虫传染病害接种。病毒、某些真菌和细菌等通过昆虫传染的病原物可以用此法接种。

（三）生防处理

拮抗菌的制备物因菌类的不同可以是活菌液、由载体吸附的干粉或加有某种营养基物的固体发酵物等。用法可以是播种穴施、拌(或浸)种及定期植株喷布。

利用盆栽的植物测定微生物代谢物或植物提取物的作用和效果，一般事先必须准备好寄主植物、病原物接种体、试验环境等条件。具体测定方法必须根据病害种类、药剂作用机理和作物类型的不同而进行设计。例如，保护作用，一般先对植物药剂喷雾处理，间隔一定时间后再接种，保持发病所需的条件，发病后根据其病叶率、病情指数增长率等指标判断药效。治疗作用，是先在植株上接菌，保持发病条件一定时间，待病菌菌丝侵入或开始发病再进行药剂处理，调查统计其效果。内吸作用，若测定根的内吸输导试验，可以在水培的稻株或棉株的营养液中加入定量的药剂,也可以在土培盆栽的土中定量灌入药液,待 24 h 或 48 h 后进行接菌,发病后再调查。持效期的测定,可以采用先喷药后接种或先接种后喷药,间隔不同日期进行处理,以测定药剂的残效。

(四) 调查记载

认真进行生长发育和病情的调查记载,最后评估所测菌的效果。同样的测试应重复进行一次,并获得相似结果,其中防病或刺激植物生长效果明显而且稳定的菌株可以进入田间小区试验。接种试验记载的方式很多,可根据工作的性质来设计,一般常用的记载内容应包括接种日期、地点、寄主、品种、发育时期、感病性、其他处理、菌株或生理小种、培养方法、培养基、培养温度、培养时期、接种方法、接种后的管理、滞育期、症状、受害部分、受害部分的生长期、严重性、症状的描述(早期、中期、末期)、对产量和品质的可能影响等。

四、田间小区及多点试验

盆栽试验都是在室内人工控制条件下进行的,和田间条件有较大区别,所以在取得有效结果后,还必须进行田间小区及多点试验加以验证才能在生产上推广。小区试验要求较一致的管理和田间设计,同时还要求详细的调查记载,因此最好布置在科研单位直接管理的发病中心或人工病圃。多点试验对于病害生物防治尤其重要,它可以在小区试验的基础上安排,也可以同小区试验同时布置进行。田间药效试验是农药登记管理工作重要内容之一,为了规范农药田间试验方法和内容,使试验更趋科学与统一,并与国际准则接轨,使我国的药效试验报告具有国际认同性。我国已制定了田间药效试验准则国家标准。田间试验设计的主要目的是减少试验误差,在试验中要减少误差应注意以下几个方面。

(一) 试验地点

选择有代表性的试验地是使土壤差异减少至最小限度的一个重要措施,对提高试验准确度有很大作用。选择试验地要考虑到以下几点。一是病害特点。例如,对于土壤传播的局部性病害,试验点应设在病区,最好是发病中心;对于土壤传播而又普遍发生的病害,试点可选在该作物主要种植区;对于气传病害,试点选在容易发生和流行的地区。二是环境条件。土质、气候、水肥管理和其他农业措施也应有一定代表性,试验地的地势应平坦,肥力水平均匀一致;要选择对供试对象高度感病的品种进行试验;试验地的作物生长整齐、树势一致,而且防治对象常年发生较重且为害程度比较均匀,且每小区的病害发病情况大致相同;试验地的田间管理水平相对一致,并符合当地的实际情况;试验地应选择离房屋、道路、水塘稍远的开阔农田,以保证人、畜安全和免受外来因素的偶然影响;试验地周围最好种植相同的作物,以免试验地孤立而易遭受其他因素为害。

(二) 处理设置

试验处理数量不宜太多,无论是不同使用方法或用量的小区试验均以不超过 5 个为宜,较大面积的试验一般只设处理和对照。此外还应设计必要的重复,一般不得少于 3 次。供试药剂不同剂量的药效试验,至少要有供试产品的 3 个浓度梯度、1 个常规标准农药的常用浓度和 1 个空白对照 5 个处理。如果供试的农药产品是混配制剂,而且各个单剂已登记过,除设混剂本身3个浓度梯度和1个空白对照外，还应设混剂中各个单剂的常规处理浓度，共6个处理。

（三）小区安排

小区面积的大小，应根据土壤条件、作物种类、病害的生物学特性和试验目的而定。一般田间药效试验的小区面积为15～50 m^2（棚室不少于8 m^2），果树每小区不少于3株，产量试验至少为25 m^2。差异较大的田块，小区面积宜大一些。凡植株高大、株行距较大的作物，单位面积上株数较少的作物，种植密度小的作物小区面积可大些；反之可小些。生防益菌的小区面积不宜太小，视作物而定，矮秆而且较密植的大豆、小麦的小区不能低于0.2×667 m^2；高秆作物如玉米则不低于0.5×667 m^2；水稻秧田0.1×667 m^2，大田以0.3×667～0.5×667 m^2为宜。

小区的形状对于减少土壤差异的影响和提高试验的精确度是相当重要的。小区的形状一般以长方形尤其是狭长形为好，采用狭长形小区能较全面地包括不同肥力的土壤，相应减少小区间的土壤差异，提高精确度，其试验误差比方形小区小。小区的长宽比可依试验地形状与面积、土壤肥力梯度、栽培方式、株行距的大小、小区的多少和大小等决定。例如，已知试验地的肥力梯度时，小区的方向需使长的一边与肥力变化最大的方向平行，以提高精确度。一般长宽比可在3～10范围内，但应考虑到喷雾器喷施的幅度范围。

试验设置重复次数越多，试验误差越小。但在实际应用中，并不是重复次数越多就越好。重复次数的多少，一般应根据试验所要求的精确度、试验地土壤差异的大小、供试作物的数量、试验地面积、小区的大小等具体决定。对试验精确度要求高、试验地土壤差异大、小区面积小的试验，重复次数可多些；否则可少些。一般每个处理的重复次数以3～5次为宜。大区试验和大面积试验可不设重复。

小区采用随机区组排列。为使各种偶然因素作用于每小区机会均等，那么在每个重复内设置的各种处理只有用“随机”排列才能符合这种要求，反映实际误差。为了解决这一问题，可将试验地按重复次数划分为数量相同的区组（即重复），再将每一区组按处理数目划分小区（包含药剂处理和对照区），然后将每种药剂在区组中随机排列，即每种药剂在区组中仅出现一次。用随机区组和重复组合，试验就能提供无偏差的试验误差估计值。

设立保护行或隔离带。为防止因浇水、喷雾、雨水淋溅等因素导致的相邻区干扰，小区四周应设立2～4行保护行，或设立防水隔离田埂等，小区间的边行一般不作为调查取样区。

（四）处理方法

掌握适宜的施药时间。施药时间的不同也会影响试验的准确度，甚至弄不好会使试验前功尽弃。试验田的施药时间应根据防治对象的种类和为害特性、作物的生育期及药剂的性能等来准确掌握。病害防治一般以预防为主，应考虑作物的发病程度、作物的感病期、常年的发生时间及气候条件（主要为雨量和湿度）等来确定施药时期，抗生素一般掌握发病初期施药，菌剂一般采取提前处理。

采取正确的施药方法。农药的使用效果好坏不仅取决于药剂的分散度、均匀度、沉积率，也取决于能否采取适当的施药方法和做到准确定量。生防制剂的田间使用方法以喷雾法、土壤处理、拌种等应用最广泛，此外，还有浸种、浇灌、包扎、涂抹、注射等。

注意对照区的处理。试验中用的菌剂一般是带有某种营养基物的液剂或固体粉剂。因此，无论是穴施、拌种或者叶面喷施，均应设立相应稀释度的培养物处理作为对照，若是浓缩菌粉的试验，则对照可用清水代替，对照应和处理的重复数一致，必要时可以增加对照的重复数以克服地力不均引起的误差。

（五）调查记录

药效试验的调查是农药试验中的一个重要环节，试验的结果应通过及时的细心观察记录和最后的生产效益统计体现出来。因此，根据不同作物制定有关物候期、苗情、生长发育特征、病情、产品质量等多项统一调查记录表格，有助于一个试点或多点的对比分析，但示范点的调查记录不宜繁杂。

取样方法和取样多少是影响试验结果的重要因子。在取样调查时，必须明确调查的对象、项目和内容，根据调查对象在田间的分布型，采用适当的取样方法和足够的样本数，使调查得到的数据更能反映出客观真实的情况。田间调查取样通常有五点取样法、对角线取样法、棋盘式取样法、平行线取样法、"Z"字形取样法 5 种方法，在进行田间药效试验时，田间调查采用哪种取样方法，应根据该种病害及其被害作物在田间的空间分布型来确定。

在田间药效试验调查中还应注意 3 点：一是同一试验要专人调查记载，以减少人为误差；二是在试验地防治其他病、虫、草害时，各小区使用的农药产品、剂型及使用情况要一致；三是一次试验结束后，最好不要在同块试验地进行下一个试验，因为上次试验时，处理区与空白对照区受害不一致，造成作物的生长也不一致，这样进行下一个试验就难以反映药剂的真实效果。

五、大田应用试验

这是生防因子进行推广应用前的最后一步，是对其综合特性和效果的实际检验。生防因子大田应用试验中应考虑以下问题。

（一）商品剂型的选择

基物是为促使生防菌的迅速定殖并形成种群优势而伴随施用的各种营养物，如麸皮、玉米粉、各种饼粉和植物体的磨碎物。载体是为便于操作，用于吸附或粉化生防菌的填充物，如滑石粉、蛭石、草炭、细沙等。总之，在批量生产中，要求上述物质来源丰富而且成本低廉。生防益菌的商品以中小型包装的粉剂或可湿性浓缩粉更有利推广，也便于运输、保存和实际操作。

（二）使用方法的确定

不同类型的生防因子使用方法、时间、次数等是不一样的。生防菌的施用方法要求简便易行，不增加劳力负担，尽量能和整地、种子处理、浇水、喷药等其他农业措施结合进行。病毒免疫剂一般要求苗期侵入前使用。诱抗剂由于存在迟滞期，因而须在发病前提前施用。对其防效的观察记录按照上述小区和多点试验调查的内容进行。

六、生防效果的评估

对某一种生防因子的生防效果的评估是综合性的，除控病促长效果外，还应从安全性、稳定性、抗药性、作用机理、经济效益、社会效益、人们心理效应等方面进行考虑，以确定生防制剂进一步推广的价值和范围、改进和开发的方向及生产和使用中应注意的事项。

(一) 控病促长效果的评价

试验完成后，用生物统计法对田间试验数据进行分析，对寄主和防治对象作用效果做出科学评价。内容包括其防治对象的宽窄，适应范围的大小，持效期的长短，防治效果的好坏，对植物发育、产量和品质有无影响，经济效益的高低等。

(二) 安全性的评价

生防制剂作为一种药剂，在推出之前，除了一般毒理试验外，还需对它的毒性、药害及残留等安全性按法规进行一系列的检测，以便为研制、生产和应用提供安全依据。生防制剂安全性评价包括卫生毒理安全评价和环境安全评价两部分内容，涉及毒理、病理及流行学等多个方面，这些内容可以配合新产品的科研、试制和投产计划分以下阶段进行。

1. 初步卫生毒理评价

主要任务是通过急性毒性试验，检查筛选的菌株或毒株等生防因子对人，以及畜、蜜蜂、家蚕、鱼类或小白鼠等实验动物有无毒害作用，中毒的主要症状，将实验动物进行组织病理解剖看有无侵染现象。根据上述情况决定有无继续研究或推广的价值。

2. 常规毒理学鉴定

在初步试验后，随着研制工作的进一步开展，需要了解研究的菌株或毒株等在反复多次染毒条件下，是否导致实验动物致病中毒，是否在实验动物体内繁殖感染，有无致敏作用，较细致地观察病理生理和病理解剖学的变化。

3. 全面毒理学研究

在推广应用初级阶段，应进行慢性毒理实验、遗传毒理(致癌、致畸、致突变)研究，考察新的生物农药有无潜在危险，新产品能否获得免除最高容许剂量的安全证据。新的生物农药在大面积使用前，必须在鸟、鱼、虾、贝类中试验，特别是用于植物体表施用的菌类，如叶菜、果菜及水果等表面喷洒的拮抗菌，是否有对人和动物的其他不良作用。

4. 流行病学调查

产品广泛应用于农业生产以后，应深入研究病原体遗传变异及垂直传播和水平传播的规律。生物制剂在自然界如土壤、水体、动植物体内残留量有多少，是否积累起来，存活时间长短等都要进行调查。还要调查在生产和使用区的污染分布状况、扩散范围、周围人群是否出现过隐形感染，对生产和使用人员进行定期体检及较广泛的血清学普查。在一定时间对环境中的鸟、鱼、贝、甲壳类进行抽样调查，可掌握推广的生物制剂是否出现潜在的危险。通过对野生生物及环境影响的研究，进行实验室和野外比较，这样才能对生物农药的安全性作出全面的评价。

试验时，对试验生物、染毒方法和观察指标等都有要求，具体操作时应参考相关资料。另外，一些农用抗生素对作物也有药害，受害作物表现为失绿、矮化、发育受阻、枝叶减少、叶尖干枯产量降低等，也需要对其测定。

(三) 抗药性的评价

病原菌对抗生素的抗药性也是人们关注的问题。抗药性是植物病原菌由于长期使用某一药剂而对其降低反应。研究证明，稻瘟病菌对春雷霉素抗性的遗传是由单一遗传基因突变所形成的。植物病原菌的抗药性有三条标准：如出现在有性阶段，其特性可以遗传；它可能存在于自然群体中；在有杀菌剂存在时，有相对流行病学上的优势。在田间，抗性菌株的发生与三个因素有关：敏感性菌变异为抗性菌的频率；出现抗性菌后被药剂淘汰的效率；在自然条件下抗菌性的生存能力。对植物病原菌抗药性的检测可通过室内或田间试验，来证实病原菌丧失了对药剂敏感性的显著水平。

（四）理化性质的评价

生防因子在大田应用时，应了解其对光、热、湿、酸碱等理化因子的稳定性。就抗生素而言，对光稳定性的测定，一般是将其在日光下暴晒 5 h，再检查其活性；对热稳定性的测定，一般是将其在 120℃处理 30 min，再检查其活性；对酸碱稳定性的测定，是将其在不同酸碱条件下，检测其活性。

（五）作用机制的评价

生防因子作用机制是多种多样的，对它的研究不仅有助于生防因子的应用，而且同样是新农药研制开发的主要内容。因为发现新的先导化合物的途径之一就是生物合理设计，而生物合理设计的基础是对其作用机理的深刻认识，作用机理的研究反过来又可给新农药研究带来许多新思想、新启示，甚至提供新途径，所以这一工作的重要性已日益被认识。在生防因子筛选初期就应该测定其作用方式。关于作用机理，特别是分子机理的阐明，这一部分工作是在开发工作的后期进行。

在此基础上，可以按照层次分析法或其他方法，确定以上各内容的权重值，并对其进行打分，最后求出总值，与对照进行比较，对试验的生防因子作出全面评价，为进一步研究、开发和应用提供基础和参考。

第五节　发酵、制剂及货架期

一、发酵工艺

（一）发酵的定义

发酵现象很早就已经被人们所认识，但了解它的本质却是近 200 年的事。发酵（fermentation）一词来自拉丁语“fervere”，原意为“翻腾”，用于描述酵母作用于果汁、麦芽汁或谷类生产果酒、啤酒、黄酒时产生二氧化碳引起气泡的现象。由于当时对微生物缺乏认识，发酵的本质长时间没有被揭示，直到 19 世纪中叶巴斯德经过长期研究，认为发酵是微生物作用的结果。

在生物化学中把酵母的无氧呼吸过程称作发酵。实际上，发酵是呼吸作用的一种，只不过呼吸作用最终生成 CO_2 和水，而发酵最终是获得各种不同的代谢产物；发酵是生命体所进行的化学反应和生理变化，是多种多样的生物化学反应根据生命体本身所具有的遗传信息去不断进行分解和合成，以取得能量来维持生命活动的过程。发酵产物是指在反应过程当中或反应到达终点时所产生的能够调节代谢使之达到平衡的物质。现代对发酵的笼统定义是：通过微生物（或动、植物细胞）的生长培养和化学变化，大量产生和积累专门的代谢产物的反应过程。而在不同应用方面，发酵有以下几种具体的定义。

1. 发酵

微生物生理学严格定义的"发酵"是生物氧化的一种方式。当有机物被生物体氧化降解成氧化产物并释放能量的过程统称为生物氧化。微生物生理学又把生物氧化区分为呼吸和发酵，呼吸又可再进一步被区分为有氧呼吸和无氧呼吸。因此，在没有外源最终电子受体的条件下，化能异养型微生物细胞对能源有机化合物的氧化与内源的（已经经过该细胞代谢的）有机化合物的还原相耦合，一般并不发生经包含细胞色素等的电子传递链上的电子传递和电子传递磷酸化，而是通过底物（激酶的底物）水平磷酸化来获得代谢能 ATP；能源有机化合物释放的电子一级电子载体 NAD，以 NADH 的形式直接将电子交给内源的有机电子受体而再生成 NAD，同时将后者还原成发酵产物（不完全氧化的产物）。

细胞中的 NAD 是有限的，如果作为一级电子载体的辅酶 NAD 不能得到再生，就不能被回用，有效的电子载体就会越来越少，脱氢反应就不能持续进行下去了。因此辅酶 NAD 的再生是生物氧化（包括发酵）能够继续进行下去的必要条件。

2. 工业生产上的发酵定义

工业发酵是把一切依靠微生物的生命活动而实现的工业生产统称为发酵，这样定义的发酵就是工业发酵。工业发酵要依靠微生物的生命活动，生命活动依靠生物氧化提供的代谢能来支撑，因此工业发酵应该覆盖微生物生理学中生物氧化的所有方式：有氧呼吸、无氧呼吸和发酵。

近百年来，随着科学技术的进步，发酵技术发生了划时代的变革，已经从利用自然界中原有的微生物进行发酵生产的阶段进入到按照人的意愿改造成具有特殊性能的微生物以生产人类所需要的发酵产品的新阶段。

（二）发酵的特点

发酵和其他化学工业的最大区别在于它是生物体所进行的化学反应。其主要特点如下。

（1）反应条件温和，生产过程安全。化学反应需要高温、高压等条件，这些都需要耗费较多的能源，发酵过程一般来说都是在常温常压下生物体内利用酶的催化进行的生物化学反应，反应条件十分温和，生产过程十分安全。反应安全，要求条件也比较简单。

（2）副产品少，减少环境污染。发酵的催化作用都在细胞内进行，微生物发酵是微生物细胞中各种酶的生物催化作用，这与化工生产有所不同。发酵的中间步骤大都在细胞内进行，因此副产品少，环境污染小。

（3）原料来源广，且价格低廉。发酵所用的原料通常以淀粉、糖蜜或其他农副产品、工业废水等为主，也可利用石油、醇类、醋酸及其他再生能源，加入少量的有机和无机氮源就可进行反应。这些原料来源广、产量大，而且价格低廉，符合可持续发展战略要求，利用微生物发酵得到的目的产物成本低，在市场上具有很强的竞争力。

（4）高合成速率。微生物细胞非常小，并由此而产生很大的比表面积，因而营养物质能够迅速转移到细胞内，以维持细胞很高的代谢速度，提高合成速率。例如，酵母菌合成蛋白质的速度比豆科植物高几个数量级。高效的微生物合成速率，使某些微生物菌体数量能在 15～20 min内增长 1 倍。

（5）专一性和高度选择性。由于生物体本身所具有的反应机制，能够专一性地和高度选择性地对某些较为复杂的化合物进行特定部位的氧化、还原等化学转化反应，可以得到较为单一的代谢产物，也可以产生比较复杂的高分子化合物。

(6) 设备“多能性”和代谢途径多样化。微生物工程设备投资小，且具有“多能性”。不同的微生物发酵产品可使用同一种设备或稍加改装，就可以进行生产。而且微生物种类繁多，代谢途径多样化，发酵工业已经提供了种类繁多的产品，同时利用微生物代谢产物可以发现新化合物的宝库，可以不断地从微生物代谢产物中分离出新的对人类生活和工农业生产有重要意义的新产品。微生物多样性和它们对环境的贡献，也使它们在环境工程中得到广泛应用，并有着十分广阔的开发领域。

(7) 发酵过程防治杂菌污染至关重要。发酵过程必须在无菌条件下进行，因此必须对设备进行严格消毒或灭菌处理和空气过滤，以保证所发酵微生物为优势菌群。如果污染了杂菌，生产上就要遭到巨大的经济损失，要是感染了噬菌体，对发酵就会造成更大的危害。因而维持无菌条件是发酵成败的关键。

(8) 易变异性。微生物菌种是进行发酵的根本因素，但微生物本身具有易变性，人类可以利用基因工程，物理、化学诱变等方法使微生物产生变异后进行菌种筛选，可以获得高产的优良菌株并使生产设备得到充分利用，得到原来不能生产的产品，也可以不断为提高目标产物的生产水平和生产新的产物提供广阔的前景。

(9) 工业发酵与其他工业相比，投资少，见效快，并可以取得显著的经济效益。

基于以上特点，工业发酵日益引起人们重视。和传统的发酵工艺相比，现代发酵工程除了上述的发酵特征之外更有其优越性。除了使用微生物外，还可以用动植物细胞和酶，也可以用人工构建的“工程菌”来进行反应；反应设备也不只是常规的发酵罐，而是以各种各样的生物反应器取而代之，自动化连续化程度高，使发酵水平在原有基础上有所提高和创新。

(三) 发酵类型

根据发酵的特点和微生物对氧的不同需要，可以将发酵分成以下若干类型。

(1) 按发酵原料来区分，有糖类物质发酵、石油发酵及废水发酵等类型。

(2) 按发酵产物来区分，有如氨基酸发酵、有机酸发酵、抗生素发酵、酒精发酵、维生素发酵等。

(3) 按发酵形式来区分，有固态发酵和深层液体发酵。

(4) 按发酵工艺流程区分，有分批发酵、连续发酵和流加发酵。

(5) 按发酵过程中对氧的不同需求来分，一般可分为：厌氧发酵和通风发酵两大类型。

(6) 按照发酵中使用的微生物的种类来分：有细菌、真菌、放线菌等，还包括病毒、一些亚细胞生命形态，蓝藻（蓝细菌）、绿藻（植物），一些植物、动物体分离出来的细胞等。

(四) 发酵工艺

发酵工艺是支撑现代食品工业的重要技术，同时也是生物技术产业化的重要手段。微生物发酵产物虽然多种多样，发酵类型不一，但总体上的工艺流程是相似的，包括：①原料的处理、灭菌；②空气的净化除菌；③菌种培养及扩大；④发酵的条件控制；⑤产品提取精制等阶段。这些阶段既有联系又有各自的特点。发酵不仅要有微生物细胞参加，而且要有一个适合微生物生长的环境和处理这些微生物及其产品的工艺，这个环境和工艺通常是由大容器、管道、泵、阀门和奇特设备所组成的一个系统来提供的。

1. 真菌的发酵

真菌发酵是真菌氧化方式，在没有外源最终电子受体的条件下，真菌生物细胞对能源有机化合物的氧化与已经经过该细胞代谢的有机化合物的还原相耦合，一般并不发生经包含细胞色素等的电子传递链上的电子传递和电子传递磷酸化，而是通过底物(激酶的底物)水平磷酸化来获得代谢能 ATP;能源有机化合物释放的电子的一级电子载体 NAD,以 NADH 的形式直接将电子交给内源的有机电子受体而再生成 NAD,同时将后者还原成发酵产物(不完全氧化的产物)。

随着发酵技术日新月异的发展，真菌发酵研究内容不断得到丰富，研究领域不断延伸，真菌发酵研究已取得了丰富的研究成果并应用于生产、生活等实践中。例如，以黄豆发酵培养基、可溶性淀粉培养基、葡萄糖发酵培养基、糯米粉发酵培养基发酵金针菇和姬菇 72 h,灵芝 96 h,香菇和猴头菌 120 h,再以 70%的发酵原液添加适量的蔗糖和柠檬酸进行调配，75℃杀菌 30 min,可生产出几种风味不同的真菌发酵饮料。南开大学研究人员利用麸皮等廉价农作物，通过真菌发酵的方式，提取纯度超过 90%的紫杉醇，这样生产出的紫杉醇，其价格仅为原来的 1/7,在大幅度降低生产成本的同时，也保护了珍贵树种红豆杉。

液体发酵技术是在抗生素工业发展起来后才运用到药用真菌发酵中的。其优点是可以进行工业化连续生产、规模大、产量高、发酵周期短、生产效益高。真菌在液体发酵过程中，除菌丝或孢子会大量增殖外，还会在发酵液中产生多糖、多肽、生物碱、萜类化合物、甾醇、酶、核酸、氨基酸、维生素、植物激素及具有抗生素作用的各种化合物等多种具有生理活性的物质。这些物质分别对心血管、肝脏、神经系统、肾脏、性器官等人体器官具有防病治病的作用，并有抗癌、抗炎、抗菌、抗衰老、抗溃疡等功效。人们对真菌的液体发酵，除获得菌丝体外，还以获取上述具有活性的次生代谢产物为目的。现在许多研究表明有很多药用真菌液体发酵的菌丝体多糖含量远高于人工栽培的药用真菌。在液体发酵蜜环菌菌丝体的报道中所提取的粗多糖约为人工栽培的 10 倍。对灵芝发酵的研究也有类似的报道。药用真菌发酵技术应用越来越广泛。改进发酵过程中的条件，促使发酵过程朝向提高目的产物的方向进行，提高产物品质，降低发酵成本，使投入产出比达到最小，是真菌液体发酵研究的一个方向。在该领域内，从事液体发酵的研究人员还在试用不同的方法来实现这一目标。

2. 原核生物的发酵

1) 细菌发酵

细菌发酵是利用细菌的特殊代谢途径，把原料转化为目标产物的生物学过程。细菌发酵分为厌氧和好氧两种，发酵方式也有很多，产物丰富，种类多，应用广，发酵细菌结构简单，有很多的特殊代谢途径，使其食谱更粗犷，原料成本更便宜。发酵细菌对环境也敏感，易于改良菌种。目前应用最广的也是研究最深入的就是大肠杆菌。

细菌发酵特殊的代谢产物一般是次级代谢产物。目前就整体来说，对次级代谢产物的研究远远不及对初级代谢产物研究得那样深入。与初级代谢产物相比，次级代谢产物无论在数量上还是在产物的类型上都要比初级代谢产物多得多和复杂得多。迄今对次级代谢产物分类还无统一的标准。根据次级代谢产物的结构特征与生理作用的研究，次级代谢产物可大致分为抗生素、生长刺激素、色素、生物碱与毒素等不同类型。

抗生素是对其他种类微生物或细胞能产生抑制或致死作用的一大类有机化合物。它是一种生物合成或半合成的次级代谢产物，虽然对产生菌本身有无生理作用还不十分了解，但它们能在细胞内积累或分泌到胞外，并能抑制其他微生物的生长或杀死它们，因而这类物质在产生菌与其他生物的生存竞争中，在防治人类、动物的疾病与植物的病虫害上起着重要作用。目前发现的抗生素已有 10 000 多种，其中有一部分在医学临床与农、林、畜牧业生产上已得到广泛应用。由点青霉产生的青霉素是 20 世纪 30 年代发现的第一种抗生素。放线菌中能产生抗生素的种类最多，目前医疗上广泛应用的链霉素、红霉素、庆大霉素、金霉素、土霉素、制霉菌素等都是放线菌类群的一些种，主要是链霉菌属成员产生的。

生长刺激素主要是由植物和某些细菌、放线菌、真菌等微生物合成并能刺激植物生长的一类生理活性物质。赤霉素就是由引起水稻恶苗病的藤仓赤霉 *Gibberella fujikuroi* 产生的一种不同类型赤霉素的混合物，是农业上广泛应用的植物生长刺激素，尤其在促进晚稻在寒露来临之前抽穗方面具有明显的作用。青霉属、丝核菌属和轮枝霉属的一些种也能产生类似赤霉素的生长刺激性物质。此外，在许多霉菌、放线菌和细菌（包括假单胞菌、芽孢杆菌和固氮菌等）的培养液中积累有吲哚乙酸和萘乙酸等生长素类物质。

维生素是指某些微生物在特定条件下合成远远超过产生菌本身正常需要的那部分维生素。维生素是生理学上的概念，不是化学上的同类物质。丙酸细菌、芽孢杆菌和某些链霉菌及耐高温的放线菌在培养过程中可以积累维生素 B_{12}；某些分枝杆菌能利用碳氢化合物合成吡哆醛与尼克酰胺；某些假单胞菌能过量合成生物素；某些醋酸细菌能过量合成维生素 C；各种霉菌不同程度地积累核黄素等；酵母菌类细胞中除含有大量硫胺素、核黄素、尼克酰胺、泛酸、吡哆素及维生素 B_{12} 外，还含有各种固醇，其中麦角固醇是维生素 D 的前体，经紫外光照射，即能转变成维生素 D。目前医药上应用的各种维生素主要是用各种微生物生物合成后提取的。

色素是指由微生物在代谢中合成的积累在胞内或分泌于胞外的各种呈色次生代谢产物。例如，灵杆菌和红色小球菌细胞中含有花青素类物质，使菌落出现红色。放线菌和真菌产生的色素分泌于体外时，使菌落底面的培养基呈现紫、黄、绿、褐、黑色等。积累于体内的色素多在孢子、孢子梗或孢子器中，使菌落表面呈现各种颜色。红曲霉产生的红曲素使菌体呈现紫红色，并分泌到体外。

对人和动植物细胞有毒杀作用的一些微生物次生代谢产物称为毒素。毒素大多是蛋白质类物质，如毒性白喉棒状杆菌产生的白喉毒素、破伤风杆菌产生的破伤风毒素、肉毒梭菌产生的肉毒毒素等。其他许多病原细菌如葡萄球菌、链球菌、沙门氏杆菌、痢疾杆菌等也都产生各种外毒素和内毒素。杀虫细菌如苏云金杆菌能产生包含在细胞内的伴胞晶体，它是一种分子结构复杂的蛋白质毒素。真菌中产生的毒素种类也很多，很多种蕈子是有毒的，曲霉属中也有一些产毒素的种，如黄曲霉产生黄曲霉毒素等。

虽然生物碱大部分由植物合成，但某些霉菌合成的生物碱如麦角生物碱，则属于次生代谢产物。麦角生物碱在临床上主要用来作为防止产后出血、治疗交感神经过敏、周期性偏头痛和降低血压等疾病的药物。

细菌代谢所需的能量，绝大多数是通过生物氧化作用而获得的。所谓生物氧化，即在酶的作用下生物细胞内所发生的一系列氧化还原反应。细菌生物氧化分为呼吸与发酵两种类型。在生物氧化过程中，细菌的营养物（如糖）经脱氢酶作用所脱下的氢，需经过一系列中间递氢体（如辅酶Ⅰ、辅酶Ⅱ、黄素蛋白等）的传递转运，最后将氢交给受氢体。以无机物为受氢体的生物氧化过程，称为呼吸，其中以分子氧为受氢体的称需氧呼吸；而以无机化合物（如硝酸盐、硫酸盐）为受氢体的称厌氧呼吸，生物氧化中以各种有机物为受氢体的称为发酵。大多数病原菌只进行需氧呼吸或发酵，且获得能量的基质主要是糖类，通过糖的氧化或酵解释放能量，并以高能磷酸键的形式（ADP、ATP）贮存能量。

细菌的呼吸链位于细胞膜上，需氧呼吸伴有氧化磷酸化作用，产生大量能量并以高能磷酸键形式贮存于 ATP 中。1 分子葡萄糖经三羧酸循环完全氧化后，可产生 38 分子的 ATP 以供细菌合成代谢和生长繁殖之用。

酶系统不完善的细菌，生物氧化过程不彻底，所产生的能量很低。通过无氧发酵，1 分子葡萄糖只能产生 2 分子 ATP，仅为需氧呼吸所产生能量的 1/19。专性厌氧菌和兼性厌氧菌都能通过发酵获取能量。

根据对氧的需要不同，细菌主要分为 4 类：①专性需氧菌（obligateaerobe）如结核杆菌；②专性厌氧菌（obligate anaerobe）如破伤风杆菌；③兼性厌氧菌（facultative anaerobe），在有氧或无氧环境中均能生长，但以有氧时生长较好，大多数病原菌属此类；④微需氧菌（microaerophilic bacteria）如空肠弯曲菌，宜在低氧压下生长，氧压增高对其有抑制作用。一般细菌在代谢中需少量的 CO_2，以提供给细菌合成核酸中的嘌呤、嘧啶等。

专性厌氧菌不能呼吸，只能发酵。其原因是：①厌氧菌缺乏细胞色素与细胞色素氧化酶，因此不能氧化那些氧化还原电势较高的氧化型物质；②厌氧菌缺乏过氧化氢酶、过氧化物酶和超氧化物歧化酶（superoxide dismutase），不能清除有氧环境下所产生的超氧离子（O^{2-}）和过氧化氢（H_2O_2），因而难以存活；③有氧条件下，细菌某些酶的—SH 基被氧化为 S—S 基（如琥珀酸脱氢酶等），从而酶失去活性，使细菌生长受到抑制。总之，厌氧菌的厌氧原因可能有多种因素与机理。

2) 放线菌的发酵

放线菌是一类呈菌丝状生长，主要以孢子繁殖，革兰氏染色为阳性的单细胞原核微生物。放线菌与人类的生产和生活关系极为密切，目前广泛应用的抗生素约 70%是各种放线菌的发酵产物。一些种类的放线菌还能产生各种酶制剂（蛋白酶、淀粉酶和纤维素酶等）、维生素 B_{12} 和有机酸等。弗兰克菌属 *Frankia* 为非豆科木本植物根瘤中有固氮能力的内共生菌。此外，放线菌还可用于甾体转化、烃类发酵、石油脱蜡和污水处理等方面。

少数放线菌也会对人类构成危害，引起人和动植物病害。例如，分枝杆菌能引起肺结核和麻风病等，但这些比起放线菌的功绩来，实在是微不足道的。因此，放线菌及其发酵工艺与人类关系密切，在医药工业上有重要意义。

3. *混菌发酵*

混菌发酵又称混合发酵。指采用两种或多种微生物的协同作用共同完成某发酵过程的一种新型发酵技术，是纯种发酵技术的新发展，也是一种不需要进行复杂的 DNA 体外重组却可取得类似效果的新型发酵技术。优点是可提高发酵效率甚至可形成新产品。根据生物间的结合方式，可分如下 4 种。

(1) 联合发酵。用两种或多种微生物同时接种和培养，如我国发明的维生素 C 生产中山梨糖转化为二酮基古龙酸过程中的混菌发酵。

(2) 顺序发酵。先用甲菌进行常规发酵，再由乙菌等按顺序进行发酵，以共同完成数个生化反应。例如，少根霉 *Rhizopus arihizus* 先把葡萄糖转化为反丁烯二酸，然后再由产气肠杆菌 *Enterococcus aerogenes* 或普通变形杆菌 *Proteus vulgaris* 将它还原为发酵产物琥珀酸。

(3) 共固定化细胞混菌发酵。把两种或多种微生物细胞同时包埋或吸附于同一载体上而进行的混菌发酵，如黑曲霉 *Aspergillus niger* 和运动发酵单胞菌 *Zymomonas mobilis* 共同把淀粉转化为酒精等。

(4) 混合固定化细胞混菌发酵。将两种或多种微生物细胞分别固定化后，再把它们混在一起进行混菌发酵。

二、制剂配方

(一) 农药剂型及制剂

1. 农药剂型

具有一定组分和规格的农药加工形态，一种原药可以制成多种不同用途不同含量的产品称为农药剂型(pesdicide formulation)。农药原药必须通过加工赋予适宜的剂型，方能使用。即使是水溶性原药如敌百虫、杀虫双也需要加入必要的助剂制成某种剂型，以充分发挥药效和便于施用。而一种农药剂型为适应不同防治对象、使用方法、生产厂技术条件等的需求，可以制成有效成分含量不同的产品，称为农药制剂。例如，敌敌畏乳油 50%、70%、80%等不同规格的制剂。

农药制剂的名称我国规定(ZBG23001-86)应由 3 部分组成，其顺序为有效成分质量的百分含量，有效成分的通用名称和剂型，如 10%氯氰菊酯乳油。混合制剂的名称可用各种有效名称的通用名称(或其词头、代词)组成，按所含有效成分含量多少的顺序排列，含量少的排在前面，含量多的排在后面，如 1.5%甲基对硫磷 3%敌百虫粉剂。原药不需加工即可直接施用的原药制剂，则用农药品种的通用名称，如氯化苦、硫酸铜等。不同厂家的同类产品以商标区分。其他国家农药制剂名称即生产公司的商品名称，因此同一制剂可有多个名称。例如，安绿宝(arruvi)10EC(Icico)、兴棉宝(cymbush)10EC(shellco)、灭百可(ripxord)10EC(Icico)、赛波凯(cyperkill)10EC(mitchell cotts chemicais co)等均为 10%氯氰菊酯乳油。

制剂配方直接影响农药的保存期及使用效果。例如，利用豆饼粉、泥炭土、木屑、KCl 和尿素按不同配比制成的 4 种配方的存活基质对生防菌 ANIT-8098A 在室内的保存、田间防效和土壤定殖能力有明显影响。试验结果表明：用 8.0%豆饼粉、46.0%泥炭土、40.0%木屑、5.0%KCl、1.0%尿素制成的生防菌制剂 ANIT-3 号存活基质对生防菌 ANIT-8098A 室内保存效果最好，经 90 d 后保存率仍高达 83.33%；生防菌制剂 ANIT-3 号在田间对茄子青枯病的防效最高，达 100%；生防菌制剂 ANIT-3 号对生防菌 ANTI-8098A 在土壤中定殖力的促进效果也最高，药后 40 d 定殖率为 11.2%。

2. 制剂的形态称剂型

商品农药都是以某种剂型的形态销售到用户手中的。生物农药的剂型因生物来源种类的不同而异。使用较多的是粉剂、可湿性粉剂、悬浮剂、乳油、水剂等。

(1) 粉剂(DP)。用原药和惰性填料，包括滑石粉、硅藻土、高岭土、黏土等，按规定比例混合制成。我国粉剂的标准是 95%的粉粒能通过 200 目标准筛，即平均粒径在 30 μm 左右。粉剂的优点是不用水，易喷撒，功效高。缺点是随风飘失多，浪费药量。生物农药剂型中，粉剂较少，如白僵菌粉剂等。

(2) 可湿性粉剂(WP)。用原药和惰性填料及一定量的湿润剂等制成。98%的粉粒通过 325 目筛，即平均粒径在 25 μm 左右，湿润时间小于 2 min，悬浮率在 60%以上。优点是喷在作物上的黏附性好，防治效果高。缺点是助剂性能不良时，不易在水中分散悬浮均匀，易堵塞喷头，或造成喷雾不匀等。

(3) 乳油(EC)。乳油是农药原药比例溶解在有机溶剂(甲苯、二甲苯等)中,加入规定量的农药专用乳化剂配制而成的透明均相液体。乳油的优点是有效成分含量高,稀释方便,在作物、虫体和病菌上黏附和展着性好,药效高。缺点是增加成本,保存时需注意防火,喷雾后甲苯、二甲苯等溶剂给环境带来一定污染。

(4) 悬浮剂(SC)。又称胶悬剂,是将固体农药原药借助悬浮分散于水中制成。兼具乳油和可湿性粉剂的特点。因悬浮剂有效成分粒径小到1～5 μm,黏附在作物表面比较牢固,抗雨水冲刷,药效较高,适用于各种喷洒方式,如低容量喷雾等。在生物农药中,苏云金杆菌系列杀虫1号就属这种剂型。

(5) 水剂(AS)(含水乳剂、微乳剂等水性制剂)。是将原药成分溶解或分散在水中并加助剂制成。许多易溶于水的抗生素杀菌剂属于这种类型。其优点是生产成本低,不含有机溶剂,不可燃,安全性好,喷雾使用后也不污染环境。缺点是黏附性较差,不耐雨水冲刷,贮藏时怕冻。

(6) 微胶囊剂。微胶囊剂农药是利用微胶囊技术把固体、液体农药等活性物质包覆在囊壁材料中形成的微小囊状制剂。所谓微胶囊技术,是用一种用天然或合成高分子成膜材料把分散的固体、液体或气体包覆以形成微小粒子的技术。其中成膜材料叫壁材,被包覆物叫芯材,微胶囊粒径一般在1～800 μm。该技术通过密闭的或半透性的壁膜将目的物与周围环境隔离开来,从而达到保护和稳定芯材、屏蔽气味或颜色、控制释放芯材等目的。微胶囊可制成粉剂、粒剂、悬浮剂等剂型。

(二) 农药助剂和制剂加工

1. 农药助剂及制剂概念

农药助剂(pesticide adjuvant)是农药加工制剂和应用中使用的除农药有效成分以外的奇特辅助物的总称。主要有配方助剂(formulant)和喷雾助剂(spray additive)两大类,统称农药助剂。农药助剂是伴随农药制剂加工和应用发展起来的。

众所周知,除极少数农药品种可直接施用原药(油)外,绝大多数农药原药都必须经过加工制成适合不同场合应用的商品形态,即农药制剂(formulation),才有实用价值。所谓农药制剂,是农药原药和助剂按规定配方组成经过加工而成的产品。目前全世界生产的农药品种达1000种以上,据不完全统计,市场上销售应用农药制剂超过万种,年产有效物100%,计200多万吨。农药制剂目前主要有液态和固态两大类,如乳油、液剂、悬浮剂、粉剂、可湿性粉剂、粉剂等10余种。目前最基本的有乳油、可湿性粉剂、粒剂和悬浮剂。

2. 微生物农药制剂

与化学农药相比,生物农药特别是微生物农药有三大不同于化学农药的加工特性:一是微生物的颗粒性和疏水性直接影响制剂的润湿性、分散性和悬浮性等物理性质;二是微生物对外界环境因素比较敏感,制剂贮存稳定性差,田间持效期短,作用速度慢,故在选择助剂时除需考虑制剂理化性能之需要外,还要考虑选择一些特殊助剂,如防光剂、增效剂等;三是微生物作为活体,与各种助剂的相容性一般比化学农药都差,部分助剂可能完全不能使用。因此生物农药制剂加工更困难。

尽管如此,微生物农药的剂型加工仍在模仿化学农药快速的发展,现已开发的剂型与化学农药基本相似。常见剂型分为水剂和粉剂,水剂一般保存期很短,通常需要加入稳定剂防治产生沉淀或防治微生物活体继续生长;粉剂保存时间相对较长,但仍然需要加入填充物或稳定剂等助剂。

3. *微生物农药助剂*

(1) 配方助剂。由于微生物农药在贮存过程中和田间使用后易受环境条件的影响,作用速度较慢,防效不稳定,所以保护剂和增效剂的筛选一直是研究人员的努力方向。微生物农药制剂加工的其他方面,如改善制剂理化性能的各种助剂和剂型的选择等与化学农药大致相同。微生物农药保护剂主要有两类:一类在贮存过程中防止微生物体受到损伤,如防止 Bt 晶体蛋白免遭分解、防止真菌孢子萌发、防止线虫死亡等。这类保护剂研究较少,目前主要靠选择适当的剂型来防止微生物体在贮存过程中受到损伤。另一类是保护微生物农药施用到田间后免受不利环境的影响的保护剂。

(2) 喷雾助剂。喷雾助剂的使用是随用随混,即可以将微生物农药冷藏后,采用冷藏箱将微生物农药带至田间,解冻后可保持微生物农药活体的活性。直接冷藏微生物农药费用不仅比制成制剂后冷藏的费用低很多,而且冷藏方式可以提高微生物农药的贮存稳定性。另外,也可以减少场地空间的占用,减少耗能。

喷雾助剂应用于微生物农药的可行性。由于微生物农药的个体与水或其他载体不能互溶,当以雾滴形式喷施时,一般不宜采用太细小雾滴喷雾。这是因为若采用小孔径喷头以细雾喷施,容易堵塞喷嘴;细小雾滴虽然穿透性、附着性好,覆盖率高,用药省,但单个小雾滴含有效物少,甚至为空白的无效雾滴,同时小雾滴易受环境因素影响,飘移到非靶标区,或者在空气中以水分蒸发,微生物个体失水可能导致微生物个体死亡或半衰期缩短。而大雾滴含有足够的活性成分,又保持有一定的湿度,有利于活体的存活,但施药量大,大雾滴容易从叶面上滚落,附着性、捕获性差,有效利用率低。如果加入喷雾助剂增加雾滴的黏着性能和展布性能后,大雾滴则能黏附于靶标表面并迅速展布,可以避免飘移和流失。

一般作物表皮覆盖着亲油性蜡质。若雾滴表面张力高于叶面临界表面张力,则形成与叶面不浸润的液珠,极易滑落。加入喷雾助剂后,药液表面张力降低,增加药液浸润叶面的能力和药液持留能力。目前大多数农药制剂未考虑该问题。某些化学农药中表面活性剂的用量没有达到其本身的临界胶束浓度(CMC),有些药剂的推荐浓度与表面活性剂达到临界胶束浓度时的药液浓度相差 10 倍以上,所以无从考察药液与作物临界表面张力的关系。这也是目前造成化学农药喷施后流失和污染环境的重要原因。微生物农药若采用喷雾助剂,则可针对所喷施作物的临界表面张力,进行合理配比施药,使得药液所载微生物农药均匀地分布于作物表面。应注意的是,若降低药液的表面张力,则易使药液喷施后持留量减少。

对于外界环境对微生物农药的影响,可在药液中增加防紫外线助剂如荧光素钠、七叶灵、小檗碱等;为防止药液蒸发过快而导致微生物个体死亡或半衰期缩短,可在助剂中加入抗蒸发剂以保持微生物个体生存所需的水分。

由于生物农药药效发挥缓慢,目前生物农药多与化学农药混用,这样既能迅速控制病虫害的危害,又能长远治理病虫害。但是某些生物农药和化学制剂的相容性差,加入喷雾助剂可增强微生物农药与化学农药制剂的相容性,达到综合治理的目的。

喷雾助剂多为易降解的化合物,可被植物和土壤生物分解,被植物吸收利用,而且用量少,有效解决了大剂量施药所带来的环境污染问题。

喷雾助剂用于微生物农药的功能要求。喷雾助剂是有别于农药加工助剂的一种助剂。在农药喷施前临时加入药桶或药箱中,混合均匀后改善药液理化性质的农药助剂,又被称为桶混助剂。其种类、功能多样，用量不固定，具有很强的灵活性。农药喷雾助剂种类主要有非离子表面活性剂、矿物油型助剂、植物油型助剂等，用于微生物农药的喷雾助剂的功能要求有：①喷雾助剂对活体生物不会造成伤害，最好是无毒的天然产品，可为植物吸收利用和土壤微生物分解，符合绿色食品和有机食品的生产要求；②混合均匀后，药液中的活体生物个体具有良好的分散性、悬浮性和被保护作用；③能增进药液在靶标叶片或害虫体表的润湿、渗透和黏着性能，减少水分挥发、飘移损失，耐雨水冲刷，增加药效，减少用药量，提高农药利用率；④对环境的适应性好，在高温低湿、强光照下能维持活体活性，保证药效持续时间长；⑤喷雾助剂容易获得，用量省，操作使用方便；⑥可采用现有喷洒机进行低容量或超低容量喷雾，节水节能，提高作业效率。

尽管喷雾助剂在应用于微生物农药中有很多优势，但是要真正实现喷雾助剂添加于生物农药中还要做大量研究工作。例如，筛选喷雾助剂的配方；同作物表面的临界表面张力和表皮性质；微生物农药添加喷雾助剂后的生物测定等；同时提高施药人员植保技术水平也是必需的。

三、货架期

在生物农药形成产业化生产以前，货架期常主要用于指蔬菜、水果等产品采摘后到销售时所保持新鲜度的时间。如今，“货架期”一词已经广泛应用于医药、农药、食品等各种需要保持产品使用寿命的产品领域里。生物农药货架期指生物农药本身的最佳使用期。

我国生物农药的研究始于 20 世纪 50 年代初，至今已有 50 多年的历史，目前虽然有了一定的产业化规模，但销售困难，处于“叫好不叫座”的尴尬境地。这主要由以下三个方面的原因引起：一是多数生物农药的活性物是生物活体，因而受温度、湿度等环境因素的影响较大，而且其药效发挥缓慢，难以稳定；二是其产品的贮存条件苛刻，一般要求贮藏温度低于常温，干燥，避免受潮失效；三是多数生物农药“货架寿命”及货架期(shelf life)不足。例如，苏云金杆菌、井冈菌素等，它们的特点是不耐高温，不耐贮藏，容易吸湿霉变，失活失效，而且保存期不能超过 2 年。根据 1998 年英国出版的《生物农药手册》(*The Biopesticide Manual*)中收录的 60 种微生物活体农药统计，其货架寿命达 2 年的仅 15%，30%的微生物活体农药的货架寿命低于 3 个月，10%的微生物活体农药要求货到即用。由此看出延长生物农药货架期是促进生物农药产业化快速发展的有力措施之一。

按照我国《国家农药标准》的规定，农药贮存 2 年，其有效成分分解率不应超过 5%，而生物农药很难做到两年之内药效损失低于 5%。这不仅仅是一个技术问题，而且还是一个很难解决的技术问题。

生物农药中的活体微生物对外界环境如温度、湿度和光照等比较敏感，稳定性差。选择合适的剂型和助剂是延长生物农药货架期、提高其防治效果的主要手段。

第六节　植病生防微生物的遗传和分子改良

我国有计划、有组织地开展植物病害生物防治，主要在新中国成立之后。20 世纪 50 年代至 60 年代中期，集中研究放线菌及其代谢产物对植物病原菌的拮抗作用和防病机理。改革开放后，中国农业大学陈延熙等研制出植物保健益菌——“增产菌”菌剂，提出了“植物体自然生态系”的观点(梅汝鸿，1991)。南京农业大学王金生等以芽孢杆菌为主体研制出了针对大白菜软腐病的生防制剂“菜丰宁”和针对小麦纹枯病的生防菌剂 B3(王金生，1990)。随后，因家庭联产承包和大量杀菌剂的使用，生物防治的研究和应用受到严重冲击。我国加入 WTO 前后，农药残留在农产品中的严重超标和农业面源污染严重等危及我国食品安全及人民身体健康问题日益突出，生物防治和生物农药研究和应用在有机食品、绿色食品以及无公害食品生产中日益受到重视。“十一五”期间，我国政府在“973”、“863”、国家自然科学基金及农业公益项目中专门开设支持生物防治和生物农药研发专项，推动了我国生物农药的进一步发展。中央和地方研究单位和机构分离了一大批针对不同植物病害类型的生防菌株，开展了以菌剂和产物为应用形式的生物农药创制阶段。

然而现有生物农药多源于自然菌株直接加工应用，在毒力水平、作用速度与防治对象的广谱性等方面尚不及化学农药，其应用潜力还需进一步挖掘和提高。近年来，我国应用生物技术进行生物防治微生物遗传改良取得了显著进展，但工作多限于跟踪，基础研究比较薄弱，由此导致创新能力和研究开发后劲不足，整体水平与发展速度同发达国家相比还有较大的差距。随着功能基因组学和蛋白质组学相关技术的发展，农业生防微生物作用机理与遗传改良的研究现已深入到分子水平和基因组水平，许多重要微生物基因组结构正在迅速破译，与防病作用相关的功能基因迅速发掘出来，新一代微生物农药的研究开发已成为生物技术新的发展前沿。进一步发掘我国丰富的或特有的生防微生物基因资源，利用最新的功能基因组学研究方法揭示生防微生物拮抗和抗病的分子机理，既是国家农业和经济可持续发展及环境保护的重大需求，也是微生物农药研制中亟待解决的重要基础科学问题。

一、揭示生防机制

生防微生物因其庞大的种类和数量、高速的繁殖力、复杂的代谢活动、对病原物的作用方式多样、又易于人工培养，在自然发生的生物防治和人类应用生物防治的活动中，拮抗微生物及其代谢产物都起到了重要的作用。目前应用较多的生防微生物主要有芽孢杆菌 *Bacillus* spp.、假单胞杆菌 *Pseudomonas* spp.、土壤放射杆菌 *Agrobacterium radiobacter*、链霉菌属 *Streptomyces* spp. 和小单孢菌属 *Micromonospora* spp. 的放线菌、各种木霉 *Trichoderma* spp. 等。由于生防微生物种类和生防机制差异，应用分子生物学技术揭示生防机制及代谢产物的方法学就有所不同，很难用一种分子生物学技术就能够诠释生防微生物的生防机理。随着分子生物学技术的发展，揭示生防微生物生防机理也朝着纵深方向发展。归纳起来，主要有基因组学、功能基因组学、转录组学、蛋白质组学和代谢组学等。但无论哪种组学，最基本的方法学是遵循“中心法则”，建立适合某种生防微生物的遗传操作系统。这种遗传操作系统能够保证生防微生物自身的基因被鉴别、分离和克隆及外源基因能够被整合进入生防微生物中，这也是通常所说的从里到外(in-out)和从外到里(out-in)策略。不管应用哪种分子生物学技术，下列原则至关重要。

(1) 产生诱导抗病性或者拮抗的物质来自生防微生物本身。

(2) 产生诱导抗病性或者拮抗的物质来自生防微生物作用过程中。

(3) 功能获得性(gain-of-function)实验证实，在相近的微生物种类或者转基因植物中可以异源性表达生防微生物的诱导抗病性或者拮抗性的物质。

(4) 功能获得性实验证实，纯化的诱导抗病性或者拮抗性物质体外应用时具有生防微生物相同的功能。

(5) 功能丧失性(loss-of-function)实验证实，诱导抗病性或者拮抗性的物质可被阻止产生。

(6) 功能丧失性试验证实，控制诱导抗病性或者拮抗性物质的基因发生突变，生防微生物的相应功能丧失。

二、生防微生物有益基因的利用与遗传改良

分子生物学技术揭示，生防微生物的生防机理不是问题的终点而是问题的开始，即如何更好地改良生防微生物以便于更有效地防治植物病害。植病生防微生物的遗传改良是当前微生物生物防治研究的热点和前沿之一。用于生物防治的遗传工程微生物(genetically modified microorganism，GMO)就是利用基因操作技术，对某种生防微生物进行遗传改良；或引入外来的具有防病、杀虫等作用的基因(如外源激素、酶、毒素)；或切除原有的、具有不良作用的部分基因；或插入一段DNA以改变原来基因的调控与表达。虽然过去应用物理和化学诱变及原生质融合技术可以提高生防微生物某种性状的能力，但最终仍需要回到遗传学上进行基因操作。植病生防微生物的遗传改良，主要是增强生防微生物的拮抗活性、扩大防治对象和诱导植物产生抗病性等方面。

1. *增强拮抗活性*

生防微生物在植株上的迅速定殖和种群建立提供了防止病原菌侵染的物理屏障，通过生物技术增强生防微生物的定殖能力是提高其防效的有效途径，假单胞菌对异源嗜铁素(siderophores)利用的研究提供了很好的例证。*P. putida* WCS374能够利用自身和异源嗜铁素，而*P. fluorescens* WCS358只能利用内源嗜铁素。二者同时释放到萝卜根部，后者定殖和繁殖能力下降30倍，当将*P. putida* WCS374嗜铁素受体基因punA导入*P. fluorescens* WCS358后，工程菌株定殖和繁殖能力与*P. putida* WCS374则没有差异(Loon et al.，2008)。直接将抗菌蛋白基因导入生防微生物也是增强其拮抗活性和生防效果的有效途径，如将chiA和chiC导入荧光假单胞菌A7279和*P. stutzeri* A18，工程菌株对*R. solani*和*F. oxysporum*的拮抗活性和生防效果都明显增加(Downing and Thomson，2000)。

早在20世纪70年代，人们就发现了土壤放射杆菌K84菌株通过分泌细菌素agrocin 84对引起桃树根癌病的根癌土壤杆菌*A. tumefaciens*有显著的抑制作用。近年来，通过遗传改良构建了更为安全有效、防病效果更加稳定持久的工程菌株K1026，该菌已通过了田间药效及安全性试验，于1992年定名为Nogall，作为第一个商品化的遗传工程杀菌剂开始在澳、美、日等国登记销售使用(Vicedo et al.，1993)。

抗生素吩嗪酸(PCA)和2,4-二乙酰藤黄酚(PHL)为荧光假单胞杆菌土壤分离物中最典型的两种次生代谢产物。它们对小麦全蚀病菌*G. gramiais* var. *tritici*有较强的抑制作用。但是，一般情况下，一类菌株只能合成PCA和PHL其中的一种。将控制PCA合成的质粒导入PHL产生菌株中，获得了具有PCA和PHL两种抗生素同时表达的菌株，从而提高了对全蚀病的生防活性(Viebahn et al.，2003)。

类似的遗传改良微生物还很多，但这主要得益于生防微生物生防机理的揭示及遗传操作系统的建立。

2. *扩大防治对象*

将抗生素基因或杀虫基因导入生防微生物中，可望扩大防治对象和降低防治成本，我国率先在这方面进行了研究。唐文华将*B. subtilis* B908与*B. thuringiensis* 7216原生质体融合，

构建了兼具防病增产和杀虫作用的融合子 CF103，防治水稻纹枯病和稻纵卷叶螟的效果优于常规化学农药。

我国杀虫防病微生物遗传改良也取得了显著成绩。中国农科院植保所将 *Bt* 杀虫蛋白基因 *cry1Ab*、*cry1Ac*、*cry2Aa* 等重组防病生防菌荧光假单胞菌中，获得了一系列单价、双价和三价杀虫防病工程菌，其中 IPP202、BiotP8 和 BiotP6 已经通过了安全性审批，进入环境释放阶段(黄大昉，2003)。

3. 诱导或激活植物产生抗病性

随着植物-病原物互作机制的深入分析，人们发现植物病原物中激发植物产生抗病反应的功能基因，如在非寄主植物上产生 HR 的 Harpin 蛋白及在含有 *R* 基因的植物上激发产生 HR 的无毒基因(*avr*)，均可用于植病生防微生物的遗传改良。为了增强枯草芽孢杆菌的诱导抗病性，南京农业大学将水稻白叶枯病菌中的 *harpin* 编码基因导入其中，获得的遗传重组芽孢杆菌不仅显示出良好的诱导抗病性效果，而且显著地促进植物生长(Wu et al.，2009)。上海交通大学通过遗传重组，将 Harpin 蛋白与抗菌肽和蜂毒素进行融合，构建获得了既能诱导产生抗病性又具有杀菌活性的融合蛋白。由于生防荧光假单胞菌具有Ⅲ型分泌系统，将植物病原菌中的无毒基因导入其中，由荧光假单胞菌分泌 Avr 蛋白，以此激发植物产生抗病性。

4. 降低病原菌群体浓度，防治植物病害

植物病原菌在一定群体浓度下才能有效侵染植物，引起发病。革兰氏阴性植物病原细菌借助群体感应系统(quorum sensing)感知细菌群体所需的信号分子，使群体浓度达到一定量时才能有效侵染危害植物。*N*-酰基高丝氨酸内酯(AHL)是 *Pseudomonas* 和 *Erwinia* 属植物病原细菌所感应的信号分子。有人从土壤中分离了一种荧光假单胞菌，可产生对 AHL 进行水解的水解酶。该基因由 *aiiA* 编码。将 *aiiA* 基因导入生防菌株荧光假单胞菌中，除具有原有的促植物生长、抑制植物真菌病害的有益生防特性外，还可以显著抑制欧文氏菌引起的大白菜、马铃薯软腐病害的发生。将 *aiiA* 基因导入杀虫微生物苏云金芽孢杆菌中，重组的苏云金芽胞杆菌具有杀虫和抑制细菌病害的双重效能。不仅如此，转 *aiiA* 基因植物显著地提高了对植物细菌病害的抗性(Dong et al.，2001；Ban et al.，2009)。

三、新一代微生物农药的分子设计与开发

在生防微生物功能基因及植物-微生物互作分子机理研究的基础上，运用生物技术手段，对抗菌活性物质进行分子设计是未来生物农药的主要研究方向。基于目标不同，这里提出两个模式。

1. 抗菌活性物质(抗生素)的生物组合设计

大多数生防微生物均能产生拮抗病原菌的活性物质(抗生素)。通过定点诱变、结构域互换、DNA Shuffling 等基因重组技术，对决定抗菌活性物质的基因进行遗传重组，或者改变基因转录表达调控途径，提高抗菌活性物质产量和活性；分离纯化结晶和解析抗菌活性物质，开展计算机拓扑学研究，分析结构与功能的关系；表达大量抗生素的同列物，通过活性测定，明确构效关系，获得抗生素活性高、产量高、结构稳定的重组基因或产物，研制为生物农药(图 11-3)。我国目前研发的尼可霉素、井冈霉素、春雷霉素、阿维菌素、多氧霉素、中生菌素和宁南霉素等，正在开展这方面的工作，并取得了显著成绩。

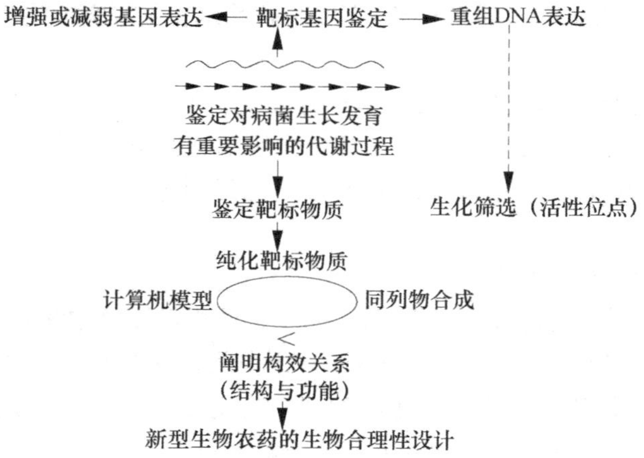

图 11-3　以代谢产物为目标的生物农药合理性设计示意图(陈功友绘)

2. 抗病和杀菌功能生物农药的分子组合设计

植物-病原物互作中产生的抗病激活蛋白，可以通过分子组合设计方式与抗菌物质等进行基因重组，可以获得既具有抗病激活特性又具有抑菌活性的新型生物农药分子。通过过敏性反应(HR)、抑菌活性及诱导抗病性测定，明确新型生物农药分子是经过系统获得抗病性(SAR)还是通过诱导的系统抗性(ISR)激活了植物的防卫反应；再经过结构与功能分析及植物中受体(作用靶标)分析，阐述构效关系；再通过合成系列同列物，优化新型生物农药分子，明确基因重组生物农药的合理性设计(图 11-4)。在这些分子设计的基础上，国外已开发出了高效、广谱、作用持久的新一代基因工程微生物农药。其中，新型杀菌剂如 Nogall、Messenger® 等微生物农药已进入国际市场。

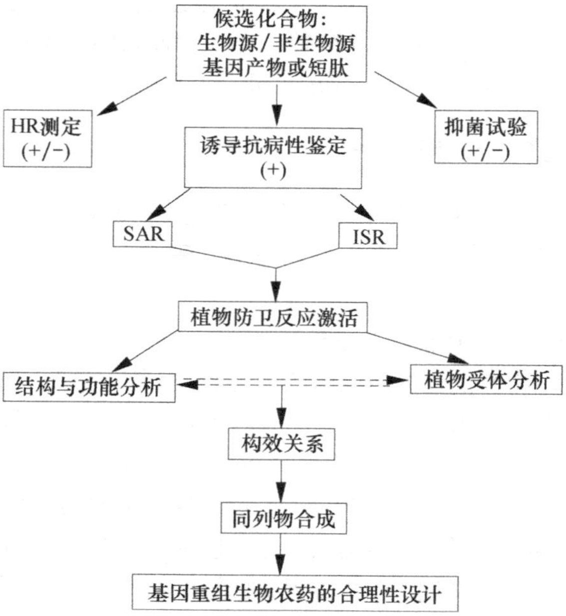

图 11-4　抗病激活和杀菌功能生物农药的设计示意图(陈功友绘)

四、基因工程生防微生物的安全性评价

目前世界许多国家将生物技术、信息技术和新材料技术作为三大重中之重技术，而生物技术又分为传统生物技术、工业生物发酵技术和现代生物技术。现在人们常说的生物技术实际上就是现代生物技术。现代生物技术包括基因工程、蛋白质工程、细胞工程、酶工程和发酵工程五大工程技术。其中基因工程技术是现代生物技术的核心技术。

基因工程技术是指利用载体系统的重组 DNA 技术及利用物理化学和生物等方法把重组 DNA 导入有机体的技术。即在体外条件下，利用基因工程工具酶将目的基因片段和载体 DNA 分子进行“剪切”后，重新“拼接”，形成一个基因重组体。然后将其导入受体（宿主）生物的细胞内，使基因重组体得到无性繁殖（复制），并可使目的基因在细胞内表达（转录、翻译），产生人类所需要的基因产物或改造、创新的生物类型。以重组 DNA 技术为代表的生物技术是 21 世纪最重要的高新技术之一。应用转基因技术构建的生防微生物称为基因工程微生物。由于基因工程生防微生物作用于植物并施用于植物生长的环境，因此，对基因工程生防微生物进行安全性评价和管理，也是保障食品安全、生态环境和人类健康的必然要求。

世界各国都非常重视转基因生物的安全管理工作并制定出一系列相应的法规条例，如美国有三个机构——国家环境保护局、国家农业部和国家食品与药品管理局分工管理转基因生物安全工作。我国国家科学技术委员会于 1993 年 12 月 24 日发布《基因工程安全管理办法》，以此为基础，农业部于 1996 年 7 月颁布了《农业生物基因工程安全管理实施办法》。随着农业生物技术的迅速发展与农业转基因作物的快速增加，对生物安全的管理与认识水平不断提高。2001 年 5 月 23 日发布中华人民共和国国务院第 304 号令《农业转基因生物安全管理条例》，紧接着农业部于 2002 年 1 月 5 日分别发布了《农业转基因生物安全评价管理办法》、《农业转基因生物进口安全管理办法》、《农业转基因生物标识管理办法》和《转基因农产品安全管理临时措施》，明确规定我国农业转基因生物安全的监督管理工作由国务院农业行政主管部门和地方各级人民政府农业行政主管部门负责；国务院建立农业转基因生物安全管理部际联席会议制度，负责研究、协调农业转基因生物安全管理工作中的重大问题，以加强对农业转基因生物安全管理，保障人体健康和动植物、微生物安全，保护生态环境，促进农业转基因生物技术。

1. *农业转基因生物、生物安全与农业转基因生物安全*

在国务院发布的《农业转基因生物安全管理条例》中，对农业转基因生物作了明确界定，即农业转基因生物，是指利用基因工程技术改变基因组构成，用于农业生产或者农产品加工的动植物、微生物及其产品。主要包括转基因动植物（含种子、种畜禽、水产种苗）和微生物；转基因动植物和微生物产品；转基因农产品的直接加工品及含有转基因动植物、微生物或者其产品成分的种子、种畜禽、水产苗种、农药、兽药、肥料和添加剂等产品。广义的“生物安全”是指在一个特定的时空范围内，由于自然或人类活动引起的外来物种迁入，并由此对当地其他物种和生态系统造成改变和危害；人为造成环境的剧烈变化而对生物多样性产生影响和威胁；在科学研究、开发、生产和应用中造成对人类健康、生存环境和社会生活有害的影响。而“农业转基因生物安全”，是指防范农业转基因生物对人类、动植物、微生物和生态环境构成的危险或者潜在风险。

2. *转基因微生物安全性评价*

生物安全管理一般包括安全性的研究、评价、监测和控制措施等技术要素，而安全性评价则是安全管理的前提和中心内容，有利于对生物技术进行安全管理并提供科学决策、保

障人类健康和环境安全、回答社会公众对生物技术安全性的疑问、促进国际贸易和维护国家权益、保证与促进生物技术的可持续发展。从事农业转基因微生物研究的单位和个人在进行基因工程实验、中间试验、环境释放和商品化生产前，必须在农业转基因微生物及其产品安全性评价的基础上，确定其安全性等级，制定相应的安全控制措施。我国成立农业转基因生物安全委员会，负责农业转基因生物的安全评价工作，并对农业转基因生物安全实行分级管理评价制度。

安全等级的划分标准与安全性评价原则：我国农业部在 2002 年 1 月 5 日发布的《农业转基因生物安全评价管理办法》中，按照对人类、动植物、微生物和生态环境的潜在危险程度，由高到低的顺序将农业转基因生物分为 4 个安全等级(表 11-3)。

表 11-3　农业转基因生物安全等级的划分标准

安全等级	潜在危险程度
Ⅰ	尚不存在危险
Ⅱ	具有低度危险
Ⅲ	具有中度危险
Ⅳ	具有高度危险

在对转基因微生物进行安全性评价时一般遵从以下几条原则：①促进而不是限制转基因微生物的发展，同时保障人类健康和生态环境安全；②考虑到基因、转基因微生物种类、释放环境的多样性及期望用途的不同，一般采取个案分析的原则；③逐步完善的原则；④在积累数据和经验的基础上，使监控管理趋向宽松和简单化的原则。

安全评价与安全等级的研究程序：转基因生防微生物安全性评价的主要内容是根据受体微生物、基因操作、转基因微生物及其产品的生物学特性、应用前途和释放环境等，将对人类健康和生态环境可能带来的潜在威胁与影响进行综合评价，并且确定其安全等级，提出相应的检测、监测和控制技术与措施。一般按以下流程进行安全性评价(图 11-5)。

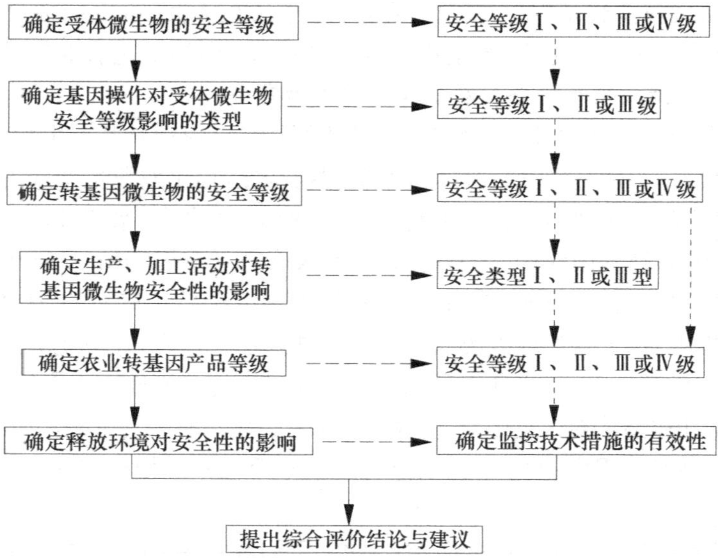

图 11-5　转基因生防微生物安全性评价流程图

3. 生物安全等级评价指标

生物技术发展与应用水平不同，对生物技术产品的认识的不同，对安全性评价的标准和具体内容也会不同。从对人类健康的直接影响和对人类生存所依托的生态环境的影响两个方面，开展对农业转基因生物安全等级评价。现以我国对农业转基因生物安全评价管理办法中的转基因微生物安全评价为例来说明生物安全等级评价指标与内容。

受体生物(微生物)的安全等级：受体生物(微生物)分为 4 个安全等级，具体的评价指标与内容如表 11-4 所示。

表 11-4　受体生物(微生物)的安全等级及评价指标与内容

安全等级	符合条件
Ⅰ	对人类健康和生态环境未曾发生过不利影响；或演化成有害微生物的可能性极小；或用于特殊研究的短存活期受体微生物，实验结束后在自然环境中存活的可能性极小
Ⅱ	对人类健康和生态环境可能产生低度危险，但是通过采取安全控制措施完全可以避免其危险
Ⅲ	对人类健康和生态环境可能产生中度危险，但是通过采取安全控制措施，基本上可以避免其危险
Ⅳ	对人类健康和生态环境可能产生高度危险，而且在封闭设施之外尚无适当的安全控制措施避免其发生危险
项　目	评价内容
背景资料	学名、俗名和其他名称；分类学地位；试验用受体微生物品种名称；是野生种还是驯养种；原产地及引进时间；用途；在国内的应用情况；对人类健康和生态环境是否发生过不利影响；从历史上看，受体微生物演变成有害动物的可能性；是否有长期安全应用的记录
生物学特性	是一年生还是多年生；对人及其他生物是否有毒；是否有致敏原；繁殖方式；在自然条件下与同种或近缘种的异交率；育性；全生育期；在自然界中生存繁殖的能力
生态环境	在国内的地理分布和自然生境；生长发育所要求的生态环境条件；是否为生态环境中的组成部分；与生态系统中其他生物的生态关系；对生态环境的影响及其潜在危险程度；涉及国内非通常种植的微生物物种时，应描述该微生物的自然生境和有关其天然捕食者、寄生物、竞争物和共生物的资料
遗传变异	遗传稳定性；是否有发生遗传变异而对人类健康或生态环境产生不利影响的资料；在自然条件下与其他物种属或其他生物进行遗传物质交换的可能性
其他内容	监测方法和监控的可能性；其他资料；划分安全等级

基因操作对受体生物安全等级的影响类型：基因操作对受体生物安全等级的影响分为三个安全类型(表 11-5)。其主要评价内容包括：转基因微生物中引入或修饰性状和特性的叙述；删除区域的大小和功能；目的基因的核苷酸序列和推导的氨基酸序列、标记基因和报告基因；转基因方法；插入序列的大小、结构、拷贝数、在生物细胞中的定位、表达的器官和组织、表达量及其分析方法、表达的稳定性；划分基因操作的安全类型等。

表 11-5　基因操作对受体微生物安全等级的影响类型与评价内容

安全类型	划分标准	基因操作内容
Ⅰ	增加受体微生物安全性的基因操作	去除或抑制某个(些)已知具有危险的基因表达
Ⅱ	不影响受体微生物安全性的基因操作	改变受体微生物的表型或基因型而对人类健康和生态环境没有影响或没有不利影响
Ⅲ	降低受体微生物安全性的基因操作	改变受体微生物的表型或基因型，并可能对人类健康或生态环境产生不利影响或不能确定对人类健康或生态环境的影响

转基因生防微生物的安全等级与评价：转基因微生物的安全等级是根据受体微生物的安

全等级和基因操作对其安全等级的影响类型及影响程度来确定。以转基因微生物为例，其安全性评价主要是从转基因微生物的遗传稳定性、转基因微生物与受体或亲本在环境安全性方面的差异及对人类健康影响方面的差异来进行。如果受体微生物安全等级Ⅰ、Ⅱ、Ⅲ和Ⅳ分别用A、B、C与D来表示，基因操作安全类型Ⅰ、Ⅱ、Ⅲ分别用a、b和c来表示，而转基因微生物的安全等级Ⅰ、Ⅱ、Ⅲ和Ⅳ分别用A′、B′、C′与D′来表示，则它们之间的关系可用下列关系式表示：

A＋a→A′和A＋b→A以及A＋c→A′或B′或C′或D′

B＋a→A′或B′和B＋b→B′以及B＋c→B′或C′或D′

C＋a→A′或B′或C′和C＋b→C′以及C＋c→C′或D′

D＋a→A′或B′或D′和D＋b→D′以及D＋c→D′

转基因微生物产品的安全等级与评价：转基因微生物产品的生产、加工活动对转基因生物安全等级的影响分为3种类型即类型1（增加转基因生物的安全性）、类型2（不影响转基因生物的安全性）和类型3（降低转基因生物的安全性），并分别用d、e和f表示。转基因产品的安全等级则根据转基因微生物的安全等级和产品的生产、加工活动对其安全等级的影响类型和影响程度来确定，也相应地分为安全等级Ⅰ、Ⅱ、Ⅲ和Ⅳ4个等级，并分别用A′、B′、C′和D′表示，则三者的关系可用下列关系式表示：

A′＋d→A′和A＋e→A′以及A′＋f→A′或B′或C′或D′

B′＋d→A′或B′和B＋b→B′以及B′＋f→B′或C′或D′

C′＋d→A′或B′或C′和C′＋e→C′以及C′＋f→C′或D′

D′＋d→A′或B′或D′和D′＋e→D′以及D′＋f→D′

4. 安全控制措施及安全性综合评价结论与建议

转基因生防微生物的安全控制措施主要指隔离措施、防止转基因微生物及其基因扩散的措施、实验过程中出现意外事故的应急措施、收获部分之外的残留物的处理措施及收获后试验地的监控措施等。对受体微生物、转基因生防微生物及其产品的性质、用途、潜在释放环境的特性、监控措施的有效性等相关资料进行综合考察与评价，确定转基因生防微生物及其产品的安全等级，并提出安全性综合评价意见与监控管理建议。

第七节　专利申请和产品登记

一、专利申请

我国专利法所称的专利包括发明专利、实用新型专利和外观设计专利。发明专利是指对产品、方法或者其改进所提出的新的技术方案。实用新型专利是指对产品的形状、构造或者其结合所提出的适于实用的新的技术方案。外观设计专利是指对于产品的形状、图案、色彩或者其结合所提出的富有美感并适于工业上应用的新设计。生物农药的专利申请属于发明专利。

（一）授予专利权的条件

授予专利权的发明和实用新型，应当具备新颖性、创造性和实用性。

新颖性是指在申请日以前没有同样的发明或者实用新型在国内外出版物上公开发表过、

在国内公开使用过或者以其他方式为公众所知，也没有同样的发明或者实用新型由他人向专利局提出过申请并且记载在申请日以后公布的专利申请文件中。

创造性是指同申请日以前已有的技术相比，该发明有突出的实质性特点和显著的进步，该实用新型有实质性特点和进步。

实用性是指该发明或者实用新型能够制造或者使用，并且能够产生积极效果。

授予专利权的外观设计，应当同申请日以前在国内外出版物上公开发表过或者国内公开使用过的外观设计不相同或者不相似。

（二）申请专利的途径

专利申请人可以自己直接向中国专利局申请专利，也可以委托专利代理机构（专利事务所）向中国专利局申请专利。专利申请人委托专利代理机构办理申请的，应签署专利代理委托书，提供必要技术资料。专利代理机构负责对有关资料保密。

（三）申请专利所需文件及要求

1. 请求书

请求书是确定发明、实用新型或外观设计三种类型专利申请的依据，应谨慎选用；建议使用专利局统一表格。请求书应当包括发明、实用新型的名称或使用该外观设计产品名称；发明人或设计人的姓名、申请人姓名或者名称、地址（含邮政编码）及其他事项。

2. 说明书

说明书应当对发明或实用新型作出清楚、完整的说明，以所属技术领域的技术人员能够实现为准。应提供的专利技术文件所包括的内容：①发明创造的名称；②所属技术领域；③背景技术：对现有技术的状况（包括原理、结构、用途等）进行评述，主要指出同类技术中存在的缺陷、问题或不足之处；④发明创造的任务或目的：针对现有技术的不足之处提出所要解决的问题；⑤发明创造的内容：描述本发明创造的技术构思，指出其具体的结构组成、连接关系、功能作用等；⑥发明创造的优点和积极效果。

附图：结合本技术方案的结构示意图、电路原理图、框图等，图中一般不要出现文字，各部件或构件用数字编号。

3. 权利要求书

权利要求书应当以说明书为依据说明发明或实用新型的技术特征，清楚、简要地表述请求专利保护的范围。

4. 说明书附图

说明书附图是实用新型专利申请的必要文件。发明专利申请如有必要也应当提交附图。附图应当使用绘图工具和黑色墨水绘制，不得涂改或易被涂擦。

5. 说明书摘要及摘要附图

发明、实用新型应当提交申请所公开内容概要的说明书摘要（限 300 字），有附图的还应提交说明书摘要附图。

（四）申请文件的递交

递交专利申请文件应当使用专利局制订的统一表格，使用计算机中文打字或者印刷（包括表格中文字)，一式两份。申请文件可能到专利局或专利局设在各地的 9 个代办处办理当面递交或以邮寄方式寄交。

(1) 以邮寄方式递交申请文件的必须按照专利法的要求以挂号信函方式邮寄，保存好挂号凭证；以非挂号信函方式邮寄申请文件的，专利局将不予查询。

(2) 以包裹形式邮寄申请文件的，专利局将不予受理。

(3) 根据细则第 119 条规定，以邮寄方式递交专利申请的，每封挂号信函只能邮寄同一件专利申请的文件。

二、植物病害生防产品的登记

尽管国际经济合作与发展组织 OECD 各成员国都承认 1992 年由 OECD 农药项目提出的生物农药的定义(其中包括信息素、昆虫及植物生长调节剂、植物提取物、转基因作物、天敌及微生物农药)及农药登记所需的资料要求，但各成员国对农药登记仍有不同的政策和要求。下面主要介绍一下欧盟、美国及中国的微生物农药产品登记管理现状，重点分析了新的农药登记政策对我国微生物农药产品登记资料要求的影响。

(一) 国内外微生物农药登记管理概况

1. 欧盟

农药登记分为有效成分和制剂，其中有效成分(原药)统一在欧盟水平登记，制剂则由各成员国负责，其登记结果可互认。欧盟对 1993 年前市场上的 983 个和 1993 年后新增的 144 个有效成分(共 1127 个)分 4 个阶段进行重新评估登记。由于需要进行大量试验和投入高额费用，出于经济利益考虑，对前景不被看好的农药，在没有获得重新登记所需资料而被排除在附录 1 之外，当然也有部分农药是因为环境或其他因素而淘汰。截至 2008 年 8 月 1 日，欧盟已完成 897 个农药的评估，有 215 个(占 19%)已列入附录 1，其中包括 24 种微生物农药被列入在其中(表 11-6)，已陆续撤销 682 个(占 61%)农药登记，还有 230 个农药处在评价中。

表 11-6 欧盟列入附录 1 中的微生物农药名单

农药类别	数 量	有效成分种类
杀虫剂	8	苏云金杆菌(鲇泽亚种、以色列亚种、库斯塔克亚种、拟步甲亚种)、球孢白僵菌、苹果蠹蛾颗粒体病毒、甜菜夜蛾核型多角体病毒、金龟子绿僵菌、大丽花轮枝菌、绿针假单胞菌(MA342)、蜡蚧轮枝菌
杀菌剂	12	哈茨木霉菌(T-11、T-12)、多胞木霉菌、链霉素鼠青绿、枯草芽孢杆菌(QST713)、白粉菌寄生菌(AQ10)/淡紫拟青霉菌、大伏革菌、寡雄腐霉(M1)、绿色木霉菌(ICC080)

2. 美国

美国是农药管理制度建立较早的国家之一，也是从事农药管理人员最多的国家。美国农药管理分常规和特殊两种登记，其中常规登记的有效期为 5 年；特殊需要登记的有效期为 1 年。农药登记按使用类型不同分为：旱地(食品作物和非食品作物)、水田(食品作物和非食品作物)、温室(食品作物和非食品作物)、森林、庭院和室内(卫生用)。其需要提供的资料也不同。美国执行资料补偿或成本共同承担原则，对相同产品登记实施资料补偿，一般由企业间协调，但也会进行仲裁裁决，资料拥有者也有权请求 EPA 撤销其相同产品登记。美国农药登记分化学农药、生物农药和消毒剂 3 大类进行评审。生物农药包括危害较低、风险较小的农药，在生物农药办公室进行专项管理，评审周期较化学农药快，一般期限为 1 年。目前已登记注册了 237 个生物农药。

3. 我国微生物农药登记现状

微生物农药主要包括细菌、真菌和病毒等，主要有杀虫、杀菌和除草功能。微生物农药主要用于大田、林业和卫生等方面。目前在我国已有近 30 种微生物有效成分取得登记(表 11-7)。

表 11-7　在我国已取得登记的微生物农药有效成分名单

农药种类	数　量	有效成分种类
细菌	10	苏云金芽孢杆菌(以色列亚种、库斯塔克亚种)、球形芽孢杆菌、枯草芽孢杆菌、蜡质芽孢杆菌、地衣芽孢杆菌、假单胞菌、荧光假单胞菌、类产碱假单胞菌、多粘类芽孢杆菌、放射土壤杆菌
真菌	6	金龟子绿僵菌、球孢白僵菌、木霉菌、淡紫拟青霉、耳霉菌、厚孢轮枝菌
病毒	13	① 核型多角体病毒：茶尺蠖核型多角体病毒、甜菜夜蛾核型多角体病毒、苜蓿银纹夜蛾核型多角体病毒、油桐尺蠖核型多角体病毒、草原毛虫核型多角体病毒、黏虫核型多角体病毒 ② 质型多角体病毒：棉铃虫核型多角体病毒、松毛虫质型多角体病毒 ③ 颗粒体病毒：菜青虫颗粒体病毒、黏虫颗粒体病毒、蟑螂颗粒体病毒、小菜蛾颗粒体病毒

目前我国已取得 29 个品种的微生物农药登记(占已登记有效成分品种 4.7%)，产品 327 个(占已登记的 1.6%)，其中细菌有 10 个品种，270 个产品；真菌有 6 个品种，22 个产品；病毒有 13 个品种，35 个产品。我国微生物农药产品的主要剂型有：母药、可湿性粉剂、悬浮剂、油悬浮剂、微粒剂、饵剂、水分散粒剂、悬乳剂、微囊悬浮剂、粉剂、颗粒剂、悬浮种衣剂等。其中，在农业上使用的微生物农药品种有苏云金芽孢杆菌、枯草芽孢杆菌、蜡质芽孢杆菌、地衣芽孢杆菌、荧光假单胞杆菌、类产碱假单孢菌；金龟子绿僵菌、球孢白僵菌、木霉菌、淡紫拟青霉、耳霉菌、厚孢轮枝菌；茶尺蠖核型多角体病毒、甜菜夜蛾核型多角体病毒、苜蓿银纹夜蛾核型多角体病毒、斜纹夜蛾核型多角体病毒、油桐尺蠖核型多角体病毒、棉铃虫核型多角体病毒、菜青虫颗粒体病毒、黏虫颗粒体病毒等。在林业上使用的微生物农药品种有苏云金芽孢杆菌、松毛虫质型多角体病毒、球孢白僵菌、绿僵菌(没有登记的为美国白蛾病毒、春尺蠖病毒、舞毒蛾病毒、杨扇舟蛾病毒、蜀柏毒蛾病毒)等。在卫生上使用的微生物农药品种有苏云金芽孢杆菌(以色列亚种)、球形芽孢杆菌、金龟子绿僵菌等。

目前，我国微生物农药施用面积仅占病虫害防治总面积的 10%～15%，其销售额超过 60 亿元，其中苏云金芽孢杆菌占市场份额的 2%，棉铃虫核型多角体病毒占 0.2%。据有关专家预测，今后 10 年内，生物农药可能将取代 20%以上的化学农药。

(二) 微生物农药登记的新规定

2007 年底农业部连续颁布了 6 项有关农药登记管理的新规章。新政策对微生物农药的主要要求有以下几条。

1. 限定农药产品的有效成分含量范围

新的农药登记资料规定中列出了农药制剂有效成分含量的允许波动范围，如表 11-8 所示。但由于微生物农药产品具有特殊性，其有效成分含量的单位、测定方法及精确度均不同于化学农药，因此其含量的允许波动范围也应特殊规定。

表 11-8　农药产品中有效成分含量范围要求

标明含量 X[%或 g/100 mL，(20±2)℃]	允许波动范围
X≤2.5	±15%X(对悬浮剂、可溶液剂等均匀制剂) ±25%X(对颗粒剂、水分散粒剂等非均匀制剂)
2.5<X≤10	±10%X
10<X≤25	±6%X
25<X≤50	±5%X
X>50	±2.5%X 或 2.5 g/100 mL

2. 增加了环境、药效、毒性和残留资料，提高农药登记安全性评价要求

强化微生物农药登记：根据国际惯例，对微生物农药可申请减免部分资料。由于它是生物活体，要求提供有关使用后风险性评价资料；并针对其特点，强化菌种鉴定和微生物在环境中的繁衍能力，及在环境中释放变异情况及其风险性。微生物母药可减免环境行为资料，可申请减免部分环境资料。

药效资料方面：对新微生物农药品种和新防治对象要求提供室内活性测定报告，并进一步细化，尽可能考虑特殊情况。

环境影响资料方面：相对于化学农药，根据微生物农药的特性、剂型、使用范围和使用方式等特点的不同，通常可以申请减免部分环境生物的影响试验报告。如果试验表明微生物农药对环境生物具有高毒或致病性，还需要对该种微生物在环境中的繁衍能力进行试验。

毒理学资料方面：微生物母药的致病性要求提供经口、吸入致病性、注射致病性(细菌和病毒进行静脉注射试验；真菌或原生动物进行腹腔注射试验)的报告；如果发现微生物农药产生毒素、出现明显的感染症状或者持久存在等迹象，可视情况补充试验资料，如亚慢性毒性、致突变性、生殖毒性、慢性毒性、致癌性、免疫缺陷、灵长类动物致病性等；根据农药的特性或用途的不同，可适当减免部分制剂的环境试验报告。但当试验表明原药对环境生物为高毒或具有致病性的，需对此种微生物在环境中的繁衍能力进行试验，在正式登记时提交在环境中释放变异情况及其风险性说明。明确应进行急性吸入的产品及登记要求，即符合下列条件之一产品需提供急性吸入毒性试验资料：气体或者液化气体；发烟制剂或者熏蒸制剂；用雾化设备施药的制剂；蒸汽释放制剂；气雾剂；含有直径<50 μm 的粒子占相当大比例(按重量计>1%)制剂；用飞机施药可能产生吸入接触的制剂；含有活性成分的蒸汽压>1×10^{-2} Pa，并可能用于仓库或者温室等密闭空间的制剂；根据使用方式，能产生直径<50 μm 粒子或小滴占相当大比例(按重量计>1%)的制剂。

残留试验资料方面：微生物农药具有特殊性，通常为了使其在田间发挥较好的防治效果，需要其在作物上、土壤等环境条件中具有较高的生存定植能力，对于没有危害的微生物农药可以申请残留试验资料减免，否则需根据微生物农药特性和使用方法，按照评审委员会意见，提供在我国进行的 2 年以上的残留试验报告。

3. 规范相同农药产品认定和登记

质量无明显差异的相同微生物农药母药：在产品技术指标相同或优于被认定产品的情况下，对比其相关杂质、非相关杂质的组成是否相同，含量是否在所规定的范围内。在杂质组成不完全符合要求的情况下，可通过提交相关毒理学资料和环境毒理资料说明两者是等同的。对相同试验项目，毒理学试验结果相比在 2 倍范围内、环境毒理试验结果相比在 5 倍范围内，

将认定两者试验结果为等同的。

相同微生物农药制剂：在产品技术指标相同或优于被认定产品的情况下，对比助剂种类是否相同，含量是否在允许波动范围内。在助剂组成不完全符合要求情况下，如认定产品中不新增易对人畜、环境危害较大的助剂、不包含未在我国登记备案的新助剂，且产品中严格控制含量的助剂，种类相同，含量偏差不大于允许偏差范围，可通过提交产品毒理学、环境毒理学资料说明两者是等同的。对相同试验项目，毒理学试验结果相比 2 倍范围内、环境毒理试验结果相比在 5 倍范围内，将认定两者试验结果为等同。

4. 强化行政许可的监督机制

强化验证试验，由提供的质检报告改为质量检测和分析方法的验证报告，要求对方法可行性进行评价。

5. 其他

新的农药登记资料规定中更加强化知识产权保护，建立了登记产品的退出机制。另外，产品扩大使用范围、改变使用方法或变更使用剂量，不改变产品的登记有效期。已取得正式登记的产品申请扩大使用范围、改变使用方法或变更使用剂量，应按正式登记资料规定申请。电子资料要求：申请表、产品摘要资料和产品安全数据单(MSDS)应提供电子文本。登记资料应提供 2 份，且内容应当完全一致，至少有一份应是原件。复印件资料的产品化学、毒理学、药效、残留、环境影响、包装和标签等资料应分别与申请表、产品摘要资料分册装订。

小　　结

研究开发植物病害生物防治产品，涉及多学科和多种方法，要求一定的研究条件、场所。设施和场地包括实验室、温室及试验农场，要能满足植物病理学和微生物学研究的需要。

生防因子的来源多样，但大量的拮抗性微生物主要来自土壤。不同来源的生防因子标样的采集和处理方法有一定的差别。掌握土壤中、植物体地上部、植物体内、线虫和病毒生防因子的分离和培养，以及微生物代谢产物、植物提取物获取对进一步研究开发十分重要。

生防因子活性检测用生物测定的方法进行，是一系列复杂的过程，内容包括活体微生物抑菌效果的室内测定、微生物代谢物和植物提取物的拮抗检测、温室盆栽试验、田间小区及多点试验、大田应用试验以及其生防效果的总体评估等。

发酵进行生防剂产品研发的重要环节，无论小试、中试和大批量生产都离不开，它应该覆盖微生物生理学中生物氧化的所有方式：有氧呼吸、无氧呼吸和发酵。不同来源的生防材料，发酵的类型和工艺有差异。发酵产物根据需要制成不同剂型才能投放市场，在农业生产中使用。生物农药货架期指生物农药本身的最佳使用期。

为了提高生防菌的效率，需要进行人工改造，常用的方法是诱变技术和生物技术。获得的研究成果要进行专利申请和产品登记。我国专利法所称的专利包括发明专利、实用新型专利和外观设计专利，生物农药的专利申请属于发明专利。进行产品登记，相关资料必须完整，并分别与申请表、产品摘要资料分册装订。

复习思考题

1. 简述植物病害生物防治产品的研发所需的实验设施和试验场地。
2. 试述生防材料标样采集和处理方法。
3. 简述土壤中生防菌的分离和培养方法。
4. 简述植物体地上部生防材料的采集、生防菌的分离和培养。
5. 如何进行植物体内生防菌的分离和培养？

6. 如何进行线虫生防菌的分离和培养?
7. 如何获得生防病毒?
8. 如何获取微生物的代谢产物?
9. 试述植物源农药的研发过程。
10. 试述生防因子检测和筛选的基本流程和注意事项。
11. 如何进行生防效果的总体评价?
12. 简述菌种保藏及活化的基本方法和注意事项。
13. 何谓发酵? 试述发酵的方法和工艺流程。
14. 试述生防菌的改良的主要方法和流程。
15. 如何进行植物病害生防产品的登记和专利申请?

主要参考文献

曹克强,曾士迈. 1992. 小麦多品种混播对条锈病的控制及稳产作用研究. 国外农学一麦类作物,8:47-49.
曹理想,田新莉,周世宁. 2003. 香蕉内生真菌、放线菌类群分析. 中山大学学报(自然科学版),42(2):70-73.
陈华红,杨颖,姜怡,等. 2006. 植物内生放线菌的分离方法. 微生物学通报,33(4):182-185.
陈涛,张友清,孙松柏,等. 1993. 生物农药检测及其原理. 北京:农业出版社.
方中达. 1998. 植病研究方法. 第三版. 北京:中国农业出版社.
房辉,周江鸿,王云月,等. 2007. 优化水稻群体种植模式与稻瘟病控制研究. 中国农业科学,40(5):916-924.
戈峰,丁岩钦. 1997. 多样化的棉田生态系统控害保益功能特征研究. 应用生态学报,8(3):295-298.
赫尔·马修斯. 2007. 植物病毒学. 第四版. 北京:科学出版社.
侯茂林,盛承发. 1999. 农田生态系统植物多样性对害虫种群数量的影响. 应用生态学报,10(2):245-250.
黄大昉. 2003. 农业微生物基因工程研究与展望. 农业生物技术学报,11:111-114.
黄云,叶华智,黄天述. 2002. 大叶白蜡树锈病及其重寄生菌研究. 植物病理学报,32(4):351-356.
刘二明,朱有勇,肖放华,等. 2003. 水稻品种多样性混栽持续控制稻瘟病研究. 中国农业科学,36(2):164-168.
鲁素芸. 1993. 植物病害生物防治学. 北京:北京农业大学出版社.
马辉刚,舒畅,刘康成,等. 2007. 水稻品种多样性持续控制稻瘟病研究. 中国生态农业学报,15(2):114-117.
毛忠贵. 2003. 生物工业下游技术. 北京:中国轻工业出版社.
梅汝鸿. 1991. 植物微生态制剂——增产菌. 北京:中国农业出版社.
欧阳平凯,胡永红. 2001. 生物分离原理及技术. 北京:化学工业出版社.
邱思鑫,何红,阮宏椿,等. 2004. 具有抑菌促生作用的植物内生细菌的筛选. 应用与环境生物学报,10(5):855-859.
闰建芳,刘秋. 刘志恒,等. 2006. 土壤拮抗放线菌的分离、筛选及鉴定. 江苏农业科学,3:78-80.
田波. 1985. 植物病毒病害生物防治途径的探讨. 生物防治通报,(2):42-45.
田兴军. 2005. 生物多样性及其保护生物学. 北京:化工工业出版社.
王金生. 1990. 菜丰宁的研制原理与生产应用. 化工时代,(9):19,20.
王以燕,袁善奎,李富根. 2009. 微生物农药登记管理. 农药,48(2):79-81.
谢联辉,林奇英. 1984. 植物病毒学. 第二版. 北京:中国农业出版社.
尤民生,刘雨芳,侯有明. 2004. 农田生物多样性与害虫综合治理. 生态学报,24(1):117-122.
袁巧丽,吕桂军,杨家荣,等. 2009. 白粉寄生孢寄生黄瓜白粉菌的特性研究. 植物保护,35(1):70-73.
张满良. 1998. 烟草蚀纹病毒弱株系的选育及免疫效果研究. 西北农业大学学报,26(2):53-56.
章家恩. 1999. 土壤生物多样性的研究内容及持续利用展望. 生物多样性,7(2):47-52.
祝增荣,李红叶,程家安. 2000. 农业生物多样性与农业的可持续发展. 农业现代化研究,21(2):100-104.
Ban H,Chai X,Lin Y,et al. 2009. Transgenic *Amorphophallus konjac* expressing synthesized acyl-homoserine

lactonase(aiiA) gene exhibit enhanced resistance to soft rot disease. Plant Cell Rep, 28: 1847-1855.

Brown R H, Kerry B R. 1987. Biological control of nematodes: prospects and opportunities principles and practice of nematode control in crops. Sydney: Australia Academic Press. 233-263.

Dong Y H, Wang L H, Xu J L, et al. 2001. Quenching quorum-sensing-dependent bacterial infection by an N-acyl homoserine lactonase. Nature, 411: 813-817.

Downing K J, Thomson J A. 1999. Introduction of the *Serratia marcescens* chiA gene into an endophytic Garrett K A, Mundt C C. Epidemiology in mixed host populations. Phytopathology, 89: 984-990.

van Loon L C, Bakker P A, van der Heijdt W H, et al. 2008. Early responses of tobacco suspension cells to rhizobacterial elicitors of induced systemic resistance. Mol Plant Microbe Interact, 21: 1609-1621.

Vicedo B, Penalver R, Asins M J, et al. 1993. Biological control of *Agrobacterium tumefaciens*, colonization, and pAgK84 transfer with agrobacterium radiobacter K84 and the tra mutant strain K1026. Appl Environ Microbiol, 59: 309-315.

Viebahn M, Glandorf D C, Ouwens T W, et al. 2003. Repeated introduction of genetically modified *Pseudomonas putida* WCS358r without intensified effects on the indigenous microflora of field-grown wheat. Appl Environ Microbiol, 69: 3110-3118.

Wu H, Wang S, Qiao J, et al. 2009. Expression of hpaGXooc protein in *Bacillus subtilis* and its biological functions. Microbiol Biotechnol, 19(2): 194-203.

第十二章　植物病害生防产品的产业化

第一节　植物病害生防产品的种类及特性

一、植物病害生防产品的种类

植物病害生物防治的途径包括多方面，因此，植物病害生防产品也比较复杂。一般来讲，植物病害生防产品主要指对特定的植物病害具有控制特效而对公众安全性极高的天然农药。根据目前已有的生防产品的性质和作用，本文将植物病害生防产品分为生物代谢产物、微生物农药、植物诱抗剂、转基因抗病植物和微生态调节剂等几大类。

（一）生物代谢产物

生物代谢产物指由微生物、植物、动物代谢产物加工制成的农药。生物代谢产物主要用来抑制植物病原物而保护寄主，具高效、稳定、使用方便等特点，是植物病害生防产品开发的主要方向之一。目前，在植物病害生物防治方面研究和应用较多的是由微生物产生的农用抗生素及植物源农药，而动物源农药还很少报道。

1. 农用抗生素

抗生素是由真菌、细菌、放线菌等发酵产生的具有防病功能的次生代谢物质。农用抗生素由于原料来源广和易于工业化生产，因此，研究开发也取得了迅速发展。目前，防治植物病害的农用抗生素主要来源于放线菌中的链霉菌属，占生物农药总产量的90%，已发展成为生物源农药的重要类型。

农用抗生素种类大致可分为氨基糖苷类、多烯类、四环族类、多肽类、大环内酯类、核苷酸类和放线菌酮7类。主要品种包括：防治一些真菌和细菌病害的中生菌素（zhongshengmycin）和春雷霉素（kasugamycin）；防治细菌性病害的链霉素（streptomycin）；防治真菌病害的农抗120（antibiotic120）；防治多种真菌病害、同时对甘薯线虫病也有良好效果的多抗霉素（polyoxin）；防治水稻纹枯病的井冈霉素（jingangmycin、validacin、valimon）；防治植物病毒病的宁南霉素（ningnanmycin）和菇类蛋白多糖；防治蔬菜根结线虫病的阿维菌素（abamectin 和 avermectins）等。海洋微生物、昆虫病原细菌肠道微生物的研究也获得了一定的进展，研究结果表明，嗜线虫致病杆菌北京变种产生的异香豆素衍生物对马铃薯、番茄晚疫病、大豆根腐疫霉病、黄瓜白粉病等重要病害有较好的控制作用。

农用抗生素研究方面，重点在于研制一些针对性强的化学修饰技术，改造一些天然的农用抗生素以增加其用途或提高其药效；通过代谢工程显著提高老品种的产量；通过基因簇系列敲除获得只产生单一抗生素的工程菌；通过组合生物合成定向获得新活性衍生抗生素；大幅度提高发酵水平的新工艺和新剂型加工工艺。

2. 植物源农药

在众多的绿色农药中，植物源农药以其在自然环境中自身易降解、无公害的优势已成为绿色农药的首选之一。Wilkins 等报道 1389 种植物有可能作为杀菌剂。当前，尽管有关植物提取物对植物病原菌抗菌活性的研究较杀虫活性的研究少得多，但是，植物仍被认为是化学合成杀菌剂替代品最好的开发资源。植物代谢产物按其来源、存在部位及作用，可分为以下几大类。

1）植物体内固有的抗病物质

植物体内固有的抗病物质是植物体产生的多种具有抗病活性的次生代谢产物，包含生物碱类、类黄酮类、蛋白质类、有机酸类和酚类化合物等许多不同的类型。按防治对象分为：①植物源杀菌物质。相对而言，抗细菌的植物比抗真菌的植物要多，但由于细菌引起的病害相对较少，因此，针对真菌病害的植物源杀菌剂研究较多。而针对细菌病害的研究较少，多数停留在试验筛选阶段。目前应用的植物源杀菌剂有：用于防治黄瓜、枸杞白粉病的大蒜素；用于防治苹果树腐烂病的黄芩苷＋黄酮；用于防治番茄灰霉病的丁子香酚；用于防治黄瓜灰霉病和水稻稻瘟病的香芹酚；以银杏中生物活性物质化学结构为模板合成的、对多种病原菌有显著的抑菌作用的拟银杏杀菌剂——绿蒂；以大黄为主要原料的中药农药“必效散”，对霜霉病效果显著。②植物源抗病毒物质。研究发现，含有抗病毒物质的植物主要集中在商陆科、藜科、石竹科及莲子草属等数百种植物中，如大黄 *Rheum palmatum*、小黎 *Chenopodium serotinum*、玉簪 *Hosta plantaginea*、连翘 *Forsythia suspensa*、板蓝根 *Isatis indigotica* 和甘草 *Radix glycyrrhiza* 等抽提液对番茄花叶病毒病、TMV 等有一定的治疗作用。另外，海藻酸钠也有抗病毒作用。虽然各国利用植物抽提液研制的抗病毒制剂已取得显著成效，但还没有一种理想的药剂能够有效地防治植物病毒病。因此，要从植物中开发出安全、有效的抗病毒剂，还需对植物提取液中抗病毒活性物质以及其抗病毒作用机理等方面进行深入研究。③植物源杀线虫物质。大蒜 *Allium sativum*、穿心莲 *Andrographis paniculata*、苦楝皮 *Azadirachta indica*、常春藤 *Hedera helix*、烟草 *Nicotiana tabacum* 等植物中含有杀线虫活性物质。此外，活化酯可作为植物抗病毒激活剂。

2）植物防卫素

植物防卫素是指当植物体受病原微生物侵染后，由植物体合成并在植物体内积聚的化合物。例如，海红豆 *Erythrina crista* 中提取的紫檀素(pterocarpans)、原白头翁的提取液、黄连体内含有大量的生物碱等对小麦赤霉菌等许多病原真菌的菌丝生长和孢子萌发有抑制作用，对水稻白叶枯病菌也有很强的抑制作用。虽然已研究阐明的植物防卫素化学结构类型较多，但至今尚未达到实用化。

3）植物内源激素

植物内源激素是指植物产生的、能调节自身生长发育过程的、非营养性的微量活性物质。它们在植物界普遍存在，主要类型有生长素(吲哚乙酸)、乙烯、赤霉素、细胞分裂素、脱落酸和芸薹素内酯(油菜素内酯)，都有特定的生理功能。它们在植物体内含量极微，不可能人工提取利用，因此根据其化学结构进行衍生合成或半合成，开发出植物生长调节剂，如乙烯利、2，4-D、萘乙酸和玉米素等。

（二）微生物农药

微生物农药是一类以活体微生物为有效成分的农药，是重要的生防产品。其有效成分以植物病原菌、植物病原线虫为靶标防治对象。截止到 2009 年年底，我国已注册登记的各类微生物农药有效成分 18 种，包括枯草芽孢杆菌、蜡质芽孢杆菌、多粘类芽孢杆菌、荧光假单胞杆菌、木霉菌、淡紫拟青霉、球形芽孢杆菌、苏云金杆菌。登记农药产品 250 多个品种，这些微生物农药研制成功并应用于农业实践中，成为我国无公害农业生产的重要支撑技术。

根据防治对象，将用于防治植物病害的微生物农药分为微生物杀菌剂和微生物杀线虫剂两类。

1. 微生物杀菌剂

微生物杀菌剂防病机理比较复杂，主要包括空间竞争、营养竞争、抗生作用等。另外，有些有效成分还具有调节微生态平衡、刺激作物生长、诱导作物抗性等功能。目前主要以生防真菌和生防细菌为有效成分研制的杀菌剂较多，根据有效成分所属微生物类型，微生物杀菌剂又分为真菌类杀菌剂和细菌类杀菌剂。而以病毒、原生动物及线虫为有效成分的制剂在防治植物病害方面研究很少。

1）真菌类杀菌剂

真菌类杀菌剂是以生防真菌的菌丝、分生孢子或休眠体为有效成分的一类微生物杀菌剂。目前研究得最多、应用面积最大的真菌杀菌剂主要是以木霉为有效成分的各种制剂。一般采用液固两相发酵生产木霉分生孢子，以分生孢子为有效成分制成制剂（颗粒剂、可湿性粉剂等），配套相应的使用技术来防治植物病害。例如，木霉生防制剂木霉素（特立克或杀霉特），能防治多种作物的灰霉病、枯萎病及苗期病害等真菌病害。另外，盾壳霉 *C. minitans* 在国内外研究较多，是一种具有防治作物菌核病较好的生防真菌，在国外已开发出多种制剂并商业化，但在国内还没有在国家农药登记。

2）细菌类杀菌剂

细菌类杀菌剂是以生防细菌为有效成分的一类微生物杀菌剂。目前研究较多并且通过国内外农药登记的制剂也较多。细菌类杀菌剂主要以抗生、竞争等方式起到防治病害的目的。细菌类杀菌剂主要以农作物和园艺作物病害作为防治对象。国内登记的制剂靶标防治对象常常单一，国外登记制剂靶标防治对象比较复杂，常常一个登记制剂防治对象达到几种甚至几十种。国内登记制剂的靶标防治对象包括黄瓜白粉病、灰霉病，草莓白粉病、灰霉病，番茄灰霉病、青枯病，辣椒枯萎病，棉花黄萎病、立枯病，茄子青枯病，三七根腐病，姜瘟病，水稻稻曲病、稻瘟病、纹枯病，西瓜枯萎病，小麦赤霉病、纹枯病，烟草黑胫病和果树根癌病等。国外登记制剂的靶标对象除了上述防治对象外，还包括很多其他防治对象，可以在生产某一制剂公司的官方网站上查到某一制剂产品的具体防治对象。

2. 微生物杀线虫剂

防治植物病原线虫的资源很多，是指线虫在自然界的所有天敌生物，主要包括食线虫真菌（nematophagous fungi）和食线虫细菌[包括专性寄生细菌（obligate endoparasitic bacteria）、根际细菌（rhizobacteria）和放线菌（actinomycetes）]。

目前，国内外登记的微生物杀线虫剂都是以真菌为有效成分，如防治蘑菇寄生线虫的强力节丛孢 *A. robusta* 制剂（Royal 300），防治蔬菜根结线虫的不规则节丛孢 *A. irregularis* 制剂（Royal 350），防治根结线虫和胞囊线虫的淡紫拟青霉 *P. lilacinus* 制剂（Paecil、Bioact、大豆保根剂等）、厚垣孢普可尼亚菌 *P. chlamydosporia* 制剂（灭线灵），防治日光温室黄瓜根结线虫病的厚垣轮枝孢菌 *V. chlamydosporium* 制剂（线虫必克）等。

（三）植物诱抗剂

植物诱抗剂是指对防治对象没有直接毒性，而只有引诱植物产生抗性的物质。能诱导植物产生抗性的因子很多，但目前商业化应用的还不多，现已开发出的一些产品有以下几种。

1. 微生物蛋白质农药

过敏性蛋白是一类能激活、诱导植物保卫反应和产生系统抗性的新型蛋白，最早发现于梨火疫病菌的侵染机理研究。由于这类蛋白具有作用机制独特、防病、促进植物生长效果显著和环境友好的突出优点，现已迅速开发成为一类新型的"绿色农药"并进入了国际市场。美国EDEN公司最早从细菌源过敏蛋白中开发出农药产品康壮素(Messenger)。目前，国内正在研发Activator和HarpinXo，已成功分离和获得了多个植物激活蛋白基因工程菌株，研制出多种植物激活蛋白制剂，这些药剂对烟草病毒病，葡萄黑痘病、白粉病、霜霉病、炭疽病，柑橘疮痂病、溃疡病及水稻纹枯病等都有较好的防效，并且还能兼治蚜虫，红蜘蛛、螟虫等害虫，促进植物生长，改善品质。另据报道，植物激活蛋白还能显著提高白术对根腐病和斑枯病的抗性，并具增产作用。

2. 生物化学及新型激发子类农药

来源于真菌及植物细胞壁的甲壳素、寡糖、糖蛋白、多肽和脂肪酸类物质能开启植物中多种信号转导途径。作为一类全新的生物激发子，生物化学农药的研发、生产及应用已引起国外的高度关注。我国科研工作者通过糖生物学及寡糖工程技术，已研制开发了一系列寡聚糖生防农药产品，能十分有效地防治粮食作物、经济作物、蔬菜、水果和花卉等植物的病毒病和真菌病，同时可调节植物生长，明显提高产量。

3. 化学诱抗剂

烯丙异噻唑(商品名 probenazole)是最早商品化的一种诱导抗性化学因子，对稻瘟病防治效果显著，并且可兼治白叶枯病。苯并噻二唑硫代羧酸甲酯用以防治小麦白粉病，同时能兼防叶枯病和锈病。

(四) 转基因抗病植物

现在有的还将一些转基因作物也列入生物源农药。通常认为这类转基因作物所起到的抗病作用，是由这些外来基因促进作物产生的化学物质所致。目前，转基因生物农药主要包括抗病毒、抗真菌、抗细菌和抗逆境转基因植物。

1. 抗病毒转基因植物

根据病原衍生抗性这一理论，现已经从毒原病毒开发出许多抗病毒基因及抗病毒转基因植物。其中，病毒的衣壳蛋白基因是植物抗病毒基因工程研究的第一个热点。另外，还有病毒复制酶基因、病毒核内蛋白酶基因、病毒卫星RNA及来自植物的抗病毒基因等。目前，烟草、马铃薯、黄瓜、南瓜、番茄等转基因抗病毒品种相继投入市场。

2. 抗真菌转基因植物

抗真菌转基因作物主要有转植物或细菌的几丁质酶基因和葡聚糖酶基因植物、转核糖体灭活蛋白基因植物及导入防卫基因植物。日本、荷兰等国已经获得转几丁质酶基因的抗白粉病烟草和抗枯萎病番茄。大麦核糖体灭活蛋白在转基因烟草上的表达，已显示对真菌病具有抗性。直接导入的防卫基因主要有植物抗毒素基因、病程相关蛋白基因、钝化病原物致病酶的蛋白质基因、抗菌肽基因等几类。

3. 抗细菌转基因植物

抗细菌转基因植物主要包括转杀菌肽基因、转溶菌酶基因、转来自病原菌自身的抗菌基因、转植物的抗细菌基因等植物。非植物来源的杀菌肽基因在植物上的表达，可使植物获得对病原细菌的抗性。噬菌体溶菌酶在马铃薯块茎上的表达，增强了对病原细菌的抗性。日本科学家成功地从烟草野火病菌中克隆了编码自身合成毒素分解酶的基因，导入烟草后，转基因烟草对野火病表现较高的抗性。此外，研究发现，用病毒编码的抗真菌毒素基因、病原衍生毒性抗性酶基因也可用来抗细菌。大麦抗病蛋白硫素基因的表达，大大加强了转基因烟草对病原细菌的抗性。

4. 抗逆境转基因植物

环境胁迫指对植物生存不利的环境，主要有温度胁迫、水分胁迫和化学物胁迫。植物抗胁迫性一般受多基因控制，因此，抗环境胁迫转基因植物的研究具有一定难度。研究结果显示，植物对环境胁迫的抗性可能存在一些共同的作用机理。目前，重点研究的抗环境胁迫基因有脯氨酸合成酶基因、甜菜碱合成酶基因、调渗蛋白基因、乙醇脱氢酶基因、热激蛋白基因、苯丙氨酸裂解酶基因、苯基苯乙烯酮合成酶基因、胆碱脱氢酶基因和抗冻蛋白基因等。

（五）微生态调节剂

微生态调节剂是根据微生态学原理，为了调控微生态平衡，利用有益的微生物群成员或其促进物质制成的微生物制剂。农用微生态调节剂主要有土壤微生态制剂和植物微生态制剂，它们具有多种生态效应，可调控生态平衡、促进植物生长和防病抗病等。土壤微生态制剂有细菌、放线菌、霉菌、酵母菌和藻类等微生物，植物微生态制剂有以芽孢杆菌 *Bacillus* 为主的增产菌（yield increasing bacteria，YIB）等。

二、植物病害生防产品的特性

植物病害生防产品多数来自自然界，与传统化学合成农药相比，具有自身的优点。一是毒性低。植物病害生防产品多数经过筛选对有害生物有效，而对人、畜和其他生物无毒或低度。二是无残留或低残留。由于植物病害生防产品的生产原料和有效成分属天然产物，易被其他生物或自然因素所分解破坏，且生产过程中废弃物可再利用，在环境中不易积累和残留，对环境的污染少，保证可持续发展。三是特异性强。仅对靶标有害生物有效，不杀伤天敌和有益生物，保护生态平衡。四是容易生产，采用发酵工程生产。植物病害生防产品一旦进入产业化，同类的生物农药产品生产工艺相似、设备相同，同一套设备只要改变菌种即可生产不同的抗生素，建一个工厂就可生产多个品种，加之生产原料大多为农副产品，来源广泛，因此，生产生物农药相对投资少，比较容易。五是产品价格具有竞争性。可用现代生物技术手段对产生菌及其发酵工艺进行改造，不仅能改进性能和提高品质，而且能降低原药生产成本。六是植物病害生防产品作用机制复杂，可降低植物病原菌产生抗药性的风险。

当然，植物病害生防产品也存在一些不足：一是药效不高。有些植物病害生防产品，特别是以植物代谢产物为有效成分的植物源农药，由于有效成分比较复杂，其主效成分不明确，造成生防产品药效不高，和化学农药还存在差距，这成为限制其更大发展的首要因素。二是药效不稳。对于植物源农药来讲，由于药源植物生长地域不同，采集时期不一，活性成分也有差别；对于微生物农药来讲，一些农药品种不耐贮存，其防病效果受光照、温度、湿度、植物叶围微生态和土壤理化性质等环境因子影响较大。三是难成规模。对于一些植物病害生防产品，其生产原料的天然资源有限，而又难以制成高浓度和多种剂型，只能现用现制，使用不便，成本较高,使一些生防产品尤其是植物源、动物源农药难以大规模生产。只有生产原料广泛,又可利用化工手段进行工业生产的微生物农药和抗生素等,得到了多方关注。四是见效较慢。一些诱抗剂、生态调控剂或微生物农药的作用发挥往往需要一定的过程和条件,如有些属于预防性的,有些属于长期效应,看不到立竿见影的效果。五是安全担忧。至今人们对抗生素和转基因抗病植物在农业上的使用还保持谨慎态度,担心残留物进入人体,会给肠道疾病的防治带来困难,同时也担心造成环境微生物群落失衡而引起难以整治的环境污染。另外,还担心转基因植物带来杂草化及其产品安全性等。

基于以上原因,造成目前一些植物病害生防产品不易被人们接受,推广应用相对较难,因此,应全面、客观、科学地去认识、研究、开发、管理和应用植物病害生防产品。

第二节　植物病害生防真菌产品的产业化

一、生防真菌产品产业化概况

真菌是生态系统中的重要分解者。植物生长发育和进化都受到真菌的影响。例如,60%～70%的植物病害由真菌所致。同时,在病害系统中,还存在着一些不引起植物病害的真菌类群。它们中的有些种类可能对植物病原生物直接产生抑制作用(抗生作用、重寄生作用、竞争作用和捕食作用),或通过影响植物生长而间接对植物病原生物的侵染产生影响。这便是真菌产生的生防作用,具有生防效应的真菌称之为生防真菌。一些生防真菌可以进行规模化生产,因而可将其发展为真菌生防制剂。从 20 世纪 40 年代美国学者 Weidling 发现木霉 *Trichoderma* 具有生防效应以来,许多研究者对于利用真菌防治植物病害进行了不懈探索。在生防真菌筛选、生防机制发掘、真菌规模化生产、菌剂制备和使用技术等方面进行大量研究。表 12-1 列出了已获得商品注册的生防真菌种类、商品名称和防治对象。

表 12-1　已经商品化的生防真菌

生防真菌	商品名称	防治对象
白粉寄生菌 M-10 *Ampelomyces quisqualis*	AQ10 Biofungicide 或 YieldPlus	水果、蔬菜和花卉白粉病
黄曲霉 *Aspergillus flavus* AF36	*A. flavus* AF36	棉花黄曲霉病
黄曲霉 *A. flavus* NRRL21882	Alfa-guard	花生黄曲霉病
假丝酵母 *Candida oleophila* I-182	Aspire	水果和花卉的储藏期病害
盾壳霉 *Coniothyrium minitans* CON/M/91-08	Contans WG, Intercept	核盘菌和小核盘菌
盾壳霉 *C. minitans*	Koni	核盘菌
粘帚霉 *Gliocladium catenulatum* J1446	Primastop	土传植物病害
粘帚霉 *G. virens* GL-21	Soilgard	土传植物病害
哈茨木霉 *T. harzianum*	Trichopel	多种真菌病害
哈茨木霉 *T. harzianum*	Trichoderma 2000	立枯丝核菌、齐整小核菌、腐霉菌
哈茨木霉 *T. harzianum*	Supersivit	多种植物病原真菌
木霉 *T. harzianum* 和 *T. polysporum*	Binab	植物枯萎病、树木腐烂以及小麦全蚀病
木霉 *Trichoderma* sp.	康吉	小麦纹枯病
木霉 *Trichoderma* sp.	快杀菌	大白菜和黄瓜霜霉病
木霉 *Trichoderma* sp.	特立克	黄瓜霜霉病
尖孢镰刀菌 *F. oxysporium* 无致病力菌株	Fusaclean	尖孢镰刀菌 *F. oxysporium* 强致病力菌株
尖孢镰刀菌 *F. oxysporium* 无致病力菌株	Biofox C	尖孢镰刀菌和串珠镰刀菌 *F. moniliforme*

续表

生防真菌	商品名称	防治对象
大格伏革菌 *Phlebiopsis gigantea*	Rotstop	多年生层孔菌
栗疫病弱致病力菌株 *Cryphonectria parasitica*		栗疫病强致病力菌株
腐霉菌 *Pythium oligandrum*	Polygandron polyversum	终极腐霉 *Pythium ultimum*
寡雄腐霉 *P. oligandrum*	多利维生(Polyversum)	白粉病、灰霉病、疫病
淡紫拟青霉 *Paecilomyces lilacinus*	Biocon	植物根结线虫
普可尼亚霉厚垣孢变种	线虫必克	植物根结线虫
疣孢漆斑菌 *Myrothecium verrucaria*(致死菌体)	Ditera	植物寄生性线虫
菟丝子刺盘孢菌 *C. gloeosporioides* f. sp. *cuscutae*	鲁保1号	大豆菟丝子
锦葵刺盘孢菌 *C. gloeosporioides* f. sp. *malvae*	Biomal	锦葵
棕榈疫霉 *Phytophthora palmivora*	Devine	马利筋

二、生防真菌产品产业化的一般程序

1. 分离及筛选生防真菌

要实现生防真菌的产业化,首先必须获得优良菌株。理想生防真菌的标准如下。

(1) 遗传上稳定,保证生物防治效果持续稳定。

(2) 在低剂量的条件下能发挥生防效果,以节省防治成本。

(3) 对营养要求不严格,有利于选择规模化生产的原料。

(4) 作用谱广,做到一剂多用。

(5) 便于制备成能贮存和运输的制剂,以适应商品化要求。

(6) 不产生对人、畜有毒害作用的次生代谢物质。

(7) 抗常用的杀菌剂。

(8) 与其他化学的(农药或化肥)和物理的(热处理)措施相容。

(9) 对植物没有致病作用。

从土壤、健康植物体表或体内、植物残体和病原真菌休眠体(菌核)均可能获得生防真菌菌株。就土壤真菌而言,在抑病性土壤(suppressive soil)中,可获得作用效果明显且生态适应性强的真菌菌株。对于防治寄生性种子植物而言,植物病原真菌可以用于该病原的防治,但必须明确其寄主范围,只有寄主范围狭窄的种类才能用于防治寄生性植物。近年来,不少研究者将目光转向海洋,希望从中获得理想的生防真菌种类。此外,一些被真菌病毒感染的真菌致病力可能发生显著衰退。携带真菌病毒的弱毒菌株则能通过菌丝融合,将其中的真菌病毒传染给强致病力菌株,并使强致病力菌株的致病力也发生衰退,由此取得生物防治效果。利用低毒性病毒属 *Hypovirus* 感染的栗疫病菌 *Cryphonectria parasitica* 防治强致病力栗疫病菌是最成功的例子。

在筛选生防真菌时,可以直接针对植物病原生物(真菌、细菌、支原体、线虫、寄生性种子植物等)筛选出重寄生真菌(mycoparasite)。也可能在病原生物出现或不出现的条件下,筛选出对植物生长发育有显著影响的真菌。

2. 探究生防真菌的生物学特性和生态学特性

对生防真菌生物学特性的了解直接影响到研发规模化生产生防真菌以及其菌剂制备。生物学特性一般指生防真菌菌丝生长、孢子萌发或产生孢子对温度、环境 pH、营养(碳源、氮源、微量元素、生长因子等)和光照等因子的需求,还包括生防真菌是否产生抑制植物病原生物的物质及其产生规律等特性。

生态学特性指生防真菌在植物体表(附生)、植物体内(内生)或植物生长的环境中的存活和定殖规律。有利于开发生防真菌的精简化使用技术,以及评估生防真菌的生态适应性。

3. 揭示生防真菌的作用机制

生防真菌的作用机制直接影响菌剂的制备工艺。例如,以重寄生作用和竞争作用为主要机制的生防真菌,制剂的有效成分必须是有活力的真菌菌体或孢子;而以抗生作用为主要机制的生防真菌,制剂的有效成分则是抗生物质,而非真菌菌体或孢子。制备真菌孢子时,要考虑孢子的存活特性及影响因子;而在制备抗生物质时,则要考虑抗生物质的稳定性及其影响因子。

4. 建立生防真菌的规模化生产工艺

规模化培养(发酵)生防真菌是实现其产业化的关键。按培养基状态可将生防真菌的规模化培养分为固体(态)发酵和液体(态)发酵两种。两种发酵最终目的都是扩大生防真菌的培养规模,以获得大量的真菌菌体、孢子或抗生物质,用于菌剂制备。

1) 固体发酵

固体发酵指微生物在几乎没有可流动水的培养基质(含水量为 40%～60%)中的生长。固体发酵有三方面优势:第一,固体发酵方式与许多微生物的自然生活方式非常相似,生产出的菌体或孢子接近于自然条件,抗紫外线及干燥,便于贮存;第二,固体发酵基质水分含量低,有利于发酵产物的获得和干燥;第三,固体发酵的主要培养基质多为农产品下脚料,如麸皮、稻谷壳、作物秸秆、甘蔗渣等,发酵成本较低。目前,盾壳霉、木霉、镰刀菌、淡紫拟青霉等生防真菌的商品制剂都是采用固体发酵方法制备出来的。

固体发酵的第一步是制备菌种。种子菌在斜面培养基上活化培养。二级培养菌可用液体培养基培养,也可用固体培养基培养。液体培养基有:麸皮 10%＋白糖 2%、淘米水＋白糖 1.5%、大豆浸出物＋白糖 1.5%、蛋白胨 1.5%＋葡萄糖 2%＋甘油 0.5%。将一级种子菌分生孢子接种至液体培养基中培养 2～3 d,直至真菌孢子刚刚萌发长出芽管。固体种子培养基为:麸皮(60%～70%)＋稻谷壳(25%～35%)＋玉米粉(5%)。在固体培养基中接种一级种子菌分生孢子,培养一段时间,直至在固体培养基上产生大量分生孢子。

第二步是固体发酵。发酵培养基有很多种。常见的有:麸皮 70%＋稻谷壳 25%＋玉米粉 5%、麸皮 30%＋稻谷壳 30%＋米糠 40%。固体发酵的容器有三角瓶、耐高温塑料袋和曲盘等。在无菌房间内,将灭过菌的固体培养基搓散,将二级种子菌均匀接种在固体培养基中,并将固体培养基平铺在发酵容器中,厚度一般为 1.3～4.0 cm;用无菌纱布或报纸盖好;控制发酵室温度,保持发酵室空气相对湿度为 60%左右。培养一段时间,直至产生大量孢子。

真菌固体发酵也存在一些不足之处:第一,固体发酵规模较小;第二,固体发酵产热散发慢;第三,固体发酵易遭污染。

2) 液体发酵

液体发酵指在液体培养基中接种微生物,使其代谢培养基中的营养物质,获得真菌菌体、孢子或活性物质。同固体发酵相比,液体发酵规模较大,易控制污染,适宜于工业化生产。在已研究的生防真菌中，酵母菌是单细胞真菌，其生长和繁殖类似于细菌。因而，可以采用液体发酵培养酵母菌。在丝状生防真菌中，有些种类如淡紫拟青霉和盾壳霉的一些菌株可以产生分生孢子，因而，液体发酵可以用于培养这些真菌的孢子。有些丝状生防真菌（如木霉、厚垣孢普科尼亚菌和粉红粘帚霉菌等）在液体震荡条件下能够产生大量厚垣孢子，便于制备厚垣孢子制剂，以提高制剂的货架期。

液体发酵的第一步是准备一级种子菌。一般用斜面培养基制备，培养基多为马铃薯葡萄糖琼脂，在不同大小的斜面上逐级扩大种子菌，最后将种子菌接种至种子罐中进行液体发酵培养，以获得大量的菌种。

第二步是将种子罐中培养的种子菌接种至发酵罐中，进行正式发酵培养。种子罐和发酵罐中的培养基均是液体的。碳源一般选用玉米浆（含淀粉和单糖），氮源一般选用鱼粉，此外，还添加一些无机盐类。

5. 制备生防真菌菌剂

生防真菌最简单的剂型是直接将固体发酵物风干，粉碎成粉末。这种制剂的成本较低，但比较粗放，可以撒施至土壤中，或处理作物种子，但不便于喷雾使用，因为菌剂中的残渣可能堵塞喷雾器。

要制备生防真菌活制剂首先需要提取真菌孢子，再在孢子中添加一些物质。对一些产生孢子但在产孢结构处不产生黏性物质的真菌而言，可采用旋风分离装置从干燥的固体发酵基质中提取真菌的孢子，得到较纯净的孢子粉。而有些真菌（如盾壳霉）在产生孢子的同时，还在产孢结构处（如分生孢子器）还产生黏性物质，孢子与基质在黏性物质的作用下牢固黏附在一起，采用旋风分离装置无法从固体基质中分离出孢子。因而，可采用水洗的方法提取基质中的孢子。

真菌生防菌制剂的剂型有可湿性粉剂（wettable powder）、颗粒剂（granules）、悬浮剂（suspension）、微胶囊剂（microcapsules）和油剂（emulsion）等。其中粉剂便于贮存和运输，因而比较常见，可湿性粉剂是粉剂的一种剂型，含有表面活性剂，便于与水混合做喷雾使用。可湿性粉剂中除生防真菌菌体或孢子（有效成分）外，还含有载体、黏着剂、紫外线保护剂、分散剂、润湿剂等成分。常见的载体是硅藻土、凹凸棒土、白碳黑、碳酸钙、陶土、膨润土、珍珠岩、高岭土和葡萄糖等；常见的黏着剂是黄原胶、羧甲基纤维素钠、蔗糖、可溶性淀粉等；紫外线保护剂有荧光素钠、核黄素和抗坏血酸等；表面活性剂有木质素磺酸钙、木质素磺酸钠和拉开粉等；润湿剂有十二烷基苯磺酸钠和十二烷基硫酸钠等。木霉和盾壳霉的可湿性粉剂已研制出来。

颗粒剂也是一种粉剂，其成分与可湿性粉剂相似，但颗粒直径较可湿性粉剂大。一般作植物种子拌种使用或撒施于土壤中。淡紫拟青霉和盾壳霉的颗粒剂已研制出来。

悬浮剂是将有效成分（真菌孢子）分散在液体中的一种剂型。包括水悬浮剂、油悬浮剂、干悬浮剂和水分散粒剂等亚类。真菌悬浮剂含有真菌孢子（有效成分）、助剂（湿润分散剂、增稠剂、稳定剂、pH 调整剂和消泡剂等）等成分。

6. 注册生防真菌菌剂

作为生物产品，生防真菌制剂必须要在国家权威部门进行注册登记。在我国，登记生防制剂依据《农药管理条例》和《农药管理条例实施办法》（1999 年农业部令第 20 号发布）。一般都需要递交制剂的毒性评估报告和大田防病效果报告。在制剂安全评估报告中，应提供权威部门出示的毒性试验结果及对环境的影响结果。大田防病试验由农业部认证的药效试验单位承担，并由这些单位提供多年多点的试验结果和报告。农药主管部门根据申请单位提供的材料评估登记或临时登记。

7. 推广生防真菌菌剂

推广生防真菌菌剂是实现其产业化的重要环节。我国有较完善的农业技术推广体系。近年来，已作为龙头的现代产业技术体系逐渐建立起来。推广生防真菌菌剂需与这些推广体系相结合。在推广的过程中要做好科普宣传，让农民意识到生物杀菌剂使用技术和对农业可持续发展的意义。

第三节　植物病害生防细菌产品的产业化

一、植物病害生防细菌产业化概况

截止到2009年底，通过登记可作为微生物农药有效成分的细菌共有20种，其中通过美国登记的有11种，中国5种，欧洲3种，而澳大利亚仅有1种(表12-2)。美国、中国和澳大利亚3国通过登记的制剂70个。其中美国有36个制剂，制剂全部都以生防细菌为有效成分；中国通过登记制剂33个，其中仅以活体细菌为单一有效成分的制剂有11个，其他22个制剂含有井冈霉素；澳大利亚仅通过登记制剂1个。

表12-2　中国、美国、欧洲及澳大利亚等国家和地区的细菌性杀菌剂有效成分登记情况

有效成分(生防细菌)	登记制剂个数			
	美国	中国	欧洲	澳大利亚
放射土壤杆菌 *Agrobacterium radiobacter*	√		√	√
地衣芽孢杆菌 *Bacillus licheniformis*	√	√		
蕈状芽孢杆菌 *B. mycoides*	√			
短小芽孢杆菌 *B. pumilus*	√			
枯草芽孢杆菌 *B. subtilis*	√	√	√	
解淀粉芽孢杆菌 *B. subtilis* var. *amyloliquefaciens*	√			
蜡质芽孢杆菌 *B. cereus*		√		
多粘类芽孢杆菌 *Paenibacillus polymyxa*		√		
荧光假单胞菌 *Pseudomonas fluorescens*		√		
绿色假单胞菌 *P. chlororaphis*	√			
金色假单胞菌 *P. aureofaciens*	√			
丁香假单胞菌 *P. syringae*	√			
灰绿链霉菌 *Streptomyces griseoviridis*	√		√	
利迪链霉菌 *S. lydicus*	√			

二、生防细菌菌剂产业化的主要步骤

生防细菌菌剂从实验室走向田间是一个复杂的过程，要成功开发生防细菌菌剂并在农业生产中得到应用，首先要经过一系列精细的菌种选育，筛选出高效生防细菌菌株；其次是确定适宜的工业化培养工艺，包括该菌株的适宜的培养基和培养条件，从而使有效成分达到最佳得率；第三是获得高浓度的有效成分，采用浓缩和干燥等技术对培养液进行处理，获得高浓度的有效成分；第四是设计剂型，剂型的设计和配方要使产品贮藏时间(货架期)长、悬浮性和分散性好，而且所用的助剂等填料对有效成分活性没有负面影响；第五是农药登记，任何农药在投入市场前都要经过国家农药登记。

生防细菌制剂生产主要包括生防细菌培养、有效成分回收及制剂研制与生产三个重要步骤。

1. 生防细菌培养

1）培养工艺研究

生防细菌作为微生物农药的有效成分进行产业化时，首先要获得一个高产和低成本的有效成分工业化生产工艺。因此，为达到此目的，需要对生防细菌进行培养工艺研究。根据培养规模大小，将生防细菌培养工艺研究分为摇瓶培养试验、小试培养工艺、中试培养工艺及生产培养工艺的研究。

（1）摇瓶培养试验。以菌株的培养特征，如生长动力曲线、产抗生素动力学为检测目标，通过摇瓶培养试验确定生防细菌菌株的培养条件，如培养基组分、pH、培养温度、初始接种量等。

（2）小试培养工艺。小试培养工艺是在摇瓶培养试验的基础上，用小型发酵罐（5～100 L）进行试验，重点解决生防细菌在培养过程中的耗氧量、培养温度、接种量、发酵液初始 pH 等可控条件。

（3）中试培养工艺。在小试培养工艺基础上，利用中型发酵罐（500～1000 L）对上述各培养条件进一步优化，获得一个低成本、高产量的有效成分培养工艺。

（4）生产培养工艺。在生产发酵罐（5 t 以上）中，对中试培养工艺进行验证，进一步完善培养工艺。一般来讲，由于生产罐的规格有所差异，将生防细菌在不同厂家生产时，注意一定要在相应的生产发酵罐上进行生产工艺验证。

2）生防细菌培养生产

通过中试培养工艺和生产验证后，最终建立起成本较低、产量活性比较高的生防细菌生产工艺流程，即发酵工艺流程。主要环节为：

菌种活化 → 菌处扩大培养 → 种子罐培养 → 生产罐培养

（1）菌种活化与扩大培养。

培养基　一般生防细菌按如下配方制备培养基（NA 培养基）：牛肉膏 0.3%，蛋白胨 0.5%，NaCl 0.5%，琼脂 2%。将琼脂加热溶化后用 NaOH 或 HCl 调 pH 7.0～7.5，然后分装入克氏瓶或试管，置于高压灭菌锅内，在 0.11 MPa 压力下灭菌 30 min，冷却后制成斜面备用。

用接种环在无菌条件下从原菌种斜面上挑取少许菌苔，放置试管斜面内进行划线，然后置 28～30℃恒温箱内培养 24 h，经检查无杂菌、菌体生长整齐，再置 28～30℃温箱内培养 24～28 h，肉眼观察，菌苔丰满，涂片、染色检查无杂菌，芽孢大小一致的，可放冰箱中存放备用（4℃左右为宜）。

（2）种子罐培养。应视生防细菌不同菌株而定。本节以芽孢杆菌为例进行介绍。

培养基　种子罐培养基配方：豆饼粉 0.5%，鱼粉 0.3%，玉米粉 0.5%，葡萄糖 0.3%，豆油 0.2%～0.3%（或泡敌 0.3%）。

空发酵罐灭菌　发酵罐在应用前清洗干净，排除污物，并在 0.14 MPa 压力下灭菌 30 min。

种子罐装料　参考培养基配方比例装料，投料量不得超过罐容积的 70%。

种子罐灭菌　装好料后，在 0.11 MPa 压力下灭菌 30 min，冷却至 30℃后即可接种。在灭菌过程中应注意：打开全部的排气阀，将罐和罐内的冷空气全部排尽，不得留有死角；灭菌温度控制在 121℃，太高会造成培养基成分破坏，太低则灭菌不彻底；空气过滤器压力始终要比罐压高，以防培养基倒流入过滤器；灭菌完毕关蒸汽阀时，应迅速通无菌空气，否则罐压突然下降，外界空气侵入，造成污染。

接种液制备 在无菌条件下将每个克氏瓶斜面菌种加 100 mL 无菌水，把菌苔刮下制成孢子悬浮液，含菌量为 10 亿个/mL，并在 80℃恒温水浴锅中处理 20 min。

接种 将制好的孢子悬浮液在无菌条件下接种后，按 1%的比例接种于冷却至 30℃的种子罐内进行培养。

种子罐培养条件控制及转种 接种后在温度为 28～30℃、压力 0.05 MPa、通气量 1∶1（每 min 体积比）和 220 r/min 搅拌条件下，培养 8～10 h 后转种于发酵罐中。

(3) 发酵罐发酵。

发酵罐培养基（以芽孢杆菌为例） 配方：豆饼粉 2%，鱼粉 0.5%，玉米浆 1.8%，淀粉 0.4%，硫酸镁 0.06%，碳酸钙 0.5%，磷酸二氢钾 0.03%，豆油 0.1%或泡敌 0.05%，用 NaOH 或 HCl 调 pH 7.0～7.5，装置为罐容积的 70%。

发酵培养条件 搅拌速度 180～200 r/min，罐压 0.05 MPa；通气量：移种量按 6%～7%接种，接种后 4 h 内通气量有 1∶0.7～1∶0.8（每分钟进出体积之比），以后逐渐增大至 1∶1。一般发酵培养周期为 12～18 h，在芽孢 70%形成，个别芽孢开始脱落时，即可放罐。

放罐指标 ①芽孢含量＞70%；②杂菌污染＜0.3%；③含菌量＞40 亿个/mL。

2. *有效成分回收*

生防细菌经过工业化生产后，由于其有效成分的浓度、纯度或状态与以后的制剂剂型的需要，有效成分需要通过一定的处理工艺进行处理后，获得适宜状态的有效成分。后处理工艺主要指培养液浓缩工艺或干燥工艺。

1) 浓缩

主要采用板框过滤、膜过滤系统或离心浓缩将培养液中水分去掉，获得高纯度有效成分的过程。

(1) 板框过滤工艺。传统的浓缩工艺主要采用板框过滤机。将待过滤的培养液通过输料泵，在一定的压力下，从后顶板的进料孔进入到各个滤室，通过滤布，固体物被截留在滤室中并逐步形成滤饼，滤出液则通过板框上的出水孔排出机外，从而获得高纯度有效成分。

板框压滤机的排水可分为明流和暗流两种形式。滤液通过板框两侧的出水孔直接排出机外的为明流式，明流的好处在于可以观测每一块滤板的出液情况，通过排出滤液的透明度直接发现问题；若滤液通过板框和后顶板的暗流孔排出的形式称为暗流。

板框过滤机根据滤饼是否需要漂洗又可分为漂洗式和压干式两种。漂洗式采用双向同步洗涤，当需要洗涤时，关闭漂洗板的出水阀，同时打开压干板出水阀，漂洗水在一定的压力作用下，于漂洗板水槽穿过滤布、透过滤饼、在穿过滤布到达压干板水槽，汇流入排液阀排出机外。这样，经过循环漂洗后，滤饼中残留的滤液被漂洗水充分地带出机外，达到了漂洗效果。

板框压滤机主要由机头、后顶板、中顶板、拉杆和板框组成。根据压紧方式不同可分为手动、机动、液压三种方式。①手动压紧：是以螺旋式机械千斤顶推动中顶板将滤板压紧。②机械压紧：压紧机构由电动机、蜗轮蜗杆减速器、大小齿轮、丝杆和螺母组成。压紧时，电动机正转，带动减速器，使丝杆在螺母中转动，推动中顶板将板框压紧。当电机电流达到一定数值时（即最大压紧力），关闭电源，停止转动。退回时，电机反转即可。③液压压紧：液压压紧机构由液压站、油缸、丝杆、锁紧螺母组成。液压站的组成有电机、集成块、齿轮泵、溢流阀（调节压力)、手动换向阀、压力表、油管、油箱。液压压紧时,推动手动阀,使液压站通过齿轮泵提供高压油,使活塞杆与丝杆顶出,推动中顶板将板框压紧。当压力达到溢流阀设定的压力值(压力表显示)时,手动阀复位,并关闭电机电源,压紧动作完成。退回时,反方向推动手动阀,活塞杆、丝杆、中顶板开始收回。

(2) 膜过滤工艺。膜过滤工艺是通过采用具有现代化技术的膜过滤技术对培养液进行过滤达到回收有效成分的处理工艺。膜过滤是一种与膜孔径大小相关的筛分过程,以膜两侧的压力差为驱动力,以膜为过滤介质,在一定的压力下,当原液流过膜表面时,膜表面密布的许多细小的微孔只允许水及小分子物质通过而成为透过液,而原液中体积大于膜表面微孔径的物质则被截留在膜的进液侧,成为浓缩液,因而实现对原液的分离和浓缩的目的。根据材质不同,过滤膜可分为陶瓷膜、无机膜和有机膜;根据膜的孔径大小,分为超滤膜和纳滤膜。

(3) 离心浓缩。离心浓缩是指采用离心机,通过高速离心将培养液中的水分除去,达到固液分开的目的。其中碟片离心机应用较为广泛且效率高。碟片离心机是一种沉降式离心机,是利用混合液(混浊液)中具有不同密度且互不相溶的轻、重液和固相,在离心力场中获得不同的沉降速度的原理,达到分离分层或使液体中固体颗粒沉降的目的。由于该设备可以连续进料和自动出料,减少了人力和工时,适宜大规模化生产使用。

2) 干燥

培养液经过浓缩后,已去掉大部分的水分,可用于制作水剂等制剂的要求,但如果想制作其他制剂,如粉剂、油剂等制剂,需要将有效成分进行干燥,制成纯度更高的干粉。

有效成分干燥的方法有很多,包括常压干燥、减压干燥、喷雾干燥、沸腾干燥、冷冻干燥、红外线干燥和微波干燥等多种方式。各种干燥方式各有特点。在微生物农药有效成分工业化生产过程中,生产规模大,最常用的方法是喷雾干燥。

(1) 常压干燥。在一个大气压条件下的干燥称常压干燥。本法设备简单,常用箱式干燥器(烘箱或烘房),缺点是干燥时间长,可能因过热而使不耐热成分破坏,而且易结块。该法不适合规模化生产使用。

(2) 减压干燥。减压干燥是在密闭容器中抽真空后进行干燥的方法。此法优点是温度较低,产品质松易粉碎。此外,减少了空气对产品的不良影响,对保证产品质量有一定意义。特别适合于含热敏感成分的物料。干燥效果取决于真空度的高低与被干燥物堆积的厚度。本方法不适合大规模化生产。

(3) 喷雾干燥。本法适宜规模化生产使用。喷雾干燥系指用雾化器将液态物料分散成雾滴,并利用热空气来干燥雾滴而获得干品的一种方法。此法能直接将溶液、混悬液、乳状液干燥成颗粒或粉末,省去进一步蒸发、粉碎操作。其原理是将被干燥的液体物料经雾化器分散成许多细小的液滴,进入流动的热空气流中,由于其总表面积极大,故干燥速度极快,在数秒钟内完成水分蒸发,具有瞬间干燥的特点。干燥后的成品多为松脆的空心颗粒,溶解性能好。

喷雾干燥机由干燥室、喷雾器、预热空气和输送热空气设备及细粉与废气分离装置4部分组成。雾化器由喷头与高压空气装置构成,喷头越小,喷速越高,喷出雾滴越小,干燥越快。雾化器是喷雾干燥机的关键部件。目前我国普遍应用压力式雾化器,它适用于黏性药液,动力消耗最小;气流式喷雾器适用于任何黏度或稍带固体的料液,但动力消耗大;离心式喷雾器适用于高黏度或带固体颗粒的药液干燥,但造价较高。

(4) 冷冻干燥。使被干燥液体冷冻成固体,在低温低压下利用水分升华性能,使冰直接变成气体而除去，从而达到干燥目的。冷冻干燥要求高度的真空和低温，所得制品具多孔性，疏松易溶，特别适用于一些不耐热药品、低熔点药品的干燥，如酶类、抗生素、疫苗等，也可避免易氧化药物的分解。

(5) 红外线干燥。红外线干燥系指利用红外线辐射使干燥物料中的水分汽化的干燥方法。由于湿物料及水分在远红外区有很宽的吸收带，对此区域某些频率的远红外线有很强的吸收作用，故本法具有干燥速度快、干燥质量好、能量利用率高等优点。但红外线易被水蒸气吸收而受到损失。目前常用于测定片剂颗粒水分。本法不适宜规模化生产使用。

(6) 微波干燥。微波干燥是一种新型高效干燥方法，微波是一种高频(300 MHz～300 GHz)的电磁波。湿物料中的水分子可强烈吸收微波使极性分子迅速转动并产生剧烈的碰撞和摩擦，部分微波能转化为热能，使温度升高，从而达到干燥目的。它具有干燥速度快、加热均匀、产品质量好、控制灵敏、操作方便等优点。采用 2540 MHz 的微波还兼有灭菌作用。但本法不适宜微生物干燥使用。

3. 制剂研制与生产

农药的原药一般不能直接使用，必须加工配制成各种类型的制剂，才能提供给用户使用。制剂研制和生产包括剂型确定、助剂筛选及加工三个步骤。

1) 重要制剂类型

制剂的形态称剂型，商品农药都是以某种剂型的形式，销售到用户。

在农药制剂方面，我国目前使用多种多样，但在微生物农药方面，主要为可湿性粉剂、水剂、细粒剂、悬浮剂和可溶粉剂 5 种。根据农药走向环保型的发展趋势及运输成本，微生物农药将在颗粒状制剂、可分散用的固体制剂和种子处理固体制剂方面会增加更多产品。此三类制剂涉及的剂型及其相关说明见表 12-3。

表 12-3　相关农药剂型名称、代码及相关说明

剂型名称	剂型英文名称	代　码	说　明
颗粒剂	Granule	GR	有效成分均匀吸附或分散在颗粒剂中，及附在颗粒表面，具有一定粒径范围、可直接使用的自由流动的颗粒
大粒剂	Macro granule	GG	粒径范围在 2000～6000 μm 的颗粒剂
细粒剂	Fine granule	FG	粒径范围在 300～2500 μm 的颗粒剂
微粒剂	Micro granule	MG	粒径范围在 100～600 μm 的颗粒剂
可湿性粉剂	Wettable powder	WP	可分散在水中形成稳定悬浮液的粉状制剂
水分散颗粒剂	Water dispersible granule	WG	加水后能迅速崩解并分散成悬浮液的颗粒状制剂
泡腾粒剂	Effervescent granule	EA	投入水中能迅速产生气泡并崩解分散的粒状制剂，可直接使用或用常规喷雾器械喷施
可分散片剂	Water dispersible tablet	WT	加水后能迅速崩解并分散成悬浮液的片状制剂
泡腾片剂	Effervescent tablet	EB	投入水中能迅速产生气泡并崩解分散的片状制剂，可直接使用或用常规喷雾器械喷施
种子处理干粉剂	Powder for dry seed treatment	DS	可直接用于种子处理的细的均匀粉状制剂
种子处理可分散剂	Water dispersible powder for slurry seed treatment	WS	用水分散成高浓度浆状物的种子处理粉状制剂
水剂	Aqueous solution	AS	有效成分及助剂的水溶液制剂

注：摘自国家标准《农药剂型名称及代码》，GB/T 19378—2003。

2) 助剂筛选原则

微生物农药制剂中除有效成分外，还包括一些助剂。微生物农药制剂研制主要依据其有效成分属于活体微生物这一特性和防治靶标对象的发生特点，筛选一些助剂进行配伍而制成某一制剂。因此，助剂筛选在微生物农药制剂研究中属于关键环节。

助剂筛选原则：助剂对有效成分活体微生物的存活、其他非靶标生物及生态环境不存在负面影响，且有利于改善制剂的理化性质，提高制剂的防治效果。

制剂研制中常用助剂种类如下。

(1) 湿润剂。一类表面活性剂，其功能是降低药液的表面张力，使不溶于水的原药能被水湿润，并能悬浮在水中，药液喷洒后使药液容易在施用目标的表面湿润和展布，帮助药剂渗透，提高防治效果。例如，可湿性粉剂或悬浮剂中加入烷基苯磺酸钠等润湿剂，使药粒迅速湿润。常用的湿润剂有含皂素的皂角粉、茶籽饼粉和含木质素的亚硫酸纸浆废液，以及合成的表面活性剂如聚氧乙烯基烷基芳基醚、聚氧乙烯基烷基醚、烷基苯磺酸盐、烷基萘磺酸盐等。

(2) 分散剂。一类表面活性剂，其功能是保持粉粒分散，防止凝聚结团。常用的分散剂有烷基芳基磺酸盐及其甲醛缩合物、木质素磺酸盐、烷基酚聚氧乙烯基醚甲醛缩合物、硫酸盐等。

(3) 乳化剂。一类表面活性剂，能使一种流体以极微小的液珠稳定地分散在另一种与之互不相溶的液体(如油在水中)中，形成乳浊液。常用的乳化剂有聚氧乙烯基的酯及醚等非离子表面活性剂和烷基苯磺酸盐等阴离子表面活性剂。一般采用非离子型和阴离子型复合配制的乳化剂，其比例调节到最适宜的亲水亲油平衡值(HLB 值)，以得到最佳乳化效果。

(4) 展着剂。一类表面活性剂，其功能为增强药剂在施用目标表面的固着能力，抵抗风雨吹洗，使药效充分发挥，兼有湿展、渗透等能力。常用的展着剂有非离子或阴离子表面活性剂、木质素磺酸盐、乳酪素等。在某些情况下药液中添加一些矿物油或植物油也可起展着作用。

(5) 填充剂。在剂型加工中用于稀释原药的惰性固体填充物，这些物质不与原药发生化学变化，也没有杀虫、杀菌活性，又称填料或载体。填充剂不仅起稀释作用，而且还能改善原药的物理性能，有利于原药的粉碎和分散。填充剂的理化性质与制剂的稳定性有关，应选择使用。例如，粉剂加工多采用中性无机矿物如陶土、高岭土、硅藻土、滑石粉等；浸渍法颗粒剂采用吸油性强的活性白土、膨润土等；包衣法颗粒剂采用非吸油性的粒状硅砂为载体。

3) 制剂加工

剂型确定和助剂筛选后，确定制剂的配方，再通过一定的加工设备，将有效成分和各种制剂按照配方确定的比例进行混合，根据制剂确定的剂型再进一步加工。混合物如果是液体并且制剂属于液体制剂，则经过质量检查后直接包装即可；混合物如为固体，而且目标制剂为不同的剂型，则再通过某些设备进行加工。如目标为可湿性粉剂，则需要将混合物通过气流粉碎技术进一步将制剂中颗粒直径减小，经质量检测后进行包装；如目标为颗粒剂，则需通过造粒机制造成颗粒剂。以下是制剂加工过程中常用的设备。

(1) 混合设备。通过一定搅拌方式将所有物料混合均匀。如果配方中含量多的物料为液体状态，一般使用搅拌塔(桶)；如果物料属于固体状态，则可以使用搅拌机或三位混合仪。

(2) 制粒设备。主要通过机械方式或物理方式，将物料制成各种各样颗粒。制粒设备包括多种类型，如高速混合制粒机、对辊干法制粒机、摇摆颗粒机、旋转式制粒机、沸腾制粒干燥机和喷雾制粒干燥机。

(3) 液体分装设备。该设备将液体制剂定量分装到包装器内，分为自动分装机、半自动和手动分装机。其中自动分装机工作效率高而受到农药企业的欢迎。

(4) 气流粉碎机。利用高速气流吹搅物料使之相互撞击和摩擦而粉碎的超微粉碎机械。由粉碎室周边喷入的高压气体与送进的固体物料颗粒混合成的高速气流，不断受到从不同角度喷入的气流的切向撞击，使混合气流中的固体颗粒相互的撞击和摩擦而细化。这种粉碎机的磨损极小、可使产品免受污染，又因粉碎过程中产生的温度变异甚小，有利于粉碎低熔点的物料。给料粒度通常小于 150 μm，排料粒度为 1～3 μm，有时可达 0.25 μm。常见的有闭路循环式和扁平式两种。

4. *产品登记*

根据《农药管理条例》和《农药管理条例实施办法》规定，任何产品作为农药在我国使用，首先必须在农业部进行农药登记，所有有关要登记的产品特性的科学数据，都是在国家指定试验单位完成。我国微生物农药登记所需材料包括以下几个方面。

(1) 产品摘要资料(产地、产品化学及生物学特性、毒理学、药效、残留、环境影响、境外登记情况等资料的简述)。

(2) 产品化学及生物学特性资料(有效成分、原药、制剂)。

(3) 毒理学资料(有关确认有效成分不是人或其他哺乳动物的已知病原体的证明资料；基本毒理学资料)。

(4) 药效资料。

(5) 残留资料(根据农药特性和使用方法，按照评审委员会意见提供)。

(6) 环境影响资料(鸟类急性经口毒性试验、鱼类急性毒性试验、蜜蜂急性经口毒性试验、蜜蜂急性接触毒性试验、家蚕急性毒性试验)。

(7) 标签或者所附的说明书。

(8) 产品安全数据单(MSDS)。

(9) 其他资料(在其他国家或地区已有的毒理学、药效、残留、环境影响试验和登记情况资料或综合查询报告；在环境中释放变异情况及其风险性说明等)。

第四节　植物病害生防放线菌产品的产业化

放线菌(actinomycetes)在分类上归属于原核生物界、厚壁菌门、放线菌纲，为典型的原核生物，广泛分布于自然界。除少数厌氧或兼性厌氧的寄生类群外，大多数放线菌属于好氧型的腐生菌。放线菌种类繁多，代谢功能各异，是一类具有广泛实际用途的微生物资源。

一、生防放线菌的来源及筛选

放线菌作为一种具有丰富资源的微生物类群，是最早被发现的具有生物防治效果的微生物，故而成为抗生素等一系列生物活性物质的重要生产来源。目前世界上报道的近万种抗生素中，70%以上由放线菌所产生，且临床上使用的抗生素有 2/3 来自放线菌。近 10 年来，从微生物中发现的新活性物质有 902 个，其中由放线菌产生的有 668 个，占 74%。

链霉菌属 *Strepomyces* 中许多种对植物病原菌均具有拮抗作用，因而产生抗生素的放线菌大多数源于链霉菌属及其相关类群。

放线菌产生的抗生素及其他次生代谢物质在农作物病害生物防治方面具有重要作用。

在植物病害的生物防治应用上，如防治水稻纹枯病的井冈霉素(validomycin)、防治蔬菜真菌性病害的武夷霉素(wuyiencin)、防治作物细菌性病害的中生菌素(zhongshengmycin)等农用抗生素，均已在生产上发挥了广泛而重要的作用。1989 年 Kemica 研制推广了放线菌 *Streptomyces griseoviridis* 生物杀菌剂(商品名为 Mycostop)，主要用于观赏植物和温室蔬菜上的镰孢菌，也可用于种子处理。在活菌制剂的研究与应用中发现，我国开发的"5406"抗生菌(细黄链霉菌 *Streptomyces microflavus*)，对引起小麦锈病、枯萎病、立枯病和猝倒病等病害的多种病原真菌均具有明显的拮抗作用，而且经此处理对植物的生长还具有一定的促进作用。利用放线菌产生的活性物质进行植物病原真菌病害的生物防治，具有周期短、易于研究、便于生产、无毒无害等优点。放线菌作为最早应用到生物防治中的微生物，由于其有很强的分解纤维素、石蜡、琼脂、角蛋白和橡胶等复杂有机物的能力，故它们在自然界物质循环和提高土壤肥力等方面有着重要的作用。有的放线菌还具有除草活性。

不仅如此，放线菌还可产生其他各种工农业有用的产品，如醇制剂。此外，有的放线菌还可以合成淀粉酶、纤维素酶、氨基酸及维生素等多种有用的代谢产物，其中很多已用于生产，且已产生了巨大的经济效益。

自从 1943 年 Waksman 首先从链霉菌中发现链霉素以来，放线菌生物学的研究及抗生素的开发随之蓬勃展开，由此也发现了大量新的分类属、种，继而大大推动了放线菌资源的发掘、研究和利用。

放线菌作为典型的原核生物界的一个大的类群，在《伯杰氏手册》中划分归属于厚壁菌门、放线菌纲，是具有多核的单细胞原核生物。

与古老的细菌学和真菌学相比，放线菌学是一门较为年轻的学科，这是因为从世界上的第一株放线菌被发现起至今，才不过有百余年的时间。但由于放线菌所特有的重要意义和巨大的经济价值，从 20 世纪 20 年代起，该学科便获得了长足的发展，而其中链霉菌是放线菌中最占优势、数量最大、应用最广的一类。

(一) 放线菌的主要种类

放线菌最初由 Harza 于 1877 年发现，他发现一种从牛的颗肿病脓液中分离出来的丝状微生物在培养基上可以向四周生长，菌丝呈现明显的放射状，故将此丝状微生物命名为牛型放线菌 *Actinomyces bovis*。由此而始，正式引用了放线菌这一属名 *Actinomyces*。迄今已经报道的放线菌已有 69 个属 1687 个种。

放线菌是自然界分布最为广泛的微生物类群，常以孢子或菌丝状态在各种不同的自然生态环境里广泛存在，很少见有完全没有放线菌的自然基质。在自然界中主要生存于陆地和淡水中，在大气中也常有放线菌的孢子悬浮，海洋中则比较少见。土壤是放线菌分布的中心，是大量好氧型放线菌生存的天然场所。

放线菌在土壤和根际中广泛存在，是仅次于细菌的第二大类微生物。现有资料表明，土壤和根际放线菌的优势种群主要为链霉菌属 *Streptomyces*，根据该属的培养特征，将其分为 12 个类群，此外常见的放线菌还有诺卡氏菌属 *Nocardia*、小单胞菌属 *Micromonospora*、放线菌属 *Actinomyces*，其中有很多为产生抑制性物质的成员。

1. 链霉菌属 *Streptomyces*

在固体培养基上培养时，产生发达的基内菌丝和气生菌丝。气生菌丝生长到一定时期分化产生孢子丝，孢子丝具有直立、弯曲和螺旋形等各种形态。孢子有球形、椭球形、杆状等各种形态，有的孢子表面可形成刺、疣、毛发状物等各种纹饰。链霉菌的气生菌丝和基内菌丝具有各种颜色，有的菌丝还产生可溶性色素分泌到培养基中，使培养基呈现各种颜色。链霉菌的许多种类能产生对人类有益的抗生素，如链霉素、红霉素、四环素等都是由链霉菌所产生的。

链霉菌是放线菌中最占优势、数量最大、应用最广的一类。迄今为止，关于放线菌的研究多数是围绕链霉菌展开的，绝大多数抗生素也是由链霉菌产生的。链霉菌属中的许多种级类别对植物病原菌都有一定的拮抗作用。

2. 诺卡氏菌属 *Nocardia*

在固体培养基上培养时，多数仅产生基内菌丝，只有很薄的一层甚至不产生气生菌丝，靠菌丝断裂进行繁殖。该属能产生多种抗生素，如对结核分枝杆菌和麻疯分枝杆菌有特效的利福霉素即为诺卡氏菌属放线菌所产生。

3. 小单孢菌属 *Micromonospora*

菌丝纤细，只产生基内菌丝，不形成气生菌丝；在基内菌丝上长出许多小分枝，顶端着生一个小孢子。此属也是产生抗生素较多的一个属，如庆大霉素即由该属的绛红小单孢菌 *M. purpurea* 和棘孢小单孢菌 *M. echinospora* 所产生。

（二）生防放线菌的筛选

1. 放线菌的分离

放线菌因其与人类关系密切且实用价值较高，而受到世界各国学者的关注，但有学者估计，迄今发现的放线菌仅占自然界存在的 10%～20%，所以寻找新思路，改进分离、筛选、菌株获得的方法，是目前研究所面临的主要问题之一。进行放线菌资源开发，获得新的菌种是必要条件之一，因此分离方法的研究显得更为重要。

放线菌分离一般采取稀释法，即将采集的土壤（或阴干后的土壤）称取 1 g，加入盛有 90 mL无菌水的三角瓶中，振荡 5～10 min，配成 1/10 浓度的悬液；静止后，取 1 mL 上清悬液，依次制备成 1/100、1/1000、1/10 000、1/100 000 等不同浓度的稀释液（浓度据土壤微生物的数量和比例以及所用培养基酌定）；用移液枪吸取选定稀释浓度的稀释液 0.05 mL（或 1～2 滴），滴于平板培养基表面，用无菌涂布器涂匀，置于 28℃恒温培养；待形成较纯的菌落后，挑取单个菌落，配成孢子或菌丝体悬浮液，在琼胶平板上稀释或划线培养纯化。纯化时可用一般培养基，但挑取的单个菌落要在不加抗生素或其他抑制物质的培养基上培养，验证纯化的菌落未被细菌或真菌污染。

放线菌的分布很广，其形状差别较大，目前尚无普遍通用的分离方法和培养基，故从样本中分离到的放线菌远远低于实际数量。例如，分离时在琼脂平板上出现的放线菌的菌落大都是由孢子形成的，产生孢子较少或不产生孢子的放线菌用稀释方法就很难分离到。同时，放线菌在琼脂平板上菌落的生长比真菌慢，细胞的繁殖又没有细菌快，所以竞争能力比较差，也影响其分离速率。为从样本中分离到较多的放线菌，也可采取以下措施：将土壤或其他分离样本提前加以适当的预处理；避免琼脂平板表面形成水膜，因为细菌很容易在水膜上迅速蔓延；利用选择性培养基；培养基中加用抑制真菌或细菌的抗生素或抑制剂等。放线菌分离过程中要抑制细菌、真菌的生长，同时又要不影响目的放线菌的生长，因此抑制剂的选择是放线菌分离工作中必须解决的重要问题。1995 年杨宇容等研究发现，重铬酸钾对土壤真菌、细菌有明显的抑制作用，而对放线菌无抑制作用，可以选用。

2. 放线菌的筛选

生防放线菌的筛选是生物防治工作中的关键环节，合理有效筛选方法的运用能够在放线菌的开发利用中起到事半功倍的效果。生防放线菌的筛选主要有生态学和遗传学两种方法。生态学方法的重点是分离新的菌种，人们已从土壤中获得了大量稀有、珍贵的菌株。随着研究的深入，人们逐渐将重点转移到更有希望的新领域，如海洋、极地及其他一些极端环境。遗传学方法是利用基因工程、细胞融合等新技术，创造出新的更高效的生防放线菌。目前放线菌资源开发的新趋势，是开发其生物活性物质等非抗生素产品。采用特殊的分离方法从特殊生态环境中分离获得新菌种，设计灵敏度及自动化程度高的筛选模型与方法，开发有重要用途的新产品，是当前放线菌资源开发的热点。

拮抗放线菌的筛选主要采取抑菌圈法或十字交叉法：将待测菌株移植于高氏平板培养基上，菌落生长成型后，用打孔器打取供菌片，移入接种供试病原菌的平板培养基上，待测菌株和病原菌的排列可呈十字交叉状(病原菌在中央，放线菌在十字的各端)；培养 3～4 d 后，如果待测菌株具有抗菌活性，其菌块周围会形成一个无菌生长的透明圈——抑菌圈。则此抑菌圈的大小可以代表不同拮抗菌产生的抗生素抑菌活性的强弱。

以前人们筛选获得的放线菌中大多为链霉菌，其后随着有效分离方法的应用，稀有放线菌被大量发现，Lrevisan 于 1889 年发现诺卡氏菌，Lehmannet 等于 1896 年发现分枝杆菌等。近些年来的明显趋势是从稀有放线菌中发现的新抗生素日益增多。仅 1984～1988 年从链霉菌中探寻到 399 种新的抗生素，稀有放线菌种达 600 种。随着微生物学、生物化学和有机化学基础理论及分子遗传学等新技术的发展，新抗生素的筛选方法已经逐步从传统的"随机"方法过渡到更为理性化的新方法。对稀有放线菌筛选技术的改进，必将会发现新的、在化学结构上比较特殊的新型抗生素。

二、生防放线菌菌剂生产的主要步骤

(一) 生防放线菌的生防作用及其应用

从 Harza(1877)发现放线菌至今，用于植物病害生物防治的放线菌主要为链霉菌属及其相关类群。放线菌一般通过两种途径对靶标病菌发挥生防作用：其一，在寄主体外通过抗生作用、竞争作用、重寄生作用和捕食作用等作用于靶标病菌，降低病菌的致病性、侵染效率及接种体密度，导致病原菌群体密度及致病性下降；其二，通过作用寄主植物组织诱发其产生抗性或者产生抑菌物质，借此破坏病原菌的生长和繁殖，导致靶标病菌死亡。放线菌应用于生物防治的主要机理为抗生作用、竞争作用、重寄生作用及诱导植物提高抗性等作用。

1. 抗生放线菌的直接利用

通常人们将产生抗生作用的菌类微生物称为抗生菌。抗生菌的种类繁多，包括放线菌、真菌和细菌。其中最为重要的是放线菌。在已知的放线菌种类中，几乎半数以上均具有拮抗作用。用放线菌制成的活细胞制剂，具有无毒、无残留、不伤害非靶标微生物、与环境兼容性好及防病持效期长等诸多优点。

有关利用抗生菌防治土传病害的研究，在全世界已有许多成功事例。例如，1953 年我国植病学家尹莘耘先生自陕西省泾阳县苜蓿根土中分离获得了细黄链霉菌 *Streptomyces microflavus*，用其制成“5406”抗生菌，开展棉花枯、黄萎病的防治试验，拉开了我国农用抗生素研究的序幕，其后在多种作物、广大面积上得到了推广应用。该菌在生长过程中能分泌数种不同的抗生素，可抑制黄萎病菌 *V. dahliae*、枯萎病菌 *F. oxysporum* f. sp. *vasinfectum*、立枯病菌 *R. solani* 和猝倒病菌 *P. aphanidermatum* 等 50 余种植物病原菌的生长，并能分泌激素促使植物细胞的分裂和伸长。通过拌种将“5406”抗生菌施于田间，具有明显的防病、保苗和增产效应。

世界上已广泛应用的另一种放线菌的活体制剂 Mycostop，是由芬兰的 Kemira（1989）从泥煤中分离获得的灰绿链霉菌 *S. griseovidis* 的孢子和菌丝研制而成。Mycostop 主要用于防治一些常见的土传病原菌，如腐霉菌 *Pythium* spp.、镰孢菌 *Fusarium* spp.、疫霉菌 *Phytophythora* spp. 和丝核菌 *Rhizoctonia* spp. 等；还可用于控制温室中的观赏植物和蔬菜上的一些常见病害，如链格孢 *Alternaria* spp.、拟茎点菌 *Phomopsis* spp. 和灰葡萄孢 *Botrytis cinerea* 等引起的病害。Mycostop 主要是通过种子处理、土壤喷洒或灌药等措施处理作物，它在植物的根部定殖、生长和繁殖，从而阻止病原物的侵入，还可以产生激素促进寄主植物的生长，从而提高作物的产量，且对植物没有任何毒性。

2. 放线菌抗生素的利用

抗生素（antibiotics）是由微生物产生的、在低浓度下对其他微生物的生长具有抑制或杀灭作用的一类非酶类化学物质。它既不参与细胞结构，也不是细胞的贮存物质，对产生菌本身无害，但对敏感微生物有专性拮抗作用。放线菌是产生抗生素种类最多的一类微生物，自 1943 年 Waksman 首先从链霉菌中发现链霉素以来，人类从放线菌中分离到的抗生素已达上万种，这些抗生素目前已广泛应用于工业、农业和医学领域。

在微生物农药中，农用抗生素的发展是随着医用抗生素的发展而发展起来的，至今不过 40 多年的历史，但其发展速度远比活体微生物农药的发展快得多。最初，一些植病工作者利用医用链霉素和土霉素防治果树和蔬菜等作物病害，收到一定效果，由此引起人们广泛关注。至 20 世纪 50 年代后期，日本因汞制剂停止生产使用，开始加强农用抗生素的研究。1958 年竹内等筛选出灭瘟素（blasticidin-S）用于防治稻瘟病，效果显著。随后日本相继筛选出春日霉素（kasugamycin）、多氧霉素（polyoxins）和有效霉素（validamycin）等，均有较大批量生产，曾一度代替化学农药在农业生产上大面积应用，产品远销诸多国家。

我国农用抗生素的研究始于 20 世纪 50 年代初期。老一辈植病学家尹莘耘（1953）分离研制出“5406”菌株，用于防治棉花枯、黄萎病，拉开我国农用抗生素研究的序幕后；张志雍（1959）和沈其益等（1963）用链霉素浸苗防治柑橘溃疡病，保证了无病苗木供应新区；中国科学院微生物研究所宋大康等相继筛选出灭瘟素（1959）、春雷霉素（1964）和多抗霉素（1967）产生菌，为我国农用抗生素事业做出了重大贡献；1970 年，国务院发出《要积极推广微生物农药》的重要指示；上海市农药研究所（1973）筛选出井冈霉素产生菌，经多次诱变选出高产菌株，全国多家农药厂投产，每年使用面积达 6.7×10^6 hm^2 以上，为我国农用抗生素的开发积累了丰富的经验；1983 年，我国首次在常州召开生物防治座谈会，进一步促进了农用抗生素的发展。其后我国又相继筛选出多效霉素、农抗 120、公主岭霉素和武夷霉素等，在农业生产上发挥了积极作用，经济效益十分显著。此外中国科学院、上海植物生理研究所还筛选出庆丰霉素（qingfengmycin）（1970），湖北省农科院植保所筛选出农抗 878 和杀枯肽。878 抗生素在我国湖北、江苏和上海等地大面积使用用于防治棉苗炭疽病，具有防病保苗、壮苗早发的功效，在生产上应用简便，对人、畜无毒，使用安全，对棉苗炭疽病的防效可达60%～80%。

抗生素对微生物的抗菌机制可概括为下述4个方面。

(1) 阻碍菌体细胞壁的合成。

(2) 影响菌体细胞膜的通透性。

(3) 抑制菌体核酸的合成。

(4) 抑制菌体蛋白质的合成。

抗生素的应用方法有下列几种。

(1) 对种子、秧苗传染的病害，可用抗生素浸种或苗床喷洒。

(2) 对大田作物地上部的病害，选择适当时期进行植株喷洒。

(3) 在果木上使用，若治疗树干病部，一般可将抗生素制成油膏进行涂敷或涂刷，如用内疗素涂敷橡胶割面，防治橡胶条溃疡病；用放线酮涂刷树干防治白松疱锈病。防治叶部病害仍然采用喷洒的方法。

迄今为止，许多科学家对抗生素在植物病害生物防治中的作用做了大量研究，如韩国的Kim等(1999)从黎巴嫩链霉菌 *Streptomyces libani* 分离出来的抗生素 As1A，对番茄灰霉病 *B. cinerea*、黄瓜叶霉病 *Cladosporium cucumerinum*、瓜类炭疽病 *C. lagenarium* 和辣椒疫霉病 *Phytophthora capsici* 等温室常见病害有很好的控制效果。Kim等(2000)将玫瑰放线菌 *Actinomadura roseola* 液体培养后分离提取出的抗生素 Da2B，对辣椒疫霉和立枯丝核菌 *R. solani* 的菌丝生长有明显的抑制作用，此外 Da2B 对某些酵母如酿酒酵母 *Saccharomy cescerevisiae* 和 G^+ 细菌也有很好的抑制效果。其他如农用链霉素可以有效控制多种植物细菌性病害，如十字花科软腐病 *Erwinia carotovora* pv. *carotovora*、黄瓜角斑病 *Pseudomonas syringae* pv. *lachrymans*、菜豆疫病 *Xanthomonas campestris* pv. *phaseoli* 和番茄溃疡病 *Clavibacter michiganense* subsp. *michiganense* 等。前文所述由吸水链霉菌井冈变种 *Streptomyces hygroscopicus* var. *jinggangensis* 产生的井冈霉素是防治水稻纹枯病非常理想的生物农药，其防效高、持效期长，能进入纹枯病菌的菌丝体，再由外部菌丝传导到植株体内的菌丝，使病菌失去继续扩展的能力，最终控制病害的流行。

3. 放线菌产生的其他代谢物的利用

放线菌是一类比较特殊的微生物，大多为腐生菌，其生长速度一般比细菌慢、比真菌弱，常在天然有机物分解后期起重要作用，这些特殊的生态习性反映了它们的酶活性和代谢产物的作用。因此，放线菌的存在利于土壤中有机物的分解和合成，尤其是难分解物质(如纤维素、木质素、几丁质等)的降解，对自然界物质循环起着重要作用。而且对于广泛存在于土壤的真菌、藻类植物、节肢动物及线虫等生物体中的几丁质，具有分解几丁质能力的放线菌可以充分发挥作用，用于抑制土传病害的发生。放线菌除产生抗生素外，还可产生酶、有机酸、甾体化合物、维生素、核苷酸及酶抑制剂等代谢产物。

植物病原真菌的细胞壁是以几丁质为骨架、以β-1,3-葡聚糖为主要填充物所组成。处于生长过程中的真菌菌丝尖端细胞的几丁质多呈裸露状态，易被水解酶所攻击而导致细胞破裂，生长受阻或者细胞死亡，由此抑制病害的发生发展。据报道，7%的放线菌均可产生几丁质酶β-1,3-葡聚糖酶等溶菌酶，因此相关研究已经受到各国植病生防工作者的高度关注。

放线菌的其他代谢产物在防治病害、促进作物的生长、提高作物产量等方面也起着重要的作用，正越来越多地被人们开发和应用。

（二）生防放线菌菌剂和抗生素制剂的生产

1. 放线菌活菌制剂的生产

将生防菌制成活菌制剂直接应用于生产，是植物病害生物防治在传统上乃至今后一段时期内该领域发展的趋势。生防放线菌的应用也基本遵从这一趋势。

生防放线菌菌剂的生产，包括菌株的优化培养、发酵、生产、制剂加工和保存等多个环节。每个环节均需要严格的条件，且随放线菌的不同条件变化较大。目前关于放线菌菌剂生产加工的具体操作和要求，国家已制定统一标准，对菌种的生产、产品的技术指标、生产操作规程、产品参数检测要求和标准、包装、标识、运输及贮存等逐个环节，均有相关明确的标准要求。

通常，在获得某一株有效的放线菌后，首先需要明确其抑菌谱及对靶标致病菌的作用机制；其后再根据放线菌的生态习性及将要应用的环境，确定适宜的生产及使用剂型。由于放线菌具有特殊的生物学及生态学习性，在大量发酵生产后如何将其制成高活性、适宜较长期保存的制剂，是一个有待认真研究解决的问题；同时，还需考虑放线菌活菌剂对环境敏感问题带来的田间防病效果不稳定的矛盾。在实际应用中，必须考虑通过人工改造自然的放线菌获得具有抗药性的菌株的研究工作，据此与低剂量的高效、低毒、低残留的杀菌剂混合使用，以明显提高放线菌的防病效果，并由此增加其生态竞争能力。同时还需注意，放线菌活菌制剂的应用对靶标致病菌能否发挥有效的抑制作用及其作用程度，受环境因素的影响很大。例如，在 2000 年 5 月美国农业部公布的 46 种生防菌活菌制剂中，仅仅有 1 种菌制剂来自放线菌（Fravel et al.，1999）。可见生防菌活菌制剂后续的发酵生产等技术环节中的不完善等，对放线菌的大量推广应用会有一定的制约。

2. 放线菌抗生素制剂生产

1）抗生素的产生方法

抗生素的产生方法一般有三大类：生物合成法、全化学合成法和半化学合成法。

（1）生物合成法（微生物发酵法）。利用抗生素的产生菌，在一定条件下（培养基、温度、pH、通气、搅拌等）培养使之生长繁殖，在代谢过程中产生抗生素。然后将抗生素从发酵液中提取、精制，最后获得抗生素成品。其特点是成本较低、周期长、波动性较大等。目前大多数的抗生素品种如青霉素、链霉素、卡那霉素、庆大霉素、四环素、土霉素、金霉素、红霉素、麦迪霉素等，均是采用生物合成方法而生产的。

（2）全化学合成法（化学合成法）。针对某些化学结构比较简单且已明确的抗生素，采用工业化学合成的方法进行合成制取。例如，氯霉素 1947 年被发现后，由于其抗菌谱广而受到人们的重视，研究发现其分子结构比较简单，采用全化学合成获得了成功，成为世界上第一个全化学合成的抗生素；又如磷霉素，目前亦采用全化学合成法进行生产。

（3）半化学合成法（半合成法）。利用化学方法改造生物合成的抗生素，从而获得性能更优良的新抗生素的一种方法。此法一般经过两个阶段：第一阶段通过生物合成法制取某种抗生素；第二阶段通过化学方法改造原本的化学结构，从而获得一系列新的抗生素，以达到扩大抗菌谱、提高疗效、降低毒性副作用或弥补其他缺陷等目的。例如，首先生物合成制取青霉素 G 钾盐，然后通过裂解反应获取 6-氨基青霉烷酸（6-APA），再用化学方法在母核

6-APA 的 6 位碳原子位置上连接不同的侧链，即可得到一系列新型青霉素(即半合成青霉素)。

2) 生物合成法生产抗生素的工艺流程

现代抗生素工业生产多数采用生物合成法进行，其工艺流程大体相同，主要通过下列流程来完成：生产菌种→孢子制备→菌种制备→发酵→发酵液预处理及过滤→提取及精制→成品检验→成品包装→出厂检验。

一般而言，从孢子制备到发酵属于“生物合成”范围，从发酵液预处理到提取精制则属于“化学合成”工艺过程。总过程简述如下。

(1) 生产菌种。生产菌种是抗生素合成的基础，必须达到产量高、性能稳定和容易培养等要求。为防止菌种衰退，生产菌种必须以休眠状态保存在砂土管或冷冻干燥管中，并置于 0～4℃恒温冰箱内。生产菌种应不断纯化，淘汰变异菌落，防止衰退。具备条件的，还应开展选育工作，使发酵水平不断提高。

(2) 孢子制备。此为发酵工序的开端，是一个重要环节。将保藏的休眠状态的孢子通过严格的无菌操作将其接种到经过灭菌的固体培养基上(或小米、大米斜面)。在一定的温度下培养几日(因菌而异，具体调节)即可进行下步工序。

(3) 菌种制备。既要使孢子发芽繁殖，以获得足够数量的菌丝以便接种到发酵罐内，又要保证菌种纯洁，菌种制备可在摇瓶中或小罐内进行。大型发酵罐的菌种需经两次扩大培养才能接入发酵罐。摇瓶培养是在锥形瓶内装入一定量的液体培养基，灭菌后接入孢子，在旋转式或往复式摇床上恒温培养。菌种罐用不锈钢制成，结构相当于小型发酵罐，用微孔压差法或打开接种阀在火焰的保护下接种，接种后在一定的空气流量、罐温、罐压等条件下培养，定时取样做无菌试验、菌丝形态观察和生化分析，以确保菌种质量。

(4) 发酵。培养微生物分泌大量的抗生素，是发酵工序的关键阶段。一般在钢制或不锈钢的罐内进行，设备和培养基经严格灭菌后，将长好的菌种按 5%～20%接入。在整个发酵过程中不断搅拌(1～2 kW/m^3)，通气(0.3～1 m^3/m^3)，维持一定的罐温(26～37℃)、罐压(20～50 kPa)，并定时取样做无菌试验，观察代谢和分析抗生素含量，检查是否杂菌污染。在发酵过程中还需加消沫剂控制泡沫，或加酸碱控制 pH，或补充碳源、氮源和前体以促进抗生素产量。大多数品种发酵周期为 4～8 d。

(5) 发酵液的预处理及过滤。发酵液预处理的目的是使发酵液中的蛋白质和某些杂质沉淀，以增加滤速，有利于提取。过滤是使菌丝体从发酵液中分离出来。除制霉菌素、灰黄霉素、曲古霉素、球红霉素等存在于菌丝体中，需从菌丝中提取外，一般过滤操作都是为了获得澄清发酵滤液，供下步提取。

(6) 提取及精制。提取一般有吸附法、沉淀法、溶媒萃取法和离子交换 4 种方法；精制是指将抗生素的浓缩液或粗制品进一步提纯并制成产品，可重复或交叉使用上述 4 种基本提取方法，如复盐沉淀法、交换树脂脱色、活性炭脱色、结晶、重结晶、晶体洗涤、蒸发浓缩、层析凝胶分离、无菌过滤和干燥等方法。

(7) 成品检验。为保证药物质量，用药安全，对抗生素各种成品均需进行检验。常规检验包括性状鉴别试验、安全试验、降压试验、热原试验、无菌测定、酸碱度测定、效价测定、水分测定、浑浊度测定和色泽颗粒细度测定等。

(8) 成品分装。抗生素原药除进行成品大包装外，还需由制剂厂(或车间)再行分装，以方便用户使用。

第五节　植物病害生防病毒产品的产业化

一、生防病毒的种类及弱病毒筛选

（一）植物病毒

1. 植物病毒卫星 RNA

植物病毒卫星 RNA 是一种在细胞中没有特殊辅助病毒的存在就不能进行复制，绝对依赖于辅助病毒，与辅助病毒的基因组没有序列同源性的病毒或 RNA。其存在能改变寄主症状及其严重程度，从而减轻损失。利用植物病毒卫星 RNA 生物防治植物病毒病在本质上是利用病毒之间的互生互克，从而为病毒病的防治开辟了新的途径。

国外早在 20 世纪 60 年代就发现了植物病毒卫星 RNA 的生物学作用。卫星 RNA 实际上可看作是辅助病毒的分子寄生物，是病毒基因组复制过程中的有力竞争者，因此将卫星 RNA 加入病毒基因组中，组建成卫星 RNA 生防制剂（BCA），用于免疫植物对强病毒的侵染，同时还获得了带有 CMV 卫星 RNA 的 cDNA 基因的转基因植物，用于植物病毒病的防治。

我国用人工组装的黄瓜花叶病毒卫星 RNA 生防制剂 S52 进行辣椒病毒病的田间防治，取得了良好的防病增产效果，免疫接种 50 d 的防效达 71.2%～84.2%，免疫接种 80 d 的防效达 55.9%～70.2%。卫星 RNA 可作为病毒的生防因子，加入到 CMV 的基因组 RNA 中组建成卫星 RNA 生防制剂，可以生物防治由 CMV 引起的植物病毒病。近年来，已在全国范围内用卫星 RNA 生防制剂防治了辣椒、番茄、黄瓜和烟草等由 CMV 引起的病毒病。

2. 植物病毒弱毒株系

利用弱毒株系保护寄主免受同种病毒的强毒株系侵染，是防治植物病毒病害的一种重要手段。因此鉴于植物病毒弱毒株系具有较好的防治效果，人们认为可以将病毒的弱毒株系制成弱毒疫苗，保护植物免受强病毒攻击。中国科学院微生物研究所利用亚硝酸对烟草花叶病毒强毒株系进行诱变，筛选获得 TMV 的弱毒株系 TMV-N14，该弱毒株系对 TMV 及部分真菌感染有明显的保护作用。近 20 年的大田试验表明，该弱毒疫苗对烟草和番茄的保护率达到 20%～30%，而且它的遗传性和免疫性较稳定。

3. 植物真菌病毒

某些感染病毒的植物病原菌表现出低毒力，对植物的致病性降低。如感染了杆状病毒的 *Botrytis cinerea* 对水果和花卉的侵染力明显减低，感染病毒的栗疫菌低毒力菌株等已成为生物防治病原真菌的重要手段。还有来自灰霉、小麦全蚀病菌的病毒报道。真菌病毒已成为遗传学和分子生物学中很有价值的试验体系之一。

（二）致弱病毒筛选

1. 具致弱作用的卫星 RNA 的筛选

获得有致弱作用的卫星 RNA 的方法有三种。①直接从自然界中筛选。自然界中同一病毒可能存在着多种卫星 RNA，这种现象在 CMV 中尤其普遍，通过人工接种不同卫星

RNA,观察接种植物的反应症状来进行筛选。②人工诱变获得有致弱作用的卫星 RNA。通过物理方法(紫外线照射和热处理)和化学方法(亚硝酸处理)等类似病毒弱毒株系诱变的方法,可以对现有的不具致弱作用的卫星 RNA 进行人工诱变,从中筛选有致弱作用的卫星 RNA。③利用基因工程手段(嵌合体和定点突变)对卫星 RNA 进行改造,人工组建有致弱作用的卫星 RNA。这一思路必须基于对卫星 RNA 的分子结构功能有相应的了解,然后对具致病作用的核苷酸区段进行改造,可能获得有致弱作用的卫星 RNA,这一方法的应用更具有魅力。

2. 弱病毒株系的获得

弱病毒株系获得方法一般有三种。①从田间直接筛选弱病毒株系。在被病毒危害的群体中,生长最好的植株最有可能是含有病毒的弱毒株系。这一现象在柑橘等多年生的植物并由虫媒传播的病毒病中较普遍。将那些表现轻微或不表现症状的植株作为候选树,从这些候选树中分离纯化病毒的不同株系,通过指示植物法、酶联免疫吸附技术(enzyme-linked immunosorbent assay,ELISA)或分子生物学等试验手段进行鉴定,再将弱毒株系接种到健康植株上,以病毒的其他株系(强毒株系)进行挑战接种,观察植株的症状反应,从而筛选出有保护作用且较为稳定的弱毒株系,再经田间试验,对病毒病有明显的防治作用的就可大面积推广应用。如 CTV 的弱毒株系就是这样获得的。②通过物理方法获得弱病毒株系。植物病毒的自然突变率通常很低,虽然采用自然分离的方法也可以获得弱毒株系,但并非对所有的病毒都适用。而采用人工诱变处理等方式,可以大大提高病毒的突变频率,从而获得理想的弱毒株系。将被病毒侵染的植株或某一部分组织在一定的高温下处理一定时间,也可以获得对植株有保护作用且较为稳定的弱毒株系。Ieki 和 Yamaguchi(1986)通过白天 45℃处理 12 h,对受 CTV 感染的森田脐橙苗进行热处理,14 d 后从处理的苗木上得到了一个 CTV 的弱毒株系。③通过化学诱变方法获得弱病毒株系。由于 HNO_2 处理会引起核酸的碱基脱胺,从而改变核酸的遗传密码,使核酸发生变异,人们希望通过对病毒的核酸进行 HNO_2 处理从而获得病毒的弱毒株系。张秀华等(1980)用 $NaNO_2$ 处理烟草花叶病毒,获得了 2 株 TMV 弱毒株系(N11 和 N14),其中 N14 对烟草和番茄抵抗 TMV 侵染有较好的保护作用。

二、生防病毒制剂生产的主要步骤

植物病毒的弱毒疫苗可以是天然的弱毒株分离物,也可以是人工诱变的弱毒株分离物。人工诱变的方法多采用亚硝酸处理,也有采用高温诱变的办法。亚硝酸诱变的好处在于它的分子小,可透过病毒外面的衣壳蛋白直接作用于病毒里面的核酸,使核酸产生变异,改变病毒的毒性。

人工诱变的步骤是用理化因素(亚硝酸或高温等)作用于病毒,使病毒产生变异,然后将它们接种到局部病灶寄主(通常是枯斑寄主),随后逐个挑取枯斑,将其中的病毒突变体回复接种到原先发病的同种寄主上,淘汰所有重复表现病症的枯斑,保留不表现病症或病症较轻并用血清学方法检测病毒繁殖的单斑分离物。连续进行单斑分离和毒力鉴定 3~4 次,即可获得遗传性能稳且纯一的弱毒株系。所得弱毒株先在温室中测定,待保护效果达到一定的要求后,便可通过繁殖寄主大量繁殖,即大规模地生产弱毒疫苗。疫苗产品可通过喷枪喷洒接种到幼苗上,从而使大量植株获得预防强毒株侵染的免疫性能。上述方法中有两点是必须强调的:一是要有一种理想的病毒枯斑寄主,即病毒在这种寄主上产生的病斑是枯斑,并且枯斑要达到一定的大小，否则单个挑取枯斑将是困难；二是要掌握一种敏感的血清学方法，来检测单斑分离物回复接种的且不表现病症的植物上是否存在病毒。这两点是核心。

根据病毒间交叉保护现象，利用病毒的弱毒株系制成的抗病毒生物农药已进入实用化阶段。日本利用番茄花叶病毒弱毒株系制剂防治塑料大棚内番茄病毒已有10多年历史，效果明显。1978年以来我国在20多个省(直辖市)推广应用烟草花叶病毒弱毒疫苗N14防治烟草花叶病毒引起的番茄病毒病，并用生物工程技术组建黄瓜花叶病毒生防制剂卫星S51和S52获得成功，已用于防治辣椒病毒病。巴西、澳大利亚、印度、日本、美国利用柑橘衰退病毒弱株系防治柑橘衰退病，取得明显的防治效果和经济效益。中国科学院微生物所研制的弱毒疫苗N24、S22用来防治烟草花叶病毒和黄瓜花叶病毒。北京市农科院植保所生产的抗毒剂1号、齐齐哈尔生产的病毒A、济南生产的菌毒清、北京农大生产的83增抗剂，均属防治番茄病毒病的生物药剂。

第六节　植物源生防制剂的产业化

一、植物源生防制剂的来源及筛选

(一) 植物源杀菌剂的来源

1. 有抑菌、杀菌活性的植物资源种类

植物源杀菌剂是指用具有杀菌、抑菌活性的植物的某些部位或提取其有效成分，以及分离纯化的单体物质加工而成的用于防治植物病害的药剂。地球上植物资源丰富，据Renee和Grayer(1994)估计有25万种，实际可能已达40万种，甚至50万种，但至今仅对10%的植物进行了化学成分的研究。以往对植物生物活性成分的研究工作大部分集中在医药研究领域中，而植物源抑菌、杀菌成分在植物病害防治中的研究很少。随着植物病理学和化学学科的迅速发展，经过许多学者的长期努力，植物源抑菌、杀菌成分对植物病原的抑制作用方面的研究取得了许多成果。目前已经研究报道的具有抑制植物病原菌的植物资源种类主要有禾本科、菊科、豆科、银杏科、芸香科、薯蓣科、蔷薇科、茄科、大戟科、柏科、姜科等几十个科的植物，它们可以作用于番茄灰葡萄孢 *B. cinerea*、瓜枝孢霉 *C. cucumerinum*、小麦赤霉菌病菌 *G. sanbinetti*、苹果炭疽病菌 *G. cingulate*、立枯丝核菌 *R. solani*、尖孢镰刀菌 *F. oxysporum*、棉花枯萎病菌 *F. oxysporum* f. sp. *vasinfectum*、棉花红腐病菌 *F. moniliforme* 等多种植物病原真菌。Wilkins等报道有1389种植物有可能作为杀菌剂。因此，丰富的抑菌、杀菌的植物资源还需要进行深入研究。

2. 抑菌、杀菌活性物质在植物中的分布

虽然众多的植物提取物对病菌都有抑制作用，但是同一种活性物质对不同病原菌的抑制程度不同，同一病原菌对不同的提取物敏感性亦有差异。不同的抗菌、杀菌植物，其有效成分在植物根、茎、叶、花、果、种子等部位的分布不尽相同，且同种植物不同部位的成分与含量亦存在差异，如大蒜、洋葱存在于球茎；黄连小檗碱在主根、须根、叶片和叶柄中的含量差异很大。Schonbeck将48科139种植物分成花、叶、茎和根各部分，用4种鉴定菌分别在各部分中检测抑菌活性成分，发现83%的植物具有一定的抑菌活性，其中植物的花具较高的抑菌活性(71%)，其余依次是叶、茎和根。原因可能花是世代交替的重要部位，以昆虫做传播媒介的病

原菌和花的接触机会较多，所以有良好的防御机制。因此，研究有效成分在植物中的分布，应针对具体的杀菌、抑菌植物，分别通过对根、茎、叶、花、果实等部位提取的生物活性物质的测定，分析和了解不同活性成分在植株不同部位的分布情况，进而有目的地进行开发利用。如果尚未建立合适的分析方法，则可采用生测法来判断有效成分在植株中的分布。以研究南欧丹参 *Salvia sclarea* 中杀菌活性成分的分布为例：将采集的南欧丹参 *S. sclarea* 的茎、叶、花、种子风干后，于 60℃条件下干燥 24 h，经植物样品粉碎机粗粉碎，分别以石油醚(60～90℃)加热回流提取，然后将各提取物以 500 mg/L 的浓度采用抑制菌丝生长速率法进行杀菌活性测定，结果如表 12-4 所示。

表 12-4 南欧丹参各部位提取物的抑菌活性

供试病原菌	相对抑制率/%		
	种子提取物	茎叶提取物	花提取物
小麦根腐病菌 *Bipolaris sorokiniana*	30.4	26.4	74.1
番茄早疫病菌 *Alternaria solani*	2.8	17.8	60.8
油菜菌核病菌 *S. sclerotiorum*	2.3	32.5	90.6
西瓜枯萎病菌 *F. oxysporum* f. sp. *niveum*	42.1	42.8	45.1
烟草赤星病菌 *A. alternata*	48.9	40.4	79.8

表 12-4 的结果说明，南欧丹参 *S. sclarea* 的茎、叶、种子也含有一定的杀菌活性成分(硬尾醇)，但主要的杀菌活性成分分布在花中，因此该植物的花应是提取硬尾醇的主要原料。

3. 植物体内的有效抑菌、杀菌成分

目前，国内外对植物源杀菌剂的研究取得了较大进展，发现了很多具有开发潜力的抑菌、杀菌或抗菌的化学成分，其结构类型涉及萜类、生物碱类、黄酮类、糖类、皂类、醌类、香豆素、木脂素、醛类、酚类、醇类、有机酸及精油类等化合物。这些具有抑菌、杀菌活性的植物有效成分类型较多，主要可以归纳为以下几类。

1) 萜类化合物

萜类化合物是指具有$(C_5H_8)_n$通式及其含氧和不同饱和程度的衍生物，可以看成是由异戊二烯或异戊烷以各种方式连接而成的一类天然化合物，包括蒎烯、单萜类、倍半萜、二萜类、三萜类，多以酯类衍生物形式存在。在植物体内萜类化合物具有抗菌、杀菌作用，如从药用植物中分离得到抗真菌的萜类化合物氢化喹啉酮二萜，对瓜枝孢霉 *C. cucumerinum* 具有强烈的抑制活性；从辐射松 *Pinus radiate* 的针叶中分离出 3 种氧化双萜类化合物，对针叶红斑病具有很强的抗菌能力；从苦皮藤 *C. angulatus* 假种皮中分离到间苯二酚、麝香草酚、1α、2α、4β、6β、8α、9β、13-羟基二氢沉香呋喃等，对玉米小斑病菌 *B. maydis* 有较好的抑制作用；从盘花垂头菊中提取出一种倍半萜成分，对枯草芽孢杆菌 *B. subtilis* 等具有一定的抑制活性。

2) 黄酮类

黄酮类是以黄酮(2-苯基色原酮)为母核而衍生的一类黄色色素，其中包括黄酮的同分异构体及其氢化的还原产物，在植物界分布很广，种类繁多，其中异黄酮类化合物具有很强的抗菌作用。在植物体内黄酮类化合物大部分与糖结合成苷类或以碳糖基的形式存在。目前越来越多的黄酮类化合物从植物中分离出来，如蒲公英 *Herba taraxaci* 中的槲皮素-3-*O*-葡萄糖苷和槲皮素-3-*O*-β-半乳糖苷、黄芩 *Scutellaria baicalensis* 中的黄芩苷和甘草 *Glycyrrhiza lepidota* 中德查尔酮均具有抗菌活性；从假水仙的鳞皮中提取到 3 种化合物 7-羟基黄烷、4. 7-二羟基-8-甲基黄烷，都具有较强的抗真菌作用；从尖石榴 *Psidiuna cutangulum* 的枝条和叶中分离出黄酮类化合物，对丝核菌 *R. solani* 和大麦网斑病菌 *Drechslera teres* 具有抑制作用；Aftindehou 等(2002)由豆科刺桐属植物根皮中分离出一种新的异戊二烯化异黄酮，可以抑制瓜枝孢菌 *C. cucumerinum* 的生长。

3）生物碱类

生物碱类是指一类来源于生物界(以植物为主)的含氮有机化合物。多数生物碱分子具有较复杂的环状结构，且氮原子在环状结构内，大多呈碱性，一般具有生物活性。迄今为止已从自然界分出一万多种生物碱。目前，国内外有关植物体内生物碱类物质的分离、抑菌作用研究较多。韦平英等(2003)报道，苦参生物碱对几种植物病原菌有抑制作用；黄连体内含有大量的生物碱，尤以小檗碱的含量最高，这些生物碱对植物病原真菌的菌丝生长和孢子萌发有较强的抑制作用，其中对柑橘青霉病菌 *P. italicum*、小麦全蚀病菌 *G. graminis* var. *tritici* 等均有很强的抑制作用；小檗碱对链格孢 *A. altennta* 的分生孢子、大麦散黑穗病菌 *U. nuda* 的冬孢子、蚕豆锈病 *Uromyces fabae* 病菌的夏孢子和油菜霜霉病菌的孢子囊抑制作用很好。Eberhora (1985)用小檗碱防治马铃薯晚疫病已取得了成功，并获得了专利。因此，黄连 *Coptis chinensis* 中的小檗碱在防治植物病害上具有广阔的前景。

4）酚类化合物

酚类化合物是指芳香烃中苯环上的氢原子被羟基取代所生成的化合物。酚类化合物一般都有显著的酸性，具有不同程度的抑菌作用。赵纯森等(1994)从厚朴树 *Magnolia officinalis* 的自然落叶中提取总酚化合物对供试 10 种真菌均有很强的抑制作用，水提取物在 2000 mg/kg盆栽条件下能杀死土壤中棉立枯病菌 *R. solani*，田间在小麦白粉病 *B. graminis* 发病高峰期喷洒提取物一次可明显控制病情发展。杨征敏等(2002)从苦皮藤 *C. angulatus* 假种皮中分离到间苯二酚、麝香草酚对玉米小斑病 *B. maydis* 有较好抑制作用。唐裕芳等(2005)对茶多酚的抑菌活性研究结果表明，茶多酚对细菌有较强的抑菌活性。

5）蒽醌类化合物

醌类化合物是植物中一类具有醌式结构的有色物质，主要包括苯醌、萘醌、菲醌、蒽醌等类型；蒽类衍生物包括蒽醌及其不同程度的还原产物，如蒽酚以及蒽酮的双聚物等。在植物界分布较广泛，高等植物中大约有 50 多个科 100 余属的植物中含有醌类，集中分布于蓼科、茜草科、豆科、鼠李科、百合科、紫葳科等植物中。药用植物如大黄 *R. palmatum*、虎杖 *Polygonum cuspidatum*、何首乌 *Polygonum multiflorum*、丹参 *Salvia miltiorrhiza*、番泻叶 *Cassia angustifolia*、紫草 *Arnebia euchroma* 中的有效成分都是醌类化合物。醌类化合物生物活性是多方面的，其中在植物抵御病原菌侵染方面也起着重要的作用，如安银岭等(1994)研究发现大黄素、大黄酚、大黄酸及槲皮素醌类化合物，对细链格孢 *A. tenuis*、香石竹单孢锈菌 *Uromyces dianthi* 等植物病原菌的孢子萌发、产孢数量等均有不同程度的抑制作用。张野平和杨志博(1987)则从蔷薇科核桃楸 *Juglans mandshurica* 新鲜根皮、枝皮、青果皮中分离获得胡桃醌，对大肠杆菌 *Escherichia coli*、枯草芽孢杆菌 *B. subtilis*、金黄色葡萄球菌 *Staphylococcus aureus* 等均有抑制作用。

6）精油类

植物精油是植物特有的芳香物质，来源于草本植物的花、叶、根、树皮、果实、种子、树脂等，是由一百多种以上的成分所构成，一般含有醇类、醛类、酸类、酚类、丙酮类、萜烯类。凌冰等(2003)研究表明，飞机草 *Eupatorium odoratum* 挥发油在中等浓度(800 mg/L)时，对稻瘟病菌 *P. grisea* 的抑菌率为 61.40%。张国珍等(1995)从麻黄 *Ephedra sinica* 和细辛 *Asarum heterotropoides* 中提取的挥发油，对植物病原真菌立枯丝核菌 *R. solani* 和薏苡黑粉菌 *Ustilago coicis* 等均有抑制作用，接种 48 h 后两种挥发油对立枯丝核菌 *R. solani* 的毒力最强，最低抑制浓度为 250 mg/L。黄梁绮龄和苏美玲(1994)对山鸡椒挥发油(山苍子油)抑制植物病原真菌尖镰孢 *F. oxysporum* 和葡柄霉 *Stemphyllium* sp. 的研究结果表明，所用山鸡椒 *L. cubeba* 挥发油均具有很强的抑制植物病原真菌生长的能力，并有明显的保鲜作用。严宣佐等(1993)自杜香 *Ledum palustre* 茎叶中提取的挥发油，主要成分为桧烯 26.49%、α-萜品烯 2.22%、α-伞花烃 4.15%、γ-萜品烯 4.15%、桃金娘烯醛 28.60%等，对淡紫青霉 *P. lilacinum*、黑曲霉 *A. niger*、交链孢霉 *A. alternata* 等真菌具广谱的抗菌作用。曹克强等(2001)发现大蒜油、香茅油及木贼提取物对马铃薯晚疫病 *P. infestans* 的孢子萌发、菌丝生长及对叶片的侵染均具有一定的抑制作用。

(二) 植物源抑菌、杀菌物质的筛选

为了有效地从植物中检测出具有抑菌、杀菌活性物质，应该选择什么菌做检测菌，从什么角度来选择植物，用什么方法来检测活性物质呢？主要从以下三方面分述。

1. 供试菌的选择

各种化学农药对不同病原菌的杀菌作用各异，如苯来特、甲基托布津对子囊菌有特效，而萎锈灵、氧化萎锈灵、灭锈胺对担子菌有特效。在筛选植物源杀菌剂时，首先要考虑对人畜及有益微生物低毒或无毒，对植物病原菌具有较强抑菌、杀菌活性，因此，这种选择性很高的天然化合物也和化学农药一样，对各类植物病原菌的抑菌活性因病原菌种类不同而有显著的差别，所以，在植物源杀菌剂筛选中，供试菌的选择应参考两个原则：第一，在室内人为环境条件下，应用较简便快速的繁殖技术，可保证全年定时大量供应，不受季节限制。第二，应是广泛发生的主要农(林)作物的病原物，从经济意义和微生物的分类地位上具有一定的代表性，因此，可考虑从蔬菜、禾谷类、作物苗期病害等中选择供试菌。可选择蔬菜霜霉病菌，如黄瓜霜霉菌 *Pseudoperonospora cubensis*，芹菜叶斑病菌 *Septoria apucola*，番茄、四季豆、豌豆、黄瓜及甜椒灰霉病菌 *B. cinerea*，菜豆锈病菌 *Uromyces appendiculatus*，黄瓜白粉病菌 *Erysiphe cichoracearum*，番茄早疫病菌 *Alternaria solani*，辣椒疫病菌 *Phytophythora capsici*，辣(甜椒)炭疽病菌 *C. capsici*，马铃薯晚疫病菌 *P. infestans*，油菜菌核病菌 *S. sclorotiorum*，蔬菜苗期猝倒病菌和立枯病菌 *Pythium* spp.，*Aphanomyces cochlioide*，*Pleospora betae*，稻瘟病菌 *P. grisea*，为害多种植物的立枯丝核菌 *R. solani*，小麦腥黑穗病菌 *Tilletia caries*、*Tilletia foetida*，小麦散黑穗病菌 *Ustilago tritici*，禾谷类白粉病菌 *E. graminis*，禾谷类锈病菌 *P. striiformis*、*P. recondita*、*P. hordei*、*P. graminis*、*P. coronata*，苹果(梨)黑星病菌 *Venturia inaequali*、*V. pirina* 和苹果树梭疤病菌 *Nectria galligena* 等病原菌。这样筛选出的植物源杀菌剂就会对某类病原菌有特效，有利于推广应用。但也可根据实际情况选用其他病菌，如要筛选防治棉花枯萎病的杀菌剂，则选用棉花枯萎病菌 *F. oxysporum* f. sp. *vasinfectum* 为供试菌。

2. 供试植物的选择

怎样从众多的植物中筛选出抗菌植物和抗菌有效成分呢？可以参考国外许多研究机构发现先导化合物的做法，其方法是以生物多样性代表化学成分多样性为前提的，通过文献检索和信息积累，随机选出 10 000 种不同的植物以代表 50 000～100 000 种不同的天然产物结构，通过对这些植物样品化学成分的研究及生物活性测试，可以发现有意义的先导化合物(具有一定生理活性的化学物质)。但由于先导化合物结构本身特点，导致活性的大小和稳定性存在差异，可由此活性先导物质为模板合成一系列化合物，筛选出高效、低毒、低残留的生物合理性农药。如果不能全合成，可考虑用同属其他植物替代，或用其他属已知有类似结构成分的植物替代，或考虑半合成、衍生物制备及组织培养等方法获得。例如，周立刚等(1997)从药用植物中分离到 12 种黄酮和 5 种甾体化合物并进行了抗真菌性实验，结果表明，黄酮类化合物的 A 环 C-5、C-6、C-7 位为羟基取代，而 B 环无取代的黄酮化合物具有活性；若 C-6、C-7 位羟基被甲基化或配糖化，则抗菌活性消失。然而甾体化合物 C-3 位羟基的配糖化能提高抗菌活性，但其 C-12 位多一个羟基，显示无抗菌活性。

耐久性木材的提取物多数显示出抗菌活性；从文献和来自民间传统选择植物也是一种可取的方法。从抗病植物中筛选杀菌剂可能是一条有用的途径，如从抗稻瘟病的水稻植株中分离出一种含有丙二酸叉结构的杀菌化合物，并以此为先导化合物开发出了杀菌剂——稻瘟灵。因此对抗病植物的深入研究，可能会发现和开发出更多新的植物源杀菌剂。

3. 抑菌、杀菌物质的筛选方法

杀菌剂筛选方法正确与否对发现新药剂具有重要作用。在天然物农药研究过程中，筛选方法分传统的生物测定方法和新型生物测定技术及其创新途径。

1) 传统的生物测定方法

(1) 离体法。离体法是利用药剂和病原菌直接接触，以筛选药剂杀菌作用的方法。此筛选体系不包括寄主植物。常见的离体测定方法有：孢子萌发法、生长速率法、琼脂扩散法、琼脂稀释法、对峙培养法、菌丝干重法、定氮法等。离体法具有操作简单、条件比较容易控制、试验材料易于获得、测定所需的时间周期短等优点，并在一定程度上反映了药剂的生物活性。但此法最大的缺点是可能使一些具有防病作用的化合物漏筛。例如，以抑制孢子萌发作为指标的杀菌剂生物活性测定，会使许多现代的杀菌剂被判断为没有活性，因为这些药剂对孢子萌发没有抑制作用，如三环唑，离体测定时对菌体没有活性，但能抑制真菌侵入寄主所需的黑色素等物质的合成。另外，还有一些是调节、诱导植物抗病性的药剂，如果只用离体法测定它们的活性，这些药剂就有可能被漏筛。

(2) 活体法。采用“活体优先”的原则来进行生物测定。实际上，几乎所有的农用杀菌剂都是在病原菌与寄主共存的情况下发挥药效，因此，最好是在病原菌与寄主共存的条件下进行实验，其实验结果与田间效果具有很高的相关性，对生产实际有较大的参考价值。常用的方法有：种子杀菌剂药效测定、幼苗接种实验方法、叶片接种实验方法、果实防腐剂生物测定、定殖法等。此方法需要寄主多，占用空间大，测定周期长，实验条件难以控制，因此，会耗费更多的人力、物力和财力，且效率低。

(3) 组织筛选法。利用植物部分组织、器官或替代物作为实验材料评价化合物杀菌活性的方法，是介于活体和离体之间的一种方法。它既具有离体的快速、简便和微量等优点，又具有与活体植株效果相关性高的特点，因此，近年来备受重视，以植物叶片、根、茎等组织为实验材料，适于多种病害杀菌剂的生物测定。目前比较成熟的组织筛选法有：适用于水稻纹枯病、蔬菜菌核病的“蚕豆叶片法”；适用于稻瘟病的“叶鞘内侧接种法”；适用于玉米弯孢霉叶斑病的“玉米叶段法”；用来观察药剂对真菌各生长阶段作用的“洋葱鳞片法”；针对黄瓜灰霉病新药剂筛选的“子叶筛选法”；适用于霜霉病的“叶片漂浮法”；适用于稻白叶枯病的“喷菌法”；针对细菌性白菜软腐病的“萝卜块根法”；适用于柑橘树脂病的“离体叶片法”；适用于抗病毒剂筛选的“局部病斑法”及“叶片漂浮法”等。这些方法的特点是简便、迅速，而且与田间效果相关性较高。

上述离体法、活体法及组织筛选法都有各自的优缺点，要针对病菌的侵染特点加以选择，必要时还要结合使用，综合各种方法的优势。例如，日本三共农药研究所在采用活体法筛选出有效的化合物后，往往又采用离体的方法来寻找毒力更强的化合物，这是一种活体-离体-活体的筛选模式。

2）新型生物测定技术及其创新途径

（1）新型生物测定技术。现在研究开发农药，平均 10 万个化合物中才能筛选出 1 个有前途的化合物，农药开发费用大、周期长，开发成功率较低。因此第 3 代杀菌剂的开发聚焦于特异的作用靶标，筛选途径从传统的随机合成和类推合成转向天然源、植物诱导素及生物合理设计，如几丁质合成抑制剂、甾醇合成抑制剂可使病菌产生异常芽管及菌丝，但有效霉素可使菌丝密度增加，产生异常分枝，这表明传统的离体测定指标不适宜。因此离体观察指标不断增加且趋向微观化、细胞化和间接化。针对植物天然产物的研究特点，对微量分离物进行抗菌活性跟踪，研究新型的测定技术已势在必行。例如，李树正和张素华(1997)开发出灵敏、准确的“对峙培养法”；周青春和罗勤(1998)改进了“溴化四氮比色法”，提出可在新杀菌剂研究筛选及生物学基础研究中应用的微量快速筛选方法。直接薄层析生物自动显影测定(direct TLC bioautography detection)是集筛选、分离和测定于一体的生物测定技术，所需样品量较少，同时灵敏、快捷、可靠，特别适合植物源杀菌剂活性物质的筛选和追踪；组织培养筛选方法适合现代化大规模筛选，同时与大田试验相关度高，在杀菌剂的生物测定上具有广阔的应用前景，如上海市农药研究所成功地应用了组织培养筛选法，发现了井冈霉素和变构霉素；高通量筛选(high throughput screening，HTS)是 20 世纪 80 年代后期发展起来的一种用于寻找医学新药物的高新技术，国外许多农药公司将这种技术用于新农药的筛选，高通量筛选技术是在传统筛选技术的基础上，应用生物化学、分子生物学、细胞生物学、计算机、自动化控制等高新技术，使筛选样品微量化(样品用量在几微升到几百微升或者微克至毫克)，样品加样、活性检测乃至数据处理高度自动化，使筛选具有快速、灵敏、特异性高等特点。

（2）新型生物测定技术创新途径。第一，药理学途径。目前，国内外从药理学途径开发的新型生物测定技术有筛选细胞分裂抑制剂的芽管隔膜法、筛选几丁质抑制剂的异常芽管法、筛选黑色素抑制剂的异常菌丝法等。它们是根据一些已开发药剂的作用机理而开发的杀菌剂生物测定技术。生物测定技术为筛选新型杀菌剂服务，反过来，新型杀菌剂的发现及其作用机制研究又推动了杀菌剂生物测定技术的改进和创新。第二，植物病理学途径。通过对病原菌与寄主之间关系的研究，进一步研究致病菌或抗病过程，从而开发新型杀菌剂生物测定技术。植物病原菌产生的毒素是许多病原菌的致病因子，因此，可以开发以中和毒素或抑制毒素为目标的生物测定技术和新型杀菌剂。噻菌灵的作用机理之一是诱导水稻产生3种植物防卫素，虽然噻菌灵是以常规方法开发的杀菌剂，但是它给人以启示开发针对“防卫素”的生物测定技术，这对开发“诱导抗病性”杀菌剂无疑具有重大意义。第三，生物化学和分子生物学途径。无论是从药理学还是病理学途径，植物病原菌、寄主和药剂三者之间的关系，大多数可从生物化学(酶、激素、免疫系统、电子传递链等)、分子生物学(酶、膜等受体的结构和农药分子在靶标部位作用机理)水平给予最终的解释。搞清病原菌本身的生理生化机制，是未来生物测定技术发展的基础。基于生理生化比较成熟的测定方法有呼吸强度法、比色法、酶活性法等。在分子生物学水平上已建立了诸如甾醇合成抑制剂测定法，类脂生物合成抑制剂测定法，RNA、DNA生物合成抑制剂测定法及脱氢酶活性抑制剂的测定方法。生物化学和分子生物学途径起点高，研究手段先进，是杀菌剂定量构效模型和高通量筛选的基础，同时反映了未来的生物测定模型微量化、快速化的特征。

二、植物源生防制剂研究和生产工艺

(一) 植物源生防制剂研究应用概述

1985年，Grace和Co. 在美国登记了第一个商品化植物源杀虫剂印楝制剂Margosan-O后，世界上出现了许多印楝产品，如美国的Azatin和Neemesis，德国的Neemazal及印度的Neemark和Neemguard等。中国是植物农药的生产和使用大国，20世纪50年代以来，我国就对曼陀罗 *Datura Stramonium*、巴豆 *Croton* spp.、百部 *Stemona japonica*、雷公藤 *Tripterygium wilfordii*、厚果鸡血藤 *Millettia pachycarpa* 等进行了包括应用在内的研究，各地挖掘出了很多植物农药。据统计，到1998年年底，我国已登记注册的植物农药品种达16种，生产厂家达46家，品种包括烟碱、苦参碱、鱼藤酮、茵篙素、黎芦碱、苦皮藤素、川楝素、苦楝素、毒黎素、茶皂素、乙蒜素等。可见，植物农药在我国已成为一类重要的农药，对促进农业生产、保护生态环境将发挥重要作用。然而在植物源农药中，杀菌剂的研究相对于杀虫剂而言要少得多，到2000年，我国仅登记注册的植物源杀菌剂品种仅有3个。

(二) 植物源生防制剂生产工艺

目前，对植物源生防制剂的生产工艺主要从两方面进行研究：一方面对植物中的活性物质进行粗提取后，直接加工成可利用的制剂；另一方面是探索杀菌活性先导化合物，研究其活性物质的结构、作用机制及结构与活性间的关系，进而通过生物等排取代、药效团模型和定量构效关系等方法优化先导化合物结构，修饰模拟合成新型高效制剂。

1. 提取植物活性物质，直接加工成可利用的制剂

目前在这方面已研究开发出了一些产品，如浙江大学(赵培洁等，1999)研制的以大黄 *R. palmatum* 为主要原料的中药农药“必效散”，对防治霜霉病效果显著，该药在1997年获尤里卡金奖；莱阳农学院(辛玉成等，1995)将8种中草药配制成GX-08复合剂对苹果腐烂病、苹果枝干轮纹病和苹果干腐病的治疗效果显著；我国开发出的莨菪烷碱乳剂、“楝素杀虫乳油”、“鱼藤酮乳油”、“苦参碱乳油”、“苦皮藤素乳油”、“苦皮藤素微乳剂”等均已产业化生产，并取得了一定的生态效益和社会效益。

1）苦参碱乳油生产工艺流程(图 12-1)

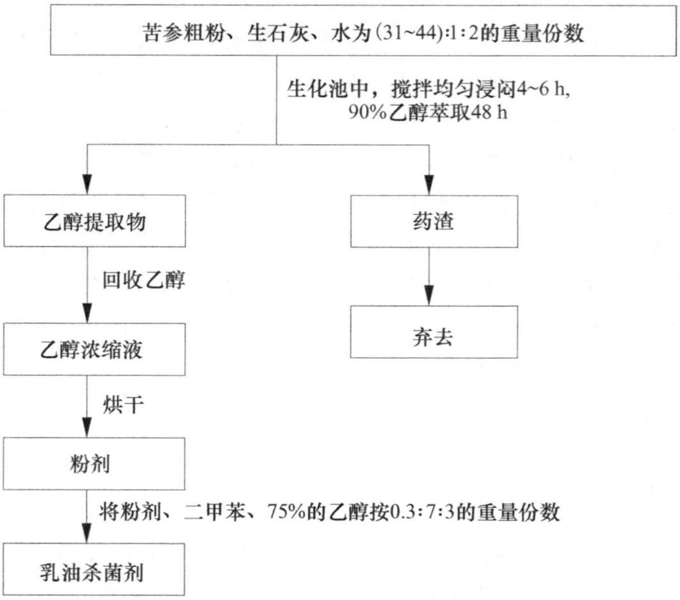

图 12-1　苦参碱乳油生产工艺流程

2）苦皮藤素乳油生产工艺流程(图 12-2)

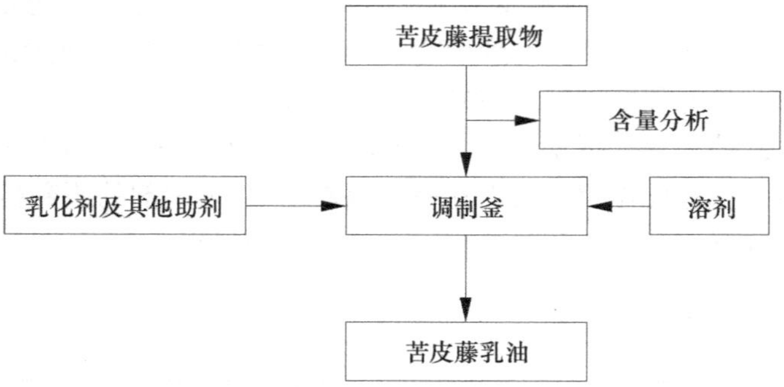

图 12-2　苦皮藤素乳油生产工艺流程(吴文君，1998)

3）苦皮藤微乳剂生产工艺流程(图 12-3)

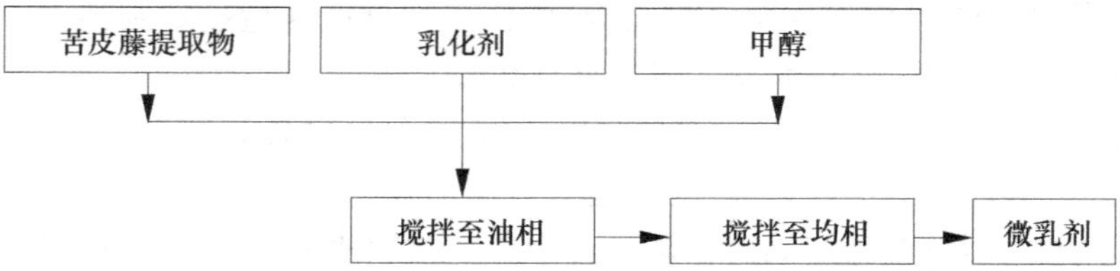

图 12-3　苦皮藤微乳剂生产工艺流程(吴文君，1998)

直接提取植物活性成分加工成制剂，其生产工艺简单易行，投资少，开发周期短。但提取率低、成本较高、费事耗时、效率较低，另外还存在着农药的质量检测及安全性评价等问题，这些均制约着植物源活性成分的直接加工利用。

2. 先探明先导化合物结构，再优化修饰模拟合成新型高效制剂

拟除虫菊酯类杀虫剂的开发是一个典型的以天然产物为先导开发新农药的成功实例。20世纪60年代，人们通过鉴定除虫菊的化学结构后发现，天然除虫菊素是由6种活性成分组成的混合物，其中起杀虫和击倒作用的主要是除虫菊素Ⅰ和除虫菊素Ⅱ，鉴于天然除虫菊素的优良杀虫活性，人们就设想利用化学合成方法来制备拟除虫菊素。首先，采用菊酸与2-烯丙基-3-甲基环戊-2-烯-4-醇-2-酮(丙烯醇酮)合成了丙烯菊酯。丙烯菊酯是以植物源先导进行新农药开发获得成功的第一个范例。此后，人们为克服除虫菊酯的光稳定性问题而开发了一系列对光稳定的、能用于农业生产的拟除虫菊酯类杀虫剂，及至后来开发的非环丙烷、非酯及含氟类拟除虫菊酯均充分展示了以天然产物为先导进行新农药创制的具有极大潜力和广阔前景。

因此，在对植物源杀菌活性先导化合物结构、作用机制、结构与活性关系的研究基础上，进而通过生物等排取代、药效团模型和定量构效关系等方法优化先导化合物结构，修饰模拟合成新型高效制剂(图12-4)。

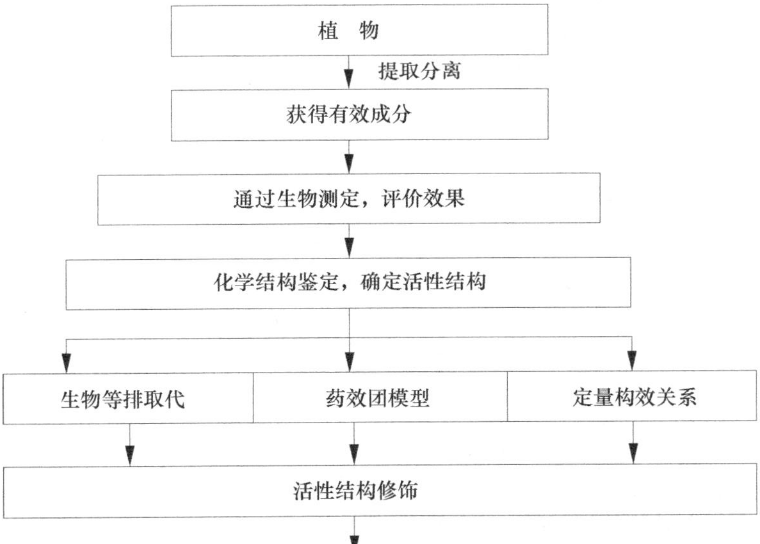

图12-4　由先导化合物结构开发合成新农药的生产工艺流程图

如由甲氰菊酯开发的氯氰菊酯($CH_3 \rightarrow Cl$)到溴氰菊酯($CH_3 \rightarrow Cl \rightarrow Br$)，即是通过生物电子等排取代的方法，由化合物(Ⅰ)开发出溴氟菊酯(R＝F,Cl,$CH_3 \rightarrow Br$)，如图12-5。

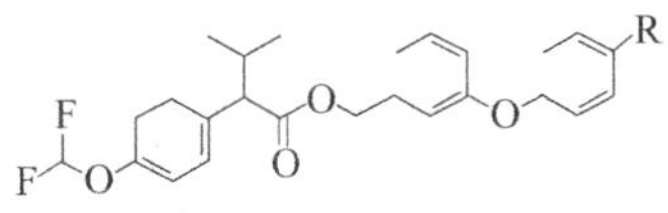

图12-5　溴氟菊酯结构

以天然产物为先导创制农药不但可以开发出具有更高或更广谱的生物活性、更高的选择性、更低的毒性、更长或更短的残效期等新农药，还可以研究开发一系列的类似物，而且它们的生物活性往往高于先导物，对非靶标生物更安全，并能克服先导物的某些物理性质的不足，扩大应用范围，是当今世界植物源生防制剂发展的趋势。

（三）植物源杀菌剂研究应用中存在的主要问题和应用前景

1.存在的主要问题

尽管植物源杀菌剂已成为植物病理学防治技术研究的热点之一，但从总体来看，植物源杀菌剂的研究尚处于起步阶段，机理方面的研究仅是探索阶段，没有明确的方式与方法，应用开发研究还比较滞后。主要存在以下问题。

（1）现今登记的植物源农药几乎都是杀虫剂，而杀菌剂的产品较少，可见植物源杀菌剂产业化还相当薄弱。

（2）已商品化的产品应用范围较窄，只是对少数的病害起作用，缺乏广谱性。

（3）植物活性成分的含量和活性强度不够稳定。因植物次生代谢物质的种类、含量除受自身遗传因子控制外，还受外界环境条件、土壤营养成分和周围生物群落等的影响。因此，同一种植物中具有农药活性的物质含量可因植物的生长发育阶段、组织器官、地域分布、生长环境等因素的不同而有差异。另外，植物中的活性成分易光解或水解，在环境中不够稳定。

（4）植物杀菌剂有效成分复杂，一般不容易确定和检测，不利于商品注册和形成产品。

（5）研究开发的层次不够深入。国内现今研究与开发主要停留在植物源农药的直接开发利用上，很少进入间接开发阶段。因而，今后要实现我国植物源农药的重大发展，还需科研人员付出巨大的努力。

2. 开发方向及应用前景

综上所述，植物源抗菌剂的研究尚需要在以下方面进行更深入的研究。

（1）广泛抑菌、杀菌植物资源的调查研究。我国抑菌、杀菌植物资源丰富，尤其在一些偏远地区、山区可能存在着较多与自然界协同进化的优良的抑菌、杀菌植物资源。另外，为了促进野生抗菌植物的繁殖和更新能力，应实行科学合理有计划的采挖，建立野生抗菌植物种子库，重视珍惜植物的保护，加速人工培育或引种栽培建立原料生产基地，以保证资源的可持续利用；或利用分子生物学与组织培养技术工厂化的生产活性次生成分，随着外源基因转化技术的成熟，利用根癌农杆菌、发根农杆菌的 Ti 质粒和 Ri 质粒转化后的冠瘿组织和毛状根作为培养系统来生产有用的活性成分是切实可行的，从而确保原料与其产业化实现。

（2）建立快速、高效提取分离与筛选鉴定活性物质的方法。植物体内的抑菌活性物质往往是其体内一种或几种次生物质，含量甚微，必须应用科学合理的提取分离手段才能获得。近年来，虽然利用树脂法、膜分离、超临界流体提取、超声波提取和微波提取等先进提取技术，使活性成分提取效率得到了极大的提高，但提取成本仍然较高，需进一步综合运用各类先进提取技术，提高有效成分提取效率，降低生产成本；同时应探索其结构与活性的关系，以寻找先导结构研制开发新型、安全、高效的杀菌剂。

（3）借鉴“中药配伍”原则和农药复配机理。探索不同植物源活性成分或与化学杀菌剂的配伍增效机制。由于植物活性成分大多为一类或少数几类相近的次生代谢产物，其抑菌谱一般较窄，经过多种活性成分复配，可显著增强杀菌谱，扩大应用范围；而通过活性成分与化学杀菌剂复配，不仅可利用化学杀菌剂作用快的特点，提高速效性，而且可运用植物源有效成分的复杂性，不易产生抗（耐）药性，从而达到互补，研制开发出新型、高效、安全的杀菌剂。

总之，积极发展植物源抗菌剂是保护环境、维护生态健康及人类安全的需要，也是一个发展方向。我国植物资源丰富，发展植物源抗菌剂的条件得天独厚，随着生物、信息、分离鉴定和仪器分析等技术的发展，新资源、新活性成分的逐渐发现及人们对绿色、天然的日益崇尚，植物源杀菌剂必有巨大的开发潜力与发展前景。

小 结

本章重点介绍了植物病害生物防治产品的主要种类，包括真菌类生防产品、细菌类生防产品、放线菌类生防产品、病毒类生防产品和植物源生防产品。详细介绍了各种生防产品的开发应用现状和研发流程。

复习思考题

1. 植物病害生物防治产品的主要种类？
2. 真菌类生防产品的开发应用现状和研发流程？
3. 细菌类生防产品的开发应用现状和研发流程？
4. 放线菌类生防产品的开发应用现状和研发流程？
5. 病毒类生防产品的开发应用现状和研发流程？
6. 植物源生防产品的开发应用现状和研发流程？

主要参考文献

安银岭，陈参虹，黄玉梅. 1994. 几种蒽醌类衍生物对植物病原真菌抑制作用的研究. 西南林学院学报，19(2)：122.
曹克强，Ariena H C，van Bruggen. 2001. 几种植物提取物和天然产物对马铃薯晚疫病菌的抑制作用. 河北农业大学学报，24(2)：23-25.
陈庆园，游兴林，刁朝强. 2007. 杀菌剂生物测定方法研究进展. 贵州农业科学，35(5)：154-156.
顾觉奋. 2001. 抗生素. 上海：上海科学技术出版社.
郭孝武，王蕊娥. 1998. 超声对川黄柏中小檗碱提出率的影响. 陕西师范大学学报(自然科学版)，26(2)：36-38.
郭孝武. 2000. 一种提取中草药化学成分的方法——超声提取法. 天然产物研究与开发，11(3)：37-40.
黄梁绮龄，苏美玲. 1994. 香港地区红树植物资源研究(Ⅰ)四种常见红树植物抑制植物病原真菌效能的评价. 天然产物研究与开发，6(1)：5-8.
姜怡，唐蜀昆，张玉琴，等. 2007. 放线菌产生的生物活性物质. 生物学通报，34(1)：188-190.
李树正，张素华. 1997. 杀菌剂筛选方法的研究. 农药，36(9)：20，21.
凌冰，张茂新，庞雄飞. 2003. 飞机草挥发油对真菌和昆虫的生物活性及其化学成分研究(英文). 天然产物研究与开发，15(3)：183-187.
卢艳花. 2008. 中药有效成分提取分离技术. 第二版. 北京：化学工业出版社.
孟昭礼，袁忠林，曲宝涵，等. 2001. 人工模拟杀菌剂绿蒂的研制和应用. 中国农业科学，34(2)：168.
《全国中草药汇编》编写组. 2000. 全国中草药汇编. 上册. 北京：人民出版社.
阮继生，刘志恒，梁丽糯. 1990. 放线菌研究及应用. 北京：科学出版社.
深见顺一，上杉康彦. 1991. 农药实验法——杀菌剂篇. 李素正译. 北京：中国农业出版社.
史志诚. 1997. 中国草地重要有毒植物. 北京：中国农业出版社.
宋超先. 2007. 微生物与发酵基础教程. 天津：天津大学出版社.
唐裕芳，张妙玲，冯波，等. 2005. 茶多酚的抑菌活性研究. 浙江林学院学报，22(5)：553-557.
王慧中，赵培洁，陈卫辉. 1999. 中药农药“必效散”对柑橘青霉病菌和绿霉病菌的抑制作用. 科技通报，15(6)：449-452.
王维华，王南舟，钟立人. 1996. 以连翘为原料的食品天然防腐剂的研制. 天然产物研究与开发. 8(4)：87-90.

韦平英,梁英,侯美珍. 2003. 苦参生物碱对几种植物病原菌的抑制作用研究初报. 广西植保,2:1-3.
吴恭谦,伍越环,张超,等. 1995. 一种 γ-亚甲基-γ-丁内酯的烷基取代物防治小麦赤霉病的研究. 中国科学技术大学学报,25(3):382-386.
吴剑波. 2002. 微生物制药. 北京:化学工业出版社.
吴文君,刘惠霞,姬志勤,等. 2000. 植物杀虫剂 0.2%苦皮藤素乳油的研究与开发. 西北农业大学学报,28(5):18-21.
吴文君. 1991. 杀虫植物苦皮藤研究概况. 植物保护,17(3):34,35.
吴文君. 1998. 天然产物杀虫剂——原理·方法·实践. 西安:陕西科学技术出版社.
吴轶青(译). 1996. 使用天然抗菌化合物保护作物. 农药译丛,18(3):9-12.
辛玉成,王东昌,秦淑莲,等. 1995. 植物质药剂 GX-08 的研制及在苹果树上的应用. 落叶果树,27(2):10-13.
邢秀芳,马桔云,于宏芬,等. 2001. 纤维素酶在葛根总黄酮提取中的应用. 中草药,32(1):37,38.
徐丽华,李文均,刘志恒,等. 2007. 放线菌系统学. 北京:科学出版社.
许赣荣,胡文锋. 2009. 固体发酵原理、设备与应用. 北京:化学工业出版社.
许馨燕,仲婕,顾政一. 2005. 超临界 CO_2 法与酸水法提取苦豆子的比较研究. 国外医学中医中药分册,27(5):297-299.
严宣佐,周勇,陶君悌,等. 1993. 杜香植物资源开发利用的基础研究-Ⅱ. 杜香油抗真菌及细菌作用的实验研究. 天然产物研究与开发,4(1):35-37.
杨顺义,郭东艳,沈慧敏,等. 2006. 苍耳抑菌成分提取工艺. 甘肃农业大学学报,41(5):67-70.
杨征敏,吴文君,姬志勤,等. 2001. 苦皮藤果实中农药活性成分的分离和结构鉴定. 西北农林科技大学学报(自然科学版),29(6):61-64.
杨征敏,吴文君,钮绪燕. 2002. 卫矛科植物苦皮藤杀菌活性研究初报. 西北农林科技大学学报(自然科学版),30(5):74-76.
于平儒. 2000. 苦豆子等植物样品抑菌活性筛选. 杨凌:西北农林科技大学硕士学位论文.
张国珍,樊瑛,丁万隆,等. 1995. 麻黄和细辛挥发油的抗真菌作用. 植物保护学报,22(4):373,374.
张海容,赵芳慧,陈金娥. 2006. 微波萃取-分光光度法研究关黄柏中小檗碱的提取. 光谱实验室,23(3):526-529.
张立伟,毛建明,杨频. 2003. 超临界二氧化碳流体萃取中药苦参的生物总碱. 化学研究与应用,15(1):129,130.
张野平,杨志博. 1987. 胡桃醌抗肿瘤作用的研究. 沈阳药学院学报,4(3):166.
赵纯森,黄俊斌,周茂繁. 1994. 厚朴叶中抑菌活性成分鉴别及其防病效果. 华中农业大学学报,13(4):373-377.
赵善欢. 1999. 植物化学保护. 第三版. 北京:中国农业出版社.
赵振东,王亚玲,杜晓光,等. 2001. 杜香精油主要组成及利用的研究. 林产化工通讯,35(5):3-6.
周立刚,张颖君,蔡艳,等. 1997. 黄酮和甾体类化合物的抗真菌活性. 天然产物研究与开发,9(3):24-29.
周启,王道本. 1998. 农用抗生素和微生物杀虫剂. 北京:中国农业出版社.
周青春,罗勤. 1998. 杀细菌剂微量快速筛选方法的研究. 植物保护,24(4):24,25.
诸葛健. 2002. 工业微生物资源开发应用与保护. 北京:化学工业出版社.
Aftindehou K K, Queiroz E F, Terreaux C, et al. 2002. Three new prenylated isoflavonoids from the root bark of Erythrina vogelii. Planta Med, 68(2):181.
Butt T M, Jackson C M, Magan N. 2001. Fungi as biocontrol agents: progress, problems and potential. CABI public-shing, CAB International, Wallingford, NewYork, USA.
Eberhora U. 1985. Control of Phytophthora Infestans with Berberine. C. A, 107:72-74.
Kim B S, Moon S S, Hwang B K. 1999. Isolation, identification, and antifungal activity of a macrolide antibiotic,

oligomycin A, produced by *Streptomyces libani*. Can J Bot, 77(6): 850-858.

Kim B S, Moon S S, Hwang B K. 2000. Structure elucidation and antifungal activity of an anthracycline antibiotic, daunomycin, isolated from *Actinomadura roseola*. Journal of Agricultural and Food Chemistry, 48(5): 1875-1881.

Renee J, Grayer B. 1994. A survey of antifungal compounds from higher plants. Phytochemistry, 34(1): 19-23.

附录　植物病害生物防治学基本实验

实验一　植物病害生防菌的分离与培养

一、目的意义

植物病害生防菌的分离培养是利用生防菌进行植物病害生物防治研究和应用的前提。自然界中，植物病害的生防菌种类多、数量大，主要包括真菌、细菌和放线菌。为了获得生防菌的纯培养，首先必须把目的生防菌从分离的材料中分离出来，再根据不同生防微生物生长所需营养和环境条件，使其在平板培养基上形成菌落，从而获得纯培养物。由于真菌、细菌和放线菌所要求的营养条件不同，故需利用不同的培养基制成平板进行分离，而分离的方法也有多种，培养条件也不尽相同。

通过本实验学习真菌、细菌和放线菌的常规分离、培养和纯化技术，了解常规培养基和培养条件，掌握分析样品中微生物的种类和数量的计测方法，学习从菌落及培养特征等方面区分细菌、放线菌和真菌的类别，学习生防微生物常用的分离培养方法。

二、材料和方法

（一）材料

1. 生防菌的材料来源

生防菌的材料来源主要有以下原则和依据：①依据已知的植物病害生物防治机制，如拮抗作用、竞争作用、重寄生作用、溶菌作用、捕食作用，诱导抗病性和生物多样性调控等；②从存在感病寄主和特定病原菌、但植物病害并未发生或病害处于衰退阶段或病害不能发展的环境中筛选拮抗菌用于生物防治的微生物。除要具备有效杀死或抑制病原微生物的生长和繁殖能力外，还要能很好适应病原菌所在的生态系统。若要防治土传病害，应从土壤或植物地下组织上分离；防治气传病害，应从植物地上部组织上分离。此外，为能比较容易地捕捉到目标生防菌，应在有某种病原菌的寄主存在且其没有病害发生或发生较轻、发生比较缓慢的地方采集样品，尤其以抑制性土壤为佳。近年来，植物内生菌也成为重要的生防菌。

2. 培养基

针对分离培养的生防微生物类别选用不同的培养基。

细菌分离培养基牛肉膏蛋白胨琼脂 NA 培养基：牛肉浸膏 3 g，蛋白胨 5 g，葡萄糖 2.5 g，琼脂 15～18 g，蒸馏水 1000 mL。

放线菌分离培养基高氏 1 号培养基：可溶性淀粉 20 g，K_2HPO_4 0.5 g，KNO_3 1 g，$MgSO_4\cdot7H_2O$ 0.5 g，NaCl 0.5 g，$FeSO_4$ 0.01 g，琼脂 17～20 g，pH 7.2～7.4。

真菌分离培养基 PDA 培养基：去皮马铃薯 200 g，葡萄糖 10～20 g，琼脂 17～20 g，蒸馏水 1000 mL。

3. 设备及用具

超净工作台、无菌培养皿、无菌吸管、三角瓶、试管、无菌水、酒精灯、接种环、接种针和记号笔等。

（二）方法

1. 生防真菌的分离与培养

自然界的微生物种类繁多，而且大多以混杂的状态栖居在各自不同的环境内，分离生防真菌应从分离生境部位入手，应用不同的培养基，或加特殊抑制剂等措施，从而进行有效地分离。经常选取的分离方法包括组织分离法、孢子分离法、菌核寄生菌分离法和土壤真菌分离法。

1）组织分离法

（1）体表生防菌。对于植物表面的生防菌，可通过水洗法和孢子分离法。根据需要取叶片 5～10 张，在自来水下缓缓冲去浮土，晾干，用打孔器沿主叶脉间打取直径为 1 cm 的圆片，每叶 4～5 片，将叶片置于盛有 100 mL 无菌水的三角瓶内，振荡 20～30 min，取水洗液进行分离。有些菌丝和细菌难以从叶面洗下来，可将叶圆片用无菌水冲洗 3 次，用灭菌滤纸吸干多余的水分，再分别移到平板培养基上，每皿 3～4 片，置于 25～30℃温箱培养，获得生防菌。

（2）内生菌。对于植物组织内部的生防真菌，可利用植物叶片或茎秆等不同植物组织进行分离。根据筛选目的，分离植物组织内生真菌时，选取不同生育期植物的叶片或茎秆，冲洗净表面的浮土，截断成 5 cm 长短，盛于三角瓶中，流动自来水连续冲洗，洗去表面附生物。再剪取 0.5 cm^2 的组织小块，在 95%的乙醇中浸 0.5～1 min，立即转入 3%的次氯酸钠消毒液中浸 5 min，再用无菌水洗 3 次，置无菌滤纸上吸干表面水分，然后转入加有 50 mg/kg 氯霉素或链霉素的 PDA 平板培养基上，25℃下培养 3～5 d 检查结果。有时为了提高分离效果，可于 PDA 或 NA 培养基中加入一定量的鲜组织浸煮汁液，即按所制作培养基用水总量的 10%～20%取所分离的植物茎秆或叶片组织，用组织粉碎机打碎并过滤，补足水量加入其他培养基成分制得。

2）孢子分离法

此法可用于分离重寄生菌，适宜较大菌体或菌核，以及线虫的虫体如胞囊和根结线虫雌虫的卵囊等的分离。从土壤或根表面采取的菌丝碎片，其表面可能有细菌或其他拮抗微生物的群体。将采集的碎片置于无菌水中，搅动一段时间，用以作稀释液进行培养；还可将菌丝体放在琼脂平板表面，用土样盖上，真菌菌落可用显微镜检查，发现有内分解的菌丝体将其挑选出来，然后切下作稀释分离培养。

3）菌核寄生菌分离法

筛取土壤中的菌核或胞囊，表面消毒后置于添加链霉素的 PDA 培养基上，25℃培养 3～5 d 后挑取菌丝纯化获得病原菌的重寄生菌。也可取田间采集的病原物菌核 5～20 粒（视菌核大小而定），加入盛有无菌水（10 mL）的试管，振摇 30 min 后倒去冲洗水，再同样换水 2～3 次，加少量无菌水静置 10～20 min，倒入无菌研钵捣碎。取碎菌核液作平板稀释培养，于 25～30℃下培养 7 d 后，转移并纯化所长出的分离物。然后测试其对病原菌的寄生致病力。也可以采用纯培养的菌丝团埋入病土中平板上 7～14 d，以诱使重寄生菌侵染；再收集菌丝洗去土壤，置少量无菌蒸馏水中 7 d 后，取出分离并检查寄生真菌，分别测试。

4）土壤真菌分离法

常采用稀释分离法。培养皿中先加土壤悬浮液，然后倒入琼胶培养基；或者将稀释的土壤悬浮液涂在琼胶平板表面；或者将稀释的土壤悬浮液与琼胶培养基充分混合后倒入培养皿中。一般步骤为：取经过风干过筛后的土样 10 g，放入加有 90 mL 无菌水的三角瓶中，振荡 20～30 min后，制成 10 倍的土壤悬浮液，并在沉降前吸 10 mL 加入另一 90 mL 无菌水的三角瓶中振荡摇匀，以此逐级稀释成不同浓度的悬浮液。为使样品所含的菌数不能过多，也不能太少，常常需要选择一个合适的稀释倍数，一般真菌和放线菌为 10^{-3}～10^{-5}、细菌为 10^{-5}～10^{-6}。稀释完后，用最后一支吸管（或塑料吸嘴）由最小的稀释液（10^{-6}）开始吸取 0.2 mL，加到编号为 10^{-6}稀释度的培养皿中涂平板或与冷却至 45℃左右的培养基混匀，再依次分别吸取各稀释液，加到相应编号的培养皿内，制成不同稀释浓度的培养梯度。然后取一定稀释度的悬浮液1 mL加入适当培养基平板的表面，再用经过加热灭菌的涂布器涂抹均匀，或者直接取 1 mL 土壤悬液与一定量的培养基（一般为 9 mL）混合均匀后制成平板。根据不同微生物生长速度记载分离结果。表面涂抹土壤液的平板应当在接种前几天制备好倒置，蒸发掉过多的水分，以免菌落被水影响而不清晰。

分离一般真菌常用的培养基是 PDA，可在倒皿前在培养基中加入 50 mg/mL 链霉素，以抑制细菌生长；含有孟加拉红（可抑制细菌和放线菌）的马丁氏培养基也适宜于土壤中生防真菌的分离。总之，根据自己要筛选的目的菌来选择培养基。

生防真菌的培养一般可于 25℃下培养，黑暗或光照。待长出菌落后即取边缘菌丝块于斜面培养。

2. 生防细菌的分离和培养

分离一般细菌常用的培养基是 NA，在培养基中加入抑制真菌的五氯硝基苯可利于细菌生长。土样中芽孢杆菌的分离，一般应用选择性培养基，如含有刚果红的酵母甘露糖醇琼脂、土壤浸出液琼脂或马铃薯葡萄糖琼脂培养基适合于分离芽孢杆菌 *Bacillus* spp.。或者利用 80℃水浴处理菌悬液 10 min 后涂平板分离。

生防微生物的纯化方法与一般微生物相似。对于细菌纯化可挑取分离到的单个菌落，配成一定稀释浓度的菌悬液，在琼脂平板上划线培养。

平板划线分离方法是将融化的牛肉膏蛋白胨琼脂培养基制成平板，冷凝后，用接种环取稀释样品一环在平板上划线。具体步骤：用接种环以无菌操作取细菌悬液一环，在平板培养基的一边做第一次平行划线 2～3 条。转动培养皿约 70°的角，用烧过冷却的接种环通过第一次划线部分做第二次平行划线。用同法通过第二次平行划线，做第三次平行划线；或先以沾有细菌悬液的接种环在平板的一端涂抹一下，使该处沾上一些细菌，然后烧掉环上剩下的细菌，再用烧过冷却的接种环通过刚才涂抹的部分，左右划线，不能互相接触。划线时，注意接种环与平板表面成 20°～30°角。划线分离对细菌、酵母菌较为适宜，而真菌和放线菌的分离多采用稀释法。

划线分离后，置于 37℃温箱中培养 1～2 d，即出现单个菌落，再移入斜面培养。

3. 生防放线菌的分离和培养

生防放线菌的分离方法大致与真菌的分离方法相同，只是培养基一般使用高氏 1 号培养基。有时为抑制真菌和细菌在分离时可采用苯酚处理土壤稀释液，或将要分离的土样与 10%的碳酸钙混合均匀，保湿培养一周后再分离。也可用含有重铬酸钾的改良高氏 1 号培养基分离生防放线菌；含有刚果红(可抑制细菌和真菌)的酵母甘露糖醇琼脂、土壤浸出液琼脂或马铃薯葡萄糖琼脂培养基适合于分离芽孢杆菌属 *Bacillus* 和放线菌链霉菌属 *Streptomyces* spp.。

此外还有一种弹土分离法。将风干土壤研细过筛后，取一定量的细土平铺于光滑的培养皿直径大小的硬纸板上，再将多余的土倒掉，使纸板上微见有细土黏附，这样就制成土样纸板。接种时，将土样纸板的黏土面轻轻覆盖在培养基平板之上，并用手指轻轻弹动一下立刻取下，则有一层土壤微粒均匀地散落在平板上。取下的土样纸板仍可连续用于第二、第三、第四套培养皿，这样可以控制土壤量的递减，以达到理想的出菌率。这种方法既简便易行，又可用于控制细菌干扰而得到多种放线菌。

放线菌纯化方法与细菌相似，可挑取分离到的单个菌落，配成稀释一定浓度的菌悬液，在琼脂平板上划线培养。

三、注意事项

1. 培养基

生防菌能否在平板培养基上生长取决于培养基的营养是否能满足。因此，可同时选用多种培养基，还可在培养基中加入一定量的寄主浸提物。

2. 消毒与灭菌

分离所需用具和材料一定要彻底消毒和灭菌，保证分离的生防菌来源明确。

3. 土壤样品采集的注意事项

①在生防菌抑制病原菌的有利季节采集样品。②在生防菌最活跃的土壤层面采集样品。③尽可能从受保护的寄主根际采集土壤而不要从土块中采集。④如有菌丝束、菌核或包含病原真菌繁殖体的寄主残屑存在，都应采集起来进行研究。生防菌很有可能存在于这些组织或菌丝体本身的表面。

4. 内生菌分离时的注意事项

内生菌分离时，注意表面灭菌彻底，取植物维管束组织，同时，应将最后一次无菌水涂于平板作对照(培养时不应有微生物的生长)。

5. 纯化

纯化培养要选用不加抗生素或其他抑菌物质的培养基上培养，验证纯化菌种是否污染杂菌。

四、实验作业

(1) 提交 1～2 份生防菌的分离物，并描述其培养性状和形态特征。

(2) 分离生防微生物的目的是什么？采用稀释法分离生防菌，如何保证准确并防止污染？由分离菌落如何得到纯培养菌种？

(3) 培养生防微生物时应考虑哪些原则？

实验二　生防菌的形态特征观察

一、目的意义

生防菌主要有细菌、放线菌和真菌三大类。由于微生物个体形态结构、培养性状、生理特性及产生色素的能力等各不相同，因而可根据分离的生防菌在固体培养基上的培养性状和形态特征，对生防菌进行初步鉴定。

本实验主要从大的分类类群上观察3种主要生防菌的培养性状及形态特点，学习具体的生防菌培养性状观察和形态特征描述、显微测量大小的基本方法。

二、材料和方法

（一）材料

1. 生防真菌

木霉属 *Trichoderma*、盾壳菌属 *Coniothyrium*、青霉属 *Penicillium*、曲霉属 *Aspergillus*、锈生座孢属 *Tuberculina* 和白粉寄生孢 *Ampelomyces*。

2. 生防细菌

假单胞菌属 *Pseudomonas*、芽孢杆菌属 *Bacillus*、土壤杆菌属 *Agrobacterium*。

3. 生防放线菌

链霉菌属 *Streptomyces*、小单胞菌属 *Micromonospora*。

4. 设备及用具

显微镜、无菌培养皿、无菌吸管、无菌水、酒精灯、接种环、接种针、载玻片、盖玻片等。

（二）方法

通常用接种针挑取菌体少许，在斜面培养基上由下到上划成直线接种，培养后，观察菌落生长的旺盛程度、形状、颜色及光泽等。在液体培养基中培养后，应注意观察浑浊度、有无沉淀、有无表面生长等特性。

若为鉴定菌种，则对于微生物在液体培养基中及在斜面培养基上生长的特征均应比较详细地观察。由于微生物个体表面结构、分裂方式、运动能力、生理特性及产生色素的能力等各不相同，因而个体在固体培养基或液体培养基上生长的情况往往各有特点，按照微生物在固体培养基上形成菌落的特征，可用来初步辨别是何种类型微生物，应注意菌落的形状、构造、大小、颜色、透明度、气味及黏滞性等。一般地，细菌和酵母的菌落比较湿润，用接种环极易将菌体挑起；放线菌的菌落硬度较大，干燥致密，且与培养基紧密结合，不易被针挑起；霉菌菌落呈蛛网状、绒状或棉絮状。

对于不同生防菌具体形态的观察，可采用观察其他微生物的方法，如载玻片加水滴、挑取少许菌体、加盖玻片显微镜下直接镜检等，根据不同微生物的已知特征进行识别鉴定。

1. 细菌

在细菌中，常见的拮抗性生防菌主要有假单孢菌属、芽孢杆菌属、土壤杆菌属、产碱菌属、巴氏杆菌属、固氮菌属、根瘤菌属、沙雷氏菌属和黄单胞菌属等。

总体上，细菌的培养性状主要为比较湿润黏稠的菌落，表面光滑似奶油状，个体均为单细胞，易于与其他生防菌区分。

2. 放线菌

放线菌是真细菌的一个大类群，它们是具有多核的单细胞原核生物。土壤和根际放线菌的优势种群主要为链霉菌属 *Streptomyces*。根据该属的培养特征，将其分为12个类群，此外常见的放线菌还有诺卡氏菌属 *Nocardia*、小单胞菌属 *Micromonospora*、放线菌属 *Actinomyces*,其中有很多为产生抑制性物质的成员。

生防放线菌主要是比较原始的放线菌,细胞是杆状分叉或只有基内菌丝没有气生菌丝。典型的放线菌除具有发达的基内菌丝外,还有发达的气生菌丝和孢子丝。

由于放线菌制成涂片,它的形态结构会受到一定的破坏,所以最好是在150～400倍的显微镜下直接观察。有些真菌的微量培养法也适用于放线菌。一种比较好的直接观察法是在培养皿中倒一层很厚的琼胶培养基,然后将几块小的灭菌盖玻片斜插在琼胶培养基中,呈45°的角度。将观察的放线菌接种在琼胶平板与盖玻片接触处,在琼胶平板上生长的放线菌,还有部分生长到盖玻片上,可将盖玻片取出直接在显微镜下观察。

放线菌的菌丝体和孢子不染色也看得很清楚,为了观察细微结构,菌丝体和孢子很容易用甲基蓝、结晶紫、亚甲蓝等染色。

1）菌丝体

菌丝体包括基内菌丝和气生菌丝。

基内菌丝是营养型的一级菌丝,长在培养基表面或插入培养基内部,直径为0.2～1.2 μm,长度长的可达600 μm以上,短的少于100 μm,分枝繁茂,大部分呈黄、橙、红、紫、蓝、绿、灰、褐甚至黑色,但也有无色的。其产生的色素溶于水的称水溶性色素,溶于有机溶剂的称脂溶性色素。

气生菌丝是由基内菌丝分枝向培养基上空伸展的二级菌丝,它包括一个不孕的轴丝和其上排列成总状或头状的产孢丝,即孢子丝。气生菌丝由于大量孢子的密集而呈白、黄、灰、淡紫灰、青色等不同颜色。

2）孢子

放线菌产生的孢子从形成方式上有外生和内生两类。大多数放线菌的孢子是外生的,它们通常都是着生在气生菌丝的孢子丝上,也有的是在基内菌丝的顶端形成。从电子显微技术和超薄切片的研究表明,孢子丝上形成的孢子为横隔分裂。

小单胞菌属形成的孢子无色,球形或椭球形,多独立单生;链霉菌属形成的孢子无色,球形或椭球形,互相连接呈不同长度的链,且有的呈盘旋状;在电镜下还可见到分生孢子表面光滑,有的生刺,而且刺还有粗细、长短和疏密之分,有的带疣或带皱褶、毛发状或鳞片状纹饰。

3）菌落

放线菌的菌落形态因种类而异,一般分两种类型:一种菌落为黏稠或粉浆状、粗糙或光滑,表面很少有气生菌丝覆盖,与普通细菌的菌落区别很小,易于从培养基上刮下来,如诺卡氏菌形成的菌落;另一种类型的菌落由产生基内菌丝和气生菌丝或只产生基内菌丝的放线菌所形成,这类菌落由于基内菌丝伸入基质内或紧贴培养基表面,比普通细菌的菌落更紧密坚实,常为革质、崎岖、多皱,用接种环挑取菌落时,通常会将整个菌落和培养基一起挑起。能产生气生菌丝的放线菌(如链霉菌),菌落表面还由于气生菌丝和孢子丝的产生而表现为茸毛状、粉状或颗粒状等性状,有的还具有同心环状的花纹等。

3. *真菌*

生防真菌的种类繁多,目前常见的主要有木霉菌、毛壳菌、粘帚霉、青霉菌和拟青霉菌、盾壳霉、内生真菌、酵母菌、腐霉菌、锈生座孢和白粉寄生孢等。

真菌培养中,往往需要了解不同种类的培养性状。对此,最好是通过在琼脂平板上培养来观察。观察和记载的项目主要有以下几个方面。

(1) 菌落大小：菌落生长的大小，可反映生长或发育速度，通常是测量菌落直径。

(2) 菌落颜色：包括菌落表面子实体、气生菌丝、菌核的颜色，以及有无色素渗入培养基的颜色变化。

(3) 菌落表面的纹饰：如皱纹、辐射沟纹、同心环、整个菌落致密或疏松等。

(4) 菌落质地：即菌落外观呈毡状、绒毛状、棉絮状、革质状、有无成束状或绳状的气生菌丝。

(5) 菌落高度：扁平或突起、中心部分突起或凹陷、气生菌丝的高度。

(6) 菌落边缘：全缘、锯齿状、树枝状、扇状等。

(7) 菌体渗出物：菌落表面有无液滴及液滴的颜色和数量。

(8) 气味：菌落有无特殊气味。

(9) 发育进程：各种子实体和休眠结构(厚垣孢子、菌核等)的形成和所需时间。

其中对于菌落的颜色，应连续观察记载，因为其颜色是随着培养时间而变化的。培养性状的描述，要注明培养基的种类、培养温度和有无光照等。真菌培养性状的观察，应多用几种培养基。有些真菌如镰孢菌属和青霉菌等，在不同培养基上的培养性状的区别，对于分类鉴定等是很重要的。

木霉菌：此类真菌的主要特点是菌落生长迅速，棉絮状或致密丛束状，多数菌落呈不同程度的绿色，有些呈白色至淡褐色，气味有或无；菌丝透明，有隔；分生孢子梗丛生，上着生略分开、常不规则的近烧瓶形瓶梗，有的略弯曲；分生孢子无色至淡色，单胞，单生或聚生。模式种 *Trichoderma viride*。

青霉菌：青霉属真菌主要特征是分生孢子梗是帚状的粗大菌丝体，末端分枝称为小梗(sterigmata)，次末端分枝称为梗基(metulae)；瓶梗形成向基的干孢子链，以内壁芽生式产孢，分生孢子球形、椭圆形或短柱形，成熟阶段从产孢原生质彻底分离后常形成表面纹饰，分生孢子顶端常分化为孢间连体。大部分生长时为蓝绿色，有时无色或淡色，少数种产生闭囊壳和菌核。

拟青霉菌：拟青霉属真菌主要特征是在人工培养基上菌落生长较慢，菌落白色或灰白、淡褐色，少数呈绿色；菌丝透明至黄色，具分隔，壁大多光滑；瓶梗基部膨大，向上变细的颈部多弯曲，常偏离主轴，瓶梗着生情况复杂，有的呈轮状，有的不规则地丛生于短的小枝上，有的单个生在气生菌丝上；分生孢子单胞，排列成离散的链状，无色或略带颜色，壁光滑或具小刺，形状差异较大；厚垣孢子有或无，壁厚，短链状。

粘帚霉：本属真菌的主要特征是不同种类的菌落生长速度差异较大，不同种类的菌落颜色差异较大，肉色或暗绿色；分生孢子梗透明，直立，顶端着生青霉状产孢梗，青霉状分枝，有些种类在产孢梗形成初期为轮枝状分枝，成熟后为青霉状排列；分生孢子透明，椭圆形或船形，单胞，孢子略弯曲，豌豆形或肾形，因分泌黏液，多在产孢梗顶端聚集成团；厚垣孢子若存在，褐色，球形。

曲霉：曲霉属真菌的代表特征是菌丝体无色透明或较明亮颜色；分生孢子梗顶端膨大形成顶囊，具有不同形状，可在表面直接形成瓶梗，或在梗基上形成瓶梗，瓶梗上着生的分生孢子链串生，不分枝；分生孢子单胞，具不同形状及颜色。有的种可形成厚壁的壳细胞，形状因种而不同。有的种可形成菌核或类菌核结构。

毛壳菌：该属真菌的主要特点是子囊果表生，球形，近球形或桶形，初期为半透明，成熟后通常颜色变深，只有少数仍保持半透明状；子囊果外密集着生着附属丝，附属丝菌丝状或刚毛状，单梗或极少分枝，直或弯，少有卷曲；多具有固定孔口；子囊柱状或棍棒状，子囊孢子 8 个，单列或不规则排列；子囊孢子橄榄褐色至深褐色，球形、纺锤形或柠檬形，有时三角形或四角形，两端光滑或突起。

盾壳霉：在固体培养基上，盾壳霉菌丝初期为灰白色，后期为褐色，有的菌株菌丝绳索状；在菌落表面或被寄生的菌核表生分生孢子器；分生孢子器初期为白色，渐变成褐色、黑色，具孔口；分生孢子梗基部宽，着生在分生孢子器内壁；分生孢子自分生孢子器孔口溢出，并堆积在孔口，形成黑色液滴；分生孢子椭圆形，褐色，大小为(3.5～4.7) μm×(5.3～8.8) μm，平均为 3.9 μm×6.4 μm，表面着生有疣状物。

锈生座孢：产孢结构形态特征为分生孢子座平铺，弧形或凹陷，圆盘形或不规则形，直径 300～2860 μm；分生孢子梗呈紧密栅状排列，长棒状，顶端较宽，向基部渐细，近无色，长 50～100 μm，平均 81.5 μm，宽 2～2.5 μm，内壁芽生瓶体式产孢(eb-ph)；分生孢子顶生，单生，圆形、椭圆形，单胞，近无色，大小分别为 8.7～15 μm(平均 10.72 μm)和(11.25～15) μm×(8.5～12.5) μm(平均 12.7 μm×10.1 μm)。菌核生于分生孢子座上，黑褐色，短柱状，由拟薄壁组织构成。

白粉寄生孢：在相同培养条件下菌落形态差异较大，多数菌落颜色为棉白色、米黄色至暗黄色，周缘整齐或不规则；菌丝体表生或埋生，无色或褐色，分枝，有隔；载孢体为分生孢子器，散生于白粉菌菌丝内部、表面或附近，球形或长形至梨形，有时具乳突，淡褐色，单腔，细胞壁一层，具淡褐色角胞组织；无明显的孔口，顶端有时具乳突，与分生孢子器壁组织相同；分生孢子器通过顶端破裂而开裂；无分生孢子梗，分生孢子产孢细胞内壁芽生瓶梗式，离生，瓶形至安瓿形，无色，光滑，微小的沟和领状结构由分生孢子的壁细胞直接形成，平周细胞壁向顶端逐渐增厚；分生孢子淡褐色，无隔，薄壁，光滑，具油滴，直或弯曲，圆柱形至纺锤形。

三、注意事项

注意观察从土壤中分离出的平板培养基上各种菌落的鉴别特征，直观区分真菌、细菌和放线菌菌落形态。镜鉴观察真菌分生孢子和分生孢子梗的特征，便于初步鉴别生防菌。

四、实验作业

(1) 观察记录和描绘生防细菌、生防放线菌和生防真菌的培养性状及形态特点。

(2) 比较生防真菌的菌丝与放线菌的气生菌丝区别。

(3) 鉴定和描绘生防真菌木霉菌、青霉菌、拟青霉、白粉寄生孢和曲霉菌等形态特征。

实验三　生防菌生防机制的检验

一、目的意义

植物体生态系统中的微生物与植物之间、微生物与病原物之间，以及微生物之间关系十分复杂，相互依存又相互争夺。其中有一些微生物的活动可以直接或间接地对病原物和病害产生不利的影响。植物病害生防菌的防治机制主要有拮抗作用、竞争作用、重寄生作用、溶菌作用、捕食作用。发掘和利用直接控制病原物的生防因子控制植物病害，是生物防治的重要内容。

本实验通过检测不同生境获得的微生物对植物病原菌的生防作用，明确生防菌拮抗、竞争和重寄生等作用机制，学习生防菌室内检测的常规技术。

二、材料和方法

（一）材料

（1）分离获得的菌种：细菌活化后培养 48 h，真菌和放线菌培养 7 d 左右；已知生防菌木霉、芽孢杆菌或放线菌 1～2 种。

（2）供试抑制性病菌菌种：棉花枯萎病菌、立枯丝核菌、灰霉病菌、大白菜软腐细菌。

（3）培养基、生理盐水，无菌水及无菌分离接种用具。

（二）方法

1. 拮抗作用

生防菌和供试病原菌分别接种在同一琼脂平板表面，观察它们之间是否有拮抗作用。接种的方法有很多，如①靠近琼脂平板的边缘，在一边划线接种拮抗菌，另一边平行划线接种病原菌；②靠近琼脂平板边缘划线接种拮抗菌，与拮抗菌垂直的方向划线接种供试病原菌（T 字形接种）；③在琼脂平板上，距离 2～4 cm 平行划线分别接种拮抗菌和病原菌；④在琼脂平板上距离 2～4 cm，一点接种拮抗菌，另一点接种病原菌；⑤在琼脂平板中央接种供试病原菌，四周靠近边缘等距离接种多种拮抗菌。

2. 重寄生作用

平板对峙培养：把适宜于生防菌（木霉）生长同时又适宜于待测定菌生长的培养基倒入培养皿内制成平板，把要测定的生防菌点接或划线接种在平板中央，把测定菌接种于平板四周，经共同培养后，观察生防菌（木霉）对靶标菌的菌丝缠绕作用和相互影响，从而确定拮抗效果。生防菌和供测病原菌生长快慢相差不多，可以同时接种。生防菌生长较慢的，可在接种后 2～6 d 再接种待测病原菌；如待测病原菌生长较慢，则先接种待测病原菌，经过适当时间培养再接种生防菌。生防菌和待测病原菌的距离也要根据具体情况，作用强的拮抗菌距离可以远一些。

3. 竞争和溶菌作用

一种方法是将待测病原菌如细菌、真菌孢子或菌丝体的悬浮液，与冷却而未凝固的琼脂培养基混合，倒在培养皿中，凝固后，在琼脂平板上划线接种拮抗菌，或在平板中央放一灭菌的小纸碟，将 1 滴生防菌悬浮液加在纸碟上接种，待测病原菌和生防菌一般是同时接种的；另一种方法是将待测病原菌悬浮液涂在或喷在琼脂平板上，然后接种拮抗菌，两者接种时间可以调节，可以先接拮抗菌，经过一定时间再接待测病原菌，可以点接或线接，菌落大小保持一致，若拮抗菌为放线菌，应在接种放线菌 3 d 后再移植致病菌，25～28℃下培养 3～5 d 后检查结果。

在测定过程中还可通过改变琼脂培养基中养分的类型和组成、改变盐的浓度以提高或降低水势，或改变培养温度等方法以变换抗生素的扩散。

4. 生防菌的抑菌活性检测

(1) 滤纸片法。即先在培养皿内倒入水琼脂制成平板，再倒入一层带有病原菌孢子的培养基，将浸有不同浓度培养滤液的灭菌滤纸片移放到平板的四周，25～28℃温箱培养一周后检测滤纸片周围抑制圈的有无和大小。

(2) 管碟法。与上述方法相同，制备病原菌平板，平板四周等距离放置小不锈钢管，在每个小钢管内加入不同浓度的生防菌培养滤液，经培养后测量钢管周围的抑菌圈直径。如没有不锈钢管，也可用灭菌打孔器在平板四周等距打孔，移去琼胶柱，使之形成圆孔。

(3) 孢子萌发法。于无菌凹玻片上滴入混有测试病原物孢子液的生防菌培养滤液 0.1～0.2 mL，在 25～28℃下培养 24 h，检查孢子萌发及芽管情况，与对照进行比较。

(4) 生长抑制法。本方法适于产生挥发性物质生防菌的检测。制备培养基平板，于培养皿盖中心加入 5mL 适宜的培养基薄层，培养一周后检查病原菌菌落的扩展和形态。

(5) 离体叶片测定法。将体外活性测定有效的菌株经摇瓶发酵后过滤，滤液加适量乳化剂。取生长较一致而无病斑待测植物叶片，浸没滤液至全部湿润，取出后在阴凉处待药液干燥。用无菌打孔器打取试验菌菌饼，反贴于浸有发酵滤液的叶片上，以喷清水和化学农药的叶片作为对照。在保湿条件下培养，待空白对照叶片已严重发病，即可调查处理叶片的药效，根据发病轻重确定取舍，进行进一步试验。

三、注意事项

一般认为琼脂培养和土壤中生长之间有明显的差异。琼脂培养基测验趋向于主要选择抗生作用，这样就会片面地强调这种类型的生防菌在土壤中的重要性。营养和空间竞争在琼脂中通常是最小的，因为有机体分开移植相当距离。重寄生现象和交叉保护作用一般也很少或很难表现出来。因此，琼脂测验不能完全测定出生防微生物的多重拮抗机制。在琼脂测验中，病原菌一般只能显示出被生防菌抑制的作用。鉴于此，在拮抗微生物筛选中不能完全依赖平皿试验，还应结合其他方法进行筛选。

检测生防菌产生抗生素的活性，通常采用液体培养，并经加热、离心或过滤，除去活菌体后检测滤液的抑菌活性。操作中可能会出现某些生防菌代谢物因加热失活，或者离心而达不到沉淀目的。常采用细菌过滤器过滤之后再测无菌滤液。

四、实验作业

(1) 记录拍照具有拮抗作用、重寄生作用和竞争作用的生防菌试验照片。

(2) 应用所学方法检测有效生防菌的抑菌活性。

(3) 生防菌的生防机制是什么?

实验四　生防菌的温室田间生防效果测定

一、目的意义

植物病害的生物防治工作，最终必须在田间才能得以实施。优良生防菌株与其在田间的适应能力密不可分，室内抑菌试验所得的结果往往与盆栽试验和大田应用试验的结果不一致，因此还必须将初筛入选的有效菌株经过多次盆栽试验进一步验证，将具有明显防病或刺激植物生长效果的菌株进行田间小区试验，检验其防病效果与稳定性，同时结合观察供试作物对这些生防菌的反应并探索其应用技术，方能对筛选的生防菌应用效果作出准确评价。这种方法既克服了只参考抑菌圈有无和大小筛选的欠缺，同时也更接近大田的实际情况。

本实验学习温室内生防菌的生物测定方法；并通过种子发芽或温室盆栽试验等方法，测定初筛有效生防菌株对植物和病原物的反应，掌握生防菌对植物病害的盆栽和温室防治效果。

二、材料和方法

(一) 材料

(1) 病田土样，培养的病原菌，丝核菌、镰刀菌和灰霉菌等。

(2) 已知生防菌，木霉、芽孢杆菌和放线菌及其抗生素。

(3) PDA 培养基、1.5%水琼脂、无菌蒸馏水、玉米砂培养基。

(4) 灭菌培养皿，三角瓶，烧杯，无菌培养用具。

(5) 一定基物上培养的生防菌，无菌农作物种子，黄瓜、番茄、大豆或者菜豆种子。

(6) 灭菌土壤(肥沃的菜园土)和花盆(15 cm×15 cm)或者育苗钵，土壤中接入 0.5%～1%(按干土重算)的致病菌。

(二) 方法

1. 土壤基质中生防菌的测定

琼脂上选择的生防菌分离物应尽快地在土壤中测验，如果不能及时测定可将生防菌分离物于低温保存。常用的土壤基质中生防菌的测定包括以下几种方法。

(1) 土壤试管法。土壤经过 100℃，30 min 的灭菌处理，再加入一定量的供试拮抗菌如细菌或放线菌悬浮液。保持 7～14 d，使生防菌得以建立，再接种一定量的病原微生物，通过观察病原菌在该土壤中的生长能力，测定生防菌的效力。

(2) 盆栽试验法。将接种生防菌土壤灭菌后置于浅盘或营养钵中，播上相应的寄主种子，病原菌接种于一个角落；或将病原菌与含有生防菌的土壤充分混合，然后播种寄主种子或移栽入幼苗。生防菌的效能通过受感染的幼苗生长及感病情况、病原菌的传播距离和速度来测定。

(3) 育苗测定法。生防菌接种寄主植物种子后播于天然感病土壤中进行测定。生防菌的保护作用以种子的存活、植株的活力来测定；如果是黑粉菌，则以植物的感染情况来测定。此外，插穗或移栽苗在种植于感病土壤前，也可用生防菌先接种，然后再定植。

2. 盆栽试验测定法

(1) 幼苗盆栽测定。选择感病品种，经浸种催芽，选择大小一致的种子播种于花盆内，待长至 2～3 片真叶时，选取生长一致的幼苗，喷生防菌发酵滤液或初制品。阴干后，把预先在 PDA 琼脂平板上培养的病原菌菌饼或菌悬液接种在叶片上，以喷清水做对照。在 25～28℃中保湿培养，以对照全部发病为准调查发病率。根据病斑大小及菌丝生长程度决定取舍。每组一个处理，每人处理 5 盆。另设已知拮抗菌和生产上推广的种衣剂各 5 盆作为对比。

(2) 种子盆播测定。适用于种子传病害及土传病害。将待测种子经表面消毒后接入待测病原菌，在生防菌发酵滤液中浸泡 24 h，播种在装有灭菌土的花盆内，以清水处理作对照。于适当温度下培养 1～2 周后调查其结果，根据出苗率及根系生长情况决定菌株的取舍。

防治幼苗立枯病：可将拮抗菌培养物按一定量撒施在播种层土壤（15 cm 口径花盆用量 10～20 g），然后播种、盖土（厚 0.5～1 cm），从盆底吸足水（切忌从上往下浇水），等待出苗。每组一个处理，每个处理 5 盆。另设已知拮抗菌和生产上推广的种衣剂各 5 盆作为对照。

防治萎蔫病：先用拮抗菌处理萌芽的种子，拌种后播入病土。需要移栽的蔬菜可以先在拌有拮抗菌的土中育苗，再移入病土。

3. 田间小区试验

田间的条件要比温室复杂得多，因而试验的目的主要是确认被测试生防菌田间防治效果可靠性及田间稳定性。因此要确定科学的设计方案，进行多点小区试验，并且每个小区试验的设计和管理基本一致。要根据病害特点选择试验点，最好是在病害的发生地区或发病中心进行，试验地的自然条件、农业管理措施应有一定代表性，试验小区必须设 3 次以上重复，设对照，并设保护行或隔离带，根据不同作物、不同试验方法及目的制定调查项目。一般重点调查有关物候期、出苗率、生育性状、发病率、病情指数及产量等。

三、注意事项

在人工接种条件下检验拮抗生物的防病作用时，应该注意接种时的菌量应尽量接近自然水平，而不要过量。因为从病害和接种剂量的反应曲线来看，低菌量时病情增长很慢，随接种量的增长在一定范围内病害迅速增加，当病害发展达到饱和程度后，接种菌量再增加，病情也不再增加了，但过量接种病菌会引起植物严重发病，这样也会丢失一些真正有效的拮抗生物。

四、实验作业

(1) 观察盆栽试验中生防菌对病原菌的抑制作用，记录叶部病斑率，病苗率和种子萌发率，计算生防菌的防治效果。

(2) 枯萎病则可分别在苗期和成株期调查防病效果，记录发病率和死苗率。

(3)观察记录计算田间小区试验中植物的出苗率、生育性状、发病率、病情指数及考种测产等。

实验五　生防菌的发酵与扩繁

一、目的意义

将筛选出的生防微生物进行扩大培养甚至工业化生产是实现其生防效果的必要途径。发酵生产流程一般是：保藏斜面—活化斜面—摇瓶菌种—菌种罐—发酵罐。小型实验可以略去菌种罐一步。发酵罐的条件控制优于摇瓶是因为其溶氧、pH、温度、泡沫、补料的控制要更加精确和到位，从而产物的产量更高。

发酵生产过程中要随时观察菌体生长情况，从培养液外观变化和镜检两方面着手，及时发现并处理染菌事故。定时取样检测相应的参数，尤其是菌浓、残糖及产物产量，反馈调节发酵罐控制条件，如搅拌转数，碱液、消泡剂滴加速度等。

本实验的目的是使学生学习了解菌种培养基与发酵培养基的区别，了解发酵工业的生产流程，掌握5 L发酵罐的操作及金色产色链霉菌发酵的条件控制。

二、材料和方法

（一）材料

1. 菌种

金色产色链霉菌 *Streptomyces aureochromogenes*。

2. 器材

恒温摇床、培养箱、5 L发酵罐、250 mL三角瓶、吸管（10 mL、1 mL）、洗瓶、吸水纸、接种环、显微镜、载玻片、盖玻片。

3. 培养基

（1）斜面菌种培养基。麦芽粉0.5%、玉米粉0.5%、酵母膏0.4%、琼脂粉1.2%，pH 6.3，121℃灭菌20 min，之后制成斜面。

（2）母瓶种子培养基。黄豆饼粉5%、豆油2%、葡萄糖1%、KH_2PO_4 0.1%、pH 6.5，$CaCO_3$ 0.3%，121℃灭菌20 min。

（3）种子培养基。黄豆饼粉2%、玉米粉1.5%、葡萄糖1.0%、酵母粉0.4%、KH_2PO_4 0.1%、NaCl 0.1%、豆油1%，pH 6.5左右，$CaCO_3$ 0.3%。蒸汽消毒，冷却后按体积的1%接入母瓶种子。

（4）发酵培养基。黄豆饼粉3%、玉米粉2%、麦芽糖液（40%麦芽糖）2%、酵母粉0.4%、鱼粉0.5%、NaCl 0.1%、$CaCO_3$ 0.3%、豆油0.5%、pH 6.8左右。

（二）方法

1. 菌种保存

菌种采用低温液氮保存、冷冻干燥管保存或沙土管保存。使用时接至斜面培养。

2. 斜面菌种的制备

培养基：麦芽粉0.5%、玉米粉0.5%、酵母膏0.4%、琼脂粉1.2%，pH 6.3，消毒后制成斜面。接种后26℃培养14 d，待斜面表面长成丰满的棕灰色孢子即可使用。斜面保存期不应超过2个月。

3. 母瓶种子的制备

培养基：黄豆饼粉5%、豆油2%、葡萄糖1%、KH_2PO_4 0.1%、pH 6.5、$CaCO_3$ 0.3%。消毒冷却后用孢子接种，在摇床上28℃培养36～48 h，培养液呈浅棕黄色，pH 5.5～6.4，菌丝粗壮有分枝，染色均匀，即可作种子用。

4. 种子的制备

培养基：黄豆饼粉2%、玉米粉1.5%、葡萄糖1.0%、酵母粉0.4%、KH_2PO_4 0.1%、NaCl 0.1%、豆油1%，pH 6.5左右、$CaCO_3$ 0.3%。蒸汽消毒，冷却后按体积的1%接入母瓶种子。培养温度28℃，罐压0.5 kg/cm^2，通气量1∶0.4～1∶1.0，连续搅拌培养22～26 h，发酵液pH在6.5左右，镜检时菌丝粗壮，交织成网，分枝短而分节长，染色均匀，即可移种。

5. 多抗霉素发酵液的制备

培养基：黄豆饼粉3%、玉米粉2%、麦芽糖液（40%麦芽糖）2%、酵母粉0.4%、鱼粉

0.5%、NaCl 0.1%、$CaCO_3$ 0.3%、豆油 0.5%、pH 6.8 左右。消毒冷却后按体积的5%接入种子罐，培养温度 28℃，罐压 0.5 kg/cm^2，通气量 1：1，连续搅拌培养。最适发酵 pH 为6.5～6.8。在发酵过程中，pH 会不断下降，此时应通 NH_3 以控制 pH。培养至 30 h 左右，应不断补料（原料为饴糖和硫铵），并定期检测氨氮、残糖和 pH，以便及时调整至最佳状态。发酵至120h 左右，总残糖降至 1%以下，pH 和氨氮开始回升，镜检时部分菌丝自溶，染色很浅，发酵单位不再上升时，应及时放罐提取。

6. 多抗霉素的生物测定

检测菌为烟草赤星病菌 *Alternaria alternata*。培养基为 PDA。标准品为 Polyoxin A（毫克单位 1000 μg/mg）。

标准曲线的制作：将标准品配成 12.5 μg/mL、50 μg/mL、75 μg/mL、100 μg/mL、150 μg/mL、200 μg/mL，其中 50～150 μg/mL 各浓度与抑菌圈直径在半对数表上呈直线关系。用上述标准曲线测得，用于测定标准混合组分样品的含量为 840 μg/mg。在日常的生物测定中，使用的标准品为 840 μg/mg 交链孢的混合组分样品，以计算待测样品中多抗霉素的含量。

三、注意事项

注意菌种的产毒能力退化，要采用多种方法提高菌种的产毒能力。

生产工艺的合理与否是保证抗生素回收效率的重要因素，多抗霉素的总收率低（约40%），所以只在经济作物上使用。若能改进工艺，提高发酵单位是很有前途的农用抗生素。

四、实验作业

如何计算发酵液中所含抗生素的含量或效价。

附：5 L 发酵罐操作规程（引自《微生物与发酵基础教程》）

1. 准备工作

(1) 蒸汽发生器：先加水至液位管的 1/2 左右处，再开启电源开始加热。蒸汽压力达 0.2 MPa时，方可开始供汽。

(2) 空压机：先打开泄漏阀排尽机内冷凝水，再开启电源开始工作。

(3) pH 电极和 DO 电极：开启控制面板和电脑，在线校正两极。

(4) 空气过滤器和空气管道：控制蒸汽压力为 0.14～0.20 MPa，对两者灭菌30 min。灭菌结束后，先排除冷凝水，再用无菌空气吹干约 20 min。

2. 空消

(1) 把罐体用安全防护罩围住，将控制面板上的所有控制器设置在“停机”状态。

(2) 通过调节蒸汽阀和排水阀，将罐压控制在 0.11～0.12 MPa，灭菌 30 min。

(3) 关闭蒸汽阀，开启进气阀，维持罐压在 0.03～0.05 MPa，自然降温冷却至室温。

3. 实消

(1) 关闭进气阀，排尽夹套中冷凝水。安装好 pH 电极和 DO 电极。

(2) 先通过加料口放入培养基，再拧上加料口螺母。

(3) 通过调节蒸汽阀和排水阀，将罐压控制在 0.075～0.10 MPa，灭菌 15～30 min。

(4) 关闭蒸汽阀和蒸汽发生器，开启进气阀，维持罐压在 0.03～0.05 MPa，自然降温冷却

10 min 左右。

(5) 开启冷却水；当罐温降至 70℃以下时，开启搅拌电机加快冷却速度。

4. 接种培养

(1) 卸除安全防护罩，设定温度、pH、转速、泡沫等参数。

(2) 当温度降至设定值时，在接种口四周围上 95%酒精棉，同时减小发酵罐进气量，但维持一定的正压。

(3) 接种者用 75%酒精棉擦洗双手，晾干；点燃接种口四周酒精棉，拧下接种口螺母并将其浸在 75%酒精中。

(4) 将菌种瓶的瓶口在火焰上烧一会儿，并在火焰附近拔出瓶塞，迅速将菌种倒入罐内。

(5) 先盖上接种口螺母，再熄灭火焰，最后拧紧螺母。

(6) 将进气量复原，DO 值校正为 100%；将预先灭过的菌的碱液、消泡剂、补料液等通过硅胶管分别与蠕动泵和发酵罐连接好；将控制面板上所有控制器设置在“自动”状态。

5. 清洗和保养

(1) 发酵结束出料完毕后，关闭空压机、控制面板和电脑，及时清洗擦干发酵罐，排尽罐内、管道内、蒸汽发生器内余水。

(2) 取下的 pH 电极和 DO 电极先用蒸馏水冲洗干净，再用吸水纸擦干。pH 电极保存在 pH 为 4 的缓冲液中，DO 电极保存在垫有海绵的盒中。